超净排放技术的1050MW
超超临界火电机组控制设备及运行

黄贤明　张军　王顺　童国道　编著

U0352718

北 京
冶 金 工 业 出 版 社
2018

内 容 提 要

本书针对基于超净排放技术的 1050MW 超超临界火电机组控制系统的特点——Foxboro 分散控制系统进行了详细的阐述。以国家电力投资集团下属某 1050MW 超超临界机组为对象，对其采取的控制策略和控制理念进行了深入剖析，主要包括模拟量控制系统、炉膛安全监控系统、机组顺序控制系统、电气控制系统、DEH 控制系统、MEH 控制系统、烟气脱硫控制系统及输煤程控系统等。本书紧密结合生产现场实际，结构合理、层次分明、内容翔实、实用性强。

本书可供从事电力工程专业的高等院校师生阅读，也可供科研、生产企业的工程技术人员、管理人员等参考。

图书在版编目（CIP）数据

超净排放技术的 1050MW 超超临界火电机组控制设备及运行/黄贤明等编著．—北京：冶金工业出版社，2018.8
　　ISBN 978-7-5024-7816-2

Ⅰ.①超…　Ⅱ.①黄…　Ⅲ.①超临界—超临界机组—火力发电—发电机组—控制设备　②超临界—超临界机组—火力发电—发电机组—控制系统　Ⅳ.①TM621.3

中国版本图书馆 CIP 数据核字（2018）第 199412 号

出 版 人　谭学余
地　　址　北京市东城区嵩祝院北巷 39 号　邮编　100009　电话　（010）64027926
网　　址　www.cnmip.com.cn　电子信箱　yjcbs@cnmip.com.cn
责任编辑　徐银河　王梦梦　美术编辑　吕欣童　版式设计　孙跃红
责任校对　王永欣　责任印制　李玉山
ISBN 978-7-5024-7816-2
冶金工业出版社出版发行；各地新华书店经销；三河市双峰印刷装订有限公司印刷
2018 年 8 月第 1 版，2018 年 8 月第 1 次印刷
787mm×1092mm　1/16；29.75 印张；2 彩页；841 千字；456 页
148.00 元
冶金工业出版社　投稿电话　（010）64027932　投稿信箱　tougao@cnmip.com.cn
冶金工业出版社营销中心　电话　（010）64044283　传真　（010）64027893
冶金书店　地址　北京市东四西大街 46 号（100010）　电话　（010）65289081（兼传真）
冶金工业出版社天猫旗舰店　yjgycbs.tmall.com
（本书如有印装质量问题，本社营销中心负责退换）

序　言

目前，我国电力工业已经进入高参数、大容量、低排放、高自动化水平的新时期，以超临界、超超临界及二次再热技术为特征的大容量高参数火电机组被广泛采用，截至2017年年底，我国投运的1000MW级超超临界机组已接近百台。

超超临界机组在控制系统、控制策略以及控制理念和复杂性上与以往机组有很大的不同，这对从事火力发电厂相关专业设计、配置、调试和运行维护以及技术管理的人员水平提出了更高的要求，面临许多全新的课题。

书中对基于超净排放技术的1050MW超超临界火电机组控制特点进行了介绍，对实际应用的控制设备Foxboro分散控制系统进行了详细的阐述，并以国家电力投资集团下属某电厂1050MW超超临界机组为具体对象，对其采取的控制策略和控制理念进行了深入剖析，主要包括模拟量控制系统、顺序控制系统、炉膛安全监控系统、电气控制系统、DEH控制系统、MEH控制系统、烟气脱硫控制系统及输煤控制系统等。

本书紧密结合工程和运行现场实际，思路清晰、结构合理、层次分明、内容翔实，是一本通俗易懂、有很强实用性的基于超净排放技术的1050MW超超临界火电机组控制系统专著。

长期从事火力发电行业控制技术研究的专家黄贤明、张军、王顺和童国道等几位老师，为了帮助相关技术人员掌握1000MW超超临界机组的控制系统、控制策略、控制理念和控制方法，共同撰写了本书，这为我国高参数、大容量、低排放和高自动化水平机组的推进起到技术指导作用，是一件很有意义的工作。

本书对于从事设计、科研、调试、运行维护的火力发电热工控制专业的读者以及在校师生，是一本非常有价值的参考资料。我对几位老师长达数月的辛勤撰写工作表示由衷的敬佩！

侯子良

2017年12月20日

前　言

随着我国火电机组节能减排工作受到全社会的普遍关注，为提高火电机组的热效率以及达到新的环保要求，近年来我国大容量及高参数、高效率火电机组在火电装机总容量所占比重持续增加，百万千瓦级超超临界火电机组的建设步伐不断加快，超超临界机组越来越多地成为火力发电的主力机型。二次再热、超净排放等新技术逐步应用，对于电力设备制造和运行水平提出了更高的要求，而发电厂运行人员及相关专业技术人员迫切需要系统地了解和掌握超超临界机组中热控设备和控制系统的新性能、新特点及其运行维护新要求。

作者深入国家电投协鑫滨海发电有限公司、国家电投江苏常熟发电有限公司、粤电集团广东惠州平海发电有限公司、国电泰州发电有限公司、华电江苏能源有限公司句容发电厂等发电厂，以大量的技术资料为基础，紧密结合现场实际运行状况编写了本书。书中全面介绍了基于超净排放技术的超超临界机组中 Foxboro 分散控制系统、Evo Historian 数据库、模拟量控制系统（MCS）、炉膛安全监控系统（FSSS）、机组顺序控制系统（SCS）、电气系统（ECS）、DEH 控制系统、MEH 控制系统、烟气脱硫控制系统、输煤程控系统等内容，并给出了典型电厂的实例分析，易于学习和掌握，适合生产、科研、管理和其他工程技术人员参考使用。

本书由常熟理工学院黄贤明、张军、王顺、童国道撰写。全书共分为 11 章，其中第 1、2、7 章由黄贤明撰写；第 3、11 章由张军撰写；第 4~6 章及第 8 章由王顺撰写；第 9、10 章由童国道撰写。全书由侯子良教授担任主审。

本书在编写过程中得到了上述各大火电厂相关技术人员的大力协助，并参阅了大量正式出版文献以及多家电厂的技术资料，在此一并表示感谢。

由于作者水平所限，书中不妥之处，敬请读者批评指正。

作　者
2018 年 7 月

目　录

1 超超临界机组控制系统概述

1.1 超超临界机组的特点

1.1.1 超超临界机组概述

随着电厂设备材料性能的不断提高和加工制造工艺水平的不断进步，以提高火力发电厂机组主蒸汽压力、温度为指标的超超临界机组投产运行的越来越多。对于超超临界的定义国际上尚无统一的标准，仅表示技术参数发展的一个阶段，即超高的压力和温度。我国定义超超临界参数为蒸汽压力不小于25MPa以及蒸汽温度不小于580℃。特别是最近几年来，国内投产运行的火力发电机组中，绝大部分机组是主蒸汽压力在27MPa、主蒸汽温度在600℃以上的超超临界1000MW机组。以超超临界二次再热机组为例，主汽压力达到31MPa，主汽温为605℃，再热汽温为620℃。根据热力循环分析得知，在超超临界范围内，锅炉主蒸汽温度每增加10℃，可使其热耗率降低大约0.25个百分点；锅炉主蒸汽压力每增加1MPa，其热耗率可相应降低大约0.3个百分点；再热蒸汽温度每提高10℃，可使机组热耗率减少0.25个百分点左右。提高蒸汽的初始参数，将有效地提高机组的热效率。

目前，超超临界百万千瓦机组的热效率一般为43%~48%，供电煤耗为255~290g/(kW·h)，与相同容量的常规机组相比，效率提高5%左右，可以大幅度提高热效率，降低发电煤耗。理论和实践都证明常规亚临界机组效率比常规超临界机组效率低2%左右，而常规超临界机组效率比超超临界机组效率还要低4%左右。通过采用低氧低氮燃烧技术，尾部烟气脱硝、脱硫装置，高效的除尘技术等超低排改造技术，空气污染物排放指标大幅度降低。尾部烟气余热利用等技术的不断完善和发展，符合当前环境保护的超低排放指标和节能理念，今后，超超临界机组将是火力发电厂的首选机型。对高参数、大容量的超超临界机组实现自动控制及保护是机组安全、经济、稳定运行的基础，同时，超超临界机组是一个具有多输入、多输出、强耦合、非线性等特性的被控对象，这些因素对机组的自动化控制水平提出了更高更严的要求。

1.1.2 超超临界机组的静态特性

热力学理论认为，在压力22.129MPa、温度374.15℃时，水的汽化会在一瞬间完成，即在临界点时，饱和水和饱和蒸汽之间不再有汽、水共存的两相区存在，两者的参数不再有区别。由于在临界参数下汽水密度相等，因此在临界压力下无法维持自然循环，只能采用直流锅炉。超超临界直流锅炉的汽水行程如图1-1所示。

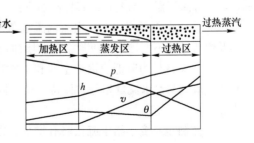

图1-1 直流锅炉汽水行程图

1.1.2.1 汽温静态特性

超超临界直流锅炉的省煤器、水冷壁、过热器等的受热面属于串级布置，转干态后给水的加热、汽化和蒸汽过热这三个阶段的分界点在受热面中的位置随锅炉运行工况而变化。

超超临界机组直流锅炉过热蒸汽出口的焓可用以下公式表达：

$$h''_{ss} = h_{fw} + \frac{BQ_{ar,net}\eta}{G} \quad\quad (1-1)$$

式中，h''_{ss}，h_{fw} 分别为过热器出口蒸汽焓、省煤器入口给水焓，kJ/kg；B、G 分别为燃料量、给水流量，kg/h；$Q_{ar,net}$ 为燃料的低位发热量，kJ/kg；η 为锅炉效率。

从上述可以看出，若省煤器入口给水焓、燃料的低位发热量及锅炉的效率保持不变时，过热器出口蒸汽焓的数值就取决于 B/G 的比值，即燃水比，主汽温就能保持不变。所以，在直流锅炉的运行过程中，只要保持适当的燃水比，超超临界直流锅炉就能维持一定的过热汽温。

同理，从式（1-1）还可以分析得出，当燃料的低位发热量变小时，过热器出口蒸汽温度随之降低；低位发热量变大时，过热器出口蒸汽温度随之升高。当省煤器入口给水焓降低时，过热器出口蒸汽温度随之降低；省煤器入口给水焓升高时，过热器出口蒸汽温度随之升高。

1.1.2.2 汽压静态特性

超超临界机组的主汽压由系统的质量平衡、热量平衡和工质流动压降等因素决定。汽压静态特性如下：

（1）当燃料量 B 增加时，如果保持燃水比不变，则需要增加给水流量，主蒸汽流量随之增加，从而使汽压上升；如果燃水比增加，给水流量不变，则主汽温增加，减温水流量也需要增加，相应地增加主蒸汽流量，从而使主汽压上升。

（2）当给水流量 G 增加时，如果保持燃水比不变，则需要增加燃料量，主蒸汽流量增加，从而使汽压上升；若燃水比减小，燃料量不变，从而主汽温降低，减少减温水流量，蒸汽流量略有增加，从而主汽压基本不变。

1.1.3 超超临界机组的动态特性

从机组控制特性角度来看，直流锅炉与汽包锅炉的主要不同点表现在燃水比例的变化，其引起锅炉内工质储量的变化，从而改变各受热面积比例。影响锅炉内工质储量的因素很多，主要有外界负荷、燃料量和给水流量。

对于不同压力等级的直流锅炉，各段受热面积比例不同。压力越高，蒸发段的吸热量比例越小，而加热段与过热段吸热量比例越大。因而，不同压力等级直流锅炉的动态特性通常存在一定差异。

1.1.3.1 外界负荷扰动

外界负荷扰动其实就是电网对机组负荷的需求，对机组锅炉而言是一种扰动，对整个超超临界机组的影响具有典型的耦合特性。外界负荷扰动不仅影响了主蒸汽压力，还影响了汽水流程的加热段，导致了温度的变化，其特性如下：

（1）汽机调阀开度增大，主蒸汽流量急剧增加，主蒸汽压力迅速降低，如给水压力、给水调阀及给泵转速不变，给水流量会自动增加，稍高于原来的水平。

（2）主蒸汽压力降低使锅炉金属和工质释放蓄热，产生附加蒸发量。随后主蒸汽流量将逐渐减少，最终与给水流量相等，保持平衡。同时汽压降低的速度也变缓慢直至稳定在新的较低压力。

（3）燃料量不变，给水流量略有增加，主蒸汽温度稍微降低。从能力平衡角度，最初当主蒸汽流量显著增大时，汽温应显著降低，但由于过热器金属释放蓄热的补偿作用，汽温没有显著的变化。

（4）汽机调阀开度增大，主蒸汽流量急剧增加，机组负荷也显著上升，这部分多发负荷来自锅炉的蓄热。由于燃料量没有变化，负荷又逐渐恢复到原来的水平。

1.1.3.2 燃料量扰动

燃料量扰动是指燃料量与二次风量、一次风量及引风量同时变化的一种扰动,现场实际运行中还有燃料热值的变化,其特性如下:

(1)燃料量突然增大,主蒸汽流量在短暂迟延后将发生一次向上的波动,随后稳定下来与给水量保持平衡。燃料变化时,烟气侧的反应较快,蒸发量变化的迟缓主要是传热与金属容量的影响,波动过程超过给水量的额外蒸发量是由于热水段和蒸发段的缩短,随着蒸汽流量的增加,主蒸汽压力也逐渐升高,故给水流量自动减少。

(2)主蒸汽压力在短暂延迟后逐渐上升,最后稳定在较高的水平。最初的上升是由于蒸发量的增大,随后保持在较高的水平是由于主汽温的升高,蒸汽容积流量增大,而汽机调速阀开度不变,流动阻力增大所致。

(3)燃水比即使改变很小,主汽温也会发生明显的偏差。在初始阶段由于蒸发量与燃烧放热量几乎按比例变化,再加以管壁金属蓄热所起的延缓作用,主汽温要经过一定时滞后才逐渐变化。

(4)机组负荷的变化,最初的上升是由于主蒸汽流量的增加,随后的上升是由于主汽温(新汽焓)的增加所致。

1.1.3.3 给水流量的扰动

给水流量是指给水流量的波动及给水温度的变化,其扰动下的特性如下:

(1)给水流量骤增时,主蒸汽流量也会增大。但由于燃料量不变,热水段和蒸发段都要延长。在最初阶段,主蒸汽流量只是逐步上升,在终稳定状态,蒸发量必将等于给水量,达到新的平衡。

(2)主蒸汽压力由于主蒸汽流量增加而升高,当主汽温下降、容积流量减小时,又有所降低,最后稳定在稍高的水平上。

(3)由于锅炉蓄热的延缓作用,主汽温的变化与燃料量扰动时相似,在过热器起始部分和出口端都有一定的时滞,然后逐渐变化到稳定值。

(4)机组负荷最初由于主蒸汽流量增加而增加,随后则由于主汽温降低而减少。因为燃料量未变,所以最终的负荷基本不变,只是由于主蒸汽参数的下降而稍低于原有水平。

综合上述分析,直流锅炉的动态特性如图1-2所示。

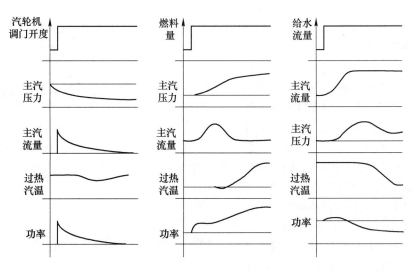

图1-2 直流锅炉动态特性

1.1.3.4　直流锅炉微过热汽温动态特性

在运行过程中，虽然主蒸汽温度能正确反映燃水比例的匹配关系，但存在较大的迟延，通常为 400s 左右，因此不能以主蒸汽温度作为燃水比的控制信号，通常采用微过热汽温作为燃水比的校正信号。在这个意义下，微过热汽温的动态特性具有特殊的重要性。微过热汽温在燃料量扰动和下给水流动振动具有相似的动态特性，如图 1-3 和图 1-4 所示。

燃料量扰动下不同压力等级直流锅炉微过热汽温的响应曲线如图 1-3 所示。对于次高压直流锅炉，由于蒸发受热面比例较大，附加蒸发量比高压直流锅炉的要多，而过热段较短，使微过热汽温在初始阶段有所下降，如图 1-3 中曲线 1 所示。同时过热段较短又使得微过热汽温变化的惯性小，经附加蒸发量影响之后，曲线很快趋于稳定值。随着压力等级的提高，附加蒸发量减少，曲线逐渐无明显反向变化，而过热段的加长使惯性和迟延有所增加。

直流锅炉微过热汽温在给水流量扰动下的响应曲线（见图 1-4）与燃料量扰动下的阶跃响应曲线相似，迟延时间基本一样。对于次高压直流锅炉，在给水流量扰动下，由于附加蒸发量较大，在初始阶段也有反向变化现象，随着压力等级的提高，反向变化现象逐渐减小时，惯性和迟延逐步增加。

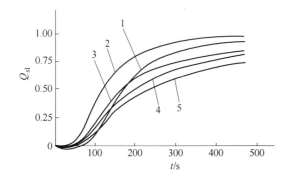

图 1-3　燃料量扰动下的微过热
汽温动态响应曲线
（曲线 1 ~ 曲线 5 分别为次高压、高压、超高压、亚临界和超临界五个压力等级）

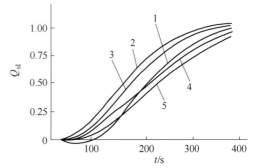

图 1-4　给水流量扰动下的微过热
汽温动态响应曲线
（曲线 1 ~ 曲线 5 分别为次高压、高压、超高压、亚临界和超临界五个压力等级）

微过热汽温作为燃水比的校正信号时，其过热度的选择是非常重要的。从控制系统品质指标的角度考虑，所取的微过热汽温过热度越小，迟延越小。然而，若焓值小于 2847kJ/kg（680kcal/kg），则图 1-5 中虚线以下曲线进入明显的非线性区，汽温随焓值变化的放大系数明显减小，而受汽压变化的影响很大，变得不稳定，这影响微过热汽温对于燃水比例关系的代表性。工程实践经验证明，微过热蒸汽的焓值在 2847kJ/kg 左右时，其特性比较稳定。微过热汽温推荐值与压力的关系如图 1-6 所示。

按照反应较快和便于检测等条件，通常在过热段的起始部分选取一个合适的地点，根据该点工质温度来控制燃水比。这

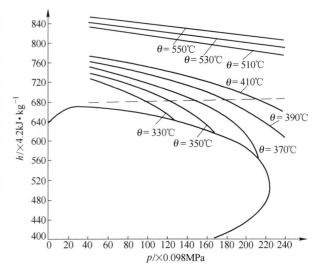

图 1-5　蒸汽等温线的焓值与汽压的关系

一点称为中间点，中间点汽温变化的时滞应不超过 30~40s。但应说明，在不同负荷时，中间点的汽温不是固定不变，而是机组负荷的函数。

1.1.4 超超临界机组控制的特点

超超临界直流锅炉给水经加热、蒸发和变成过热蒸汽是一次性连续完成的，随着运行工况的不断变化，锅炉将在亚临界或超临界状态下运行，汽水分界点会自发地在一个或多个加热区段内移动。因此，运行中为了保持锅炉汽水行程中各点的温度、湿度及汽水各区段的位置等参数在一定的范围内，要求燃水比、风燃比及减温水等的控制系统回路的调节品质相当高。

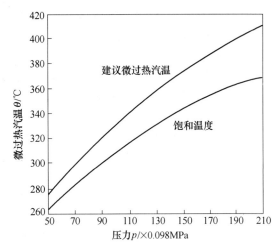

图 1-6 微过热汽温推荐值与压力的关系

在超超临界直流锅炉中，由于没有汽包、汽水容积小、金属用量比较少，锅炉蓄能显著减小且呈分布特性。蓄能以工质储量和热量储量两种形式存在。工质储量是整个锅炉管道长度中工质总质量，它随着压力而变化，压力越高，工质的比容越小，必需增加进入锅炉的给水量。在工质和金属中存在一定数量的蓄热量，它随着负荷非线性增加。由于锅炉的金属质量和蓄热量整体较小，机组负荷调节的灵敏性好，可实现快速启停和调节负荷。另一方面，也因为锅炉蓄热量小，机组汽压对负荷变动比较敏感，这种情况下机组变负荷性能差，保持汽压比较困难。

在超超临界锅炉中，各区段工质的比热、比容变化剧烈，工质的传热与流动规律复杂。变压运行时随着负荷的变化，工质压力将在超临界到亚临界的广泛压力范围内变化，随之工质物性变化巨大，这些都使得超临界机组表现出严重非线性。具体体现为汽水的比热、比容、热焓与它的温度、压力的关系是非线性的，传热特性、流量特性是非线性的，各参数间存在非相关的多元函数关系，使得受控对象的增益和时间常数等动态特性参数在负荷变化时大幅度变化。

超超临界机组采用直流锅炉，因而不像汽包炉那样，由于汽包的存在解除了蒸汽管路与水管路及给水泵间的耦合，直流炉机组从给水泵至汽机，汽水直接关联，使得锅炉各参数间和汽机与锅炉间具有强烈的耦合特性，整个受控对象是一个多输入多输出的多变量系统。

综上所述，超超临界机组具有以下控制特点：

（1）整体来看，超超临界机组是一个多输入多输出的被控对象，输出量为主汽温、主汽压和主蒸汽流量，输入量为给水流量、燃料量、送风量。

（2）超超临界机组的运行工况复杂多变，其加热区、蒸发区和过热区之间无固定的界限，汽温、燃烧、给水相互关联与耦合，尤其是燃水比不相适应时，主汽温将会有显著的变化，为使主汽温变化较小，要保持燃烧率和给水量的比例在正常范围内。

（3）机组负荷扰动时，主汽压反应灵敏，常可作为被调量。

（4）从动态特性来看，微过热汽温能迅速反应过热汽温的变化，具体体现在中间点温度的变化上，因此控制回路中常用中间点温度来判断给水流量和燃烧率的比例是否合适。

（5）超超临界机组的蓄热量小对机组主汽压控制不利，但有利于迅速改变锅炉负荷，适应电网尖峰负荷的能力比较强。

对于配中速磨煤机直吹式制粉系统的超超临界直流锅炉机组来说，在进行控制系统配置和设计协调控制方案时，下列问题需要充分考虑和格外重视：

（1）如何提高控制作用的快速性。控制周期要短，实时性要好。反之，实时性不好，控制周期过长，再好的控制策略也难达到预想的效果。

（2）在协调控制中，将克服纯时延、大滞后环节，加速锅炉侧的动态响应，作为选择控制策略的一个依据。

（3）不仅要注重稳态下的平衡关系，也必须注意瞬态下的物料平衡关系。

（4）适应机组多样化的控制方式，如机炉协调控制方式、炉跟机控制方式、机跟炉控制方式、机炉手动控制方式。

（5）对大型机组还要考虑参与调频及 RB、FCB 等工况。

超超临界直流炉机组的直流锅炉——汽轮机是复杂的多输入多输出的被控对象，燃料量、给水量、汽轮机调门开度的任一变化均会影响机组负荷、主汽温度、主汽压力的变化，而且燃料量、汽轮机调门的变化又会影响到给水流量的变化，其中的影响媒介就是主汽压力的变化，因此对于直流炉机组的协调控制系统来说，主汽压力控制非常重要。

直流锅炉是汽水一次性循环，汽水没有固定的分界点，它随着燃料、给水流量以及汽轮机调门的变化而前移或者后移，而汽水分界点的移动直接影响汽水流程中加热段、蒸发段和过热段的长度，影响主蒸汽的温度，并导致主汽压力、负荷的变化，因此控制中间点温度一直被认为是直流锅炉控制的主要环节。

超超临界机组由于其压力等级高，工作介质刚性提高，动态过程加快。锅炉为直流炉，锅炉蓄热能力小，各子系统的相互联系更加紧密，机炉之间，给水、燃烧、汽温之间等各系统的控制是一个交叉联系的有机体，系统设计时应统筹考虑。通过采用并行静态/动态前馈、引入锅炉动态加速指令、汽轮机压力校正等策略，加快锅炉侧响应，充分利用锅炉蓄热，提高机组的负荷适应性与运行的稳定性。

1.2　超超临界单元机组的控制系统

超超临界机组的自动控制由分散控制系统（DCS）来完成。典型的分散控制系统包括数据采集系统（DAS）、模拟量控制系统（MCS）、顺序控制系统（SCS）、锅炉炉膛安全监控系统（FSSS）、电气控制系统（ECS）、给水泵汽轮机电液控制系统（MEH）等各项控制功能，是一套能够完成全套机组各项控制功能的完善的控制系统。

1.2.1　数据采集系统

数据采集系统（DAS）应连续采集和处理所有与机组有关的重要测点信号及设备状态信号，以便及时向操作人员提供有关的运行信息，实现机组安全经济运行。一旦机组发生任何异常工况，及时报警，提高机组的可利用率。

1.2.2　锅炉炉膛安全监控系统

锅炉炉膛安全监控系统（FSSS）是现代大型火电机组锅炉必备的一种监控系统，它能连续地密切监视燃烧系统的大量参数和状态，不断地进行逻辑判断和运算，必要时发出动作指令，通过种种联锁装置，使燃烧设备中的有关设备（磨煤机、给煤机、燃烧器等）严格按照既定的合理程序完成必要的操作或处理未遂事故。防止炉膛的任何部位集聚燃料与空气的混合物，从而防止锅炉发生爆燃而损毁设备，保证生产人员和锅炉系统的安全。锅炉炉膛安全监控系统包括锅炉炉膛监控系统和保护系统两部分。

锅炉炉膛监控系统主要包括煤层控制、油层控制、燃油系统控制、炉膛火焰检测控制、火检冷却风机系统控制、密封风系统控制等。FSSS 主要通过顺序控制逻辑来实现保护与控制。

锅炉保护系统有主燃料跳闸（MFT）、燃油跳闸（OFT）、炉膛吹扫等。MFT 保护包括软逻辑部分和硬接线跳闸柜。在正常运行中，触发 MFT 软逻辑的任意一个动作，软逻辑将发送信号到硬接线跳闸柜，触发 MFT 继电器动作，输出 MFT 信号到各系统和设备，同时到操作器中触发软逻辑 MFT，MFT 动作后机组相关设备联锁动作。

在主燃料发生跳闸后锅炉点火之前，都需要启动吹扫程序以清扫干净锅炉内的燃料，保证正常点火。

1.2.3 顺序控制系统

顺序控制系统（SCS）的主要控制功能是对火力发电厂锅炉、汽轮机、发电机、脱硫、脱硝以及公用的主要辅机设备及系统的控制、联锁、保护功能。随着机组容量的增大和参数的提高，辅机数量和热力系统复杂程度大大增加。一台 1000MW 机组有电动机 300 台左右、电动执行器600 多台、气动执行机构 600 台左右，对如此众多且相互间具有复杂联系的热力系统和设备，运行人员手动操作是很难完成的，而采用顺序控制，可实现对机组热力系统和辅助系统的安全可靠的自动控制。SCS 主要功能包括机组自启停（APS）和辅机顺序控制两部分。

APS 在机组的控制系统中处于上层位置。在机组的启动和停止过程中，APS 接受从 MCS、FSSS、SCS、ECS、DEH 及 DAS 等控制系统发来的信号，根据 APS 内部逻辑判断或计算，向上述控制系统分别发出指令，实现对整个机组的启/停控制。

辅机顺序控制功能由炉侧顺序控制、机侧顺序控制、脱硫岛顺序控制等子系统组成，实现对各辅机系统的启/停控制。

1.2.4 模拟量控制系统

模拟量控制系统（MCS）是超超临界分散控制系统的主要控制系统之一，涵盖了机组所有的模拟量控制子系统，包括协调控制系统、燃烧控制系统、给水控制系统、主蒸汽/再热汽温控制系统、制粉系统控制、风量控制系统、炉膛压力控制系统、一次风压力控制系统和机组旁路回路及机侧凝汽器水位控制系统、除氧器水位控制、加热器水位控制及其他单回路控制系统等。

1.2.4.1 协调控制系统

所谓协调控制系统（CCS），即机组主控可接受负荷调度命令或机组侧设定命令，产生输出指令信号（MWD）使汽机、锅炉协调达到负荷要求或按预定负荷变化率改变负荷。机组协调运行的主要控制功能包括：机组（锅炉和汽轮发电机）负荷控制的协调、给水控制，送、引风控制，汽温控制，磨煤机控制以及燃料控制。协调控制和闭环控制的控制回路是模拟量信号控制的。在机组启停和运行期间与其他开关量逻辑功能相结合。在启动和切除过程中，逻辑的先后顺序由单独提供的开环控制系统来完成。

对于超超临界机组来说，直流锅炉是汽水一次性循环，不具有类似于汽包的储能元件。因此，锅炉的储能比较小，很难找到类似于热量信号（仅反映燃料的变化不反映汽轮机调节阀变化及给水流量变化）的信号。超超临界机组是复杂的多输入多输出的被控对象，燃料量、给水量、汽轮机调节阀开度的任一变化均会影响机组负荷、主蒸汽温度、主蒸汽压力的变化，而且燃料、汽轮机调节阀的变化又会影响到给水流量的变化，其中的影响媒介就是主蒸汽压力的变化。因此，对于直流锅炉机组的协调控制系统来说，主蒸汽压力控制非常重要。直流锅炉是汽水一次性循环，汽水没有固定的分界点，它随着燃料、给水流量以及汽轮机调节阀的变化而前移或者后移；而汽水分界点的移动直接影响汽水流程中加热段、蒸发段和过热段的长度，影响主蒸汽的温度，并导致主蒸汽压力、负荷的变化，因此，控制中间点温度一直被认为是直流锅炉控制的重要环节。

机组控制有以下五种方式，每种方式根据汽机主控和锅炉主控回路确定。协调控制方式是机组最高自动化水平的负荷控制。负荷指令同时送到锅炉主控和汽机主控，负荷偏差被控制在最小。

A　协调控制方式

在协调控制方式下，锅炉和汽机并行操作，锅炉控制汽机侧蒸汽压力和汽机控制机组负荷，两者相互影响。因此，负荷变化过程先于锅炉指令信号，同时压力变化过程修正调节阀位置。在这种方式下，不但锅炉主控和汽机主控处在自动状态，主要的控制回路也需处在自动状态，如给水控制系统、燃料控制系统、风量控制系统等。

B　锅炉跟随方式

汽机主控在手动方式，锅炉主控在自动方式。在这种方式下，锅炉控制汽机侧蒸汽压力，同时汽机调门采用手动调节以获得期望的功率。此外，主蒸汽压力设定值与汽机入口蒸汽压力进行比较，其偏差经机组负荷指令信号前馈和修正后产生锅炉主控信号去风量和燃料、给水回路，由操作员设定调节阀位置建立负荷指令。

C　汽机跟随方式 TF（初压方式）

汽机主控在自动，投入"压力控制投入"，锅炉主控 A/M 站在手动时采用这种方式。在这种操作方式下，汽机控制汽机侧蒸汽压力，通过调节锅炉的燃烧率来获得期望的负荷。操作员在锅炉主控站上设定燃料指令，燃料的变化将引起锅炉能量水平的改变，从而改变蒸汽压力。此种方式机组的负荷不能精准控制。

D　手动方式

汽机主控在"限压方式"和锅炉主控在手动时采用这种操作方式。在这种方式下锅炉和汽机单独操作，由操作员负责控制机组负荷和压力。操作员在锅炉主控站上设定燃料指令，在DEH上设置目标负荷及负荷率。

E　汽机自动方式（名义 TF 方式）

汽机自动方式是上汽－西门子公司联合设计制造的汽轮机特有的控制方式，锅炉主控在手动，汽机控制在远方（负荷控制投入），汽机在 DCS 上设定负荷及负荷率，不能设置压力偏差，操作员在锅炉主控站上设定燃料指令。燃料的变化将引起锅炉能量水平的改变，从而改变机组负荷。此种方式机组的压力不能精准控制。

1.2.4.2　给水控制系统

给水控制主要有给水流量控制、给水泵再循环调节门控制、储水箱液位控制。

（1）给水流量需求计算。给水控制的总体思路是以燃水比为基础，利用分离器出口蒸汽焓值和一级过热器两端的温度降进行修正，计算得到总的给水量需求。实现这一思路的方法为考虑省煤器出口到分离器出口这一段的焓值变化，计算出这一段总的焓增和单位工质的焓增，从而计算出给水量的需求。整个方案充分体现了"焓"这一能量概念。

1）焓增总量计算。根据锅炉主控指令以及锅炉设计参数计算出一级过热器入口单位工质设计焓值和省煤器出口单位工质设计焓值，两者相减得到设计单位工质焓增。根据锅炉主控指令以及锅炉设计参数计算出相应锅炉负荷下设计蒸汽流量和减温喷水流量，两者相减得到设计给水流量需求。设计单位工质焓增和设计给水流量需求两者的乘积即为设计总焓增。以上计算均考虑其蓄热迟延时间。利用饱和温度变化率乘以水冷壁管的金属质量的热容量来计算得到金属部件所吸收的热量，设计总焓增减去金属部件所吸收的热量得到设计有效焓增。

2）单位工质焓增计算。根据锅炉主控指令以及锅炉设计参数计算出分离器出口单位工质设计焓值，同时考虑一级过热减温要求分离器出口增减的蒸汽焓，得到分离器出口蒸汽焓设定值，实现方式是利用 ΔT 控制器。ΔT 控制器设定值为根据一级减温器出口温度和设计温降推算出一级减温器前温度（原理类似一级减温主回路设定值的生成），测量值端为实际的一级减温器前温度，若设定值比实测值大，说明一级减温器前温度偏低，需增加分离器出口蒸汽焓。经过一级过热减温器两端的温度降修正的分离器出口蒸汽焓设定值进入焓值调节器与实际的蒸汽焓进行偏差运算，输出作为省煤器出口到分离器出口单位工质焓增的修正值。修正的分离器出口蒸汽焓设定值减去省煤器出口实际焓值得到省煤器出口到分离器出口单位工质焓增的基本值，基本值与修正值之和作为单位工质在此段内的最终焓增。为防止焓值调节器工作时低于本生点，需对焓值调节器的输出进行限制，同时也利用省煤器流量裕度对 ΔT 调节器输出进行限制，两者限制值随锅炉负荷变化而变化。将焓值控制器的输出送到锅炉主控回路中作为其前馈，以减少燃料和给水间的影响。为保证给水流量总是超过本生流量和循环流量，对给水流量设定进行最小值限制。为防止储水箱水位和给水控制系统间的相互影响，将循环水流量的实际微分信号引入到给水流量需求生成回路中，当循环水流量呈增加趋势时，适当减少给水流量需求，这样就可减少两者间的影响；当锅炉停运或循环水调节阀关闭时，取消此前馈信号。

（2）给水流量控制。在低负荷时，调整给水启动调节阀开度来控制给水流量，调整电动给水泵的转速以维持启动阀两端的差压为一固定值（0.5～0.9MPa）。当给水启动调节阀开至大于75%而且负荷超过规定负荷后，逐步切换到主给水门，切换完成后，通过调整电动给水泵的转速来控制给水流量。在正常运行时，通过控制两台汽动给水泵的转速来控制给水流量，电动给水泵作为备用，其勺管到跟踪位。

（3）给水泵再循环调节门控制。给水泵再循环阀控制保证给水泵的入口流量不低于允许的最小流量，防止发生汽蚀。最小流量定值由给水泵的特性曲线得出。在一定的给水泵转速下，对应允许的最小入口流量，加一定的正向偏置以提高给水泵运行的安全性。两个流量测点经二选均值算法计算后作为控制回路的被调量。

（4）储水箱液位控制。汽水混合物进入分离器容器，蒸汽流向过热器，水流向储水箱。在负荷非常低时，水没有被蒸发而是全部进入储水箱，然后利用一台循环泵把水打回到省煤器入口。改变循环流量或状态作为储水箱液位的功能。在启动期间，水膨胀在储水箱里会造成液位较高，需靠两个排放阀的连续排放，排掉一些水。随着负荷的增加，更多的水转化成蒸汽，储水箱的液位降低。整个过程通过减少循环流量来相互配合，直到液位低时水泵跳闸为止。在本生负荷点以上，所有水都转化成蒸汽。三个储水箱差压液位信号经过储水箱压力修正后作为控制用信号。利用循环水温度信号对循环流量进行修正。循环流量设定值为储水箱水位的函数，增加惯性滤波环节防止储水箱水位变化时水位和流量控制系统之间的相互作用。循环流量受总给水流量设定值的限制。当循环泵和调节阀正常运行而不能达到排除储水箱多余的水时，由溢流阀来完成。大容量溢流阀和小容量溢流阀的开度指令为储水箱水位的函数，并采用储水箱压力进行修正。溢流阀的最大开度受储水箱压力的限制，当储水箱压力达到 3.0MPa 时，大容量溢流阀全关；当储水箱压力达到 20.0MPa 时，小容量溢流阀全关。

1.2.4.3 燃料控制系统

燃料量为六台给煤机的给煤量乘以热值修正系数后的值与燃油流量折算煤量之和。燃料指令由锅炉主控输出对应的函数经速率限制后的值加上负荷变化时的超调量得出。

燃料主控根据燃料指令和总燃料量通过自动控制调节产生给煤机指令，经"平衡"算法送至各个给煤机，任意一台给煤机真自动则燃料主控投自动。燃料主控自动且非跟踪，同时燃料量偏差在期望值则燃料主控真自动。

（1）给煤机控制。给煤机启动后前 30s，瞬时给煤量经过两个惯性环节后产生"给煤机在给煤量"。给煤机接受 APS 或磨煤机顺控来的投自动/切手动/置位信号。当给煤机自动且指令大于最小，给煤机在给煤，同时冷热一次风在自动则给煤机真自动。当给煤机指令达上限或给煤机与风量限制偏差大时给煤机增闭锁；当给煤机指令达下限或磨一次风量低时给煤机减闭锁。从第2台开始，给煤机投自动后，其偏置自动到零。当其余给煤机增闭锁或本给煤机减闭锁时本给煤机偏置减闭锁，当其余给煤机减闭锁或本给煤机增闭锁时本给煤机偏置增闭锁。

（2）进油母管调节阀控制。进油母管调节阀控制供油母管压力。供油母管压力信号故障，或进油母管调节阀指令与反馈偏差大，或MFT进油母管调节阀切手动，进油母管燃油关断阀全关且不在泄漏试验时进油母管调节阀超驰关。

1.2.4.4　主汽温度控制

主汽温度采用二级喷水减温方式并采用二级减温调节控制末级过热器出口温度。减温调节是基于一个双回路控制，而不是像传统的串级控制外回路那样是一个慢速回路，它预测了末级过热入口的温度。在这个回路中设置了末级过热出口温度设定值，考虑了末级过热出口温度自身变化对末级入口温度设定值的影响，设置了负荷变化前馈信号，同时对末级入口温度设定值进行饱和度的限制。内层快速回路是一个基于常规PID调节器的控制，它对末级过热器入口温度（二级减温器出口温度）进行调节。一级减温调节的原理与二级减温调节相似，一级减温调节控制屏式过热器出口温度，顶棚过热器出口温度设定值是基于储水箱出口压力的函数，经过与汽水分离器饱和温度的差值进行校正，成为一级减温水过热度的修正信号。一级减温水的流量指令是给水流量和机组目标负荷的函数，加上一级减温水的过热度修正信号，通过调节器进行调整。

1.2.4.5　再热汽温度控制

再热汽温的调节原则为烟气挡板粗调，喷水调节细调。烟气挡板调节设置调节死区。再热汽温的设定值由负荷的函数形成，在滑压、定压两模式下用不同的函数器。为保证再热汽温度有一定的过热度，喷水调节的主调节器的输出与高于饱和温度一定值的再热温度高选后形成副调节器的设定值。引入总风量、主蒸汽流量作为前馈信号。

MFT、汽机跳闸、低负荷、发电机故障、喷水调节阀位命令足够小，都形成关闭喷水隔离阀的命令。

1.2.4.6　炉膛压力控制系统

炉膛负压控制系统通过调节2台引风机入口导叶的开度维持炉膛压力。炉膛两侧各有3个炉腔压力测量信号，采用三取中处理后，再进行平均处理作为炉膛压力调节器的测量值。为保证炉膛压力调节的快速性，使用了一个炉膛压力调节器，调节器的输出送到两侧引风机的手操站，加上偏置信号和前馈信号后控制引风机入口导叶的开度。该设计有主燃料跳闸（MFT）后锅炉防内爆、外爆和单风道隔离功能。

由于炉膛压力信号总是带有小幅度的噪声干扰信号，直接采用这样的测量信号会引起引风机挡板动作过于频繁，不利于机组安全运行。而如果对炉膛压力信号进行惯性滤波，又增加了炉膛压力测量值的反应时间，使调节变得不灵敏。因此宜采用调节器内的死区来改善调节性能，死区设置一般推荐为0.02kPa左右（可根据具体工程设定）。

1.2.4.7　炉膛氧量控制

以两侧空预器入口的烟气含氧量的平均值作为炉膛内烟气氧量的表征。氧量定值为机组负荷指令的函数，遵循低负荷高氧量、高负荷低氧量的原则。运行人员还可通过调节氧量设定的偏置来微调氧量定值。

氧量调节器的输出是一个在0.85~1.15之间变化的微调系数，将它分别送到前后墙燃烬风控制回路和磨二次风控制回路去修正其风量设定值，从而实现将炉膛内氧量维持在合理范围内。

1.2.4.8　二次风压控制

通过调节两台送风机的动叶调节二次风联络母管压力，三个二次风压测点经三选中值算法后作为控制回路的被调量，二次风压的定值为锅炉主控的函数，运行人员还可通过偏置微调定值。回路手动时，自动计算偏置使得设定值跟踪被调量，以实现手/自动的无扰切换。

1.2.4.9　二次风量控制

磨总风量定值减去磨一次风量定值后得到磨二次风设定值。当给煤机启动后，磨二次风量定值需经速率限制器的限制后，再经氧量微调系数的修正后作为磨二次风量给定，并且不得低于最小二次风量限值。

左右两侧二次风量经相应二次风温校正后相加得到磨的总二次风量。当两侧二次风挡板均手动时，调节器跟踪两侧挡板指令均值，同时每侧挡板输出回路对本侧输出与调节器输出的偏差进行记忆，以保证每侧挡板投自动时无扰。当两侧挡板都投入自动后可在保证总输出不变的同时人工调整两侧偏差，以使两侧输出达到要求。

1.2.4.10　燃烬风控制

燃烬风控制分为前墙燃烬风控制和后墙燃烬风控制。燃烬风被送入炉膛前墙和后墙的上部以减少伴随着单级燃烧发出的高温而产生的大量 NO_x。这里以前墙燃烬风为例说明，后墙与其完全相同。

前墙左右侧燃烬风量经温度修正后相加作为总的前墙燃烬风量。燃料空气指令回路中来的前墙燃烬风量定值与经氧量微调系数修正后的前墙燃烬风量进行偏差调节运算，调节器输出送到左右侧燃烬风挡板，控制其开度。

当两侧燃烬风挡板均手动时，调节器跟踪两侧挡板指令均值，同时每侧挡板输出回路对本侧输出与调节器输出的偏差进行记忆，以保证每侧挡板投自动时无扰。当两侧挡板都投入自动后可在保证总输出不变的同时人工调整两侧偏差，以使两侧输出达到要求。

1.2.4.11　一次风压控制

通过调节两台一次风机的动叶调节一次风联络母管压力，三个一次风压测点经三选中值算法后作为控制回路的被调量，锅炉负荷（校正后的蒸汽流量）经函数形成一次风压的设定值，运行人员还可通过偏置微调定值。回路手动时，自动计算偏置使得设定值跟踪被调量，以实现手/自动的无扰切换。

1.2.4.12　磨煤机一次风量控制

热风挡板调负荷风量，各给煤机指令经整定后作为磨煤机风量控制的设定值和前馈信号。经压力和温度校正的风量与风量定值经过 PID 调节器产生调节指令控制磨一次风热风门。磨一次风流量定值为给煤机给煤量设定的函数，同时有低限限制。控制回路投入自动后，运行人员还可通过偏置微调风量定值。回路手动时，偏置模块使得风量定值跟踪实际风量，使得手/自动无扰切换。

1.2.4.13　磨煤机出口温度控制

磨煤机的出口粉温主要通过磨入口的冷风门调节。由于磨入口热风门和冷风门之间在控制上有耦合作用（在这里考虑单向解耦），将磨入口热风门控制指令作为前馈信号引入磨出口粉温控制。磨出口粉温由三个测点选大得出。选大的目的是为了保证磨出口粉温不超温。在制粉系统正常运行时，粉温的设定值由运行人员设定；在启动/停止磨时，粉温定值切换为启磨/停磨时的温度定值，并经过速率限制模块平滑切换。

1.2.4.14　主要辅机控制系统

主要辅机控制系统包括除氧器压力及水位控制，高、低压加热器水位控制，凝汽器水位控制，闭式水箱水位控制，润滑油温度控制，定子冷却水温度控制，轴封压力及温度控制，高、低压旁路控制等。这些辅助控制系统作为分散控制系统中的一部分，为辅助设备的安全运行提供保证。

主要辅助控制系统控制方式比较简单，主要采用单回路 PID 控制策略。当然，也包括控制方式的手、自动切换，故障报警等保护措施。

1.2.5　电气控制系统

电气控制系统（ECS）是机组分散控制系统必不可少的一部分，其主要功能是对机组电气回路的相关设备进行控制，包括各设备之间的联锁保护功能。对电气设备进行控制，主要是对各开关的合/分操作，开关状态和设备状态的显示/报警，模拟量的实时显示等的控制。在机组进行启/停及连续运行期间，保证电气设备能正确地在 DCS 操作员站上进行合/分操作，以保证机组安全可靠地运行。主要体现在以下几个方面：

（1）对厂用电系统，能按启动/停止阶段和正常运行阶段的要求实行程序控制或软手操控制，实现由工作到备用或由备用到工作电源的程序切换或软手操切换，保证机组的安全运行和正常起机/停机。

（2）对发变组，实现发变组系统自动程序控制或软手操控制，可使发电机由零起升速、升压直至同期并网带初始负荷的程序控制和软手操控制，或使发电机自动停机。发电机励磁系统电压调节、发变组同期、电气设备保护、6kV 厂用电快切功能由独立的装置实现，DCS 控制自动装置的起停和方式选择，并进行状态监视。根据实际运行水平和设备可靠性，机组程控并网可设置人工间断点，分步进行。

（3）实时显示并记录发电机、变压器（或发变组）系统、厂用电系统、网控系统和电气专用自动装置的正常运行、异常运行和事故状态下的各种数据和状态，自动生产数据报表、操作记录报表，通过对故障进行详尽的分析，迅速得出事故原因，并提供操作指导和应急处理措施。

（4）在操作员站可进行电气设备的检修/试验操作。当某一设备处于检修时，在相应的电气系统画面上设有相应的检修/试验状态显示（挂牌），此时与该设备相关的闭锁或联锁条件均失效。为防止误操作，设有单独的检修试验画面，操作时需经运行人员进一步确认后方可投入或退出检修/试验。对特别重要的设备设有必须的保护措施。

（5）在 ECS 中，有些设备之间是相互联锁的，这些设备的联锁无需通过"联锁按钮"选择，可根据逻辑组态自动实现。如存在双路电源之间切换问题，为防止母线故障时多次跳闸，应考虑只能切换一次。其次，可以通过 DCS 画面进行操作，实现发电厂电气系统防误操作。此外，所有由 DCS 操作的单个断路器，除具有必要的联锁功能外，还有必要的闭锁措施，由预合、预分、防止误操作组成。

1.2.6　给水泵汽轮机电液控制系统

随着机组容量的不断增大和电厂控制系统自动化水平的日益提高，原来的液压机械调节系统已不能适应锅炉给水量的自动调节要求，因此，微机电液控制系统得到广泛的发展和应用，在给水泵小汽轮机上配置了高压抗燃油微机电液控制系统，简称 MEH。MEH 以高压抗燃油为工作介质，以电液伺服阀为液压接口设备，以高低压调节阀油动机为执行机构，构成一套完整的 MEH 控制系统，控制给水泵汽轮机的转速，满足大型机组给水控制的要求。

MEH 控制系统有三种运行控制方式：

（1）手动控制方式。该方式是在任何时候通过操作员站选择手动控制，将切到手动方式。在该方式时，操作员通过操作员站上的增减按钮或直接设定阀位来控制阀门开度，这种方式直接控制阀位，通过和现场来的阀位信号进行比较，得到阀位的偏差，然后进行计算，得到一个控制信号到伺服阀，控制油动机的开度，达到控制转速的目的。

（2）转速自动控制。该方式是通过 MEH 进行逻辑判断选择的。当满足转速自动控制条件时可切到该方式控制。转速控制方式是自动调节常用的方式之一，通过操作员站改变目标转速，然后对实际转速和给定转速的差值进行 PID 计算，达到控制阀位的目的，并最终控制转速。

（3）遥控控制方式。该方式是通过 MEH 进行逻辑判断选择的。当满足遥控投入条件时可切换到该方式。在遥控控制方式下，MEH 接受来自锅炉给水控制系统的 4～20mA DC 控制信号，并转换为 MEH 中的转速信号，4mA 对应 3100r/min，20mA 对应 5900r/min，它们之间是线性相关。控制回路对上面提到的条件进行逻辑判断后，就可以通过操作员站投入锅炉自动控制方式，但是若锅炉自动控制允许信号消失或锅炉控制系统来的信号出现故障时，将切到转速自动控制。

在遥控控制方式下，MEH 向锅炉控制系统输出一个 4～20mA 信号作为反馈信号，而锅炉给水控制系统向 MEH 输出的 4～20mA 信号将作为一个控制信号。此时，MEH 仅仅作为一个执行机构。MEH 接收到锅炉自动控制系统的信号后，直接送到控制回路，作为控制的目标值。当达到这个目标值时，转速保持稳定，转速随着锅炉给水控制系统信号变化而变化。遥控控制方式是一种更加完善的控制方式，它同时考虑了汽轮机和锅炉的控制，将整个电厂作为一个系统来控制，可以使控制过程更加趋于合理化。

1.3 超超临界单元机组控制策略

在超超临界机组的过程控制中，大部分控制回路采用了常规的控制策略，可以满足机组对控制系统性能的要求。对一些耦合性强、非线性特征明显的控制回路采用了诸如前馈控制等一些复合控制策略，以保证机组控制的可靠性和快速性。

1.3.1 常规 PID 控制系统

在超超临界机组的控制回路中，使用数字 PID 控制算法的新一代以数字计算机为核心的 PID 控制器，以原理简单、使用方便、适应性强、鲁棒性好等特点被广泛应用。对于少数具有非线性、时变性、大迟延、大惯性和强耦合性的复杂系统来说，常规的 PID 控制算法很难满足要求，需要采用先进的热工过程优化控制策略或先进的现代智能控制方法。

PID 控制就是按照给定值与实际值的偏差的比例、积分、微分进行运算的控制算法。常规的 PID 控制系统如图 1-7 所示。

图 1-7 中，K_p 为比例调节系数；K_i 为积分时间；K_d 为微分时间。

在实际的热工过程控制中，往往对 PID 算法加以改进，将 PID 控制与其他控制算法相结合，极大地丰富了 PID 算法的内涵，提高了其可靠性和实用性。比如针对在控制回路中出现

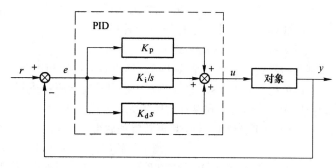

图 1-7 PID 控制系统框图

的积分饱和现象，采用了具有积分分离的 PID 控制；对于控制对象具有非线性特性的现象，采用了具有变增益变参数的 PID 控制。实际中还有对微分项进行改进的实际微分 PID 算法、带死区的 PID 算法等。根据控制对象的具体特点，可采用不同的 PID 控制算法，可以有效地解决 PID 控制的适应性问题。

PID 控制不适用于有大时间滞后的控制对象，参数变化较大甚至结构也变化的控制对象以及

系统复杂、环境复杂、控制性能要求高的控制过程。

1.3.2　超超临界机组热工控制系统结构

综合目前的控制系统，1000MW 超超临界机组通常采用反馈、前馈、前馈－反馈复合控制、串级、比值、解耦等控制系统结构。

1.3.2.1　反馈控制系统

反馈控制系统是根据被调量与给定值之间的偏差进行调节，最后使偏差消除，达到给定值等于被调量的目的。反馈控制系统是将被调量反馈到调节器的输入端，形成一个闭合控制回路，所以它是过程控制系统中最基本的一种闭环控制系统。

然而，反馈控制系统具有一定的滞后性，结构如图 1-7 所示。必须在被调量与给定值的偏差出现后调节器才进行调节，以此来补偿各种扰动对被调量的影响。在扰动产生后而被调量还没有变化时，调节器不进行调节，反馈控制总是落后于扰动对系统的影响。反馈控制系统的滞后性，决定了无法将扰动对被调量的影响消除在被调量动作之前，从而限制了这类控制系统控制质量的进一步提高。

1.3.2.2　前馈控制系统

前馈控制系统是直接根据系统扰动作用进行调节，对被调节对象进行控制来补偿扰动对被调量的影响，由于没有被调量的反馈信号引入到调节器，不能形成闭环回路，因此这种控制叫做前馈控制，是一种开环控制系统。

前馈控制系统主要考虑扰动作用的结果，扰动作用一产生，被调量还没有来得及动作时，前馈调节就立即发挥作用，及时抵消扰动对被调量的影响，控制及时迅速有效，理论意义上可以将偏差消除。前馈控制对于扰动的消除要比反馈控制系统快得多。

前馈控制系统框图如图 1-8 所示。图中 $F(s)$ 是系统扰动；$Y(s)$ 是被调量；$W_f(s)$ 是扰动通道对象特性；$W_o(s)$ 是前馈通道对象特性；$W_b(s)$ 是前馈调节器。在理想的情况下，针对某种扰动设计的前馈控制，能够完全补偿因扰动而引起的被调量的变化，这称作完全补偿。实现对干扰完全补偿的关键是确定前馈

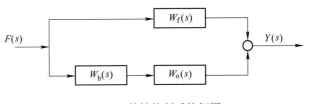

图 1-8　前馈控制系统框图

控制器的形式。$W_b(s)$ 取决于前馈通道对象特性和扰动通道对象特性。

前馈控制器 $W_b(s)$ 参数的整定根据不变性原理进行。在调节器设计过程中，使被调量与扰动作用无关或者至少在某种程度上无关。由此可知：

$W_f(s) + W_b(s)W_o(s) = 0$ 重新整理后得：

$$W_b(s) = -W_f(s)/W_o(s) \tag{1-2}$$

若 $W_f(s)$ 和 $W_o(s)$ 能够准确确定，$W_b(s)$ 就完全按照式（1-2）确定，此时，无论扰动信号如何改变，前馈控制都能够做到完全补偿，使被调量因扰动而引起的动态和静态偏差均为零。这实际上是一种理想的控制器，在实际过程控制中，对象特性是在不断变化的，很难做到精确确定，因而，前馈控制系统的完全补偿作用也是很难实现的。

所以，在工程上经常采用静态前馈控制和一些特定的动态前馈控制。

静态前馈控制：

$$W_b(s) = -K_b = -K_f/K_o \tag{1-3}$$

式中，K_f、K_o 分别是扰动通道与前馈通道静态放大系数。

静态前馈控制只能对稳态的扰动有好的补偿作用，但动态偏差依然存在。由于静态前馈控制器为比例调节器，实施起来十分方便，可用于扰动变化不大或对补偿要求不高的生产过程。

动态前馈控制：静态控制系统中的静态放大系数比较复杂，较难确定，所以在热工过程控制中常用动态前馈控制：

$$W_b(s) = (1 + T_1 s)/(1 + T_2 s) \tag{1-4}$$

当 $T_1 > T_2$ 时，超前补偿（PD 作用），改善动态特性，加快响应速度。

当 $T_2 > T_1$ 时，滞后补偿（P + 惯性作用），降低响应速度，改善稳态精度。

动态前馈控制几乎每时每刻都在补偿扰动对被控量的影响，故能极大地提高控制过程的动态品质，是改善控制系统品质的有效手段，可用于扰动变化频繁和动态精度要求比较高的生产过程。动态前馈控制器的结构往往比较复杂，需要专门的控制装置，系统运行、参数整定也都较复杂。因此，只有当常规控制方案难以满足时，才考虑使用动态前馈控制。

前馈控制的局限性体现在以下几个方面：

（1）补偿效果无法检验：前馈控制系统是开环控制，不存在被调量的反馈，补偿效果没有检验的手段，前馈作用没有最后消除偏差时，系统无法判断控制效果。

（2）控制精度不高：前馈控制模型的精度也受到多种因素的限制，比如受限于对象特性的变化，对象特性要受到负荷和工况等因素的影响而产生变化，一个事先固定的前馈控制器不可能获得良好的控制质量。

（3）多个扰动成本大：由于实际工业对象存在多个扰动，如果要做到对所有扰动进行补偿，必须设计多个前馈通道，因而增加了投资费用和维护工作量。

1.3.2.3 前馈－反馈复合控制系统

在实际的过程控制中，为提高控制品质、克服前馈控制系统和反馈控制系统的缺点，前馈控制系统往往不单独使用，而是在反馈控制的基础上，增加了对主要扰动的前馈控制系统，构成了前馈－反馈负荷控制系统（见图1-9）。

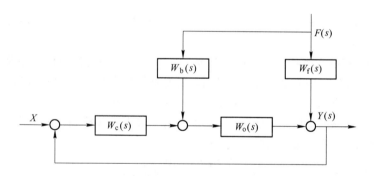

图 1-9　前馈－反馈控制系统框图

图 1-9 中，$W_c(s)$ 是反馈调节器。前馈－反馈控制系统既能发挥前馈调节控制及时迅速的优点，又能保持反馈控制对各种扰动因素都有抑制消除作用，具有保证系统稳定的功能，在生产过程中得到了广泛的应用。

前馈－反馈控制系统具有如下特点：（1）由于增加了反馈回路，只需对主要的干扰进行前馈补偿，其他干扰可由反馈控制予以校正，大大简化了原有前馈控制系统；（2）反馈回路的存在，降低了前馈控制模型的精度要求；（3）负荷变化时，模型特性也要变化，可由反馈控制加以补偿，因此系统具有一定自适应能力；（4）当前馈信号加在反馈信号之前时，前馈控制器特性不仅与扰动通道特性和控制通道特性有关，而且与反馈控制器特性有关。

1.3.2.4　串级控制系统

随着电厂机组容量的不断提高和电网对电力生产运行调节质量的不断提高，单回路反馈调节系统对一些诸如汽温控制、给水控制、风量控制等主要过程的调节不能满足相关要求，显示出一些不足之处。比如，在单回路控制中，调节器动作的过程明显滞后于扰动的变化，这样不能及时消除扰动对被调量的影响，造成被调量变化较大，而且稳定时间较长。

如果能够改善调节作用下对象的动态特性，尽量取得一些比被调量提前反映扰动的辅助信号，这样调节器就能提前动作，有效的限制被调量的动态偏差，这相当于改善调节作用下对象的动态特性，这类典型的控制系统就是串级控制系统。

（1）串级控制系统结构。串级控制系统是由其结构上的特征而得名的，系统结构如图1-10所示。它是由主、副两个控制回路串联而成，主控制器的输出作为副控制器的给定值，副控制器的输出去调节对象进行调节，以实现对被调量的控制。

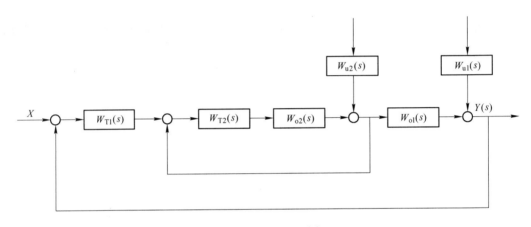

图 1-10　串级控制系统框图

图 1-10 中，$W_{T1}(s)$、$W_{T2}(s)$ 分别为主、副调节器；$W_{o1}(s)$、$W_{o2}(s)$ 分别为主、副控对象特性；$W_{u1}(s)$、$W_{u2}(s)$ 分别为主、副回路扰动。

（2）主、副回路的设计原则。在串级控制回路中，参数的选择应使副回路的时间常数小，控制通道短，反应灵敏。副回路应包含被控对象所受到的主要干扰，一般应使副回路的频率比主回路的频率高得多，当副回路的时间常数加在一起超过了主回路时，采用串级控制就没有什么效果。所以，主、副回路的工作频率应该适当匹配。为了确保串级控制系统不受共振现象的干扰，主、副回路的振荡周期通常按照式（1-5）选取：

$$T_{d1} = (3 \sim 10) T_{d2} \tag{1-5}$$

式中，T_{d1} 为主回路的振荡周期；T_{d2} 为副回路的振荡周期。

（3）主、副调节器及中间点的选择。在串级控制系统中，副调节器的任务是要快速动作以迅速消除进入副回路内的扰动，而且副参数并不要求无差，所以一般都选 P 调节器。主调节器的任务是准确保持被调量符合生产要求，不允许被调量存在静差。因此主调节器一般都采用PI 调节器。如果控制对象惯性区的容积数目较多，同时有主要扰动落在副回路以外，就可以考虑采用 PID 调节器。当主参数要求高，副参数也有一定要求时，中间点只能按生产过程要求确定，而主、副调节器均应选择 PI，以使稳态时主、副参数均等于给定值，如机组的汽压调节系统。

（4）串级控制系统分析。由于副回路具有快速作用，因此，串级控制系统对进入副回路的扰动有很强的克服能力。由于副回路的存在改善了对象的动态特性，提高了系统的工作频率，使串级系统有一定的自适应能力。副回路通常是一个随动系统，当负荷变化时，主调节器将改变其输出值，副调节器能快速跟踪，及时而又精确地控制副参数，从而保证系统的控制品质。

因此，副回路相当于改变了导前区的动态特性。副回路的存在改善了对象导前区的动态特性，提高了对发生在副回路的扰动的抑制力，也提高了主回路的跟踪性能。

总体来说，串级控制仍然是一个定值控制系统，主参数在扰动作用下的控制过程与单回路控制系统的过程具有相同的指标和形式（串级控制系统具有很强的克服内扰的能力；串级控制系统可减小副回路时间常数，改善对象动态特性，提高系统的工作频率；串级控制系统具有一定的自适应能力）。

1.3.2.5 比值控制系统

保持两个变量按照一定比例变化的控制，称作比值控制。在工业生产过程中经常需要控制两种或两种以上的物料保持一定的比例关系。在超超临界直流锅炉给水流量控制过程中，需要保持燃煤量和给水流量成比例，以保证中间点温度的稳定而维持锅炉主蒸汽温度稳定；燃烧的调节过程中，需要保持燃煤量和风量成比例，以保证锅炉燃烧的稳定及较低的氮氧化物。

比值控制系统一般无法直接测量所需要控制的性能指标，只能通过控制两个量的比值来维持最优性能。因此，在这些情况下，需采用比值控制系统，比值控制系统的作用就在于维持两个变量之间的比值关系。比值控制系统中的两个量，一个是主动流量 Q_1，另一个是从动流量 Q_2。通常主动流量 Q_1 不加控制，从动流量 Q_2 作为系统的调节变量，通过改变 Q_2 维持两个流量之间的比值关系。比值控制系统按照比值的特点分为定比值控制系统和变比值控制系统，按照结构特点分为简单比值控制系统和复杂比值控制系统。常见的比值控制系统为单闭环比值控制系统、双闭环比值控制系统以及串级比值控制系统。

单闭环比值控制系统，主流量相当于串级控制系统的主参数，而主流量未构成闭环控制系统，Q_2 的变化并没有影响到 Q_1 的变化。单闭环比值控制系统适用于负荷变化不大，主流量不可控制，两种物料间的比值要求较精确的生产过程。

双闭环比值控制系统，克服单闭环比值控制系统主流量不受控制，生产负荷在较大范围内波动的不足，在单闭环比值控制系统的基础上，增设了主流量控制回路，克服了主流量扰动的影响。实现精确的流量比值关系控制，确保两物料总量基本不变。双闭环比值控制系统适用于主副流量扰动频繁，负荷变化较大，同时保证主、副物料总量恒定的生产过程。

串级比值控制系统，是按照一定的生产过程指标自行修正比值系数的变比值控制系统，串级比值控制系统框图如图1-11所示。也就是主流量与副流量之比通常不是常数，而是根据另外一个参数的变化来不断修正。超超临界机组中，根据中间点温度来修正煤水比，根据锅炉的氧量来修正风煤比等。

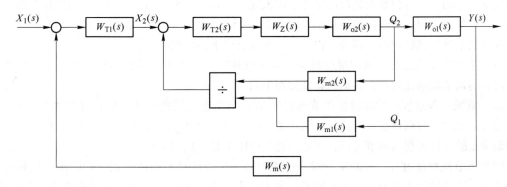

图1-11 串级比值控制系统框图

图 1-11 中，$W_{m1}(s)$、$W_{m2}(s)$ 分别为物料 Q_1 和 Q_2 的对象特性；$W_m(s)$ 为反馈对象特性。

主、副物料流量的确定，一般选生产过程中起主导作用的物料流量为主流量。不可控的或者工艺上不允许控制的物料流量一般选为主流量，而可控的物料流量选为副流量。较昂贵的物料流量可选为主流量。按生产工艺的特殊要求确定主、副物料流量。

控制方案的选择，如果仅要求两物料流量之比一定，负荷变化不大，主流量不可控，则可选单闭环比值控制方案。如果在生产过程中，主、副流量扰动频繁，负荷变化较大，同时要保证主、副物料流量恒定，则可选用双闭环比值控制方案。如果当生产要求两种物料流量的比值能灵活地随第三个参数的需要进行调节时，可选用串级比值控制方案。

1.3.2.6　解耦控制系统

在超超临界机组这样规模较大的生产过程中，控制对象复杂，被控量和控制量往往不止一对，控制过程中需要设置若干个控制回路，才能对机组的生产过程进行稳定有效控制。由于受控对象的关联特性，一个控制量往往对多个被控量产生影响，这时的各个控制回路之间往往存在着相互关联和耦合的关系，这种关系直接影响控制系统的控制质量和调节品质。

把这种互相关联和耦合的多参数控制过程转化为几个彼此独立的单输入 - 单输出的控制过程来处理，实现一个调节器只对其对应的被控过程独立地进行调节，这样的系统称之为解耦控制系统。解耦控制系统的本质就是设计一个补偿环节，用它来抵消存在于过程中的相互作用，以使其独立地进行单回路调节。

常用的解耦控制类型为：（1）前馈补偿法；（2）对角矩阵法；（3）单位矩阵法等。

1.4　超超临界单元机组控制系统的性能要求

1.4.1　超超临界机组热工控制动态特性

在超超临界机组的控制过程中，当自动控制系统受到各种扰动或人为要求设定值时，被调量就会发生变化，产生调节偏差。通过控制系统本身的自动调节，经过一定的过渡过程，被调量重新恢复到原来的稳态值或稳定到新的给定值，这时系统从原来的平衡状态过渡到新的平衡状态。把被调量在调节过程中的过渡过程称为动态过程，而把被调量处于的平衡状态称为静态或稳态。同样，采用动态指标和稳态指标对电厂机组自动控制系统进行综合评价。

对机组控制系统而言最基本的要求就是必须稳定，也就是要求控制系统被调量的稳态误差或偏差为零或在实际生产过程中允许的最小范围之内。对于一个控制系统来说，稳态误差越小越好，最好稳态误差为零，但在实际的生产过程中往往做不到使稳态误差为零。比如说在超超临界机组的热工过程控制系统中，机组的负荷、主汽压力、主蒸汽温度、再热蒸汽温度等参数的控制要求是非常高的，但也很难做到被调量与给定值完全一致，即没有稳态误差，尽力使稳态误差越小越好。常规要求稳态误差在被调量额定值的 2% ~ 5% 内。

在控制系统受到扰动后，调节过程的动态特性有以下四种类型。

（1）非周期变化过程，被调量经过调整后缓慢地变化，逐步达到新的平衡状态。这种动态调节过程的调节时间比较长，其动态特性如图 1-12（a）所示。

（2）衰减振荡过程，被调量在调节过程中是一个动态振荡的过程，但振动幅度越来越小，调节过程结束时，被调量会达到新的平衡状态。调节过程中最大的振幅称为超调量，这是调节过程中最常见的比较理想的调节过程，其动态特性如图 1-12（b）所示。

（3）不衰减振荡过程，被调量在调节过程中是一个持续动态振荡过程，始终不能达到新的平衡状态。这种过程如果振幅较大，则是一个不稳定不收敛的过程，在生产过程中绝不能出现，有可能会引起整个系统的振荡，特别是对超超临界机组尤为重要。如果振幅较小，在生产过程中的允许范围内，可以认为是稳定系统，其动态特性如图1-12（c）所示。

（4）渐扩振荡过程，被调量在调节过程中不仅是一个动态振荡过程，而且振幅越来越大，有可能会大幅度超过被调量的给定值，这是一种典型的不稳定发散过程。在实际的生产过程控制中，通过控制系统的优化设计和参数整定杜绝此类过程的出现，其动态特性如图1-12（d）所示。

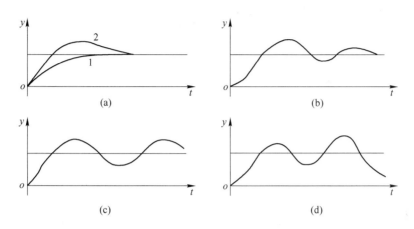

图1-12 调节过程的动态特性

（a）非周期变化过程；（b）衰减振荡过程；（c）不衰减振荡过程；（d）渐扩振荡过程
1—无超调量的非周期变化过程；2—有超调量的非周期变化过程

通常，设计合理的电厂热工自动控制系统，动态特性绝大多数情况下是图1-12中的（b）类型。为了满足电厂的实际生产过程要求，不仅要求控制系统的调节过程是稳定的，更希望过渡过程时间越短越好，振幅的振荡也越小越好。

1.4.2 超超临界机组热工控制系统评价指标

结合电厂的实际生产过程，对控制系统的评价通常会从系统的稳定性、快速性、准确性和适应性等几个方面来进行综合判断。

（1）稳定性。稳定的控制系统的被调量和控制参数的动态过程最后是趋于稳定的，重新处于一个平衡状态；不稳定的控制系统的动态过程是逐渐扩散的和无法收敛的，不能达到新的平衡状态。

控制系统的稳定性可以用衰减率来进行衡量，衰减率的计算方法如下：

$$\phi = \frac{b_{m1} - b_{m3}}{b_{m1}} = 1 - \frac{b_{m3}}{b_{m1}} \tag{1-6}$$

式中，b_{m1}为被调量从新稳定值算起的第一波峰；b_{m3}为被调量从新稳定值算起的第三波峰。

衰减率和系统的稳定性之间具有如下的关系：

1）$\phi = 1$，过渡过程为非周期的过程，稳定性最高。

2）$\phi = 0$，过渡过程为等幅振荡过程，系统处于临界稳定状态，稳定性最差。

3）$0 < \phi < 1$，过渡过程为衰减振荡过程，稳定性较好。ϕ越接近1，稳定性越好。

4）$\phi < 0$，过渡过程为渐扩振荡过程，系统不稳定。

（2）快速性。在控制系统稳定的前提下，过渡过程的持续时间越短越好，但也有矛盾，如要求过渡过程时间很短，动态偏差就会变得很大。一般认为被调量与给定值的偏差满足现场实际控制需要的范围内就算基本稳定。

（3）准确性。调节过程中，**通常采用被调量与其给定值之间的最大动态偏差和静态偏差来**衡量。最大动态偏差是指整个过渡过程**中被调量偏离给定值的最大差值**；静态偏差是过渡过程结束后被调量与给定值之间的差值。在兼顾**快速性**的条件下，动态偏差与静态偏差越小越好。

（4）适应性。适应性又称鲁棒性，要求自动控制系统能适应生产过程较大范围的工况变化。因为工况变化后受控对象的特性将会发生变化。因此要求控制器的参数也能够有较大范围的调整余地，从而使控制系统仍可获得良好的控制品质。

2 Foxboro 分散控制系统

分散控制系统——DCS 是 Distributed Control System（分布式控制系统）的英文缩写，在国内自控行业又称之为集散控制系统（Total Distributed Control System，TDCS），名称不同只是说明不同产品的系统设计、功能和特点不同，但系统本身并无本质区别。我国电力行业习惯称其为分散控制系统。该系统是以微处理器为核心，采用数据通信技术和 CRT 显示技术，对生产过程进行集中管理和分散控制的系统。还有另一种提法，即它是计算机（computer）技术、通信（communication）技术、控制（control）技术以及阴极射线管（CRT）显示等技术的综合应用，俗称"4C 技术"。

DCS 将整个控制系统的目标和任务按事先预订方式分配给各子系统，而各子系统并不是独立运行，它们之间需要进行必要的信息交换。所有参与控制的计算机根据承担任务的不同，处于不同的控制级别。它将全部信息集中到控制室，以便操作人员监视操作和集中管理，即集中操作、分散控制、分级管理、配置灵活、组态方便。

国家电投某厂（2×1050MW）选用哈尔滨锅炉厂有限责任公司生产的超超临界参数变压运行、垂直管圈水冷壁直流炉、单炉膛、一次中间再热、采用八角切向燃烧方式、平衡通风、固态排渣、全钢悬吊结构 Ⅱ 型、露天布置的燃煤锅炉。汽轮机选用上海汽轮机有限公司生产的西门子技术超超临界、一次中间再热、凝汽式、单轴、单背压、四缸四排汽汽轮机。DCS 系统选用了福克斯波罗有限公司的 Foxboro 分散控制系统。

控制系统软件部分包括数据采集系统（DAS）、模拟量控制系统（MCS）（含旁路控制系统）、顺序控制系统（SCS）、锅炉炉膛安全监控系统（FSSS）、电气控制系统（ECS）等各项控制功能，是一套能够完成全套机组各项控制功能的完善的控制系统。其中 MCS 系统包括协调控制、燃料控制、给水控制、汽温控制、风烟控制等；FSSS 包括磨组、油系统、锅炉主保护等；SCS 包括一次风机组、送风机组、引风机组、空预器组、给水泵组、高加系统、凝结水系统、开闭式水系统、汽机氢油水系统等；ECS 包括励磁、快切、10kV 断路器、380V 断路器、同期、启备变等。

热控 DCS 逻辑组态实施意义重大，主要体现在对火电厂安全生产、节能降耗、事故预警、快速反应及降低人工操作等方面意义突出，并且是提高发电品质和反映发电厂自动化水平的重要指标之一。

2.1 硬件概述

了解 Foxboro Evo 过程自动化系统的物理安装和各组件的功能，是确保系统正常运行的一个基本要求。本节将介绍 Foxboro Evo 系统中各组件的基本功能和特性。

2.1.1 Foxboro Evo 系统

Foxboro Evo 系统是一个开放的工业系统（open industrial system），整合了工厂的生产过程，并使其达到自动化生产。作为一个 DCS 系统，Foxboro Evo 同时也支持系统中的模件各自独立工作，互不影响；工厂可以逐步调整系统，以满足工厂的过程控制需求；用户可以按照自己的步调进行系统升级。

组成 Foxboro Evo 系统的各组件可以分布在不同的位置，以满足不同的自动化工厂的布局需求。同时，Foxboro Evo 控制网络（MESH 控制网络），是一个基于 IEEE802.3u（快速以太网）和 IEEE802.3Z（Gigabit 以太网）标准的交换机构建的快速以太控制网络。该网络由一系列交换机构建组成，支持高性能冗余数据传输，以及排除网络中单点故障的能力。网络拓扑结构的灵活方便性，则支持用户快捷方便地根据自身的需求构建网络。MESH 网络的规模可以简单至一台控制器直接连接一个交换机，也可以由许多个交换机组成复杂的大型网络，交换机之间的数据传输速率可以达到 1GB/s。

2.1.1.1　Foxboro Evo 系统的发展史

Foxboro Evo 系统自从 1987 年就开始进入自动化行业了，那时系统的名称为 Foxboro I/A Series。I/A Series 是基于系统的可持续发展理念而开发的，即用户的可持续更新、可选择性更新，包括硬件和软件部分或全部更新，以便在现有系统中应用最新的控制技术，同时不要求必须淘汰现有的老系统。

以下是 Foxboro Evo Control Core Services 系统的发展历史：

1987 年：真正的开放式系统；冗余 Fieldbus 和 Ethernet control bus；工业软件包；UNIX 工作站；Client/Server 结构；

1991 年：功能更强大的 SUN 工作站（UNIX 平台）；

1992 年：2-msec logic in I/O；6000 英尺远程光纤 Fieldbus；

1994 年：自适应前馈控制；

1996 年：Windows NT 平台工作站；Open modular controller；Web-based applications；

1999 年：冗余/安全/高速的以太网远程 I/O；

2000 年：Connoisseur MPC Blocks；Windows Terminal Server；

2001 年：Mutiple Fieldbus Communication；1GB 以太网；

2002 年：ArchestrA 就绪，Windows XP \ Solaris 8，IACC；

2003 年：以太网交换机，FDT for HART；

2004 年：V8 MESH 网络，FDT，FDSI；

2006 年：InFusion Enterprise Control System（InFusion ECS）；

2011 年：Foxboro Control Systems（FCS）；

2012 年：Windows 7；Windows Server 2008；

2014 年：Foxboro Evo Control Software；Foxboro Evo Control Core Services。

2.1.1.2　Foxboro Evo 系统的基本组件

Foxboro Evo 过程自动化系统代表了下一代工业控制系统的方向。系统由创新设计的硬件组成，提供了最新的过程控制技术，并为用户带来了更高一层的稳定性，可靠性，更强大的处理能力，更低的成本。Foxboro Evo 过程自动化系统基于先进的 Foxboro I/A Series 系统的控制原理，并利用了 Triconex 系统的安全技术。Foxboro Evo 系统将最新的 Foxboro Evo 硬件与 Wonderware 的先进软件结合，最终形成了 Foxboro Evo Control Core Services（硬件）和 Foxboro Evo Control Software 产品（软件）。

Foxboro Evo 硬件系统包含以下基本组件（见图 2-1）：

Field Control Processors：FCP 处理器；

Fieldbus Modules：FBM 模件（I/O 模件）；

Power Modules：电源模件；

Annunciator Keyboards：报警键盘；

Data Stroage Devices：数据存储设备；

Multi-monitor Workstations：多屏工作站；

Personal Workstations：个人工作站；

Application Workstations：应用程序工作站；

Modular Industrial Workstations：模块化工业工作站；

Pointing Devices：操作设备，例如鼠标，球标，触摸屏；

Foxboro Evo Baseplates：Foxboro Evo 模件底板；

Termination Assembly（TA）Units：端子排；

The Foxboro Evo Control Network：Foxboro Evo 控制网络。

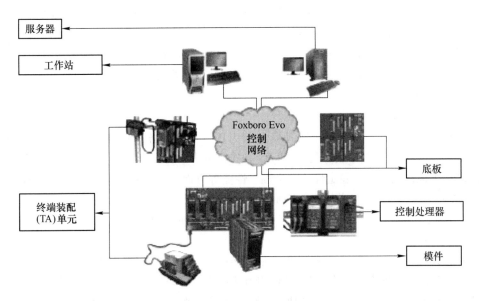

图 2-1　Foxboro Evo 控制网络图

2.1.1.3　Foxboro Evo 系统中的模件（Modules）

Foxboro Evo 系统由一系列称之为 Modules 的设备组成。每块模件被编程，并用来实现特定功能。用户可以在模件中创建或修改在模件中运行的软件。

模件的基本功能决定了模件的分级，如下所示：

Processor Modules（Stations）：

　　-Servers/Workstations；

　　-Control Processors：

　　　　FCP270；FCP280；

DIN RAIL mounted subsystem；

　　-Fieldbus Modules；

　　　　200-Series FBMs；100-Series FBMs；

Foxboro Evo Control Network；

　　-Ethernet switches；

　　　　16、24 或 48 端口 s；Chassis-based；

2.1.2　Workstations 和 Servers

2.1.2.1　Workstations

Workstations 指的是工作站，是一种高端的通用微型计算机。它是为了单用户使用并提供比个人计算机更强大的性能，尤其是图形处理、任务并行方面的能力。工作站通常配有高分辨率的大屏、多屏显示器及容量很大的内存储器和外部存储器，并且具有极强的信息和高性能的图形、图像处理功能的计算机。另外，连接到服务器的终端机也可称为工作站。

Workstations 在现在的 Foxboro Evo 系统中，常被使用为操作员站。在非 Evo 系统中，工程师站也可以使用 Workstations 来担任。

Foxboro Evo Workstations 作为运行人员的人机界面的主要功能为：监视和控制过程变量，接收过程报警通知。

Foxboro Evo Workstations 的主要人机接口设备为：显示器、报警键盘、鼠标/球标、触摸屏。

2.1.2.2　Multi-Monitor Workstations

Foxboro Evo 的 Workstations 最多可以支持四个显示器或两个触摸屏。这样可以使得 Foxboro Evo 系统同时显示更多的信息。在配制多显示器模式后，只要将鼠标在不同显示器之间移动，就可以进行分屏操作了。

2.1.2.3　Servers

Server 指的是服务器，是指一个管理资源并为用户提供服务的计算机，通常分为文件服务器、数据库服务器和应用程序服务器。运行以上软件的计算机或计算机系统也被称为服务器。相对于普通 PC 来说，服务器在稳定性、安全性、性能等方面都要求更高，因此 CPU、芯片组、内存、磁盘系统、网络等硬件和普通 PC 有所不同。

在 Evo 系统中，Server 一般用在 InFusion/FCS 或 Foxboro Evo 系统中，传统的 I/A Series 中不需要专门使用 Server。

Foxboro Evo 系统的 Servers 的主要功能为：Host I/A Series control stations，数据采集，FCS/Evo Galaxy 数据库，FCS/Evo 组态工具，FCS/Evo 历史库，Batch Server，Primary Domain Controller（PDC），Secondary Domain Controller（SDC），通过远程连接方式（Remote Desktop Server）访问本地硬盘和程序，处理相关的广泛应用，文件服务功能和图形/文本显示。

2.1.3　Control Processors Modules（CP）

CP 模件（又称为处理器模件）和 FBM 模件一起，执行常规逻辑控制，承担控制策略的处理行为。随着 Foxboro Control Core Services v9.0 版本的发布，新的处理器模件 Field Control Processor（FCP280）也全新登场，逐步取代原有的 FCP270 系列处理器。

表 2-1 为 FCP270 与 FCP280 的性能比较。

表 2-1　FCP270 与 FCP280 的性能比较

参　数	FCP270	FCP280
网络结构	仅支持光纤适配器	支持光纤和网线适配器
FEM 网络	需要 FEM	不需要 FEM
负载能力	4000 个 Blocks	8000 个 Blocks
Block 执行能力	10000 Blocks/s	16000 Blocks/s
CP 的内存容量	4.5MB	16MB
技术指标	1. 131 IPC Connections； 2. 仅支持光纤的 Evo 网络； 3. 114mm×51.5mm×147mm（$H \times W \times D$）	1. 231 IPC Connections； 2. 光纤/网线 Evo 网络； 3. 116mm×51.8mm×147mm（$H \times W \times D$）

2.1.3.1　Field Control Processor 280（FCP280）

A　FCP280 的主要特性

FCP280（见图 2-2）的主要特性为：

（1）直接与 FBM 通信，无需使用任何通信模件（FEM100et/FCM）。

（2）支持 Self-hosting 模式，无须 Host 工作站在线即可自我重启完成，并保留数据。

（3）面板上有 LCD 指示屏，可显示 2 行 32 个字符。

（4）使用高密度的新型 I/O 模块，仅是现有 FBM 规模的一半。

（5）可识别 1ms 的开关量信号和 10ms 的模拟量信号。

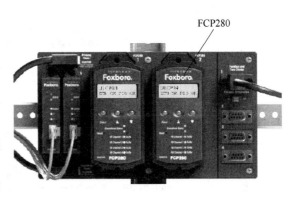

图 2-2　FCP280 硬件图

（6）支持 Copper/Fiber 两种连接。

（7）最多可以装入 8000 个模块，每秒可以运算 16000 个模块。

（8）支持使用面板按钮直接更改 Letterbug。

（9）可选的 FCP280 启动运行方式，使用 CP 内存中存储的 checkpoint 文件运行控制逻辑。

（10）内存从 FCP270 的 4.5MB 增长到 FCP280 的 16MB。

（11）使用 DIN-系列机架安装模式，更好的现场组装控制能力。

B　FCP280 的一些其他特性

FCP280 的一些其他特性为：

（1）FPS400-24 电源供给。

（2）Fault-Tolerance 模式提供了更稳定和更安全的处理器性能。

（3）在线 Image Upgrade 功能可以不用中断控制过程即可在 FT 处理器对中进行。

（4）可选的 Universal Coordination Time（UCT）外部时间同步模式。

（5）SOE 记录中源于 FBM 的时间标签最高可达到 1ms（仅限使用 GPS 时）。

（6）可通过 FDSI 连接至以太网，或其他串口设备，FDSI 类型为：-FBM230；-FBM231；-FBM232；-FBM233。

（7）可选的 Transient Data Recorder（TDR），使 TDA 中的模拟量可以达到 10ms 精度。

（8）CP 拥有驻留镜像，重启时间小于 10s。

（9）更强的处理器性能，最高可每秒执行 16000 个 Blocks，最多可装载 8000 个 Blocks。

（10）更强的报警系统。

（11）多种控制算法，多种 FBM 类型，使得系统对过程控制的适应面更广。

（12）前面板上的嵌入式 Reset 按钮，更安全，更可靠，更迅速。

FCP280 同时还支持 FOUNDATION Fieldbus、FoxCom、Profibus、Modbus FBMs 及其他，例如 HART。

FCP280 底板上一共拥有四个 Fieldbus 端口。每个端口都支持 2MB 或 268KB 的 HDLC Fieldbus 总线（即 200-Series FBMs 和 100-Series FBMs）。

C　FCP280 的组件

FCP280 的组件有：（1）LED 指示灯：代表处理器的运行状态，通信状态和电源供给状态（见表 2-2）；（2）Reset 按钮：重启控制器，并重新从 Host 工作站或主处理器中加载控制数据；

（3）LCD：显示 FCP 的 Letterbug、名称和网络状况。

表 2-2 FCP280 运行指示

运行指示灯（红/绿）	代表 FCP280 的健康状况
FB Channed 1-4 Tx/Rx 黄/绿灯	代表 FCP 与 Fieldbus 之间的通信[①]： 1. 黄灯闪烁：代表数据发送中； 2. 绿灯闪烁：代表数据接收中； 3. 不闪烁：无数据在传输中，或 Fieldbus 电缆连接断开

[①]仅有主处理器的指示灯会持续闪烁。

D External Splitter

FCP280 可以通过安装在底板上的网线或光纤适配器连接至以太网。FCP280 不需要传统的白色 External Splitter/Combiners 来连接至以太网。

FCP280 比 FCP270 支持更多的 I/O 通道和 I/A Series Blocks，降低了 I/O 点的成本。当升级至 FCP280 时，可以使用一片 FCP280 来取代多片原有的处理器，进一步降低了升级系统的成本。

E Network Adapter 的指示灯

如图 2-3 适配器上的指示灯，提供了一个直观的模件运行状态指示。同时，这些指示灯也代表了网络总线 A/B 的通信活动。

表 2-3 对模件的指示灯做了进一步说明。

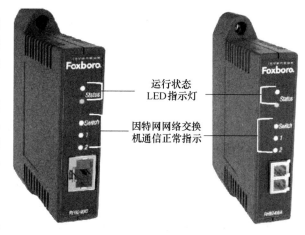

运行状态 LED 指示灯

因特网网络交换机通信正常指示

图 2-3 适配器指示灯

表 2-3 模件指示灯说明

LED	描　述
运行指示灯（顶端）	代表了模件的外部供电状况： 1. OFF：代表两个 24V DC 供电正常； 2. ON：代表其中一个 24V DC 供电失去，故障或保险丝熔断
Switch 指示灯	代表了与以太网的连接状况： 1. 黄色常亮：代表网络连接正常； 2. 黄色闪烁：代表数据正在传输（Tx-发送/Rx-接收）
1 指示灯	代表了 100Mb 以太网通信状况（FCP 与 1 号槽位中的适配器）： 1. 黄色闪烁：代表数据传输中； 2. 无闪烁：代表无数据在传输；可能是电缆连接断开，或其他故障引起的，需要检查现场设备状况
2 指示灯	代表了 100Mb 以太网通信状况（FCP 与 2 号槽位中的适配器）： 1. 黄色闪烁：代表数据传输中； 2. 无闪烁：代表无数据在传输；可能是电缆连接断开，或其他故障引起的，需要检查现场设备状况
运行指示灯（底端）	代表了模件的内部供电状况： 1. 绿灯常亮：代表内部 3.3V 供电正常； 2. 红灯常亮：代表内部 3.3V 供电失效

F FCP280 的安装

FCP280 直接安装在 CP 的专有底板上，如图 2-4 所示。

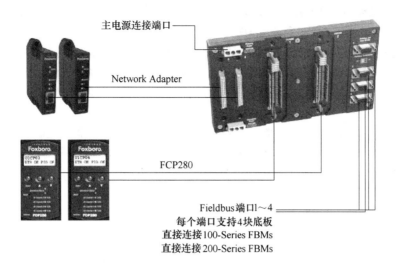

图 2-4 FCP280 安装图

G Fault-Tolerant 运行

所谓 Fault-Tolerant，指的是容错（能力）。当两片模件平行运行的时候，可以被认为是容错运行的模件。这两片模件各自独立连接至 MESH 网络，以确保通信不会被打断。FT 确保了在垂直方向上的模件故障产生后，不会对系统运行造成中断。

Fault-Tolerant 的优势：不会将 bad-message 发送至现场侧或应用程序；主/副处理器会逐个字节的比对信息，匹配后才会发送；副处理器被主处理器同步，确保随时保持和主处理器信息的一致；副处理器在被切换为主处理器前将会自检。图 2-5 解释了 FT 处理器的常规运行模式。

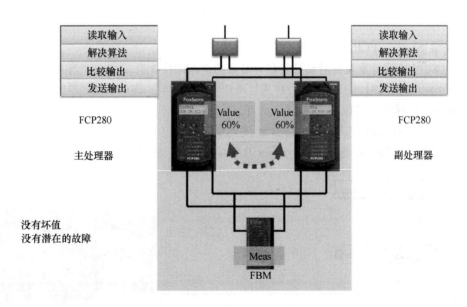

图 2-5 FT 处理器的常规运行模式图

如果处理器模件确实收到了一致的数值，但最后的匹配没有通过，则主处理器会取消发送信息，同时主/副处理器开始启动自检。通过自检的处理器变成主处理器并发送最后运算信息，未通过自检的处理器则向系统发出故障信息。

通过自检的处理器会恢复控制并向系统发送运算结果（对系统无扰动）和通过通信协议中的"Retry 机制"向系统发送一个"取消控制网络通信"的信息。

例如，当主/副处理器尝试从 FBM 读取传感器数值时，主处理器没有读取到数值，而副处理器读取到了数值。然后两个处理器均开始自检，并检测到问题发生在主处理器，主处理器向系统发送出错信息；副处理器变成主处理器，并继续后面的逻辑运算和数据的输出。主副处理器自检如图 2-6 所示。

如果自检没有发现问题，则处理器会进行"Hot-remarry"，副处理器会重启。如果 1min 内发生超过四次"Hot-remarry"，则副处理器会变成"Off-line"模式，并发送"Error Escalation Threshold has been exceeded"信息至系统故障日志。

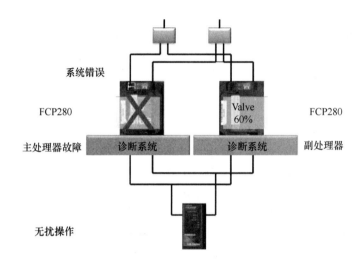

图 2-6　主副处理器自检图

H　安装 Shadow FCP280 模件

所有的 FCP280 模件在发货时都已装载有最新的系统固件在其闪存中。当 FT 模式的 FCP280 运行在 Self-hosting 模式时，主处理器会在其与副处理器匹配前，确认副处理器的版本与主处理器闪存中 Checkpoint 文件中的版本一致。

I　为 Fault-Tolerant FCP280 处理器连接电缆

FCP280 不需要 External Splitter/Combiner 来连接至以太控制网络。请参考图 2-7 进行连线。

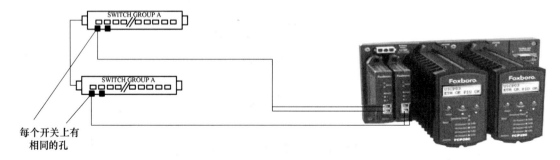

图 2-7　FCP280 连接以太网络图

J　FCP280 与 FBM 的通信

FCP280 下挂的 FBM 可以通过 Fieldbus Isolator/Filter（FBI200）与 HDLC Fieldbus 对接。

FCP280 电缆连接如图 2-8 所示。

FBI200 支持：（1）最远 1830m，速度为 268Kb 的 HDLC Fieldbus 扩展连接 100-Series FBMs；（2）最远 305m，速度为 2Mb 的 HDLC Fieldbus 扩展连接 200-Series FBMs。

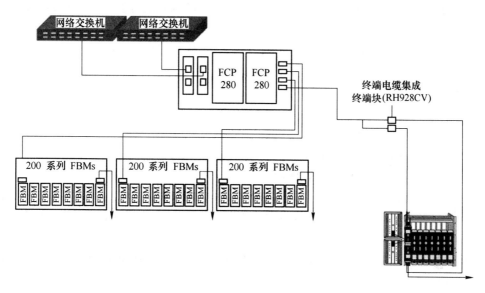

图 2-8　FCP280 电缆连接图

FCP280 的连接电缆长度（见图 2-9）为：（1）100Mb FCP280 至 MESH 网的光纤连线：2km；（2）2Mb Fieldbus 总线：60m（Fieldbus 总长度，CP 至最后一块底板间距离，超过则需使用光纤扩展）；（3）光纤扩展：10km（FCM2F10 模件扩展）。

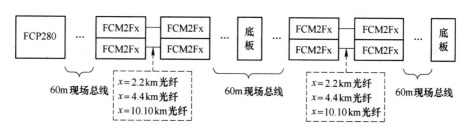

图 2-9　FCP280 光纤扩展图

K　FBM 的数量

根据扫描周期的不同，FCP280 最多可负载 128 块 200-Series FBMs 或 128 块 100-Series 和 200-Series FBMs 的组合。在组合的情况下，100-Series FBMs 的数量不能超过 64 块。

L　Self-Hosting 和 Non-Self-Hosting 模式

I/A Series 的处理器从 I/A Series v8.4 开始支持新的 Self-hoting 模式。

传统的 I/A Series 处理器在启动的时候，是处于 Non-self-hosting 模式，因此传统的 I/A Series 处理器在启动时需要从工程师站的 Checkpoint 文件中获取最后保存的有效数据库运行文件，从而使得处理器能够顺利启动。这就要求在 Non-self-hosting 模式下，处理器启动/重启时，工程师站必须在开机状态，并且工程师站与处理器的网络连接必须正常。

当处理器启用了 Self-hosting 模式后，其最后保存的有效数据库运行文件（即 checkpoint 文件）就会保存在处理器自己的内存中。这样一来，处理器下一次启动时，可以不依赖于工程师站的存在而自己启动运行，并从自己的内存中获取 checkpoint 文件，完成正常的启动。

处理器默认都是 Non-self-hosting 模式。当第一次启动（必然是 Non-self-hosting 模式）完成后，才可以更改为 Self-hosting 模式（在组态器中组态 STATION Block）。

以下是使用 Self-hosting 模式的一些限制：当使用了 Self-hosting 模式后，处理器的 Auto-checkpoint 最小时间间隔为 2h；如果尝试设置 Auto-checkpoint 时间间隔（在 STATION Block 中设置）小于 2h，则系统自动将时间间隔调整为 2h，并在 SMON 日志中生成记录。

M　FCP280 支持的硬件

处理器支持的常规硬件如下：100-Series FBM，200-Series FBM，其中包括多种智能现场设备（FOUNDATION Fieldbus，-PROFIBUS，-HART，-Device Network），Field Device System Integrator（FDSI，FBM230/231/232/233），DCS Fieldbus modules for Siemens APACS + System，DCS Fieldbus modules for Westinghouse WDPF® Systems。

2.1.3.2　Fieldbus Modules（FBMs）

DIN-Rail 导轨式的 FBM 安装方便，体积小，性能卓越。FBM 作为 Foxboro Evo 与现场设备之间的接口装置，负责接收现场设备的各类反馈信号，并传递给 Foxboro Evo 系统的控制处理器，同时负责将处理器发出的控制指令传递给现场设备。

FBM 和 Foxboro Evo 工作站的通信通过 FCP280 进行。FCP280 与 FBM 之间的通信速率为 2Mb/s，与 MESH 网络之间的通信速率为 100Mb/s。FBM 自动选择从冗余网络总线 A 或 B 上接收数据。总之，哪怕有一路总线故障了，通信仍然能够继续维持。

FBM 拥有如下基本特性：

（1）FBM 前面板上的 LED 指示灯能够指示 FBM 的实时状况。

（2）不用断开电源或通信电缆，即可直接更换 FBM。

（3）每块 FBM 均有一个六位的 Letterbug 名称作为系统中唯一的识别代码。

（4）FBM 有如下两种数据类型：-Analog，-Discrete。

FBM 的功能包括：

（1）转换 Source 信号为 I/A Series 的数字量信号：-仪表（模拟量/开关量），-PLC，-第三方设备。

（2）转换 I/A Series 数字量信号为最终设备信号：-阀门，马达，泵。

（3）决定信号的分辨率。

（4）Fail-safe 机制及保护值。

（5）可选功能：-运行梯形逻辑，-运行 SOE。

（6）开关量信号的通道状态指示灯。

A　Analog FBMs

Analog FBMs 提供的信号转换包括：

（1）0~20mA 输入/输出。

（2）0~10V DC 输入/输出。

（3）Thermocouple（TC-热电偶）输入。

（4）Resistance Temperature Detector（RTD-热电阻）输入。

（5）TDR 和 TDA 软件支持数据以高时间分辨率进行存储：-Analog，10ms；-Digital，1ms。

Analog FBMs 的型号及特点见表 2-4。

B　Discrete FBMs

Discrete FBMs 信号转换包括：Contact Sense，Voltage Monitor，Pulse（流量累积）脉冲输入，

Ladder Logic，1ms 的 SOE 采样。

Discrete FBMs 的型号及特点见表 2-5。

表 2-4 Analog FBMs 说明

FBM 型号	描　述
FBM201	8 AI, 0～20mA, 通道隔离
FBM201b	8 AI, 0～100mV DC, 通道隔离
FBM201c	8 AI, 0～5V DC, 通道隔离
FBM201d	8 AI, 0～10V DC, 通道隔离
FBM202	8 TC（热电偶）/mV 输入，－10.5～69.5mV DC, 通道隔离
FBM203	8 RTD（热电阻）输入（Pt/Ni），0～320Ω, 通道隔离
FBM203b	8 RTD（热电阻）输入（Pt/Ni），0～640Ω, 通道隔离
FBM203c	8 RTD（热电阻）输入（Cu），0～30Ω, 通道隔离
FBM203d	8 通道 4 线制 RTD（Pt/Ni/Cu）输入，0～320Ω, 通道隔离
FBM204	4 AI/4 AO, 0～20mA, 通道隔离
FBM205	冗余 4 AI/4 AO, 0～20mA DC, 通道隔离
FBM206	8 PI（脉冲），10～25Hz, 通道隔离
FBM206b	4 PI（脉冲）/4 AO, 0～20mA, 通道隔离
FBM208	4 AI/4 AO, 0～20mA DC, Redundant with readback, 通道隔离
FBM211	16 Differential AI, 0～20mA, Differencial Isolated
FBM212	14 TC（热电偶）/mV 输入（－10.5～69.5mV DC） Differential Analog Input, Differential Isolated
FBM237	冗余 8 AO（0～20mA），通道隔离

表 2-5 Discrete FBMs 说明

FBM 型号	描　述
FBM207	16 DI, 0～80V DC, Redundant Ready, 通道隔离
FBM207b	16 DI, 24V DC, 触点监控, Redundant Ready, 通道隔离
FBM207c	16 DI, 48V DC, 触点监控, Redundant Ready, 通道隔离
FBM217	32 DI, Redundant Ready, Group Isolated（参考 FBM's PSS 文档）
FBM219	24 DI（电压监控）/ 8 DO（外供电），Group Isolated
FBM240	冗余 8 DI/8 DO, 通道隔离
FBM241	8 DI（电压监控）/ 8 DO（外供电），通道隔离
FBM241b	8 DI（电压监控）/ 8 DO（内供电），通道隔离
FBM241c	8 DI（触点监控）/ 8 DO（外供电），通道隔离
FBM241d	8 DI（触点监控）/ 8 DO（内供电），通道隔离
FBM242	16 DO, 外供电, 通道隔离

C Fieldbus Communications FBMs

Fieldbus Communications FBMs 协议有：FoxCom 输入/输出，HART 输入/输出，FOUNDATION Fieldbus 输入/输出，Profibus-DP 输入/输出，Modbus 输入/输出。

Fieldbus Communications FBMs 的型号及特点见表 2-6。

表 2-6　Fieldbus Communications FBMs 说明

FBM 型号	描　　述	FBM 型号	描　　述
FBM214/215	HART	FBM224	Modbus® Interface
FBM216	HART Redundant Ready	FBM228	FOUNDATION™ Fieldbus H1 （4 通道）
FBM220/221	FOUNDATION™ Fieldbus H1 （1 通道）	FBM243/246	FoxCom （246 为冗余卡）
FBM223	PROFIBUS-DP™		

D　FBM247

FBM247 是一块电流/电压通道隔离的支持模拟量/数字量/脉冲型的全能 I/O 模件。该模件共拥有八个通道，每个通道均可以独立设置为模拟量/数字量或脉冲采样点进行采样，如图 2-10 所示。

E　FDSI FBMs

FDSI 模件的作用是将第三方协议的现场设备连接至 Foxboro Evo 系统中。FBM230/231 可以通过 RS-232/RS-422/RS-485 来支持 Digital Communication。FBM232/233 可以通过 10/100MB 以太网来支持 Digital Communication。FDSI 模件见表 2-7。

表 2-7　FDSI 模件

FBM 型号	描　　述
FBM230	RS-232，RS-422/RS-485 接口
FBM231	冗余 RS-232，RS-422/RS-485 接口
FBM232	以太网接口：Modbus，OPC 等
FBM233	冗余以太网接口：Modbus，OPC 等

图 2-10　FBM247 硬件图

在进行 FBM 模件安装时，请参考如下信息：

（1）可以在模件底板上任意位置安装非冗余配置的 FBM。安装一块新的 FBM，需要重新在组态器中进行组态，替换现有的 FBM，无须重新组态。

（2）安装冗余 FBM 时，仅能在指定位置安装。冗余 FBM 总是占据奇/偶数成对的槽位，例如 1/2 槽、3/4 槽、5/6 槽、7/8 槽。

（3）FCP280 必须安装在特定的底板上。

（4）FBI100 和 FBI200 必须安装在底板特定的槽位上。

图 2-11 展示了 TA 是如何与其对应的 FBM 连接的。

F　Foxboro Evo 模件底板

I/A Series DIN-Rail 模件底板有 2 槽、4 槽、8 槽几种，可以用来安装 FCP、FCM、FBM 这些卡件，其布局分为水平、垂直两种（见图 2-12）。水平底板代码为 P0914XA，垂直底板代码为 P0914XB。用来安装底板的工具组代码为 PSS 21H-2W6 B4。

模件底板上的端口说明如图 2-13 所示。

2.1.3.3　命名模件地址

Foxboro Evo 系统的模件地址是通过称为 Letterbug 的命名来实现的，包括 FCPs、FBMs、FCMs 均需要命名 Letterbug。

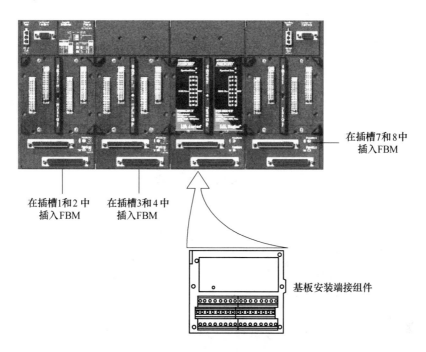

图 2-11 TA 与其对应 FBM 的连接图

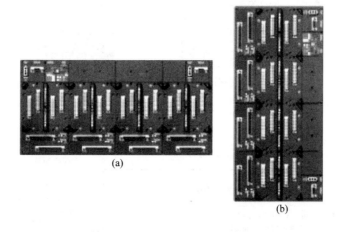

(a)

(b)

图 2-12 Foxboro Evo 模件底板图
（a）水平底板；（b）垂直底板

Letterbug 的命名规则为：必须是六个字符（可以是字母和数字的混编），前 4 位随意命名，第 5 位是底板编号，第 6 位是底板上的槽位编号。

在 ZCP270 系统中使用的 FCM 卡件，其命名也有特殊性：前 4 位自由命名，但最后 2 位永远都是"00"，FCP 与 ZCP 下挂 FBM 的命名规则演示如图 2-14 所示。

FCP280 的 Letterbug 可以通过两种方式实现：（1）手动通过处理器面板上的液晶屏进行设置；（2）自动通过 FT 处理器的主处理器来进行同步。

A 手动设置 FCP280 的 Letterbug

手动设置 FCP280 的 Letterbug 如图 2-15 所示。

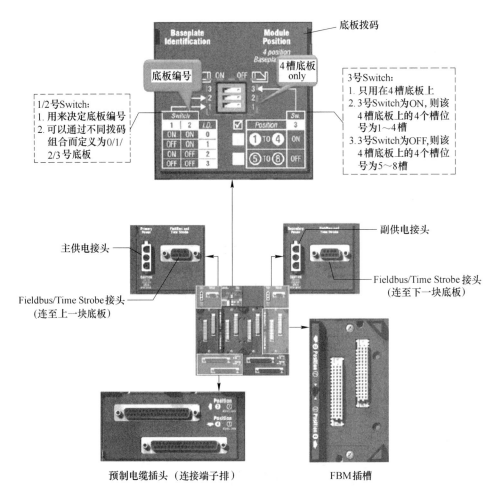

图 2-13　模件底板上的端口说明图

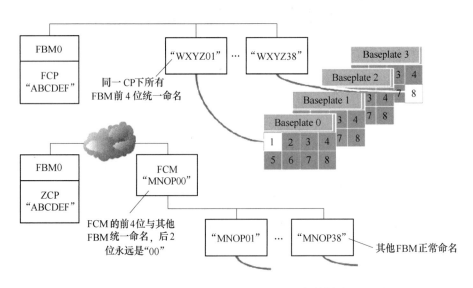

图 2-14　FCP 与 ZCP 下挂 FBM 的命名规则

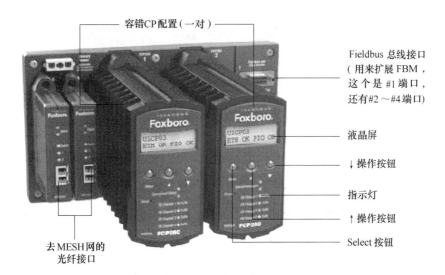

图 2-15 手动设置 FCP280 的 Letterbug 图

当进行 Letterbug 的手动设定的时候，请确认：（1）FT 底板槽位中仅有一块 FCP280；（2）不要将 FCP280 连接至 MESH 网络；（3）必须按照正确的顺序进行 Letterbug 的按键设置。

按住 Select 和↓不放，保持 10s 以上。

此时 LCD 将显示 "CHANGE THE LETTERBUG？Y/N"，LETTERBUG 中的 L 字母将闪烁 10s 左右；使用↑或↓箭头，将光标移动至 "Y"，然后按下 Select 按钮；使用↑或↓箭头，将光标移动至 Letterbug 的各个字符位；按下 Select 可以按字母顺序改变字母；重复上一步骤，直至完成 Letterbug 的设定。

B 自动匹配 Letterbug

当 FT 配置的 FCP280 有一片在地板上运行时，只需要将新的 FCP280 插入至其 FT 槽位中，当前运行的 FCP280 将自动把 Letterbug 写至新的 FCP280 中。

2.1.3.4 Termination Assembly（TA -端子排）

端子排的作用是用来连接现场仪表和设备的接线，以建立 Foxboro Evo 系统和现场设备的交互接口。Foxboro Evo 系统提供的端子排具有以下功能：隔离、热电偶温度补偿、外供电连接、电流限流、电压衰减、保险丝、输出继电器。

图 2-16 展示了 Foxboro Evo 系统的 TA 是如何连接至 FBM 的。

Foxboro Evo 系统提供两种不同形式的 TA（见表 2-8）。

表 2-8 Foxboro Evo 系统提供两种不同形式的 TA 说明

TA 类型	描 述
Passive TA	现场信号直接抵达对应 FBM
Active TA	可将信号修正或其他功能与 FBM 隔离开，Active TA 的隔离功能可以让 FBM 在不适合常规接线的部分高危地点安装 FBM

信号修正功能可以让用户在 TA 上设置离散型 I/O 点的工况。例如，处理不同电压或电流范围，更改为电压检测或节点检测（无视电压范围），处理小于 60V DC 输出或继电器输出。

为了方便现场电线的接线，TA 支持常规电线、带金属包头的常规电线、实芯电线、绕线型接线桩。

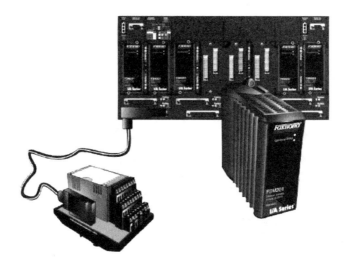

图 2-16　Foxboro Evo 系统的 TA 与 FBM 连接图

Foxboro Evo 系统端子排的接线类型分为如图 2-17 所示的三种。

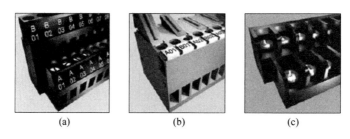

　　　　（a）　　　　　　　　（b）　　　　　　　　（c）

图 2-17　Foxboro Evo 系统端子排的接线类型
（a）压紧螺钉；（b）刀断开；（c）环耳

　　为了方便识别端子排，Evo 系统对其颜色做了规定：模拟量对应玫瑰红，开关量对应深蓝色，Field Communication 对应绿色。

2.1.3.5　Foxboro Evo Control Network

　　Foxboro Evo Control Network 又被称为 "MESH" 控制网络。该网络结构是基于 IEEE802.3u（高速以太网）和 IEEE802.3z（千兆以太网）标准的交换机以太网络。整个网络由多个以太网交换机（Switch）连接组成，并通过交换机配置软件进行结构设定。

　　MESH 网络通过冗余数据通道和消除单点故障的方式，为系统提供了高安全性和可靠性的控制网络。同时，MESH 网络也具有高度的灵活性，可以自由组态成各种规模的网络结构，并适用于各种常见网络拓扑结构（线形、环形、星形和树形），网络传输速度最快可以达到 1Gb/s，如图 2-18 所示。

　　高速、冗余并具备 peer-to-peer 特性的 MESH 网络，具备高性能、高可靠性的特点。冗余交换机下挂的设备，均具有多重网络通路，以防止单总线或单交换机故障导致的网络通信中断。该网络结构具有高度的可靠性，并降低了网络构建的复杂程度以及构建成本和维护的工作量。

　　MESH 控制网络的主要特性：

　　（1）高度可靠性：数据拥有多条通信线路；高速，冗余 Station 配置；冗余以太网交换机配置。

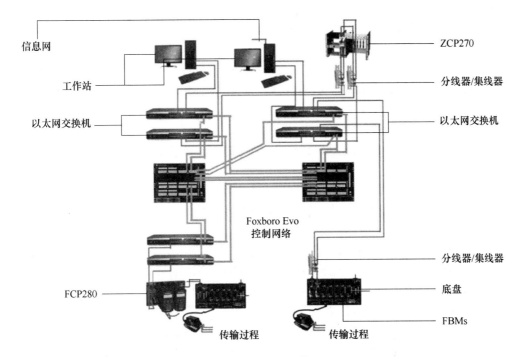

图 2-18　MESH 网络图

（2）使用 Rapid Spanning Tree Protocol（RSTP）：管理冗余数据通路，防止回路数据冗余循环（避免形成网络风暴），高速收敛能力。

（3）降低了网络的复杂程度，成本和维护消耗。

（4）配置灵活：Simple，一个工作站和一个处理器连接至交换机；Complex，多个交换机控制网络。

（5）交换机：-8/16/24 端口，48 端口。

（6）以太网速度：Fast，100Mb；Gigabit，1000Mb。

（7）基于 IEEE802.3 标准全双工运行。

（8）多种拓扑结构自由选择。

A　Standard vs Security Enhanced Configurations

MESH 网络的组态可以分为两种模式：（1）Standard Configuration；（2）Security Enhanced Configuration。

B　Standard Configuration 的特性

Standard Configuration 提供的特性如下：

（1）根据现场需求，由以太网交换机（16 口或更多端口）进行互联，采用线形/星形/环形或反树形拓扑结构，自由构建规模不一的网络体系。

（2）最多可支持 1920 个 Foxboro Evo Station 设备。

（3）支持快速以太网（100Mbps）和高速（Uplink only）以太网（1Gb）。

（4）基于 IEEE802.3 标准的全双工标准。

（5）RSTP-Ieee802.1w，管理冗余通路，防止 Loop 形成，并为网络提供高速聚合时间。

（6）通过本地端口或网页进行网络管理和配置。

（7）使用 System Management 软件来监视控制系统的健康状况，以及管理系统中的设备。

（8）每个 Station 中的软件管理以太网冗余端口，以应对网络故障。

（9）高速响应网络中的故障，更高的稳定性。

C　Security Enhanced Configuration

Security Enhanced Configuration 如今可以为用户提供更多的优势。基于最近的交换机技术发展，Security Enhanced Configuration 为 MESH 控制网络提供了更高的网络安全、回路保护和其他 Standard Configuration 所不具备的功能。

Security Enhanced Configuration 使用特定的网络拓扑结构和交换机组态，允许系统能够在 RSTP 失效时也进行回路检测。这个高级回路检测功能进一步降低了由于网络中单点故障而导致系统通信能力降低的风险。

应用高级回路检测功能时应注意：细心设计网络结构，正确应用 Loop Detection Policy（LDP）算法，按照提供的说明文档中的网络配置说明进行操作。

D　MESH 网络中的 LDP

由于为 MESH 网络设计网络组态，冗余交换机连接会在网络中形成物理回路，并由 RSTP 进行管理，并最终形成一个自由回路网络结构。在 Security Enhanced Configuration 中，除了 RSTP 以外，将 LDP 应用至网络中，以防止当 RSTP 失效或发生网络风暴时网络通路故障。

2.1.3.6　Hub 和 Switch 的区别

MESH 网络使用 Switch（交换机）来组成控制网络，其他控制网络则可能会选择 Hub 来组成网络。而 Hub 和 Switch 有一些重要区别，从而使得 I/A Series 最终选择了使用 Switch 来构建系统控制网络。

如图 2-19 所示，Hub 具有以下特性：所有的 Unicasts（单点广播）、Multicasts（多点广播）和 Broadcasts packets（广播数据包）同时发送至所有端口；数据冲突仍然会发生；所有的 Station 共享带宽；在 Transmission 中，其他对象无法进行 Transmit；所有 Station 必须处理 "Frame" 并作出决定：保留或丢弃；和 Nodbus 很相似。

如图 2-20 所示，MESH 网络 Switch 的特性为：所有的 Multicasts/Broadcasts packets 被发送至所有端口，而 Unicasts 只发送至指定端口；不会发生数据冲突；Stations 拥有独立带宽；可以同时进行多个 Transmission；Station 只收到发送过来的 Frame。

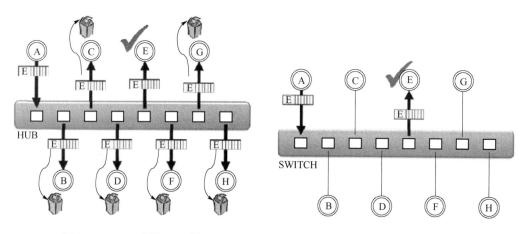

图 2-19　MESH 网络 Hub 图　　　　　　　图 2-20　MESH 网络 Switch 图

总的来说，Switch 比 Hub 更高速，更稳定，更适合用于现代的 DCS 自动控制系统。

2.1.3.7　MESH 网络的拓扑结构

I/A Series 系统支持 4 种基本网络拓扑结构，即线形结构（Linear）、环形结构（Ring）、星形结构（Star）和反向树形结构（Inverted Tree）。

其他的拓扑结构多是以上 4 种基本结构的混合体，也同样被 I/A Series 系统支持，例如，双星结构（Double Star）、调整型反向树结构（Modified Inverted Tree）。

A　线形结构

线形拓扑结构如图 2-21 所示。

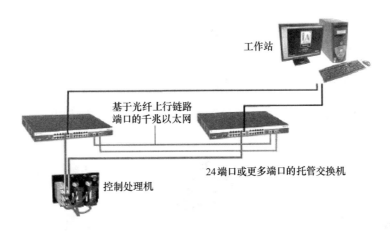

图 2-21　线形拓扑结构图

线形结构的特点为：单一组件的失效不会影响网络其他组件的正常运行；如果需要支持更庞大的系统，则需要采用具有更多端口的计算机；不支持超过 2 个以上的交换机网络。

B　环形结构

环形拓扑结构如图 2-22 所示。

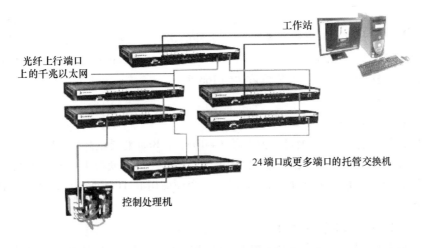

图 2-22　环形拓扑结构图

环形结构的特点为：每个交换机与其相邻的两个交换机相连（规模为 3 ~ 7 个）；两个设备间经过的交换机最多为 7 个（RSTP 决定）；系统中单个组件故障不会影响系统中其他组件的正常运行；交换机故障后，环形拓扑结构打破，剩余交换机以线形拓扑方式运行。

C　星形结构

星形拓扑结构如图 2-23 所示。

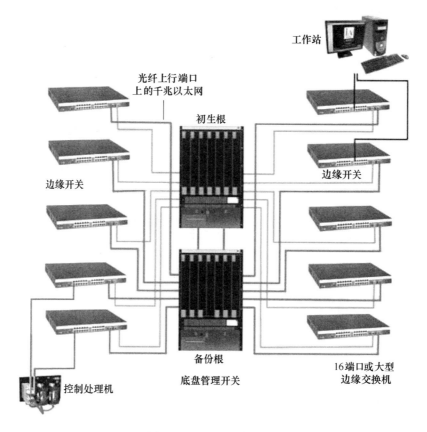

图 2-23　星形拓扑结构图

星形结构的特点为：外围所有交换机均连接至两个 Root 交换机上，两个 Root 交换机之间有互联；任何单一组件失效，不会影响系统其他组件的运行；在标准的星形拓扑结构中（使用 Gold 系列刀片交换机），最多可连接 40 个外围 Edge 交换机，Uplink 端口速度为 1Gb；当使用 Platinum 系列刀片交换机时，外围交换机可达到 166 个。

D　反向树形结构

反向树形拓扑结构如图 2-24 所示。

反向树形结构的特点为：交换机分为 4 层（4-Tiers），Root 总是最高层，Root 下面挂接 3 层；Root 交换机之间互联，下层每个交换机总是连接至上层的两个交换机上（确保冗余通路，最多可达到 250 个交换机）；最多 4 层（包括 Root 层），以便应用 RSTP（两个设备间经过的交换机个数不大于 7 个）。

2.1.3.8　MESH 网络通路切换

MESH 控制网络提供冗余通信通路：如果一条通信通路故障，MESH 网络将自动切换至下一条可以通信的通路上，如图 2-25 所示。

2.1.3.9　MESH 网络的特点

MESH 控制网络拥有以下特点：

（1）Stations：最多 1920 个 Stations（工作站，处理器等）；最多 250 个交换机。

（2）两个 Station 之间经过的交换机个数：最多 7 个。

（3）IP 地址：最多 10000 个（包括交换机、处理器、工作站和 FCM100Et）。

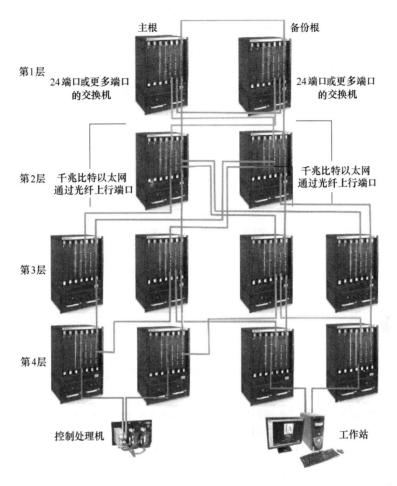

图 2-24 反向树形拓扑结构图

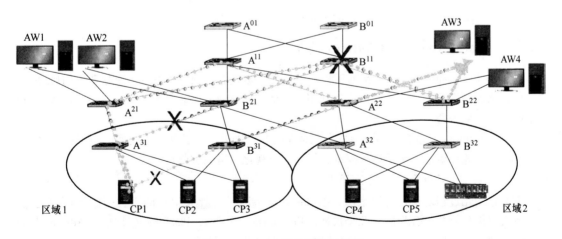

图 2-25 MESH 网络通路切换图

（4）标准：100Mb 全双工传输（Fiber-optic/Copper）Uplink 1Gb（1000Base-T/-SX/-LX）。

（5）速度：-Fast Ethernet：100Mb；-Uplink Gigabit Ethernet：1000Mb。

（6）协议：-IEEE802.3，Ethernet（Physical/MAC 层）；-IEEE802.3ad，Link aggregation for parallel link；-IEEE802.1w，Rapid Spanning Tree Protocol（RSTP）。

（7）Station 至交换机的电缆长度：CAT5，100m（100Base-TX/1000Base-T）；光纤，100Base-FX-2km，多模；1000Base-SX-275m，多模；1000Base-LX-10km，单模。

（8）交换机之间总电缆长度：单模，10km；多模，2km。

（9）MESH 网络总控制距离：使用第三方扩展组件，单模可以达到 70km（1Gb Uplink 端口）；总网络延迟在 100ms 以内。

2.1.3.10   MESH 网络的交换机

MESH 网使用的交换机（Switch）是一种用于电信号转发的网络设备。它可以为接入交换机的任意两个网络节点提供独享的电信号通路。这些标准的低成本交换机可以很方便的为用户构建各种规模的 MESH 网络，并提供了 8、16、24 或具有更多端口的多种交换机型号，使得用户在设计和构建 MESH 网络的时候更方便，更自由。

MESH 网络中的交换机必须进行配置和管理，否则无法实现网络冗余功能，也无法在交换机发生故障后运行诊断程序。MESH 网络可以采用标准的以太网交换机来进行构建。但只有经过 Foxboro Evo 供应商测试的交换机才值得信赖。用户如果采用了非 Foxboro 提供的其他交换机来构建 MESH 网络，将无法保证网络的稳定性和可靠性，用户也无法得到相应的技术支持和其他服务。

2.2   软件概述

在工业系统或在企业中，过程控制总是可以简单也可以复杂，可以单独控制也可以联合控制。鲁棒过程控制包括整合与自动化这些不同的过程对象。为了整合与控制一个企业中的自动化过程对象，工业领域使用的是企业控制软件（Enterprise Control Software）。

对于传统的工业领域企业管理来说，一般情况下一个企业会采用多种软件系统，各自具有各自的解决方案和功能，实现可视化、逻辑组态、工业设计、生成报告、资产管理等。Foxboro Evo Control Software 是全新一代的企业控制软件，支持组态和管理工业过程控制的所有需求，包括设计、可视化、仿真、设备管理和报警等。Foxboro Evo Control Software 和 Foxboro Evo Control Core Services 一起工作，由 Control Core Services 提供 Foxboro Evo 过程自动化相关的功能。Control Software 则协助 Control Core Services 更好的为企业控制系统工作。

2.2.1   Foxboro Evo Control Software 简介

Foxboro Evo Control Software 帮助工程师与运行人员整合所有 I/A Series 控制系统的硬件和软件组件，确保过程数据无扰且能被合理利用，为优化商业业务组态行为流程，在设备故障和过程发生扰动时产生报警。

Control Software 通过整合如下项目实现企业控制：Purdue 5 层自动化模型；ArchestrA 体系结构；工业运行软件组件，包括过程控制、报警、可视化、组态和归档等。

2.2.1.1   Purdue 5 层自动化模型

随着自动化过程复杂程度的增加，Purdue University（普杜大学）的工程师们将自动化过程中的元素组织分析并整合为以下几个层次：Enterprise（企业），Planning（计划），Advanced control（高级控制管理），Automation（自动化），Field（生产现场）。

采用了这种分层结构后，工业企业能够使得企业中各元素更好的相互沟通，整合 Enterprise Resource Planning（ERP），Manufacturing Execution System（MES）和 Process Control System（PCS）的理论，得到更好的结果。

为了分享该分层体系的成功，以及纪念 Purdue University 中为该结构体系付出努力的工程师们，该体系被命名为"Purdue 5-Layer Automation Model"（Purdue 5 层自动化模型）。Foxboro Evo Control Software 采用了该模型并将其应用在自动化过程控制中。Purdue 5 层自动化模型的示意图如图 2-26 所示。

2.2.1.2 ArchestrA 体系结构

ArchestrA 是一个设备网络，用来实现工厂中控制系统中的所有现场设备的内部连接。该网络应用了 ArchestrA 体系结构，以实现更好的设备控制及信息的连续性。ArchestrA 体系结构是过程数据、应用程序和现场设备的物理上和逻辑上的组合。当该体系未使用时：设备各自独立，并产生通信上的断层，导致自动化孤岛的产生；现场设备之间的数据传递需要人为介入；工业行业无法实现过程自动控制。

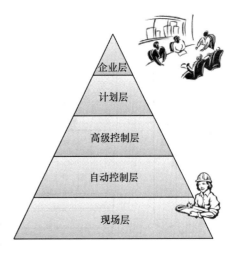

图 2-26 Purdue 5 层自动化模型示意图

ArchestrA 体系结构整合了所有过程数据、应用程序和现场设备。ArchestrA 是一个开放式的全方位的自动化和信息软件。ArchestrA 不是一个产品，而是一种结构，一种框架，它被设计用来实现企业中所有控制组件的整合，以及实现全企业范围的控制和管理。

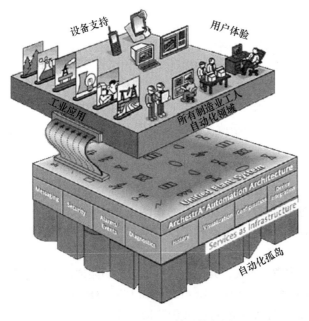

图 2-27 ArchestrA 体系构架图

ArchestrA 体系结构支持高级管理和生产信息系统。它是一个基于分散的对象特性继承型的开放的可持续扩展的系统。

ArchestrA 框架的主要目的就是为以下重要过程提供基础环境：Developmeng；Deployment；Lifecycle maintenance；Adminnistration of Distributed Automation Applications。

图 2-27 为 ArchestrA 体系构架的图。

2.2.1.3 Control Software 的特性

新的 Control Software 拥有如下特性：支持 Control Core Services v9.0；支持 Field Control Processor 280（FCP280）；逻辑图的 SAMA 图化；可刷新 History & Security Data；Control HMI 的只读属性 License；System Platform 2012 R2；Direct Access Enhancements；FOUNDATION Fieldbus Enhancements。

2.2.1.4 Control Software 的功能

Control Software 为用户提供了强大的 UI 和 Platform 功能，以帮助用户无缝整合工厂的所有运行和管理行为。

Control Software 通过以下几项实现 End-to-end 支持：为满足用户的功能需求而提供了专门的软件；为了满足商业需求，而调整了软件的所有功能（例如，工程、管理）；数据通信从现场设备层遍及企业各个层面具体如图 2-28 所示。

对于现场设备层来说，Control Software 接收现场设备的模拟量和数字量信号，包括流量仪

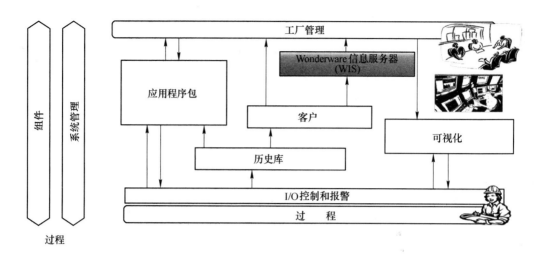

图 2-28   Control Software 实现 End-to-end 支持图

表、液位传感器、限位开关等。

这些仪表仪器的测量值将为执行机构的输出算法提供原始数据，并最终得到执行机构的执行指令。在 Evo 系统中，执行机构又被称为"Final Control Elements"。

I/O、过程控制和报警

I/O 和过程控制逻辑是通过 Fieldbus Modules（FBM）和 Control Processor（CP）来实现的。I/O 和过程控制会将过程变量值与指定的报警值比较，并判断是否发出对应的报警信息。

报警通知的目的是警告运行人员非正常的现场状况和实现报警联锁动作。

Visualization

Foxboro Evo Control Human-Machine Interface（HMI）软件实现了过程控制的可视化功能。运行人员通过 Control HMI 来监视和控制工厂的运行，包括改变目标设定值，调整报警的门槛值，处理故障工况，识别报警状况。

Historization

Evo Historian 采用了 Wonderware Historian，并植入了 Control Core Services 的相关功能。该 Historian 是一个高性能的能够满足如今工业过程控制数据采集要求的软件。

Evo Historian 能够将数据从 Database 中提取，并发送至桌面或移动设备上，还可支持在任何时候进行过程分析或数据管理。

可以对 Block 的每个参数设置是否进行历史数据采集，并使用 SQL 的查询功能进行数据提取和查询。以下两个为常用的工具：Evo Historian Client Trend，Evo Historian Client Query。

Wonderware Information Server（WIS）可以支持通过 Internet 或浏览器来查看趋势。当系统将趋势图 Publish 至 Internet 或浏览器时，相关信息存储在 Evo Historian 的特定数据表中。然后 Publish 行为会将这些信息 Copy 至 WIS 的文件夹下。WIS 就像是一个统一的 Online-Client 的信息源，为 System Platform、Evo Historian、Intelligence、Batch 或 MES 提供所需数据。

Applications

应用程序包提供了过程分析和优化及管理特殊过程对象套装的功能。

Foxboro Evo Control Software 提供了许多应用程序包，包括 InBatch、Avantis、Connoisseur。

Configuration

Foxboro Evo Control Editors 是 Control Software 中负责逻辑组态的工具。该工具在名为"Galaxy"

的数据库中进行组态，并具有如下特性：运行数据库在 CP 中运行，支持历史数据采集功能。

System Management

系统管理器可以监视现场设备的状况以及设备间的通信状况，包括监视系统各组件的健康状况，更新各设备的状态信息，提供设备 wehu 功能，打印或保存设备信息，执行基本系统操作行为，在线帮助。

Plant Management

工厂管理需要多方面进行，以提升工厂控制方法。使用 Control Software，用户可以获得现场的完整实时信息和数据。

2.2.1.5 ArchestrA 体系中的 Node 和 Object

Node 中包括有 Client，Server 和 Workstations。Object 代表的是物理上的本体对象，例如阀门、泵或概念，例如 Blocks。首先组态一个 Workstation 来执行 Node，然后将 Object 分配至 Node 中。

Object 可以很简单，例如一个整型值；也可以很复杂，例如工厂的一个单元机组。

Object 的功能是发送和接收数据，响应过程请求。例如，发布一个 Object，用来采集过程历史数据。

ArchestrA Nodes

ArchestrA Node 包含如下层次结构：Application Area（Area，应用域层），Device Integration Object（DI Object，设备对象集成层），Application Engine（AppEngine，应用引擎层），Bootstrap（System Platform，系统平台）。

ArchestrA Node 中的结构如图 2-29 所示。

表 2-9 对 ArchestrA Node 中各层功能进行了简介。

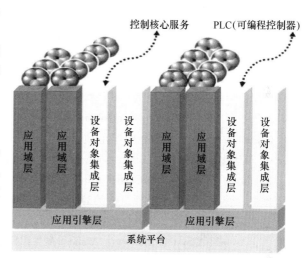

图 2-29 ArchestrA Node 结构图

表 2-9 ArchestrA Node 中各层的功能

Layer	功　能
Application Object	通常指的是 Area，Application Object 是一个分组，包含了 Node 中的过程信息（类似计算机中文件夹的功能，用来分类存放文件）
Device Integration Object（DI Object）	DI Object 与现场设备接口。通过使用 DA Server，DI Object 可以与网络上的其他过程设备进行数据读/写
Application Engine（AppEngine）	该层是一个 General-Purpose 层，管理和执行所有的 DI Objects，并使用 Message Exchange（MX）通信协议与其他 AppEngine 层通信
Bootstrap	Bootstrap 层包含了 System Platform 软件，用来支持 App Engine 的运行。System Platform 同时也提供了 ArchestrA 架构和客户端应用程序，例如 IDE，SMC。该软件支持 Low-Level 接口层，实现不同 Node 之间的无缝通信

2.2.1.6 Foxboro Evo 系统的硬件结构

图 2-30 展示了 Foxboro Evo 系统的硬件结构。

从图 2-30 中可以看出，所有的 WorkStation 都连接至 MESH 控制网络；其他的商业网络组件，例如 Historian 和 Informaton Server，通过 Firewall 与工厂的企业网络相连。用户也可以选择使用

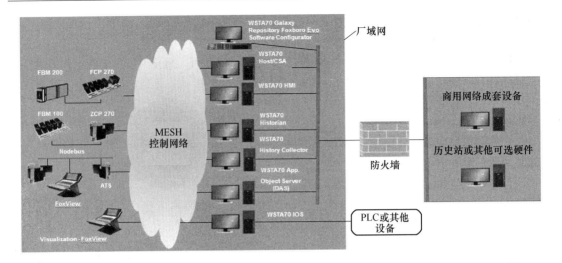

图 2-30　Foxboro Evo 系统硬件结构图

Address Translation Stations（ATS）来将传统 Unix 系统的 Nodebus 网络，CP 和 FBM 连接至 MESH 控制网络。

2.2.1.7　Foxboro Evo Control Software 组件

Control Software 产品线是构建在 Control Core Services 基础上的，并将其与 ArchestrA 和 Wonderware 产品整合在一起。Control Software 主要包括以下组件：Foxboro Evo Control HMI：人机接口，运行画面；Foxboro Evo Control Editor：逻辑组态器，用来组态控制策略；System Manager：系统管理器，管理网络中各硬件组件的健康状况；Foxboro Evo Control Software Access Manager：整合了一系列软件包的访问管理软件；Control Software Manager：用来将各组件的安装过程整合在一起的软件；ArchestrA System Platform：ArchestrA 各组件的运行环境；Evo Historian：历史库，用来采集、存储和查看历史数据。

2.2.1.8　Data Access Server

DA Server 是一个软件模块，用来在现场设备和 DI Object 之间进行通信。DA Server 同时也建立起 Control Core Services DI Object 与 Control Core Services 处理器（CP）之间的通信，如图 2-31 所示。

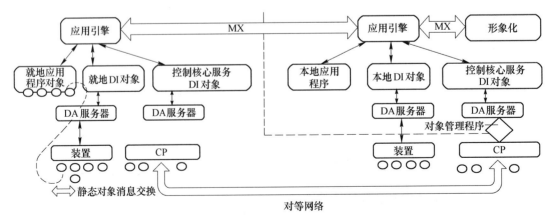

图 2-31　Control Core Services DI Object 与 Control

Core Services 处理器（CP）之间的通信图

2.2.2 Foxboro Evo Control Editors

CP 负责执行 Compounds，控制和监视过程对象。Compounds 中包含有 Blocks，每个 Block 均代表一种特定算法或功能。Foxboro Evo Control Editors 是一个综合的工程软件包，用来为 Foxboro Evo 系统进行设计和组态。

Control Editors 的特性如下：图形化构建和发布控制策略；构建可重复调用的控制策略对象和组合设计；控制策略的 Bulk Generationg 功能；导入和导出功能；支持基于 FOUNDATION Fieldbus 和 PROFIBUS 的智能设备和 Fieldbus 网络。

Control Editors 执行如下基本功能：构建 Blocks；将 Blocks 打包至 Compound 中；将 Compound 和 Blocks 发布至 CP 中。

Control Editors 为了更好的管理 Compound 与 Blocks 而创建了名为 Strategy 的分组对象。所谓 Strategy，即为绘制 Block 逻辑关系的逻辑图纸。Strategy 只存在于 Galaxy 中，并不会随 Compound 和 Block 一起发布至 CP 中。Strategy 的作用是将 Compound 下不同回路中的 Blocks 划分在不同的逻辑图纸上，以便将来查阅和修改。

2.2.2.1 Strategy

Strategy 是 ArchestrA IDE 中创建的对象。Strategy 可以包含一个或多个 Strategy，Strategy 必须挂在 Compound 下面，Strategy 中通常添加 Blocks，并建立 Block 之间的逻辑关系。

请参考如下步骤来正确使用 Strategy：（1）使用 Control Editors 来创建 Strategy，并在 Strategy 中使用 Blocks 创建逻辑回路；（2）将 Strategy 分配（Assign）给 Compound；（3）将 Compound 发布（Deploy）至 CP 中。

图 2-32 展示了 Strategy 与 Compound、Blocks 之间的关系。

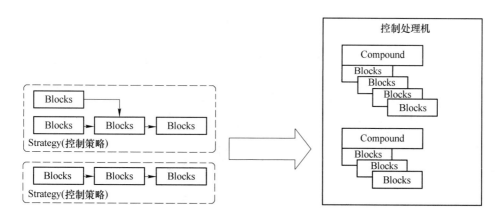

图 2-32 控制策略与模块及组合模块的关系图

图 2-33 则展示了在使用 Strategy 进行逻辑构建时的各对象之间的关系示意图。

2.2.2.2 Foxboro Evo Control HMI

Control HMI 的作用是将过程控制对象以图形化的形式显示在人机界面上，并提供现场设备的运行状态和信息，同时也为工厂运行人员提供了在人机界面上进行现场设备操作的功能。

Control HMI 开启后，Foxboro Window Viewer 和 Control HMI Alarm Server 同时激活并开始运行。Alarm Server 用来监视报警状况及激活报警相关按钮。这两个程序都是运行 Control HMI 的必要程序。

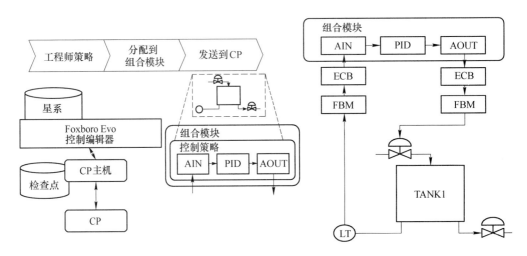

图 2-33　构建控制策略时各对象之间关系图

2.2.2.3　Foxboro Evo Control HMI 中的应用程序

Foxboro Evo Control HMI 是最主要的提供给运行人员可操作的过程对象接口程序。Control HMI 会自动随着 Foxboro Evo 工作站的重启而自动运行，并提供如下基本功能：过程操作界面，组态控制流程图，协助诊断系统和过程故障情况。

Control HMI 的一些基本组件为显示区域、按钮栏、菜单栏。

图 2-34 为 Control HMI 相关的功能模块。

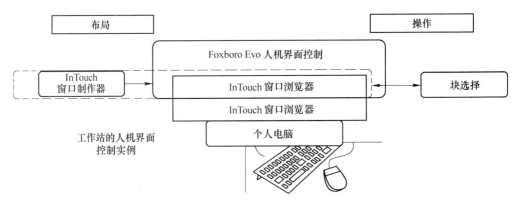

图 2-34　Control HMI 控制功能图

图 2-35 为 Control HMI 的基本界面。

WindowViewer

WindowViewer 是用来查看过程数据的流程图画面显示/操作窗口。WindowViewer 随 Control HMI 的启动而自动启动，其窗口相关操作和 Windows 的常规窗口相似。

WindowViewer 窗口和 Windows 窗口的主要区别为：WindowViewer 窗口不能调节窗口大小；WindowViewer 中的窗口如果没有显示窗口标题栏，则不能移动其屏幕位置。

WindowViewer 支持多显示屏模式，每个显示屏的分辨率均为 1280×1024。

WindowMaker

WindowMaker 是用来开发在 WindowViewer 中显示的窗口用的开发软件。工程师可以使用它

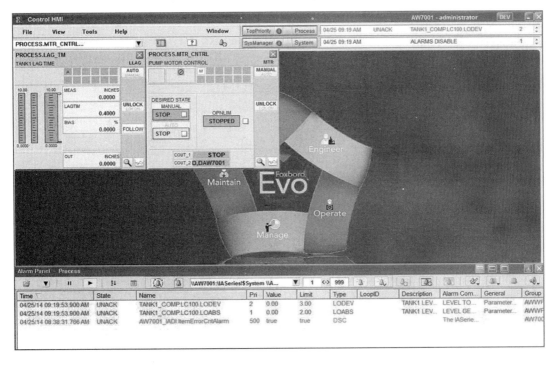

图 2-35 Control HMI 的基本界面图

来创建新的显示窗口，绘制新的流程图，并完成窗口配置和流程图组态。

图 2-36 为 WindowMaker 软件工作窗口。

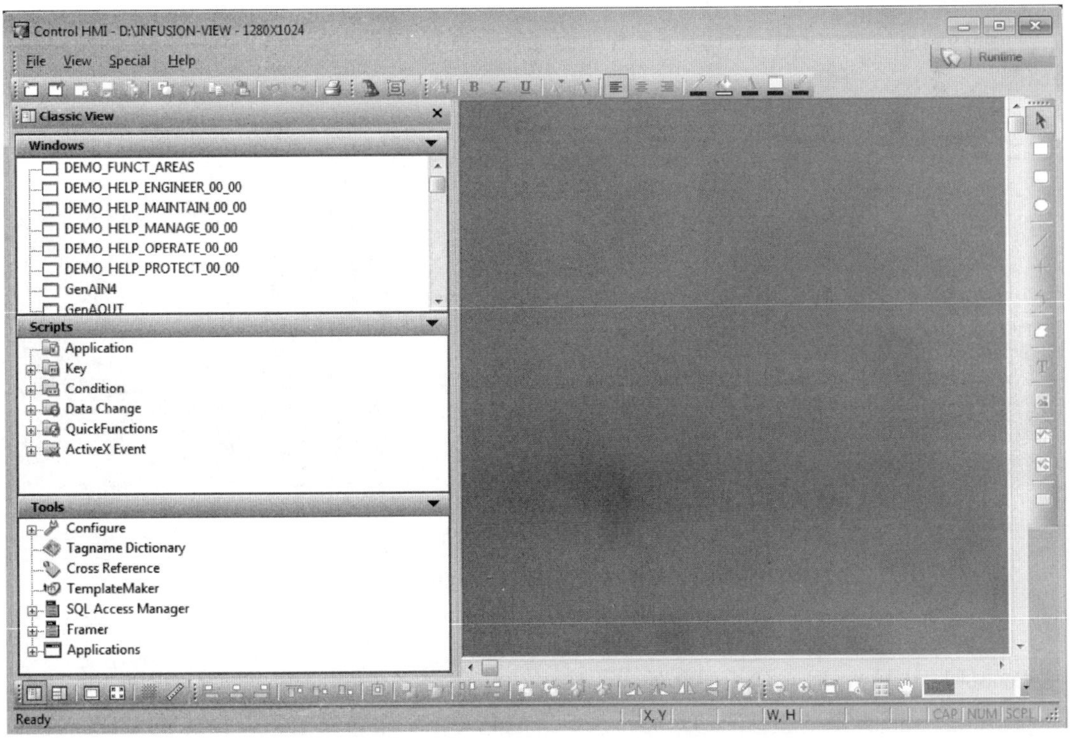

图 2-36 WindowMaker 软件工作窗口

WindowMaker 的功能为：创建过程对象窗口，绘制过程对象画面，为过程对象画面上的元素建立动态链接。

Faceplates 和 Trends

Faceplate 是特殊的专门用来在画面窗口中显示 Block 信息用的 Block 信息面板，其功能为：显示 Block 信息，支持面板操作行为，提供 SmartSymbols。

Faceplate 外观如图 2-37 所示。

Trend Faceplate 则是专门用来显示趋势线的小型 Faceplate，并支持如下功能：直接显示 Real-Time 过程数据，显示从 Evo Historian 中提取的历史数据。

Trend Faceplate 外观如图 2-38 所示。

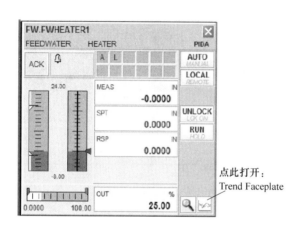
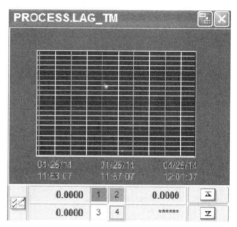

图 2-37　Faceplate 外观图　　　　　　　　图 2-38　Trend Faceplate 外观图

2.2.2.4　Foxboro Evo Control HMI 与 FoxView 的比较

Foxboro Evo Control HMI 与 FoxView 有相似之处，也有不同之处。图 2-39 为两者的初始界面对比图。

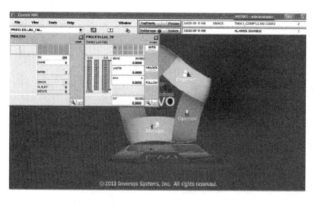
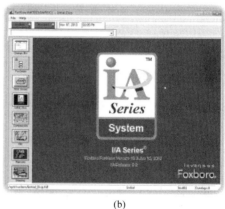

(a)　　　　　　　　　　　　　　　　(b)

图 2-39　Foxboro Evo Control HMI 与 FoxView 的初始界面对比图
（a）Foxboro Evo Control HMI；（b）FoxView

Control HMI 与 FoxView 的相似之处为：都与 CP 同在一个控制网络中，都是预创建的 Faceplate 和后续工程师绘制的流程图的组合，预组态的趋势图和报警显示，看起来和 Windows 风格很相近。

Control HMI 与 FoxView 的不同之处见表 2-10。

表 2-10　Control HMI 与 FoxView 区别

Control HMI	FoxView
仅支持 1280×1024/1920×1080 分辨率	支持任意分辨率
通过 Galaxy 与 Control Core Services 通信	直接与 Control Core Services 通信
使用 Galaxy Security	使用 FoxView Environment
使用 Block Select 查看 CP 中的对象	使用 FoxSelect 查看 CP 中的对象

表 2-11 为两种不同的 HMI 软件在使用上的一些建议。

表 2-11　HMI 软件使用建议

Control HMI	FoxView
适合新用户	适合现有的老用户升级改造
适合更适应 Galaxy Security 的新用户	适合习惯了 Environment 系统的老用户

2.2.3　Evo Historian

Evo Historian 是一个实时关系型数据库。Evo Historian 结合了 Microsoft SQL Server 软件和高速数据获取及压缩技术，使得 Historian 能够更适合工业过程系统的数据采集、存储和查看。

Evo Historian 从高速 Wonderware I/O Server、DA Server、ArchestrA 系统和其他设备获取数据，然后将数据发送至 Historian Server 进行压缩和存储。Evo Historian Client 通过执行 SQL Query 来从 Server 获取这些已存储的数据。

图 2-40 展示了 Evo Historian 的数据存储和提取的基本情况。

Evo Historian Client 为用户提供了可以嵌入至 Control HMI 的 ActiveX 趋势组件，以方便用户提取和查看历史数据。

图 2-41 为趋势组件的示意图。

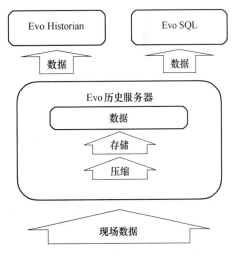

图 2-40　Evo Historian 的数据存储和提取过程图

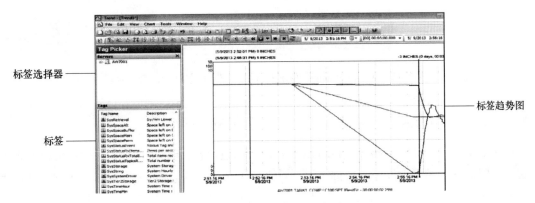

图 2-41　趋势组件的示意图

2.2.4　System Manager

System Manager 软件用来监视系统中的各硬件组件的健康状况。系统中的每个 Station 都会将各自的健康状况向 System Monitor 汇报。一个 System Monitor 可以监视多个 Station，一个系统可以有多个 System Monitor。

System Manager 还可以用来控制设备的运行。图 2-42 显示了 System Manager 的导航栏，从中可以查看系统网络中的硬件结构以及从属关系、运行状态等相关信息。

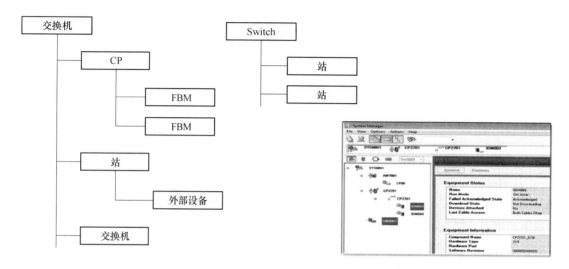

图 2-42　System Manager 导航图

图 2-43 则为 System Manager 展开至 Station 层后的具体信息显示情况。

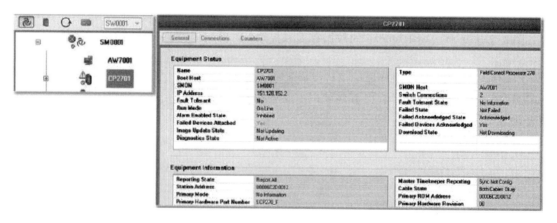

图 2-43　System Manager 展开至 Station 层后的具体信息显示图

2.2.5　Security Groups

Foxboro Evo Control Software 使用 Galaxy Security 方式进行访问权限的保护。这种保护方式主要包括分配给 User 的 Roles，Object 分属于不同的 Security Groups，Roles 和 Security Group 进行访问权限关联。

举例来说，如果 Compounds 被分组至不同的 Plant Area，则 Operator 角色也必须依此进行分组，以便能够访问不同的 Compounds。例如，Area1 Operator 可以访问 Area2，但不能执行修改行为；Area2 Operator 可以访问 Area1，但是也不允许修改。

图 2-44 展示了 Roles、Objects、Users 和 Groups 之间的关系。

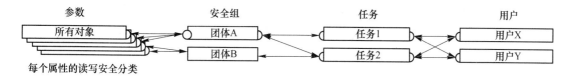

图 2-44 Assigned Permission：分配权限图

请参考如下步骤来进行 Galaxy Security 的设置：（1）使用 IDE 来创建和配置 Security Groups 和 Roles；（2）将 IDE Objects 分配给创建好的 Security Groups；（3）将 Security Groups 分配给一个或多个 Roles；（4）将 Roles 分配给一个或多个 User。

2.3 连续控制概念

过程控制工程师需要负责开发有效的过程控制策略，也就是俗称的控制组态。控制组态的过程包括开发控制逻辑，应用控制模块，设计控制回路等。控制组态的组态工具可以是 ICC，IACC 或最新的 Foxboro Evo Control Editor。

2.3.1 过程控制数据库

工程师们可以使用控制数据库组态器来创建和修改过程控制数据库。该数据库中包含有三种不同类型的 Blocks，也可以分类为三个 Domain：连续性控制（Continuous Control Domain）；梯形逻辑控制（Ladder Logic Control Domain）；顺序逻辑控制（Sequence Logic Control Domain）。

图 2-45 展示了三种不同类型的 Blocks 的分类名称。

图 2-46 则展示了 Block 分属的三个不同的 Domain。

在每个 Domain 中，分别又包含有若干个不同类型的 Blocks，来帮助建立过程控制策略（见图 2-47）。

Blocks 并不受 Domain 的影响。一个 Domain 中的 Block，完全可以与另一个 Domain 中的 Block 建立起数据连结，进行数据交换。

图 2-45 三种不同类型 Blocks 的分类名称

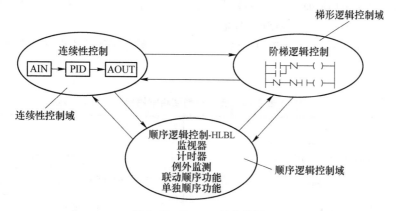

图 2-46 Domain 的分类图

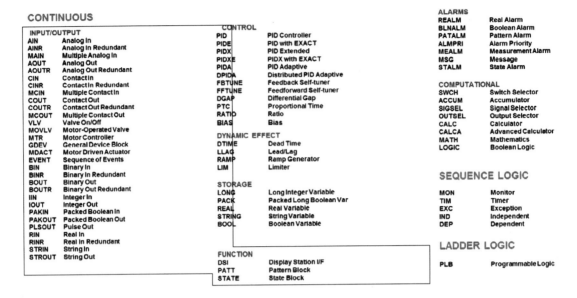

图 2-47　Blocks 类型图

就 Continuous Control Domain 而言，其中的 Blocks 又可以分为如图 2-48 所示的几类。

图 2-48　Continuous Control Domain-Blocks 分类图

2.3.1.1　Continuous Control Domain

在 Continuous Control Domain 中，Blocks 周期性的接收和发送过程数据。过程数据和现场仪表有关，例如流量、液位、压力、温度或 pH 值等。

Foxboro Evo Control Software 为用户提供三个典型的过程控制回路中会使用到的 Block，见表 2-12。

表 2-12　典型控制回路常用块

块	函　数
Analog Input（AIN）	接收模拟量测量值
Proportional/Integral/Derivative（PID）Controller	比例微积分控制器，控制测量值
Analog Output（AOUT）	输出模拟量控制信号

图 2-49 为一个典型的单回路系统的构建图。

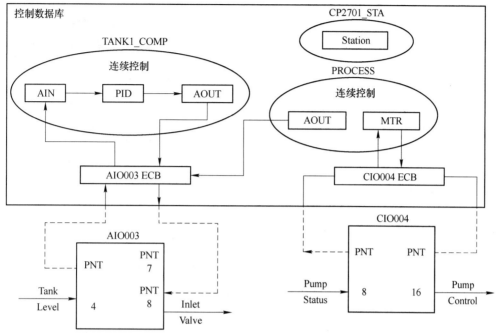

图 2-49 单回路系统构建图

在图 2-49 中，CP 及其控制数据库包含如下内容：

（1）一个 Station Compound：CP2701_STA。

（2）两个 Equipment Control Block：AIO003，CIO004。

（3）两个 Continuous Control Compounds：PROCESS，TANK1_COMP。

（4）TANK1_COMP 包含有一个连续控制模块构成的回路，执行一个单回路反馈控制。

（5）该水箱液位控制回路包括如下内容：

1）-AIO003 卡件在第四通道将液位信号（Level）引入，并通过 AIO003 ECB 模块将物理信号转换为数字信号，传递给 AIN 模块。

2）-AIN 模块将数字液位信号转换为工程单位数值，并提供给 PID 模块进行运算。

3）-PID 模块根据收到的液位值，并与自身设定值 SPT 比较，计算出新的阀门开度指令，并将其发送给 AOUT 模块。

4）-AOUT 模块将收到的指令信号发送给 AIO003 ECB 模块。

5）-AIO003 ECB 将指令转换为物理信号，并从 AIO003 卡件将指令（Valve）发送给阀门。

2.3.1.2 Ladder Logic Control Domain

Ladder Logic Control Domain 包含有梯形逻辑组态所需的 Block，按节点/线圈方式进行组态，并进行设备的启/停控制。该组态方式的优势是比 CP 中的其他控制逻辑更快速。

梯形逻辑运行在特定的离散型 FBM 中。梯形逻辑的组态则依赖于 PLB 模块来进行。PLB 模块在 CP 中运行，但该模块组态好的梯形逻辑，则是下装至 FBM 并运行，具体如图 2-50 所示。

2.3.1.3 Sequence Logic Control Domain

Sequence Logic Control Domain 执行由工程师组态好的，由 HLBL 语言编写的顺序控制逻辑。

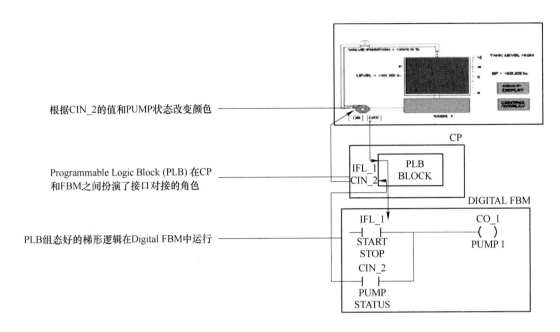

图 2-50　梯形逻辑运行图

Sequence Logic Control Domain 可以和其他两个 Domain 进行互动。

　　图 2-51 展示了使用 HLBL（左）或 SFC（右）语言编写顺序控制逻辑的一个示范。

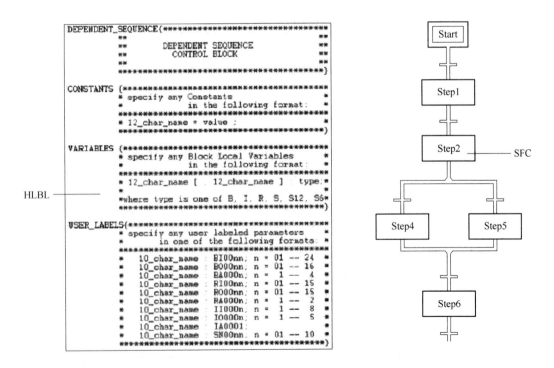

图 2-51　顺序控制逻辑示范图

Sequence Control Logic Domain 提供了五个不同 Blocks（见表 2-13）。

表 2-13 Sequence Control Logic Domain 提供的模块

块 名	描 述
Monitor（MON）	监视过程状况，并发出状况是否发生的指示
Timer（TIM）	进行计时，并发出计时时间到达的指示
Exception（EXC）	如果系统检测到指定例外情况，则执行本模块中的程序
Dependent（DEP）	可以和 EXC 进行联动，执行常规顺序控制逻辑
Independent（IND）	单独使用，执行常规顺序控制逻辑

2.3.2 Compound 概述

Compound 是一组 Blocks 的集合，并且存放于 CP 中，执行事先组态好的控制策略和回路逻辑。

CP 中可以存放许多的 Compounds。不同的 Compounds 可以分类存放属于不同回路或工艺区域的 Blocks。

Compound 中可以存放 Blocks 的数目没有限制，但是 CP 中可以负荷的 Blocks 数目则受 CP 本身性能的影响。CP270 可以负荷 4000 个 Blocks，FCP280 则可以负荷 8000 个 Blocks。

2.3.2.1 Compound 规则

请按照表 2-14 所描述的规则来使用 Compound。

表 2-14 Compound 使用规则

组合规则	描 述
命名规则	不超过 12 个字符。 可以是字母和数字，以及下划线的组合；必须是大写字符，字符间不能有空格。 Compound 名称在整个控制网络中必须唯一。 Compound 驻留在 CP 中并运行。 Compound 可以被 Turn off，当 Compound 被 Turn off 时，其中所有 Block 也同时停止工作。 CP 中的 Compound 按其显示的排列顺序依次执行
执行	Compound 只有两种状态： 1. Turn On——Compound 中的 Block 可以被执行； 2. Turn Off——Compound 中的 Block 不会被执行。 Block 按其显示的排列顺序依次被执行，除非受 PHASE 参数影响
报警设备组	Block 生成过程报警，并将其发送至 Compound 报警设备组中，如果该设备组中有设备，则这些设备可以接收到 Block 的报警信息。 Compound 最多支持 40 个报警设备，并分组如下： 1. #1～#3 设备组，每个组支持 8 个报警设备，每个报警组互相独立； 2. #4～#8 设备组，这 5 个设备组共享剩余 16 个报警设备

2.3.2.2 Default Compound

CP 中可以存放许多个由工程师创建的 Compound，但是每个 CP 中至少有两个由系统自动创建的 Compound。这两个默认的 Compound 为：（1）Station（STA）Compound；（2）Equipment Control Block（ECB）Compound。

图 2-52 展示了 CP 中的默认 Compound 的一个例子。

2.3.2.3 Station Compound

每个 CP 中都有一个对应的 Station Compound，该 Compound 由系统自动创建，其命名规则为 <CP 名>_STA（例如，CP2701_STA）。在这个 Compound 中，有且只有唯一一个 Station Block，

其名称为"STATION"。该 Compound 和其中的 Station Block 都不能被删除，但是其参数均可以被修改，同时，该 Compound 中也不能添加其他的 Block。

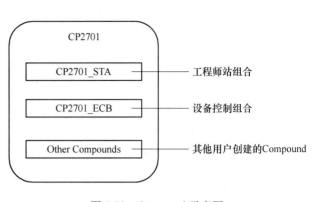

图 2-52 Compound 示意图

工程师可以对该 Compound 进行如下组态：

（1）定义 5 个额外的报警设备组（4～8）。

（2）定义 16 个额外的报警设备，由报警设备组 4～8 共享。

（3）定义 CP 相关的 Configuration Options，例如 Sequence Batch Message，Alarm Criticality Unacknowledged，Online Configuration 等。

（4）启用 Automatic Checkpointing 功能。

（5）禁止系统信息。

（6）打印系统信息。

（7）指定 CP 重启时的 Supervisory Control Group Timers 的初始状态（启用/禁止）等其他功能。

（8）查看当前 Station Block 的详细信息，包括 1）BPC（Basic Processing Cycle），Software Version，CP 负荷；2）最后一次 Checkpoint 的时间点。

2.3.2.4 Equipment Control Block（ECB）Compound

每个 CP 中有且只有一个 ECB Compound，其命名规则为 < CP 名 >_ECB。在这个 Compound 中，可以用来添加新的 ECB Blocks，用来控制系统中新添加的 FBM 模件。

图 2-53 展示了 ECB 和 FBM 之间的关系。

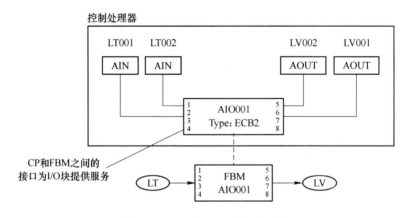

图 2-53 ECB 和 FBM 之间的关系

每块新添加至 CP 下的 FBM 卡件均需要一个专门的 ECB 模块来控制。ECB 模块需要单独命名，ECB 模块也有多种类型，使用时和对应的 FBM 本身型号有对应关系。

对 Control Core Services v9.0 + 系统来说，如果使用 FCP280 处理器，则 FBM 卡件的 ECB 模块有一个名为 CHAN 的参数需要配置。该参数的设定范围为 1～4（1 为默认值），代表的是 PIO 通道号，即 FCP280 底板上右侧的四个 Fieldbus 总线端口。该参数在创建 ECB 时必须设定，并且设定后无法再次更改。该参数的作用是指定 ECB 模块对应的 FBM 卡件是挂在几号端口下的。

每个 ECB Compound 都包含有一个默认的 Block，名为 PRIMARY_ECB，是 CP 和 Fieldbus 的软件接口。FCP270 及之前的处理器，均只有这一个 PRIMARY_ECB 模块，而 FCP280 则拥有四个 PRIMARY_ECB 模块，其名称分别为 PRIMARY_ECB，PRIMARY_ECB2，PRIMARY_ECB3，PRIMARY_ECB4。PRIMARY_ECB 模块的通信参数有 Baud Rate、Bus Switching、Watchdog Timer 等。

FCP280 拥有一个新参数，名为 BAUD2M，定义 PRIMARY_ECB 对应 PIO 通道的波特率。

默认情况下，ECB 模块均添加至 ECB Compound 中。但工程师们也可以在其他 Compound 的 ECB 区域中进行 ECB 模块的添加。

2.3.3　Block 概述

Block 是一个执行特定功能的算法，用来完成特定过程控制需求。Foxboro Evo 系统拥有超过 100 个不同功能的 Blocks。每个 Block 均有其特有参数和部分通用参数。工程师可以通过修改这些 Block 参数，来实现 Block 的不同算法和需求。

一个典型的单回路反馈回路，由三个 Block 组成，分别为 AIN Block、PID Controller Block、AOUT Block。

图 2-54 展示了一个典型的单回路的回路结构图。

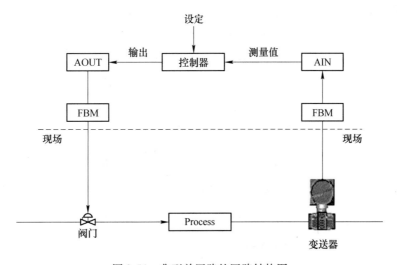

图 2-54　典型单回路的回路结构图

2.3.3.1　AIN Block

AIN Block 指模拟量输入模块，用来接收模拟量输入卡件的某个通道上所连接的模拟量仪表的信号。AIN Block 拥有信号修正功能，例如，滤波，开方等；同时也可以为模拟量输入信号设定工程单位。

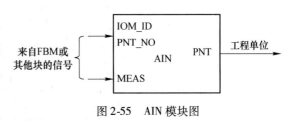

图 2-55　AIN 模块图

图 2-55 是 AIN 模块举例。

AIN Block 的主要功能为：接收 FBM 发送过来的经过转换的数字量信号值，提供信号修正功能，转换原始采样值为工程单位值。监视采样值报警状况包括输出绝对值报警（高/低，高高/低低），BAD I/O 报警，输入超量程报警。

2.3.3.2　PID Block

PID Block，指的是 Proportional/Integral/Derivative Block，常用来进行比例微积分控制器的控

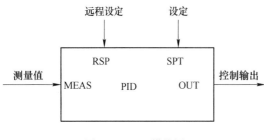

图 2-56　PID 模块图

制。PID Block 用来将过程对象控制在设定值上。Evo 系统提供了具有不同功能的 PID Block，例如 PIDA，PIDX 和 PIDE Block。

PID Block 主要参数列举如图 2-56 所示。

PID Block 的主要功能为控制过程变量和生成过程报警。生成过程报警又包括测量值报警和输出绝对值报警。其中，测量值报警又包括绝对值报警（高/低、高高/低低）和偏差报警（高/低），偏差报警是 PID 测量值和设定值。

2.3.3.3　AOUT Block

AOUT Block，指的是 Analog Output Block，用来将控制指令转换为模拟量输出信号，并发送给现场的执行机构。图 2-57 为 AOUT Block 的主要参数。

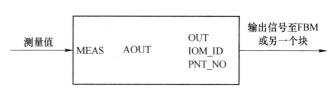

图 2-57　AOUT Block 主要参数图

AOUT Block 的主要功能为：将输出信号发送给其他 Block，或是 AO 型 FBM；如果 FBM 发生通道故障，或 Fieldbus 通信故障，则产生 BAD 报警。Block 的相关规则见表 2-15。

表 2-15　Block 报警规则

模块规则	描　述
命名规则	不超过 12 个字符。 可以是字母和数字，以及下划线的组合。 必须是大写字符，字符间不能有空格。 Block 名称在其所属的 Compound 中必须唯一。 Block 按其在 Compound 中的排列顺序依次执行
执行	Block 按其指定周期反复被执行。 该周期由参数 PERIOD 指定。 Block 周期不能比其所属 Compound 周期更快。 PERIOD 参数共有 14 个值： PERIOD = 0：执行周期为 0.1s。 PERIOD = 1：执行周期为 0.5s。 PERIOD = 2：执行周期为 1s。 PERIOD = 3：执行周期为 2s。 PERIOD = 4：执行周期为 10s。 PERIOD = 5：执行周期为 30s。 PERIOD = 6：执行周期为 60s（1min）。 PERIOD = 7：执行周期为 600s（10min）。 PERIOD = 8：执行周期为 3600s（1h）。 PERIOD = 9：执行周期为 0.2s。 PERIOD = 10：执行周期为 5s。 PERIOD = 11：执行周期为 0.6s（BPC 为 0.2s）。 PERIOD = 12：执行周期为 6s（BPC 为 2s）。 PERIOD = 13：执行周期为 0.05s
输入信号源	接收其他 Block 或 Compound 参数传递过来的数值。 数据类型需要匹配
Block 执行过程	Block 按周期进行扫描。 Block 周期不能比 Compound 周期更快。 Compound 周期不能比 BPC 更快。 默认 BPC 值为 0.5s

　　所谓 BPC，指的是 CP 的基本扫描周期，即 CP 刷新自身的频率。在这样的一个基本处理周期中，CP 需要完成如图 2-58 所示的任务。

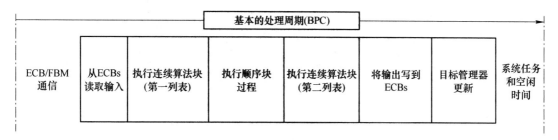

图 2-58　CP 需要完成的任务图

2.3.4　Block 的表象

　　在 Foxboro Evo 系统的控制策略中，Blocks 又被称为 Objects。这些 Objects 又常常被称之为"Appearance Objects"。它们可以通过 Block 参数进行 Block 之间的连接，组合成不同的控制回路，并最终形成过程控制策略。

　　这些代表 Blocks 的 Appearance Objects 又可以划分为：（1）Standard Static Green：标准的静态绿色对象（系统提供或用户自定义）；（2）Dynamic：SAMA 元素（系统提供或用户自定义）；（3）Logic：逻辑编程模块（CALC/CALCA/LOGIC/MATH）。

　　Appearance Objects 可以在 Foxboro Evo Control Editor 中进行设计和调用。而其中的 Dynamic Appearance Objects 则根据广大用户的习惯和需求，直接开发为 SAMA（Scientific Apparatus Manufacturer's Association）对象，使得用户在使用 Blocks 进行回路构建和控制策略的组态时更直观，也更便捷。

　　图 2-59 为 SAMA 组态逻辑的展示。

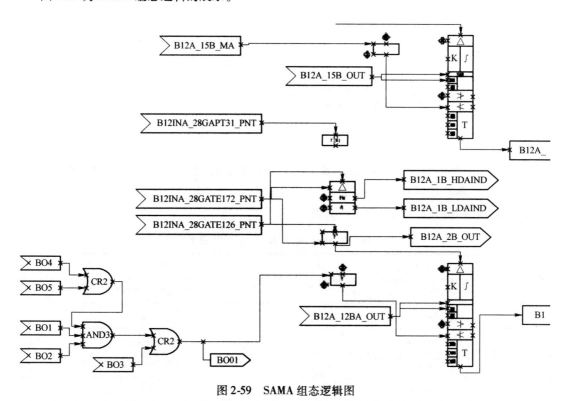

图 2-59　SAMA 组态逻辑图

传统的逻辑模块（例如 CALC）的组态形式，也发生了许多改变，图 2-60 为 Evo Control Editor 中逻辑模块的组态示例。

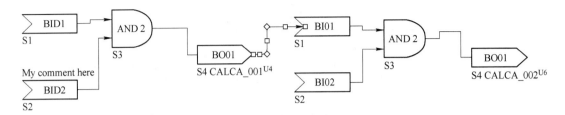

图 2-60　Evo Control Editor 中逻辑模块的组态示例图

2.3.5　Compound 和 Block 的参数

Compound 和 Block 的参数主要分为两大类：（1）Input Parameters（输入参数），用来接收其他对象传递给自身的数据；（2）Output Parameters（输出参数），用来将自身的数据传递给其他对象。

图 2-61 展示了输入参数和输出参数与 Block 之间的关系。

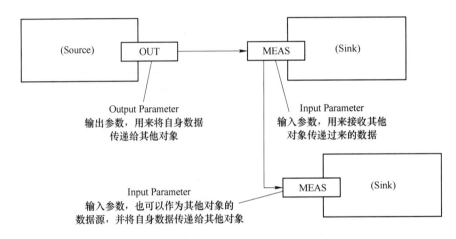

图 2-61　输入输出参数与 Block 关系图

一般来说，Block 的输出参数在组态器中是无法访问到的，但 Sequence Block 是例外。

2.3.5.1　参数的数据类型

Compound 或 Block 的参数数据类型见表 2-16。

表 2-16　Compound 或 Block 参数数据类型

数 据 类 型	描　　述
Real	带小数位的实型数
Integer	整数
Boolean	布尔型数据
String	字符串型数据
Packed Boolean，Packed Long	布尔包数据，或长整型包数据

图 2-62 为部分 Block 参数的数据类型实例。

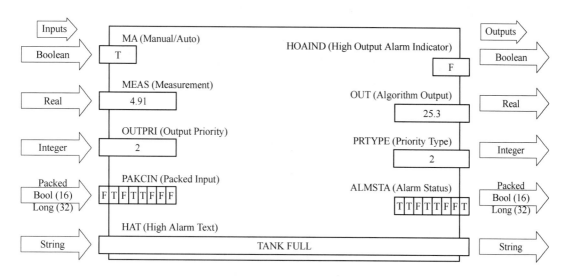

图 2-62　Block 参数的数据类型实例图

2.3.5.2　参数的连接和设置特性

Compound 和 Block 参数具有连接性与设置性这两个特性。

Connectability

所谓 Connectability，就是参数的连接特性。所有 Compound 或 Block 参数均可按表 2-17 中的描述分为可连接参数与不可连接参数。

表 2-17　Compound 或 Block 参数

参 数 类 型	描　　　述
Connectable	可连接的参数，并可成为 Change-driven 机制数据传递的信号源
Non-connectable	不可连接的参数，无法传递参数给其他对象

所谓 Change-driven 机制，就是根据采样值变化情况来决定是否更新参数值，并传递给下游的其他 Block 连接参数。该机制仅对两类参数有效：（1）Connectable Parameter；（2）跨 CP 的数据传递。

如果在当前扫描周期中，该参数的值没有变化，则参数值不进行传递。图 2-63 展示了在两种不同情况下的 Change-driven 机制的运行情况。

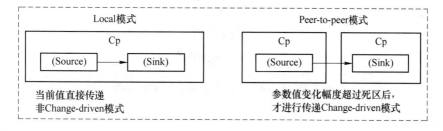

图 2-63　不同情况下的 Change-driven 机制的运行图

Connection Syntax

Connection Syntax 是参数连接的数据格式，如下所示：

Compound：Block. Parameter

图 2-64 为该数据连接格式的示例。

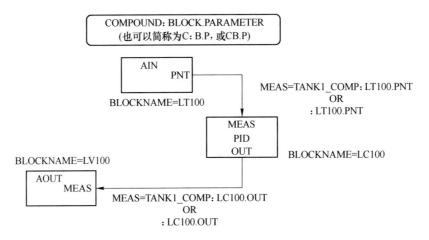

图 2-64　Compound 数据连接格式示例图

Settability

Settability 指参数可以由运行人员从流程图上进行设置或更改。Settability 的特性可以分为 Settable Parameter（可设置的参数）和 Non-settable Parameter（不可设置的参数）。

表 2-18 为这两种分类进行了更详细的说明。

表 2-18　Settable 和 Non-settable 说明

参 数 类 型	描　　　述
Settable	可设置的参数。 运行人员可从流程图画面上进行参数的设置或更改（仅限 Unsecured 状态的 Settable Parameter）
Non-settable	不可设置的参数。 只能通过 Control Editor（组态器）进行更改

图 2-65 为 Settability 和参数 Security 特性的实例。

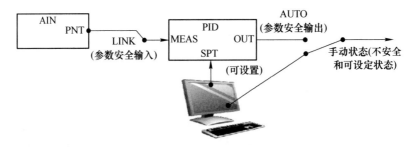

图 2-65　Settability 和参数 Security 特性举例

Secured State

所谓 Secured State，就是参数的安全状态。处于 Secured Stated 下的参数，即使是 Settable 属性，也不允许参数被人为更改或设定。只有处于 Unsecured 状态下，并且是 Settable 的参数，才允许运行人员在画面上进行修改。

输入参数在建立起与其他模块的参数连接后，将进入 Secured 状态，如图 2-66 所示。

输出参数在 Block 处于 Auto 模式的时候，将进入 Secured 状态，不可被更改。而当 Block 进入 Manual 模式后，则进入 Unsecured 状态，可直接更改，如图 2-67 所示。

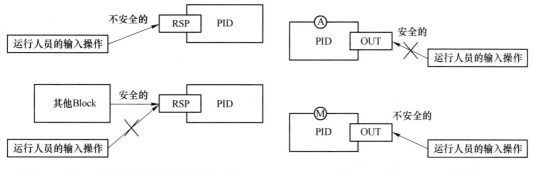

图 2-66　输入参数与其他模块的参数连接图　　　　图 2-67　进入 Manual 模式图

2.3.5.3　Compound 参数

图 2-68 展示了 Compound 的输入和输出参数。

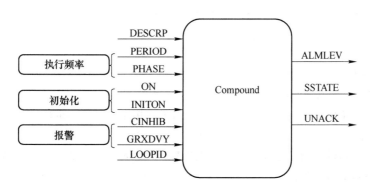

图 2-68　Compound 的输入和输出参数图

表 2-19 为 Evo 系统可使用的 PERIOD 和 PHASE 的关系。

表 2-19　Evo 系统 PERIOD 和 PHASE 的关系

PERIOD 值	周期值	PHASE 值	PERIOD 值	周期值	PHASE 值
0	0.1s	N/A	7	10min	0~1199
1	0.5s	0（Default）	8	60min	0~7199
2	1s	0、1	9	0.2s	N/A
3	2s	0~3	10	5s	0~9
4	10s	0~19	11①	0.6s	0~2
5	30s	0~59	12②	6s	0~2

注：1. PHASE 的值是基于 BPC 而决定的，在表中，使用的是默认 BPC=0.5s，PHASE（相位个数）=PERIOD/BPC。例如，PERIOD=2s，BPC=0.5s，则 PHASE（个数）=2/0.5=4（个）。相位延迟从 0 开始，所以可以延迟的相位值为 0、1、2、3（即 0~3）。

2. PERIOD=0.05s 仅支持 CP40，CP40B，CP60，CP270 和 FCP280。

3. Compound 的处理周期不能比 BPC 更快，Block 处理周期不能比 Compound 更快。

① PERIOD=11（0.6s）仅限 BPC=0.2s；② PERIOD=12（6s）仅限 BPC=2s。

Compound 输入参数分别为：

（1）DESCRP：该参数是一个纯文本参数，作用是为 Compound 添加描述文字。

（2）PERIOD：该参数用来决定 Compound 的扫描周期，并可以在周期内延迟 PHASE 值所决定的执行程序的时间。

（3）PHASE：该参数用来决定在周期开始时延迟几个 BPC（默认 BPC = 0.5s）来执行程序。

（4）ON：该参数是个 settable 参数，可更改值，但不能做参数连接。

1）ON = 0，Compound 停止，Compound 中所有 Block 不工作。

2）ON = 1，Compound 运行，Compound 中所有 Block 开始工作。

（5）INITON：该参数只能用组态器来设定和修改，并决定 Compound 初始化后的状态。

1）INITON = 0，Compound 初始化后停止。

2）INITON = 1，Compound 初始化后运行。

3）INITON = 2，恢复到 Checkpoint 文件中保存的最后状态。

初始化在如下情况下会发生：添加、下装和 Turn On 一个 Compound，CP 重启。

（6）CINHIB：该参数用来决定 Compound 的报警屏蔽级别。

1）CINHIB = 0，不屏蔽 Compound 中产生的任何报警。

2）CINHIB = 1，屏蔽 1 ~ 5 级报警，即屏蔽所有报警。

3）CINHIB = 2，屏蔽 2 ~ 5 级报警。

4）CINHIB = 3，屏蔽 3 ~ 5 级报警。

5）CINHIB = 4，屏蔽 4 ~ 5 级报警。

6）CINHIB = 5，屏蔽 5 级报警。

（7）GR1DV1 ~ GR3DV8：设备组参数，该参数的作用是将 Compound 中产生的报警信息发送至设备组中所指定的设备。例如，GR1DV1 = AW7001，GR1DV2 = hist01。

（8）LOOPID：该输入参数也是一个纯文本参数，用来添加回路编号，不影响程序运行。

Compound 的输出参数为：

（1）ALMLEV：该输出参数送出本 Compound 产生报警中优先级最高的报警优先级数字。例如，Compound 产生 1，2，5 这样三个级别的报警，则 ALMLEV = 1。

（2）SSTATE：该输出参数送出的是本 Compound 中顺控模块的状态。

1）SSTATE = 0：所有顺控模块（MON、IND、DEP、EXE）均为 Inactive 模式。

2）SSTATE = 1：至少有一个顺控模块（MON、IND、DEP）处于 Active 模式，没有 EXC 模块处于 Active 模式。

3）SSTATE = 2：至少有一个 EXC 模块处于 Active 模式。

（3）UNACK：该输出参数送出的指示是本 Compound 中是否有未被确认的报警。

1）UNACK = 0：所有报警已经被确认。

2）UNACK = 1：有报警未被确认。

2.3.5.4　Block 参数

Blocks 的常用参数可以分为 Block 初始化参数、Feedback/Back Calculation 参数、FBM 访问参数、信号修正参数、量程参数、分辨率参数、手/自动参数、PID 控制参数。

A　Block 的初始化

当特定条件满足时，I/A 系统的 Block 将发生初始化，并检查 Block 的输出参数，决定是否更改为初始值。同时，Block 进行初始化的时候，还会对部分重要参数进行检查，以确认其有效性，如果检查结果不符合要求，则会将模块状态更改为"Undefined"状态。

当以下条件满足时，Block 进行初始化：Block 所在的 Compound 由 OFF 切换至 ON 时，CP 重启时，Block 接收到其他 Block 发送来的初始化指令时。初始化发生后，Block 的不可连接的参数以及不可设置的参数均会被检查其有效性，比如量程参数。当有效性检测没有通过，则 Block 切换至"Undefined"状态。初始化发生后，Block 的输出值将被赋予初始值。

B　反馈/反演算参数

反馈和反演算参数（Feedback/Back Calculation Parameters）对于 PID 控制回路来说都是非常重要的参数。前者用来为回路产生积分效果，并防止积分饱和现象的产生；而后者则是实现无扰切换的关键参数。具体如下：

（1）FBK：反馈参数，为 PID 控制回路产生积分效果。

（2）BCALCI：反演算参数，为 PID 控制回路实现无扰切换。

BCALCI 是一个非常特殊的参数。它能够在 PID 控制器投入使用之前为其输出提供一个初始值，以防止在投入 PID 控制的时候发生扰动。比较典型的应用是在串级控制回路中的主/副环之间进行 BCALCI 参数的连接。此外，BCALCI 参数还能在 PID 模块发生初始化的时候为其输出提供初始化值。BCALCI 参数使用如图 2-69 所示。

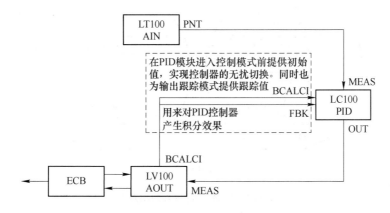

图 2-69　BCALCI 参数使用图

C　FBM 访问参数

为了将现场仪表的信号传达给指定输入模块，需要在输入模块中指定信号源所属的 FBM 名称，以及信号源是从该 FBM 第几通道接收的。这个时候需要使用以下两个参数：

（1）IOMOPT：决定信号的发送/接收是否通过 FBM 进行。

1）IOMOPT = 0：信号通过 CP 中的其他 Block 进行交换，并用 SCI 修正。

2）IOMOPT = 1：信号通过 FBM 进行交换，并用 SCI 修正。

3）IOMOPT = 2：信号通过 CP 中的其他 Block 进行交换，不做任何修正。

（2）IOM_ID：填入 FBM 的名称，例如"AIO001"。

（3）PNT_NO：填入 FBM 的通道号，例如"4"。

输入模块（例如 AIN）从指定的 FBM 第 X 通道接收信号，而输出模块（例如 AOUT）则是将指令发送至指定 FBM 的第 X 通道。

图 2-70 为 FBM 访问参数的示意图。

在两个示例中：

示例 1：IOMOPT = 1，表示 AIN/AOUT Block 均通过 FBM 与现场设备相连。AIN Block 负责读取水箱水位，并由 IOM_ID 参数和 PNT_NO 参数的值，规定从名称为 AIO001 的 FBM 的第 4 通

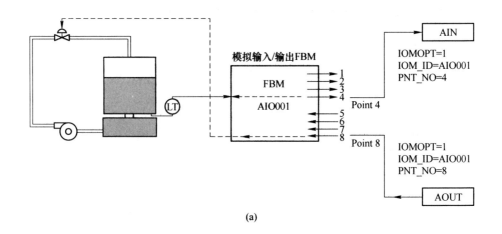

(a)

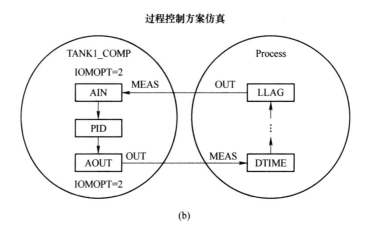

(b)

图 2-70 FBM 访问参数的示意图

（a）示例 1；（b）示例 2

道读取水位传感器的值；而 AOUT 则通过名为 AIO001 的 FBM 的第 8 通道，将指令传递给进水阀，调节阀门开度。

示例 2：IOMOPT = 2，表示 AIN/AOUT Block 均与 CP 中其他 Block 交换数据。

D　信号修正参数

输入信号修正参数（Signal Conditioning Parameters）的作用是用来对模拟量输入信号进行转换和修正。比如流量计需要用 4 ~ 20mA 的信号模式来接收和转换时是否要进行流量的小信号切除，是否要进行开方等；RTD 热电阻需要用热阻方式转换；TC 热电偶需要用毫伏值方式来转换。总而言之，由于模拟量输入信号的多样性，I/A 系统的模拟量输入模块（AIN）必须要使用不同的转换方式来读取不同类型的输入信号，这样才能得到正确的仪表测量值。

输出信号修正参数则是对模拟量输出信号进行转换，通常转换为 4 ~ 20mA 信号。

I/A 系统的输入/输出信号修正参数为：（1）SCI：模拟量输入信号修正参数；（2）SCO：模拟量输出信号修正参数。

图 2-71 为信号修正参数的示例。

SCI 信号修正说明如下：

0 = 不做转换，输出 = 输入。

1 = 线性（0 ~ 64000）（0 ~ 100%），0 ~ 20mA。

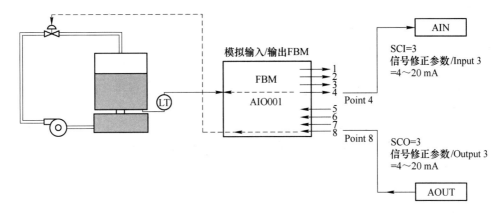

图 2-71 信号修正参数示例图

2 = 线性(1600 ~ 64000)(0 ~ 100%)，0 ~ 10V。

3 = 线性(12800 ~ 64000)(20% ~ 100%)，4 ~ 20mA。

4 = 开方(0 ~ 64000)(0 ~ 100%)，0 ~ 20mA。

5 = 开方(12800 ~ 64000)(20% ~ 100%)，4 ~ 20mA。

6 = 开方，量程内小信号切除（0 ~ 64000），切除小于0.75%，0 ~ 20mA。

7 = 开方，量程内小信号切除（12800 ~ 64000），切除小于0.75%，4 ~ 20mA。

8 = 脉冲（Rate）。

9 = 线性，量程外小信号切除（1600 ~ 64000），切除小于1600，0 ~ 10V。

10 = 线性，量程外小信号切除（12800 ~ 64000），切除小于12800，4 ~ 20mA。

11 = 开方，智能仪表2（0 ~ 64000）。

12 = 线性(14080 ~ 64000)(20% ~ 100%)，2 ~ 10V。

13 = 开方，量程外小信号切除（14080 ~ 64000），切除小于14080，2 ~ 10V。

14 = 线性（0 ~ 16383），0 ~ 20mA。

15 = 开方，量程外小信号切除（1600 ~ 64000），切除小于1600，0 ~ 10V。

20 = B 分度热电偶。

21 = E 分度热电偶。

22 = 预留。

23 = J 分度热电偶。

24 = K 分度热电偶。

25 = N 分度热电偶。

26 = R 分度热电偶。

27 = S 分度热电偶。

28 = T 分度热电偶。

40 = 铜 RTD（SAMA）。

41 = 镍 RTD（SAMA）。

42 = 铂 RTD（100Ω，DIN 43760—1968）。

43 = 铂 RTD（100Ω IEC，DIN 43760—1980）。

44 = 铂 RTD（100Ω SAMA）。

50 = 线性 0 ~ 65535 Raw counts。

51 = 线性 -32768~32767 Raw counts。

52 = 线性 0~32767 Raw counts。

53 = 线性 0~1000 Raw counts。

54 = 线性 0~9999 Raw counts。

55 = 线性 0~2048 Raw counts。

56 = 线性 409~2048 Raw counts。

57 = 开方 0~2048 Raw counts。

58 = 开方 409~2048 Raw counts，量程外小信号切除，切除小于 409。

59 = 线性 0~4095 Raw counts。

SCO 信号修正说明如下：

0 = 不转换。

1 = 线性 0~64000，模拟量输出 0~20mA。

2 = 线性 1600~64000，模拟量输出 0~10V DC。

3 = 线性 12800~64000，模拟量输出 4~20mA。

4 = 开方 0~64000，模拟量输出 0~20mA。

5 = 开方 12800~64000，模拟量输出 4~20mA。

12 = 线性 14080~64000，模拟量输出 2~10V DC。

13 = 开方 14080~64000，模拟量输出 2~10V DC。

14 = 线性 0~16383。

15 = 开方 1600~64000，模拟量输出 0~10V DC。

50 = 线性 0~65535。

51 = 线性 -32768~32767。

52 = 线性 0~32767。

53 = 线性 0~1000。

54 = 线性 0~9999。

55 = 线性 0~2048。

56 = 线性 409~2048。

59 = 线性 0~4095。

E　量程参数

量程参数定义了模拟量输入信号的高/低量程。HSCI1 和 LSCI1 分别对应#1 输入参数的高量程和低量程。HSCO1 和 LSCO1 分别对应#1 输出参数的高量程和低量程。

如图 2-72 中的 AIN，PID，AOUT 只有一个输入/输出参数，则量程参数最后一位数字编号为"1"（例如 HSCI1）。如果一个 Block 有多个输入/输出，则输入对应的量程参数最后一位数字继续增加即可（例如，#2 输入参数对应的输入高量程为 HSCI2）。

而量程参数中的工程单位参数（例如 EI1），最多允许输入 6 个字符。该工程单位参数仅起显示作用，是一个纯文本参数。即使不填写工程单位参数，或是填错了工程单位，也不会对 Block 的运行和结果产生任何影响。

F　分辨率参数

分辨率参数（Delta Value Parameters）的作用类似死区，仅当 Block 之间的参数传递需要跨 CP 时，分辨率参数才会起作用。该参数也有输入/输出之分：（1）DELTI1：#1 输入参数的分辨率参数；（2）DELTO1：#1 输出参数的分辨率参数。（如果有多个输入/输出参数，则对应的分辨率参数最后一位数字递增。）

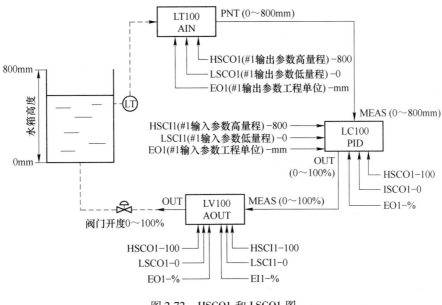

图 2-72 HSCO1 和 LSCO1 图

DELTI1 的作用是当 Block 的输入信号源参数变化不超过其规定量的时候，Block 的输入参数值不更新。例如，DELTI1 = 2，意思是输入增量死区为输入量程的 2%。

DELTO1 的作用（见图 2-73）和 DELTI1 一样，但其作用对象为 Block 的输入参数。

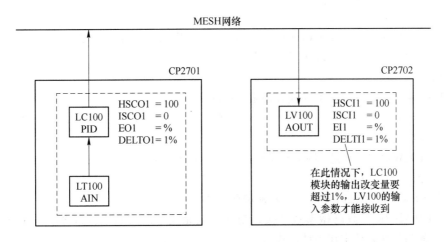

图 2-73 DELTO1 的作用图

G 手/自动参数

（1）MA：手/自动参数（Automatic/Manual Parameters），本参数可以将 Block 的运行状态在 Manual/Auto 之间切换。

1）MA = 0，Block 切换至手动模式。

2）MA = 1，Block 切换至自动模式。

在未对 MA 参数做参数连接时，本参数特性为"settable"时可以直接更改 MA 的值。一旦对 MA 参数做参数连接，则其特性转变为"secured"，不可再更改，转而由所连接的参数来决定（见图 2-74）。

（2）INITMA：Block 的手/自动初始化参数。

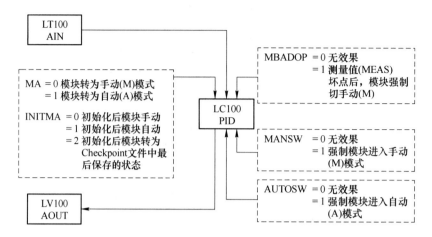

图 2-74　对 MA 参数做参数连接时的图

1）INITMA = 0，Block 初始化后切换至手动模式。

2）INITMA = 1，Block 初始化后切换至自动模式。

3）INITMA = 2，Block 初始化后切换至 Checkpoint 文件中保存的最后手/自动状态。

（当 MA 参数没有做连接时，一旦 Block 发生了初始化，则 Block 初始化之后的手/自动状态由本参数决定（见图 2-74）。）

（3）MBADOP：本参数是 Block 的测量值坏点选项参数。

1）MBADOP = 0，无效果。

2）MBADOP = 1，测量值（MEAS）坏点后，强制 Block 切换至手动模式。

（4）MANSW：本参数是 Block 的强制手动模式参数。

1）MANSW = 0，无效果。

2）MANSW = 1，强制 Block 切换并锁定在手动模式。

（注：①当 MANSW = 1 时 FoxView 界面上的 A/M 切换按钮操作无效；②如果 MA 参数已做参数连接，则该参数无效果。）

（5）AUTOSW：本参数是 Block 的强制自动模式参数。

1）AUTOSW = 0，无效果。

2）AUTOSW = 1，强制 Block 切换并锁定在自动模式。

（注：①如果 MA 参数已做参数连接，则该参数无效果；②如果 AUTOSW/MANSW 同时为"1"，Block 强制切换并锁定在手动模式。）

H　PID 控制参数

PID 控制器是火力发电厂等大型工厂经常使用的控制模块，其常用参数如图 2-75 所示。

PID 模块的常用参数为：

（1）SPT：设定值参数，可直接在操作员界面输入。

（2）RSP：远方设定值，一般通过 Block 的参数连接来自动给值。

（3）LR：本地/远方参数。

1）LR = 0，Block 切换至本地模式（L）。

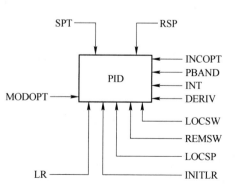

图 2-75　PID 模块常用参数图

2）LR = 1，Block 切换至远方模式（R）。

（4）LOCSW：本地状态锁定参数。

1）LOCSW = 0，无效果。

2）LOCSW = 1，强制 Block 切换至本地模式。

（5）REMSW：远方状态锁定参数。

1）REMSW = 0，无效果。

2）REMSW = 1，强制 Block 切换至远方模式。

（LOCSW 和 REMSW 同时为"1"，则 Block 切换至本地模式，LOCSW 优先级更高。）

（6）INITLR：本地/远方初始化参数。

1）INITLR = 0，初始化之后 Block 切换至本地模式。

2）INITLR = 1，初始化之后 Block 切换至远方模式。

3）INITLR = 2，初始化之后 Block 切换至 Checkpoint 文件中保存的最后状态。

（7）LOCSP：本地/远方状态锁定参数。

1）LOCSP = 0，无效果。

2）LOCSP = 1，锁定当前 Block 的本地/远方状态，使 Block 不能进行本地/远方切换。

（此时 LOCSW 和 REMSW 参数也无效，直至 LOCSP = 0。）

（8）INCOPT：控制器的 I/I 工作模式，或 I/D 工作模式切换参数。

1）INCOPT = 0，控制器进入 I/D 模式（例如水箱水位控制）。

2）INCOPT = 1，控制器进入 I/I 模式（例如喷水减温阀控制）。

（9）PBAND：比例带。

（10）INT：积分时间。

（11）DERIV：微分时间。

（12）MODOPT：控制器工作模式参数。

1）MODOPT = 1，P 模式（纯比例模式）。

2）MODOPT = 2，I 模式（纯积分模式）。

3）MODOPT = 3，PD 模式（比例微分模式）。

4）MODOPT = 4，PI 模式（比例积分模式）。

5）MODOPT = 5，PID 模式（比例微积分模式）。

（MODOPT = 4（比例积分模式）为最常规使用的控制模式。）

2.3.6 其他参数

其他可选参数还额外提供了滤波、跟踪、输出限幅等功能。图 2-76 展示了 Blocks 的部分可选参数。

2.4 Control HMI 的基本操作

Foxboro Evo Control HMI 支持过程画面显示、报警指示、设备操作等常规功能。同时还提供了多种 ActiveX 控件，来支持多种特殊显示效果和功能。其中，BlockSelect 可以用来选择处理器中的某个指定 Block，Faceplate 则可以将 Block 的相关参数和状态集中在一个操作面板上显示。

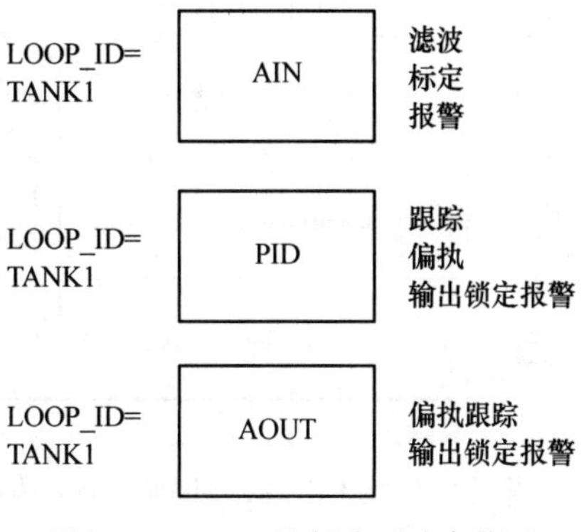

图 2-76　Blocks 的部分可选参数图

2.4.1　BlockSelect 工具

BlockSelect 是一个用来选择 CP 中的 Block 的工具。

在 Block 被选择后，Control HMI 上将打开一个 Block 的 Faceplate 面板，该 Block 的相关参数和状态均可在 Faceplate 上观察到。与此同时，BlockSelect 还可以对 CP 中的 Compound 和 Block 进行总览，了解其运行状态和报警状态。

BlockSelect 工具的功能为：在 Control HMI 上调用出 Block 的 Faceplate；Turn on 或 Turn off 处理器中的 Compound；查看处理器中 Compounds 和 Blocks 的层次结构；对 Compounds 或 Blocks 列表进行索引排序；搜索指定 Compound 或 Block。

2.4.1.1　BlockSelect 窗口的查看模式

BlockSelect 窗口提供了两种标准查看方式：Station View 和 Block View。

Station View

Station View 模式是将 CP/Compound/Block 按其从属关系，以目录树的形式展开并显示，如图 2-77 所示。

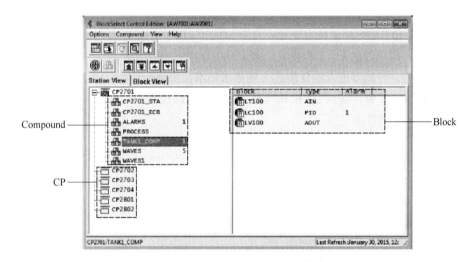

图 2-77　Station View 模式图

图 2-77 中 CP2701 就是 Evo 系统的处理器，它有三种不同的图标，含义见表 2-20。

表 2-20　CP2701 不同图标描述

站 标	连 接 状 态	描　　　述
	Connected（已连接）	CP 在线，图标颜色为蓝色
	Unconnected（未连接）	1. CP 在线状态未知，可以通过 Options Refresh 操作进行 CP 状态的刷新； 2. Options Refresh All 不会影响 Unconnected 状态的 CP
	Failed Connection（连接失败）	CP 离线，图标颜色为红色

当展开在线 CP 后，BlockSelect 还可以对其下属的 Compounds 进行运行/停止操作，其图标含义见表 2-21。

表 2-21 图标含义

组合图标	连接状态	描 述
	Off	Compound 被关闭，其下属所有 Blocks 停止工作
	On	Compound 在运行，其下属所有 Blocks 正常工作

Block View

Block View 模式会将整个网络上所有 CP 中的 Blocks 进行列表显示，如图 2-78 所示。

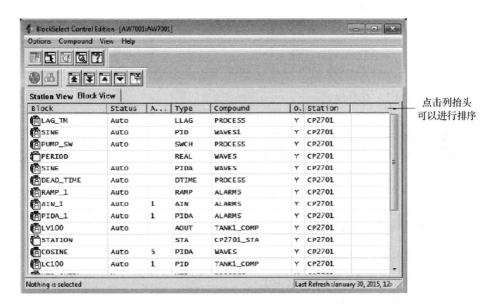

图 2-78 所有 CP 中的 Blocks 列表显示界面图

Block View 模式中各列说明见表 2-22。

表 2-22 Block View 模式各列说明

列 名	描 述
Block	显示 Block 的名称以及状态图标
Status	以文本方式显示 Block 的状态
Alarm	显示 Block 所有报警状态中优先级最高的报警级别
Type	Block 的类型
Compound	Block 所属的 Compound 名称
On	Block 所属的 Compound 的运行状态 On：Compound 运行； Off：Compound 停止
Station	Block 所属的 CP 的名称

Block 的状态也有多种图标，图标说明见表 2-23。

表 2-23　　Block 的状态图标说明

块　标	状　态	描　　述
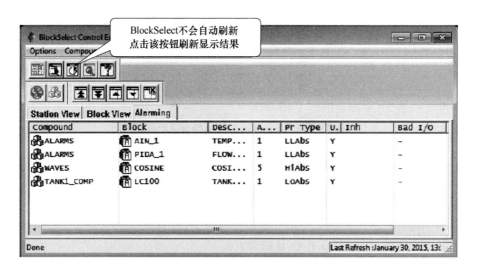	Automatic	自动模式
	Manual	手动模式
	No Manual/Auto Parameter	无手动/自动参数
	Underfined	未定义，通常为 I/O 型 Block 未指定 FBM 名称或通道号造成
	Error	Block 出错

Report View（自定义查看模式）

Report View 可以由工程师进行组态，并指定 Report 类型。例如，仅显示所有正在报警的 Blocks，或是将所有处于 Manual 模式的 Blocks 显示出来等。

工程师可以点击 View -> Configure Report 菜单命令，来进行 Report 的组态，最终形成如图 2-79 所示的结果。

图 2-79　Report 组态最终形成结果界面图

2. 4. 1. 2　BlockSelect 窗口组件说明

BlockSelect 工具中窗口组件说明如图 2-80 所示。

BlockSelect 中工具栏各图标说明见表 2-24。

表 2-24　　BlockSelect 中工具栏各图标说明

命名图标	命　　令	描　　述
	Detail Display	点击（在 Control HMI 主界面）显示所选对象的详细界面

续表 2-24

命 名 图 标	命 令	描 述
	Mutil-Select	点击开启/关闭多重选择功能
	Refresh	点击刷新所选择的 CP
	Find	点击打开查找功能
	About BlockSelect	点击查看软件版本号
	Turn Off	点击停止所选 Compound
	Turn On	点击运行所选 Compound
	Page Up/Down, Line Up/Down, Exit	主要在 Block View 模式使用

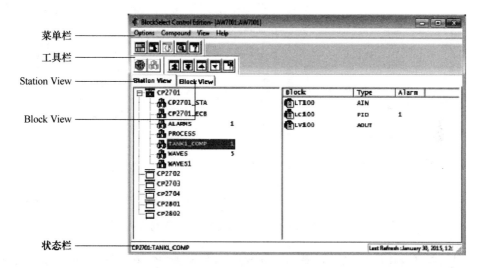

图 2-80　BlockSelect 工具中窗口组件说明图

2.4.1.3 BlockSelect 的其他操作

A　BlockSelect 的搜索功能

在 BlockSelect 菜单中点击 Options -> Find，可以打开如图 2-81 所示的对话框。

在相应的搜索对象中输入关键字，即可进行指定对象的搜索。

B　Configure Report 功能

在 BlockSelect 中点击菜单命令 View -> Configure Report，可以打开如图 2-82 所示的对话框。

请参考如下步骤进行自定义 Report 组态：

（1）在 Configure Report 对话框中点击 New，打开 NEW/EDIT/COPY Report 对话框。

（2）在 NEW/EDIT/COPY Report 对话框中：在 Report Title 处输入新 Report 的名称；在 Re-

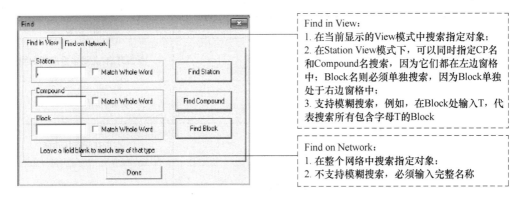

图 2-81　BlockSelect 搜索功能对话框

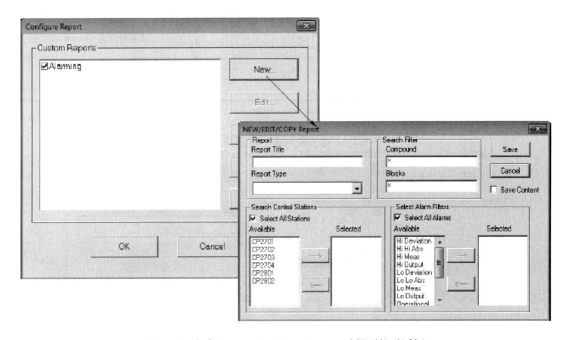

图 2-82　点击 View –> Configure Report 后得到的对话框

port Type 处选择 Report 类型；在 Search Control Stations 处勾选 CP；在 Select Alarm Filters 处决定报警类型；点击 Save 按钮保存组态。

（3）返回 Configure Report 对话框。

（4）在新创建好的 Report 左边方框中打勾，表示启用该 Report。

（5）点击 OK，关闭对话框，并返回 BlockSelect 窗口。

2.4.2　Faceplate 面板

Faceplate 面板是 Control HMI 的图形显示对象，包含有被显示的 Compound 或 Block 的过程控制信息。在 Compound 面板上，可以更改一些 Settable 参数，或是运行/停止 Compound。而在 Block 面板上，则可以更改 Block 的部分参数。例如，报警参数，设定值，查看主参数趋势线等。Faceplate 面板有时又被称为 Detail Display 或 Default Display。

Faceplate 面板是弹出式面板，并覆盖在流程图上方。在 Control HMI 界面中，一幅流程图画面上最多同时分布 8 个 Faceplate 面板。

Faceplate 面板在画面上的默认分布如图 2-83 所示。

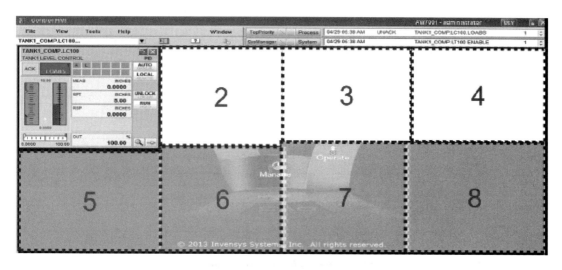

图 2-83 Faceplate 面板分布图

Faceplate 面板在 Control HMI 画面上打开的位置是可以设置的。默认打开新的 Faceplate 面板时，按数字顺序依次在不同位置上显示新的面板。当 Faceplate 面板被打开后，可以按住其标题栏并拖动面板到任意位置；点击标题栏上的 Return 按钮（），则可以将面板返回其初始位置。

2.4.2.1 Faceplate 面板说明

Evo 系统中不同类型的 Block，其 Faceplate 组成也有不同。

图 2-84 以 PID 面板为例，介绍一下 Faceplate 面板的组成。

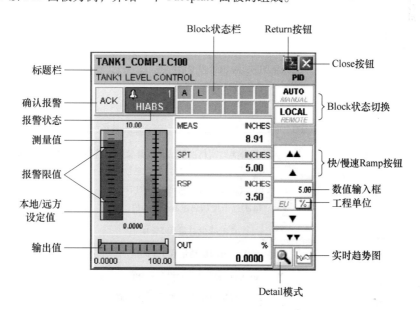

图 2-84 PID 面板图

表 2-25 和表 2-26 描述了 PID 面板上的各按钮的功能和信息。

表 2-25　PID 面板上的各按钮的功能和信息

功　　能	描　　述
	返回 Action Button 模式（初始 Faceplate 按钮模式）
	打开趋势图
	进入 Detail View 模式（与 按钮在同一位置互相切换）
UC01_LEAD.SINE　SINE　PID	标题栏，显示 Block 的相关信息
	Return，该按钮可以将 Faceplate 返回其初始位置
	状态栏，以字母缩写方式，显示 Block 相关状态。例如，A = Auto，L = Local
	报警光字牌和报警确认： ACK 报警确认按钮，点击确认 Block 报警。 该图标闪烁时，表示报警未确认。 该图标表示有被屏蔽的报警。 该图标表示报警优先级别为 1 级。 HIABS 显示的是报警缩写
CNTRL　ALARMS　TUNE	打开 CNTRL／ALARMS／TUNE 参数面板。点击 按钮可以切换并显示这几个按钮。根据 Block 类型，显示对应按钮
	以棒状图形式显示过程变量的值
HHA　DEV　H.A　OUT	在不同的报警类型间切换显示其报警参数，需要先点击 ALARMS 按钮才能显示
	Ramp 按钮，快/慢速调节所选参数的值： 每次点击增加总量程 5% 的值。 每次点击减少总量程 5% 的值。 每次点击增加总量程 1% 的值。 每次点击减少总量程 1% 的值。 0.0000 点击直接对所选择参数进行赋值。 点击 Ramp 按钮，以百分比形式改变参数值。 EU 点击 Ramp 按钮，以绝对值形式改变参数值

表 2-26 PID 面板上各按钮的信息

功 能	描 述
Toggle	点击翻转 Boolean 参数的值
DALOPT 1 HDALIM 15.00 LDALIM -5.00 DEVADB 0.0000 Pri 2 Grp 1 AMRTIN DISABLED NASTDB DISABLED	Block 参数显示表： 浅色背景色的参数为 Settable，可以更改。 深色背景色的参数为 Non-Settable，不可更改
AUTO MANUAL	点击切换 Block 状态为 Auto 或 Manual
LOCAL REMOTE	点击切换 Block 状态为 Local 或 Remote
UNLOCK LCK ON	点击切换 Block 状态为 Lock 或 Unlock
RUN HOLD	点击切换 Block 状态为 Run 或 Hold

图 2-85 为其他几类不同的 Block 的 Faceplate 面板举例。

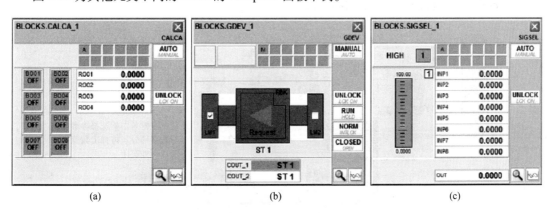

图 2-85 其他几种不同的 Block 的 Faceplate 面板图
(a) CALCA；(b) GDEV；(c) SIGSEL

图 2-86 则为过程变量棒状图显示区的详细说明。

图 2-86 中 1~6 对象说明见表 2-27。

表 2-27 过程变量棒状图对象说明

项目	描 述
1	代表测量值高高报警的位置，当报警发生时，该对象（双三角形）将闪烁
2	代表测量值高/低报警的位置，当报警发生时，该对象（单三角形）将闪烁
3	代表测量值低低报警的位置，当报警发生时，该对象（双三角形）将闪烁
4	代表输出参数（OUT）的百分比，当发生报警时会闪烁
5	代表设定值（SPT/RSP）的百分比
6	代表配置了偏差报警及其报警限值

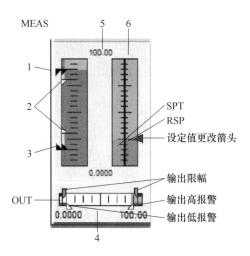

图 2-86　过程变量棒状图

2.4.2.2　如何更改参数值

在 Faceplate 面板上，有三种方法可以改变 Block 的参数值，分别为：直接输入参数值，使用 Ramp 按钮，使用 Toggle 按钮（仅限 Boolean）。

请参考图 2-87 进行 Block 参数值的输入。

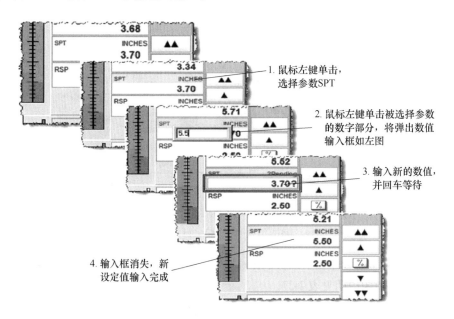

图 2-87　Block 参数值输入图

（仅可对 Settable 的参数进行参数值修改）

请参考图 2-88 进行 Ramp 操作。

请参考图 2-89 进行 Toggle 操作：首先选择需要操作的 Boolean 参数，然后点击 Toggle 按钮，改变参数的值。

2.4.2.3　数据质量

Control HMI 画面上所显示的数据质量，可以根据其背景色进行直观判断。此外，数值右边

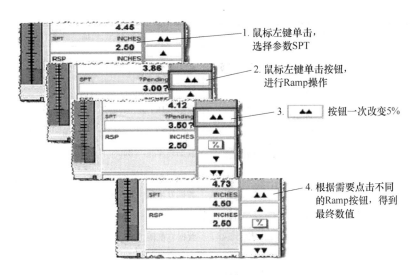

图 2-88 Ramp 操作过程示意图

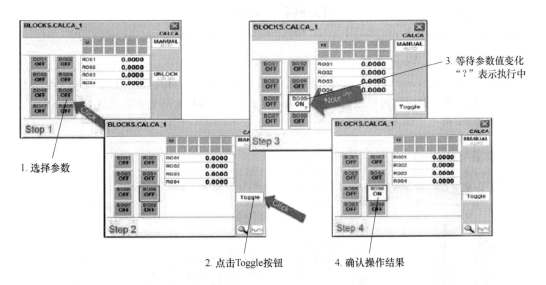

图 2-89 Toggle 操作过程示意图

所显示的特殊符号，也会反映出该数据的质量状况。

通常来说，"＊"代表的是坏质量。非文本类的数值，一般根据其背景色进行判断。

请参考表 2-28 来进行数据质量判断。

表 2-28 数据质量判断依据

文本指示符	符 号	颜 色	例 子	描 述
＊＊＊，＊＊	∧	蓝绿色	＊＊＊ ＊＊∧	数据无效，DAServer 无法访问
＊＊＊，＊＊	~	蓝绿色	＊＊＊ ＊＊~	DAServer 可以连接，但无有效数据，即 Tagname 错误
123.45	?	白色	123.45?	数据"写"操作执行中

续表 2-28

文本指示符	符　号	颜色	例　子	描　　述
123. 45	$	白色	123.45$	在未授权状况下尝试输入操作
123. 45	*	蓝绿色	123.45*	数据"Out-of-Service"或失效
123. 45	!	红色	123.45!	数据坏质量（Bad）
123. 45	#	绿色	123.45#	数据发生了一个 Error 状态
123. 45	<	浅紫色	123.45<	数据有低限值
123. 45	>	浅紫色	123.45>	数据有高限值
123. 45	=	浅紫色	123.45=	数据被固定为常量

2. 4. 2. 4　Detail View 导航

对于一些功能比较多的 Block 来说（例如，PID），Block Faceplate 面板上不能一下全部显示其相关的功能参数。此时，可以通过 Detail View 模式来访问 Block 的更多功能区。点击按钮可以进入 Detail View 模式，如图 2-90 所示。

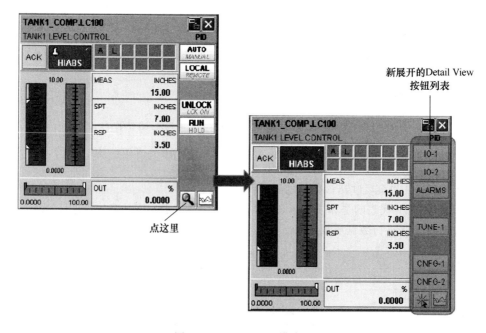

图 2-90　Detail View 模式图

IO Detail View

当点击 IO-1 按钮后，将得到如图 2-91 所示 Faceplate 界面。

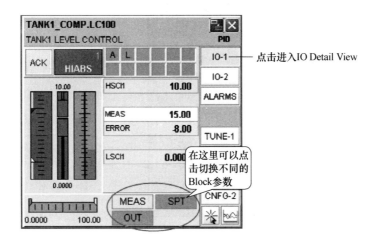

图 2-91　Faceplate 界面

点击选择需要操作的参数，并可以使用随后出现的 Ramp 按钮进行参数修改。

ALARMS Detail View

ALARMS 的详细界面如图 2-92 所示。

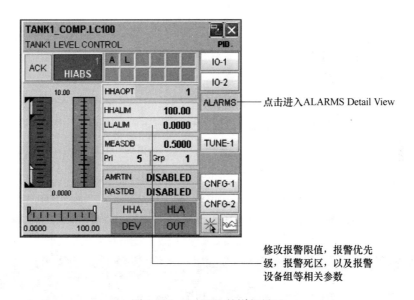

图 2-92　ALARMS 的详细界面

CNFG Detail View

在 CNFG Detail View 显示模式下，可以查看 Block 的其他配置信息，例如，周期，相位等信息，其操作如图 2-93 所示。

TUNE Detail View

在 TUNE Detail View 显示模式下，可以调整或重新设定 PID Block 的整定参数，整定参数开放的多或少，取决于 PID 模块的工作模式参数 MODOPT 的值，其操作如图 2-94 所示。

2.4.2.5　Source 和 Sink 按钮

在 Control HMI 工具栏上点击 "Show Sink/Source Toolbar" 按钮，可以打开 Source/Sink 工具栏，如图 2-95 所示。

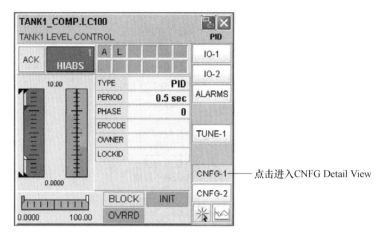

图 2-93   CNFG Detail View 模式图

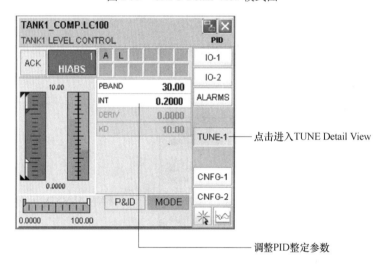

图 2-94   TUNE Detail View 模式图

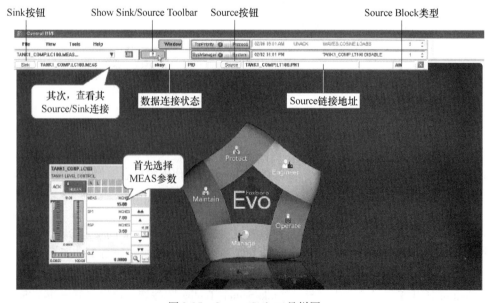

图 2-95   Source/Sink 工具栏图

工程师首先需要在 Faceplate 面板上选择参数（一般均为输入参数 MEAS），然后点击 ? 按钮，打开 Source/Sink 工具栏。点击 Source 按钮，可以打开当前所选参数的来源 Block 的 Faceplate 面板，并观察来源 Block 是否工作正常。

2.4.2.6 Faceplate 面板上的报警

Faceplate 面板上的报警分为 5 个优先级，并且用不同的颜色来表示，具体见表 2-29。

表 2-29 Faceplate 面板上的报警等级

警报优先次序	面板颜色	警报优先次序	面板颜色
Priority 1	红色	Priority 4	蓝色
Priority 2	洋红（紫红色）	Priority 5	灰色
Priority 3	棕色		

图 2-96 展示了过程报警发生时，Faceplate 面板上的变化。

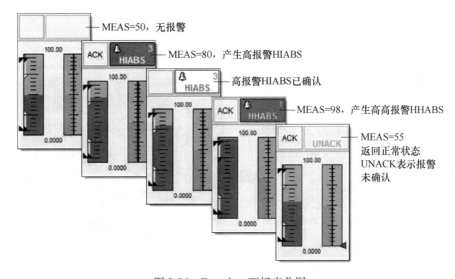

图 2-96 Faceplate 面板变化图

2.4.2.7 趋势图显示

点击 Faceplate 面板上的 Trend 按钮，可以打开趋势图。Control HMI 提供了两种不同类型的趋势图：（1）Real-Time：实时趋势图；（2）Historical：历史趋势图。图 2-97 展示了如何在 PID 模块的 Faceplate 面板上点击访问趋势图。

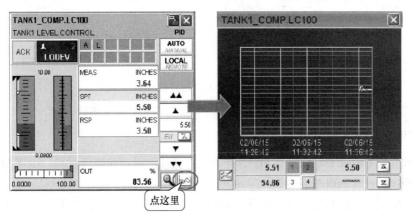

图 2-97 在 PID 模块的 Faceplate 面板上点击访问趋势图的方法

　　从 Faceplate 面板上点击 Trend 按钮，打开趋势图后，默认情况下该趋势图会直接显示当前 Block 的主参数（例如 PID 模块，显示 MEAS、SPT、OUT）。点击趋势图上的⊠按钮，可以更改趋势图上的趋势线，以及显示量程等其他相关属性。点击⊠按钮打开后的趋势线组态对话框如图 2-98 所示。

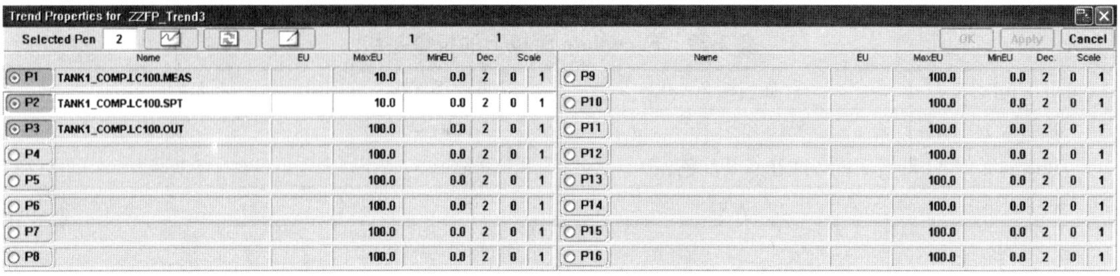

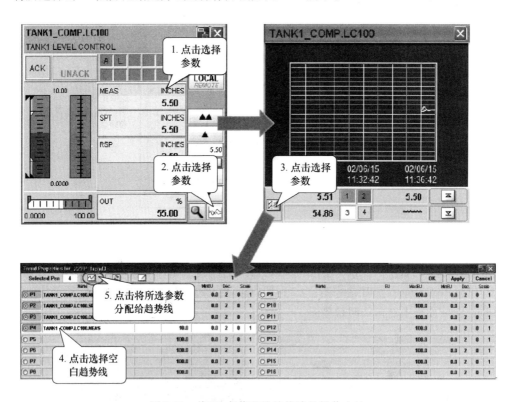

图 2-98　趋势线组态对话框

　　将所选择的 IO 点分配给趋势线的操作方法如图 2-99 所示。

图 2-99　将 IO 点分配给趋势线的操作方法

2.5　Foxboro Evo Control Editor

　　本小节将介绍 Foxbor Evo Control Editor 产品的新特性，以及如何通过 Control Editor 来进行工厂过程控制的逻辑设计和组态下装。

　　Control Editor 除了基本的控制策略开发功能以外，其自由、灵活的 Template 创建和应用方式，也为工厂的工程师们提供了更多选择，同时也节约了控制策略的开发时间。

2.5.1 Control Editor 概述

图 2-100 展示了 Evo 系统相关的硬件结构图。

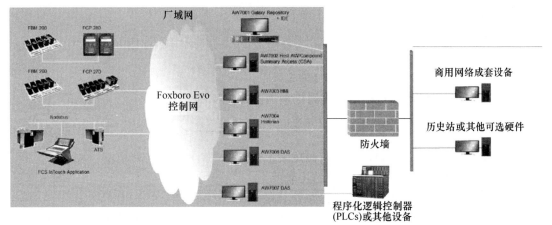

图 2-100 Evo 系统相关的硬件结构图

Foxboro Evo Control Editor 是一个强大的综合型工程软件，用来设计、管理和维护 Foxboro Evo 系统控制策略。

Control Editor 支持：

（1）创建和下装：Control Core Services 控制策略；ArchestrA IAS Platform，Engine 和 Application Object。

（2）构建可重复使用的（模版）控制策略和回路。

（3）打印控制策略图纸和相关支持信息。

（4）在控制策略图纸上进行实时参数监控和更改。

（5）由现有的外部项目数据或模板，批量生成当前项目的控制策略。

（6）对控制策略进行导入/导出。

（7）支持：FOUNDATION Fieldbus 和 PROFIBUS 智能设备和现场总线网络；Server-Client 结构的数据库访问和管理模式。

2.5.1.1 Foxboro Evo Control Blocks

Control Blocks 是现场设备与运行人员的中间接口。Control Blocks 接收现场传感器的物理信号，并将其转换为数字信号，供处理器进行逻辑控制，以及在运行画面上进行显示。处理器在将控制逻辑运算完成后，将控制指令再通过 Control Blocks 转换为物理信号，发送给现场执行机构进行过程和设备控制。图 2-101 展示了一个基础的 Control Blocks 角色简介。

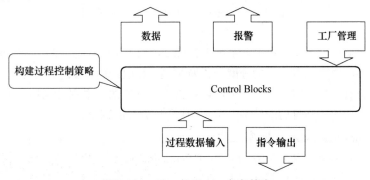

图 2-101 Control Blocks 角色简介

Evo 系统可使用的 Control Blocks 可以分为 4 大类：

（1）Continuous Control Blocks：执行连续控制，如模拟量输入/输出。

（2）Discrete Control Blocks：执行离散型控制，如泵的启/停。

（3）Ladder Logic Control Blocks：执行梯形逻辑控制。

（4）Sequence Logic Control Blocks：执行顺序控制程序。

2.5.1.2　Control Editor 中 Object 的分类

Control Editor 中 Object 的分类主要分为 2 类：Template 和 Instance。Template 就是系统提供的模板，而 Instance 则是由该模板创建的应用对象，如图 2-102 所示。

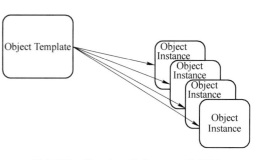

图 2-102　Template 和 Instance 关系图

在 Control Editor 中，Template 不光可以用来生成 Instance，也同时还与 Instance 之间保持关联性。对 Template 作的修改，可以直接传递到每个由其生成的 Instance 上。在某些情况下，工程师也可以根据需要，中断 Instance 与 Template 之间的这种联系。

2.5.1.3　Templates 和 Instances

Control Editor 最初始版的各类模板，被称为 Template。而由这些初始模板可以继续生成新的模板，它们被称为 Derived Template。初始模板 Template 不可以被修改，而 Derived Template 则可以进行个性化设定和更改。此外，用户也可以从无到有，在 Control Editor 中自行创建完全符合自身要求的定制 Template。

当从任意类型 Template 创建应用对象时，把这个由 Template 创建的对象称为 Instance。用户对 Instance 做的任何更改，都不会影响到 Template。但是如果对 Template 做了修改，则可以选择是否将该更改传递至各 Instance 中。图 2-103 为 Template 和 Instance 之间的关系示意图。

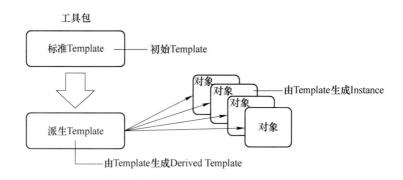

图 2-103　Template 和 Instance 关系示意图

例如，以热电偶应用为例。在 Evo 系统中，可以使用 Block 类型为 AIN 的模块来处理热电偶输入信号。但是热电偶有许多不同的分度号，如 K 型，E 型，T 型等，不同类型的热电偶其转换方式和测量范围都有差异。因此，工程师们可以为不同分度的热电偶分别制作 Derived Template，以方便工程应用中的使用和日后的维护。图 2-104 为该方案的图示。

2.5.1.4　Control Editor 数据库结构

Galaxy 为 Control Editor 用来存储 Objects 和 Configuration 的数据库。Galaxy 存储在 Server 级别的计算上。Control Editor 的 Galaxy 对象结构见表 2-30。

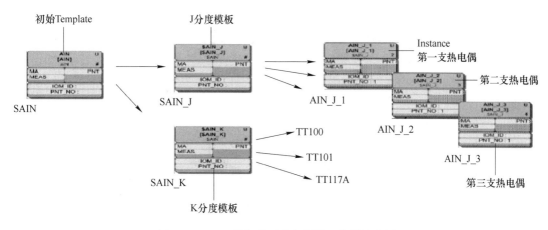

图 2-104　AIN 模块处理热电偶输入信号方案图

表 2-30　Control Editor 的对象结构图

Galaxy		Galaxy	
Foxboro	Wonderware	Compound&Strategy	Area
Equipment Unit	Platform	Block	Application Object
Control Processor	Application Engine	Parameter	Attribute

Equipment Unit 用来分别管理 CP。Equipment Unit 一般以单元机组来分组，主要起到类似文件夹的作用，将不同机组中的 CP 进行分组存放和管理。

CP 则是 Evo 系统的控制处理器，负责运行控制逻辑。

Compound 是 CP 中用来分组存放和管理 Blocks 的容器，其本身几乎没有逻辑功能。

Strategy 是用来绘制控制逻辑的图纸，Blocks 必须在 Strategy 上进行绘制。Strategy 仅存在于 Galaxy 中，在 CP 中是没有 Strategy 的。

Block 则是 Evo 系统控制逻辑组态的最基本单元。通过使用多种不同类型和功能的 Blocks，可以组成功能丰富的控制回路，实现多样的现场控制要求。

Parameter 是 Block 的参数，可以是输入参数，用来获取运算所需的原始数据；也可以是输出参数，用来将计算结果发送出去。

图 2-105 为 Foxboro Evo 系统中各对象之间的从属关系。

Control Editor 工具是基于 Wonderware Integrated Development Environment（IDE）的基础上开发而来的。因此，在 Control Editor 中其数据地址格式为：

Compound. Strategy1. Strategy2. Block. Parameter（当 Strategy1 包含有 Strategy2 时）但是，在 Foxboro Evo 系统中，CP 中实际运行的数据格式为：

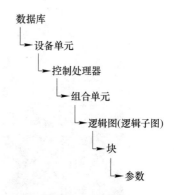

图 2-105　Foxboro Evo 系统中各对象之间的从属关系图

Compound. Block. Parameter CP 中并不会存放 Strategy，因此也无法识别 Strategy。Strategy 仅存在于 Control Editor，即 Galaxy 数据库中。

图 2-106 为两种数据地址的对比。

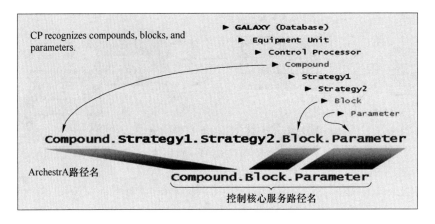

图 2-106　两种数据地址的对比图

2.5.1.5　Control Editor 的组件

Control Editor 主要有如下组件：System Configuration：负责网络、硬件方面的组态；Strategy Editor：负责图纸，批量数据导入，实时数据显示等功能；Control Editor：负责逻辑组态和下装，Compound/Block，顺序控制，梯形逻辑或 CALC 等高级模块等。

2.5.2　访问 Foxboro Evo Control Editor

Control Editor 是在 Wonderware ArchestrA IDE 工具的平台上，整合了 Foxboro Evo 的控制组态概念后得到的产品。用户可以通过以下两种打开 IDE 工具的方法来访问并打开 Control Editor：（1）在 Control HMI 的菜单栏中点击 Tools ArchestrA IDE；（2）点击计算机 Start All Programs Wonderware ArchestrA IDE。

点击打开 IDE 工具后，将得到如图 2-107 所示的对话框。

图 2-107　打开 IDE 工具后得到的对话框

请参考如下步骤，进行 Galaxy 数据库的连接：（1）在"GR node name"处选择 GR 计算机（一般为 Server）；（2）在"Galaxy name"处选择 Galaxy 数据库（一般只有一个 Galaxy）；（3）点击右上角"Connect"按钮，连接至 Galaxy，并进入 Control Editor 界面。

Control Editor 的窗口组成如图 2-108 所示。

Template工具盒

Editor工作区

分层结构视窗

信息显示视窗

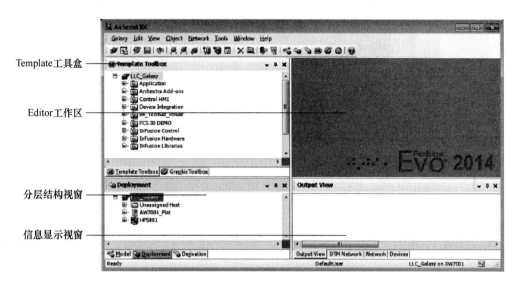

图 2-108 Control Editor 的窗口功能图

2.5.2.1 Edit Preferences 设置

通过使用"Edit Preferences"菜单命令可调整 Blocks 在 Strategy 上的水平和垂直间距，Blocks 之间的连接线样式，Dynamic Appearance Objects 的属性。

图 2-109 展示了如何进入"Edit Preferences"。

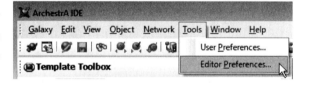

图 2-109 进入"Edit Preferences"的方法

2.5.2.2 Control Editor 的 View 菜单

View 菜单是 IDE 工具各视窗的集合。如果不小心关闭了某个视窗，可以重新从图 2-110 所示的位置打开，或将排列混乱的视窗恢复原位。

在这些视窗中，比较常用的有以下几个：

（1）Deployment：按 Foxboro 规则将组态对象进行分层排列和管理。

（2）Template Toolbox：提供各种类型的模板。

（3）Output View：显示与 Control Editor 有关的过程信息。

（4）Network：显示 Foxboro Evo 系统的硬件结构。

（5）DTM Network：HART 和 FoxCom 设备相关。

2.5.2.3 Template Toolbox

Template Toolbox 中存放有组态控制策略所需的各类模板对象，除了有系统提供的标准模板之外，用户自定义的模板也可以在这里找到，如图 2-111 所示。

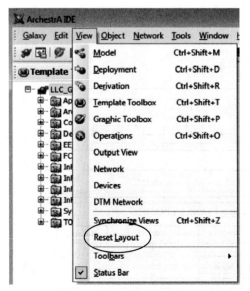

图 2-110 View 菜单

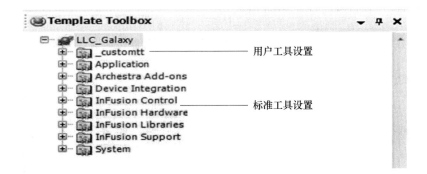

图 2-111　Template Toolbox 中的用户自定义的模板

图 2-112 则显示了几个模板分类展开后的状况。

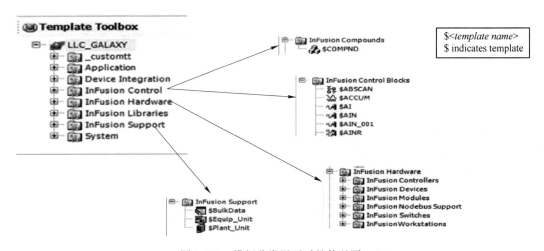

图 2-112　模板分类展开后的状况图

2.5.3　Control Editor 的一些基本功能

Control Editor 具备多项功能，使用方便灵活，本小节介绍其具备的一些常规功能。

2.5.3.1　构建 Control Strategy

Strategy 是用来绘制控制逻辑的图纸，如图 2-113 所示。

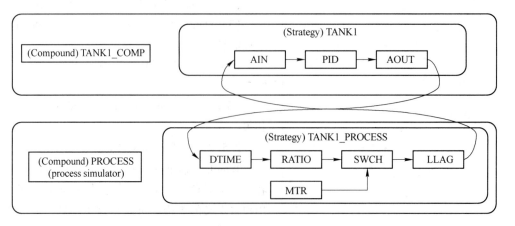

图 2-113　Strategy

在图 2-113 中，Compound-TAK1_COMP 中创建有 Strategy-TANK1，其中包含了 3 个 Block；另一个 Compound-PROCESS 中创建有 Strategy-TANK1_PROCESS，其中包含了 5 个 Block。PROCESS Compound 的作用是对 TANK1 回路进行过程变量仿真。

2.5.3.2　Check In 和 Check Out

Check In 和 Check Out 的作用是用来防止多个用户同时对同一个 Galaxy 对象进行编辑而可能造成的错误。Check Out 表示当前对象正在被编辑或使用，该对象左边会出现一个红色的小勾。而 Check In 表示对象已经被释放，可以被其他用户访问和编辑。

在 Galaxy 中双击打开一个对象后，该对象自动变为 Check Out 状态。Check Out 状态的对象不能够被 Deploy。Check In/Check Out 的命令可以通过 Object 菜单或直接对所选对象右击鼠标来进行操作，具体命令描述见表 2-31。

表 2-31　Check In/Check Out 的命令描述

命　　令	描　　述
Check Out	将所选对象 Check Out，其他访问者变为 Read-only 属性
Check In	释放所选对象的 Check Out 状态，恢复其他访问者的访问权限
Undo Check Out	撤销所选对象上一次 Check Out 指令
Override Check Out	强制取消所选对象的 Check Out 状态，如果当前对象处于 Open 状态，则该指令无效

图 2-114 为 Check Out 标志的图示。

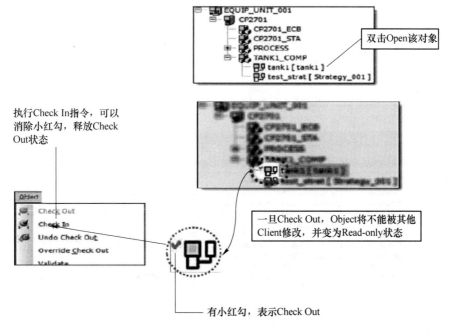

图 2-114　Check Out 标志

为了防止编辑的对象被其他 Client 编辑，可以通过使用"Keep Check Out"功能保存当前编辑对象，并阻止其他使用者的修改行为，其界面如图 2-115 所示。

2.5.3.3　Object Properties

在 Control Editor 中打开的每个 Object，都有其对应的 Properties 对话框。通过选择对象，并点

击右键菜单中的 Properties，可以打开该对
话框。在 Properties 对话框下通常有如下标
签页：General；Attributes；References；Cross
References；Change Log；Operational Limits；
Errors/Warnings。

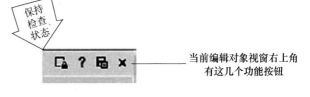

当前编辑对象视窗右上角
有这几个功能按钮

　　下面是几个常用标签页的相关信息。

图 2-115　"Keep Check Out" 功能

　　（1）General 标签页。显示当前对象的
常规信息。例如，Host 名称，Container，Deployment 状态，Check Out 状态等。General 标签页示
例如图 2-116 所示。

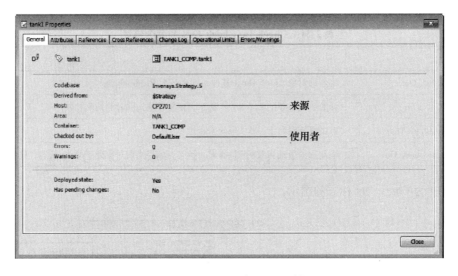

图 2-116　General 标签页示例

　　（2）Change Log 标签页。Change Log 标签页可以查看当前对象的修改日志，如图 2-117 所示。

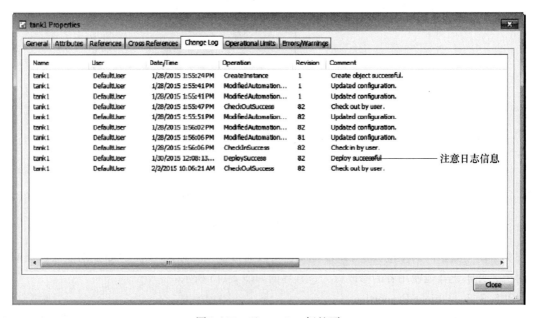

图 2-117　Change Log 标签页

2.5.3.4 Appearance Object Editor

Appearance Object Editor 是一个 Visio 控件。请按提示访问该编辑器：（1）双击 Template Tool-box 中需要被编辑的 Object；（2）切换至 Appearance Object 标签页。

系统提供了一套标准的 Appearance Object 编辑组件。此外，用户也可以根据实际需求来设计自定义的组件。图 2-118 以 CALC Block 为例进行了演示。

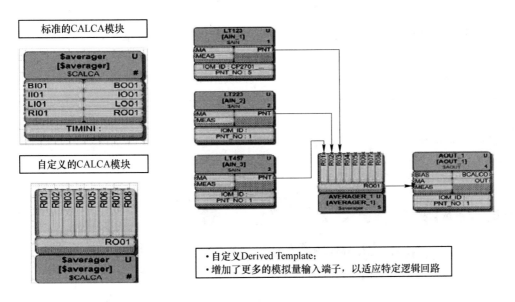

图 2-118　CALC Block 组件

2.5.3.5 Locking 和 Inheritance 特性

Locking 是锁定的意思，而 Inheritance 是特性继承的意思。对于 ArchestrA Galaxy 数据库而言，Inheritance 是其重要特性。Inheritance 指源 Template 对象中的参数值可以被 Derived Template 或 Instance 继承。当源 Template 参数值更改后，其 Derived Template 和由其创建的 Instance 均可以同步该参数值的变化。

Control Editor 软件安装完成后，系统自动提供了一套基础 Template。这些 Template 默认是锁死并且不能修改的。因此，用户需要在这些 Template 的基础上，生成 Derived Template，然后在 Derived Template 上进行个性化设定，并由其生成 Instance 进行组态应用。图 2-119 以 Strategy Template 为例进行演示。

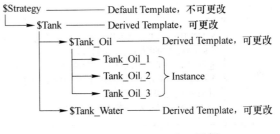

图 2-119　Strategy Template 示例

如果用户想修改 Tank_Oil_1/2/3 这几个 Instance 中水箱的逻辑，不用一个一个修改，只要将 $ Tank_Oil 这个模板修改就可以了。但是，并不是所有想要修改的参数或属性，都具有这样的继承特性。对于 Control Editor 对象来说，凡是有带锁形图标的参数，才具有继承特性。锁形图标不同，其含义也有不同，具体见表 2-32。

图 2-120 以 AIN 模块的 HHAOPT 参数为例，展示了参数继承特性的表现。

表 2-32　锁形图标含义

图　标	适用于	描　　述
	Template or Instance	允许更改参数值，但该值不会传递给下一层对象
	Template	允许更改参数值，同时该值将传递给下一层对象
	Template or Instance	不允许更改参数值，但上层对象的值的变化可以传递给本对象
	Template	强制当前参数值传递给下层对象

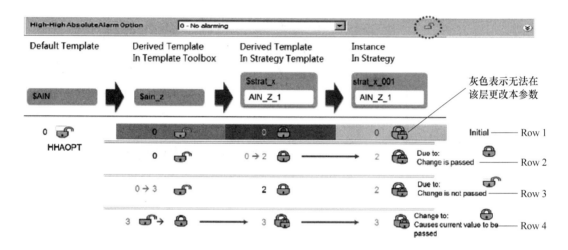

图 2-120　AIN 模块的 HHAOPT 参数继承特性

表 2-33 为对图 2-120 中 HHAOPT 参数在几种不同状况下的分析。

表 2-33　HHAOPT 参数分析

Row No.	描　　述
Row 1	$ AIN-HHAOPT 参数的图标是个打开的锁，但因为它是 Default Template，所以不允许更改参数。 $ ain_z-参数的图标也是个打开的锁，因为它是 $ AIN 的 Derived Template，所有特性都继承下来了，可以进行 HHAOPT 参数的修改，但参数值的变化不会传递给下层对象。 $ start_x. AIN_Z_1-参的图标是个锁上的锁，因此在这里可以修改参数，参数值也将传递给它的下一层对象 start_x_001. AIN_Z_1。 start_x_001. AIN_Z_1-参数的图标是灰色双锁，表示参数锁定，无法更改
Row 2	$ start_x. AIN_Z_1-参数值更改 0 ->2，图标为锁上的锁，因此可以将参数值的更改传递给下层对象 start_x_001. AIN_Z_1
Row 3	$ ain_z-参数值更改 0 ->3，图标为打开的锁，参数值的更改不会传递给下层对象，所以 $ start_x. AIN_Z_1 的值没变化
Row 4	$ ain_z-状态由打开的锁改变为锁上的锁，因此新的参数值 3 将传递给下层对象 $ start_x. AIN_Z_1； $ start_x. AIN_Z_1-图标为双锁，继续把参数值传递给 start_x_001. AIN_Z_1

2.5.3.6 I/O Assignment

I/O Assignment 指 I/O 通道和 FBM 卡件的分配操作，共有如下几种方法：双击打开 CP 属性框，并切换至 IO Assignment 标签页；双击打开 Block，切换至 Inputs/Outputs 标签页，在 FBM Option = 1 时分配 IO 通道；在打开的 Strategy 中，切换至 IO 标签页，查看 IO 分配的情况。

图 2-121 演示了如何通过 CP 的 IO Assignment 标签页进行 IO 通道分配。

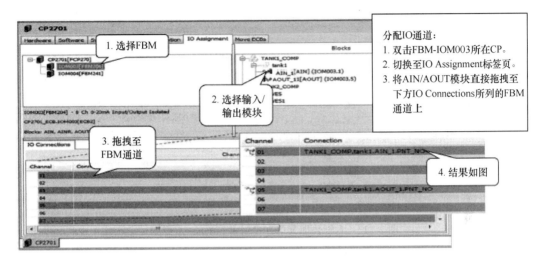

图 2-121　IO 通道分配

2.5.4　Control Editor 的基本操作

使用 Control Editor 进行组态时，主要操作为创建组态所需的各对象。例如，Compound，Strategy，Block 等；然后再建立起各对象之间的关联或从属关系。以下为在进行组态的过程中，工程师们在使用 Control Ediror 时经常需要进行的一些基本对象的创建等相关操作和其他注意事项。

2.5.4.1　从 Template 创建 Instance

从 Template 创建 Instance 有两种方法：（1）右击所选择的 Template，并点击 New -> Instance；（2）直接将 Template 拖拽至 Deployment 视窗中，并释放鼠标。

除了 Block 之外，Control Editor 中其他所有对象均可以通过右键快捷菜单的方式来创建 Instance，如图 2-122 所示。也可以通过鼠标拖拽方式来创建 Instance，如图 2-123 所示。

新创建好的 Strategy 会根据其模板名称自动添加一个数字序号进行命名。如果需要对 Strategy 重命名的话，则可以右击该对象，并选择"Rename"，即可重命名了（见图 2-124）。

2.5.4.2　使用 Context Menu 创建 Control Core Services 对象

当选择了某个合适的对象后，在该对象下层可以创建其下属设备或在同一层创建多个同级设备。以下为各对象之间的相互关系：Equipment Unit 下可以创建 Equipment Unit/Controllers/Switches/Workstations；Controller 下可以创建 Compounds/FBMs；Compound 下可以创建 Strategy；Strategy 下可以创建 Strategy，也可以从 Template Toolbox 中拖拽 Block，构建控制逻辑。

在创建这些对象时，会打开 Context Menu，并可以观察和选择不同的 Template 来创建所需要的 Instance，同时可以选择创建的 Instance 的个数，其操作如图 2-125 所示。

当然，鼠标直接拖拽，将 Template 拖至 Deployment 窗格中释放，也可以创建 Instance。

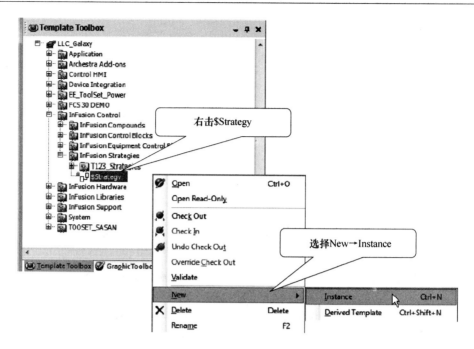

图 2-122　右键快捷菜单方式创建 Instance 示意图

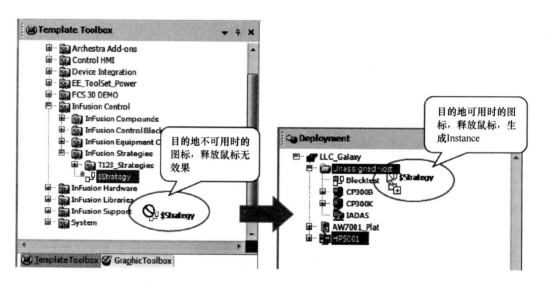

图 2-123　鼠标拖拽方式创建 Instance 示意图

图 2-124　重命名操作示意图

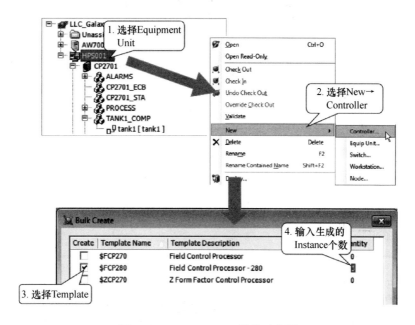

图 2-125 Context Menu 操作示意图

2.5.4.3 Strategy Editor 窗格

双击任意 Strategy,即可打开 Strategy Editor 窗格。Strategy Editor 是 Control Editor 软件用来进行逻辑图绘制的工具。工程师可以从 Template Toolbox 中将所需的 Blocks 拖拽至 Strategy Editor 中,然后进行后续控制逻辑的组态。图 2-126 为 Strategy Editor 界面的简介。

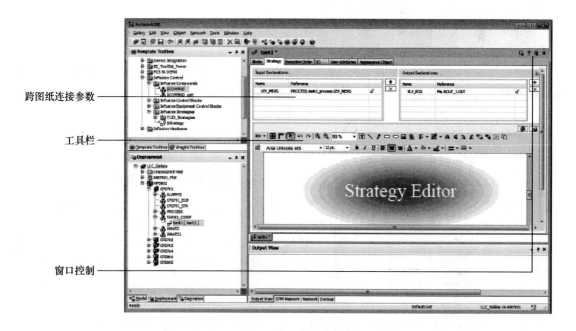

图 2-126 Strategy Editor 界面

Strategy Editor 窗格工具栏常规功能按钮说明见表 2-34。

表 2-34　Strategy Editor 窗格工具栏常规功能按钮说明

图　标	描　　述	图　标	描　　述
VIEW ▼	点击展开 View 下拉菜单，执行其他菜单命令	⤼	恢复前一个撤销指令，最多追溯 99 步
⊞	显示/隐藏 Grid（网格）	⊕	放大
⎿	显示/隐藏标尺	⊖	缩小
▲	选择工具	75 %　▼	显示当前 Strategy 图纸的缩放比例
↰	撤销		

Strategy Editor 窗格的窗口控制说明见表 2-35。

表 2-35　Strategy Editor 窗格的窗口控制说明

图　标	描　　述	图　标	描　　述
🔒	保持当前对象一直处于 Checked Out 状态（哪怕关闭并结束当前对象的编辑）	🖫	保存并关闭当前窗格
?	打开 Help 文档	✖	关闭当前窗格，如果有发生更改，则提示是否保存这些更改

2.5.4.4　Strategy 中的常规操作

以下是对在组态中所需要进行的一些基本操作行为的说明。

A　添加 Blocks

在 Template Toolbox 中，展开 InFusion Control Blocks，可以查看到 Evo 系统所有可以使用的 Blocks 模板。图 2-127 展示了向 Strategy 中添加 Blocks 的方法。

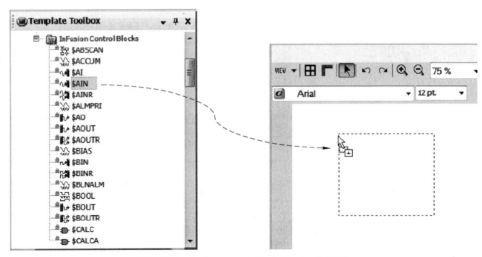

图 2-127　向 Strategy 中添加 Blocks 示意图

B 为 Block 重命名

在 Control Editor 中，Galaxy 通过"Contained Name"来识别 Block，而 Evo 系统则是通过 Tag-name（Block Name）的名称来识别 Block。WinForm 代表的是 Windows Data Form（Windows 数据形式）。Control Editor 中的 WinForm 编辑器可以进行 Block 参数的添加和修改。在使用 WinForm Editor 进行 Block 参数编辑时，Contained Name 和 Tagname 可以分别进行修改。系统也会根据创建 Block 的模板进行默认名称的分配。但是在进行 Deploy 时，仅有 Tagname 将被 Deploy 至 CP 中。请参考图 2-128 进行 Block 名称的更改。

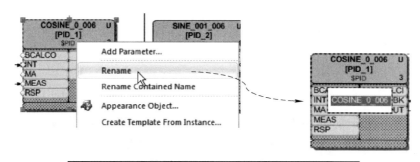

图 2-128　Block 名称更改示意图

C Blocks 在同一张 Strategy 中的参数连接

Blocks 在同一张 Strategy 中进行参数连接时，Blocks 之间的参数连接非常简单和直接，请参考以下步骤进行（见图 2-129）：（1）点击选择信号源 Block；（2）点击选择输出参数上的黄色小圆点，并按住左键不放；（3）移动至目标 Block 的输入参数，并释放鼠标左键；（4）参数连接完成。

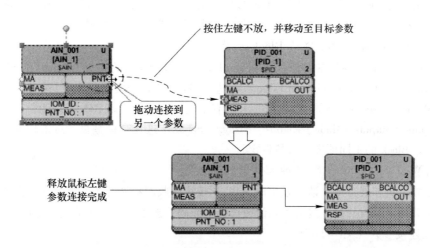

图 2-129　Blocks 间的参数连接

D Blocks 在不同的 Strategy 中

Blocks 在不同的 Strategy 中时，需要在 Stragegy Editor 中建立 Input/Output Declarations 来帮助实现跨 Strategy 的参数连接需求。请参考如下步骤进行（假设参数从 Strategy_001 传递给 Strategy_002）：

（1）双击打开信号源 Block 所在的 Strategy（Strategy_001）。

（2）在 Strategy Editor 的上方找到 Output Declarations（右上角）（见图 2-130）。

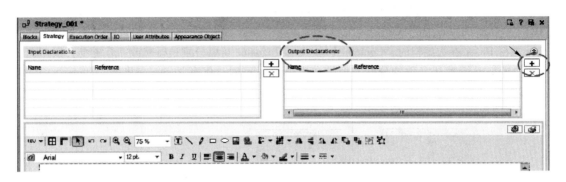

图 2-130　Strategy_001 图

（3）点击 Output Declarations 右边的 ➕ 按钮，添加一个输出标签，并按图 2-131 进行操作。

（4）点击 Control Editor 工具栏上的 🔲（保存）按钮，保存对 Strategy 的更改；此时信号源 Block 所在 Strategy（Strategy_001）的工作已完成；双击打开信号目的地 Block 所在的 Strategy（Strategy_002）；在 Strategy Editor 的上方找到 Input Declarations（左上角）（见图 2-132）。

（5）点击 Input Declarations 右边的 ➕ 按钮，添加一个输出标签，并按图 2-133 进行操作。

（6）点击 Control Editor 工具栏上的 🔲（保存）按钮，保存对 Strategy 的更改；此时信号目的地 Block 所在 Strategy（Strategy_002）的工作已完成；跨 Strategy 的 Block 参数连接操作已建立。

E　在 Block 面板上添加/删除参数

在 Strategy 中的 Block 面板会默认显示几个常用参数。如果需要连接的参数不在面板上，或是用户想移除不使用的参数，使得 Block 面板更简洁，则可以按如图 2-134 所示方法进行操作。

如果需要将参数从 Block 面板上移除的话，请参考图 2-135 进行操作。

F　使用 WinForm Editor 修改 Block 参数

Control Editor 中的 Block 参数是在 WinForm Editor 中进行编辑的。在 Template Toolbox 或 Strategy 中双击 Block，即可打开 Winform Editor，并进行 Block 参数修改（见图 2-136）。

在 WinForm Editor 中，不同类型的 Block 会有不同的参数页。以 AIN 模块为例，该模块具有 General、Inputs、Outputs、Mode、Alarms、History、Security 这几个标签页。点击切换至不同的标签页，可以对 Block 的不同项进行参数设定。

在使用 WinForm Editor 设置 Block 参数时，应注意：

（1）参数分页和展开项。请注意使用 ⊗ 和 ⊗ 按钮来收起和展开各参数项（见图 2-137）。

（2）参数输入。数值型直接输入数值或选择功能码；链接型可输入地址，也可使用 Attribute Browser 寻找连接参数（见图 2-138）。

2.5.4.5　调整 Compound/Strategy 和 Block 的执行顺序

Compound/Strategy 和 Block 的执行顺序由其在 CP 中的排列顺序决定。Compound/Strategy 的顺序，基本上按照工艺流程的顺序进行。例如，生产原材料按照进料、材料加工、出货的顺序安排；而 Block 的执行则主要按照输入、计算、输出的顺序进行安排。

Compound 执行顺序可以按图 2-139 的提示进行调整。

Strategy 执行顺序可以按图 2-140 的提示进行调整。

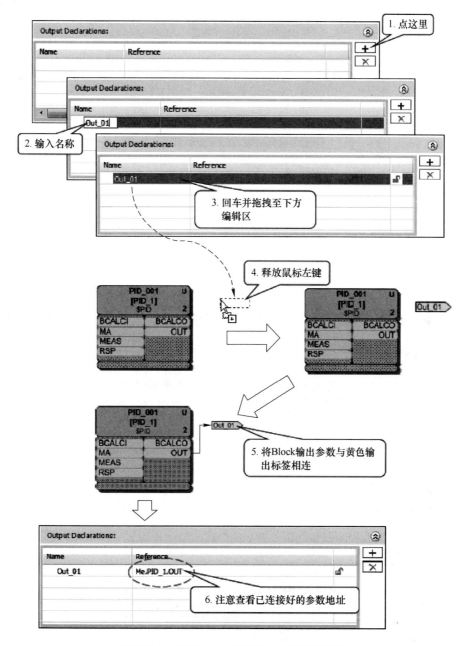

图 2-131 跨 Strategy 的参数连接输出示意图

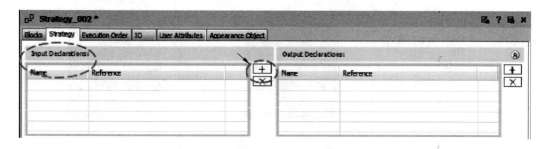

图 2-132 Strategy_002 图

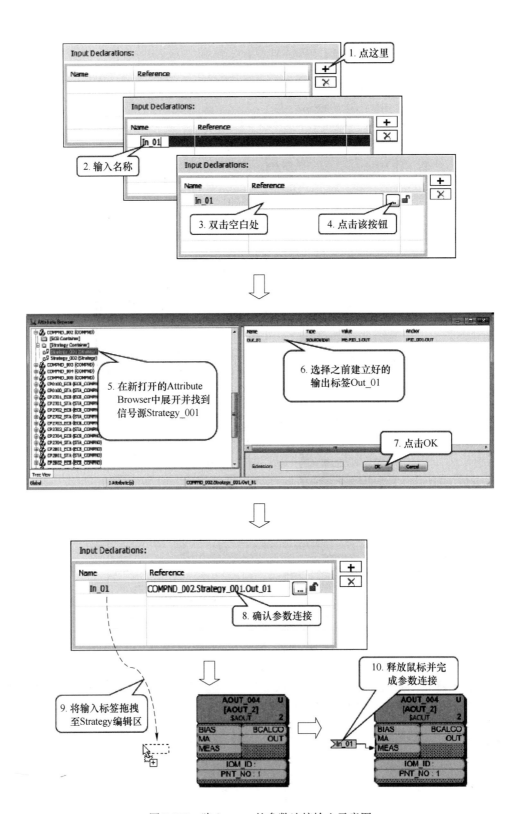

图 2-133　跨 Strategy 的参数连接输入示意图

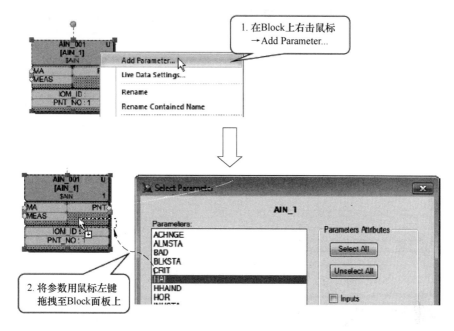

图 2-134 Block 面板上添加参数示意图

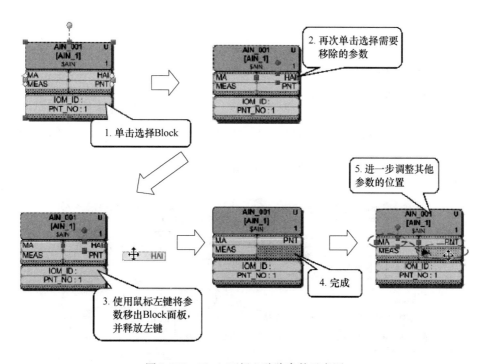

图 2-135 Block 面板上移除参数示意图

Block 的执行顺序有两种调整方式,分别为在 Compound Execution Order 标签页进行和在 Strategy Editor 中进行。

(1) 在 Compound Execution Order 标签页中调整 Block 执行顺序。请按照图 2-141 的提示进行调整。

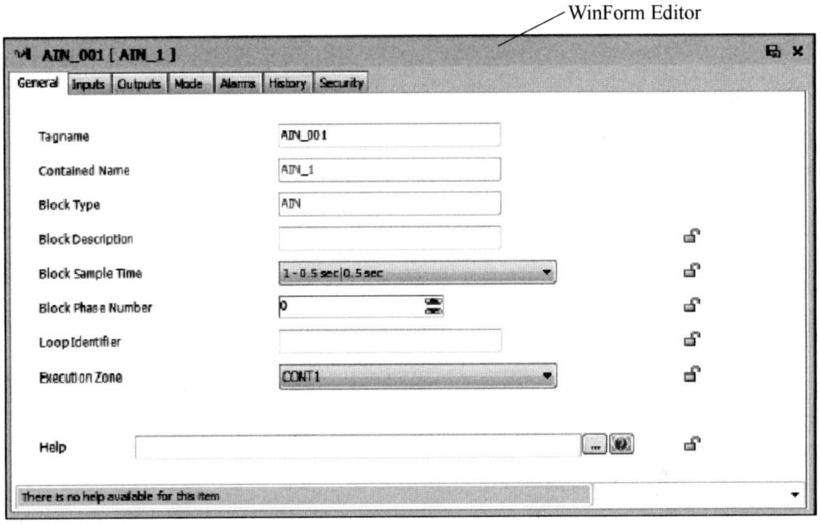

WinForm Editor

图 2-136　Block 参数在 WinForm Editor 中修改

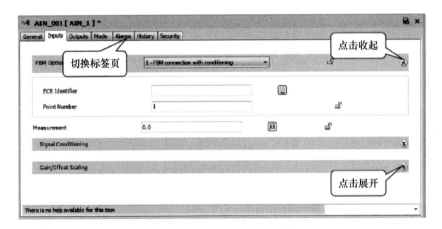

图 2-137　收起和展开参数项

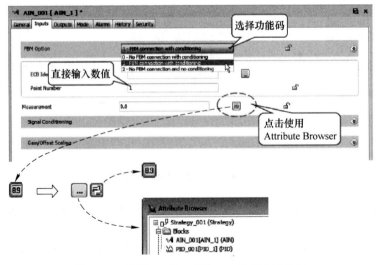

图 2-138　使用 Attribute Browser 寻找连接参数

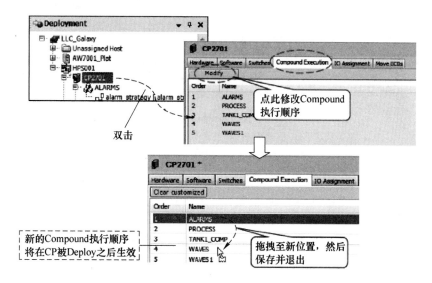

图 2-139　Compound 执行顺序调整步骤

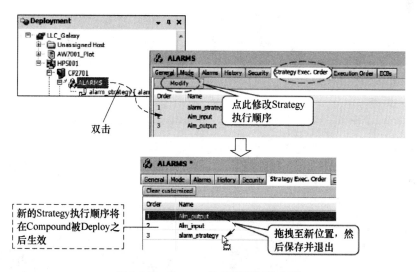

图 2-140　Strategy 执行顺序调整步骤

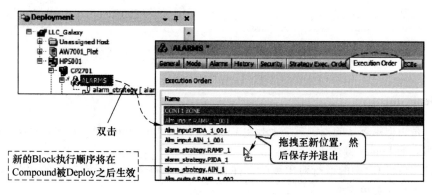

图 2-141　在 Compound Execution Order 标签页中调整 Block 执行顺序步骤

（2）在 Strategy 中調整 Block 執行順序。請按照圖 2-142 的提示進行調整。

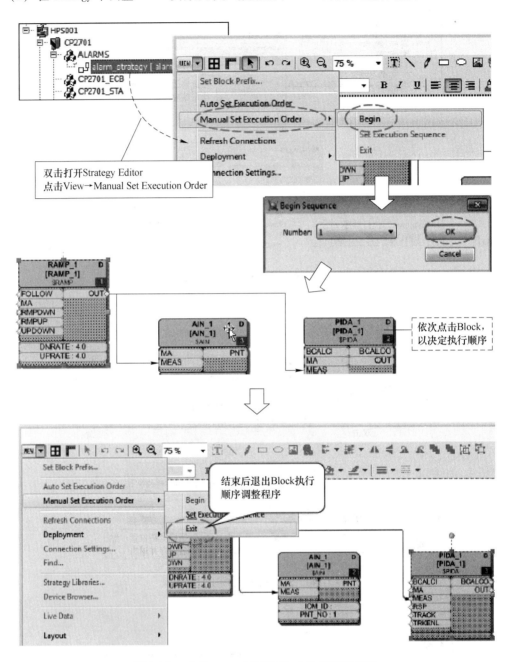

图 2-142　在 Strategy 中调整 Block 执行顺序步骤

2.5.5　Deployment

　　Deploy 是指把组态好的控制策略下装至 CP 中。在 Control Editor 中，必须先将硬件配置完成，才能进行组态的 Deploy 操作。

　　Undeploy 指将 CP 中的运行对象删除，并在 Galaxy 中将离线数据库对应的程序对象标记为 Undeployed 状态（黄色方块）。

　　在 Galaxy 中（使用 Control Editor）编辑 Compound 和 Block 不会影响 CP 的运行。Deploy 操作

会将编辑好的 Compound 和 Block 复制至 CP 中，然后由 CP 来执行它们。但是要注意：在 Galaxy 中进行编辑时，Block 是需要放入 Strategy 中的；在将 Compound 和 Block 复制至 CP 时，Strategy 却并不会被复制，CP 中是没有 Strategy 的。

图 2-143 展示了在进行 Deploy 时会发生的事情。

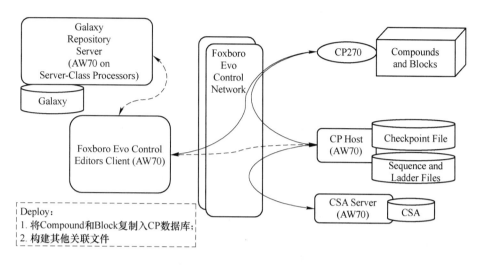

图 2-143　进行 Deploy 时的情况

另外，梯形逻辑和顺序控制逻辑代码均存放在 AW（CP Host）工作站上，而 CSA 的作用是确保在系统中没有 Compound 重名。当 Deploy 完成时，CP 数据库的内容将被复制一份，并存放在其 Host 工作站上，以待将来 CP 重启时使用。

当工程师通过 AW（CP Host）重启 CP 时，Galaxy 是不会有任何影响的。

对于 Control Editor 中的对象来说，Deploy 共有三种不同的状态，如图 2-144 所示。

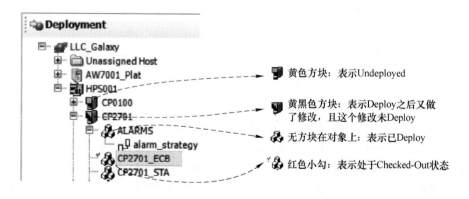

图 2-144　Deploy 的三种不同状态

当处于以下描述的状态时，将不能进行 Deploy：（1）当前对象的上级对象未 Deploy，例如，Compound 未 Deploy，不能对其下属的 Block 和 Strategy 进行 Deploy；（2）当前对象处于 Checked-Out 状态，对象左边有红色小勾。

请按照提示进行 Deploy 操作：右击需要 Deploy 的对象；在右键菜单中选择 Deploy，并按图 2-145 的提示完成后续操作。

Undeploy 操作和 Deploy 几乎一样，仅是右击对象之后选择的命令不同，如图 2-146 所示。

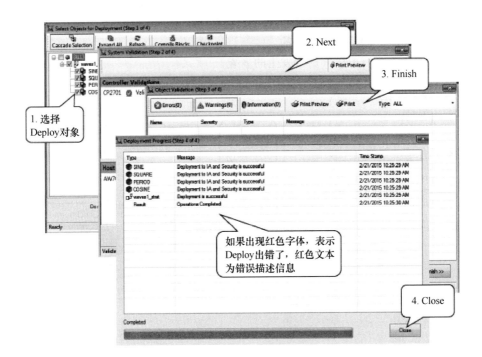

图 2-145　Deploy 操作图

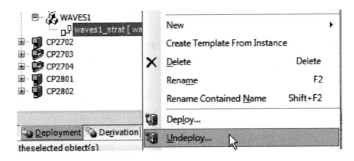

图 2-146　Undeploy 操作图

2.5.5.1　Deploy Utilities 和 Upload Runtime Changes

在控制组态已经 Deploy 至 CP 后，如果运行人员在画面上直接修改类似报警参数、设定值等 Block 参数值，这个修改是直接发生在 CP 的 Runtime-database 中的，因此 Galaxy 的离线数据库中这些参数的原始组态值不会跟着变化。如果工程师希望将 CP 数据库和 Galaxy 数据库对比，或做出某些同步行为时，可以进行如下操作：

（1）Upload Runtime Changes：读取 CP 的数据库中的值，并覆盖 Galaxy 数据库中的值。

（2）Deploy Utilities：1）Undeploy Deploy：将对象先进性 Undeploy，然后再重新 Deploy；2）Selective Upload/Deploy：选择性进行参数同步（CP 值覆盖 Galaxy 值，或反之）；3）Check-Point CP：对所选 CP 执行 CheckPoint 命令；4）Synchronize DBs：（仅）同步 Deploye 状态（读取 CP 中的状态，同步 Galaxy）；5）Synchronize Deploy Status：同步所选对象的 Deploy 状态；6）Upload Compare：读取 CP 中的参数值，并与 Galaxy 参数值比较，然后将比较结果在 Output View 窗格中显示。

直接对所选对象右击鼠标，即可访问以上这些命令，如图 2-147 所示。

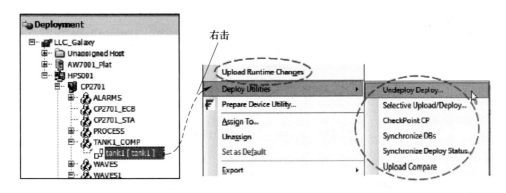

图 2-147　Output View 窗格中显示比较结果

2.5.5.2　纠正 Galaxy 和 CP 数据库的不匹配

Control Database 的信息存储位置为：Galaxy Database；Checkpoint 文件（Host 计算机上）；Compound Summary Access（CSA，一般也在 Host 计算机上）；CP。

通常来说，偶尔会发生以上位置中存储信息不匹配的情况，并分为两大类：

Normal Mismatch：当运行人员在画面修改设定值等参数时，运行人员实际修改的是 CP 中的值，结果导致 CP 中的值与 Checkpoint 和 Galaxy 的值不匹配；Abnormal Mismatch：当从备份文件进行 Restore 操作时，Checkpoint 或 CSA 与 Galaxy 的内容不匹配。

当 Mismatch 状况发生后，工程师需要根据不匹配的原因和现场情况，采取恰当的后续操作进行数据库匹配的纠正。这些纠正操作可以是：Upload Runtime Changes，Synchronize DBs，Selective Upload/Deploy 以及 Update CP/Update Galaxy。

Upload Runtime Changes

Upload Runtime Changes 将从 CP 中读取所有 Configurable 和 Settable 的值，并写入 Galaxy Database 中覆盖 Galaxy 的原有值。右击所选对象 Upload Runtime Changes，即可进行该项操作（见图 2-148）。

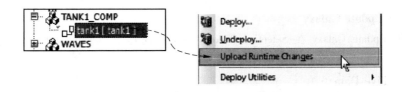

图 2-148　覆盖 Galaxy 原有值图

Synchronize DBs

Synchronize DBs 功能会将 CP 中实际对象的 Deploy 状态同步更新至 Galaxy 和 CSA 中。但要注意的是，它仅仅同步的是"Deploy"的状态。该命令无法将 CP 中的 Compound 或 Block 恢复至 Galaxy 或其他地方。只有右击 CP 的时候，才会在 Deploy Utilities 的子菜单中出现该命令。

Selective Upload/Deploy

Selective Upload/Deploy 命令可以选择性的对所选参数进行同步，并且可以选择同步方向。右击所选对象 Deploy Utilities Selective Upload/Deploy，可以进行该操作（图 2-149）。

图 2-150 为 Selective Upload/Deploy 窗口打开后的图。

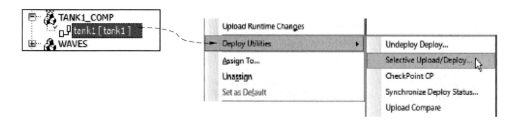

图 2-149   Selective Upload/Deploy 命令图

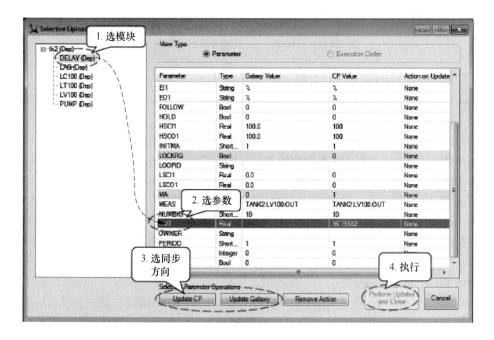

图 2-150   Selective Upload/Deploy 窗口打开后界面

Update CP/Update Galaxy

Update CP/Update Galaxy 在 Selective Upload/Deploy 窗口下方进行对应操作即可（见图 2-151）。

2.5.5.3　Live Data

在 Strategy Editor 中组态完成，并将组态 Deploy 至 CP 后，可以直接在 Strategy Editor 中开启 Live Data 模式。动态观察 CP 中实际逻辑回路的运行情况，并进行参数修改，如图 2-152 所示。

2.5.6　Backup 和 Restore

Backup/Restore 可分为三种类型：Control Editor Galaxy Dump/Galaxy Load；System Management Console（SMC）Backup/Restore；Control Editor Import/Export Automation Object。

2.5.6.1　Galaxy Dump/Load

Control Editor 中使用 Galaxy Dump/Load 功能仅能对 Galaxy 中选定的对象进行保存或还原操作，并且保存为 ".csv" 格式的文件。（注意：使用 Dump/Load 命令一般仅对 ArchestrA 系统 "本土" 对象有效。）

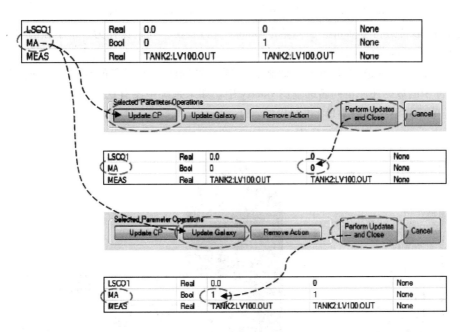

图 2-151　打开 Selective Upload/Deploy 窗口图

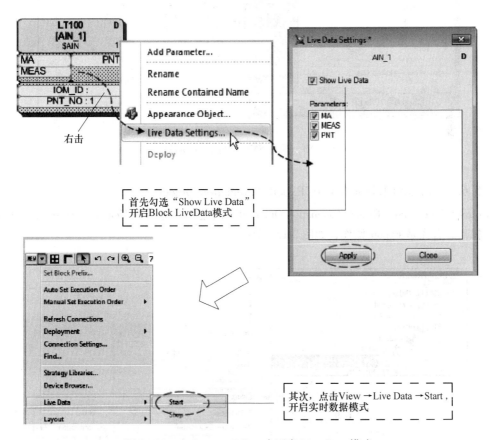

图 2-152　在 Strategy Editor 中开启 Live Data 模式

2.5.6.2　System Management Console（SMC）Backup/Restore

通过 SMC 软件进行 Backup，会对整个 Galaxy 进行备份，并且保存为一个单独的 ".cab" 格式文件。该文件可以存放在计算机硬盘中任何位置或存放在移动存储设备上。

使用 ".cab" 文件进行 Restore 的时候，需要预先创建一个同名的空白 Galaxy，然后再将 ".cab" 文件中的数据还原至同名的空白 Galaxy 中。如果系统中没有这个同名的空白 Galaxy，则必须先创建一个。请参考图 2-153 进行操作。

图 2-153　通过 SMC 软件进行 Backup

2.5.6.3　Control Editor Import/Export Automation Object

Control Editor Import/Export Automation Object 可以单独对所选择的 Template/Instance 进行导出或导入操作，首先是 Export 操作，如图 2-154 所示。

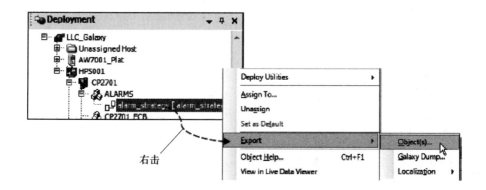

图 2-154　Export 操作图

当需要将导出对象恢复至 Galaxy 时，可以执行 Import 操作，如图 2-155 所示。

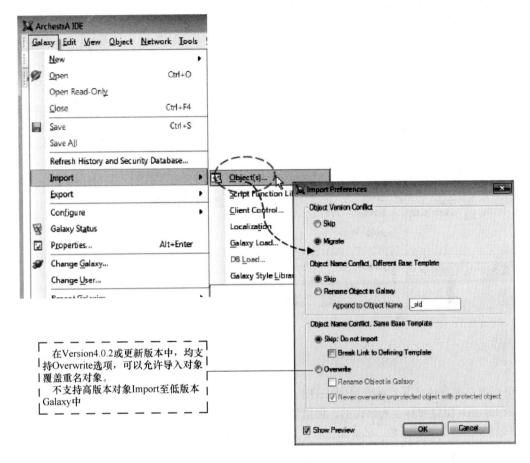

图 2-155　Import 操作图

2.5.7　BulkData Generate 功能

BulkData Generate 的主要功能是：从老版本的组态器中导入组态，例如 SysDef，ICC 或 IACC；创建 Off-line 形式的数据文件，例如，用逗号分隔的 txt 文本文件，Excel 表格等，并导入 Control Editor。

在 Template Toolbox 中，从 $ BulkData 模板生成一个 Derived Template 来进行导入操作，并选择是导入硬件信息（Hardware Data），或是组态信息（Control Data）。图 2-156 展示了如何进行基本的 Bulk Data 操作。

2.6　WindowMaker

本小节将介绍如何使用 WindowMaker 软件进行流程图的绘制和组态，包括如何配置窗口，如何进行动态连接，如何组态操作员行为以及相关属性的设定方法。

2.6.1　Control HMI 窗口简介

Foxboro EvoTM Control HMI 软件包含有预创建的菜单和工具栏，以方便工程师的组态和运行人员的操作。同时 Control HMI 中还包含有趋势图和报警窗格，用来简化工程师组态和帮助运行

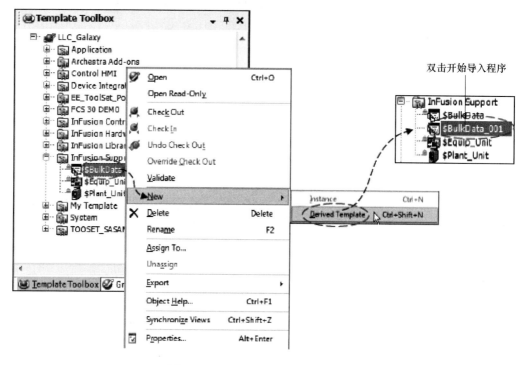

图 2-156　基本的 Bulk Data 操作步骤

人员更好的掌握现场状况。这些预创建的菜单、工具栏、信息窗格、图形窗口等对象，都是使用标准的 InTouch 窗口和脚本来创建的，但做了许多专门为 Foxboro Evo 系统做的特殊设定。

（1）WindowMaker 和 FoxDraw 的比较。表 2-36 将 WindowMaker 和 FoxDraw 软件进行了一个比较。

表 2-36　WindowMaker 和 FoxDraw 软件比较

WindowMaker	FoxDraw
在单独的一个文件夹中存储所有窗口文件	可以存储在多个目录或文件夹中
只有 1280×1024 或 1920×1080 两种分辨率	可以设定为任意屏幕分辨率

（2）Control HMI 屏幕特性。Control HMI 支持的屏幕分辨率对显示器的要求为：1）传统 4：3 显示器：1280×1024 分辨率；2）宽屏 16：9 显示器：1920×1080 分辨率。

（3）Control HMI 预创建 Windows。所谓预创建 Windows，就是随软件安装已经自动导入 WindowMaker 中的 Windows 模板文件。在工程师使用 WindowMaker 软件进行流程图绘制等工作时，请务必使用这些预创建 Windows。因为这些预创建窗口中都包含有专门开发的各类脚本文件等信息，而直接使用 InTouch WindowMaker 的空白窗口文件来绘制流程图时，是没有这些脚本等内容的。

（4）Control HMI 文件目录。Control HMI 包含所有窗口文件以及其他组态部件，例如，库文件，脚本文件，采样点等。Control HMI 默认文件存放路径为"D：\ InFusion-View"。

2.6.1.1　Control HMI 中 Window 的类型

Control HMI 软件为用户提供了三种不同类型的 Window：Replace Windows；Overlay Windows；

Pop-up Windows。

Replace Windows

所谓 Replace Windows，就是打开后会关闭上一个 Replace 属性的 Window，如图 2-157 所示。

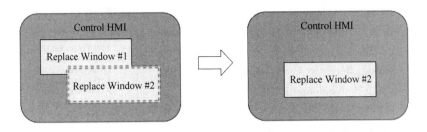

图 2-157　Replace Windows 图

Overlay Windows

所谓 Overlay Windows，就是打开后出现在当前 Window 前面。但 Overlay Window 也可以在打开后被移动到当前窗口后面，如图 2-158 所示。

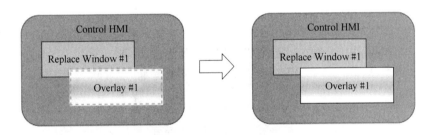

图 2-158　Overlay Windows 图

Pop-up Windows

Pop-up Windows 和 Overlay Windows 相似，区别是 Pop-up Window 总是在其他 Window 前面，如图 2-159 所示。

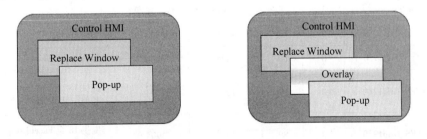

图 2-159　Pop-up Windows 图

2.6.1.2　Control HMI 中的预创建 Windows

Control HMI 提供了以下几种预创建好的 Windows：Standard Templates，Faceplate Windows 和 Framework Windows。

Standard Templates

Standard Templates 是指在 WindowMaker 中创建新的 Window 时，在 WindowMaker 软件的 Windows 窗格提供的模板中以字母"Z"开头的一系列标准模板，如图 2-160 所示。

这些窗口被统称为 "Z-Templates"，并自带有包含如下功能的脚本：连接至 Control Core Services Access Manager；显示采样点的数据质量；支持多显示器模式下的 Windows 管理；支持 Most Recently Used（MRU）列表中的 Windows 列表显示；支持 Windows 窗口导航相关功能。

Z-Templates 有两种最基础的类型，分别为：Z_TEMPLATES_Full1280/1920，Z_TEMPLATES_Grid1280/1920。

以 Z_TEMPLATES_Full1280 为例，图 2-161 说明了在 WindowMaker 中编辑 Windows 文件时的图形显示有效范围和基本布局。

表 2-37 描述了 Z_TEMPLATES_Full1280 和 Z_TEMPLATES_Full1920 在 WindowMaker 中组态时的尺寸特性和区别。

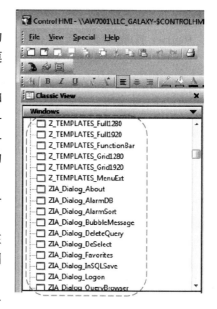

图 2-160　Standard Templates 图

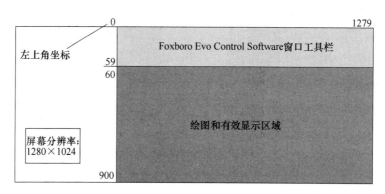

图 2-161　WindowMaker 中编辑 Windows 文件时的图形显示范围和布局

表 2-37　Template 在 WindowMaker 中组态时的尺寸特性

Template	X	Y	宽（像素）	高（像素）	特　　性
Z_TEMPLATES_Full1280	0	89	1278	904	空白背景色
Z_TEMPLATES_Full1920	0	89	1918	904	空白背景色
Z_TEMPLATES_Grid1280	0	89	1278	904	提供 18 个 Faceplate 网格，其他与_Full1280 一致
Z_TEMPLATES_Grid1920	0	89	1918	904	提供 18 个 Faceplate 网格，其他与_Full1920 一致

FacePlate Windows

Faceplate Winows 是不可组态的 Windows，代表了 Compound 或 Block 的操作面板。Faceplate Windows 中包含有一个 Faceplate SmartSymbol 和预先为该类型的 Faceplate（与 Compound 或 Block Type 有关）进行组态和链接 + 设置。

Framework Windows

Framework Windows 是关于 Control HMI 画面显示时的对话框、菜单、面板（包括标题栏、工具栏等）等对象。

预创建的 Framework Windows 提供了如下实用工具：ScratchPad，Watch Panel，Alarm Panel 和 Navigation Panel。

Framework Windows 同时也组合了标准菜单和自定义扩展菜单的功能，以便更好的适应标准屏幕或宽屏显示。

2.6.1.3　Control HMI 中的 Window Properties

在 WindowMaker 中创建了新的 Window 之后，可以在 Window Properties 中设置如下属性：Window Color（窗口背景色）；Window Type（窗口类型）；Frame Style（边框风格）；Dimensions（窗口大小和位置）；Title Bar（窗口标题栏）；Size Controls（窗口尺寸是否可调节）。

请按如图 2-162 的提示打开 Window Properties 对话框：在已打开的 Window 中右击空白处，然后在右键菜单中点击 Properties，打开对话框。

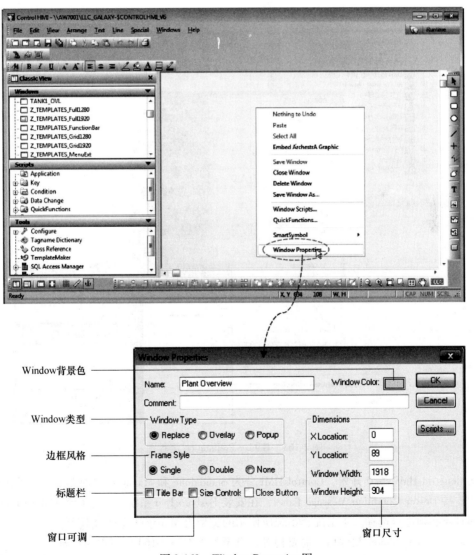

图 2-162　Window Properties 图

2.6.2　在 WindowMaker 中创建 Window 和组态

请参考以下步骤来进行 Window 的创建和组态：

（1）从 Control HMI 的 Window 模板中打开并另存一个新名称来创建新的 Window。

（2）为新的 Window 添加图形对象（例如，SmartSymbol，tank，fan，valve 等）。

（3）为 Window 中的图形对象建立 I/O 链接。

（4）为 Window 进行显示配置。

（5）为 Window 进行 Script 组态。

请参考以下几种方法来打开 WindowMaker 软件（见图 2-163）：

（1）在 IDE 的 Template Toolbox 中，展开至 Control HMI $ ControlHMI_v6（Managed）。

（2）在 Control HMI 中，点击菜单命令 Tools WindowMaker（Standalone）。

（3）在开始菜单中，点击 Start All Programs Wonderware WindowMaker（Standalone）。

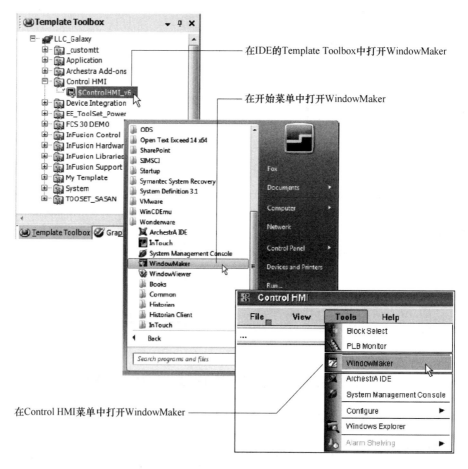

图 2-163　Galaxy Preparation 流程图

从 Congtrol HMI v6.0 开始，Control HMI 分为 Standalone 和 Managed 两种类型。为了在 Control HMI 中支持 Deivce Condition Message Panel，在安装 Foxboro Evo 系统时，进行到 Galaxy Preparation 步骤的时候必须进行选择。本书配套系统所使用的类型为 Managed Control HMI。

在打开 WindowMaker 软件后，需要稍等，直至弹出如图 2-164 所示的对话框。

在图 2-163 所示的对话框中，可以选择并打开一个或多个 Window，随后进行这些 Window 的

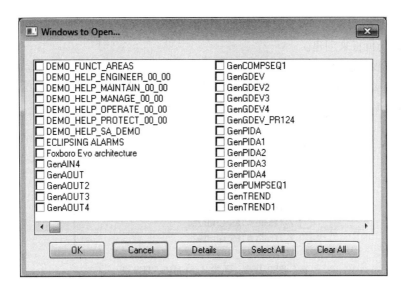

图 2-164 窗口选择对话框

编辑工作；或者直接点击 Cancel 按钮也可以进入 WindowMaker 主窗口，如图 2-165 所示。

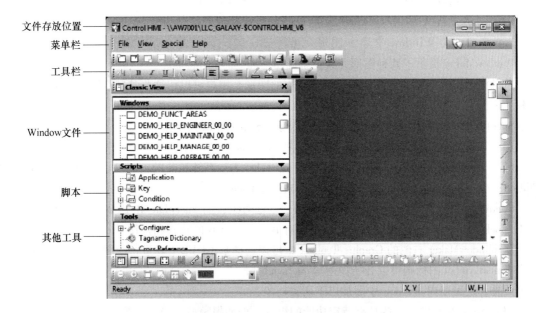

图 2-165 WindowMaker 主窗口

2.6.2.1 使用 Z_Templates 来创建 Window

为了确保能够完整的应用 Control HMI 的特性，请用户和工程师一定要选择使用系统提供的 Z_Templates 来创建各式的 Windows 和报警/趋势等信息面板。

系统提供了两类最基础的面板：Z_TEMPLATES_Grid 和 Z_TEMPLATES_Full。

这些由系统提供的 Z_TEMPLATES 包含了必要的 Scripts（脚本），并提供了以下功能：在 Control Core Services 中进行 I/O 数据源链接；将浏览过的流程图添加至 Most Recently Used（MRU）列表的功能；在 Control HMI 中管理过程流程图；管理导航栏；支持 Control Core Services

的 Faceplate 功能。

由于 Z_TEMPLATES 的特殊性，在 WindowMaker 中创建新窗口时，请用户和工程师们务必以 Z_TEMPLATES 为模板来创建。

请参考以下步骤进行：

（1）确定需要创建的 Window 类型，例如 1920×1080 的基础流程图窗口。

（2）在 Windows 窗格中找到对应的 Z_TEMPLATES（见图 2-166）。

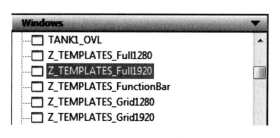

图 2-166　寻找 Z_TEMPLATES 图

（3）双击打开 Z_TEMPLATES_Full1920。

（4）在 Window 编辑区的空白处右击鼠标 Save Window As…。

（5）将 Window 另存为流程图的文件名，例如 TANK1_DISP。

（6）对这个新 Window（TANK1_DISP）进行后续流程图绘制和组态。

2.6.2.2　向 Window 中添加图形元素

WindowMaker 提供了两种图形元素：基础图形和 SmartSymbols。

基础图形就是线条、方块、圆形等最基本的图形。用户可以用这些基础绘图元素创建自己的过程流程图对象。

SmartSymbols 则是系统预装的一些功能对象。SymartSymbols 包括：

（1）InTouch symbols：InTouch 自带的一些 symbols。

（2）ArchestrA symbols：Evo 系统预装的 symbols。Evo 系统预装的 symbols 又包括：1）Control Edition；2）Equipment Control Blocks（ECBs）；3）Faceplate。

Control Edition 为用户提供了一些预设的文本框对象，而 Faceplate 和 ECB 面板为用户提供了关于 Block 和 ECB 的详细信息，方便了用户对 Block 和 ECB 的观察和操作。

从 WindowMaker 右侧的 Graphic Toolbox 中可以选择基本图形工具进行绘图创作，从工具栏上点击 Symartsymbol 图标则可以开始使用 Symartsymbol。

此外，还可以向 Window 中添加以下两类对象：

（1）ActiveX 控件：一些具有特定功能的组件，例如报警窗、趋势图等。

（2）Factory symbols：包含许多预设图形对象，例如阀门、泵、风机、传感器等。

2.6.2.3　设置 WindowMaker 的属性

图 2-167 展示了 WinowMaker Properties 对话框，可以通过在 WindowMaker 菜单栏中点击 Special -> Configure -> WindowMaker，打开对话框。

2.6.3　WindowMaker 中的对象选择

WindowMaker 中最终形成的图形对象可以是 Symbol 或 Cell。Symbol 或 Cell 都可以是单个基本图形元素或多个基本图形元素的组合，但两者又有许多不同点。Symbol 和 Cell 的区别见表 2-38。

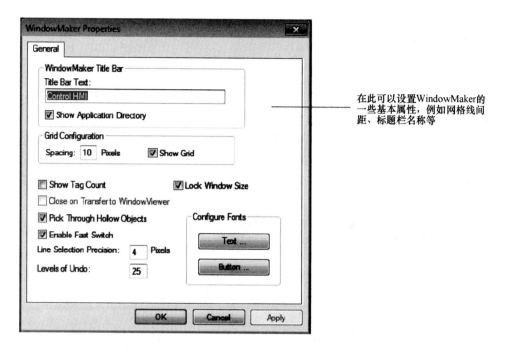

在此可以设置WindowMaker的一些基本属性，例如网格线间距、标题栏名称等

图 2-167　WindowMaker Properties 对话框

表 2-38　Symbol 和 Cell 区别

Symbol	Cell
同一个 Animation Link 将应用至组成 Symbol 的所有对象	组成 Cell 的各个对象可以拥有各自不同的 Animation Link
仅支持一些基础图形元素，不支持 Bitmap/Trends/Buttons/Wizards 和 Cells	支持所有对象，包括 Symbols 和 Cells
可调节大小	不可调节大小
可组合两个 Symbol 为一个，但同时将失去原 Symbol 的结构	可组合两个 Cell，两个 Cell 的原结构继续保留
双击可打开 Animation Link 对话框，并组态	双击打开 Substitute Tagnames 对话框可更改数据链接的数据源，但不能更改组态类型

在 WindowMaker 中有以下几种操作方式可以进行对象选择：单击鼠标左键；按住 Shift 键，然后依次单击鼠标左键，进行多个对象的选择；按住鼠标左键不放，然后拖动鼠标，选择区域范围内的所有对象；点击菜单命令 Edit -> Select All，选择所有对象。

在空白处单击鼠标左键可以取消选择。

2.6.3.1　创建 Symbol 和 Cell

右击目标对象，并在右键菜单中点击 Cell/Symbol -> Make Cell/Make Symbol，可以创建 Cell 或 Symbol。也可以通过使用 WindowMaker 下方的工具栏中的 Make Cell（▦）/Make Symbol（▨）图标来创建。请参考图 2-168 来创建 Symbol 或 Cell。

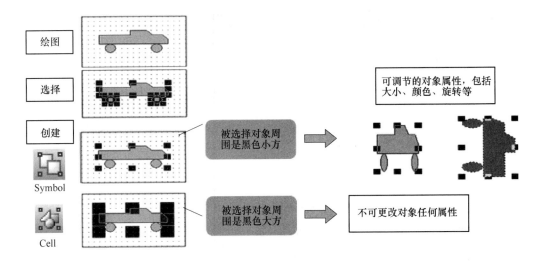

图 2-168　创建 Symbol 或 Cell 流程图

2.6.3.2　打散 Symbol 和 Cell

右击目标对象，并在右键菜单中点击 Cell/Symbol -> Break Cell/Break Symbol，可以打散 Cell 或 Symbol。或使用 WindowMaker 下方的工具栏中的 Break Cell（⬚）/Break Symbol（⬚）图标来打散。如果打散的 Symbol 包含有组合对象，则该对象将同时打散为最基础的图形元素（见图 2-169）；如果打散的 Cell 包含有组合对象，则这些组合对象仍保持组合状态（见图 2-170）。

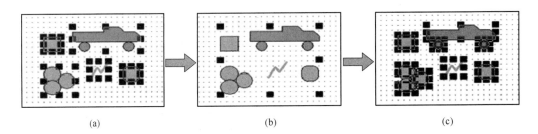

(a)　　　　　　　　　　　　(b)　　　　　　　　　　　　(c)

图 2-169　打散包含有组合对象的 Symbol 图

（a）Symbols；（b）Make Symbols；（c）Break Symbols

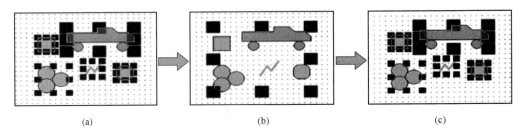

(a)　　　　　　　　　　　　(b)　　　　　　　　　　　　(c)

图 2-170　打散包含有组合对象的 Cell 图

（a）Cell；（b）Make Cell；（c）Break Cell

2.6.3.3　使用 Status Bar 来调整图形对象的位置

当用户在 WindowMaker 中选择了一个对象后，在 WindowMaker 窗口右下角的 Status Bar 上会显示一组坐标值（X，Y），代表了该图形对象在画布上的位置；同时也会显示图形对象的宽度和高度（W，H）。通过鼠标点击分别代表横向和纵向的 X/Y 轴坐标值，用户可以更改这些坐标值，然后重新和精确定位图形对象在画布上的位置；而更改宽度和高度值（W，H），则可以精确调整图形对象的尺寸（见图 2-171）。

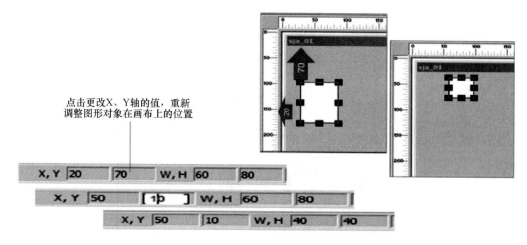

图 2-171　调整图形对象的大小

2.6.4　使用 Wizards/ActiveX 工具

Wizards/ActiveX 工具栏上默认只放有 Wizards 工具。用户可以选择添加其他已安装的 Wizard 或 ActiveX 控件至该工具栏上。Wizards/ActiveX 工具栏如图 2-172 所示。

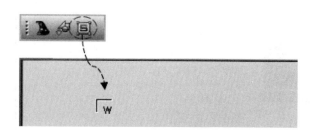

图 2-172　Wizards/ActiveX 工具栏

表 2-39 对工具栏中的工具图标进行了说明。

表 2-39　工具栏中的图标说明

名　　称	图　标	描　　述
Wizards		点击打开 Wizard Select 对话框，可以选择多种预装图形对象
Embed ArchestrA Graphic		点击打开 Galaxy Browser 对话框，可以选择预装 Symbol 对象
SmartSymbol Wizard		点击后在画布上再次点击鼠标，打开 InTouch SmartSymbol-Select Mode 对话框

2.6.5　Wizard Selection 对话框

点击工具栏 Wizards 图标可以打开如图 2-173 所示的对话框，可以在其中选择所需图形对象。

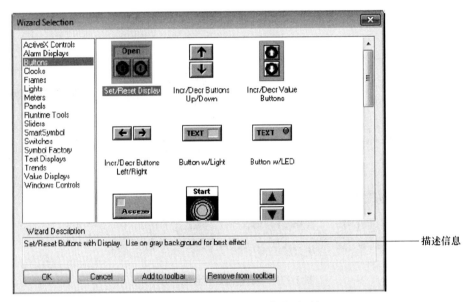

图 2-173　可选择图形对象的对话框

WindowMaker 为用户提供了两种 Wizards：

（1）SmartSymbol：提供了预设的 Block 的 Faceplate 面板和 HMI 画面文本对象给用户。

（2）Symbol Factory：提供了大量的预装图形对象给用户。具体操作如图 2-174 所示。

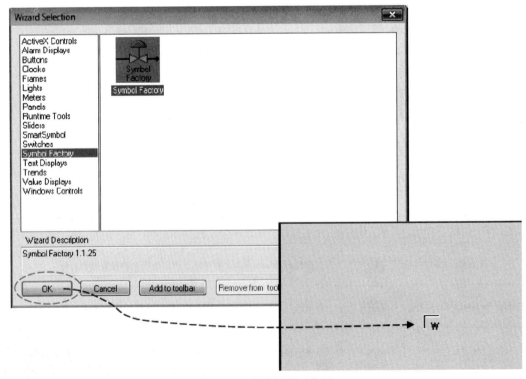

图 2-174　预装图形对象图

Symbol Factory 中的对象可以进行选项调节，如图 2-175 所示。

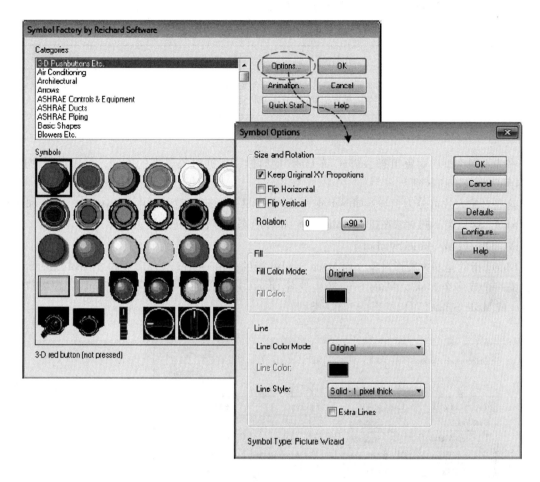

图 2-175　选项调节 Symbol Factory 中的对象

2.6.6　Animation Links

所谓 Animation Links，就是图形对象的动态数据链接。例如图 2-176 所示的 Slider 对象，可以动态指示液位等模拟量信号的当前值，同时也可以拖动滑块来设定下一个新的目标值。

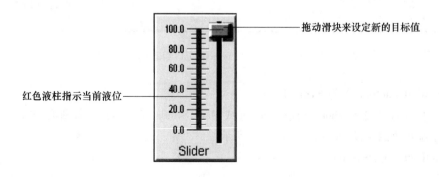

图 2-176　Slider 对象

2.6.6.1   Animation Links 的分类

表 2-40 描述了 Animation Links 的两大分类。

表 2-40   Animation Links 的两大分类

类　　型	描　　述
Display Links	用来在画面显示过程信息，例如用颜色变化代表设备运行状态的变化；用液位填充来显示水箱液位；用闪烁效果来显示是否有报警发生等
Touch Links	用来进行操作行为，发出操作指令或触发按钮，打开画面等行为

在为不同类型的对象组态 Animation Links 的时候，根据对象属性的不同，可以选择使用的 Links 种类也会有所区别。

这些对象大致可分为三类：Object 或 Made Symbol；Symbol Factory 中的 Symbols；Cell 和 SmartSymbol。这三类不同对象在进行 Animation Links 组态时存在不同之处。

A   Object 或 Made Symbol

Object 指的是基本图形对象，而 Made Symbol 指的是由 Object 组合形成的 Symbol。这两者可以组态一个或多个 Links。Made Symbol 中的各 Object 还可以拥有各自独立的 Links。图 2-177 为 Object 或 Made Symbol 可以组态的 Links 类型。

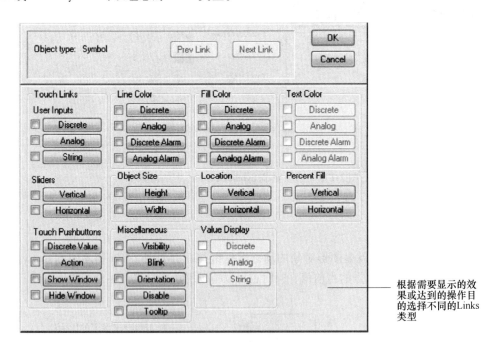

图 2-177   Object 或 Made Symbol 可以组态的 Links 类型

B   Symbol Factory 中的 Symbols

Symbol Factory 中的 Symbols 不能像 Object 或 Made Symbol 那样自由选择所有的 Links，而是只能选择由系统提供的预设 Links，如图 2-178 所示。

C   Cell 和 SmartSymbol

Cell 和 SmartSymbol 遵守如下规则：Cell 本身不能组态任何种类的 Links；组成 Cell 的对象如果已组态有 Links，那么不能查看和更改这些 Links；将 Cell 打散（Break Cell）后，可对打散的

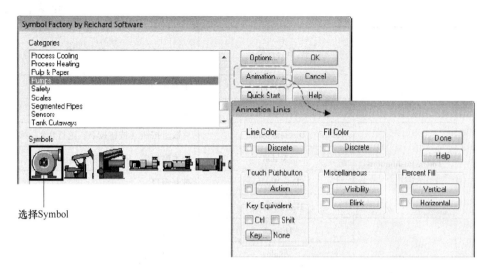

图 2-178　Symbol Factory 中的 Symbols

（非 Cell）对象进行 Links 组态，然后再次组合恢复成 Cell；部分 Object 或 Symbol 已经组态有
Links，双击这些对象可打开替换 Tagname 的对话框，将 Tagname 替换后即可直接使用。

2.6.6.2　如何输入过程变量地址

过程变量的地址格式为：

Galaxy：IADAS. CMP. BLOCK. PARAM

其中，（1）Galaxy：IADAS：这部分地址表明该 Tagname 来自 Control Core Services；（2）CMP.
BLOCK. PARAM：这部分是传统 Control Core Services 中的地址格式。图 2-179 展示了一个输入
Tagname 的例子。此外，也可以通过在 Expression 方框中双击打开 Attributes Browser 直接进行采样
点选择。

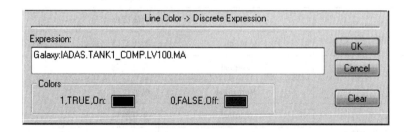

图 2-179　输入 Tagname

2.6.6.3　Animation Links 的类型

Animation Links 的类型说明见表 2-41。

表 2-41　Animation Links 的类型说明

类　　型		名　　称	描　　述
分类	子分类		
Touch Links	User Inputs（数值输入）	Discrete	离散型数据输入
		Analog	模拟量数据输入
		String	字符串数据输入

续表 2-41

类　　型		名　　称	描　　述
分类	子分类		
Touch Links	Sliders（滑块）	Vertical	垂直移动滑块
		Horizontal	水平移动滑块
	Touch Pushbuttons（按钮）	Discrete Value	离散量按钮（按钮按下，进行 0 1 切换）
		Action	脚本型按钮，可为按钮编写脚本
		Show Window	打开窗口
		Hide Window	关闭窗口
Display Links	Line Color（线条颜色）	Discrete	根据离散值进行线条颜色变化
		Analog	根据模拟量进行线条颜色变化
		Discrete Alarm	根据离散值进行线条报警颜色定义
		Analog Alarm	根据模拟量进行线条报警颜色定义
	Fill Color（物体填充色）	Discrete	根据离散值进行物体颜色变化
		Analog	根据模拟量进行物体颜色变化
		Discrete Alarm	根据离散值进行物体报警颜色定义
		Analog Alarm	根据模拟量进行物体报警颜色定义
	Text Color（文本颜色）	Discrete	根据离散值进行文本颜色变化
		Analog	根据模拟量进行文本颜色变化
		Discrete Alarm	根据离散值进行文本报警颜色定义
		Analog Alarm	根据模拟量进行文本报警颜色定义
	Object Size（物体缩放）	Height	物体高度缩放
		Width	物体宽度缩放
	Location（位置移动）	Vertical	垂直位移
		Horizontal	水平位移
	Percent Fill（百分比填充）	Vertical	垂直填充
		Horizontal	水平填充
	Miscellaneous（其他）	Visibility	可视性（可见/不可见）
		Blink	闪烁
		Orientation	旋转
		Disable	屏蔽（操作按钮等操作行为）
		Tooltip	鼠标悬停提示
	Value Display（数值显示）	Discrete	显示离散量数值
		Analog	显示模拟量数值
		String	显示字符串

一些常用 Animation Links 的用法如下所示：

Value Display

创建一个文本对象，并使用文本对象来实现 Value Display 效果。根据需要显示的数值数据类型不同，有如下三种分类：Discrete（离散量），例如·"ON/OFF"；Analog（模拟量），例如液位为"1900mm"；String（字符串），例如"Tank Level High"。

请参考如下步骤来创建一个 Value Display 效果：

（1）在 WindowMaker 中右击文本对象 –> Animation Links；在 Value Display 区域中，点击选择 Discrete/Analog/String 按钮中的一个，如图 2-180 所示。

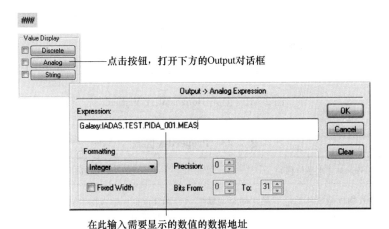

图 2-180　创建 Value Display 效果

（2）数据源数据类型不同时，Output 对话框中的设置可参考表 2-42。

表 2-42　**Output 对话框中设置参考**

Discrete	Analog	String
Expression 框：输入数据源的数据地址。例如： 　Cooling_Pump。 On Message 框：输入当数值为 1（True）时显示的文本信息。 Off Message 框：输入当数值为 0（False）时显示的文本信息	在 Expressiong 框中输入模拟量数值的数据地址，并可以使用算数运算符号。 例如： Tank_CV * 0.6	在 Expressiong 框中输入字符串数值的数据地址，并可以使用复杂表达式。 例如： "The Tank Level is:" + Text（TankLevel，"#".）

（3）点击 OK，关闭对话框。

Location

Location Links 的组态可以让画面物体进行水平或垂直方向的移动或同时进行。例如，让水箱的水位指针随水位波动而一起移动。

请参考如下步骤来创建一个 Horizontal/Vertical 方向的位移效果：

（1）将对象物体放置在移动的开始位置。

（2）右击对象 –> Animation Links。

（3）在 Location 区域，点击 Horizontal 或 Vertical，如图 2-181 所示。

（4）在 Properties 区域中，各对话框的设置可参考表 2-43。

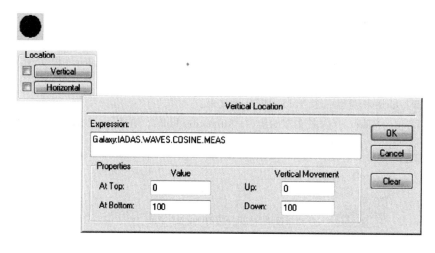

图 2-181　点击 Horizontal 或 Vertical

表 2-43　Properties 区域

Horizontal（水平位移）	Vertical（垂直位移）
At Left End 框：输入物体位于移动范围最左侧时的模拟量采样点的值	At Top 框：输入物体位于移动范围最高点时的模拟量采样点的值
At Right End 框：输入物体位于移动范围最右侧时的模拟量采样点的值	At Buttom 框：输入物体位于移动范围最低点时的模拟量采样点的值
To Left 框：输入物体可以移动到达的画面最左侧的像素值（类似坐标）	Up 框：输入物体可以移动到达的画面最高点的像素值（类似坐标）
To Right 框：输入物体可以移动到达的画面最右侧的像素值	Down 框：输入物体可以移动到达的画面最低点的像素值

（5）点击 OK，关闭对话框。

Orientation

Orientation Links 可以让对象在画面上进行旋转，一般以模拟量信号的值来作为旋转的依据。

请参考如下步骤来使用 Orientation Link（见图 2-182）：

（1）右击对象 -> Animation Links。

（2）在 Miscellaneous 区域，点击 Orientation。

（3）在 Expression 区域，输入或双击找到对象旋转所参考的模拟量采样点。

（4）在 Properties 区域，参考如下说明：

1）Value at Max CCW：最大逆时针方向模拟量采样值。

2）Value at Max CW：最大顺时针方向模拟量采样值。

3）CCW Rotation：当 Max CCW 值达到时，逆时针方向旋转的最大角度。

4）CW rotation：当 Max CW 值达到时，顺时针方向旋转的最大角度。

（5）在 Center of Rotation Offset from Object Centerpoint 区域，参考如下说明：

1）X Position：旋转参考点偏移离开对象中心点的水平方向值。

2）Y Position：旋转参考点偏移离开对象中心点的垂直方向值。

（6）点击 OK，完成组态。

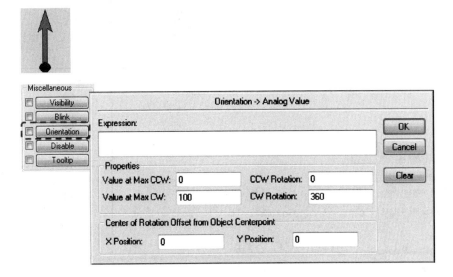

图 2-182　使用 Orientation Link

Size

Size Links 可以改变对象的宽度和高度或同时改变高度和宽度，对物体进行缩放。该 Link 同样也需要使用模拟量采样点的值。通过调节 Anchor 参数，还可以设定对象尺寸变化的方向。比如说，在皮带上运动的箱子，随距离的靠近而逐渐变大。

请参考如下步骤来使用 Size Link：

（1）右击对象 -> Animation Links；在 Object Szie 区域，点击 Height 或 Width。

（2）在 Expression 区域，输入或双击找到对象尺寸变化所参考的模拟量采样点，如图 2-183 所示。

（3）对所选物体创建 Size Link。

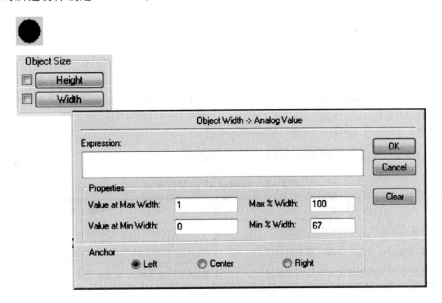

图 2-183　使用 Size Link 步骤

图 2-184 为对象在宽度上的变化举例。

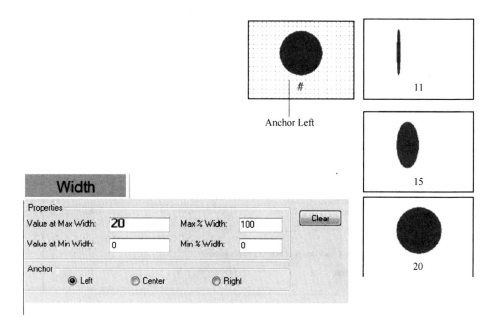

图 2-184　对象在宽度上的变化

（4）在 Properties 区域中，参考表 2-44 进行参数设定。

表 2-44　Properties 中参数的设定

Height（高度）	Width（宽度）
Value at Max Height 框：输入物体高度最大时的模拟量采样点的值	Value at Max Width 框：输入物体宽度最大时的模拟量采样点的值
Value at Min Height 框：输入物体高度最小时的模拟量采样点的值	Value at Min Width 框：输入物体宽度最小时的模拟量采样点的值
Max % Height 框：当 Max Height 值达到时，对象高度为原始图形高度的百分比值	Max % Width 框：当 Max Width 值达到时，对象宽度为原始图形宽度的百分比值
Min % Height 框：当 Min Height 值达到时，对象高度为原始图形高度的百分比值	Min % Width 框：当 Min Width 值达到时，对象宽度为原始图形宽度的百分比值

（5）在 Anchor 区域中，参考表 2-45 进行参数设定。

表 2-45　Anchor 中的参数设定

Height（高度）	Width（宽度）
Top：以对象的顶点为基准点改变对象的高度值	Left：以对象的左端为基准点改变对象的宽度值
Middle：以对象的中心点为基准点改变对象的高度值	Center：以对象的中心点为基准点改变对象的宽度值
Bottom：以对象的底端为基准点改变对象的高度值	Right：以对象的右端为基准点改变对象的宽度值

（6）点击 OK，关闭对话框。

Color

Color Link 的作用是让对象的颜色可以基于以下条件进行变化：模拟量或离散量采样点的采样值变化；模拟量或离散量 Expression（表达式）的结果；模拟量或离散量的报警状态。

WindowMaker 提供了如下几种类型的 Color Links：Fill Color，Text Color，Line Color。

请参考如下步骤来使用 Color Links（以 Fill Color -> Discrete 为例）：1）右击对象 Animation Links；2）在 Fill Color 区域，点击 Discrete；3）在 Expression 区域，输入或双击找到 Fill Color 所参考的采样点；4）在 Color 区域，点击打开调色板，并选择需要的颜色；5）点击 OK，关闭对话框。

图 2-185 为 Color Links 的一个举例。

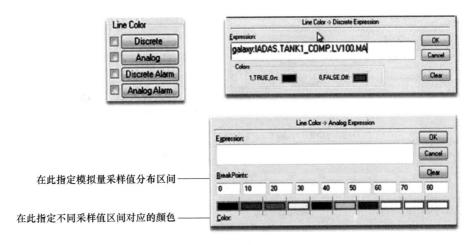

图 2-185   Color Links

图 2-186 为不同对象对 Color Links 的应用和简略说明。

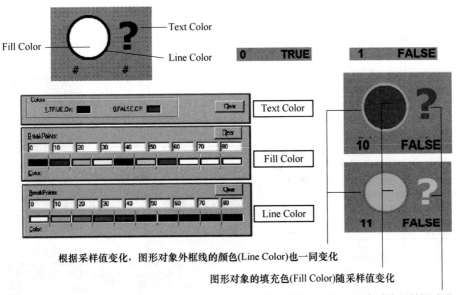

图 2-186   不同对象对 Color Links 的应用

Percent Fill

Percent Fill Links 可以实现类似液位填充的显示效果。通过关联对应的传感器采样值，实现对象内的填充度由 0 ~ 100% 填充。填充方向可以是垂直或水平方向或同时进行。

请参考如下步骤来使用 Percent Fill Links：

（1）右击对象 -> Animation Links。

（2）在 Percent Fill 区域，点击 Vertical 或 Horizontal。

（3）在 Expression 区域，输入或双击找到 Percent Fill 所需要的采样点，如图 2-187 所示。

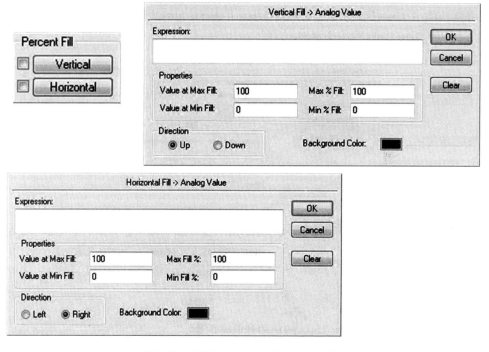

图 2-187　使用 Percent Fill Links 的步骤

图 2-188 为 Horizontal Fill 的举例。

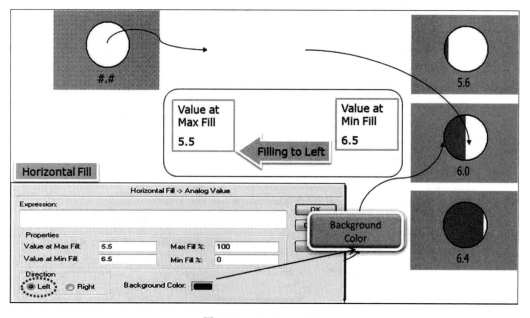

图 2-188　Horizontal Fill

（4）在 Properties 区域，参考如下说明进行参数设置：

1）Value at Max Fill：最大填充度时采样点的采样值。

2）Value at Min Fill：最小填充度时采样点的采样值。

3）Max % Fill：最大填充度的填充百分比。

4）Min % Fill：最小填充度的填充百分比。

（5）在 Direction 区域，选择填充方向：1）Left：从右向左填充；2）Right：从左向右填充。

（6）在 Background Color 区域，选择填充区域的背景色（对象的实际颜色为填充色）。

（7）点击 OK，关闭对话框。

Blinking

Blink Links 可以让对象根据 Discrete 变量或表达式的值的变化而进行闪烁。例如，当报警发生时，传感器的数值显示出现红色闪烁的背景色。

请参考如下步骤来使用 Blink Links：

（1）右击对象 –> Animation Links。

（2）在 Miscellaneous 区域，点击 Blink。

（3）在 Expression 区域，输入或双击找到对象 Blink 所需采样点，如图 2-189 所示。

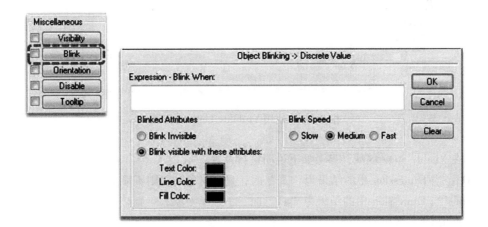

图 2-189　使用 Blink Links 的步骤

（4）在 Blinked Attributes 区域中，参考如下说明设置参数：

1）Blink Invisible：闪烁方式为"消失-出现"。

2）Blink Visible with these attributes：按下方定义的颜色方案进行闪烁。

（5）在 Blink Speed 区域中，指定闪烁速度：Slow，Medium，Fast。

（6）点击 OK，关闭对话框。

请参考如下步骤来设定和改变 Blink Speed：

（1）在 WindowMaker 中点击菜单命令 Special Configure WindowViewer。

（2）切换至 General 标签页。

（3）找到 Bink Frequency 区域，并为 Slow、Medium 和 Fast 设置闪烁速度（见图 2-190）。

（4）完成后点击 OK，关闭对话框。

Visibility

Visibility Links 可以实现对象的可见或不可见效果。

图 2-190　设定和改变 Blink Speed 的步骤

请参考如下步骤来使用 Visibility Links：

（1）右击对象 -> Animation Links。

（2）在 Miscellaneous 区域，点击 Visibility。

（3）在 Expression 区域，输入或双击找到 Visibility 所需采样点，如图 2-191 所示。

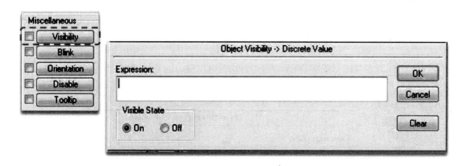

图 2-191　使用 Visibility Links 的步骤

（4）在 Visible State 区域，参考如下说明进行设置：

1）On：当 Expression 中的结果为"真"时，显示对象，否则不显示。

2）Off：当 Expression 中的结果为"真"时，不显示对象，否则显示。

（5）点击 OK，关闭对话框。

Tooltips

Tooltip Links 的作用是将鼠标悬停在目标对象上时，在鼠标位置弹出一个提示信息的小标签，帮助运行人员获得一些提示信息和操作提示。

请参考如下步骤来使用 Tooltip Links：

（1）右击对象 -> Animation Links。

（2）在 Miscellaneous 区域，点击 Tooltip。

（3）在 Expression 区域，输入或双击找到 Tooltip 所需采样点，如图 2-192 所示。

（4）在 Tooltip Attributes 区域，参考如下说明来使用 Tips（提示信息）：

1）Expression：将 Message 类型的采样点的值显示为提示信息。

2）Static text：输入文本信息并作为将来 Tips 激活时显示的提示信息。

（5）点击 OK，关闭对话框。

Disabling

Disable Links 可以为画面操作对象添加安全保护措施。例如，当 Expression 条件满足时，禁止操作画面上的设备，或禁止更改设定值。Disable 功能同时也会屏蔽 Tooltip 的提示信息。

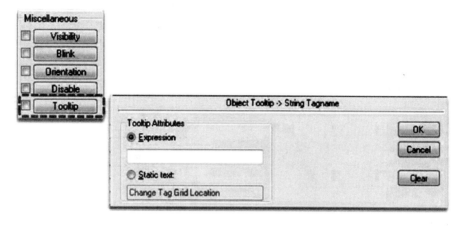

图 2-192　使用 Tooltip Links 的步骤

请参考如下步骤来使用 Disable Links：

（1）右击对象 -> Animation Links。

（2）在 Miscellaneous 区域，点击 Disable。

（3）在 Expression 区域，输入或双击找到 Disable 所需采样点，如图 2-193 所示。

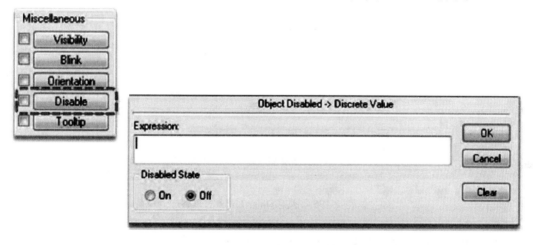

图 2-193　使用 Disable Links 的步骤

（4）在 Disabled State 区域，参考如下说明进行参数设置：

1）On：当 Expression 结果为真时，屏蔽对象的操作权限。

2）Off：当 Expression 结果为假时，屏蔽对象的操作权限。

（5）点击 OK，关闭对话框。

图 2-194 为 Disable 应用的举例。

Sliders

Slider Touch Links 可以创建水平或垂直方向移动的滑块式操作方法，来实现改变目标对象的工作设定值等要求。一个滑块上也可以同时添加水平和垂直移动，当这样的滑块在一块区域内移动时，将同时改变两个工作设定值。

请参考如下步骤来使用 Slider Links：

（1）右击对象 -> Animation Links。

（2）在 Slider 区域，点击 Vertical 或 Horizontal。

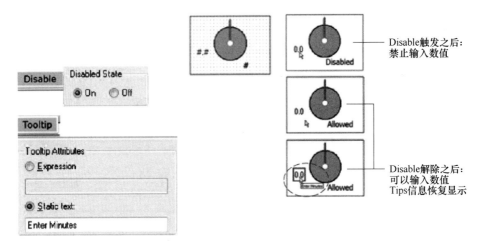

图 2-194　Disable 应用

（3）在 Expression 区域，输入或双击找到 Slider Links 所需采样点，如图 2-195 所示。

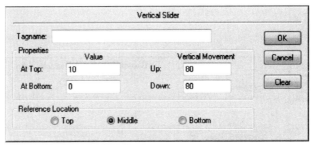

图 2-195　使用 Slider Links 的步骤

（4）在 Properties 区域，请参考表 2-46 进行参数设定。

表 2-46　Properties 参数设定

Vertical（垂直）	Horizontal（水平）
At Top 框：滑块移动到最高位置时传感器对应的最大值	At Left End 框：滑块移动到最左侧位置时传感器对应的值
At Bottom 框：滑块移动到最低位置时传感器对应的最小值	At Right End 框：滑块移动到最右侧位置时传感器对应的值
Up 框：滑块从当前位置可以向上移动的像素值	To Left 框：滑块从当前位置可以向左移动的像素值
Down 框：滑块从当前位置可以向下移动的像素值	To Right 框：滑块从当前位置可以向右移动的像素值

（5）在 Reference Location 区域，选择鼠标抓取并移动滑块时，鼠标位于滑块上的位置，鼠标位置见表 2-47。

表 2-47　鼠标位置

Vertical（垂直）	Horizontal（水平）
Top：鼠标位于滑块顶端	Left：鼠标位于滑块左侧
Middle：鼠标位于滑块中间	Center：鼠标位于滑块中间
Bottom：鼠标位于滑块底部	Right：鼠标位于滑块右侧

（6）点击 OK，关闭对话框。

Discrete and Analog Inputs

Discrete and Analog Inputs Links 可以在画面上建立数据输入对象，允许运行人员直接点击对象，并进行数值输入。

请参考如下步骤来使用 Discrete and Analog Links：

（1）右击对象 -> Animation Links。

（2）在 Touch Links/User Inputs 区域，点击 Discrete/Analog。

（3）在 Expression 区域，输入或双击找到 Input Links 所需采样点，如图 2-196 所示。

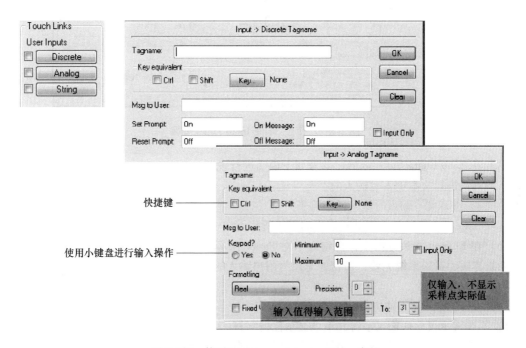

图 2-196　使用 Discrete and Analog Links 步骤

（4）请参考表 2-48 为 Discrete/Analog Input Links 分别设置其他参数。

表 2-48　**Discrete/Analog Input Links 设置其他参数**

Discrete	Analog
Set Prompt 框：On 按钮上的文本	Keypad？框：是否使用小键盘进行输入
Reset Prompt 框：Off 按钮上的文本	Minimum 框：允许输入的最小值
On Message 框：On 状态文本	Maximum 框：允许输入的最大值
Off Message 框：Off 状态文本	Formatting 框：数据的格式

（5）在 Input Only 框中：

1）勾选表示仅允许输入数值，不再显示任何数值。

2）取消勾选，不仅可以输入数值，还可以看到当前值。

（6）点击 OK，关闭对话框。

String Input

String Input Links 可以让运行人员在画面上进行文本输入，例如用户名，密码等。

请参考如下步骤来使用 String Input Links：

（1）右击对象 -> Animation Links。

（2）在 Touch Links/User Inputs 区域，点击 String。

（3）在 Expression 区域，输入或双击找到 Input Links 所需采样点，如图 2-197 所示。

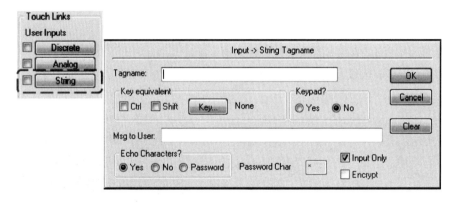

图 2-197　使用 String Input Links 步骤

（4）在 Echo Characters? 区域，参考如下说明进行设置：

1）Yes：进行文本输入时输入的字符可见。

2）No：进行文本输入时输入的字符不可见。

3）Password：用 Password Char 框中的字符覆盖用户输入的字符，使输入内容不可见。

（5）在 Encrypt 左边方框中，打勾表示对 Password 模式下的输入字符加密。（仅对 InTouch HMI 系统有效，对外系统无效；加密的对象为用户输入的字符，如果这些字符有在画面显示，则显示为乱码。）

（6）在 Input Only 左边方框中：

1）勾选表示仅允许输入字符，不再显示任何字符。

2）取消勾选，不仅可以输入字符，还可以看到当前文本内容。

（7）点击 OK，关闭对话框。

Touch Pushbutton

Touch Pushbutton Links 可以在画面创建按钮，并规定操作按钮的方式和结果；或打开/关闭指定的 Window；或为操作按钮手动编写特定的执行脚本。

其中，比较常用的为 Discrete Value（开关型按钮操作），其使用方法如下：

（1）右击对象 -> Animation Links。

（2）在 Touch Pushbutton 区域，点击 Discrete Value。

（3）在 Expression 区域，输入或双击找到 Discrete Value Links 所需采样点，如图 2-198 所示。

（4）在 Action 区域，参考表 2-49 进行参数选择。

（5）点击 OK，关闭对话框。

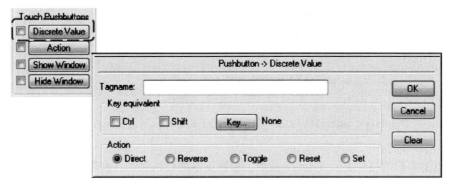

图 2-198　Discrete Value 使用方法

表 2-49　Action 参数选择

离散值属性	描　述	离散值属性	描　述
Direct	按下按钮并保持时，置 1。释放按钮时，归 0	Toggle	点击按钮，进行 0/1 反转。例如，0　1，或 1　0
Reverse	按下按钮并保持时，置 0。释放按钮时，归 1	Reset	点击按钮，置 0
		Set	点击按钮，置 1

Action

Action Links 的作用是为对象进行操作行为和对应脚本的关联。例如，按下按钮时执行什么脚本，按下右键时执行什么脚本，双击左键时执行什么脚本。

请参考如下步骤来使用 Action Links：

（1）右击对象 -> Animation Links。

（2）在 Touch Pushbuttons 区域，点击 Action。

（3）在 Condition Type 处，选择操作行为。

（4）在下方的空白方框中，为操作行为书写对应的执行脚本，如图 2-199 所示。

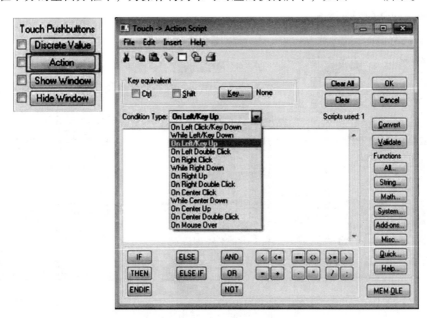

图 2-199　使用 Action Links 的步骤

以下为布尔量采样点的触发脚本举例：

If galaxy：iadas. DATA. BOOL_1. VALUE ＝＝0

THEN

　　　galaxy：iadas. DATA. BOOL_1. VALUE ＝1；

ELSE

　　　galaxy：iadas. DATA. BOOL_1. VALUE ＝0；

ENDIF；

（5）点击右侧按钮栏上的 Validate 按钮，检查脚本的语法是否符合规范。

（6）在 Validate 通过后，点击 OK 关闭对话框。

Show/Hide Window

Show Window 是用来打开新的流程图，Hide Window 则是用来关闭流程图。不过一般情况下，请用户尽量不要用 Show Window 或 Hide Window Links，而是使用 Action Links 中的功能来代替：Show；hmiShowInitialWindow；Hide；Hideself。

请参考如下步骤来使用 Show/Hide Window Links：1）右击对象 -> Animation Links；2）在 Touch Pushbuttons 区域，点击 Show Window 或 Hide Window；3）在随后弹出的对话框中，选择需要操作的 Window；4）点击 OK，关闭对话框。

2.6.7　导出 Window 文件

将 WindowMaker 中做好的 Window 导出为文件，可以备份这些 Window，也可以导入给其他项目使用。

请参考如下步骤来进行 Window 的导出操作（见图 2-200）：（1）在 WindowMaker 中，点击菜单命令 File -> Export Window；（2）在 Export to directory…对话框中，选择导出 Window 的存放路径；（3）在 Windows to Export…对话框中，选择导出哪些 Window；（4）点击 OK，完成 Export 操作。

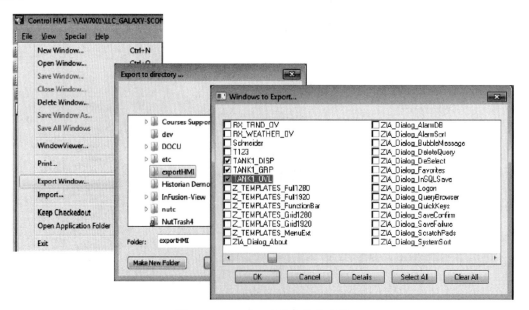

图 2-200　Window 的导出操作步骤

2.6.8　Control HMI Framer

Control HMI Framer 程序的功能，是用来为 Control HMI 软件进行功能设定和安全设定的，并在以下几个方面提供了详细的设置功能：Window Navigation（窗口导航功能）；Alarm Notification（报警通知功能）；Workstation Display（工作站画面显示相关属性）；Permissions（工作站相关功能的访问/操作权限）；Sytle（显示器显示风格和宽屏等设定）；WinSytle（窗口的长宽比（4∶3，16∶9 等））。

Framer 中的基本设置套路，是创建不同的 Role（角色），然后为这些 Role 分配可以执行的操作或功能。然后在对 Workstation（工作站）进行权限设定的时候，将 Role 分配给 Workstation 即可完成。以后要修改 Workstation 权限的时候，工程师和用户也不需要对 Workstation 做任何修改，而是直接修改 Role 的权限设定即可。也可以事先订制好多个具有不同权限的 Roles，然后根据需要将不同的 Role 分配给 Workstation 即可。

Control HMI Framer 程序的窗口如图 2-201 所示。

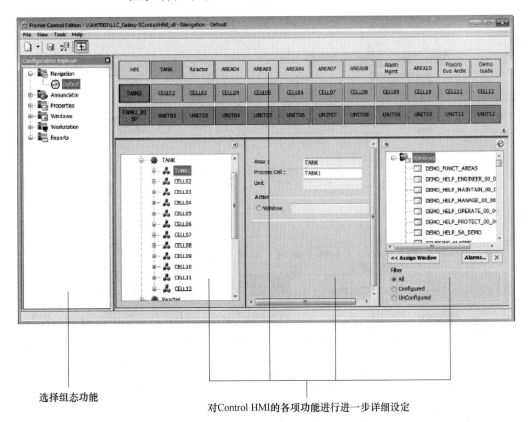

选择组态功能

对Control HMI的各项功能进行进一步详细设定

图 2-201　Control HMI Framer 程序的窗口图

请参考如下步骤来进行某项新功能的设定（以设置 Windows 导航栏为例）：

（1）在 WindowMaker 左侧的 Tools 窗格中，双击打开 Framer，如图 2-202 所示。

（2）右击 Navigation New，创建一套新的配置方案（见图 2-203）。

（3）在右边的工作区域依次点击 AREA01 -> CELL01 -> UNIT01，展开 Windows 导航栏结构（见图 2-204）。

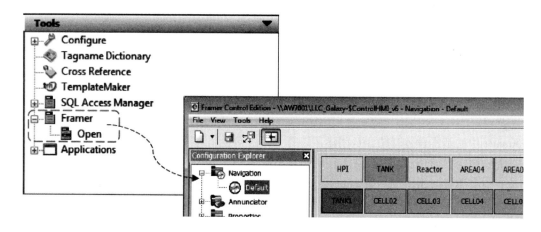

图 2-202　双击打开 Framer 图

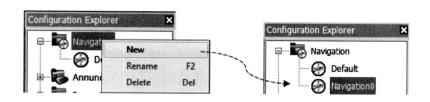

图 2-203　创建一套新的配置方案步骤

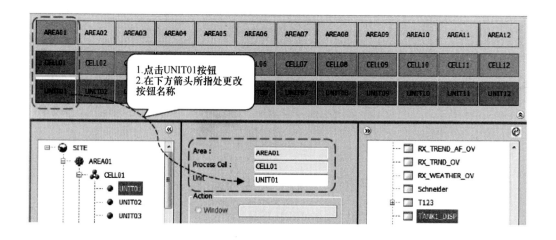

图 2-204　AREA01 -> CELL01 -> UNIT01

（4）在 Windows 目录树中找到某个流程图，并 Assign 给指定的按钮（见图 2-205）。

（5）右击新的配置方案，可以进行重命名（见图 2-206）。

（6）在 Workstation 中为工作站分配方案（见图 2-207）。

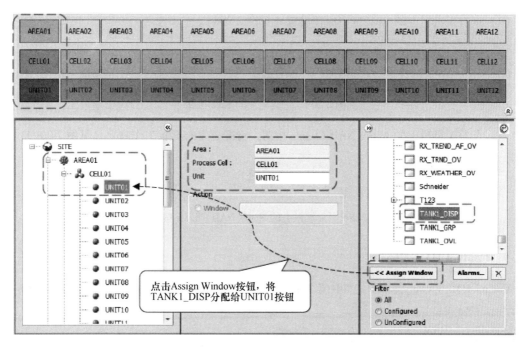

图 2-205　Assign 给指定的按钮

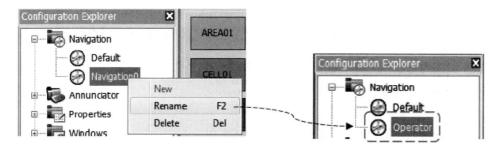

图 2-206　重命名新的配置方案

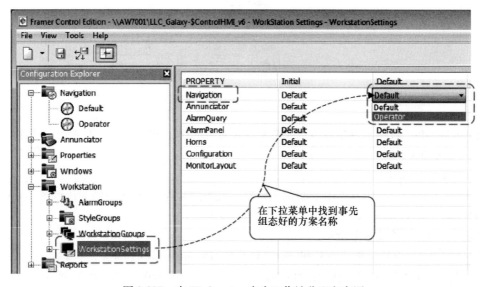

图 2-207　在 Workstation 中为工作站分配方案图

（7）点击工具栏上的 Save 按钮保存设置（见图 2-208）。

图 2-208　工具栏上的 Save 按钮

（8）点击工具栏上的 Notify NAD Clients 按钮，将配置发布至各工作站上（见图 2-209）。

图 2-209　工具栏上的 Notify NAD Clients 按钮

2.6.9　Control HMI Viewer

Control HMI Viewer 菜单中的 File 菜单提供了以下三种方式来访问过程流程图文件：Browse；Favorites；Recent。

2.6.9.1　Browser

Browser 可以打开 Window Browser 对话框，并浏览系统中所有已创建好的 Window 文件，如图 2-210 所示。

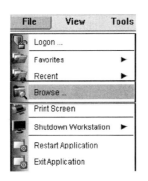

图 2-210　Browser 操作流程图

在 Window Browser 对话框中点击选择需要打开的 Window，然后点击下方的 Open 按钮，即可将 Window 显示在 Control HMI View 中。

2.6.9.2　Favorites

Favorites 是 Control HMI 为用户提供的收藏夹，最多同时收藏 10 张不同的流程图，并可以使用"Shift + 数字"的方法进行收藏 Window 的快速调用。

组态 Favorites 的方法如下所示：

（1）点击 File -> Favorites -> Configure，打开对话框如图 2-211 所示。

（2）点击 Configuration 对话框右侧的按钮 ⬚，为 Favorites 列表添加 Window（见图 2-212）。

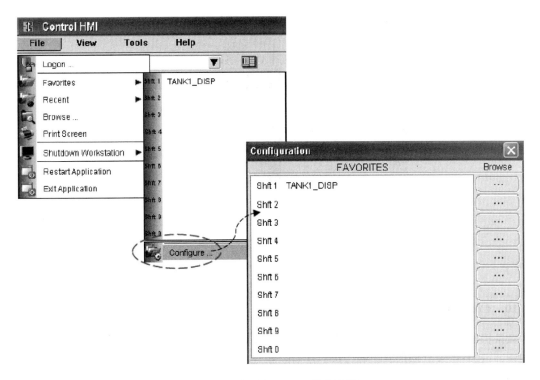

图 2-211 组态 Favorites 的方法图

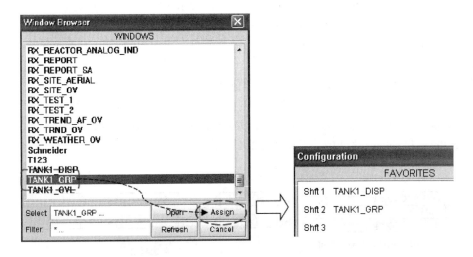

图 2-212 为 Favorites 列表添加 Window 表

（3）在 Window Browser 对话框中，选择 Window，并点击 Assign 按钮，将其添加至收藏夹。

（4）点击 Configuration 对话框右上角的按钮，关闭对话框。

此时，可以使用 File Favorites 来直接访问收藏夹了。

2.6.9.3 Recent

Recent 可以查看最后访问过的 10 张画面，并可以使用快捷键"Ctrl + 数字"的方法进行画面的快速调用。在 Control HMI 菜单栏点击 File —> Recent，如图 2-213 所示。

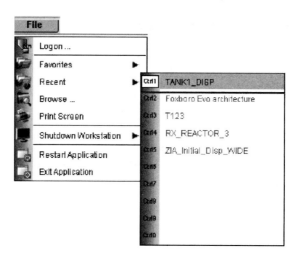

图 2-213   点击 File –> Recent

2.6.10   Control HMI Security

默认情况下，在创建 Galaxy 之后，Galaxy 数据库并未开启 Security 功能。工程师可以根据项目规定进行 Security 功能的开启和设定，从而限制 Galaxy 的访问权限。

Security 可以管理以下几项安全权限：

（1） ArchestrA Integrated Development Environment （IDE） 的组态和管理功能。

（2） ArchestrA System Management Console （SMC） 的系统维护和管理功能。

（3） 其他 Run-time 情况下的操作 （例如 Logon）。

在 Galaxy Repository 中的每一个 Galaxy 各自独立管理其 Security 权限。Galaxy Security 分为三层管理模式，如下所述：

（1） User（用户），并分配有用户所属的角色（Roles）。

（2） Roles （角色），用户所承担的职责。例如，经理，工程师和操作员等。

（3） Groups （分组），用于对 Roles 分组，方便管理和分配对应的权限。

User、Roles 和 Groups 之间的关系如图 2-214 所示。

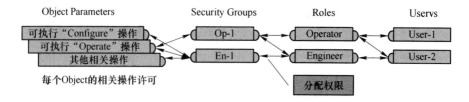

图 2-214   User、Roles 和 Groups 的关系图

2.6.10.1   Control HMI Application Security

系统默认的 Galaxy Security 包括：

（1） 两个默认 User：DefaultUser/Administrator，这两个用户均拥有最高权限。

（2） 两个 Roles：Default/Administrator，这两个角色均拥有最高权限。

（3） 一个系统默认 Group：Default。

Galaxy Security 系统定义了一个串联的安全分配系统。从 Object 到 Groups，再到 Roles，最后到 Users，层层分配，相互串联并构成一个完整的安全系统。这些对象之间的分配不存在限制条件，完全可以根据用户的需要，自行决定什么用户拥有何种权限，并且详细到某项具体的操作。

2.6.10.2 Authentication Mode

Authentication Mode 指的是 Security 授权方式，有以下几项可以选择：

（1）None：关闭 Security 模式。

（2）Galaxy：使用本地 Galaxy 配置来对 User 进行授权。所有的 Security 均在 Galaxy 内完成，并且仅对该 Galaxy 有效。

（3）OS User-Based：使用计算机操作系统（Windows）的授权系统。基于 Windows 系统的 User Accounts 授权方式。

（4）OS Group-Based：使用计算机操作系统（Windows）的授权方式。基于 Windows 系统的 Group 级别的授权方式，并按照 User-to-Role 模式进行关联，Windows Local Groups 将当成 Roles 使用。（OS User-Based 和 OS Group-Based 需要 Windows Security 相关知识进行设置，一般不选用。）

Galaxy 的管理者可以通过设定多个 User，并分配不同的操作权限给 User，来实现安全管理 Galaxy 数据库的目的。例如，User-1 仅拥有修改 Instance 的权限；User-2 则拥有修改 Templates 的权限。

当修改了 Galaxy Security 配置后，系统将有如下表现：

（1）更改 Authentication Mode 后，ArchestrA IDE 将重启。

（2）开启 Security 后，在 Galaxy Change User 下可以更改当前用户。

（3）在某个 Authentication Mode 下创建的 User，仅在该模式下有效，更换其他 Mode 后，需要在当前模式下创建新的 User。

（4）Objects 如果被重新分配过 Security Group，则会被标记为 Pending Update，需要重新做一次 Deploy 才能生效。

（5）如果之前有组态过 OS 模式下的 Security 设定，则再次组态时，系统会自动进行 User 的名称同步。

2.6.10.3 Security Group

Galaxy 中的每个 object 仅能分配给一个 Security Group。可以创建 Security Group，也可以使用默认的 Group。在 Roles 页面上可以将 Roles 和 Security Group 进行关联。

图 2-215 展示了 Roles 和 Security Groups 之间的关系。

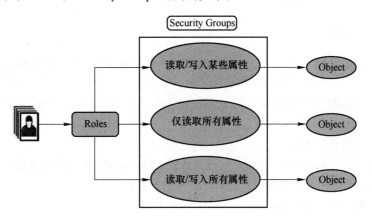

图 2-215 Roles 和 Security Groups 的关系图

对于 Security Groups 来说，最基础的权限设定为（Object Security 标签页的）以下几项：

（1）确认报警。

（2）可以修改 Configure 列中的参数项。

（3）可以修改 Operate 列中的参数项，包括 Secured Write 和 Verified Write 项。

（4）可以修改 Tune 列中的参数项。

该项设定为 IDE 系统原有 Security 设定，建议不使用和更改，维持 Default 设定。

例如，当前 Galaxy 中有一个 Role，名为 Area1 Acknowledgers。现在希望让拥有该 Role 的 User 能够确认属于 Area1 中产生的所有报警。组态方法如下：

（1）创建一个新的 Security Group，例如 SecGrpArea001。

（2）将 Area1 下属的所有 Objects 分配给 SecGrpArea001。

（3）在 Roles 标签页中左侧 Roles 列表中选择 Area1 Acknowledgers。

（4）在 Roles 标签页右下角方框中展开 SectrpArea001，并勾选 Can Acknowledge Alarms 项。

此时，任何分配有 Area1 Acknowledges 角色的 User，就可以确认 Area1 下属所有 Objects 的报警信息了。

2.6.10.4　Roles

Roles 被称为"角色"，意思是承担什么样的工作职责，拥有什么样的操作权限。系统默认创建有以下两个 Roles（拥有所有权限）：Administrator 和 Default。

工程师们可以为 Roles 定制"General permissions"和"Operational permissions"：

（1）General permissions 指的是软件的组态和管理任务相关权限。

（2）Operational permissions 指的是 Security Group 有关的几项操作权限。

2.6.10.5　Users

如果选择了 OS User-based 类型的 Authentication Mode，则本地账户中的 User 会添加至授权用户列表中，并按如下格式生效：\ < username >。

如果选择了 OS Group-based 类型的 Authentication Mode，则 Galaxy 中每个 Node 上都需要有相同的本地账户，才能够成功的进行账户授权。

当创建 Galaxy 的时候，系统自动创建了两个 User：Administrator 和 Defualt User。

这两个 User 是不允许删除的（系统也会自动禁止删除）。

2.7　Evo 系统趋势图

本节将介绍如何使用 Evo 系统中的趋势图来添加和组态趋势图，以便观察历史和实时数据的走势，以及进行适当的数据分析。

2.7.1　趋势相关组件

用户可以创建趋势图来更好的显示过程控制中采集来的过程数据。图形化的趋势图显示方式更直观，也更方便进行一些常规判断和过程分析。WindowMaker 软件中，同时还提供了能够显示实时数据和历史数据的不同类型的趋势图。而 ActiveX 控件的使用，让数据选择和结果显示变得更多样化。

2.7.1.1　趋势图的分类

趋势图分为两类：Realtime：显示实时过程数据；Historical：显示历史数据。

图 2-216 显示了这两类趋势图和过程数据之间的关系。

2.7.1.2　Wonderware Historian

Wonderware Historian 是一个实时的关系型数据库，将工厂的过程数据压缩和存储，并发送至

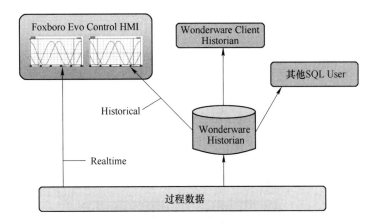

图 2-216 趋势图和过程数据的关系图

各 Wonderware Historian Client 程序，或者是其他 SQL 数据库。Wonderware Historian 是 ArchestrA 系统的一个组成部分，与下列对象结合并提供了强大的功能：Microsoft SQL Server：提供高速查询和数据压缩特色；部分子系统（Subsystem）：对数据的获取，生成和存储进行管理。

这些子系统是 Configuration 子系统、Data Acquisition 子系统、Data Storage 子系统、Data Retrieval 子系统、Event 子系统、Replication 子系统。

图 2-217 展示了 Wonderware Historian 中的数据流情况。

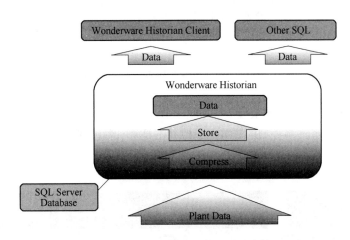

图 2-217 Wonderware Historian 中的数据流情况图

Wonderware Historian 使用 Data Acquisition Subsystem 来采集历史数据。该子系统被设计用来采集高速过程数据，比传统的关系型数据库的数据采集和存储能力要强大得多。Data Acquisition Subsystem 由许多小组件组成。

图 2-218 为 Wonderware Historian 的总览图。

表 2-50 列出了 Data Acquisition Subsystem 中最重要的一些组件。

表 2-50 **Data Acquisition Subsystem 中最重要的一些组件**

组　件	描　述
Data Server	读取 PLC 来的数值，并发送 Real-time 数据给 WW Applications

组　件	描　　述
IDAS	从 I/O Server 接收 Real-time 数据，并发送给 WW Historian
MDAS	接收从非-I/O Server 过来的数据，并发送给 WW Historian
System Driver Service	监视 Historian 系统，并通过 System Tags 进行系统状态报告

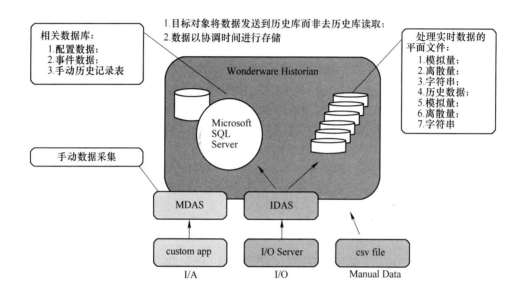

图 2-218　Wonderware Historian 的总览图

2.7.1.3　可使用的趋势图类型

WW Historian 提供了许多类型的趋势图，但并不是每一种都能在 Foxboro Evo 系统中使用。图 2-219 显示了 WW Historian 中的趋势图和其相关特性。

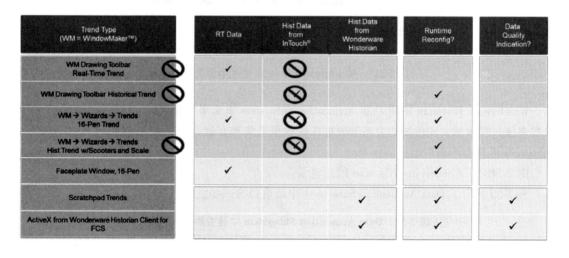

图 2-219　WW Historian 中的趋势图和其相关特性图

2.7.2 Faceplate Window 中的趋势图

每个 Block 的 Faceplate 面板上都有一个趋势图按钮，点击后可以打开为该 Block 预创建好的趋势图，如图 2-220 所示。

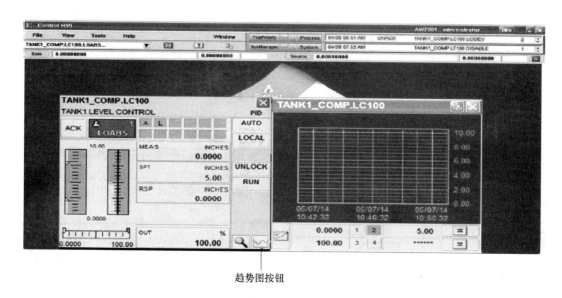

趋势图按钮

图 2-220 Faceplate Window 中的趋势图

图 2-221 为趋势图上各元素的说明。

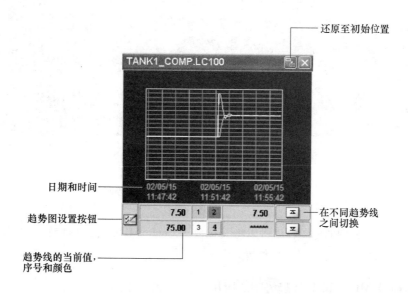

图 2-221 趋势图上各元素说明图

在 Control HMI 的一张趋势图上，最多可以添加 16 根不同的趋势线。通过点击趋势图左下角的设置按钮 ，可以打开趋势线列表，并可以通过在 Name 处双击，进行趋势线的添加或修改，如图 2-222 所示。

趋势图和 Faceplate 一样，可以在 Control HMI 的界面中同时开启多个，如图 2-223 所示。

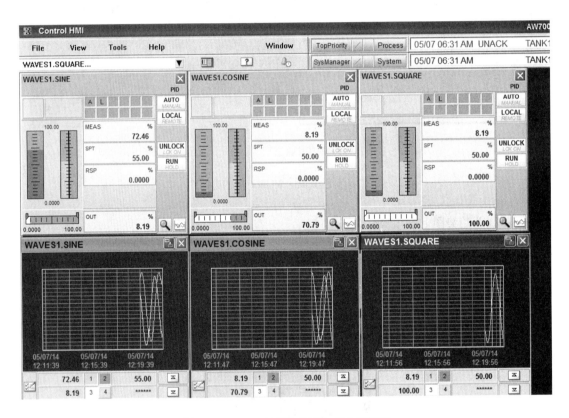

图 2-222 添加或修改趋势线

图 2-223 Control HMI 界面中多个趋势图

使用鼠标拖拽趋势图的标题栏，可以将其拖放至 Control HMI 的其他位置。点击趋势图标题栏上的图标，可以将其还原至初始位置。

2.7.3 Control HMI 中 16-Pen 趋势图的应用

16-Pen 趋势图可以通过 WindowMaker 软件的组态来使用。在 WindowMaker 中调用 Wizard Selection 对话框，可以选择该项功能，如图 2-224 所示。

双击 16-Pen 趋势图，可以打开趋势图组态对话框如图 2-225 所示。

通常来说，布尔量的采样点由 True 或 False 来表示。在 Evo 系统中 True 或 False 用数字 1 或 0 来代表。为布尔量采样点添加趋势线时，采样点的量程需要重新调整，一般设置为 "-2 ~ 2"。

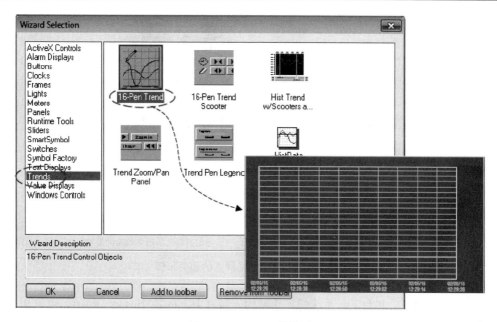

图 2-224 16-Pen 趋势图

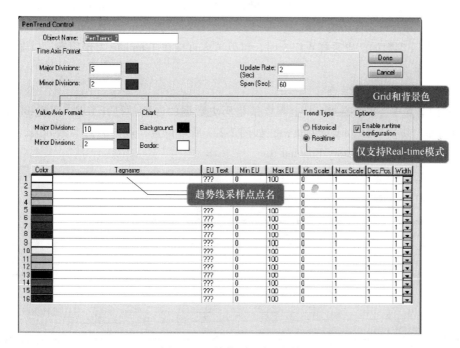

图 2-225 趋势图组态对话框

2.7.4 历史数据的采集

Evo 系统提供了两种历史数据采集方法：（1）用 Control Core Services History Provider，从 OM List Manager 直接采集，并发送给 Historian Server；（2）直接从 IDAS 采集。

在第一种方式中，工程师需要在 IDE 中为 Block 勾选需要采集的 Block 参数，并在 Compound 参数中指定历史数据采集站。如果采用第二种方式，则可以组态冗余采集站，或使用 Store Forward 模式，但不能同时开启这两项功能。

图 2-226 展示了组态历史采样点的相关步骤。

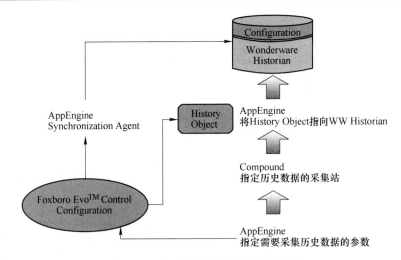

图 2-226   组态历史采样点的相关步骤

（注：一般情况下，每台 Evo 系统的工作站均安装并 Deploy 有 History Object，可以用来组态和采集历史采样点。

Application Engine（AppEngine）可以帮助选择 WW Historian。Synchronization Agent 接收历史采样点的组态，并发布至各历史采集站。

在进行 Block 参数的历史采样点组态时，可以考虑直接在 Template 上预组态，以避免在后续 Instance 上的重复组态。）

2.7.4.1   Block 上的组态

请参考如下操作，来组态 Block 上需要采集历史数据的参数：打开 IDE；双击 Block，打开 WinForm Editor；切换至 History 标签页；在如图 2-227 所示位置，点击展开参数列表，找到需要采集的参数，然后勾选 "History Enabled"。

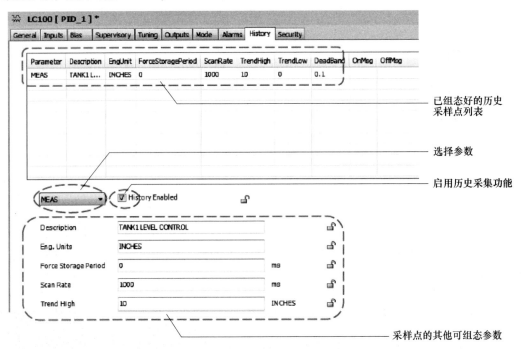

图 2-227   Block 上的组态

表 2-51 为历史采样点的可组态参数说明。

表 2-51 历史采样点的可组态参数说明

采样点参数	描 述
Description	采样点的描述
Eng. Units	采样点的工程单位；例如，INCHES
Force Storage Period	强制采样时间（当采样点长时间变化幅度未超过死区时，强制采样）
Scan Rate	采样周期（不可比 CP 的 BPC 更快）
Trend High	趋势图上的显示范围高值（工程单位值）
Trend Low	趋势图上的显示范围低值（工程单位值）
Dead Band	死区值（工程单位值，采样点波动幅度不超过死区时，不进行采样）
On Message	当（布尔量）采样点为 True 时，显示的文本信息
Off Message	当（布尔量）采样点为 False 时，显示的文本信息

2.7.4.2 历史数据参数的传输

默认情况下，当新组态一个采样点时，该采样点的 Description，Eng Unit，Trend High 和 Trend Low 参数会自动跟随 Block 原本的参数值走。当采样点创建完成后，再次去修改这些参数时，这些参数仅对其本身更新，而不会更改 Block 的原本参数值。

2.7.4.3 Compound 上的组态

当 Block 参数被组态为历史采样点后，该 Block 所在的 Compound 也需要指定采集历史数据的采集站，才能真正的采集和生成历史数据。

请参考如下操作来进行历史采集站的指定操作（见图 2-228）：打开 IDE；在 Deployment 窗格

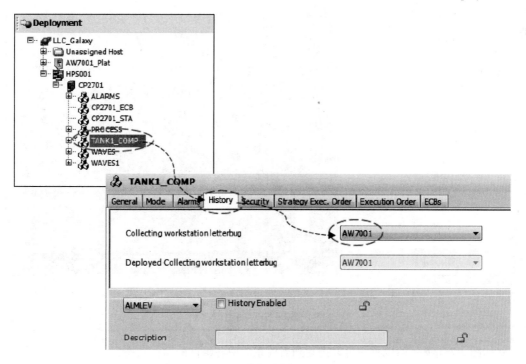

图 2-228 指定采集站示意图

中展开 Compound 列表,并双击 Compound;切换至 History 标签页;在 Collecting workstation letter-bug 处点击下拉列表,并指定采集站的站名。

2.7.4.4　AppEngine 的组态

历史数据采集功能还需要 AppEngine 的正常运行,因此还需要对 AppEngine 进行适当的配置。请参考如下操作进行(见图 2-229):打开 IDE;切换至 Deployment 窗格中,双击与历史有关的 AppEngine(站名_AppH);在 General 标签页中,勾选"Enable storage to historian"。

图 2-229　历史数据采集功能

2.7.5　WW Historian Server

用户可以通过 SMC 工具来启动 Wonderware Historian Server。SMC 工具可以从 Control HMI 窗口的 Tools 菜单打开,也可以通过 Windows 的 Start 菜单点击打开。图 2-230 为 SMC 的主窗口。

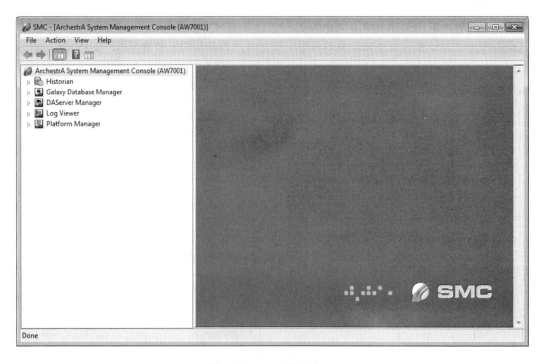

图 2-230　SMC 的主窗口

在如图 2-231 所示的位置,可以查看到当前系统中各组件的运行状态:

(Historian –> Historian Group –> AW7001 –> Management Console –> Status)

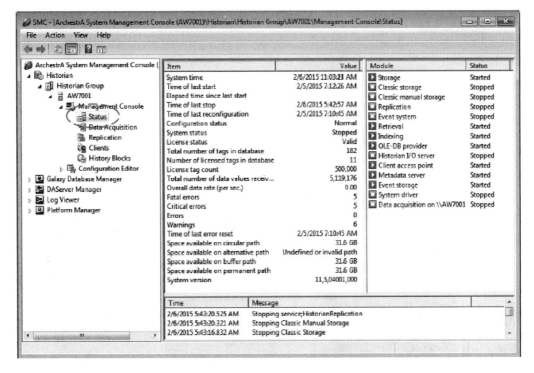

图 2-231　当前系统中各组件的运行状态

在图 2-232 的右上角窗格中，可以看到当前系统中许多组件处于停止状态。

Module	Status
Storage	Started
Classic storage	Stopped
Classic manual storage	Stopped
Replication	Stopped
Event system	Stopped
Retrieval	Started
Indexing	Started
OLE-DB provider	Started
Historian I/O server	Stopped
Client access point	Started
Metadata server	Started
Event storage	Started
System driver	Stopped
Data acquisition on \\AW7001	Stopped

图 2-232　当前系统中许多组件处于停止状态

在 Status 图标上右击鼠标，可以执行 Historian 的启动或停止（见图 2-233）。

当 Historian 开启之后，其结果将如图 2-234 所示（所有组件均为绿色运行状态）。

在 MDAS/Manual Tags 下，可以查看到已经组态好的 Evo 系统采样点（见图 2-235）。

2.7.5.1　显示历史趋势图

通过开始菜单，打开趋势图软件 Trend，可以查看历史趋势（见图 2-236）。

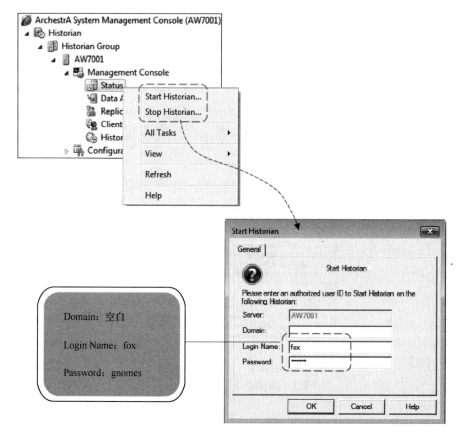

图 2-233　执行 Historian 的启动或停止步骤

Item	Value
System time	2/6/2015 12:08:17 PM
Time of last start	2/6/2015 11:30:56 AM
Elapsed time since last start	37 mins
Time of last stop	2/6/2015 11:15:19 AM
Time of last reconfiguration	2/5/2015 7:10:45 AM
Configuration status	Normal
System status	Running
License status	Valid
Total number of tags in database	182
Number of licensed tags in database	11
License tag count	500,000
Total number of data values receiv...	317,094
Overall data rate (per sec.)	97.90
Fatal errors	5
Critical errors	5
Errors	0
Warnings	6
Time of last error reset	2/5/2015 7:10:45 AM
Space available on circular path	31.6 GB
Space available on alternative path	Undefined or invalid path
Space available on buffer path	31.6 GB
Space available on permanent path	31.6 GB
System version	11,5,04001,000

Module	Status
Storage	Started
Classic storage	Started
Classic manual storage	Started
Replication	Started
Event system	Started
Retrieval	Started
Indexing	Started
OLE-DB provider	Started
Historian I/O server	Started
Client access point	Started
Metadata server	Started
Event storage	Started
System driver	Started
Data acquisition on \\AW7001	Started

在这里可以查看系统状态和授权等情况

图 2-234　开启 Historian

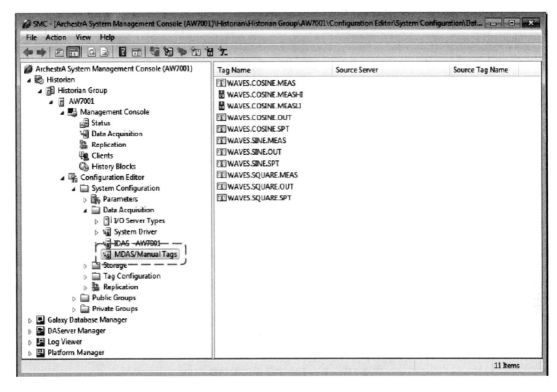

图 2-235 查看组态好的 Evo 系统采样点

图 2-236 查看历史趋势

图 2-237 为 Trend 软件打开后的初始窗口。

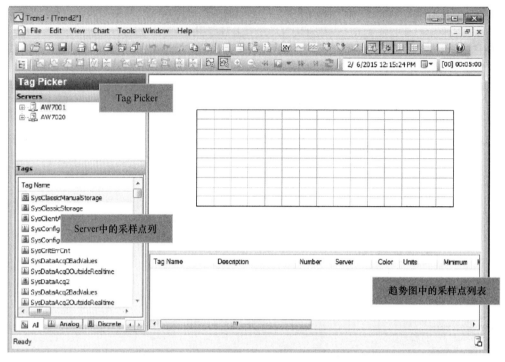

图 2-237　Trend 软件打开后的初始窗口

2.7.5.2　使用 Trend 软件

Trend 软件必须连接上 Historian Server 后，才能正常显示历史趋势。在第一次使用 Historian Client Trend 工具时，需要指定 Historian Server 的名称，或通过点击"Tools -> Servers"菜单命令，并在如图 2-238 所示的对话框中进行指定。

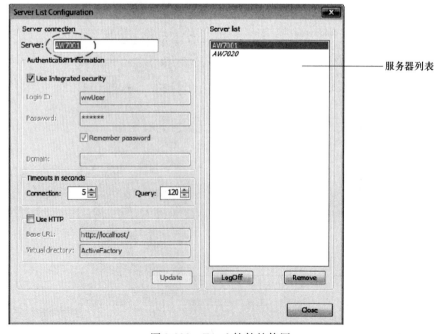

图 2-238　Trend 软件的使用

在连上 Server 之后，在 Tag Picker 中选择采样点分组，并可以直接拖拽至趋势图上显示（见图 2-239）。

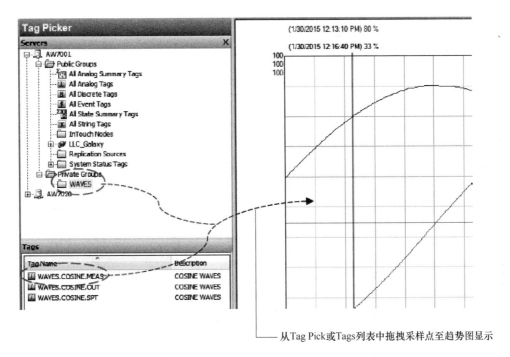

从Tag Pick或Tags列表中拖拽采样点至趋势图显示

图 2-239　采样点分组

2.8　Evo 系统过程报警

本小节将介绍如何识别 Evo 系统中的过程报警以及系统中过程报警的通知方式，包括 Compound 和 Block 中与过程报警相关的报警参数和报警分类等方面的描述。

2.8.1　过程报警

过程报警是工厂中用来监视过程变量（例如，温度，压力或水位等过程工况），并且当过程变量超过常规工作值，达到了会影响甚至危及工厂正常运行的危险值时，向控制系统和运行人员发出相应的报警通知的报警系统。

2.8.1.1　报警系统硬件结构

图 2-240 显示了报警系统中的硬件结构和组成。

2.8.1.2　报警分类

Evo 系统的过程报警是在 Block 这一层进行组态的。一个 Block 可以包含多类报警类型，以 PID 模块为例，拥有三种不同类型的报警：Absolute（绝对值报警），Deviation（偏差报警）和 Output（输出报警）。

另一个例子是 AIN 模块，也有三种不同类型的报警：Absolute（绝对值报警），Range（超量程报警）和 Rad（坏质量报警）。

2.8.1.3　Block 报警参数

Block 报警参数包括：Alarm Enable（报警启用参数），Alarm Limits（报警门槛值），Messages（报警文本），Priority（报警优先级）和 Target（报警信息目标设备）。

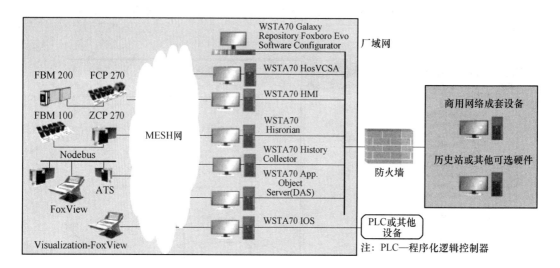

图 2-240 报警系统中的硬件结构和组成

2.8.1.4 过程报警数据流

当 Block 检测过程报警时，将发生以下状况：报警产生；如果报警未屏蔽，相关报警设备组设备接收到报警信息；打印机打印报警类别、信息和报警时间；报警日志记录报警详细信息。

工作站上自动显示：Block Faceplate 上的报警指示；过程流程图上的报警指示；报警键盘上的报警指示；报警窗格中的报警指示；Foxboro Evo Control HMI 上的其他报警指示。

图 2-241 展示了报警发生过程中的数据流。

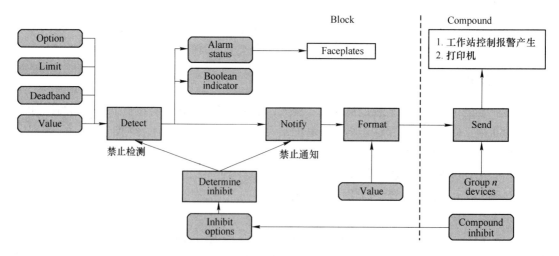

图 2-241 报警过程中的数据流

2.8.1.5 I/A Series Alarm Shelving Tool

Control HMI 提供了植入式的 I/A Series Alarm Shelving Tool（AST）。当 Control HMI 安装有 AST 工具时，会提供一些新的系统过程报警特性和选项，包括 Alarm Panel 中的 Single Alarm Shelving 功能，Tag Bar 中的 Block Alarm Shelving 功能，Tools 菜单中的 AST 命令、AST 组态、AST 采样点搜索、AST 汇总和 AST Shelved Alarms。

为了支持 AST 的功能，在 Control Core Service Framer Permission 组态参数中添加了三个新的 AST Permission Level。需要在 Framer 中开启 AST 功能，并为 User 分配 AST Permission，从而启用 AST 新特性和新功能。这三个 Framer 中的 AST Permissions 分别为：AST Operator，AST Engineer，AST Supervisor。

AST 支持 AST 行为日志，可以记录 AST 对报警事件采取的执行行为。

2.8.1.6 报警信息的处理

Control Core Services Alarm Provider 接收从 CP 和 Workstation 来的报警和事件信息。Alarm Provider 随后将这些信息发送至 InTouch Distributed Alarm Subsystem。Alarm Provider 将 Control Core Services 的报警信息转换为 InTouch 可以识别的报警信息格式，以便 InTouch Alarm Client 或其他 Alarm Consumer 使用。

图 2-242 展示了 Control Core Services 是如何处理报警信息的。

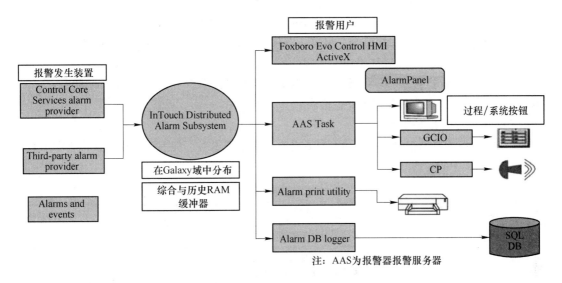

图 2-242 Control Core Services 处理报警信息过程

2.8.1.7 InTouch Distributed Alarm Subsystem

InTouch Distributed Alarm Subsystem 简化了 Alarm Provider 与其他 InTouch 组件之间的报警相关的信息通讯。这些需要接收相关报警信息的组件被称为 Alarm Consumer。Alarm Provider 将报警信息发布至 InTouch Distributed Alarm Subsystem，然后由 Alarm Comsumer 来订阅这些报警信息。用来订阅这些报警信息的方法被称为"Alarm Query"。图 2-243 为 Distributed Alarm Subsystem 的图示。

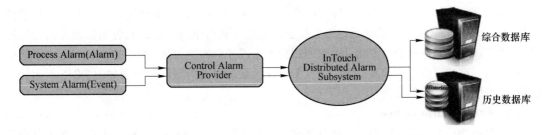

图 2-243 InTouch 分布式报警子系统

2.8.2　Control Core Services 中的报警类别

Control Core Services 系统中可以组态和监视连续量和离散量的过程变量，其报警类别有：

（1）Absolute：绝对值报警。测量值与报警门槛值的比较：High/Low：高/低限值被超过；High-High/Low-Low：高高/低低限值被超过。

（2）Derivation：偏差报警。测量值与设定值之间的差值的比较：High/Low：高/低限值被超过。

（3）Output：输出报警。输出值与报警门槛值的比较：High/Low：高/低限值被超过。

（4）Bad：坏质量报警；FBM 故障或 I/O 通信故障。

（5）Out-of-range：超量程报警；High/Low：高/低量程超限。

（6）Rate-of-change：速率报警；数值改变率超过规定值。

（7）Target：累积值达到目标值。Pre-target：累积值接近目标值；Target：累积值达到目标值（Pre-target < = Target）。

（8）Mismatch：不匹配报警；在经过规定时间等待后，节点实际状态与期望状态不一致。

（9）State：状态报警。布尔量为 0 报警；布尔量为 1 报警；布尔量为 0 或为 1 报警。

（10）State Change：（STALM 模块）监视的指示量改变至报警状态。

（11）Trip：Trip 报警；EVENT 模块进入 Triggered 状态；MON 模块进入 Tripped 状态。

（12）Sequence：顺序控制逻辑发生错误。

2.8.2.1　常规报警参数

每个 Block 所拥有的报警类别都包含有其各自一套报警参数。但通常来说，这些报警参数可以归纳为表 2-52 中所列的几项。

表 2-52　报警参数归纳

参数名称	描　　述
Option	开启或关闭对应类别的报警功能
Limit	提供工程单位的报警门槛值。 部分模块拥有多个工程单位量程
Deadband	以工程单位量程的百分比表示。 仅在报警消失的方向上生效。 用来防止在报警值附近波动时，反复触发报警信息
Priority	用来规定报警的优先级（1~5）
Group	用来规定报警信息发送至哪个设备组。 1~3 设备组设备在 Compound 参数中规定； 4~8 设备组设备在 STATION 模块参数中规定

H/L 和 HH/LL 绝对值报警

H/L 和 HH/LL 绝对值报警用来判断测量值是否过高或过低。

根据图 2-244 中显示的趋势线，当测量值低于 Low Limit 时，产生低绝对值报警。当测量值超过 Low Limit 时，不会立刻消除低绝对值报警，而是等到再继续往上，超过阴影地带的死区范围后，才消除低绝对值报警。因此低绝对值报警的范围才会如图 2-244 所示的 LA ~ Rtn 之间的范围。同样的，高绝对值报警和高高绝对值报警也在消除报警时，需要多跨越如图 2-245 所示的死区带，才能恢复到正常状态。

PID 模块的 Alarm Option

为了激活相对应的报警功能，工程师必须更改模块的 Alarm Option 参数。表 2-53 为 PID 模块的 Alarm Option 参数。

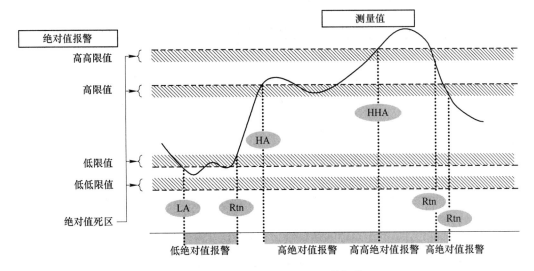

图 2-244　H/L 和 HH/LL 绝对值报警

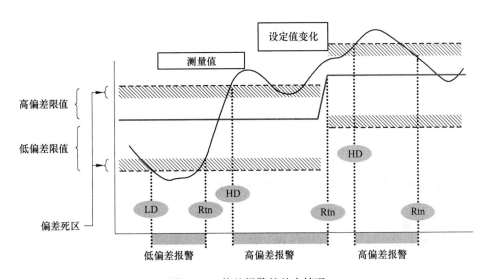

图 2-245　偏差报警的基本情况

表 2-53　PID 模块的 Alarm Option 参数

参数名称	描　　述	参数名称	描　　述
MALOPT	测量值高/低报警选项参数： 0 = 无测量值高/低报警。 1 = 开启测量值高/低报警。 2 = 仅开启测量值高报警。 3 = 仅开启测量值低报警	OALOPT	输出报警选项参数： 0 = 无输出报警。 1 = 开启高/低输出报警。 2 = 仅开启高输出报警。 3 = 仅开启低输出报警
DALOPT	偏差报警选项参数： 0 = 无偏差报警。 1 = 开启高/低偏差报警。 2 = 仅开启高偏差报警。 3 = 仅开启低偏差报警	HHAOPT	测量值高高/低低报警选项参数： 0 = 无测量值高高/低低报警。 1 = 开启测量值高高/低低报警。 2 = 仅开启测量值高高报警。 3 = 仅开启测量值低低报警

表 2-54 为 PID 模块测量值报警的主要参数。

表 2-54 PID 模块测量值报警的主要参数

参数名称	描　　述
HHALIM	测量值高高报警门槛值，报警发生后的报警缩写为 HHABS
LLALIM	测量值低低报警门槛值，报警发生后的报警缩写为 LLABS
MEASHL	测量值高报警门槛值，报警发生后的报警缩写为 HIABS
MEASLL	测量值低报警门槛值，报警发生后的报警缩写为 LOABS
MEASDB	测量值报警死区值

H/L 偏差报警

偏差报警指的是测量值偏离设定值 SPT 过大后产生的报警。测量值大于设定值，产生高偏差报警；测量值低于设定值，则产生低偏差报警。图 2-245 展示了偏差报警的基本情况。

表 2-55 为 PID 模块偏差报警的主要参数。

表 2-55 PID 模块偏差报警的主要参数

参数名称	描　　述
HDALIM	测量值高偏差报警门槛值，报警发生后的报警缩写为 HIDEV
LDALIM	测量值低偏差报警门槛值，报警发生后的报警缩写为 LODEV
DEVDB	测量值偏差报警死区值

H/L 输出报警

输出报警监视的是 Block 的输出值。当 Block 输出值超过事先设定好的报警门槛值之后，将产生输出报警。输出报警同样也有输出高报警和输出低报警。

H/L 超量程报警

超量程报警指的是超出"规定量程 ± OSV 值"以外产生的报警，如图 2-246 所示。

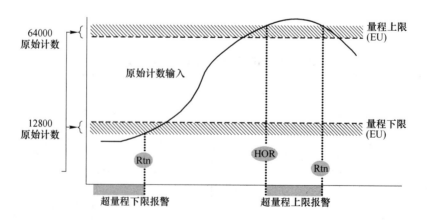

图 2-246 超量程报警

表 2-56 以 AIN 模块为例，展示了超量程报警相关的报警参数。

表 2-56 超量程报警相关的报警参数

参数名称	描 述
ORAO	超量程报警选项参数： 0 = 无超量程报警。 1 = 开启超量程报警
OSV	超量程报警死区。 当超量程状况发生后，测量值需额外超过量程 + OSV 值，才产生超量程报警。例如，量程 0 ~ 200，OSV = 2%，则当测量值大于 204 之后，才产生超量程报警
LOR	超量程报警低量程门槛值
HOR	超量程报警高量程门槛值

BAD 报警

当 FBM 发生故障时，系统将产生一个 BAD 报警。同时，在 Block 组态上，也可以设置为发生超量程报警时也触发 BAD 报警；或组态输入模块（例如，AIN 模块），当输入模块无法检测到 MEAS 参数状态或 FBM 连接状态时，也触发 BAD 报警。

图 2-247 以 AIN 模块为例，说明模块的 BAD 报警主要参数。

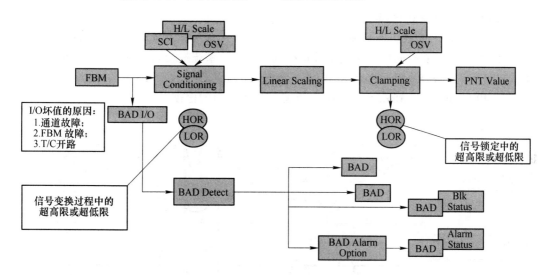

图 2-247 AIN 模块

将 AIN 模块的 BAO 参数置 1，可以开启 BAD 报警功能；更改 BADOPT 参数值，可以选择 BAD 报警的触发条件（请参看文档 B0193AX，Vol 1）。

BAD 报警还有表 2-57 中所列的几个额外报警参数。

表 2-57 BAD 报警的额外报警参数

参数名称	描 述
Clamping	根据量程上/下限值而产生的输出限幅值
OSV	超量程发生后的死区值，超量程值要额外超过量程 + OSV 值，才真正触发超量程报警
LASTGV	最后有效值：当条件满足后，模块忽略当前值，而保留最后检测到的有效数值

图 2-248 展示了 Clamping、OSV 和 LASTGV 几个参数与 BAD 报警间的关联。

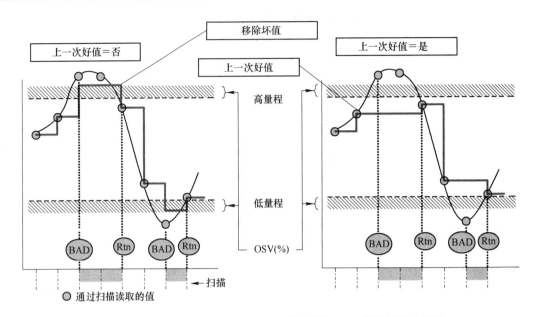

图 2-248　Clamping、OSV 和 LASTGV 等参数与 BAD 报警间的关联图

Nuisance Alarm Suppression

Nuisance Alarm Suppression 指在报警发生一段时间又消失后，设置一个等待时间值。当报警发生后又自行消失的总时间值小于这个等待时间时，不向系统提交 Return-to-normal 信息。该功能可以在测量值在报警线附近波动时，阻止报警信息的重复产生。

图 2-249 为 Nuisance Alarm Suppression 功能关闭/开启后的比较。

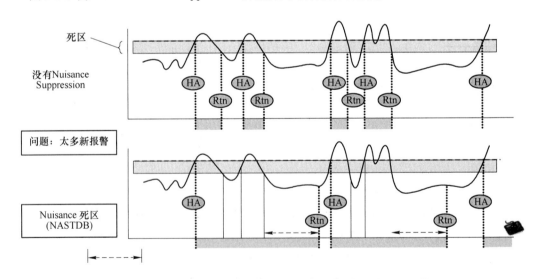

图 2-249　Nuisance Alarm Suppression 功能关闭与开启后的比较

从图 2-250 可以看出，上方未开启 Nuisance Suppression 功能的时候，一共产生了 4 次报警；而下方开启 Nuisance Suppression 功能后，只产生了 2 次报警。通过调整 NASTDB（延时）的值，可以控制测量值在报警值附近波动时，报警发生的次数。

Alarm Regeneration

当报警持续存在时，经过一段时间后，系统可以再次触发该报警，以提醒运行人员。再次触发持续存在的报警信息的时间间隔，由 AMRTIN 参数来决定，如图 2-250 所示。

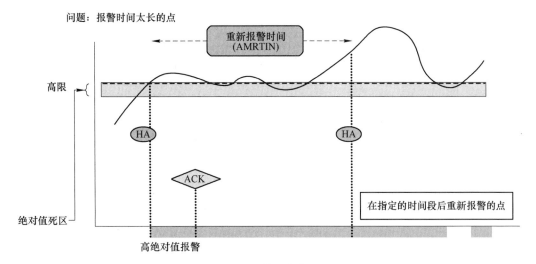

图 2-250 报警再次产生过程

PID 模块的报警产生过程

PID 模块报警包括信息、报警指示，H/L ABS 和其他相关报警参数。

图 2-251 展示的是 PID 模块的报警产生过程。

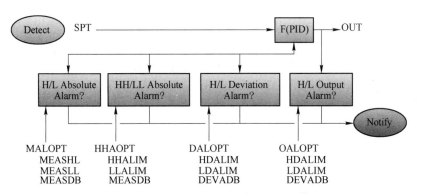

图 2-251 PID 模块的报警产生过程

图 2-252 展示的则是 PID 模块的报警信息、报警指示和 H/L ABS。

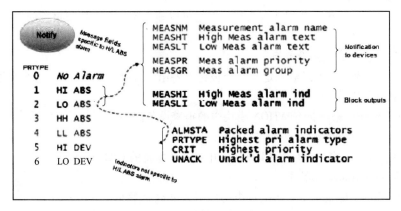

图 2-252 PID 模块的报警信息、报警指示和 H/L ABS

图 2-253 展示的是报警信息、报警指示和其他报警。

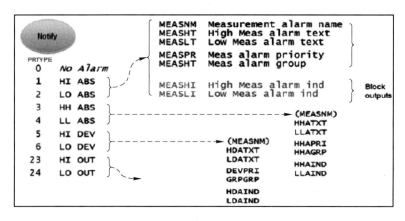

图 2-253   报警信息

2.8.2.2   报警设备组

Blocks 通过报警组态后，会在报警条件满足之后产生报警信息，并通过 Compound 指定的报警设备组将这些报警信息发送给规定设备组列表中的所有设备。一个 Block 中可能有多种报警类别。这些不同的报警产生的信息，可以分别发送给不同的报警设备组列表。图 2-254 展示了报警设备组的基本情况。

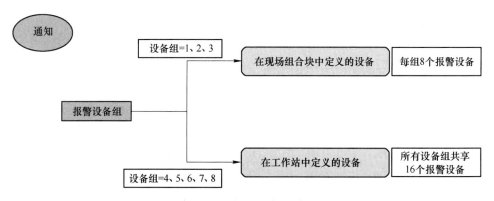

图 2-254   报警设备组的基本情况

Compound 中的报警设备组

在 Compound 中，报警设备组分为 3 组，每组可以独立添加 8 个接收报警的设备，如图 2-255 所示。

STATION 模块中的报警设备组

在 STATION 模块中，可以额外定义 5 个报警设备组，分别为 5 ~ 8 组。这 5 个报警设备组共享 16 个额外报警设备。

请参考如下操作，来进行 STATION 模块中的报警设备添加：

（1）进入 Control Editor。

（2）在 Deployment 窗格中展开 CP2701，并双击其下属的 CP2701_STA。

（3）切换至 STABlock 标签页。

（4）在 STABlock 标签页中，再次点击切换至 Alarms 标签页。

（5）在 Alarm Device1 ~ 16 中输入接收报警信息的设备名称（见图 2-256）。

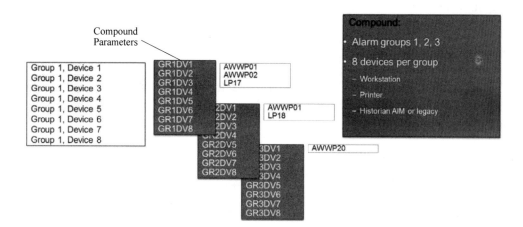

图 2-255　报警设备组

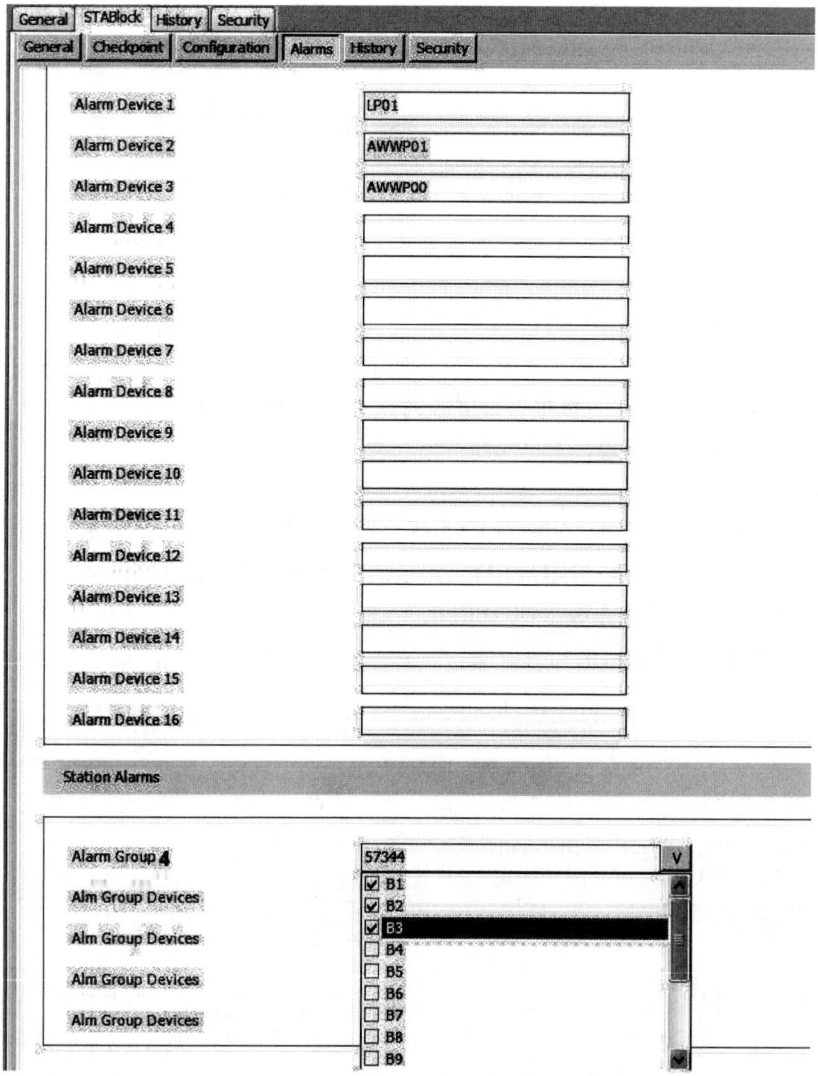

图 2-256　添加 STATION 模块中的报警设备

（6）在 Alarm Group 4~8 中，点击按钮，并选择报警设备（可以多选）（见图 2-256）。

B1：代表 Alarm Device 1。

⋮

B16：代表 Alarm Device 16。

当 Alarm Group 4~8 选择了若干个报警设备后，会有对应的数值显示出来，其代表的是十进制的数值，转换为二进制数之后，代表选择了 Alarm Device1~16 中的哪几个报警设备。详细说明请参考图 2-257。

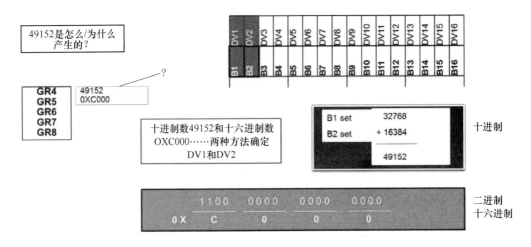

图 2-257　报警设备详细说明参考图

Global Alarm Inhibit

CINHIB 参数是 Compound 用来屏蔽其下属相关报警的参数。CINHIB = 1~5 时，可以屏蔽对应优先级 1~5 级报警。当高优先级报警被屏蔽时，更低优先级的报警也将自动被屏蔽。CINHIB 的值为 0 时，将不屏蔽任何报警。

Alarm Priority 参数

Alarm Priority 指报警优先级，分别为 1~5 级。1 级为最高优先级，5 级最低。报警优先级相关参数为高高/低低报警优先级（HHAPRI）、测量值高/低报警优先级（MEASPRI）、偏差报警优先级（DEVPRI）、输出报警优先级（OUTPRI）。

图 2-258 为报警优先级参数的相关说明。

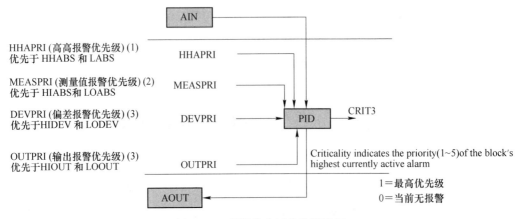

图 2-258　报警优先级参数说明图

CRIT 参数为输出参数，指示了当前模块最高报警优先级的级别。例如，CRIT = 3。

报警设备组分配参数

在 STATION 模块中，有以下几个报警设备组分配相关的参数：

（1）MEASGR：测量值报警发送至设备组的组编号（4~8）。

（2）DEVGRP：偏差报警发送至设备组的组编号。

（3）OUTGRP：输出报警发送至设备组的组编号。

图 2-259 展示的是 Compound 报警设备组与其下属 Block 产生的报警信息之间的关联关系。

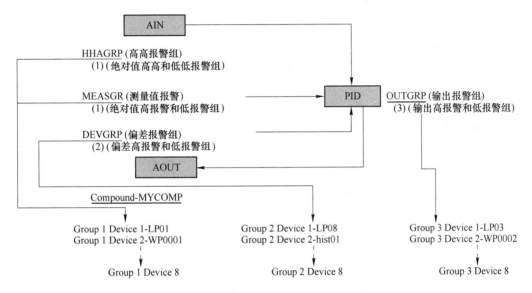

图 2-259　Compound 报警设备组与其下属 Block 产生的报警信息之间的关联关系图

报警文本参数

报警文本参数是用来向各报警添加描述信息的参数，如图 2-260 所示。

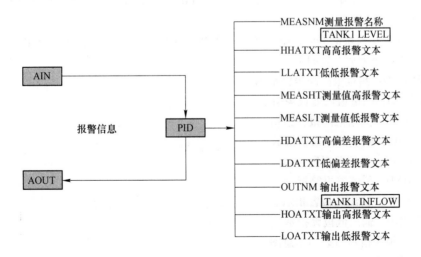

图 2-260　报警文本参数

以下为 PID 模块报警文本参数的说明：

（1）MEASNM：测量值报警名称。

（2）HHATXT：高高报警文本描述。

（3）LLATXT：低低报警文本描述。

（4）MEASHT：测量值高报警文本描述。

（5）MEASLT：测量值低报警文本描述。

（6）HDATXT：高偏差报警文本描述。

（7）LDATXT：低偏差报警文本描述。

（8）OUTNM：输出报警名称。

（9）HOATXT：输出高报警文本描述。

（10）LOATXT：输出低报警文本描述。

特殊报警指示参数 PRTYPE

特殊报警指示参数 PRTYPE 是一个整型输出值，其值在 0～9、23、24、25 之间变化时，代表模块不同报警状态。

（1）PRTYPE = 0：无报警。

（2）PRTYPE = 1：测量值高报警。

（3）PRTYPE = 2：测量值低报警。

（4）PRTYPE = 3：测量值高高报警。

（5）PRTYPE = 4：测量值低低报警。

（6）PRTYPE = 5：高偏差报警。

（7）PRTYPE = 6：低偏差报警。

（8）PRTYPE = 7：速率报警。

（9）PRTYPE = 8：IOBAD 报警。

（10）PRTYPE = 9：模块状态报警。

（11）PRTYPE = 23：输出高报警。

（12）PRTYPE = 24：输出低报警。

（13）PRTYPE = 25：超量程报警。

（注：PID 模块没有 BAD 和 STATE 报警，所以 PID. PRTYPE 参数不会有 8、9 两个值。）

报警指示参数

报警指示参数指模块的 Bool 型输出参数，参数值为 0/1 对应无/有该报警发生。

PID 模块的报警指示参数如下：

（1）HHAIND：测量值高高报警指示。

（2）LLAIND：测量值低低报警指示。

（3）MEASHI：测量值高报警指示。

（4）MEASLI：测量值低报警指示。

（5）HDAIND：高偏差报警指示。

（6）LDAIND：低偏差报警指示。

（7）HOAIND：输出高报警指示。

（8）LOAIND：输出低报警指示。

图 2-261 为报警指示参数的示意图。

报警屏蔽 INHIB

报警屏蔽参数 INHIB 可以屏蔽 Block 的所有报警参数。当该参数置"1"后，报警组中的设备（例如，AW/WP，历史库等）将无法接收 Block 的报警通知。这其中包括 Process 按钮、报警键盘和画面报警表现。

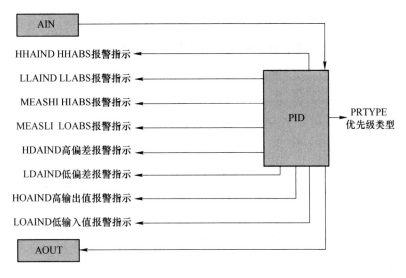

图 2-261　报警指示参数的示意图

　　然而，在 Block Detail 界面上的 Faceplate（模块迷你面板）当中的状态栏中，报警缩写字符仍然可能会显示，Block 的输出报警指示参数（例如，MEASHI，HDAIND 等）仍可能生效，这取决于 INHOPT 参数的设置。

　　图 2-262 显示了报警屏蔽参数的相关信息。

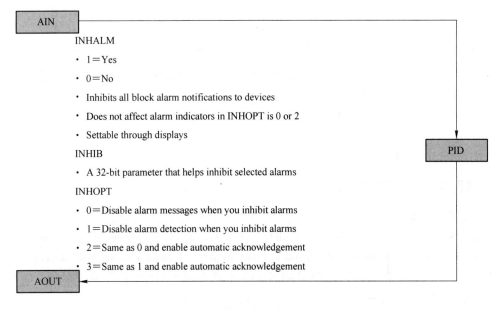

图 2-262　报警屏蔽参数的相关信息

报警屏蔽选项参数 INHOPT

　　报警屏蔽选项参数 INHOPT 和 CINHIB，INHIB，INHALM 参数组合使用，会达到不同的报警屏蔽效果（见表 2-58）：

　　（1）INHOPT＝0：报警信息不送报警设备，但 Faceplate 和报警输出指示仍然更新。

　　（2）INHOPT＝1：报警信息不送报警设备，Faceplate 和报警输出指示也停止更新。

　　（3）INHOPT＝2：同 0，且回归正常值的报警记录自动确认。

（4）INHOPT = 3：同 1，且回归正常值的报警记录自动确认。

表 2-58　报警屏蔽选项参数组合使用表

INHOPT	INHIB = 0			INHIB = 1		
	ALM①	AUTO ACK②	BLK/IND③	ALM	AUTO ACK	BLK/IND
0	YES	NO	YES	NO	N/A	YES
1	YES	NO	YES	NO	N/A	NO
2	YES	YES	YES	NO	N/A	YES
3	YES	YES	YES	NO	N/A	NO

① Compound 设备组列表中的设备是否接收报警信息。

② Alarm 不再处于 Active 状态时，是否自动确认。

③ Block 的 Bool 型输出报警指示参数是否在报警产生后置 1。

INHALM 参数

INHALM 参数可以自动屏蔽指定报警，而不是像 INHIB 一样对 Block 所有报警全部屏蔽。

该参数是一个 16 位的二进制布尔包参数，需要屏蔽报警的时候，只要将报警对应的二进制位置"1"即可。详细信息见表 2-59。

表 2-59　INHALM 参数详细信息

15	14	13	12	11	10	9	8	7	6	5	4	3	2	1
B1	B2	B3	B4	B5	B6	B7	B8	B9	B10	B11	B12	B13	B14	B15
—	—	—	OOR	—	—	HHA	LLA	—	I/O BAD	—	—	—	—	HMA

例如，需要同时屏蔽 HMA/LLA（高报警/低低报警），则 INHALM 参数二进制位为：
0000，0001，0000，0010

转换为 I/A 系统可以识别的十六进制数为 0102。不过为了告诉 I/A 系统当前填写的是十六进制数，需要在数字前加上"0x"。

最终：INHALM = 0x0102

2.8.3　过程报警通知和报警确认

根据报警类型和报警组态方式的不同，用户可以在系统的各个不同地方获取报警信息。这些可以获取报警信息的位置是：Block Faceplate 面板；Compound Faceplate 面板；Control HMI 的 BlockSelect 工具窗口中；Control HMI 的 Alarm Panel 窗格中；Control HMI 的 Most Recent Alarm 显示区域；报警键盘；报警打印机；报警蜂鸣器；Block 的 Bool 型报警输出指示参数。

2.8.3.1　Process 按钮

在 InTouch WindowViewerTM 窗口中间正上方，可以看到 Process 按钮。当有过程报警产生的时候，该按钮会有红色边框，并开始闪烁。当前激活的所有报警如果已经确认过，则按钮会停止闪烁。当系统正常并无任何报警时，该按钮的红色边框将消失。

2.8.3.2　BlockSelect 工具中的报警汇总信息

在 Control HMI 中打开 BlockSelect 工具后，可以查看到 Compound 和 Block 的报警汇总信息，以 1~5 的数字显示在 Compound 或 Block 的右侧，表示当前对象中所有已发生报警的最高优先级别，如图 2-263 所示。

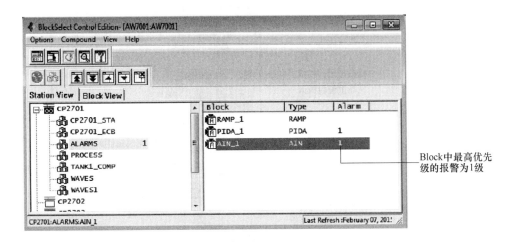

图 2-263   Compound 和 Block 的报警汇总信息

2.8.3.3   Compound Faceplate 面板

Compound Faceplate 面板上会显示 Compound 当前报警中最高的优先级数字以及是否有报警屏蔽和报警是否有确认等信息，如图 2-264 所示。

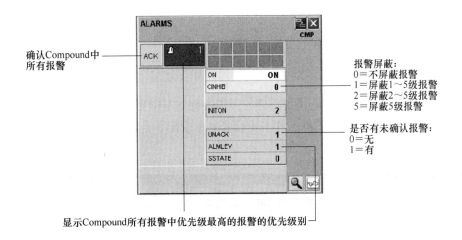

图 2-264   Compound 报警面板

2.8.3.4   Block Faceplate 面板

Block Faceplate 面板可以用来观察和确认 Block 产生的过程报警以及修改相应的可设置参数值。同时还会显示报警的门槛值，当前激活的报警类别以及报警是否已确认。

面板上的 ALARM 和 ACK 按钮平时是空白的。当有报警产生后，ALARM 按钮会显示报警类别、优先级、一个小铃铛，并开始闪烁。当报警优先级不同时，还会用不同的颜色来表示。点击 ACK 按钮可以进行报警的确认，同时 ACK 右边的报警光字牌将不再闪烁（见图 2-265）。

PID 模块面板上可以显示的报警相关缩写有 HHABS、LLABS、HIABS、LOABS、HIDEV、LO-DEV、UNACK，闪烁的小铃铛表示有报警未被确认。

在左上角 ACK 按钮右边，用来显示报警状态和优先级数字，报警缩写的方框中，还用不同

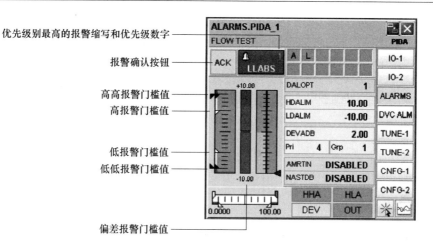

优先级别最高的报警缩写和优先级数字

报警确认按钮

高高报警门槛值

高报警门槛值

低报警门槛值

低低报警门槛值

偏差报警门槛值

图 2-265　Block 报警面板

的背景色来代表不同的报警优先级别：

(1) 红色：1 级报警。

(2) 洋红色：2 级报警。

(3) 棕色：3 级报警。

(4) 蓝绿色：4 级报警。

(5) 浅灰色：5 级报警。

2.8.3.5　Alarm Panel 窗格

打开 Alarm Panel 窗格（见图 2-266）有两种方法：点击 Process 按钮；点击 View -> Process Alarm Panel。

Alarm Panel 可执行的功能为：报警排序；暂停报警信息的更新；恢复报警信息的更新；打开报警所关联的画面；ACK、Suppress 和 Unsuppress 报警记录；打开报警汇总和报警历史记录窗格。

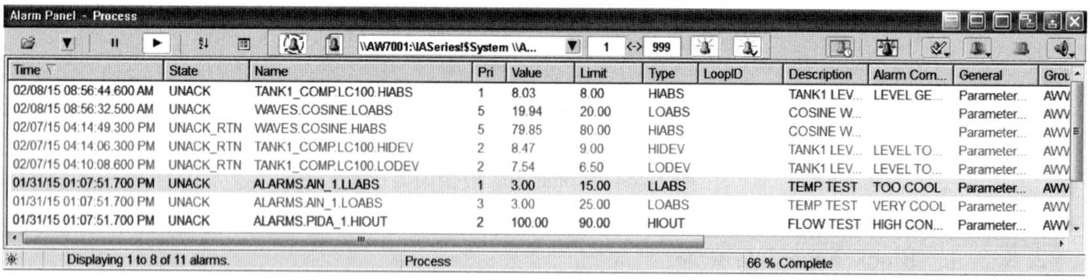

图 2-266　Alarm Panel 窗格

表 2-60 说明了在 Alarm Panel 中各功能按钮的作用。

表 2-60　在 Alarm Panel 中各功能按钮的作用

图　标	名　称	功　能
	Select Query	选择事先写好的 Alarm Query
 II　▶	Pause/Update	暂停/更新 Alarm Panel

续表 2-60

图　标	名　称	功　能
↑↓	Sort Option	索引选项
▤	Statistics	当前报警窗格的报警数据统计
🔔 🔔	Summary/Historical	显示当前/历史报警记录
\\AW7001:\IASeries!$System \\A... ▼	Query String	显示 Query 的字符串内容
1 <-> 999	From/To Priority	显示优先级范围
🔔 🔔	Unacked/Acked Alarms	显示未确认/已确认报警记录
🔔	Review Shelved IA Alarms	察看 Shelved 列表中的报警记录
🔔	Show…	显示与所选报警关联的流程图画面
✓	Ack…	确认报警
🔔	Suppress…	Suppress 报警记录
🔔	Unsuppress…	Unsuppress 报警记录
🔊	Horns…	喇叭控制（静音/恢复等）

2.8.3.6　报警键盘指示灯

　　另一种报警通知的方式，是通过报警键盘上特定报警按键指示灯的闪烁来实现的。通过工程师的事先组态，当特定报警发生后，会激活报警键盘上对应的按键指示灯，并开始闪烁。运行人员可以按下该按键，确认报警，并打开报警所关联的流程图画面。图 2-267 为报警键盘的示意图。

图 2-267　报警键盘示意图

2.8.3.7　报警键盘报警声音

报警键盘报警声音包括激活报警声音和报警后的消音两方面的内容。

A　激活报警声音

用户可以关联一个过程报警，用来激活代表报警发生的声音（喇叭、蜂鸣器、声效等）。为了实现这样的功能，需要在组态的时候在 Compound 的设备组列表中提供正确的 WP Logic Name 及其他相关的报警组态。

报警键盘提供了四种不同的报警声音：

（1）报警键盘喇叭。

（2）GCIO 控制台喇叭。

（3）工作站喇叭：蜂鸣器；.wav 类型的声音文件。

（4）外部喇叭：通过 CP 并使用 C：B.P 格式驱动的声音设备。

B　报警后的消音

在报警产生并发生报警声效后，可以通过按下报警键盘上的报警按键，或点击 Control HMI 上的 Process 按钮，或按下报警键盘上任意与报警按键相邻的按键，来消除报警声音。部分消音操作不会确认报警信息，仅仅是对报警声效进行消音。

2.8.3.8　在 Framer 中组态报警关联流程图

请参考如下操作来进行组态：

（1）在 WindowMaker 中点击菜单命令 Special –> Framer –> Open，打开 Framer 窗口。

（2）在左侧 Configuration Explorer 导航栏中，展开 Navigation，并选择一个已有方案（见图 2-268）。

（3）在右下角的 Filter 区域，选择 Configured 选项。

此时，已分配至 Navigation 的 Window 列表将出现，如图 2-269 所示。

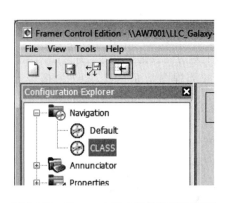

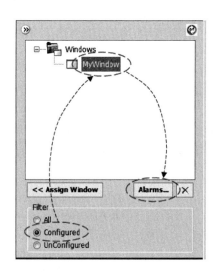

图 2-268　Framer 中组态报警关联流程图　　　图 2-269　Navigation 中的 Window 列表

（4）选择需要关联的 Window 名称。

（5）点击 Alarms... 按钮（见图 2-270）。

（6）点击空白框右边的 ... 按钮。

（7）在随后打开的 Attribute Browser 中，选择需要关联至 Window 的 Block 报警。

例如，TANK1_COMP.LC100。这样一来，当 LC100 模块产生任何报警，均可以关联至指定 Window。

图 2-271 为报警关联结果举例。

图 2-270 选择需要关联至 Window 的 Block 报警

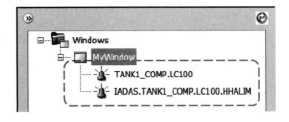

图 2-271 报警关联结果

（8）保存更改。

（9）重启 WindowViewer。

2.9 系统定义

本节将介绍如何通过 Control Editor 来完成 Foxboro Evo 系统的系统定义，包括描述网络结构，向网络中添加其下属设备，定义硬件设备的名称、IP 地址等硬件信息以及如何保存组态好的系统定义。

2.9.1 Evo 系统网络结构简介

在 Foxboro Evo Control Editor 中，系统定义相关事项包括：在 Galaxy Database 中创建系统定义；创建 Commit 软盘（所有版本）/文件夹（仅限 I/A Series v8.8 +）；在使用 Day0 光盘安装系统时，提供 Commit 信息；对系统做 Reconciling（更新系统定义信息）。

创建系统定义时，主要包括创建以下系统组件：

（1）Switches：交换机。

（2）Stations：工作站/CP。

（3）Modules：FBM 卡件。

（4）Peripherals：计算机外设。

（5）Software Packages：软件包。

（6）Mechanisms of assemling the components：系统组件之间的集成关系。

2.9.1.1 控制系统硬件结构

图 2-272 为控制系统硬件结构示意图。

在 Control Editor 中进行这样的系统硬件结构组态需要完全匹配的实际物理连接和各设备的 Letterbug 名称。在各工作站，CP 和 FBM 中均运行有 Control Core Services 相对应的 Software/Firmware。

在 Control Editor 中进行系统定义组态时，还需要满足一些额外的可选特性，比如：CP 与其 Host 之间的关联关系；System Monitor Domain 的相关定义；CP 的基本处理周期。

系统定义可以不在 Galaxy Database 所在的 GR Server 上创建。但是系统定义必须在安装有 Windows XP 或 Windows 7 或 Windows Server 2008 的工作站节点上创建。该工作站应该是作为安装有 Windows Server 2008 的服务器的 Client 站。如果在 Off-line 的 GR Node 上创建系统定义，则在进行 Deploy 操作时，必须保证该 Node 在线。

A 创建系统定义的一般工作流程

创建系统定义的一般工作流程包括：使用 Bulk Data 功能 Import 一个现成的 SysDef Export 文

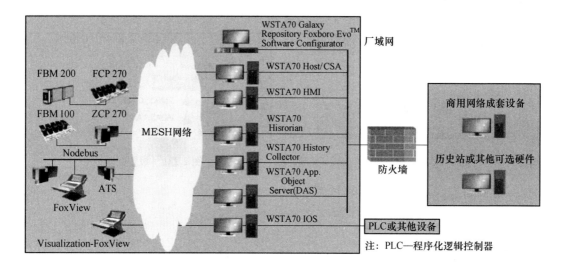

图 2-272　控制系统硬件结构示意图

件；创建 Equipment Unit 分层结构；完成 Bulk Data Generation 操作。

在完成这些操作后，可选择继续执行如下操作：校验系统定义组态；生成 Commit 盘/文件夹，并进行 Control Core Services 系统的安装；或使用 Reconcile 功能，对当前系统更新系统定义信息。

图 2-273 为创建系统定义的一般工作流程示意图。

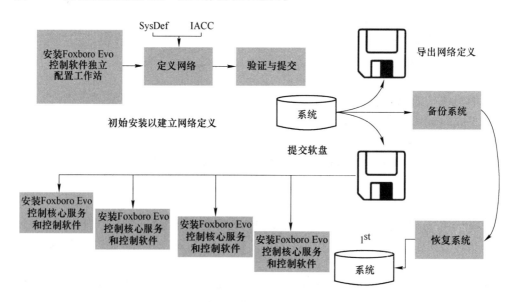

图 2-273　创建系统定义的一般工作流程示意图

B　创建系统定义的标准工作流程

创建一个全新的系统定义可以参考如下操作进行：

(1) 打开 Control Editor (IDE)。

(2) 创建 Equipment Unit 分层结构。

(3) 在 Equipment Unit 下按需创建：Switches（交换机）；Workstations（工作站）；Controllers

（处理器）。

（4）对于创建好的每个 CP，按需添加：Field Communication Modules（FCM 通信卡）；FBMs（I/O 卡件）；Devices（其他外设等设备）。

图 2-274 为系统定义常规硬件汇总示意图。

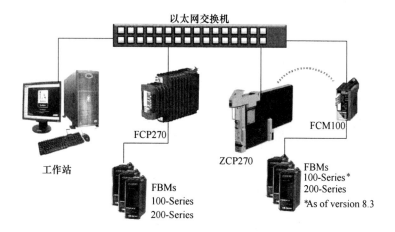

图 2-274　系统定义常规硬件汇总示意图

2.9.1.2　Network Definition

Network Definition 指在 Control Editor 中进行系统定义所运行的软件组件。它是 Control Editor 工具的其中一部分功能，如图 2-275 所示。

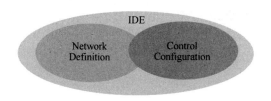

图 2-275　Network 定义

在 Control Editor 中，在 Network 标签页下可以看到现有的硬件组件和进行新硬件的添加等操作行为。在 Network 标签页中，仅显示硬件结构，不会显示 Compound/Block/Strategy 这些对象。Network 标签页中需要添加的硬件对象，可以从 Template Toolbox 中直接找到。

图 2-276 为 Control Editor 中 Network 菜单下的内容。

2.9.2　硬件组态

在 Network 标签页中，可以添加的对象为：Equipment Unit，Switches，Workstations，Controllers，FCMs，FBMs，Devices。（一般来说，FCM 卡件和 FBM 卡件由于可以在 Evo 系统安装完成后再进行添加，在做系统定义时，不强制要求添加项目上所有的 FCM 或 FBM 卡件。）

2.9.2.1　Equipment Units

Network 标签页下，默认只有一个 UnassignedHardware 文件夹。用户可以在 Network 标签页中添加自定义的 Equipment Unit，分组存放系统硬件。Equipment Unit 的功能与文件夹的功能类似，仅用来分组存放系统中的硬件。在项目中，至少需要创建一个 Equipment Unit，也可以根据需要，创建多个 Equipment Unit 以更好的将硬件进行分组（例如，#1 机组、#2 机组各创建一个 Equip-

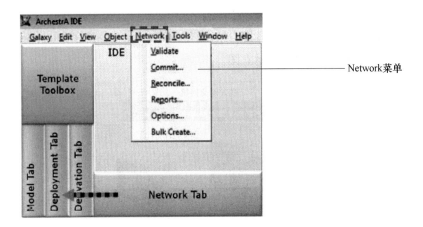

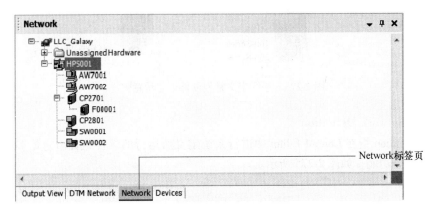

图 2-276　Network 菜单的内容

ment Unit）。

Equipment Unit 下可以创建新的 Equipment Unit，最多可以创建 10 层。命名上也没有严格的要求，只要不用特殊字符或不发生重名就可以了。

A　创建 Equipment Unit

创建 Equipment Unit 有三种方法可以进行：

（1）在 Template Toolbox 中，右击 InFusion Support -> $ Equip_Unit -> New -> Instance（见图 2-277）。

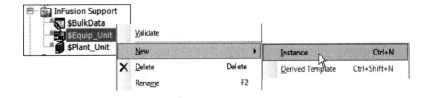

图 2-277　创建 Equipment Unit 方法一

（2）在 Template Toolbox 中，在 InFusion Support 下，直接拖拽 $ Equip_Unit 至目的地（见图 2-278）。

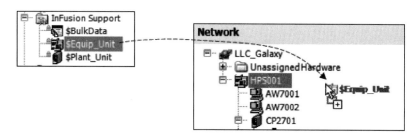

图 2-278　创建 Equipment Unit 方法二

（3）在已创建好的 Equipment Unit 对象上右击鼠标 -> New -> Equip Unit（见图 2-279）。

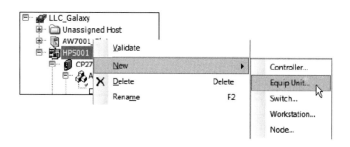

图 2-279　创建 Equipment Unit 方法三

B　重命名 Equipment Unit

右击 Equipment Unit -> Rename，可以进行重命名 Equipment Unit（见图 2-280）。

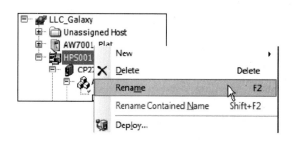

图 2-280　重命名 Equipment Unit

2.9.2.2　Switches

交换机模板的位置在 Template Toolbox -> InFusion Hardware -> InFusion Switches 下，模板的名称为：$ IA_SWITCH。

创建交换机可以使用的方法可以是：

（1）在 Template Toolbox 中右击交换机模板 $ IA_SWITCH -> New -> Instance。

（2）直接拖拽模板 $ IA_SWITCH 至目的地。

（3）在 Network 标签页中，右击 Equipment Unit -> New -> Switch…。

在交换机创建完成后，可以右键 -> Open 或双击打开交换机设置窗格，如图 2-281 所示。

在 Hardware 标签页上，按交换机的配置情况设置：Description（交换机的描述信息）；Vendor（交换机供应商）（默认为 ENTERASYS）；Ports（交换机的端口个数）（默认为 8）；TCPIP（交换机 IP 地址）；RO/RW Community（RO/RW 的字符串信息）；System Monitor（系统管理器的名称）。

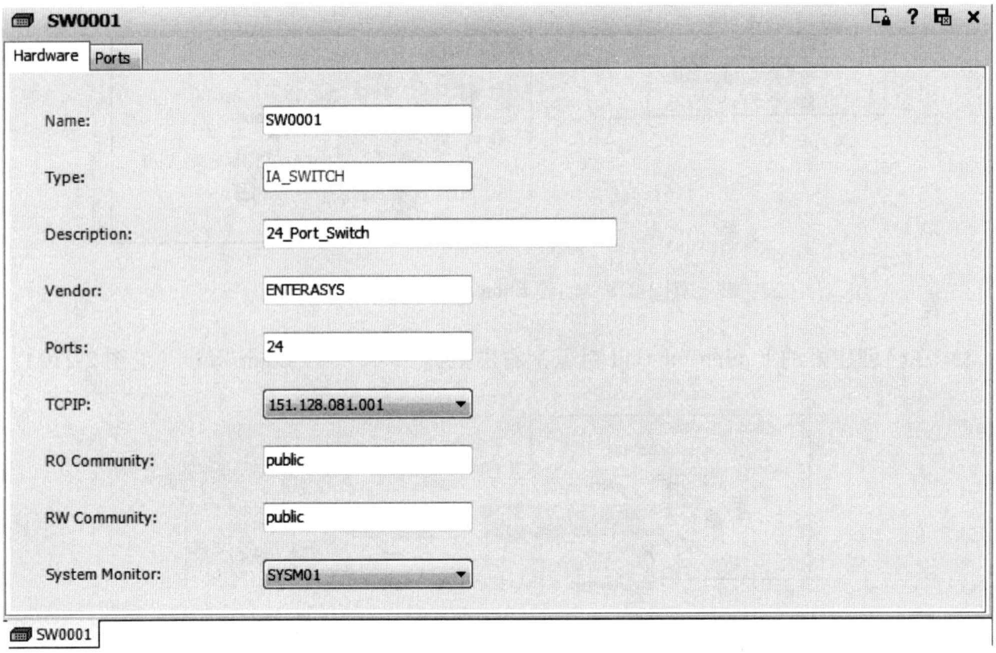

图 2-281　创建交换机使用的方法

接下来切换至 Ports 标签页（见图 2-282）。

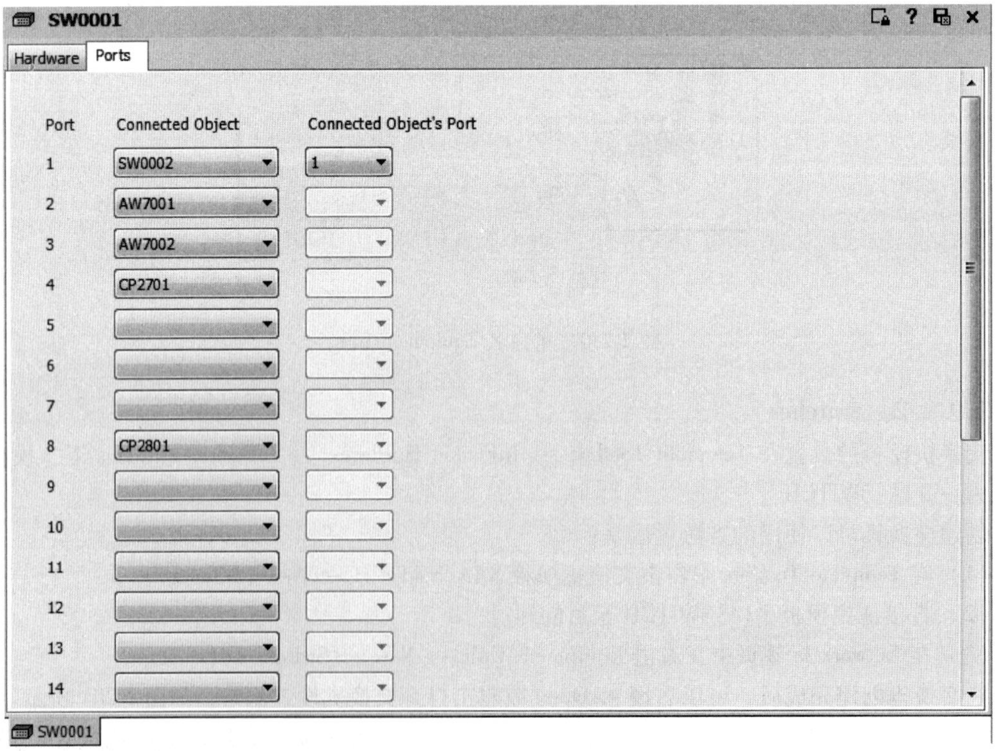

图 2-282　交换机的配置情况设置

在 Ports 标签页中，Connected Object 为交换机某端口所连接的设备；Connected Object's Port 为连接至其他交换机的端口号。

2.9.2.3 Workstations

工作站模板的位置在 Template Toolbox InFusion Hardware InFusion Workstations 下。创建工作站可以使用的方法和创建交换机的方法相似。工作站模板与操作系统间的匹配关系为：$AW51M：Unix 系统工作站；$AW70P：Windows XP 系统工作站；$FSIM：Simic-Esscor 的仿真 CP 工作站；$PRTNET：网络打印机；$WSTA70：Windows 7 系统工作站；$WSVR70：Windows Server 2008 系统工作站。

A Hardware 标签页

Hardware 标签页如图 2-283 所示。在该标签页中，可以修改：（1）Name（Letterbug 名称）；（2）Description（工作站的描述）；（3）TCPIP（工作站的 IP 地址）；（4）FTMAC（工作站的 MAC 地址（一般不要修改））；（5）System Monitor（工作站所属的系统管理器）。

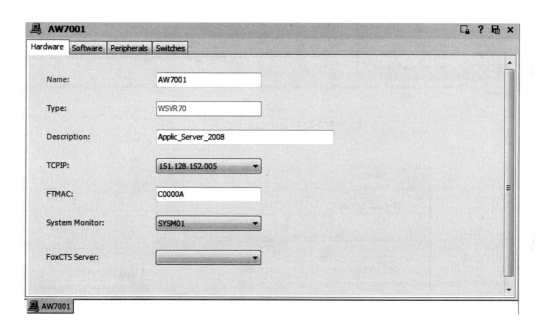

图 2-283 Hardware 标签页

B Software 标签页

Software 标签页如图 2-284 所示。

在 Software 标签页（见图 2-284）下，①处为工作站的必选软件，②处为工作站的可选软件。用鼠标在①或②处选择了某个软件后，可以在③处对所选软件进行详细设置。

当所有必选软件和必要的可选软件选择并设置完成后，在①处选择 OS7PC1 软件包，并在③处切换至 Naming 标签页，为工作站设置 Logical Name（见图 2-285）。

C Ports 标签页

如果 Workstation 类型选择的是 AW70P，则可以查看到 Ports 标签页。在该标签页中，可以设置工作站并行/串行端口，如图 2-286 所示。

对串行（Serial Ports）端口进行设置时，只要依次在 Device/Logical Name/Backup Logical Name/Baud Rate 这几项下拉列表中进行选择即可。

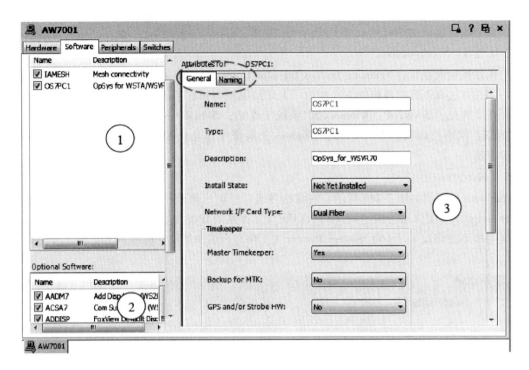

图 2-284 Software 标签页

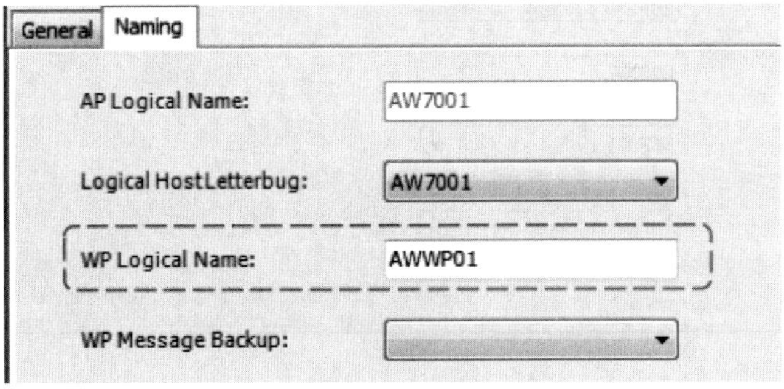

图 2-285 Software 标签页下的设置

对并行（Parallel Ports）端口进行设置时，只要依次在 Device/Logical Name 这两项下拉列表中进行选择即可。

D Peripherals 标签页

Peripherals 标签页可以选择和配置工作站所需的外设。例如，报警键盘（Annunciator），光驱（CDROM），USB 打印机（USBPrinter）等外设（见图 2-287）。

E Switches 标签页

Switches 标签页可以配置工作站与交换机的连接情况，必须按照实际网络中的物理连接情况进行工作站与交换机的连接设置。Switches 标签页如图 2-288 所示。

2.9.2.4 Controllers

处理器模板的位置在 Template Toolbox InFusion Hardware InFusion Controllers 下。处理器的类型有 $FCP270，$FCP280，$ZCP270 三种。一旦创建了一个处理器的 Instance，系统还会自动创

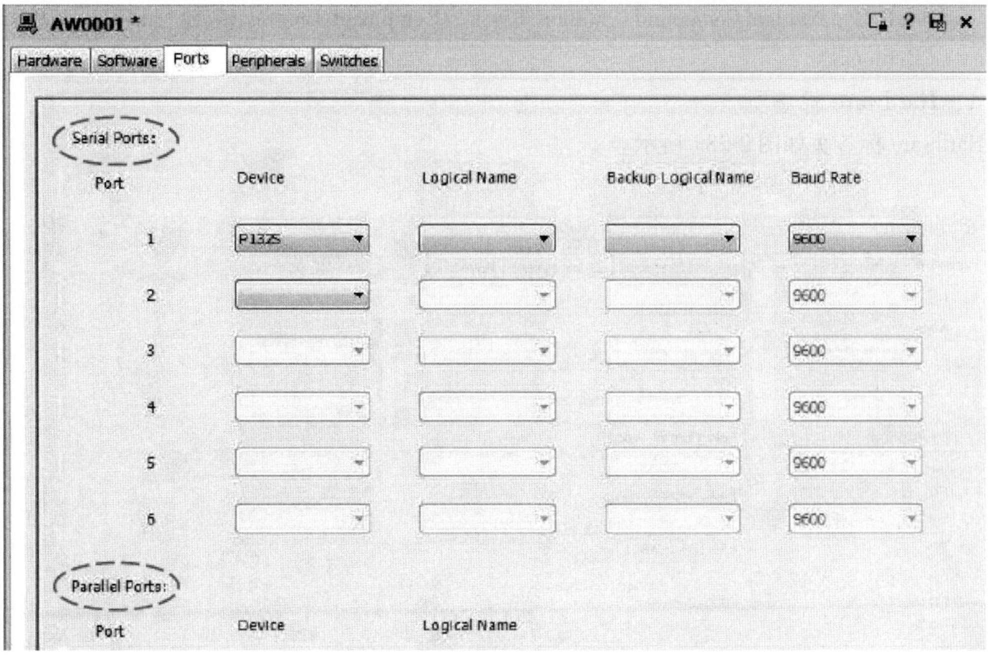

图 2-286　Ports 标签页

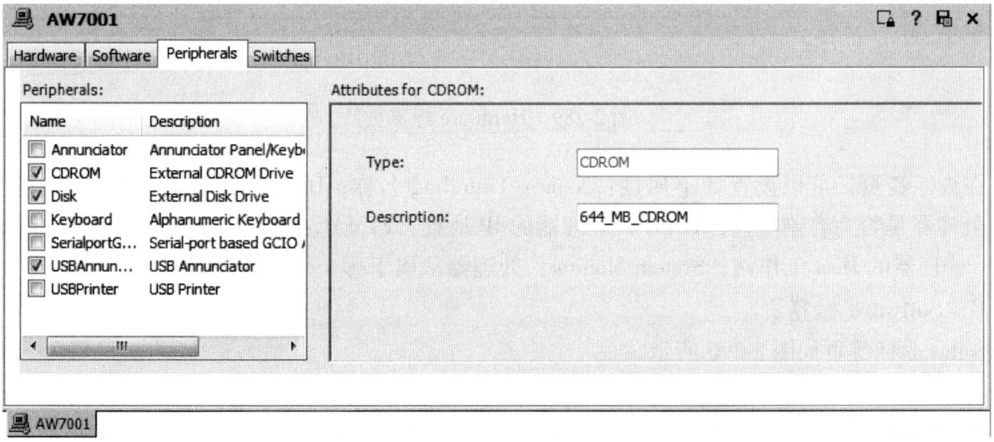

图 2-287　Peripherals 标签页

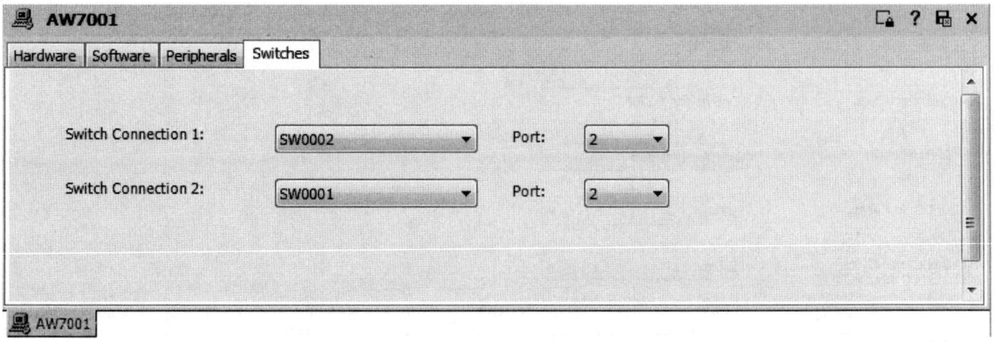

图 2-288　Switches 标签页

建以下附属对象：Station Compound，Station Block，Equipment Control Block（ECB）Compound，Primary ECB Block。

A Hardware 标签页

Hardware 标签页如图 2-289 所示。

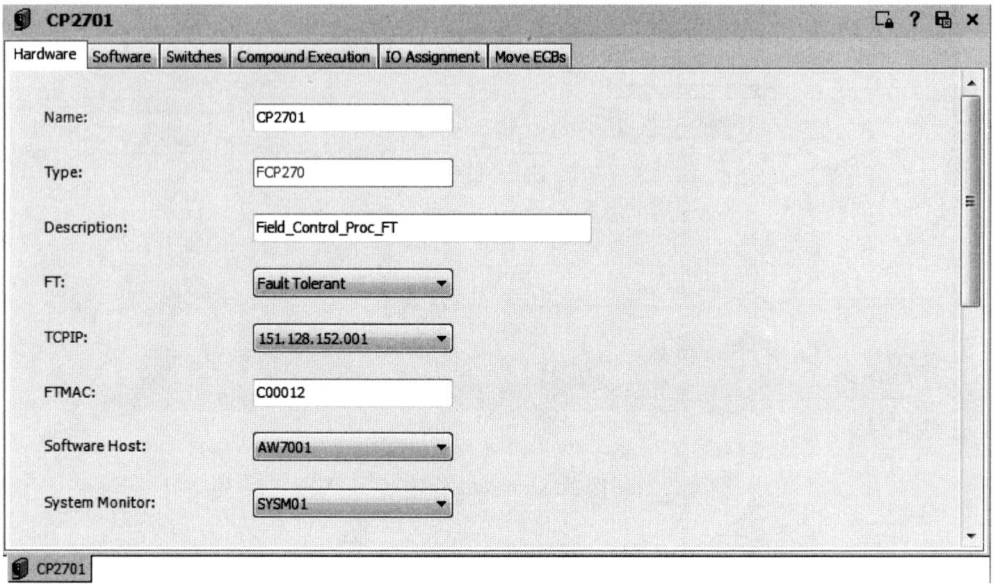

图 2-289 Hardware 标签页

在该标签页，可以设置如下属性：Name：Letterbug 名称；Description：处理器的描述信息；FT：处理器是否为容错配置；TCPIP：处理器的 IP 地址；FTMAC：处理器的 MAC 地址；Software Host：处理器的 Host 工作站；System Monitor：处理器从属于哪个系统管理器。

B Software 标签页

Software 标签页如图 2-290 所示。

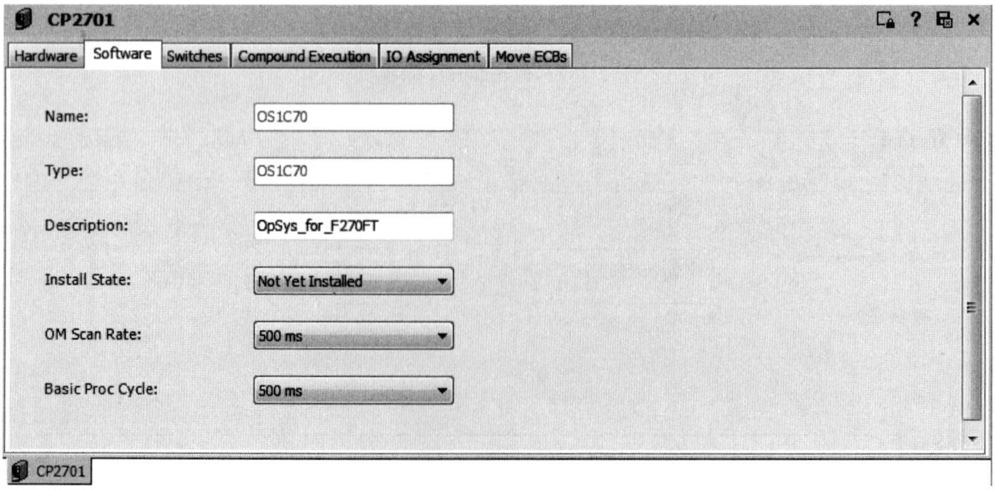

图 2-290 Software 标签页

在该标签页下，可以配置如下属性：Description：处理器的描述信息；Install State：处理器软件的安装状态；OM Scan Rate：OM 扫描速率，默认为 500ms；Basic Proc Cycle：BPC，处理器的基本处理周期，默认为 500ms。

C Switches 标签页

Switches 标签页用来配置处理器与交换机的连接情况，必须与实际物理连接情况一致。

D Compound Execution 标签页

Compound Execution 标签页用来管理处理器中所有 Compound 的执行顺序。点击标签页左上角的 Modify 按钮可以进行修改，修改后需要重新 Deploy 处理器，使新的 Compound 执行顺序生效。

E IO Assignment 标签页

IO Assignment 标签页用来查看和分配 IO 通道。在 FBM 窗格中选择 FBM 卡件，在 Blocks 窗格中选择输入/输出模块，并拖拽至下方 Channels 窗格中的通道列表中，即可进行输入/输出模块的 IO 通道分配。

F Move ECBs 标签页

Move ECBs 标签页用来在 Compound 之间移动 ECB 模块。一般来说不需要使用，因为习惯上会将所有的 ECB 模块都建立和存放在 < CP_Name > _ECB Compound 中。

2.9.2.5 Field Communication Modules

FCM 卡件模板的位置在 Template Toolbox —> InFusion Hardware —> InFusion Modles 下。常用的 FCM 卡件的类型有 $FCM100、$FCM2、$FBI10、$FCM10 或 $DCM10。

创建好的 FCM 卡件，其命名必须符合 Letterbug 命名规范。

A Hardware 标签页

以 FCM100 为例，Hardware 标签页如图 2-291 所示。

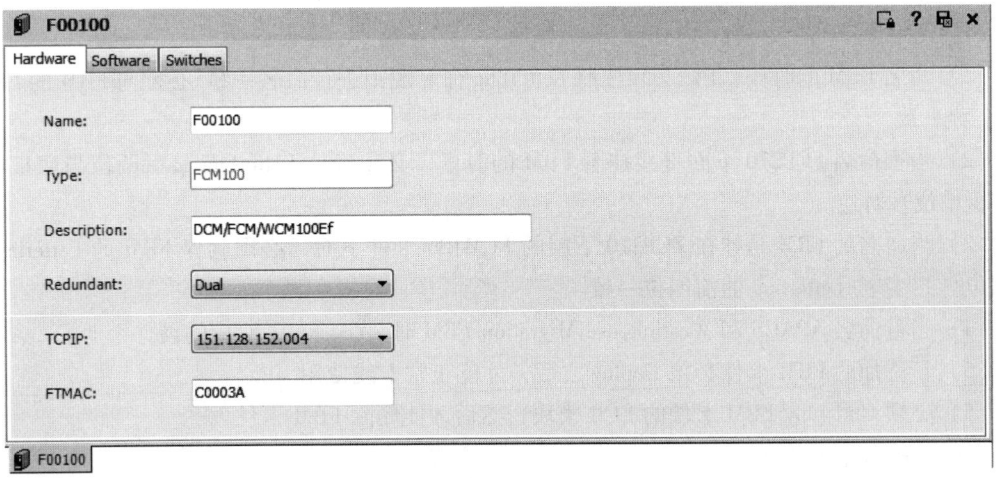

图 2-291 FCM100 Hardware 标签页

在该标签页上，可以设置：Name：Letterbug 名称；Description：卡件的描述信息；Redundant：设置 FCM 是否为冗余模式；TCPIP：设置 FCM 卡件的 IP 地址；FTMAC：设置 FCM 卡件的 MAC 地址。

B Software 标签页

以 FCM100 为例，Software 标签页如图 2-292 所示。

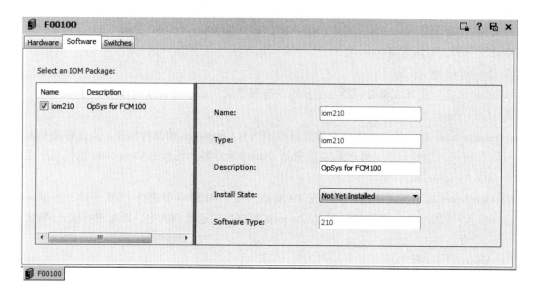

图 2-292　FCM100 Software 标签页

在该标签页下，可以在左侧的 IOM Package 窗格中选择 FCM 配套的运行软件包；在右侧更改卡件的描述信息或安装状态。

C　Switches 标签页

Switches 标签页用来配置 FCM 卡件与交换机的连接情况，必须与实际物理连接情况一致。

2.9.2.6　Fieldbus Modules

FBM 卡件模板的位置在 Template Toolbox -> InFusion Hardware -> InFusion Modles 下。

需要注意以下几个方面：

（1）命名 FBM 的时候：1）必须按照 Letterbug 命名规则进行命名；2）必须与 FBM 的 Letterbug 名称一致。

（2）当重命名 FCP270 下面直接挂着 FBM 的时候，必须确认 Letterbug 最后两位与底板编号和底板槽位号对应。

（3）当命名的 FBM 是挂在 ZCP270 下层的 FCM100 卡件下时，必须确保 FBM 的 Letterbug 的前四位与 FCM 的 Letterbug 的前四位一致。

（4）当重命名 APACS 和 Westinhouse Migration FBM 时，必须参考对应的硬件手册。

（5）新添加的 FBM 卡件必须 Deploy 之后，才能正常上线使用。

（6）必须 Undeploy FBM 卡件的 ECB 模块，然后才能删除 FBM 卡件。

A　Hardware 标签页

在 Hardware 标签页上，仅能更改 Letterbug 名称和卡件的描述信息。

B　Software 标签页

以 FBM201 为例的 Software 标签页如图 2-293 所示。

在 IOM Package 窗格中选择适用的 ECB 类型（iom01），在右侧更改描述信息、安装状态。Software Type 是不可随便更改的，它是根据所选择的 ECB 类型而决定的。

2.9.2.7　Devices

Control Core Services 并不能直接支持一些特殊设备，例如 HART，FF 设备。当使用这些设备

F00002
Hardware
Software
Select an IOM Package:
Name
Description
iom01
AIN
Name:
iom01
Type:
iom01
Description:
AIN
Install State:
Not Yet Installed
Software Type:
1
F00002

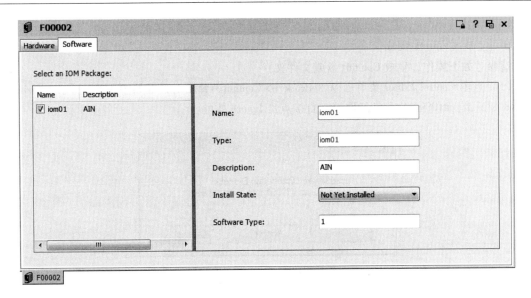

图 2-293 FBM201 Software 标签页

的时候，需要在通讯型 FBM 卡件对应的 ECB 模块下，再添加一个子 ECB 模块，如图 2-294 所示。

CP0001
F21403
CH1 DEV001
CH2
CH3

图 2-294 添加 ECB 模块示意图

Devices 模板的位置在 Template Toolbox -> InFusion Hardware -> InFusion Devices 下。

在设置不同类型的 Devices 的时候，请参考 I/A 原版电子文档光盘中的说明文件进行设置。

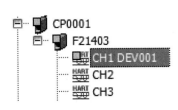

2.9.2.8 系统定义组态简介

在完成系统定义后，即可进行 Control Core Services 系统的安装。在安装系统前，请确保：将系统定义组态进行检查，并修正所有错误信息；生成 Commit 盘或 Commit 文件夹，以便在安装过程中提供系统定义信息。

在 Control Core Services 系统安装完成后，也可以运行 Reconcile 功能，更新系统定义信息。

A 检查系统定义组态

请参考如下操作，在 Control Editor 中检查系统定义组态：

（1）打开 Control Editor。

（2）点击菜单命令 Network -> Validate。

（3）在 Output View 窗格（见图 2-295）中查看检查的结果，并修正所有错误。

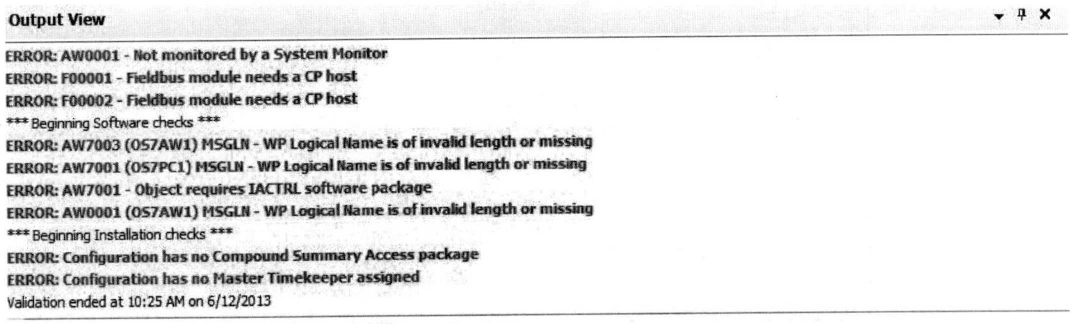

Output View
ERROR: AW0001 - Not monitored by a System Monitor
ERROR: F00001 - Fieldbus module needs a CP host
ERROR: F00002 - Fieldbus module needs a CP host
*** Beginning Software checks ***
ERROR: AW7003 (OS7AW1) MSGLN - WP Logical Name is of invalid length or missing
ERROR: AW7001 (OS7PC1) MSGLN - WP Logical Name is of invalid length or missing
ERROR: AW7001 - Object requires IACTRL software package
ERROR: AW0001 (OS7AW1) MSGLN - WP Logical Name is of invalid length or missing
*** Beginning Installation checks ***
ERROR: Configuration has no Compound Summary Access package
ERROR: Configuration has no Master Timekeeper assigned
Validation ended at 10:25 AM on 6/12/2013

图 2-295 检查系统定义组态过程

（4）再次 Validate，直至没有错误。

B　生成 Commit 盘或文件夹

请参考如下操作，生成 Commit 盘或文件夹：

（1）点击 Control Editor 菜单命令 Network -> Commit，弹出对话框如图 2-296 所示。（I/A Series v8.8 开始，#10091 软盘已经取消，直接点击 Ignore 即可。）

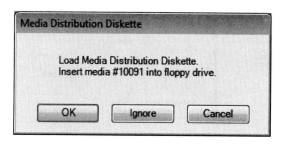

图 2-296　生成 Commit 盘或文件夹

（2）点击 Ignore 按钮，取消#10091 软盘。

（3）选择存放 Commit 文件的文件夹路径。

（4）点击"Select Folder"按钮，完成 Commit 文件的生成。

（5）在随后弹出的 Commit 对话框中，点击 No，取消再次生成 Commit 文件。

C　执行 Reconcile 操作

Reconcile 的目的是更新系统的 Commit 信息，请按提示进行：在 IDE 菜单中，点击 Network -> Reconcile；按照提示完成后续操作。

2.9.2.9　Network Options

可以在 Network Options 对话框中对整个 Galaxy 的硬件进行一些统一设定：在 IDE 菜单中，点击 Network Options；在 Options 标签页和 Install Status 标签页，更改相关设定。

A　Options 标签页

Options 标签页如图 2-297 所示。在该标签页中，更改 IP Octet1/2 的值，可以更改所有 Galaxy 中硬件设备 IP 地址的前面两段，默认值为 151.128.x.x。同时，默认系统时间格式为 UTC 格式，也可以更改为 IATIME。

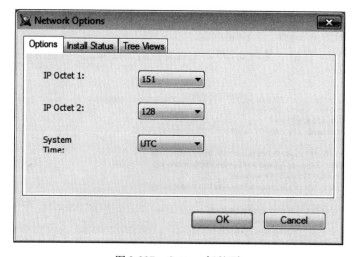

图 2-297　Options 标签页

B Install Status 标签页

Install Status 标签页如图 2-298 所示。在该标签页中，在 Station Name 处选择某个硬件或 < Update All > 在 Install State 处，选择硬件相关状态，然后点击 OK 按钮，即可进行硬件相关状态的更新。

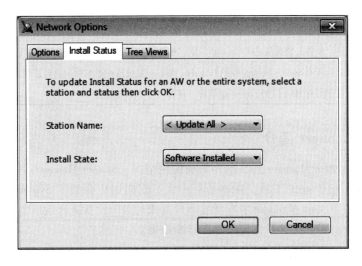

图 2-298 Install Status 标签页

2.9.3 生成硬件信息报告

Control Editor 提供了一部分硬件信息的报告。这些报告可以在 Network-Report 菜单命令下进行访问和查看。

硬件信息报告涉及的信息为：Hardware Summary（硬件信息汇总）（见图 2-299），Hardware Detail（硬件详细信息），Peripheral Detail（外设详细信息），Software Summary（软件信息汇总），Software Detail（软件详细信息），System Monitor Detail（系统管理器详细信息），Software Host Detail（软件 Host 详细信息）。

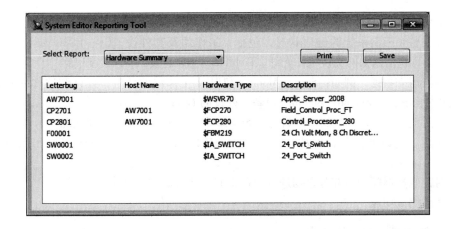

图 2-299 Network-Report 菜单

表 2-61 描述了各项报告所包含的信息情况。

表 2-61　各项报告所包含的信息情况

报 告 名 称	描　　述
Hardware Summary	显示 Network 中已组态的硬件 Letterbug 名称、Host 工作站、硬件类型以及描述信息
Hardware Detail	显示硬件的详细信息，包括 Letterbug 名称、硬件类型、交换机组态、TCP/IP 地址等详细信息
Software Summary	显示软件安装设备的 Letterbug 名称、软件包名称、描述、安装状态等汇总信息
Peripheral Detail	显示外设所属设备的 Letterbug 名称、外设类型、描述、连接类型等外设汇总信息
Software Detail	显示软件安装设备的 Letterbug 名称、软件包名称、参数名称、参数值等详细信息
System Monitor Detail	显示所有 Station 级别设备的 Letterbug 名称、系统监视器名称、设备逻辑名等详细信息
Software Host Detail	显示所有 Host 站的 Letterbug 名称、硬件类型等详细信息

2.10　System Manager 简介

本小节介绍了 System Manager 的基本界面和使用情况。System Manager 是用来监视整个系统的健康状况和系统运行性能的工具。在本小节中，不仅向用户介绍了 System Manager 的基本界面，也介绍了如何在 System Manager 中发现故障设备或对当前设备进行重启等操作。System Manager 提供了整个系统的静态统计数据以及动态诊断数据。

2.10.1　System Manager 概述

System Manager（又被称为系统管理器）软件包含两个组件：

（1）System Manager Service 包含：System Monitor；Station Manager 软件（每台 Workstation）；Software Manager 软件（每台 Workstation）；Server Manager 软件（仅安装在 Microsoft Windows Server 系统上）；Network Monitorning 工具。

（2）System Manager Client：提供用户操作界面。

System Manager 软件是 SMDH 软件的升级换代产品。当 System Manager Service 安装在一台独立的 Wrokstation 上时，System Manager Client 可以和 SMDH 同时在一台 Workstation 上运行。System Manager Service 和 SMDH 不能同时在一台 Workstation 上运行。

2.10.2　System Manager 的角色

System Manager 可以：

（1）监视整个控制系统的健康状况，包括：工作站及其外设，CP、FBMs 和 Field Devices；网络通信设备，包括以太网交换机、光纤、Fieldbus（PIO 总线）、ATS、LI 等。

（2）查看组态数据，例如：System Monitor 和 Host 工作站的位置；硬件和软件的状态信息、运行模式和故障模式；Station，Fieldbus 设备，外设的 Error。

（3）通过监视 Counters 数据，分析每个 Station 和 Fieldbus 设备的性能状况。

（4）执行设备改变操作，例如：Checkpoint；Reboot；Update EEPROM/System Software Images。

（5）对控制数据库中的部分数据进行 Download 或 Upload。

（6）在线测试功能。

2.10.3　System Manager 的结构

System Manager 的结构是 Client-Server 结构，如图 2-300 所示。

该结构由以下组件组成：System Monitor；Station Manager；Application Workstation（AW）Station Manager; Control Processor (CP) Station Manager; Software Manager; Server Manager; Network Monitoring Facilities。

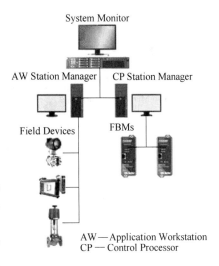

图 2-300   Client-Server 结构

2.10.3.1   System Monitor

System Monitor 是控制网络中工作站上运行的 Service, 监控其 Domian 中各 Station 的健康状况。该 Service 是 Control Core Services 系统中的标准组件。

Domain 的规划和组态, 是在进行系统定义时完成的。当配置整个 Domian 时, 需要在各工作站上启用 System Monitor, 然后将 Workstations、CPs、Switches 分配给 Domain。

System Monitor 提供了: 从各 Station 中提取的状态信息; 维持各设备的健康状况和性能状况的准确信息; 将监控到的故障信息传递给网络中各个设备; 显示故障信息, 以及响应运行人员对 System Manager 中各级设备的操作行为。

2.10.3.2   Station Manager

System Monitor 控制了两种 Station Manager: AW 和 CP。Staion Manager 的功能包括: 与 System Monitor 软件通信; 维持数据库, 保证状态改变请求的进行; 重启 CP; 在线诊断; 更新软件 Image Information; 切换通信总线。(一个系统中最多 30 个 System Monitors; 每个可以监视 64 个 Stations。Control Core Services 支持每个 Domain 最多 128 个 Stations。)

2.10.3.3   Software Manager

Software Manager 子系统安装在每台 Workstation 中, 并执行以下功能: 下装 Station Images, 控制数据库以及 FBM 软件; 执行软件的 Image Update; 在特定条件下上传 Station Image 文件; 控制数据库的 Checkpoint。

2.10.3.4   Server Manager

Server Manager 必须安装在 Windows Server 2003/2008 操作系统上, 并执行如下功能: 监视 Windows Server 操作系统中 Hewlett-Packard 或 Dell 的重要组件; 通过 Simple Network Management Protocol (SNMP) 获取这些组件的状态。

2.10.3.5   Network Monitoring Facilities

Network Monitoring Facilities 指网络监控设备, 监控网络中的各种硬件设备。例如以太网电缆, Fieldbus 电缆, 交换机, CP 等系统内硬件。

图 2-301 为一个简单的 System Manager 配置。在该配置方案中, System Manager Server 从所有 System Monitor 中采集信息。

2.10.3.6   Cross Monitoring

Cross Monitoring 指交叉监控。为了防止 Station Manager 传递错误的数据给 System Monitor, System Manager 支持交叉监控模式。这种模式可以有效的防止错误信息的产生。

采用交叉监控时, 工程师需要实时设置 Station Manager 来检测和报告其他工作站和设备的状态信息。这种获取信息的方式, 可以形成容错检测系统, 提供了更精确可靠的设备状态信息, 以便运行人员更好的进行决策。图 2-302 为交叉监控的示意图。

2.10.4   System Manager 的关键功能

System Manager 提供了许多功能, 包括设备管理、报警组态等。其中, 一个重要的特性就是

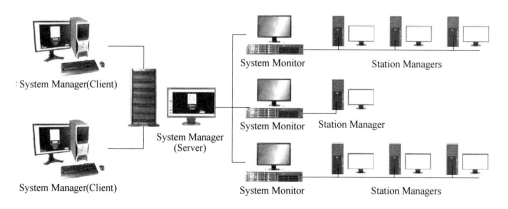

图 2-301　简单的 System Manager 配置

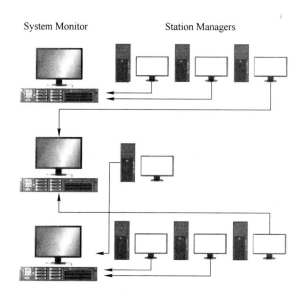

图 2-302　交叉监控示意图

System Manager 允许用户直观的使用这些功能。

2.10.4.1　Manage Devices

System Manager 通过显示以下信息来帮助用户管理系统设备：

（1）Equipment Health：设备健康状况。

（2）Station Configuration Information：Station 设备的组态信息。

（3）Performace Counters Values：性能统计计数值。

2.10.4.2　Configure Alarms

System Manager 帮助组态设备报警，如下所示：

（1）View Alarms：查看发生故障的设备的报警信息。

（2）Acknowledge and Inhibit Alarms：确认设备报警和屏蔽设备报警。

（3）Report Alarms to Printer and Log：发送设备报警信息至打印机和系统日志。

2.10.4.3　Access Stations

System Manager 可以让操作人员运行以下测试，以检测和修正设备上发生的问题：

（1）Online Cable Test（LAN & Nodbus）for Stations：Station 的在线电缆测试。

（2）Offline Stations Diagnostic Test：Station 的离线诊断。

2.10.4.4　Change the Status of Operational Equipment

System Manager 可以让操作人员改变设备状态，包括：

（1）Reboot the Station：对 CP 进行重启。

（2）Changing the Active Fieldbus：切换 Fieldbus 总线。

（3）Updating EEPROMs in the Station：更新 Station 的 EEPROM。

（4）Running Diagnostics（Online and Offline）：运行在线/离线诊断。

（5）Setting the System Date and Time：设置系统日期和时间。

2.10.4.5　Perform Administrative Tasks

System Manager 可执行如下管理任务：打印和保存显示数据；在不使用 GPS 时，设置系统时间；访问 On-demand 帮助功能。

2.10.5　使用 System Manager

请参考如下操作，来打开 System Manager：

（1）点击 Start –> All Programs –> Invensys –> System Manager –> System Manager Client 打开。

（2）在 Control HMI 窗口中间上方，点击 SysManager 按钮（见图 2-303）。

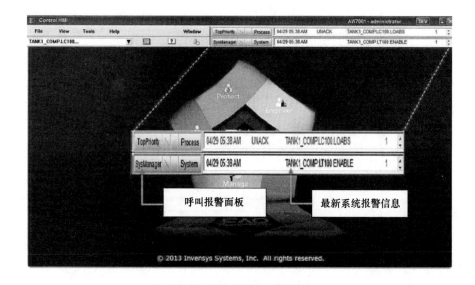

图 2-303　打开 System Manager

2.10.5.1　首次运行 System Manager 时的配置

当第一次打开 System Manager Client 窗口时，系统将自动弹出 Configuration 对话框（见图 2-304），并要求选择 System Manager Server 进行连接。在该对话框中，可以：查看所有 System Manager Server 的连接详情；连接至指定 System Manager Server；为 Equipment 操作行为授权开启确认信息和操作原因功能；启用/禁止系统报警闪烁功能。

2.10.5.2　System Manager 的界面

System Manager 的界面如图 2-305 所示。

表 2-62 描述了 System Manager 界面中各窗格的作用。

连接Server：
1.选择Server名称；
2.点击OK，连接至Server

图 2-304   Configuration 对话框

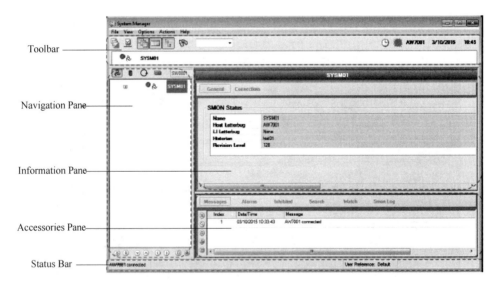

图 2-305   System Manager 界面

表 2-62   System Manager 界面中各窗格的作用

窗　　　格	描　　　述
Toolbar	显示了 System Manager 的工具栏工具按钮
Navigation Pane	提供了 Station 的分层显示构架，及其健康状况。 允许用户选择设备，并可以查看其下属设备以及进行相关设备操作
Information Pane	显示所选择设备的详细信息及性能统计计数（Performance Counter）
Accessories Pane	显示信息和报警，并根据需求定制 Counters 观察列表
Status Bar	识别已连接的 System Manager Service

Navigation Pane

Navigation Pane 是用来查看硬件分层从属结构的导航栏，如图 2-306 所示。

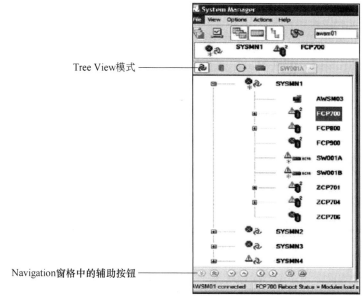

图 2-306 Navigation Pane

Navigation Pane 窗格有两种显示模式（见图 2-307），分别为：（1）System Monitor View 模式：点击 Smon 按钮可以激活；（2）Switch Network View 模式：点击 Switch 按钮可以激活。

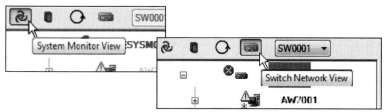

图 2-307 Navigation Pane 窗格的两种显示模式

在 Navigation Pane 窗格中，有如图 2-308 所示的几种方法可以查看设备相关信息。

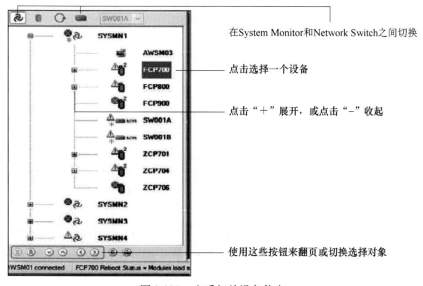

图 2-308 查看相关设备信息

Module Status Close-Up

Module Status Close-Up 指模件状态指示图标的特写，如图 2-309 所示。

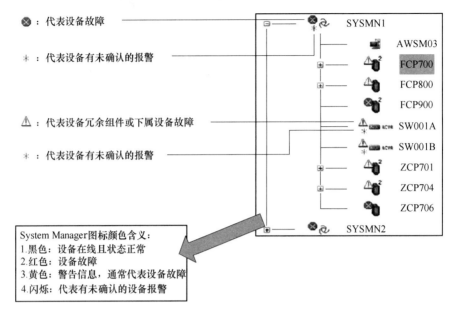

图 2-309　模件状态指示图标的特写

2.10.5.3　System Manager Legend

System Manager 菜单命令 Help Legend，为用户提供了软件中各图标的说明。表 2-63 描述了系统中的组件图标。

表 2-63　系统中的组件图标

组件图标	描　　述	组件图标	描　　述
SMON	系统管理器	Switch	以太网交换机
AW	AW，一般指工程师站	Switch Port	以太网交换机端口
CP/ATS	CP/ATS	Primary ECB	FBM0-CP 上的 Fieldbus 端口
FTCP/ATS	容错 CP/ATS	FCM	FCM 通信模件
LI	Carrierband LAN 网络	FBM	FBM 模件
FTLI	容错 Carrierband LAN 网络	Device	智能设备
WP	WP，一般指操作员站	Peripheral/Network Printer	AW 外设（例如，打印机等设备）

表 2-64 则描述了各组件的状态图标。

表 2-64 各组件的状态图标

组件图标	描 述	组件图标	描 述
Warming	警告	Cable A Failed	A 总线故障
Failed	故障	Cable B Failed	B 总线故障
Unknown	状态未知（Refresh 操作可查看状态）	Cable AB Failed	A/B 总线故障
Off Line/Not Ready	模件离线/未准备就绪	Receiver A Failed	A 总线接收故障
Unacknowledged	报警未确认	Receiver B Failed	B 总线接收故障
Unacknowledged	报警未确认	RCVR Receiver Failure	Switch 域中有 Receiver A 或 B 故障
Alarm Inhibited	报警被屏蔽	Transmitter A Failed	A 总线发送故障
BusA Bus A Enabled	A 总线运行	Transmitter B Failed	B 总线发送故障
BusB Bus B Enabled	B 总线运行	Transmitter B Failed	B 总线发送故障
AUTO Bus Auto Select	A/B 总线自动切换	Drop Cable A for LI	LAN 侧主模件 ReceiverA 故障（Drop Cable A 失败）
InA Cable A Inhibited	A 总线报警被屏蔽	Drop Cable B for LI	LAN 侧主模件 ReceiverB 故障（Drop Cable B 失败）
InB Cable B Inhibited	B 总线报警被屏蔽	LI/CP TxRx A Inhibited	A 总线 Receiver/Transmitter 报警被屏蔽
InAB Cable AB Inhibited	A/B 总线报警被屏蔽	LI/CP TxRx B Inhibited	B 总线 Receiver/Transmitter 报警被屏蔽
Communication Fault	Station 或 FCM 层的通信故障	NB/TB Cable A Inhibited	A 总线报警被屏蔽
Cable Fault A	A 总线通信故障	NB/TB Cable B Inhibited	B 总线报警被屏蔽
Cable Fault B	B 总线通信故障	NB/TB Cable B Inhibited	B 总线报警被屏蔽

2.10.5.4 Action 菜单

System Manager 窗口的 Action 菜单支持：设备改变操作；确认 Smon Domain 和电缆报警；设置日期和时间；更改 DST 设置；下装 FOUNDATION 现场总线文件。

当如下状况发生时，Action 将无法进行：Station Report Enabled：当 Station Report 开启后，Action 变为 Disable All Reports；Station Off-line：当 Station 离线后，Action 变为 Go On-Line。

在 Navigation Pane 中选择了系统组件之后，可以使用 Action 菜单命令对其进行操作：（1）选择操作对象（例如，CP2701）；（2）点击 Action 菜单；（3）在 Action 菜单下拉列表中选择所需要执行的命令。

在选择了不同类型的硬件对象后，Action 菜单会有不同。当发生如下描述的状况时，Action 菜单将无法使用：选择了错误类型的模件。例如，AW70 无法支持 EEPROM Update 操作；模件当前状态不支持。例如，如果设备报警被 Disable，则只能看到 Enable Alarm。图 2-310 展示了如何访问 Action 菜单。

Action 菜单的适应性：根据选择对象类型不同，Action 菜单中相关命令的操作结果也会有所

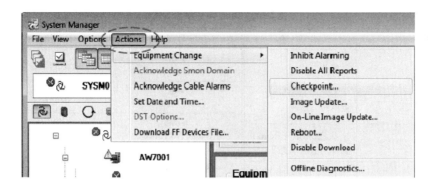

图 2-310　访问 Action 菜单过程

变化。图 2-311 展示了在选择不同对象时，弹出的 Equipment Change 子菜单的不同结果。

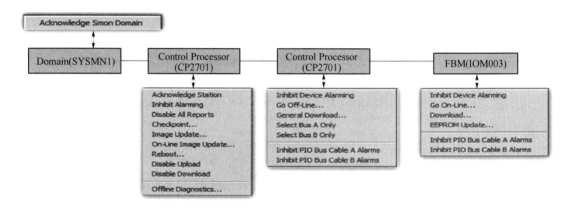

图 2-311　Action 菜单

CP 重启操作：CP 重启操作如图 2-312 所示。

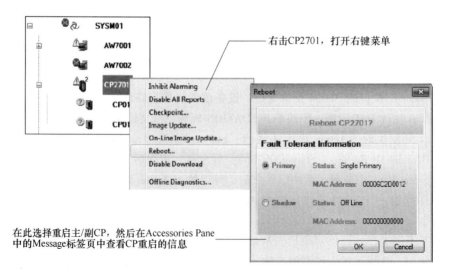

图 2-312　CP 重启操作

FBM 上线操作：FBM 上线操作如图 3-313 所示。

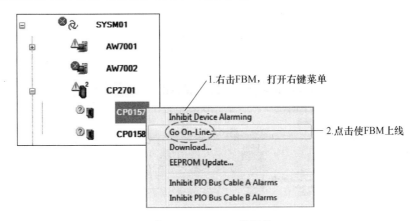

图 2-313　FBM 上线操作

2.10.5.5　设置日期和时间

设置系统时间和日期时，请参考如下因素：网络中的一台 AW 为 Master Timekeeper（MTK）；GPS 可以直接提供时间同步功能；系统内部许多时间值采用的是格林威治时间（GMT）；从计算机上进行日期和时间的更改；部分系统通过 GPS 进行时间同步，因此不需要手动设定系统时间和日期。请参考如图 2-314 所示的操作来手动进行系统时间和日期的设定。

图 2-314　设置日期和时间的操作方法

2.10.5.6　Information Pane

在 Navigation Pane 中选择完对象之后，Information Pane 就会显示所选择对象的信息，如图 2-315 所示。

Information Pane 有如下几个标签页，可以分别点击并查看设备相关信息：（1）General：显示设备状态、组态信息、性能和诊断信息等；（2）Connections：显示与本设备相连的下属设备；（3）Ports：显示交换机的端口（仅交换机设备有效）；（4）Counters：显示网络的（分类）计数统计结果。

A　General 标签页

General 标签页显示设备状态、组态信息、性能和诊断数据，如图 2-316 所示。

在 Equipment Status 区域中所列的设备状态如果发生了改变，该设备状态的字体颜色将变为绿色，如图 2-317 所示。当 System Monitor 再次接收到新的数据后，该设备字体状态将返回黑色。

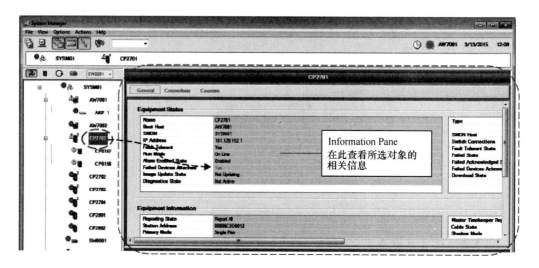

图 2-315　Information Pane

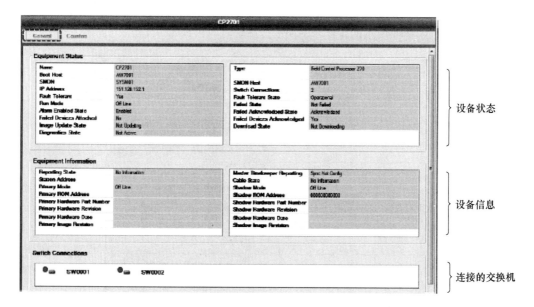

图 2-316　General 标签页

图 2-317　Equipment Status 区域中所列设备状态

这个通信过程可能会延迟 2~5min。

在图 2-318 中, 在 Failed Acknowledged State 右边方框中, Acknowledged 为绿色, 表示在发生确认报警操作后, 该单元格字体变化为绿色。如果此时运行人员将 Alarm Enabled State 由 Inhibited 更改为 Enabled, 则 Enabled 字样将变为绿色, 而之前的 Acknowledged 字体则由绿色变为黑色。根据设备的当前状态, 图中状态栏中的字体颜色可能为黑色, 也可能为绿色, 并持续保持绿色几分钟, 甚至一直保持下去, 直至 System Monitor 接收到新的系统信息。

然而, 如果是在 Equipment Information 窗格中, 系统在 15s 内没有检测到状态栏发生新变化, 则会自动将绿色字体的信息更改为黑色字体信息, 如图 2-318 所示。

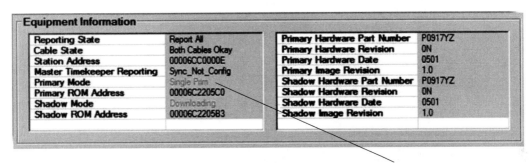

图 2-318 Equipment Information 窗格字体信息

最下方的 Switch Connections 窗格则显示了当前设备所连接的交换机名称, 如图 2-319 所示。

图 2-319 Switch Connections 窗格显示当前设备所连接的交换机名称

B Connections 标签页

Connections 标签页会将设备的从属结构显示出来, 如图 2-320 所示。

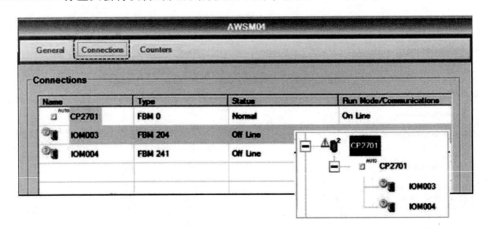

图 2-320 Connections 标签页

选择不同类型的设备的时候，其 Information Pane 可以使用的标签页也会有变化，如图 2-321 所示。

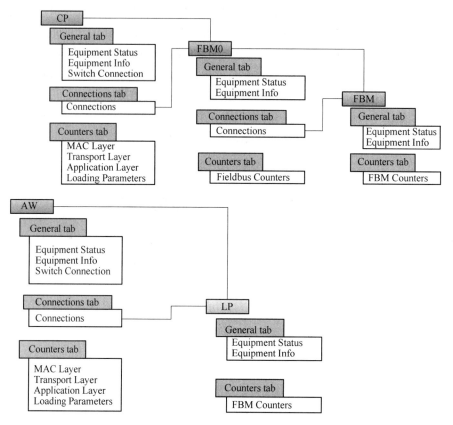

图 2-321　Information Pane 使用的标签页

C　Counters 标签页

Counters 标签页显示当前所选设备的网络分类计数的统计结果。这些计数数据可以更好的了解 Station 与网络上发生的数据交换情况。

在 Counters 标签页下，共有五个不同层面的计数统计：MAC Sublayer；Network Layer（仅对 LI 和 ATS 有效）；Transport Layer；Application Layer；Loading Parameters。图 2-322 为 Counters 标

Counter	Current Value	Previous Value	Maximum	Minimum
Bad Ethernet Packets	0		0	0
Ethernet Miscompare	74		74	74
Ethernet Port Switchovers	0		0	0
Hot Remarry Count	0		0	0
Maximum NetBuffers Used	87		87	87
PIO Miscompare	0		0	0
PIO Timeouts	0		0	0
Primary Corrected Memory Error	0		0	0
Probe Packet Failures	1		1	1
Shadow Corrected Memory Error	0		0	0
Total Received Packets	24499		24499	24499
Total Transmitted Packets	14077		14077	14077

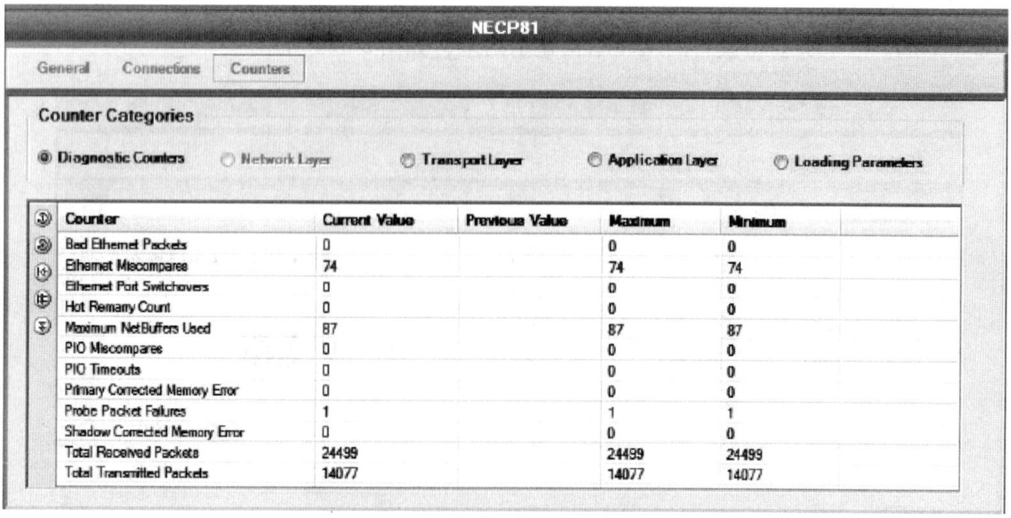

图 2-322　Counters 标签页示意图

签页的示意图。

2.10.5.7 工具栏上的按钮

图 2-323 显示了 System Monitor 工具栏上的按钮。

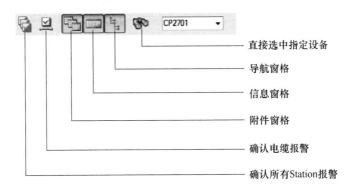

图 2-323　System Monitor-工具栏上的按钮

2.10.5.8　Hierarchy 区域

Hierarchy 区域显示了 Station 设备的分层结构。只要在 Nagivation Pane 中选择某设备，其分层结构就会在 Hierarchy 区域中显示，如图 2-324 所示。

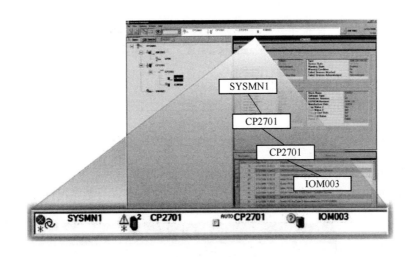

图 2-324　Hierarchy 区域

2.10.5.9　Accessories Pane

Accessories Pane 用来显示系统日志和其他系统管理器相关信息，如图 2-325 所示。

在 Accessories Pane 中，也有许多可以切换的标签页，如下所述：

（1）Messages：显示模件状态改变信息，并使用 Save 按钮保存信息文件（见图 2-326）。（其他几个标签页也有 Save 功能。）

（2）Alarms：显示模件报警信息。

（3）Inhibited：显示网络上所有设备的报警屏蔽信息。

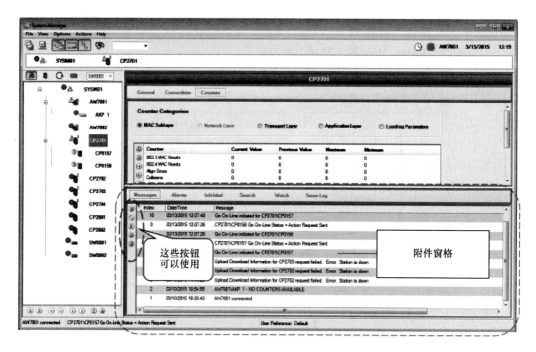

图 2-325　Accessories Pane

图 2-326　Accessories Pane 中可切换的标签页

（4）Search：可以用来查找网络上的具体设备。

（5）Watch：可以用来观察在 Counters 列表中被选中的 Counter 计数情况（见图 2-327）。

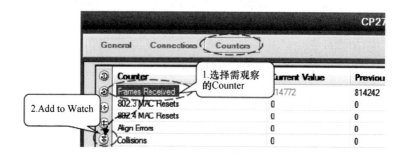

图 2-327　Save 功能

（6）Smon Log：显示系统管理日志。

请在 Host 计算机如下路径建立文件，方可启用系统日志：D：\opt\fox\sysmgm\sysmon\smon_

log。

　　如果没有该文件，也可以在 Smon Log 标签页进行手动创建，如图 2-328 所示。

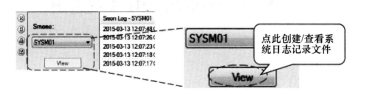

图 2-328　系统管理日志

3 Evo Historian 数据库

3.1 Evo Historian 简介

本节将详细介绍 Evo 的历史库软件，包括 Evo 历史库的一些重要特点、结构和系统要求。Evo 系统的历史库内有植入的 Microsoft® SQL Server™，通过 Wonderware DAS Servers 和 I/O Servers 获取工厂数据，然后压缩并存储数据，并通过 SQL 数据请求进行浏览。Evo 历史库也拥有事件信息、Summary、Security、Backup 以及配置和系统监视信息等功能。

3.1.1 过程数据和关系数据库

Miscrosoft SQL Server 是一个关系数据库管理系统（Relational Database Management System, RDBMS），信息存储在多张相关联的数据表格中。存储和访问这些数据表中的数据，比访问独立数据表更快速。

SQL 是一个工业领域的程序语言，用来在数据库中访问数据。

3.1.1.1 常规 RDBMS 的局限性

RDBMS 系统也有自己的缺陷。一个典型的关系数据库并不适合用来存储工厂过程数据，这是因为其不能处理大量的过程数据，不能处理快速存储速率的工厂过程数据，SQL 不能很有效地处理时间序列数据。

工业过程数据通常数据点很多，而且变化的速率很快很频繁。几个月的工厂过程数据便有可能需要在关系数据库系统中生成几百个千兆字节（GB）的数据容量。

3.1.1.2 Evo Historian

Evo Historian 是一个 Real-time 的关系数据库，同时也是 Microsoft SQL Server 的扩展，增加了数据获取的速度，相应的降低存储量，并增加了使用 SQL 语言获取时间序列数据的扩展功能。

A 高速数据采集

Wonderware I/O Server 最多支持超过 500 个控制和数据采集设备。

Evo Historian 被设计用来以最佳方案采集和存储模拟/离散型过程数据，它在相近的硬件条件下，比其他所有常规 RDBMS 更出色，并使得在关系数据库中进行高速数据存储得以实现。Evo Historian 比常规 RDBMS 的数据采集和存储速度快 100 倍。

所有 Wonderware I/O Servers 均支持 SuiteLink 协议。SuiteLink 支持在 I/O Server 上加上时间和数据点质量标签，并进一步改进了数据采集的速率。

B 更低的数据存储量

Evo Historian 的数据存储所占用的空间仅占常规 RDBMS 的一小部分。当然这还是与工厂的过程采样点个数和采样频率有关。但与 RDBMS 比较而言，Evo Historian 大大降低了硬盘空间的占有量。

Evo Historian 数据采用的压缩算法是一种"Loss-less"算法，确保了压缩数据的高分辨率和高质量。

3.1.1.3 SQL 的时域扩展

SQL 语言并不支持时间序列数据，尤其是无法控制返回数据的分辨率。分辨率指一段时间内均匀间隔的数据采样。

Microsoft SQL Server 有其特有的 SQL 附件，名为 Transact-SQL。Evo Historian 通过它来控制分辨率并提供时间相关的基本功能。

3.1.1.4 与 MS SQL Server 结合

工厂中的过程数据总是有相近的特性和参数。在工厂运行过程中，采样点总会出现增加和删除的情况以及描述被更改，工程单位变化等。Microsoft SQL Server 数据库，又被称为"Runtime Database"数据库，被用来存储这些工厂过程数据及其相关信息。

这个 Runtime-database 是 SQL Server 的 On-line database。为了了解如何获取历史数据，首先应了解 Evo Historian 如何与 Microsoft SQL Server 接口以及数据在它们之间如何传递。图 3-1 展示了两者之间的关系。

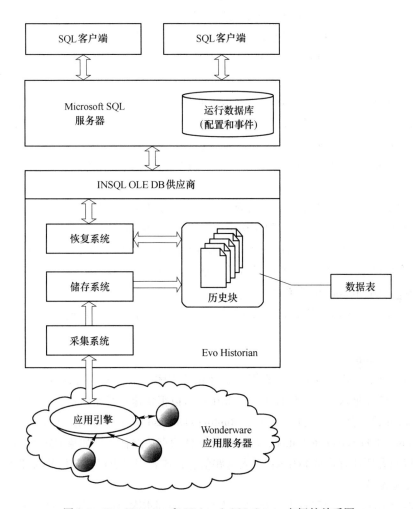

图 3-1　Evo Historian 和 Microsoft SQL Server 之间的关系图

（1）Microsoft SQL Server：存储 Configuration 和 Event 数据，这些数据不会随时间而改变，这类数据通常也被称为静态数据（Static）。

（2）Evo Historian：存储高速过程数据-History Blocks，数据通过图 3-1 中的数据表进行访问，这类数据通常被称为动态数据（Dynamic）。

Object Linking and Embedding for Databases（OLE DB）是一个应用程序接口（API），用来支

持 Client 进行非直接物理存储在 Microsoft SQL Server 上的数据访问。

OLE DB Provider 使得获取 Microsoft SQL Server 数据库中的数据更容易，连接的鲁棒性更强。同时，OLE DB Provider 比 ODS（Open Data Services）具有更丰富的 Query 能力。

Evo Historian 的 OLE DB Provider 的名称是 INSQL。INSQL OLE DB Provider 在 Evo Historian 软件安装过程中自动安装，并与 Microsoft SQL Server 关联。

使用 OLE DB 的好处是在更广的范围内支持访问更多不同类型的数据。使用 OLE DB 时，用户可以同时访问不同数据源的数据。比如 Microsoft SQL Server、Oracle 或 Microsoft Access DB。

用来访问多个不同数据源的 Query 被称为 Heterogeneous Query（异构查询）。这种查询也可以被称为 Distributed Query（分散查询）。

ArchestrA System Management Console（SMC）可以向 Runtime-database 中添加配置信息。

OLE DB 还用来访问不在 SQL Server 数据库范围内的工厂实时数据。用户通过使用 Query，可以查询 Runtime-database 中的配置信息以及计算机硬盘中的历史数据。

Evo Historian 支持所有 Microsoft SQL Server 的功能。例如，安全、复制、备份等。

3.1.1.5　对 SQL Client 的支持

Evo Historian 的 Client/Server 结构支持 Client 程序，同时也保证了 Server 上数据的安全性与完整性。该 Client/Server 结构可以进行常规工厂过程数据访问：实时数据和历史数据、历史库配置信息、事件信息以及商业数据等。

Client/Server 的计算能力通过优化处理器的集约操作以及最小化网络上的数据传输量实现提高系统性能的目的。

访问 Evo Historian 中任意数据或信息的 Gateway 是通过 Microsoft SQL Server 实现的。任意可连接至 Microsoft SQL Server 的 Client 程序均可连接至 Evo Historian。

以下两类 Client 程序常被用来访问和获取 Evo Historian 数据：Wonderware 软件中的若干 Client 工具；任意可以访问 SQL 或 ODBC 的第三方 Query 工具。

3.1.1.6　Evo Historian 子系统

Evo Historian 子系统涉及的 Configuration、数据采集、数据存储、数据读取、事件信息，具体情况如下所示。

A　Configuration

如果从空白开始按需求建立工厂数据库及其相关实体，需要很长的时间。但是 Evo Historian 在安装的时候，已经把这些事情做好了，因此用户可以很快速地开始使用历史系统。

Configuration 数据存放在 SQL Server 的 Runtime-database 中的 table 里。Configuration 数据包含有 Tag definition、I/O Server definition、历史数据文件的存放路径等。如果 HMI 用的是 InTouch 软件，用户可以很方便地直接从 InTouch 导入这些信息，或者用户也可以使用 SMC 程序进行历史库相关信息的手动配置。

任何时候对 Historian 的配置进行修改，都不会影响到本次修改未涉及的 Tag 的采集、访问和存储。

B　数据采集

Evo Historian 设计为高速数据采集型历史库。

一些自定义的 Client 程序可以是历史库的另一个 Real-time 数据来源。随 Historian 手工数据采集接口程序（例如，Application Server）安装的 Client 则可以把采样点的历史数据直接发送给系统。

最后，用户可以导入任何".csv"格式的历史数据文件，并通过 T-SQL Query 进行数据的插入或更新，实现多来源历史数据的整合。

C 数据存储

Configuration 信息存储在 SQL Server Runtime-database 的 table 中，事件信息也是如此。过程数据（模拟量、开关量、String 型采样点）则存储在计算机硬盘上的特定文件中，这使得 Historian 的历史数据可以被常规关系数据库访问。紧凑的存储格式以及防数据丢失的高级压缩算法，大大降低了历史数据所需的存储空间（大约为常规关系数据库所需空间的2%）。历史数据通过 OLE DB Provider 读取，就好像这些数据存储在 SQL Server 的 table 中一样。

D 数据读取

对于 Client 程序来说，Evo Historian 就像 Microsoft SQL Server 一样。Historian 接收 SQL Query 并定位数据，然后执行 Query，最后返回 Query 的结果（见图3-2）。Microsoft Transact-SQL 的使用使得 Historian 支持时间序列数据。

Evo Historian 也是关系型数据库，因此 Query 可以从多张 table 中获取数据，并提高数据检索的能力。以下是一些例子：上个月每天当负载大于 x 时马达的平均振幅值；当 x 的值大于 10 的时候，50 个指定模拟量采样点的值；2017 年 7 月 8 日所有与锅炉 MFT 动作相关的采样点的值。

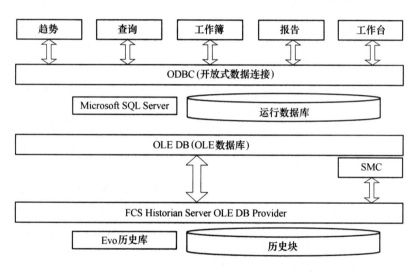

图 3-2 关系型数据库例子

E 事件信息

工厂的事件信息范围既广又多，从系统的启动/停止，到跳闸、操作行为等。检测和记录这些信息会持续产生数据，并形成对某事件的来龙去脉的描述。

Evo Historian 通过对历史数据执行 Event Detectors 来检测事件信息。用户可以定义事件以及触发事件的操作行为。例如，锅炉 MFT 会生成一个转移报告，转移报告变化的检测导致工厂生产网页的更新，然后再触发电子邮件的发送，通知检修人员进行维护等。

3.1.2 Evo Historian

Evo Historian 的基本功能：（1）**数据采集**：采集过程实时数据；（2）**数据存储**：存储采集来的原始数据；（3）**数据读取**：通过客户端及其他应用程序读取采集来的数据。

Evo Historian 的数据类型：模拟量：0.0~100.0、35.0~90.0 等格式；离散量：0~1；字符串：Open、Mismatch 等。

Evo Historian 的数据状态分为三部分：（1）Value：采样点的值；（2）Time：UTC 时间；（3）Quality：OPC Quality。

Data Quality 的判断由如下几个方面组成：数据采集系统的数据质量判断；Evo Historian 数据存储系统质量判断；客户端质量判断；质量判断值：-192：Good；-任意其他值：Bad；

质量判断举例：-24：硬件连接故障导致的数据坏质量；-0：Client 与 Collector 连接中断导致的数据坏质量（见图 3-3）。

对以前和现有的 Client 端应用程序而言，有如下设定：

（1）Quility：0 = Good；1 = Bad。

（2）QuilityDetail：192 = Good；任意其他值 = Bad。

图 3-3　质量判断图

对于将来的 Client 端应用程序而言，可能会采用 OPC Quality 规定。

（3）Quility：OPC 规定。192 的具体含义：二进制：11000000；十进制：192；十六进制：C0。

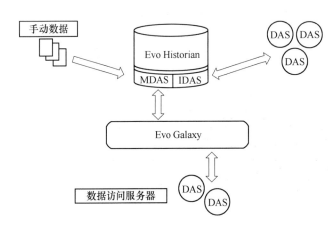

图 3-4　Evo Historian 的数据采集方法图

Evo Historian 的数据采集方法（见图 3-4）：

（1）通过 MDAS，使用 I/A Series History Provider 通过 OM List Manager 进行数据采集，并发送给 Evo Historian Server。该方法所有的 Historian 组态均由 Evo Configuration Tools（IEE）完成，并可以配置冗余历史采集站。

（2）使用 IDAS 通过其他 DA Server 或 IADAS 采集数据。该方法使得采样值可以在其他 I/A 工作站之间共享或在采集站的时间与 Historian Server 的时间没有同步时使用（一般来说，没有必要同时采用两种方法对同一个采样点进行采样）。

Evo Historian 的容错历史库配置：

（1）数据存储：RAID（Redundant Arrays of Independent Disks，磁盘阵列）；Server 级别的计算机；冗余电源；无损数据压缩技术。

（2）数据采集：存储和发送；可选的容错采集站；1 层和 2 层数据复制。

3.1.3　ActiveFactory 软件

不论是运行人员、过程工程师，还是经理，ActiveFactory 能帮助管理、浏览、分析、查看和发布多种格式的过程数据。所有这些都可以在身前的电脑上完成。

Wonderware ActiveFactory 客户端工具与 Microsoft Office 工具紧密地结合在一起。

Wonderware ActiveFactory 客户端工具与 Evo Historian 全面结合，并实现以下功能：浏览数据；分析数据并生成相关信息；对所有历史数据发布并执行特定 Query；可视化的当前过程状态；在内网中发布广播信息；生成干净的、数据丰富的报告。

3.1.3.1　分析过程数据

过程数据是任何与生产过程有关联的信息。以下几类信息均为过程信息：Real-time data（实时过程数据）；Historical data（历史过程数据）；Summary data（汇总数据），例如 5 个采样点的平均值；Business data（商业数据），例如某个材料的成本；Event data（事件信息数据）。

为了提高性能和质量，并同时降低成本，需要采集并分析所有这些信息。工厂数据通常可以进行分析并决定：过程分析、诊断和优化；材料管理；设备的预测和预防维护；产品和过程控制的质量；环境、健康和安全；生产报告；故障分析。

3.1.3.2 桌面程序

ActiveFactory 客户端程序包括如下 stand-alone 程序：

TREND（见图 3-5）：允许查看实时和历史趋势，并可以进行不同时间段数据的比较以及查看报警和限值等。

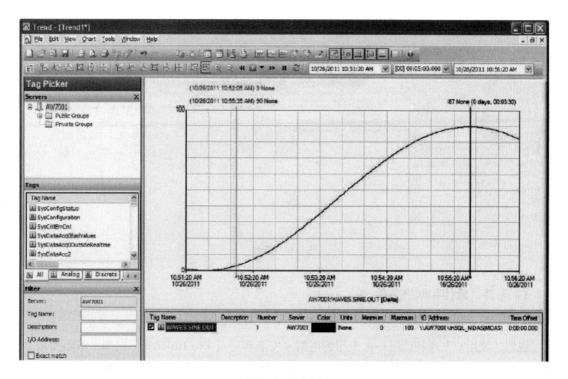

图 3-5 趋势图

Query（见图 3-6）：该"Point-and-click"程序使用户无需任何数据库结构或 TSQL 知识便可使用 Query 并返还 InSQL 数据。

3.1.3.3 MS Office Add-Ins

WorkBook：MS Excel 的附件，支持从 InSQL 获取的 Excel 格式数据的几乎所有类型的数据分析和显示。

Report：MS Word 的附件，支持使用 Word 文档进行 InSQL 数据报表报告。

3.1.3.4 其他

此外，InTouch 还支持 aaHistClientTrend/aaHistClientQuery 这两个 ActiveX 控件，并提供了支持这两个控件的程序（例如 IE 浏览器）趋势显示和 Query 功能。

3.2 Historian Configuration

本节将详细介绍在安装 Evo Historian 时需要考虑的硬件、软件和网络要求等信息。

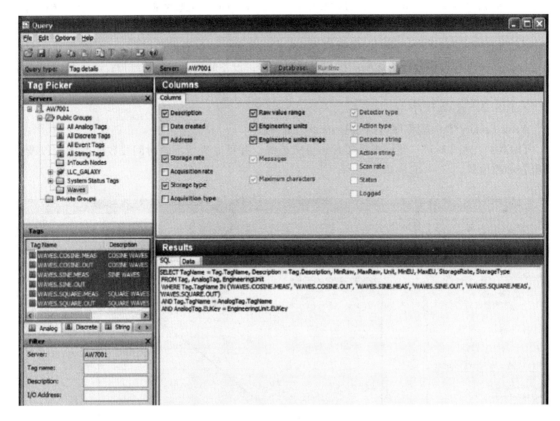

图 3-6　查询

3.2.1　硬件、软件和网络条件

3.2.1.1　硬件和软件要求

强烈建议用户在现场使用一台专用的电脑来安装和运行 Evo Historian。例如：不要使用 Evo Historian 计算机来作为域控制器、Mail-Server 等；不要使用 Evo Historian 计算机来作为工作站；不要使用 Evo Hisitorian 计算机来安装 InTouch、InControl 等软件；不要使用 Evo Historian 计算机来作为 Application Object Server。

表 3-1 描述了安装 Historian 各组件所需的最小硬盘空间。

表 3-1　安装 Historian 各组件所需的最小硬盘空间描述

Software	安装所需最小硬盘空间
Microsoft SQL Server	查看 Microsoft 文档
Wonderware Common Component Files	20MB 或更少
Historian program files（包括 SMC 软件和文档）	18MB
ArchestrA System Management Console- only	10MB
Remote IDAS- only	4MB

A　Server Recommendations

以下关于 Historian 的硬件和软件的要求是基于采样点个数、预估数据量进行的。

SQL Server 2000 的建议内存消耗量为不超过 Server 的实际物理内存的 50% 或 512MB。

Windows 分配的虚拟内存建议值为 Server 物理内存的两倍。采样点少于 30000 点的，数据交换率等于采样点点数。

采样点大于 30000 点的，数据交换率为每秒 30000 点（该交换率为系统保证的交换率，如果硬件条件更高，可以适当的增加）。

a　Level 1 Server

Level 1 Server 支持 5000 个采样点，最低配置要求：P4 3.2GHz CPU；1GB RAM；1GB Network Interface Card（NIC）。

任选以下操作系统：Windows 2000 Professional SP4；Windows XP Professional SP2；Windows 2000 Server SP4；Windows 2000 Advanced Server SP4；Windows Server 2003 Standard Edition。

Microsoft SQL Server 2000 Standard Edition，SP3a 或更高，或 Microsoft SQL Server 2000 Personal Edition SP3a（支持 Windows 2000 Professional 和 Windows XP Professional）。

270MB 空闲硬盘空间。

b　Level 2 Server

Level 2 Server 支持 63000 个采样点，最低配置要求：P4 3.0GHz Dual CPU；1GB RAM；1GB Network Interface Card（NIC）。

任选以下操作系统：Windows 2000 Professional SP4；Windows XP Professional SP2；Windows 2000 Server SP4；Windows 2000 Advanced Server SP4；Windows Server 2003 Standard Edition。

Microsoft SQL Server 2000 Standard Edition，SP3a 或更高，或 Microsoft SQL Server 2000 Personal Edition SP3a（支持 Windows 2000 Professional 和 Windows XP Professional）。

270MB 空闲硬盘空间。

c　Level 3 Server

Level 3 Server 支持 130000 个采样点，最低配置要求：P4 2.7GHz Xeon Quad；8GB RAM；1GB Network Interface Card（NIC）。

任选以下操作系统：Windows 2000 Server SP4；Windows 2000 Advanced Server SP4；Windows Server 2003 Standard Edition；Windows Server 2003 Enterprise Edition。

Microsoft SQL Server 2000 Standard Edition，SP3a 或更高。

270MB 空闲硬盘空间。

B　ArchestrA System Management Console Requirements

安装 SMC 软件的系统最低配置要求为：

任选以下操作系统：Windows XP Professional SP2；Windows 2000 Professional SP4；Windows 2000 Server SP4；Windows 2000 Advanced Server SP4；Windows Server 2003 Standard Edition；Windows Server 2003 Enterprise Edition。

Microsoft Management Console 2.0 或更高；Internet Explorer 5.5 或更高；20MB 空闲硬盘空间；安装 Historian；MDAC 2.7。

3.2.1.2　网络性能要求

Evo Historian 运行良好的主要条件之一就是网络结构。通常来说，硬件越好，运算速度越快，网络速度越快，Historian 的性能越好。

会影响系统的主要结构因素是：域问题，授权问题（取决于网络协议）；Historian 节点命名（安装好之后很难更改节点名）；操作系统；处理器配置（单核/对称多处理器/多核）；计算机配置（网络中计算机的数量）；硬盘子系统性能；网络带宽。

Evo Historian 可以根据用户的需要，很方便地进行各种配置。

通常来说，推荐用户将 Process 数据和 IS（Information Server）分开来安装，以确保 Process 网

络不超载，所有存储在 Historian 中的采样点都总是处在 Advise 状态。这可能导致 Process 网络负载很重，因此安装前要调查和预估 Process 数据对网络的负载情况；在 Server 计算机上安装两块网卡，以便分割 IS 和 Process 网络；在 Server 计算机上安装 Evo Historian。

Evo Historian 必须有能够访问到本地 Microsoft SQL Server 的通路。在 Evo Historian 的安装过程中，用户可以选择现有的本地 SQL Server 或直接从安装光盘中进行安装，如图 3-7 所示。

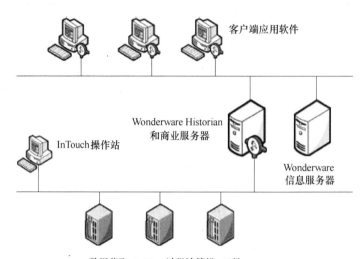

图 3-7　Evo Historian

3. 2. 2　License 和安装提示

本小节解释了 Evo Historian License 策略，以及软件的安装策略。

3. 2. 2. 1　License 策略：License Validation

Evo Historian 包括 License Validation 和采样点许可点数两方面。Evo Historian 会验证 License 文件是否安装以及许可的采样点个数是否超出。

在启动时，系统会检查 Wonderware License 文件是否在 Historian 计算机上。如果 License 文件缺失，那么 Evo Historian 和 Microsoft SQL Server 会继续运行，但仅采集系统 Tag。

如果 License 文件缺失或采样点总数超出，那么系统的状态控制台会显示并记录 License Violation 信息。

3. 2. 2. 2　License 策略：采样点计数

Evo Historian License 许可的总采样点数包括已组态好的模拟量、开关量和 String 型采样点，系统采样点不包括在内。当发生以下操作时，系统会检查采样点许可点数：启动 Historian；使用 SMC 手动添加采样点；使用 SMC 从 InTouch 进行采样点导入；使用 Microsoft SQL Server Query Analyzer 手动添加采样点（INSERT 语句）；使用 Application Server 添加新采样点。

如果采样点总数超出许可，则 Historian 会屏蔽一部分采样点，以使得采样点总数重新返回许可范围内。屏蔽采样点的规则是从最后添加的采样点开始。

3. 2. 2. 3　安装提示

一个完整的 Evo Historian 系统由下列组件构成：Microsoft SQL Server；Historian 程序文件；Historian 数据库文件；Historian history blocks；Historian 管理工具；一个或多个远程 IDAS（可选）；Historian 在线文档。

用户必须拥有计算机管理员权限才能进行 Historian 软件的安装。

Historian 软件安装时会检测以前的旧版本，并给出提醒。用户可以选择进行版本升级或重新安装。

安装 Evo Historian 软件时必须勾选 Microsoft SQL Server Default instance（Evo Historian 不支持其他名字的 Microsoft SQL Server）选项，否则安装将失败。

安装程序也可以进行个别组件的单独安装，表 3-2 显示了安装组件的关系。

表 3-2 安装组件关系

选 项	描 述
Historian（完整）	Runtime DB, IDAS, ActiveX Controls, Configuration Tools, Online Documentation
Configuration Tools	Historian Configuration Editor。 ArchestrA System Management Console。 这两个工具可以安装在同一台计算机上，也可以安装在同一网络上的不同计算机上
Hisitorian Data Acquisition Service（IDAS）	远程发布 IDAS
ActiveEvent ActiveX® Control	用来监测外部事件信息，并发送至 Historian 事件检测引擎。没有实时显示界面

3.2.2.4 Evo Historian 的安装操作

安装常规组件，例如 SuiteLink^{MT}、NetDDE^{MT}扩展、Wonderware Logger^{MT}等；定位本机上的 Microsoft SQL Server（如果没有，则直接安装）；使用管理员权限登录已安装好的 Microsoft SQL Server；检查安装路径所在硬盘空间是否充足；创建和配置 Evo Historian 数据库文件；创建 Evo Historian 文件夹，并安装程序文件；将程序图标添加至开始菜单。

3.2.2.5 Microsoft SQL Server

Evo Historian 软件是否能够顺利安装，取决于 Microsoft SQL Server 配置是否合适：Microsoft SQL Server 必须安装合适的版本，并且在安装 Historian 之前进行安装；如果 SQL Server 已经安装，则需要进行适当的配置；不支持 Remote Microsoft SQL Server；Evo Historian 使用的 SQL Server 必须是 SQL Server 的 Primary Instance；不支持计算机上使用 SQL Server 的多 Instance 配置；在安装 Historian 之后，安装程序会自动重启 Microsoft SQL Server；重新安装 Historian 不需要重新启动；如果在 Remote PC 机上安装 Historian 管理工具，只需要安装 Microsoft SQL Server Client Utilities。

本教材使用的 Microsoft SQL Server 设置见表 3-3。

表 3-3 Microsoft SQL Server 设置

选 项	默 认 值
SQL Server Services	使用本地账户
默认数据库校对	Dictionary order, 区分大小写, 1252 char. set.
安全模式	混合
管理员登录	用户名：sa；密码：sa

安装 Microsoft SQL Server 时，还要进行如下配置，以便后续 Historian 的顺利安装。（1）Dictionary Sort Order：使用任意区分大小写的 SQL 支持的 Sort Order（例如，默认值）；（2）Network Support：使用 TCP/IP 和其他支持的方式。

3.2.3　ArchestrA System Management Console（SMC）界面

本小节将介绍 SMC 的界面元素，如图 3-8 所示。

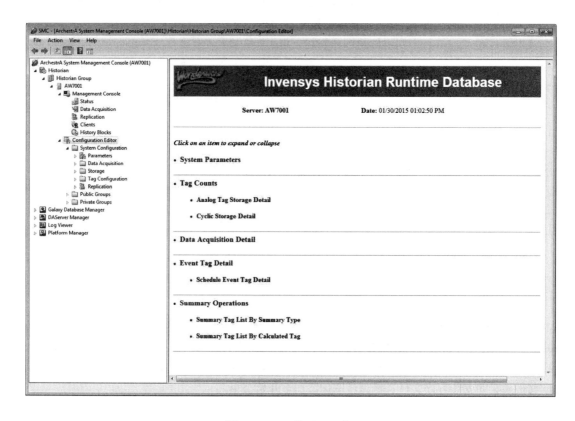

图 3-8　SMC 的界面元素

　　ArchestrA System Management Console 本身并不执行任何管理功能，而是管理具有这些管理功能的工具。通过使用这些工具，SMC 才能进行真正的管理员操作。SMC 可以添加的主要工具被称为 snap-in，其他可以添加的工具还有 ActiveX Controls、Links to Web Pages、Folders、Taskpad views 以及 Tasks。

　　通常使用 SMC 的方法有以下两种：在 User 模式下，使用现有 MMC 控制台来管理系统；在 Author 模式下，创建新的控制台或使用现有 MMC 控制台来管理系统。

　　安装程序会自动在桌面创建快捷按钮，如图 3-9 所示。

　　在 Archestra System Management Console 软件打开后，左侧为 Tree View 导航栏。在该导航栏中展开 SMC 控制台（ArchestrA System Management Console）后，分为两个主要工作对象：

图 3-9　快捷按钮

　　（1）Management Console：在该对象下，主要进行监视所有通信添加/删除 Server 和 Group，访问 History Block 的信息等功能。

　　（2）Configuration Editor：在该对象下，主要进行采样点的导入以及 I/O Servers、IDAS、历史数据存储信息，Public/Private Group 的管理工作。

　　图 3-10 中 Status 对象高亮（被选中），在右侧窗口中可以看到 Evo Historian 没有运行。

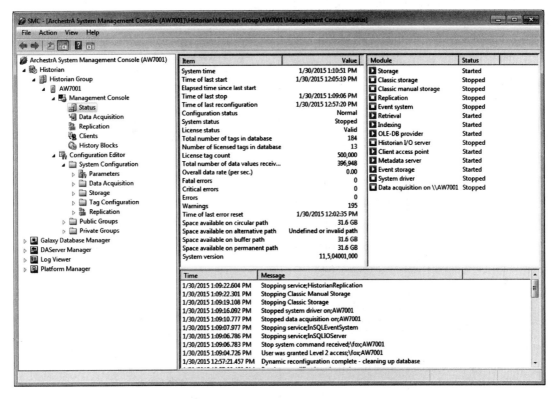

图 3-10　Archestra System Management Console 打开后界面图

SMC 中的一些基本操作和界面查看为：

（1）展开 ArchestrA System Management Console …Management Console（如图 3-10 所示）。

（2）点击 Status，右边自动打开 Status 窗格。

（3）点击选择"License status"行，确认右边的"Value"= Valid（见图 3-11）。

Item	Value
System time	3/12/2007 11:49:35 AM
Time of last start	3/12/2007 10:36:31 AM
Elapsed time since last start	
Time of last stop	3/12/2007 11:40:16 AM
Time of last reconfiguration	3/12/2007 11:33:04 AM
Configuration status	Normal
System status	Stopped
License status	Valid
Total number of tags in database	136
Number of licensed tags in database	19
License tag count	70,000
Total number of data values received	488,825
Overall data rate (per sec.)	0.00
Fatal errors	7
Critical errors	5
Errors	1
Warnings	11
Time of last error reset	3/12/2007 10:34:42 AM

图 3-11　SMC 中的一些基本操作和界面查看图

（如果 License status 是 not valid 状态，则 Evo Historian 不会采集任何
过程采样点的历史数据，而是仅采集默认的部分系统采样点信息）

（4）展开 Configuration Edition，其下属内容如图 3-12 所示。

（5）展开 System Configuration，并点击 Parameters，可以进行 Storage 和 Headroom 配置（见图 3-13）。

（6）展开 Storage，可以进行数据存储路径的配置（见图 3-14）。

在 Storage 下有几个不同类型的数据存放路径，其说明如下：

1）Circular：该目录是存放历史数据的地方。当该目录的文件大小超过规定的门槛值之后，最老的历史纪录将被删除，新的历史纪录才能继续写进来。如果事先定义过 Alternate 目录，这些老纪录可以不删除，而是转移到 Alternate 目录中去。

2）Alternate：当 Circular 中的数据文件达到了被删除的条件后，系统将会把这些 History Blocks 移动到事先指定的 Alternate 目录中去。

3）Buffer：作为临时目录使用，比如读取历史数据的时候使用。

4）Permanent：一般用来存储重要数据，该目录下的文件不可以被覆盖，系统永远不用尝试去删除该目录下的文件。

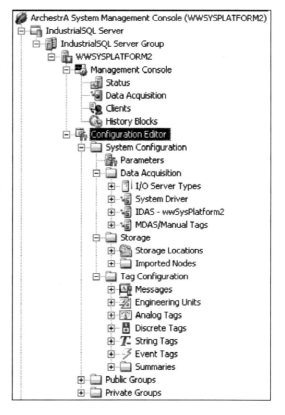

图 3-12　展开 Configuration Edition 下属内容

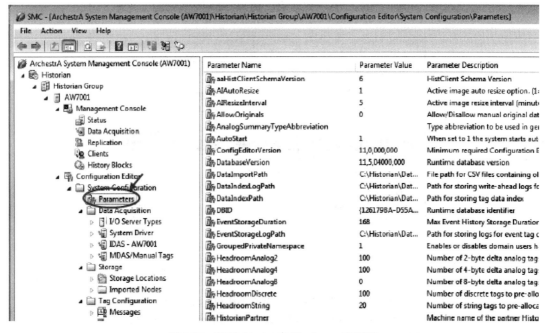

图 3-13　配置 Storage 和 Headroom 流程图

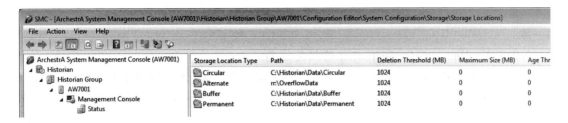

图 3-14　数据存储路径的配置

3.2.4　**Historian Configuration**

Configuration 数据是关于 Historian 的信息集合，例如采样点定义、I/O Server 定义、数据存储位置等。

Configuration 数据存储在 Microsoft SQL Server 的 Runtime-database 数据表中。

Evo Historian 可以在任何时刻进行配置修改，而不会影响到未修改的采样点的数据采集、存储和读取。

对于 Evo Historian 的某些配置进行修改，会导致系统自动创建一个新的 History block。

如果修改 Evo Historian 的主要历史数据存储路径，将会导致 Historian 需要重新启动。其他情况均不会导致 Historian 运行中断。

参考如下步骤来开始采集历史数据：确认所有的用来采集历史数据的工作站上无其他产品或应用程序；确认 History Object 已经 Deploy；确认在 Historian Engine 中的 Historian 名称是正确的；为每个 Compound 指定历史数据采集站；在 Block 上指定哪些参数需要采集；将 Compound 和 Block 进行 Deploy。

Historian Configuration 在 I/A Series Configuration Tools（IDE）中进行配置。图 3-15 展示了历史数据采集和 I/A Series Configuration Tools 的关系。

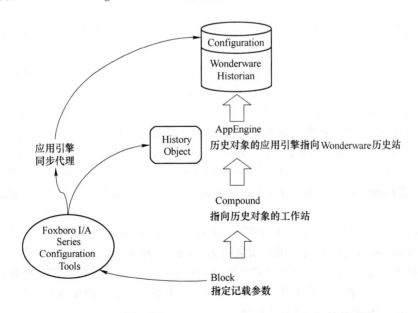

图 3-15　历史数据采集和 I/A Series Configuration Tools 的关系图

每台 Evo 工作站上均安装有 History Object，工程师可以从中选择进行数据采集。而 Application Engine（AppE）则用来将 History Object 指向正在使用的 Evo Historian，并进行数据存储。

Synchronization Agent 负责将采样点的组态信息同时发布至 Historian 和 History Object，用来确保两者一致。

3.2.4.1　Historian Configuration 的相关信息

对 Historian Configuration 进行修改一般都分为两步：第一步，使用 SMC，T-SQL 语句或数据库管理工具进行 Configuration 的修改；第二步，对所做修改进行 Commit，将修改提交给系统并开始生效。

以下为一些典型系统配置更改以及对系统造成的影响。

（1）更改系统参数。更改系统参数通常都是立刻生效的，仅有以下两个例外：修改采样点的 Headroom（生成新的 History block）；更改 AutoStart 参数（在下次系统 Full Shutdown 后生效）。

（2）更改数据存储路径。更改 Circular 存储路径时，需要关闭并重新启动 Historian 之后生效；更改其他存储路径，立即生效。

（3）系统改变的影响。更改采样点数据库会导致数据库在计算机硬盘上的印记的改变，从而导致系统生成新的 History Block。

如果只有采样点的数据采集或读取特性被修改，则不需要系统重新生成新的 History Block。任何导致采样点数据源的更改（例如，采样点名称、I/O Server 名称更改等）均会导致采样点的采样数据出现一个短暂的断层。这是因为系统会停止从原有的采样信号源采集数据，并转移至新的采样源进行采集。

1）添加、删除和修改采样点。

如果向系统中添加采样点时 Headroom 余量充足，则不会导致系统生成新的 History Block。否则系统将自动创建一个新的 History Block。如果 Headroom 不足，系统生成新的 History Block，该 Block 的采样点数由 System Configuration Parameter 中的参数决定。

2）删除采样点效果立即生效。

以下对采样点的修改会生成新的 History Block：更改 Integer size；更改 Raw type；将 String 型采样点的 fixed length 更改为 variable length，或反之；将 Storage type 从 Not Stored 更改为 Stored；将 String 型采样点从 ASCII 更改为 Unicode，或反之；将采样点采样类型从 IDAS 更改为 Manual，或反之。

Headroom 是系统能够创建某类采样点的点数预留值。例如，Discrete-Headroom = 100，意味着当系统开始运行时，将生成一个新的 History Block，这个 History Block 可以添加最多 100 个 Discrete 型采样点。当新增加的采样点数超过了 Headroom 之后，新的 History Block 将会被创建。

如果 History Block 中的采样点数未超过 Headroom 规定，并且一直没有新采样点添加进来，则当下一个 Block Changeover 结束后，Headroom 将自动恢复为满值（假设 Headroom = 100，导入 40 个采样点后，Headroom 余量为 60，当 Block Changeover 结束后，Headroom 余量重置为 100）。（不推荐用户将 Headroom 定义为 10000 个采样点容量，因为这样会大量的占用计算机运行内存和硬盘空间。）

（4）Commit 系统更改。Commit 系统更改的目的是通知 Historian 系统发生的改变，并让这些改变生效。当 Historian 在运行时，用户如果对 Historian Runtime-database 进行更改，Historian 不会意识到这些更改的产生，直至用户对这些更改进行 Commit。用户可以在任何想要进行系统修改时进行修改，并没有在这一点上进行严格的限制，包括修改次数。根据最大系统数据流量和配置的估算，Commit 更改一般会在 10s 内生效。

以下情况下 Commit 行为无效：系统没有运行或 Storage 没有启动；系统运行时：1）前一个动态组态行为还在进行中；2）创建新的 History Block 的行为还在进行中（History Block 被创建后 5min 或在 Block Changeover 前 10min 均被认为进程进行中）；当 Commit 无法进行时，会有对应的

Message 信息显示。

3.2.4.2 Historian Configuration 的配置流程

在 Evo Historian 中进行历史采样点的组态流程如下：为 Block 选择需要进行历史采样的参数；为 Compound 选择需要进行历史采样的参数（可选）；为 Compound 指定采集 Compound 历史采样点的工作站名称；配置 History Object；启动 Evo Historian；确认历史数据的有效存储路径；确认历史数据开始采集和存储。

（1）请参考如下步骤来进行 Block 参数的历史数据采集配置：打开 IDE，并打开 Block 所在的 Strategy；双击 Block，如图 3-16 所示打开 Block 参数界面。

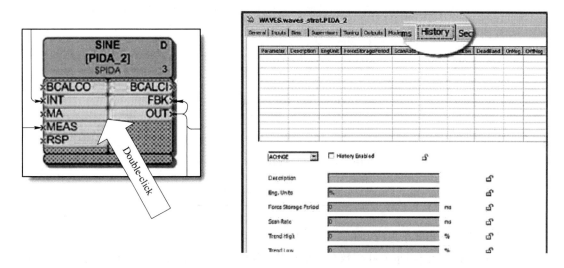

图 3-16　打开 Block 参数界面图

切换至 History 标签页，并在 History Enabled 左边方框中打勾；按图 3-17 选择需要进行历史

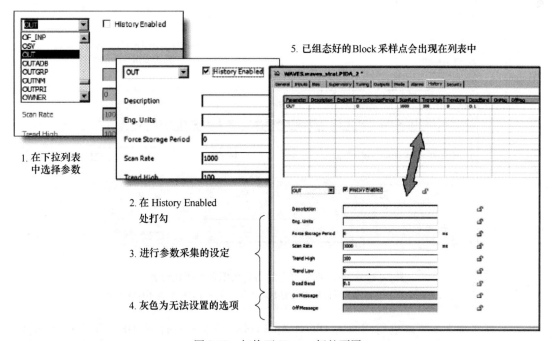

图 3-17　切换至 History 标签页图

数据采集的参数，并添加至列表中。

表 3-4 为采样点的采集设定参数的说明。

表 3-4　采样点的采集设定参数说明

参　　数	描　　述
Discription	采样点的描述信息
Eng. Units	采样点的工程单位
Force Stroage Period	采样点变化持续未超过死区范围时的系统强制采样时间间隔（ms）
Scan Rate	采样频率（ms）
Trend High	趋势图中显示趋势线的高量程
Trend Low	趋势图中显示趋势线的低量程
Dead Band	死区值
On Message	采样点值为 On 时的显示文本（仅限 Bool）
Off Message	采样点值为 Off 时的显示文本（仅限 Bool）

（2）请参考如下步骤来进行 Compound 配置：

在 IDE 中双击打开 Compound 参数页；切换至 History 标签页；在如图 3-18 所示位置点击展开下拉列表，并选择指定工作站进行历史数据采集。

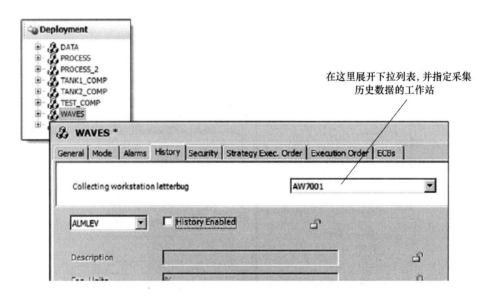

图 3-18　History 标签页上的历史数据采集所在位置
（Compound 本身也有参数可以组态为历史采样点。用户可以根据需要自行添加）

（3）参考如下步骤来进行 History Object AppEngine 的配置：打开 IDE，并打开至 Deployment 窗格；双击 < 站名 >_AppH，打开属性窗；切换至 General 标签页：1）确认 Enable storage to historian 选项已经打勾；2）在 Historian 处输入（或选择）historian 所在的工作站名称（见图 3-19）。

图 3-19　History Object AppEngine 的配置步骤

3. 2. 4. 3　启/停 Evo Historian

用户可以打开 System Management Console（SMC）软件来进行 Evo Historian 的启/停操作（见图 3-20）。

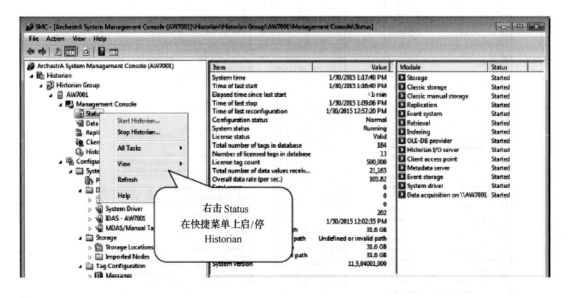

图 3-20　启/停 Evo Historian

按照如下操作步骤进行：打开 System Management Console（SMC）；如图 3-21 展开至 Management Console Status；鼠标右击 Status；在新打开的右键菜单中点击 Start Historian。在该右键菜单

中点击 Stop Historian 可以停止 Evo Historian（见图 3-21）。

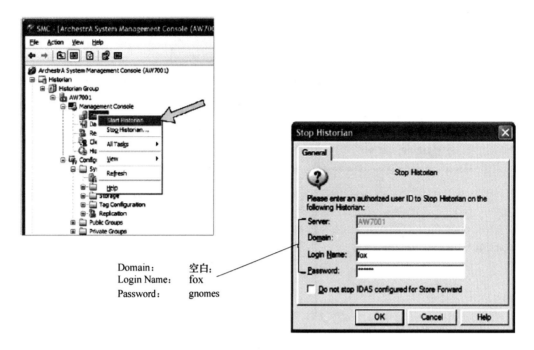

Domain：　　　空白：
Login Name：　fox
Password：　　gnomes

图 3-21　停止 Evo Historian 的方法

Evo Historian 启动并产生日志，如图 3-22 所示。

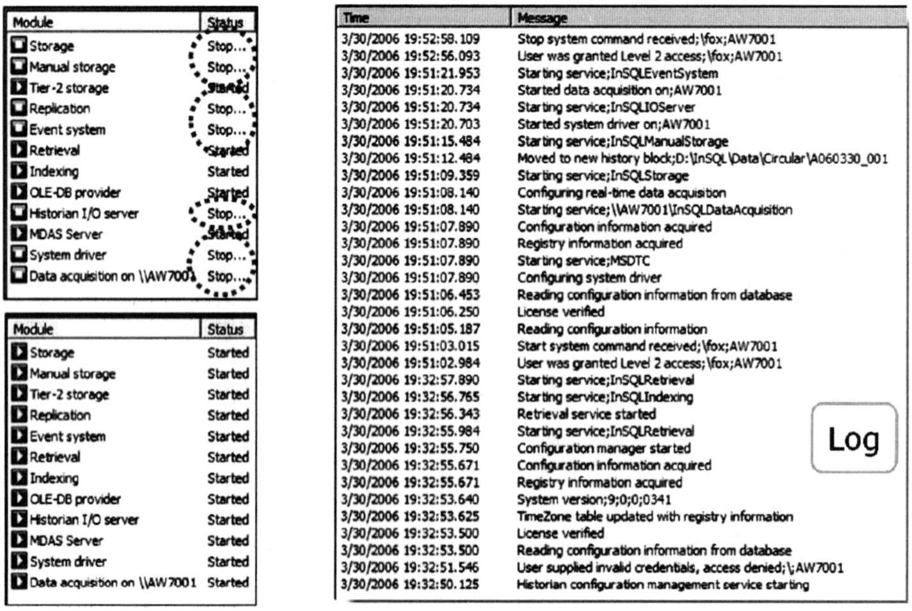

图 3-22　Evo Historian 启动并产生日志

在如图 3-23 位置检查 MDAS 中的已组态采样点列表。

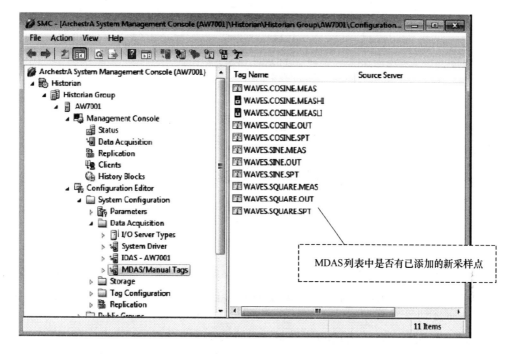

图 3-23　检查 MDAS 已组态采样点列表的位置

请在如图 3-24 所示位置检查历史数据是否正在进行采集。

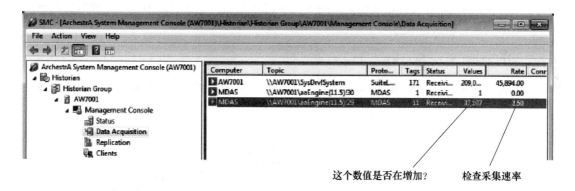

图 3-24　检查历史数据是否正在进行采集

3.3　I/A 系统数据采集

本节将介绍数据采集的一些概况，包括采集的数据类型、IDAS、MDAS、Galaxy Sync Service 等相关信息。

Evo Historian 可以采集的数据类型分为如下两类：Manual Data Acquisition Service（MDAS）；InSQL Data Acquisition System（IDAS）（见图 3-25）。

3.3.1　数据采集简介

3.3.1.1　Manual Data Acquisition Service（MDAS）

MDAS 被设计用来定义和采集 Evo Historian 采样点。它提供了数据存储、数据读取和采样点

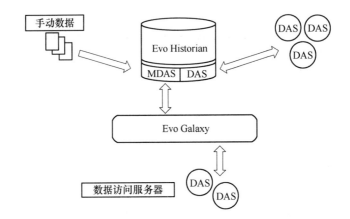

图 3-25　Evo Historian 的数据类型分类

组态等 Historian 功能。

　　MDAS：是首选的数据采集方式；使用一个或多个指定工作站；每台工作站不能超过 30000 个采样点；Historian 最大突发存储速率不超过 60000/s；可配置冗余 Historian，同时支持数据的 Store-and-forwared 功能。

3.3.1.2　InSQL Data Acquisition System（IDAS）

　　IDAS 是一个接收从一个或多个 I/O Server 发送来的数据，并将其发送给 Historian 的软件程序。当采样数据的时间与 Historian 不同步的时候，IDAS 将被使用。

　　IDAS：是一个候补的数据采集方式；存储用户定义的数据采样点 vs C. B. P；用来采集 I/A Series 处理器中的共享变量；当系统上时间不同步时才使用；支持冗余 Historian 和数据的 Store-and-forward 功能，但两者不能同时支持。

3.3.2　InFusion Sync Service

　　Galaxy Sync Service 收集 Historian 的配置信息，并在 Deploy 时将这些信息发布至 History/Security 客户端（见图 3-26）。

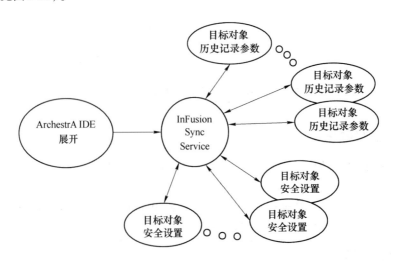

图 3-26　Galaxy Sync Service 收集 Historian 的配置信息

　　当使用 Evo 组态器（IEE）组态了 History 或 Security，并将其 Deploy 之后，组态器会通知

Galaxy Sync Service 采集组态信息，并随后发布至网络上的 History 或 Security Client。Galaxy Sync Service 支持冗余 Historian Collector。Galaxy Sync Service 会向冗余 Collector 发送完全相同的组态信息。

3.3.3 Multiple Workstations

Evo Historian 支持多个（独立的）采集站：每个 Collector 所在的工作站采集不同的数据；每个采样点只能被一个 Collector 采集（见图 3-27）。

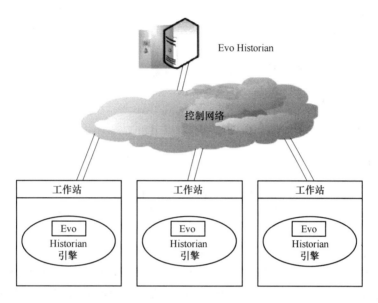

图 3-27 Evo Historian 采集站

Evo Historian 同时也支持冗余采集器（Redundant Collectors）：冗余采集器组态采集同样的数据，但分为 Primary/Backup；任意一个 Collector 都可以采集数据；只有 Primary Collector 实际进行数据采集（如果 Primary 失效了，则 Backup 上线并开始采集，这个过程一般只需要几秒钟），具体如图 3-28 所示。

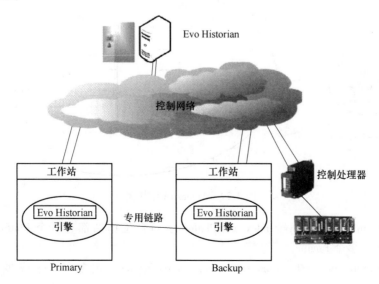

图 3-28 Evo Historian 也支持冗余采集器

3. 3. 4　Evo Historian 运行指南

会影响 Evo Historian 的运行和使用的两项因素分别为：Historian 的负载能力和 Historian 专用的工作站计算机。

负载能力主要考虑以下因素：不要分配超过30000 个采样点在一个工作站上，因为更多的采样点意味着更高的工作站和更重的系统负荷。

在条件允许的情况下，请尽可能将历史数据采集站分配给一台或多台专用的工作站。即该工作站仅负责历史数据采集功能，不承担其他功能（例如，操作员站画面显示，工程师站逻辑组态，数据库或 OPC 通信等）。

如果某台工作站不承担历史数据采集功能，请将该工作站的 History Provider 组件进行 Undeploy 操作，这样可以方便管理员更容易识别工作站功能。

3. 4　非 I/A 系统数据采集

本节将介绍如何从非 I/A 系统的信号源进行数据采集。

3. 4. 1　通信协议

非 I/A 系统的数据通信可以通过以下两种主要协议来进行：

（1）硬件协议：Modbus，开放的工业应用协议；Allen-Bradley Data Highway，生产自动化网络协议。

（2）软件协议：Dynamic Data Exchange（DDE），为由 Microsoft 开发的通信协议，在 Windows 环境中通过 Client/Server 模式进行数据的发送/接收；OLE for Porcess Control（OPC），为开放的工业自动化和企业系统协议；Wonderware SuiteLink，为基于 TCP/IP 的协议，主要用来满足数据完整性、高吞吐量和易诊断等工业需要。

3. 4. 2　ArchestrA 结构

ArchestrA 结构如图 3-29 所示。

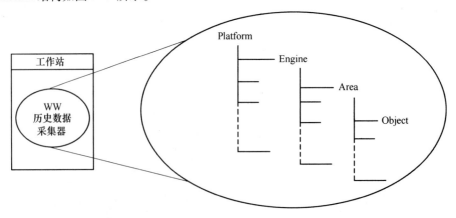

图 3-29　ArchestrA 结构图

http：//sjjx. njit. edu. cn/bysj/index. aspxPlatform：每台工作站都有一个 Platform；每个 Platform 可以有一个或多个 Engine。

http：//sjjx. njit. edu. cn/bysj/index. aspxApplication Engine：包含有一个或多个 Area；下挂 Object。

http：//sjjx. njit. edu. cn/bysj/index. aspxArea：根据 Object 对象进行逻辑划分，例如：Alarm 管理；物理位置。

http：//sjjx. njit. edu. cn/bysj/index. aspxObject：执行指定功能的数据和方法的集合体。

3.4.3 软件连接

在 Control Hardware 和 Galaxy 之间的软件连接结构如图 3-30 所示。

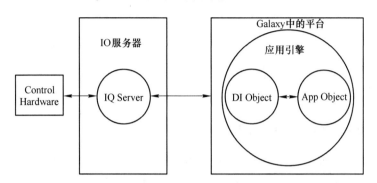

图 3-30 Control Hardware 和 Galaxy 之间的软件连接结构图

3.4.4 物理连接

在 Control Hardware 和 Galaxy 之间的物理连接结构如图 3-31 所示。

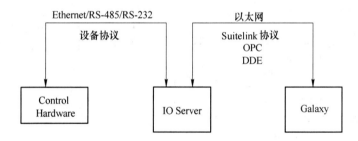

图 3-31 Control Hardware 和 Galaxy 之间的物理连接结构图

3.4.5 I/O Server

I/O Server 可以在工作站上运行，提供过程控制和数据传输服务，并使得计算机可以更方便地进行 I/O 的读/写。图 3-32 显示了在硬件设备和 Windows 进程间的 Gateway 关系图。

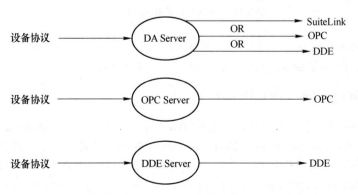

图 3-32 硬件设备和 Windows 进程间的 Gateway 关系图

3.4.6　Protocol Types

以下三种为 Evo Historian 支持的协议：SuiteLink；OPC；DDE。不论使用哪种协议，其目的都是相同的，即在应用程序间获取数据和进行数据传输。表 3-5 为不同协议之间的一个比较。

表3-5　SuiteLink、OPC 和 DDE 三者之间的对比

协　议	优　点	缺　点
SuiteLink	高性能	WW 拥有所有权
OPC	比 DDE 性能更好	在网络通信方面并非最优[①]
DDE	Universal	就目前标准而言效率较低

① DA Server 和 DI Object 应该安装在同一台计算机上。

3.4.7　Data Access（DA）Server 结构

DA Server 被设计用来在工厂设备层与基于 DDE、SuiteLink 或 OPC 协议的客户端程序之间提供不间断的数据连接能力。DA Servers 支持 OPC Data Access 2.05 并提供其他额外远超标准的特性，包括强大的诊断和远程组态能力。它还拥有增强的通信诊断和更高性能。

每一个 DA Server 均被设计用来在基于 WW SuiteLink、OPC 和 DDE 协议（运行在 Windows 平台上）的客户端程序和数据设备间提供不间断的数据连接能力（见图 3-33）。

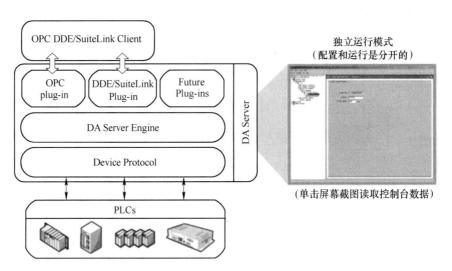

图 3-33　提供数据连接能力流程图

以下几项为各 DA Server 支持的特性：遵守 OPC 2.05 版本；Stand-alone 运行模式；支持即时组态、设备增加、设备或 Server 参数修改；支持多种产品和协议。

3.4.8　Device Integration（DI）Object

DI Object，是一个代表与外部设备通信的自动化对象。DI Object 在 AppEngine 上运行，并包括了 DI Network Object 和 DI Device Object。DI Device Object 代表了一个外部设备（例如 PLC、RTU 等），DI Network Object 则代表了 DA Server 与 DI Device Object 之间的物理连接。

DI Object 与 DA Server 之间的一些关系为：每个 DA Server 下均有一个 DI Object；每个 DI Object 支持多个 Topic；Topic 名称必须匹配。

3.4.9 Application Object

Application Object 包含的对象为：数据和工具；数据命名；DIObject. Topic. Item；如果有的话，按 Alias 浏览，也可以手动输入；允许历史记录；Trend 范围；量程；报警。

3.4.10 从 Non-I/A 信号源采集数据

按照如下步骤进行：（1）选择合适的 IO Server；（2）安装、运行和配置 IO Server；（3）为每个需要连接的 DA Server 创建并 Deploy Device Integration（DI）Object；（4）创建并 Deploy AppEngine；（5）创建并 Deploy Area；（6）创建、配置并 Deploy AppObject，以采集和记录数据。

3.5 数据存储和复制

本节介绍如何对 Evo Historian 进行数据存储及其相关事项。

3.5.1 数据存储的要求

3.5.1.1 常规数据存储的硬件要求

使用 SCSI 驱动的 RAID 硬盘为最优选项，硬盘空间根据实际需要选择；官方建议的硬盘格式为 NTFS；对默认的 Evo Historian 数据存储位置进行文件压缩设定（安装过程自动进行）；只有 NTFS 文件系统支持文件压缩。

3.5.1.2 数据库文件对硬盘空间的要求

Evo Historian 的安装程序会向 Microsoft SQL Server 添加两个数据库（Database），即 Runtime 和 Holding。

（1）Runtime DB：用来存储历史库的配置数据和 Event 数据。数据库中的信息存储在计算机硬盘上，文件名为 Run90dat. Mdf，对应的日志文件为 Run90Log. Ldf。历史库的配置数据通常不会有很大改变，文件大小一般不会超过 20MB。如果配置了 Event 信息，则会导致 Runtime DB 的数据文件不断增长。如果数据库文件设置为 Auto-size，则数据文件会一直增长，直至塞满整个计算机硬盘。

（2）Holding DB：用来临时存储导入至 InTouch 中的采样点定义信息。数据库中的信息存储在硬盘上，文件名为 Holding90Dat. Mdf，对应日志文件为 Holding90Log. Ldf。

工厂的过程历史数据并不存放在上述数据库文件中，而是存放在被命名为 History Block 的特定文件中。

数据库文件的最小硬盘空间要求见表 3-6。

表 3-6 数据库文件的最小硬盘空间要求

文 件	最小硬盘空间/MB	文 件	最小硬盘空间/MB
Runtime Database File	30	Holding Log File	10
Runtime Log File	10	总文件空间需求（最小值）	80
Holding Database File	30		

3.5.1.3 历史数据文件对硬盘空间的要求

Evo Historian 将工厂过程数据存储在计算机硬盘上的特定文件中，这些文件被称为 History Blocks，存储在计算机的指定目录中。安装 Evo Historian 需要至少 200MB 的空闲硬盘空间来支持 History Block 文件的存放。

当开始使用 Evo Historian 后，随着历史数据的累积，计算机硬盘空间降低至最低门槛值之后，新产生的历史数据将覆盖掉最老的历史数据。因此，根据实际需要合理分配硬盘空间是非常重要的。

历史数据文件占用计算机硬盘空间的大小受采样点个数和采样点频率影响。采样点越多，采样频率越高，则需要的硬盘空间越大。

模拟量离散量和固定长度字符串对硬盘空间的需求如下：

每个值的存储容量为"Storage Size + 3"，加上约 15% 的预留，可用以下公式估算：

预估硬盘空间每天存储量 = (1.15 × (Storage Size + 3) × 采样点个数) × (60/采样频率) × 60min × 24h/ NTFS 压缩比。其中，采样频率时间单位为 s。

例 1，现有 2400 个 4 字节的模拟量采样点（Storage Size = 4），采样频率为 2s，最后的估算结果为：

$$每天存储量 = [1.15 \times (4+3) \times 2400] \times (60/2) \times 60 \times 24/2 \approx 398MB$$

例 2，现有 10000 个 1 字节的离散量采样点（Storage Size = 1），采样频率为 60s，最后的估算结果为：

$$每天存储量 = [1.15 \times (1+3) \times 10000] \times (60/60) \times 60 \times 24/2 \approx 32MB$$

例 3，现有 200 个 100 字节的字符串采样点（Storage Size = 100），采样频率为 60s，最后的估算结果为：

$$每天存储量 = [1.15 \times (100+3) \times 200] \times (60/60) \times 60 \times 24/2 \approx 16MB$$

3.5.1.4　字符长度不定的 String 型采样点存储要求

对部分字符长度为 128 字节或更多的 String 型采样点而言，其数据信息的存储估算方法与前面几种采样点略有不同。每个采样点的存储容量为（实际字符长度 + 5），加上大约 15% 的预留。这里的"实际字符长度"为变化量，所以进行每天硬盘存储量的估算的时候，一般采用的是各个字符串变量字符长度的平均值（以"N"来表示），这样一来，平均每天硬盘空间存储量可以用以下公式估算：

$$预估硬盘空间每天存储量 = 1.15 \times (N+5) \times 采样点个数 \times (60/采样频率) \times 60min \times$$
$$24h/NTFS 压缩比$$

例如，现有 100 个 131 字符长度的 String 型采样点，采样频率为 60s，平均采样点字符长度约为 60 字节，最后估算结果为：

$$每天存储量 = [1.15 \times (60+5) \times 100] \times (60/60) \times 60 \times 24/2 \approx 5.13MB$$

3.5.1.5　内存要求

对一个完整的历史库而言，以下组件将对计算机内存有要求：Internal Historian System：包括 I/O Servers、数据读取和数据存储；Microsoft SQL Server；Operating System；Client Access。

当决定项目计算机所使用的内存配置需求时，请谨记内存可能是改进系统性能的最便宜和最方便的方案，并直接呈现在最终用户眼前。更大的物理内存将降低 Server 的虚拟内存使用量，并降低硬盘负荷，从而提高系统性能。Server 的其他进程也会运行得更快，因为计算机进程很依赖于内存的大小。

图 3-34 展示了不同采样点个数对内存要求的一个概要情况。

例如，25000 采样点的系统，当使用到 375 个 History Blocks 的时候，大约需要 400MB 的 RAM 来支持。

3.5.2　数据存储的拓扑学

大部分的工厂数据和普通商业数据的特点差不多。例如，采样点组态信息相对静态，基本不

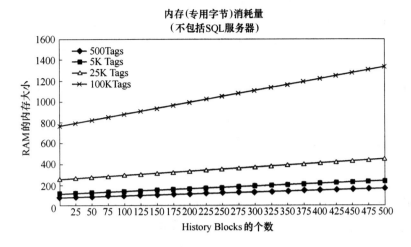

图 3-34 不同采样点个数对内存的要求

会改变。在工厂的运营过程中，以下行为较常发生：添加和删除采样点、采样点描述的更改、工程单位量程的改变。

Microsoft SQL Server 数据库（Runtime DB）有如下特性：用来存储所有信息；SQL Server 整个历史的在线数据库；附带所有数据库实体（例如：Tables；Views；存储好的适合典型工厂组态数据存储的程序）。

为了更好地理解如何读取历史数据，有必要理解 Evo Historian 如何与 Microsoft SQL Server 对接以及两者之间如何进行数据的派发。

图 3-35 显示了历史数据存储的相关信息。

在图 3-35 中，数据存储分为两类，即静态数据存储和动态数据存储。

3.5.2.1 静态数据存储

静态数据存储又称为 Microsoft SQL Server，用来存储组态信息和事件信息型数据。这种类型的数据一般不像过程数据那样频繁变化，所以有时候又被称为静态数据，如图 3-36 所示。

3.5.2.2 动态数据存储

动态数据存储又称为 Evo Historian，用来存储和压缩高速工厂过程数据文件（History Blocks），这些历史过程数据通过数据读取子系统访问。由于过程数据变化频繁，所以有时候又称为动态数据，如图 3-37 所示。

OLE DB 即 Object Linking and Embed-

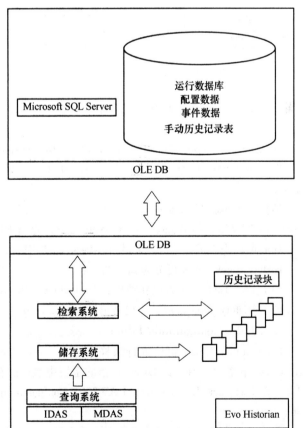

图 3-35 历史数据存储的相关信息

ding for Database，是一个应用程序接口软件，用来支持以 COM 为基础的客户端程序访问非直接存储在 Microsoft SQL Server 上的数据。

3.5.3　ArchestrA System Management Console（SMC）

Evo Historian 通过将 Historian 内部的功能都开放给 SMC 的管理员，来实现 SMC 对 Historian 的管理工作。

SMC 并不直接执行管理工作，而是管

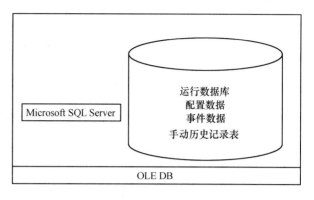

图 3-36　静态数据存储

理能执行管理工作的各个工具。在 SMC 中能添加至 SMC 中的主要工具类型为 Snap-in，其他还有：ActiveX 控件；网页，文件夹，任务板视窗，任务的链接功能。

使用 SMC 主要有两种方式：User 模式，使用现有 MMC 控制台来管理系统；Author 模式，创建一个新的控制台或修改现有控制台来管理系统。

在 SMC 中，主要的工作位置为 Management Console 和 Configuration Editor（见图 3-38）。

3.5.3.1　Management Console

Management Console 是 Server 所在的

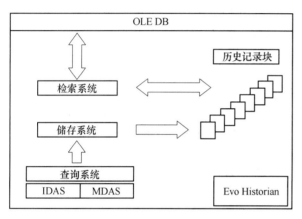

图 3-37　动态数据存储

位置，并可以执行如下功能：监视所有通信；添加或删除 Server/Group；访问 History Block 信息。

Management Console 包括 History Blocks 窗格。History Block 是压缩过的文件（NTFS），这些文件可以直接在 SMC 中查看到其状态，用户也可以（在 Windows 环境中）对这些文件进行复制和粘贴操作。

请按如下步骤操作查看 History Block：（1）打开 SMC；（2）展开至 Historian -> Historian Group -> AW7001 -> Management Console；（3）点击 History Blocks。

在此可以查看 History Block 的开始时间、结束时间、存放位置和时区信息（见图 3-39）。

History Block Table 可分为如下两类：

（1）Live Table，包含最新数值：AnalogLive；DiscreteLive；StringLive。

（2）History Table，包含历史数值：AnalogHistory；DiscreteHistory；StringHistory。

3.5.3.2　Configuration Editor

Configuration Editor 可以进行采样点导入、I/O Server/drivers、Storage 信息查看以及 Public/Private Group 管理。Storage Location 指的是历史数据的存储位置，可以按如下方法查看：在 SMC 中展开至 Historian Historian Group AW7001 Configuration Editor；点击展开至 Storage Storage Location。

系统在该文件夹下建立了四类不同的文件夹，用来对历史数据进行区别存放：

（1）Circular：常规存储位置，History Block 占用空间满后，最老的 History Block 转移至 Al-

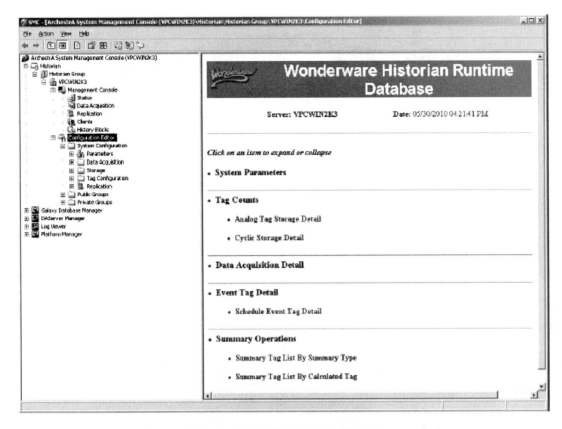

图 3-38 使用 SMC 时的主要工作位置

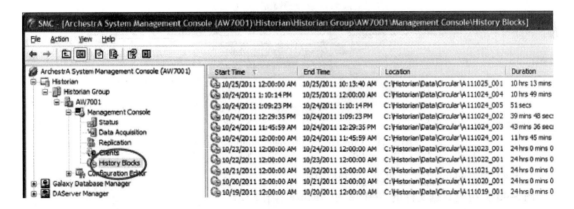

图 3-39 查看 History Block 的参数图

ternate（Alternate 没指定路径的话，改为删除最老数据）目录下。

（2）Alternate：用来存放 Circular 溢出后转移过来的 History Block 数据文件（满后删除最老的 History Block，以存放最新转移来的 History Block）。

（3）Buffer：用来临时存放数据，例如读取归档数据时。

（4）Permanent：用来存放重要的 History Block，系统不会尝试删除该路径下的数据。

图 3-40 为 Circular 路径下的数据文件操作图示。

图 3-41 为 Circular 与 Alternate 之间的数据操作图示。

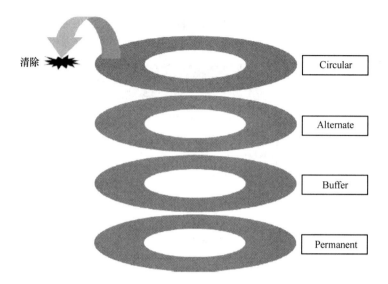

图 3-40　Circular 路径下的数据文件操作图

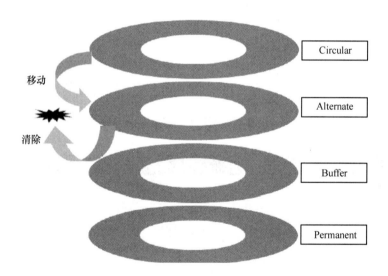

图 3-41　Circular 与 Alternate 之间的数据操作图

图 3-42 为 Backup 历史数据文件的操作图示。

图 3-43 为历史数据文件的 Restore 和 Archive 操作图示。

3.5.4　Replication 的概念

图 3-44 展示了 Replication 的基本概念。

3.5.4.1　Simple Replication

当采样点配置为 Simple Replication 时，所有存储在 Tier-1 Historian 中的采样值将被复制至 Tier-2 Server 中。模拟量、离散量和字符串型采样点都可以组态为 Simple Replication。Tier-2 Historian 中的采样点不能进一步进行 Replication 的配置。

Replication 后的结果存放在 Tier-2 Historian 中，采样点类型和 Tier-1 Historian 中一致。当以下情况发生时，Tier-1 Historian 进行 Simple Replication：接收到一个新的原始值；通过 MDAS 插入一

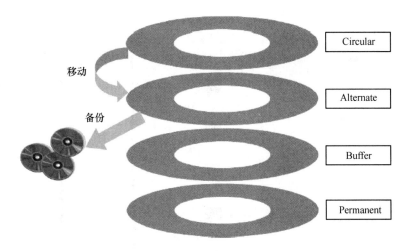

图 3-42 Backup 历史数据文件的操作图

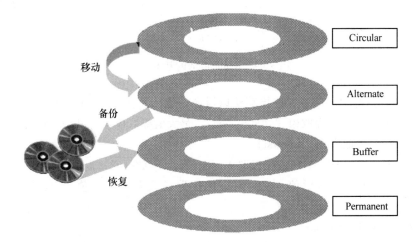

图 3-43 历史数据文件的 Restore 和 Archive 操作图

个新值或更新了一个新值，从 Failure 中恢复后，Store/Forware 数据的发送行为。

3.5.4.2 Summary Replication

Summary Replication 包括采样值的分析和存储的静态信息。Summary Replication 的复制间隔时间是由用户手动指定的，并被称之为 Calculation Cycle。Calculation 的结果可以存储在 Tier-1 Historian（Local）中或发送至 Tier-2 Historian（Remote）中，并按 Calculation Cycle 时间标签进行存储。Tier-2 中的采样点不像 Tier-1 采样点一样依赖于 Realtime 窗口。

Summary Replication 有两种：Analog Summary Replication；State Summary Replication。

Summary 的结果存放在 Tier-2 Historian 中。如果 Tier-1 Historian 不能执行计划中的 Summary Calculation，它会增加一个事件记录至 Replication 队列中。当系统资源足够重新启动或进行 Summary Calculation 时，Tier-1 Historian 将启动该任务，并在 Replication 队列中清除该记录。

Analog Summary Replication

Analog Summary Replication 对模拟量采样点进行汇总统计，统计仅与记录的间隔有关。这里可以提供的统计算法有：时间加权平均法；标准偏差积分；一段时间内的具有时间戳的初值/终值/最小值/最大值；时间段的开始/结束；OPC 质量；Good 质量的采样值百分比；采样值。

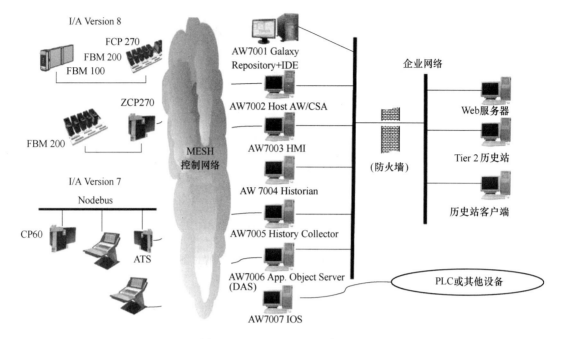

图 3-44　Replication 的基本概念

当用户进行数据提取的时候，选择算法以返还期望的数据。Analog summary replication 提供的功能类似于使用：最小值提取模式（Minimum）；最大值提取模式（Maximum）；平均值提取模式（Average）；积分提取模式（Integral）。

当使用 Evo Historian SDK 默认情况提取 Analog summary 数据时，提取的返回值对应于 AnalogSummaryHistory 数据表中的最后值。使用对应的提取模式获取最小值/最大值/平均值等所需数值。

State Summary Replication

State Summary Replication 汇总采样点的状态信息。这项功能可以应用于 Analog（仅限 Integer），Discrete 和 String 型采样点。State Summary Replication 提供了这些特殊的状态信息：总时间；周期百分比；最长/最短时间；OPC 质量；采样值。

State summary 的结果是一系列的值，分别代表了同一个采样点的同一段时间内的不同状态。当提取数据时，需要指定返还值的算法。Analog Summary Replication 提供的功能和使用 Value State/Round Trip 提取模式相似。

可以为 State summary replication 定义大量的状态，但如果状态数据在报告段内超过其最大值后，超过部分将被丢弃。在创建 State summary 采样点的时候，可以定义最大状态数，默认值为 10。

Replication 子系统会计算最早发生的 10 个状态。增加最大状态个数，将导致系统资源消耗的增加，建议用户酌情考虑。

3.5.4.3　配置 Replication Server

这部分在 LAB-2 中有详细的说明，请在课后实验中熟悉和完成。

3.5.4.4　配置 Replication 采样点

请参考如图 3-45 所示的两个对话框来进行 Replication 采样点配置。

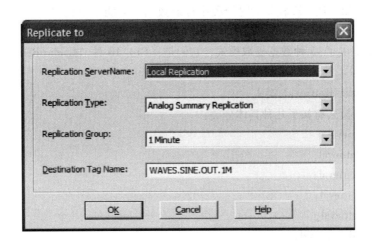

图 3-45　Replication 采样点配置

3.6　数据提取

本节将介绍如何对 Evo Historian 进行数据提取及其相关事项。在提取最合适的数据过程中，需要考虑的平衡因素主要集中在以下几项：返回的采样点数量；返回值的精度；对系统造成的负荷。

3.6.1　数据提取模式和选项

不同的数据提取模式可以使用不同的方式访问 Evo Historian 中存储的数据，例如：（1）如果从一段长时间段中提取数据，可能希望提取几百个平均分布的采样值，以最小化系统响应时间

（提取时间）；（2）如果从一段较短的时间段中提取数据，可能希望提取这段时间段中的所有采样值，以得到更精确的结果。

Evo Historian 提供了 13 种数据提取模式，它们是：（1）10 种"Cyclic Retrieval"模式；（2）3 种"Delta Retrieval"模式。

3.6.1.1　Cyclic Retrieval 模式

Cyclic Retrieval 模式有如下几种具体分类：

（1）Cyclic Retrieval；

（2）Average Retrieval；

（3）Best Fit Retrieval；

（4）Counter Retrieval；

（5）Integral Retrieval；

（6）Interpolated Retrieval；

（7）Maximum Retrieval；

（8）Minimum Retrieval；

（9）Value State Retrieval；

（10）Round Trip Retrieval。

Cyclic Retrieval

Cyclic Retrieval 是按照给定的时间间隔（由 Cyclic Retrieval Resolution 决定）来提取数据的，不论采样点的值在该时间段内是否有变化，均会进行规定时间段内数据的提取。该类型数据提取对所有类型采样点均有效。

Cyclic Retrieval 的数值提取是基于规定时间段内的时间分隔线来进行的。当规定了时间段以后，再进一步规定 Resolution，来把整个时间段划分为若干个小时间段，相邻的两个时间段之间由分隔线分隔，而数据的提取则最终是基于分隔线来进行的。

图 3-46 展示了该数据提取的基本原理。

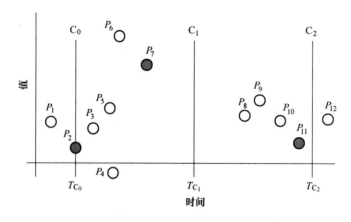

图 3-46　Cyclic Retrieval 类型数据提取的基本原理

如图 3-46 所示，在时间段 $T_{C_0} \sim T_{C_2}$ 之间，Resolution 被设定为 3 个分隔线，这三个分隔线分别为 C_0、C_1、C_2。在整个时间段分布中，一共有 $P_1 \sim P_{12}$ 这 12 个采样值。最终，进行 Cyclic Retrieval 的结果为：

（1）在 T_{C_0} 分隔线上，最终返回值为 P_2，因为 P_2 正好在分隔线上被采样；

（2）在 T_{C_1} 分隔线上，最终返回值为 P_7，因为分隔线上无采样值，而 P_7 为距分隔线最近的有效值，所以最终返回值为 P_7；

（3）在 T_{C_2} 分隔线上，最终返回值为 P_{11}，因为分隔线上无采样值，而 P_{11} 为距分隔线最近的有效值，所以最终返回值为 P_{11}。

Cyclic Retrieval 提取数据的速度很快，消耗系统的资源也很少。但是，该数据提取方式无法很准确的反映采样点的最精确的值，因为采样点的峰值、最小值和一些重要值可能分布在两个分隔线的当中区域，从而造成无法提取的结果。因为该提取方式总是提取正好在分隔线上或最靠近分隔线过去产生的最后有效值。

通过使用不同的参数配置，还可以调整 Cyclic Retrieval 模式最终的提取值。请参考以下小节中的对应内容，来获取更多信息：

（1）Cycle count（基于均分时间间隔上的 X 个值）；

（2）Resolution（X 毫秒时间间隔上分布的值）；

（3）History version；

（4）Timestamp rule（仅限 IndustrialSQL v9.0）；

（5）Row limit。

Average Retrieval

Average Retrieval 模式分为两类：Statistical Average；Time-weighted Average。

（1）Statistical Average。

Statistical Average 类型的数据提取，是将实际采样值相加后求平均的结果。四个采样点的 Statistical Average 数据分布如图 3-47 所示。

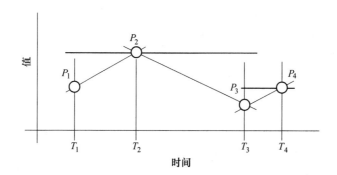

图 3-47　Statistical Average 类型数据提取的基本原理

最终提取的平均值为：

$$(P_1 + P_2 + P_3 + P_4)/4 = \text{average}$$

（2）Time-Weighted Average。

Time-Weighted Average 是对时间进行加权的一种平均值算法。该算法会将采样点之间的时间间隔作为加权数进行乘法计算，并以此为基础算出基于采样点之间的时间差的平均值。总之，采样点的值不变化的时间越长，该值的时间加权比重就越大。

多个采样值的权重依赖于采样点的插值算法，例如：

1）线性插值法：中间点进行加权；

2）阶梯插值法：前两个值进行加权。

假设图 3-48 为 Time-Weighted Average 模式下的采样点按时间分布的采样值，则根据线性插值法，得到 Time-Weighted 模式下的平均值公式为：

$$\{[(P_1 + P_2)/2](T_2 - T_1)\} + \{[(P_2 + P_3)/2](T_3 - T_2)\} + \{[(P_3 + P_4)/2](T_4 - T_3)\}/$$

$$(T_4 - T_1) = \text{average}$$

如果使用阶梯插值法，则计算公式为：

$$[P_1(T_2 - T_1) + P_2(T_3 - T_2) + P_3(T_4 - T_3)]/(T_4 - T_1) = \text{average}$$

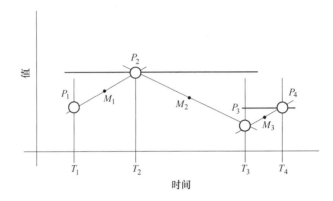

图 3-48　Time-Weighted Average 模式下按时间分布的采样值图

SQL Server AVG 集合是一个简单的统计平均值。而使用 Cycle count = 1，返回平均值提取数据的速度比 AVG 集合更快，通常情况下也更精确，这是由时间加权算法的特点决定的。Average Retrieval 在每个周期中为每个采样点返回一个行。周期间隔取决于 Cycle count 或 Resolution。

Tim-weighted 平均值算法仅能应用于模拟量采样点。如果将其应用于其他类型的采样点，将和使用其他常规数据提取方式提取的值一样，不会应用时间加权平均值算法。

Time-Weighted Average（Linear Interpolation-线性插值法）。

Best Fit Retrieval

Best Fit Retrieval 模式中，查询数据的总时间段被平均分为若干个小时间段，每个小时间段最多返还 5 个值：

（1）时间段中的第一个值；

（2）时间段中的最后一个值；

（3）时间段中的最小值及其实际时间；

（4）时间段中的最大值及其实际时间；

（5）时间段中的第一个例外（坏质量）。

Best Fit Retrieval 模式可以在 Delta Retrieval 和 Cyclic Retrieval 之间进行折中和平衡处理。

（1）Delta Retrieval 模式可以在一段比较长的时间的数据采集基础上，较精确的反应过程值（见图 3-49）。然而，这会导致返回值的量非常大。

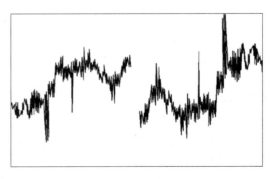

图 3-49　Delta Retrieval 模式数据采集反应过程

（2）Cyclic Retrieval 模式在数据提取上更有效率，但是返回的值不如 Delta Retrieval 模式精确，如图 3-50 所示。

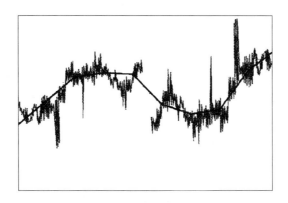

图 3-50 Cyclic Retrieval 模式数据采集反应过程

（3）Best Fit Retrieval 模式提取数据的表现如图 3-51 所示：

1）可以使用 Cyclic Retrieval 快速获取数据；

2）可以使用 Delta Retrieval 获得更接近真实值的数据。

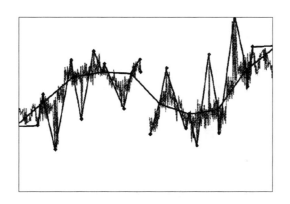

图 3-51 Best Fit Retrieval 模式数据采集反应过程

例如，假设采样点采样频率为 5s，经过一个星期的采集，Delta Retrieval 将提取 120960 个值，而 Best Fit Retrieval 仅提取 300 个左右的值。Best Fit Retrieval 会使用 Retrieval cycles，但这并不是直接采用 Cyclic 模式。从第一个初始值开始，它仅返回实际的 Delta 采样值。例如，一个采样值既是第一个值，又是最小值，则这个值仅被提取一次。如果在一个 Cycle 中采样点没有采样值，则不返回任何值。对于 Cyclic Retrieval 来说，Cycle 的个数是基于指定的分辨率或是 Cyclic count。然而，每个 Cycle 返回的值通常都不止一个。

Best Fit Retrieval 仅适用于模拟量采样点。对于其他类型的采样点来说，均默认为使用的是 Delta Retrieval 模式。

图 3-52 展示了 Best Fit 算法是如何在模拟量采样点的采样值中提取数值的。

按 Best Fit 模式，在 T_{C_0} 时间点开始，至 T_{C_2} 时间点结束。分辨率定为 T_{C_0} 和 T_{C_1} 时间点开始的两个完整 Cycle，以及 T_{C_2} 开始的一个不完整 Cycle。

根据图 3-52 中 $T_{C_0} \sim T_{C_2}$ 之间的采样值，这些值代表：

1）$P_1 \sim P_{12}$：Historian 中实际存储的采样值；

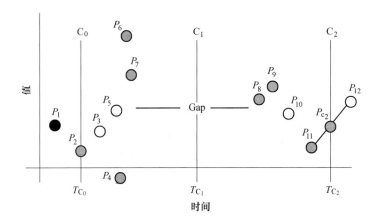

图 3-52   Best Fit 算法在模拟量采样点的采样值中提取数值过程

2）P_{11}：普通模拟量采样值；

3）P_7：因为 I/O Server 断开连接（形成了 P_7 和 P_8 之间的 Gap）造成的 Null 值。

由于 P_2 正好落在开始的时间线上，所以不需要使用插值法提取初始值。P_1 完全不用考虑。其他采样值则均需要使用到。但这其中只有红色的几个采样值才最终被返回。

第一个 Cycle（$T_{C_0} \sim T_{C_1}$）返回 4 个值：

1）P_2：Cycle 中 Query 的初始值和第一个值；

2）P_4：Cycle 中的最小值；

3）P_6：Cycle 中的最大值和最后值；

4）P_7：Cycle 中的第一个（也是唯一）发生的例外值。

第二个 Cycle（$T_{C_1} \sim T_{C_2}$）返回 3 个值：

1）P_8：Cycle 中 Query 的第一个值；

2）P_9：Cycle 中的最大值；

3）P_{11}：Cycle 中的最小值和最后值。

注：在第二个 Cycle 中，没有例外情况发生，所以无这类返回值。

由于在第二个 Cycle 中，Query 发生时（T_{C_2}）没有采样值在该时间线上，所以在第三个 Cycle 没有完结的情况下，T_{C_2} 时间线上的 P_{C_2} 采样值为 P_{11} 和 P_{12} 之间的插值（假定由线性插值法算出）。

在 Best Fit Retrieval 模式下，可以通过调整不同的参数，来取得不同类型的返回值。更多信息请参考如下部分：

1）Cycle count（基于时间段上平均时间间隔的 X 值）；

2）Resolution（以 X 毫秒间隔平均分布的采样值）；

3）History version；

4）Interpolation type；

5）Quality rule；

6）Row limit。

Counter Retrieval

Counter Retrieval 可以在一段时间的数据采集的基础上，精确地提取采样点的采样值基于 Delta 值的变化情况，甚至对达到 Rollover 值后发生 Reset 的采样点也有效。

该数据提取模式对于判断一段时间内产生了多少个 Item 比较有用。例如，设置一个 Counter

来跟踪统计生产了多少个纸箱。Counter 有个指示器，如图
3-53 所示。

Counter 最多显示到第二高的值，并被称为 Rollover
值。在图 3-53 例子中，Rollover 值为 10000。当 Counter 达
到 9999 之后，Counter 将重置为 0。因此，当 Counter 值为
9900 时，下一个值变为 100，说明 Counter 产生了 200 个单

图 3-53　Counter 指示器

位的变化，而不是 9800 个单位的变化（9900 + 200 = 10100，10000 为 Rollover 值，自动重置为 0，
再增长至 100）。

Counter Retrieval 可以处理这类情况，并获取正确的采样值。它是真正的 Cyclic 模式。它会在
每个 Cycle 中的 Query 为每个采样点返回一个数据行。Cycle 的个数由分辨率或 Cycle count 决定。

Cycle Retrieval 只对非 Real 型模拟量采样点和离散型采样点有效。对于其他类型的采样点来
说，不会有任何数据行返回。对于模拟量采样点来说，Rollover 值在 Evo Historian 中配置。对于
离散型采样点，Rollover 值总是假定为 2。

图 3-54 展示了 Counter 算法是如何判断模拟量采样点的 Count 的。

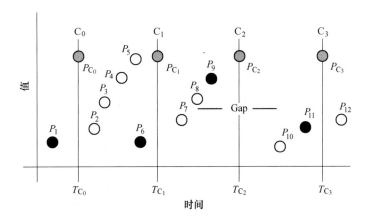

图 3-54　Counter 算法判断模拟量采样点过程

在本例中，开始时间为 T_{C_0}，结束时间为 T_{C_3}。分辨率设定为三个完整 Cycle（$T_{C_0} \sim T_{C_1}$，$T_{C_1} \sim$
T_{C_2}，$T_{C_2} \sim T_{C_3}$），以及由 T_{C_3} 开始的一个不完整 Cycle。

对于被 Query 的采样点，在 Cycle 中共查询到了 12 个采样值，分别为 $P_1 \sim P_{12}$：

（1）P_{11}：代表普通的模拟量采样值；

（2）P_9：代表由于 I/O Server 断开连接造成的 Null 值；

（3）P_{12}：不考虑，因为在 Query 时间区域之外。

在图 3-54 所有点中，只有黑色的采样值（P_1、P_6、P_9、P_{11}）才真正用来决定返回给客户端
的计算结果。本例中的返回值为 P_{C_0}、P_{C_1}、P_{C_2}、P_{C_3}。

所有的 Cycle 值均基于采样值的改变量来进行计算，从而计算出两个时间点之间采样值的
Rollover 次数。Counter 算法假定当前值如果比前一个采样值小，则是发生了 Rollover。在图 3-54
Query 中，在 Query 开始时间的初始值 P_{C_1} 也是这样计算的。

计算 P_{C_1} 的公式如下：

$$P_{C_1} = nVR + P_6 - P_1$$

式中，n 为在 Cycle 中发生了几次 Rollover；VR 为采样点的 Rollover 值。

注：如果 n 或 VR 的值为 0，则 P_{C_1} 就是 P_1 和 P_6 之间的差值。

对于 Cycle-C₂来说，Cycle time（正好位于 Gap 中）上没有数值，所以 P_9 作为 Null 值返回。在 Cycle-C₃ 上，同样也是返回 Null 值，因为在前一个 Cycle 边界上没有 Counter 值。

如果在一个 Cycle 中包含了一个完整的 Gap，并且在 Gap 两边均有采样值，则 Counter 值可以返回（有时可能会出错）。即使 Counter 发生了多次 Rollover，也只认为 0 个或 1 个 Rollover 发生。如果需要 Counter 在 Rollover 之前进行 Manual reset，则必须将 Rollover 值设定为 0。这时如果 Rollover 发生，Counter 不会进行计数，而仅仅是将采样值进行 Rollover。

例如，在一个 Cyclic 中，采样值为 100、110、117、123、3。则当 Rollover = 0 时，这个 Cyclic 结束，Counter retrieval 认为 123 － >3 时发生了一次 Manual reset，Rollover 次数不累加增加，并且 Reset 之后，Count 了 3 个单位的数值变化。如果 Rollover = 200，则当 123 － >3 时，发生了一次 Rollover，Rollover 计数累加增加 1，并且在 Rollover 之后，计数了 80 个单位的数值改变［（123 + 80）－ 200 = 3］。

可以使用多个参数来调节在 Integral Retrieval 模式下的返回值，请参考如下小节：

（1）Cycle count（以 X 为单位均分的时间间隔）；

（2）Resolution（每 X 毫秒一个采样值）；

（3）History version；

（4）Timestamp rule；

（5）Quality rule；

（6）Row limit。

Integral Retrieval

Integral Retrieval 通过整合由采样值形成的曲线图表计算 Retrieval cycle 边界上的采样值。因此，该模式工作起来非常接近 Average Retrieval 模式，但增加了一个额外的比例因子。例如，有个采样点代表介质流量，单位为加仑/秒，Integral Retrieval 可以 Retrieval 一段时间内的总介质通过量。

Integral Retrieval 是一个真正的 Cyclic 模式。它在每个 Cycle 中的 query 中，为每个采样值返回一个数据行。Cycle 的数量由分辨率或 Cycle count 决定。Integral Retrieval 只对模拟量类型采样点有效，对其他类型采样点，仅返回常规 Cyclic 结果。

Integral Retrieval 的两个计算步骤：

（1）Historian 计算由数据点形成的数据曲线下的面积，这和 Average Retrieval 一样。

（2）该面积由采样点的工程单位的时间基数来扩大。

例如，某采样点 1min 内的 Time-weighted 平均值为 3.5L/s，Integral Retrieval 在这个 Cycle 中的返回值为 210（3.5 × 60 = 210）。

可以使用多个参数来调节在 Integral Retrieval 模式下的返回值，请参考如下小节：Cycle count（以 X 为单位均分的时间间隔）；Resolution（每 X 毫秒一个采样值）；History version；Interpolation type；Timestamp rule；Quality rule；Row limit。

Interpolated Retrieval

Interpolated Retrieval 和 Cyclic Retrieval 很相似，不一样的地方是当 Cycle 边界上没有实际采样值的时候，该模式返回的是 Interpolate 值。该数据提取模式对缓慢变化的采样点很有用。对趋势图来说，该模式显示的将不再是阶梯式变化的趋势图，而是平滑变化的趋势图。当同时想对一个缓慢变化的和另一个快速变化的采样点进行数据提取时，该模式也非常有效。

默认情况下 Integral Retrieval 使用 Industrial SQL Server Historian 中的 Interpolation 设定来进行数据提取。这意味着如果某个采样点使用的是阶梯插值法，Interpolated Retrieval 的返回值将和 Cyclic Retrieval 模式一样。

Interpolation（线性差值法）仅适用于模拟量采样点。如果使用该模式对其他类型采样点进行数据提取，将直接使用阶梯插值法进行，并且结果将与使用 Cyclic Retrieval 一样。Interpolated Retrieval 比 Cyclic Retrieval 的数据提取速度稍微慢一点。它与 Cyclic Retrieval 有同样的限制，不能精确的反应存储的原始数据值。

图 3-55 显示了当使用 Interpolated Retrieval 模式时，模拟量采样点如何使用线性插值法进行数据提取和返回。

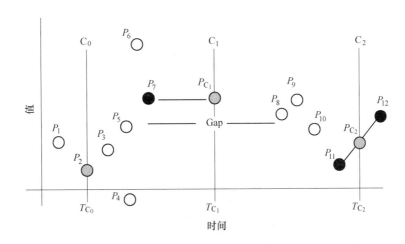

图 3-55　使用 Interpolated Retrieval 模式时，用线性插值法进行数据提取和返回

在图 3-55 中，由 T_{C_0} 开始，到 T_{C_2} 结束，分辨率设定为 Historian 在 T_{C_0}，T_{C_1} 和 T_{C_2} 三个 Cycle 边界上返回所需的数据值。在这段时间内：$P_1 \sim P_{12}$：历史库中的实际采样值；P_{11}：常规模拟量值；P_7：由于 I/O Server 断开连接造成的 Null 值，并导致了 P_7 和 P_8 之间的 Gap。

灰色的点（P_2、P_{C_1}、P_{C_2}）为返回值。黑色的点（P_7、P_{11}、P_{12}）用来在每个 Cycle 中计算和插入返回值。

灰色的 P_2 点正好落在 Query 的开始线上，所以不需要任何插值计算就可以直接将值返回。在接下来的一个 Cycle 中，P_{C_1} 作为 P_7 的平移值被提取为返回值（由于 Gap 的关系）。在最后一个 Cycle 中，P_{C_2} 作为 P_{11} 和 P_{12} 的插值被提取和返回。

可以使用多个参数调节在 Interpolated Retrieval 模式下的返回值，请参考如下小节：Cycle count（以 X 为单位均分的时间间隔）；Resolution（每 X 毫秒一个采样值）；History version；Interpolation type；Timestamp rule；Quality rule；Row limit。

Maximum Retrieval

Maximum Retrieval 模式将返回 Cycle 中存储的实际采样值的最大值。如果在 Cycle 中无法查到任何实际有效数据，则不返回任何值。如果在 Cycle 中有一个或多个 Null 值，则 Null 将会作为返回值被返回。

在 Cyclic retrieval 中，Cycle 的个数取决于分辨率或 Cycle count。然而，Maximum Retrieval 并不是真正的 Cyclic 模式。除了初始值之外，其他所有的返回点均为 delta 采样点。该模式仅对模拟量采样点有效。对于其他类型采样点而言，如果使用该模式，则返回常规 delta 值。所有采样值均按时间顺序返回。如果在同一时间点有多个值，则按 Query 中指定采样点的顺序进行返回。图 3-56 为 Maximum Retrieval 的数据提取示例。

在这个例子中，开始时间为 T_{C_0}，到 T_{C_2} 结束。分辨率设定为 Historian 在 T_{C_0} 和 T_{C_1} 上获得完整 Cycle 的返回值，并在 T_{C_2} 开始一个虚假的 Cycle，还有一个不完整的 Cycle 的返回值 - T_{C_2}。虚假

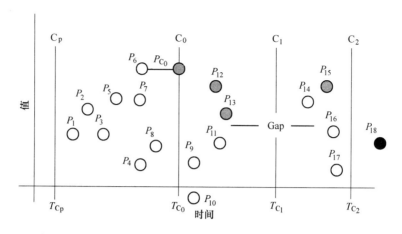

图 3-56   Maximum Retrieval 的数据提取示例图

Cycle 的时间跨度和第一个 Cycle（$T_{C_0} \sim T_{C_1}$）一样，并从 T_{C_0}（Query 开始时间）开始向前回溯一个 Cycle。

在图 3-56 中，一共 18 个采样值被查询（$P_1 \sim P_{18}$）。P_{17} 代表常规模拟量值；P_{13} 代表 Null 值；在虚假 Cycle 中的最大值 P_6 将在 T_{C_0} 被当成初始值返回；P_{18} 不考虑，因为该采样值在 Query 查询范围之外；最终的返回值只有 P_{12}，P_{13} 和 P_{15}。

返回值的结果为：P_6：虚假 Cycle 的最大值以及 T_{C_0} 的初始值；P_{12}：第一个 Cycle 的最大值；P_{13}：第一个 Cycle 的 Null 值；P_{15}：第二个 Cycle 的最大值。

在第三个不完整 Cycle 中，没有返回值，因为采样点在这个时刻没有值。如果第一个 Cycle 的最大值正好落在第一个 Cycle 的开始时刻，则该最大值和虚假 Cycle 的最大值将一同被返回。

可以使用多个参数来调节在 Maximum Retrieval 模式下的返回值，请参考如下小节：Cycle count（以 X 为单位均分的时间间隔）；Resolution（每 X 毫秒一个采样值）；History version；Quality rule；Row limit。

Minimum Retrieval

Minimum Retrieval 模式返回的是 Cycle 中的最小值。如果在 Cycle 中查询不到最小值，则不返回任何值。如果在 Cycle 中有一个或多个 Null 值，则 Null 将被返回。

在 Cyclic retrieval 中，Cycle 的个数取决于分辨率或 Cycle count。然而，Minimum Retrieval 并不是真正的 Cyclic 模式。除了初始值之外，其他所有的返回点均为 delta 采样点。

Minimum Retrieval 模式仅对模拟量采样点有效。对于其他类型采样点而言，如果使用该模式，则返回常规 delta 值。该模式下所有采样值均按时间顺序返回。如果在同一时间点有多个值，则按 Query 中指定采样点的顺序进行返回。图 3-57 为 Minimum Retrieval 的数据提取示例。

在这个例子中，开始时间为 T_{C_0}，到 T_{C_2} 结束。分辨率设定为 Historian 在 T_{C_0} 和 T_{C_1} 上获得完整 Cycle 的返回值，并在 T_{C_0} 开始一个虚假的 Cycle，还有一个不完整的 Cycle 的返回值 $- T_{C_2}$。虚假 Cycle 的时间跨度和第一个 Cycle（$T_{C_0} \sim T_{C_1}$）一样，并从 T_{C_0}（Query 开始时间）开始向前回溯一个 Cycle。

在图 3-57 中，一共采集了 18 个采样值（$P_1 \sim P_{18}$）。P_{17} 代表常规模拟量值，P_{13} 代表 Null 值。

在虚假 Cycle 中的最小值 P_4 将在 T_{C_0} 被当成初始值返回。P_{18} 不考虑，因为该采样值在 Query 查询范围之外。最终的返回值只有 P_{10}、P_{13} 和 P_{17}。

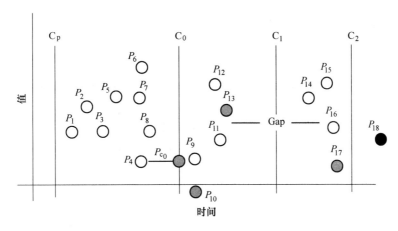

图 3-57 Minimum Retrieval 的数据提取示例图

最终返回结果为：P_4：虚假 Cycle 的最小值以及 T_{C_0} 的初始值；P_{10}：第一个 Cycle 的最小值；P_{13}：第一个 Cycle 的 Null 值；P_{17}：第二个 Cycle 的最小值。

在第三个不完整 Cycle 中，没有返回值，因为采样点在这个时刻没有值。如果第一个 Cycle 的最小值正好落在第一个 Cycle 的开始时刻，则该最小值和虚假 Cycle 的最大值将一同被返回。

可以使用多个参数来调节在 Maximum Retrieval 模式下的返回值，请参考如下小节：

Cycle count（以 X 为单位均分的时间间隔）；Resolution（每 X 毫秒一个采样值）；History version；Quality rule；Row limit。

Value State Retrieval

Value State Retrieval 模式返回的是某个采样点在每个 Retrieval cycle 中保持某个状态的时间是多长。

该模式常用于获取如下信息：一个设备运行/停止了多久；一个过程状态持续了多久；一个阀门开启/关闭了多久。

例如，现场有一个控制蒸汽流量的蒸汽阀，可以通过 Value state retrieval 获取该阀门在过去 1h 中处于打开状态的平均时间。Value state retrieval 可以返回采样点停留在某个状态中的最短、最长、平均或总量值或处于该状态下的时间占总时间的百分比值。

如果是在 Trend 中对采样点使用 Value state retrieval，必须为采样点指定某个特定的 State。同时，Value state retrieval 将为每个 Cycle 返回一个值。例如，适合在 Trend 上显示的返回值为每个小时中阀门处于开状态的总时间。

如果没有指定特定的采样点状态，则 Value state retrieval 将返回一个数据行，包含有该采样点在一个 Cycle 中的所有值。例如，阀门在过去某段时间中的开启时间和关闭时间。这样的数据提取结果并不适合做 Trend 显示，但可以在 Query 中以表格形式显示。

Value state retrieval 适用于 Integer、Discrete 和 String 型采样点。如果对其他类型采样点使用，则没有返回值。Null 值将被认为是另一个 State。在 Query 开始时的初始值是根据该模式算法，对 Query 前应用一个虚假周期得到的结果，并假定该计算值正好落在 Query 开始线上。

Value state retrieval 可以返回的结果是：采样点在某个状态的最短、最长、平均或总时间；采样点在某个状态的时间占整个 Cycle 的百分比。

可以使用多个参数来调节在 Value State Retrieval 模式下的返回值，请参考如下小节：Cycle count（以 X 为单位均分的时间间隔）；Resolution（每 X 毫秒一个采样值）；History version；Timestamp rule；Quality rule；Row limit；State calculation；State。

3.6.1.2　Delta Retrieval 模式

Delta Retrieval 模式分为如下级别：Delta；Full；Slope。

Delta Retrieval

Delta Retrieval，基于例外情况的数据提取，仅提取采样点发生改变的采样值。该模式对所有类型的采样点均有效。

Delta Retrieval 总是生成基于 Historian 实际存储值的行集合。Delta query 返回 History 中存储的物理行，判断原则是该采样点的值是否发生变化。如果在 Query 开始时间没有值，则会将开始时间前的最后一个值返回。图 3-58 显示了该数据提取模式是如何工作的。

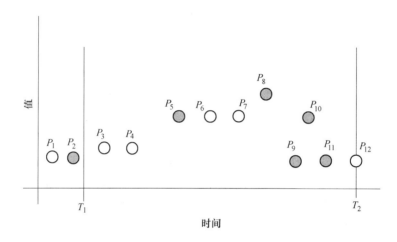

图 3-58　数据提取模式工作流程图

在图 3-58 中，数据提取时间为 $T_1 \sim T_2$。图中的每个点都是 Historian 中的实际采样值。以下为 Query 的返回结果：P_2：T_1 上没有实际点，因此使用 T_1 前最后一个值；P_5、P_8、P_9、P_{10} 和 P_{11}：与前一个采样值发生改变的采样值。

请参考如下小节以获取更多信息：Time deadband；Value deadband；History version；Row limit。

Full Retrieval

Full Retrieval 模式会将指定 Query 范围内的所有采样值返回。该模式对所有类型的采样点有效。通过使用 Full Retrieval 以及存储时不采用过滤功能（不使用 Delta 或 Cyclic 存储），用户可以采集工厂过程采样点的所有采样值，并通过 Query 提取和查看。

Full Retrieval 模式最真实的反映了工厂过程采样点的变化。然而，由于该模式会采集非常大量的过程值，从而导致了 Server 机器，Client 机器以及网络负荷的增高。图 3-59 显示了 Full Retrieval 模式的数据提取方法。

在图 3-59 中，数据提取时间为 $T_1 \sim T_2$。图中的每个点都是 Historian 中的实际采样值。以下为 Query 的返回结果：P_2：T_1 上没有实际点，因此使用 T_1 前最后一个值；$P_3 \sim P_{12}$：每一个均为 Query 时间段内的实际采样值，并被 Query 查询和返回。

请参考如下小节以获取更多信息：History version；Row limit。

Slope Retrieval

Slope Retrieval 返回的是采样值的改变速率，即当前采样值和前一个采样值用直线相连，并计算该直线的斜率。该模式可以用来检测采样值是否变化过快。例如，用户有个应该缓慢变化温度测点，如果该温度值变化过快，则可能存在潜在的风险和问题，在这样的情况下 Slope Retrieval

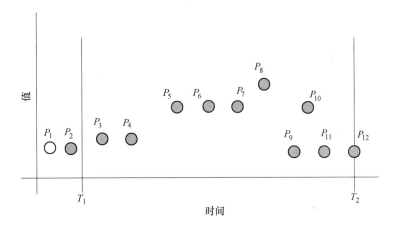

图 3-59 Full Retrieval 模式的数据提取方法图

就是最合适的数据提取方式。

Slope Retrieval 可以被认为是 Delta 模式，因为计算 Slope Retrieval 的返回值，需要前后两个采样点有差值才能形成斜率。该模式只适用于模拟量采样点。对于其他类型的采样点来说，如果使用该模式，则默认为返回常规的 Delta Retrieval 值，所有的返回值按时间进行排序。如果有两个采样值时间标签一致，则按照 Query 中的查询顺序进行排序。图 3-60 显示了 Slope Retrieval 模式的数据提取方法。

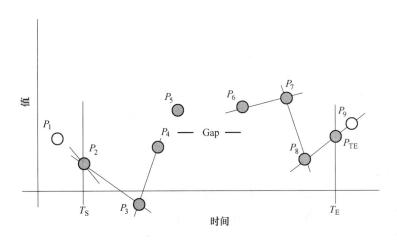

图 3-60 Slope Retrieval 模式的数据提取方法图

在本例当中，开始时间为 T_S，结束时间为 T_E。对于被查询的采样点来说，一共有 9 个采样值被查询到，分别从 $P_1 \sim P_9$。P_8 代表正常采样值，P_5 代表 Null 值。

下面以 P_1 和 P_2 采样值为例（假设 P_1 的时间标签为 T_1，P_2 的时间标签为 T_2），进行 Slope Retrieval 的算法说明。P_1 和 P_2 之间的 Slope Retrieval 返回值计算公式为：

$$返回值 = (P_2 - P_1) / (T_2 - T_1)$$

T_1 和 T_2 之间的时间差值单位为 s。因此，Slope Retrieval 返回值代表的是采样点每秒钟变化的工程单位值（例如，变化率为 5mm/s）。

在本例中，P_2 正好位于 Query 的起点，前一个采样点为 P_1，所以 P_1 和 P_2 的返回值在 T_S 上。而 P_3、P_4、P_7 和 P_8 则返回在 T_3、T_4、T_7 和 T_8 上。P_7 和 P_8 的值返回在 Query 结束点上，即 P_{TE}。

对于 P_6 来说，因为该采样值前没有有效采样值，默认斜率为 0。P_5 返回 Null 值。

3.6.1.3　Retrieval 的相关选项

用户可以通过指定 Retrieval 的选项来调整各 Retrieval 模式下的返回值结果。这些 Retrieval 选项分别是：Row limit；History version；Time deadband；Value deadband；Resolution；Cycle count；Quality rule；Time stamp rule；State calculation；Interpolation type。

Row limit

用户可以指定数据行的最大数目，以防止返回的数据量过大。例如，指定 Row limit = 200，则 Query 从 Historian 中返回的数据行最多不超过 200 行。

Row limit 对每个 Query 均有效。在 Trend 程序中，可以对采样点使用不同的 Query 以获取不同的数据显示结果。因此，在 Trend 程序中最终返回的总行数可能会超过 Row limit 的规定值。

例如：Row limit = 200，Trend 中包含有 5 个采样点，其中 4 个采样点采用 200 的 Row limit，剩下一个为 100。

在本例中，4 个 Row limit = 200 的采样点被同一个 Query 提取数值，则最多返回 200 行，而剩下一个 Row limit = 100 的采样点单独使用另一个 Query 进行数据提取，则最多返回 100 行，两个不同的 Query 返回的总行数 = 200 + 100 = 300 行（该现象对其他所有 Retrieval 模式通用）。

History version

Wonderware Historian 允许用户可以更新 Historian version，并在更新后可以再次采集同一个采样点的采样值。该采样值会根据 Historian version 进行存放，意思是说，不同 version 下的同一个采样值分别存放和显示。

当进行数据提取时，根据指定的 Historian version，用户可以选择提取对应指定 version 下的采样点的采样值。

为了区分原始采样值和新 version 下的采样值，Historian 中的采样值在返回的时候，会跟随一个 quality 数值 "202"，代表最新 version 下采样值为好质量。该选项在所有的 retrieval 模式中均有效。

Time deadband

Time deadband 用来在 delta 模式下控制返回数据的 "Time resolution"，可应用于以下对象：模拟量采样点；离散量采样点；字符串型采样点。

Value deadband

Value deadband 用来在 delta 模式下控制返回数据的 "Value resolution"。采样值的变化如果没有超过 Value deadband 规定的死区值，则不会被提取和返回。

Deadband 以采样点的工程单位满量程的百分比来表示。

Resolution

在使用 Cycle 的 Retrieval 模式中，Resolution 是数据提取的标准间隔，即每个 Cycle 的长度。总而言之，Cycle 的个数取决于数据提取的时间段长度 Time period 和 Resolution，即

$$\text{Cycle 个数} = \text{Time period}/\text{Resolution}$$

事实上，数据提取时的返回值个数并不一定完全与 Cycle count 一致。在真正的 Cyclic 模式下（Cyclic、Interpolated、Average 和 Integral 模式），每个 Cycle 边界上均会返回一个数据值。然而在其他 Cycle-based 模式下（Best fit、Minimum、Maximum、Counter 和 Value state），根据不同的采样值分布情况，每个 Cycle 可能返回多个值或一个值都不返回。作为指定 Resolution 的替代方法，用户可以直接指定 Cycle count。这样一来，Resolution 由 Query 时间段和 Cycle count 决定。

该选项可以应用于以下 Retrieval 模式：Cyclic retrieval；Interpolated retrieval；Best Fit retrieval；Average retrieval；Minimum retrieval；Maximum retrieval；Integral retrieval；Counter retrieval；Value State retrieval。

Cycle count

在使用 Cycle 的 Retrieval 模式中，Cycle count 决定了数据提取中的 Cycle 个数。每个 Cycle 的长度（返回值的 resolution）计算方法如下：

$$D_C = D_Q / (n + 1)$$

式中，D_C 为 Cycle 的长度；D_Q 为 Query 的时间跨度；n 为 Cycle count。

实际上，指定 Cycle count 也可以用指定 Resolution 来代替。这样一来，Cycle count 将基于 Query 的时间跨度和 resolution（数据提取时间间隔）来计算。

在 Trend 客户端程序中，用户可以直接使用根据 chart width 自动决定的 Cycle count 来提取数据。在该状况下，Cycle count 为：Best Fit、Mimimum、Maximum、Counter 或 Value State 模式下每 15 个像素一个 Cycle；其他 Cyclic 模式为每一个像素一个 Cycle。

该选项可以应用于以下 Retrieval 模式：Cyclic retrieval；Interpolated retrieval；Best Fit retrieval；Average retrieval；Minimum retrieval；Maximum retrieval；Integral retrieval；Counter retrieval；Value State retrieval。

Quality rule

Quality rule 模式下用户可以通过 quality 设置将不符合要求的采样值从数据提取的过程中排除出去：Good：有问题的 OPC quality 采样值被排除在外；Extended：有问题的 OPC quality 采样值被包含在内；Server default：根据 Wonderware Historian 默认设置选择 Good 或 Extended 选项。

该选项可以应用于以下 retrieval 模式：Interpolated retrieval；Best Fit retrieval；Average retrieval；Minimum retrieval；Maximum retrieval；Integral retrieval；Slope retrieval；Counter retrieval；Value State retrieval。

Time stamp rule

对于各 Cycle-Based 形式的 Retrieval 模式而言，用户可以指定返回的数据值的时间标签是在 Cycle 开始时间，还是在 Cycle 结束时间。

这些选项是：Time stamp rule：Start，时间标签在 Cycle 的开始时间上；Time stamp rule：End，时间标签在 Cycle 的结束时间上；Time stamp rule：Server default，根据 Wonderware Historian 系统参数的设定来决定。

State calculation

在 Value State Retrieval 模式中，通过设置如下 state 计算选项，可以选择哪类 time-in-state 信息进行提取和返回：

（1）Minimum：采样点在每个不同状态中的最短时间。

（2）Maximum：采样点在每个不同状态中的最长时间。

（3）Average：采样点在各个不同状态中的平均时间。

（4）Total：采样点在各个不同状态中的总时间。

（5）Percent：采样点在各个不同状态中的时间占总时间的百分比。

除 Percent 选项外，其他各选项的时间单位均为 ms。

对于 State Calculation 来说，total 和 percent 两项计算是非常精确的。但是 mimimum、minimum 和 average 计算则受限于采样点状态变化并不会总是和 Cycle 的边界重合。因此，这几种提取算法可能会返回一些不够精确的结果。这通常会提取缓慢变化状态的采样点，并且 Query 时间跨度很大，且 Cycle 时间间隔也很大的情况下发生。

例如，一个采样点只有 A/B 两个状态，并且每十分钟切换一次。某次 Query 中 Cycle 的时间间隔为 2h。假设当刚进入一个 Cycle 5s 后，该采样点状态正好由 A 切换至 B，则在该 Query 中，A 状态的最短时间被统计为 5s，同样的情况也会发生在 Cycle 结束的时间线上，而实际上该采样点处于 A 状态的最短时间应该为 10min 左右。这两个时间线上的统计，将会干扰到该采样点的正常状态统计结果。

Interpolation type

对各 Retrieval 模式来说，用户可以通过设定 Interpolation type 决定当 Cycle 边界上没有直接获取到采样值的时候，该如何计算得到满足 Query 要求的采样值，如图 3-61 所示。

Interpolation 有两种算法，分别为：

（1）Stair-step interpolation：阶梯插值法。

（2）Linear interpolation：线性插值法。

Stair-step interpolation

Stair-step interpolation 实际是不发生插值运算的。在 Cycle 边界上如果没有采样值，则直接使用离边界最近的采样值作为返回值，如图 3-62 所示。

Linear interpolation

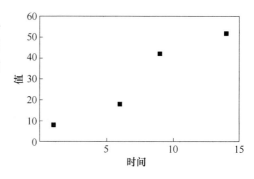

图 3-61　Interpolation type 设定图

Linear interpolation 算法会将边界前后的采样值进行线性计算。如果边界前后均为 Null 值，则将边界前最后一个有效值作为返回值，如图 3-63 所示。

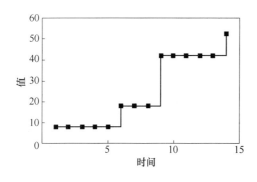

图 3-62　Stair-step interpolation

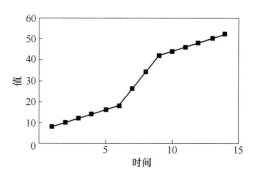

图 3-63　Linear Interpolation

该算法的计算公式如下：

$$V_c = V_1 + (V_2 - V_1)(T_c - T_1)/(T_2 - T_1)$$

式中，V_c 为计算出的边界值。

对于使用 interpolation 算法的采样值而言，使用阶梯法或使用线性法进行插值，其实取决于采样点本身的特性，例如：线性采样点，比如热电偶、采样点本身为线性，则使用线性插值法；离散型采样点，比如设定值、阶梯状变化，则使用阶梯插值法。

通常来说，线性插值法适用于大多数过程变量。

Interpolation 选项可以应用于以下 retrieval 模式：Interpolated retrieval；Best Fit retrieval；Average retrieval；Integral retrieval。

3.6.1.4　Retrieval 模式和选项汇总

每个 retrieval 选项都有其对应的模式。如果用户在使用它们的时候，模式和选项的匹配关系出错了，则系统会忽略该选项。

系统按如下分类进行划分：Cyclic retrieval 模式；Delta retrieval 模式；Retrieval 类型 VS 采样点类型。

A Cyclic Retrieval 模式

Cyclic Retrieval 模式请按表 3-7 内容进行匹配。

表 3-7 匹配 Cyclic Retrieval 模式

Retrieval Option / Retrieval Type	计数周期	表决方案	历史版本	质量规则	时间标记规则	插值类型
Cyclic	√	√	√	√	×	√
Average	√	√	√	√	√	√
Best Fit	√	√	√	√	√	×
Conter	√	√	√	√	√	×
Integral	√	√	√	√	√	√
Interpolated	√	√	√	√	√	√
Maximum	√	√	√	√	√	×
Minimum	√	√	√	√	√	×
Value State	√	√	√	√	√	√

B Delta Retrieval 模式

Delta Retrieval 模式请按表 3-8 内容进行匹配。

表 3-8 匹配 Delta Retrieval 模式

Retrieval Option / Retrieval Type	时间死区	数值死区	历史版本	行限制	质量规则
Delta	√	√	√	√	×
Full	×	×	√	√	×
Slope	×	×	√	√	√

C Retrieval Type 与 Tag Type 模式对比

Retrieval Type 与 Tag Type 模式对比请按表 3-9 内容进行匹配。

表 3-9 Retrieval Type 与 Tag Type 模式对比

Retrieval Type	适用的标签类型	对于所有其他类型标签返回值
Cyclic	All	Cyclic
Average	Only Analog	Cyclic
Best Fit	Only Analog	Delta
Conter	Integer & Discrete	None
Integral	Only Analog	Cyclic
Interpolated	Only Analog	Cyclic
Maximum	Only Analog	Delta
Minimum	Only Analog	Delta
Value State	Integer，Discrete & String	None
Delta	All	
Full	All	
Slope	Only Analog	Delta

3.6.2　Wide Table Transformation

Wide Table Transformation 分为两级：（1）Narrow format：适合大多数关系型 Query；（2）Wide format：适合大多数工程应用。

3.6.3　Storage Independent Retrieval

Storage type 有如下特性：（1）比 retrieval type 类型更多；（2）各自独立选择。

3.6.4　Resolution Control

Resolution control 分为：

（1）wwCycleCount：返回平均分布的行。

（2）wwResolution：毫秒级的 Integer 值；在指定时间段内设定时间间隔。

（3）CycleCount 和 resolution 是相互排斥的。

（4）wwValueDeadband：根据总量程的百分比改变。

（5）wwTimeDeadband：毫秒级的 Integer 值；限制了返回的行数。

3.6.5　Edge Detection

Edge Detection 分为：

（1）None：所有符合条件的行均会返回。

（2）Leading Edge：当遇见 False 行后，下一个返回行必须为 True。

（3）Trailing Edge：当遇见 Ture 行后，下一个返回行必须为 False。

（4）Leading & Trailing。

3.6.6　Time Domain Extensions

Time Domain Extensions 分为：

（1）Version：Original；Latest。

（2）Time zone：所有 history 数据均存储为 Universal Time Coordinated（UTC）；Time zone 可以将时间标签转换为本地的 Time zone。

3.7　Historian Client Trend

本节将介绍 Evo Historian 相关的趋势软件以及使用方法。

3.7.1　Trend 软件

Trend 软件的操作步骤为：点击 Start -> All Programs -> Wonderware -> Historian Client -> Trend，打开窗口如图 3-64 所示。

用户可以在 Tag Picker 中选择采样点分类，并在下方的 Tags 列表中将需要显示的采样点拖拽至右边窗口下方的方框中，进行指定采样点的趋势图显示。

3.7.2　运行 Historian Client Trend 程序

Historian Client Trend 程序是一个显示历史趋势的客户端工具。该程序必须能够与 historian server 建立通讯，才能正常的提供趋势显示功能。在 Historian Client Trend 第一次运行时，软件会自动提示用户提供 historian server 的计算机名称等信息，如图 3-65 所示。

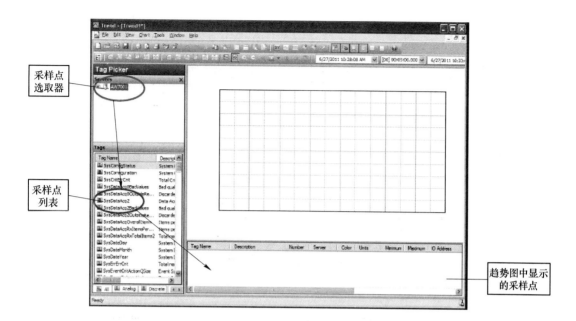

图 3-64 打开 Trend 软件后的窗口

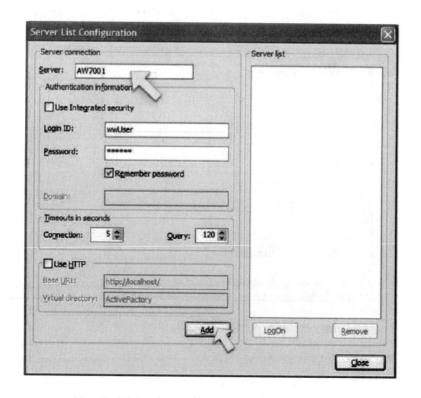

图 3-65 首次运行 Historian Client Trend 时的信息提示

在 Trend 窗口中，在 Tag Picker 窗格中，可以展开至采样点列表中子文件夹访问更多的采样点，如图 3-66 所示。

将采样点拖至下方窗格中进行趋势显示，如图 3-67 所示。

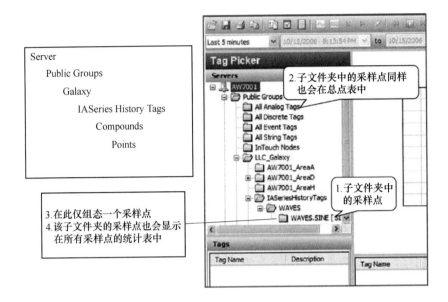

图 3-66   Trend 窗口中的相关操作图

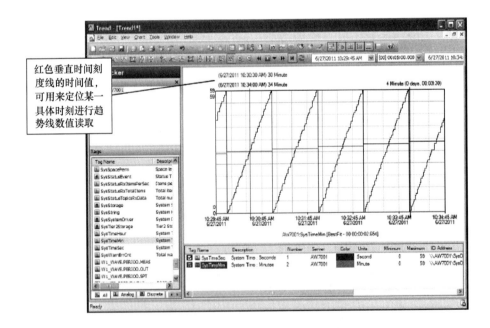

图 3-67   将采样点拖至下方窗格中进行趋势显示

3.8 查询历史数据

本节将介绍如何使用 Query 在 Evo Historian 查询指定采样点数据。

3.8.1 打开 Query 软件

打开 Query 软件的方法为:

Start -> All Programs -> Wonderware -> Historian Client -> Query

打开后的软件界面如图 3-68 所示。

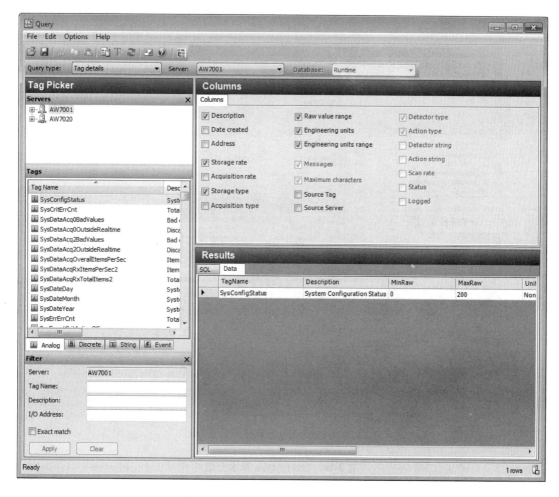

图 3-68 Query 软件打开后的软件界面

用户可以在 Query 工具栏选择不同类型的 query 进行执行。选择不同的 query，将导致从历史库提取的数据结果不同。

在工具栏中，最常用、最主要的三个选项为：

（1）Query type：用来选择不同类型的 Query，从而提取用户所需的数据结果。

（2）Server：用来选择 Server。

（3）Database：除了 Query type 为 Custom 之外，其他一律为 Runtime（不可修改）。

3.8.2 Query 软件的界面简介

Query 软件由以下部分组成（见图 3-69）：

（1）主工具栏：软件的主要功能按钮栏。

（2）Query type 窗格：可以选择 Query 类型。

（3）Tag Picker：用来选择 Server 和采样点。

（4）Columns 窗格：用来选择 Query 数据提取中的返回列。

（5）结果显示窗格：用来显示 Query 查询的结果。

表 3-10 对 Query type 进行了一个基本介绍。

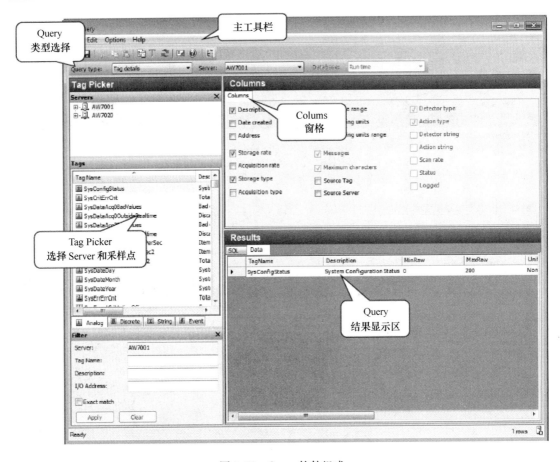

图 3-69　Query 软件组成

表 3-10　Query type 基本介绍

Qery type	描述-可用标签-列/表
综合值	使用此项可查看指定标记的综合值（最小、最大、总和、平均值等）。 标签过滤器选项：模拟量和离散量。 列/表选项：格式、时间、条件、计算、检索和数据源
报警历史	对于查询类型的报警历史，有两种标记类型：模拟量和所有类型。 标签过滤器选项。 列/表选项：列、时间、报警限值、检索、源和顺序
报警限值	实时值。 标签过滤器选项：模拟量。 列/表选项：报警限值
注释	返回注释。 标签过滤器选项：模拟量、离散量、字符串和事件。 列/表选项：条件和时间
自定义	构造自己的查询并查看结果。 标签过滤器选项：不适用。 列/表选项：无
事件历史值	返回指定事件的时间（当发生时）。 标签过滤器选项：事件。 列/表选项：列、时间和顺序

Qery type	描述-可用标签-列/表
事件快照	返回与事件发生时相关快照的标记值。 标签过滤器选项：事件、选择模拟量、离散量和字符串。 列/表选项：标签设置、列、时间和顺序
收藏夹	包含利用更复杂 SQL 的高级查询的示例文件。 标签过滤器选项：不适用。 从此类查询中选择以了解未出现在标准查询选项中的 SQL。 修改查询并重新保存以便于将来在你自己的环境中使用。 列/表选项：收藏夹（浏览器/省略按钮）
历史值	返回指定标记某时间段中历史记录值。包括格式配置和历史库时间域扩展。指定用于返回数据范围的条件。 标签过滤器选项：模拟量、离散量、字符串和所有类型。 列/表选项：列、时间、格式、标准、检索、数据源、顺序
IO 服务器	生成查询以返回标记列表，包括摘要标记。 标签过滤器选项：不适用。 列/表选项：IO 服务器
实时值	返回指定标签的实时值。 标签过滤器选项：模拟量、离散量、字符串和所有类型。 列/表选项：列和时间
标签数量	按类型返回标签数。 标签过滤器选项：模拟量、离散量、字符串、事件和所有类型。 列/表选项：计数
服务器版本	返回从"服务器"下拉列表中选择的目标服务器的当前版本。 标签过滤器选项：不适用。 列/表选项：无
存储	返回存储类型、路径、最大和最小值大小阈值的统计信息。 标签过滤器选项：不适用。 列/表选项：存储
可用的存储容量	返回备用、缓冲、主存和长久存储位置上的可用存储空间值。 标签过滤器选项：不适用。 列/表选项：无
存储启动数据	从历史库中返回最早存储的启动数据。 标签过滤器选项：不适用。 列/表选项：无
摘要值	使用此查询可以查看指定标签摘要系统计算的值。 标签过滤器选项：所有。 列/表选项：列、时间、计算和顺序
标签详细信息	获取有关指定标签的配置信息。配置信息定义了在默认情况下如何获取、存储和显示标签。 标签过滤器选项：模拟量、离散量、字符串和事件。 列/表选项：列
标签搜索	返回所选标签类型的名称和描述。 标签过滤器选项：模拟量、离散量、字符串、事件和摘要。 列/表选项：搜索
运行时间	（以分钟）返回系统运行的总时间。 标签过滤器选项：不适用。 列/表选项：无

3.8.3 构建一个 Query

通过使用 Columns 对 Query 进行构建，可以对 Query 提取和返回的数据结果从结构上进行设计和调整。比如说，规定返回的数据结果表中，包含有采样点的点名、数值、质量等信息列。当在 Columns 中勾选或取消某列时，下方的数据表也会相应的发生实时变化。也可以通过主工具栏的 Refresh 按钮对显示结果进行刷新。

3.9 手工数据

本节将介绍 MDAS 的基本功能以及如何通过 MDAS 来获取数据和对数据库进行数据维护。例如，获取 MDAS 数据，插入纠正过的数据值等。

MDAS 被设计用来为 ArchestrA 和 Womderware Application Server 定义采样点以及存储采样点历史数据值。同时也提供了历史库数据存储、数据提取和采样点组态等基本历史库功能。

MDAS 是 Low-level Retrieval 系统的一部分，使得用户可以进入以前存储的数据文件，并可以进行最新数据的存储和更新。MDAS 提供了丰富的组态功能，对像 OLE-DB 以及其他历史库内/外部客户端程序提供了非常实用的功能。

MDAS 是一个很 "瘦身" 的客户端侧内部程序组件，提供了高速远程访问历史库，对历史库进行历史数据的存储和提取以及更改采样点组态等功能。

使用 MDAS 的主要优势是：丰富的功能；更高的性能；远程数据能力；使用方便。

3.9.1 数据分类

Evo Historian 中的数据依照时间标签特性，主要可以分为两类：

（1）Real-time data：数据按时间顺序抵达 Server；时间标签为当前 Server 时间的 + 999ms/ − 30s。

（2）Old data：其他所有数据；所有 "Non-real time" 的数据；任意排序方式；任意时间标签；包括从 "Store-and-Forware Cache" 传递过来的 Real-time 数据。

所有的修改都有版本号（有版本号的采样点可称为 "versioned 采样点"），并且修改后，之前的原始数据（Original Data）也会依旧保留，方便用户将来查看原来的未修改前的数据。

任意类型的采样点分类（I/O Server，System 或 Manual）都可以执行数据修改。对于 Manual 类型的采样点来说，新数据的定义可以是 Original Data（non-versioned），也可以是 Inserted Data（versioned）。

MDAS 完全支持：Rea-ltime data 的 Store-and-forware 数据；Delta tags 的 Real-time 数据存储；Cyclic 和 Delta tags 的数据修改；所有类型 tags 的 Cyclic 和 Delta 模式数据提取。如果数据的时间标签超前值比当前时间大于 + 999ms，则自动强制存储为当前时间值。

以下行为将被认为是对历史数据的修改：当原始采样值被记录和存储后，对这份数据插入一个或多个新采样值；当更新原始采样值中一个采样值或一段时间的采样值时；原始采样值可以被多次修改，修改前后的数据将分别被保存：Origianl Data（原始数据）总是可查看的；Latest Data（最新数据）总是可查看的；Intermediate Data（未完成的数据）不能被查看。

3.9.2 导入历史数据

历史数据可以通过以下两种方法导入历史库扩展数据表中：（1）手动生成符合格式要求的 .csv 文件，然后 copy 至 Historian 计算机指定目录；（2）现有的 Evo InTouch Application 历史数据可以通过 Evo InTouch Application History Importer 工具进行导入。

3.9.3 .csv 文件

当少量的现有数据信息需要修改时，可以选择 .csv 文件进行。插入一个 .csv 文件，将会生成一个新的数据文件版本号。如果新插入的数据点正好落在时间标签上，则该时间标签上的采样值将被更新。

对于一个常规导入行为，.csv 文件格式和文件中数据的格式是很灵活的。然而，这将牺牲系统的性能来适应这样的"灵活性"，因为系统将在数据导入准备就绪前做大量的准备工作。数据量越大，导入行为所需的时间就越长。

在做导入时还需要考虑到的因素是：被导入的 .csv 文件大小不能超过 4MB；被导入的 .csv 文件中不能包含有超过 100000 个值；被导入的 .csv 文件中的采样点个数不能超过 1000 个。

3.9.3.1 快速加载 .csv 文件（Fast load .csv）

使用 Fast load .csv 机制可以快速进行 Original Data 的导入操作。该机制使用的 .csv 文件格式与常规导入操作所使用的 .csv 文件格式相同。

以下为"Fast load .csv"机制的一些信息：

（1）"Fast load"比常规导入要快速。例如，4MB 的 .csv 文件可能比常规导入快 100 倍。

（2）对被导入文件的大小，采样值个数和采样点个数没有严格限制，但文件中的数据必须按时间顺序进行排序。

（3）准备进行"Fast load"的 .csv 文件必须存放在系统指定的目录下。

只有在没有条件进行常规导入的时候才可以进行"Fast load"。请参考如下条件，来判断是否可以使用"Fast load"：

（1）需要导入很大的 .csv 文件。

（2）希望按照导入文件中的数据存储规则进行数据存储。常规导入模式下的 .csv 无法应用数据存储规则，统一为 Delta 模式。

（3）如果是为了同一个 History block 的进行大量小数据段插入操作，请不要使用"Fast load"。

（4）Fast load 将为每个导入的 .csv 文件创建新的数据流，导致负荷上升。

（5）在同一个时间段内，如果采样点已经有现有数据了，不要使用 Fast load 将同一个采样点在同一个时间段的数据进行导入操作。

（6）Fast load 的数据文件中，采样值必须按时间顺序进行排序。

3.9.3.2 文件格式的区别

Fast load 采用的 .csv 文件格式基本和常规导入的 .csv 文件格式相同，除了以下几项：（1）文件中的所有数据被认为是 Original data；（2）OperationType 列直接被忽略；（3）Missing Block Behavior 另有他用。

例如，Missing Block Behavior = 10，表示文件中的采样点按 name 来指定，而 11 则表示使用 wwTagKey 来指定采样点。应注意：必然创建"Missing blocks"；文件中的采样值必须按时间排序，从文件中顶端行开始；当中的采样值如果时间顺序不对，则直接被忽略并跳过；每一行只能放一个数据值。

表 3-11 显示了 MDAS 导入操作支持的正确的 .csv 文件格式。

如果两个 .csv 文件中都包含有对同一个采样点的采样值数据，并且这两个文件都同时存放在 DataImport 目录中，那么当导入操作进行时，采样值的时间跨度将为两个文件中采样值数据的时间跨度之和。如果两个文件中的数据值时间跨度有断层，则会自动运行一个 Query，将最新数据从当前 History blocks 中返回，并填充至数据断层。同时，这部分数据将被标记为"Original

表 3-11　MDAS 导入操作支持的正确的 .csv 文件格式

项目	Line	Field	描　述
Header	1	0	.csv 文件格式的描述，UNICODE 或 ASCII
	2	0	分隔符，逗号 "," 或竖线 "｜"
	3	0	User name
	3	1	时间格式，0 = UTC，1 = Local
	3	2	.csv 文件中时间标签时区的名称
	3		如果 Field 1 = 0（UTC），则该 Field 被忽略 至少 1 个字符长度的值会在此被显示
	3		如果 Field 1 = 1（Local），则时区的名称（在 TimeZone 表格中的名称）在此显示
	3		指定 Server Local，以使用 Historian Server 的本地时间
Header	3	3	发现 Missing Blocks 之后的默认行为： 0 = 不创建替换的 Blocks； 1 = 创建替换的 Blocks； 如果这里选了 0，然后 .csv 文件中的数据值正好落在没有 Block 的时间段内，则这些数据值不会被导入
	3	4	生成替换 Block 的 Time span： 0 = 从第一个数据值至当前时间点来创建 block； 1 = 按 .csv 文件中的数据的时间跨度来创建 block
	3		如果 Field 3 = 0，则该 field 被忽略
	3		如果该 field = 0，则 History block 将从第一个值至当前时间全部重新创建
	3		如果该 field = 1，则只有与导入数据有关的 History block 将被重新创建
	3		History block 的开始和结束时间将依据当前 block 的时间或现有 block 的开始/结束时间进行调整
Value	4…n	0	Tagname
	4…n	1	操作类型： 0 = Original value（原始值）； 1 = Insert； 2 = Update； 3 = Multi-point update
	4…n	2	数据的开始日期，格式为：YYYY/MM/DD
	4…n	3	数据的开始时间，格式为：HH：MM：SS. MSEC
	4…n	4	只有在 Update 操作时，该 field 才有效： 数据的结束日期，格式为：YYYY/MM/DD
	4…n	5	只有在 Update 操作时，该 field 才有效： 数据的结束时间，格式为-HH：MM：SS. MSEC
	4…n	6	指定被导入数据是否符合格式或是否需要重新标定： 0 = Engineering units； 1 = Raw value
	4…n	7	Value-采样值
	4…n	8…n	Quality Detail

Version"。例如，第一个文件中的数据值的时间跨度为 00：00：00～00：05：00，第二个文件的时间跨度为 00：10：00～00：15：00。当导入完成后，采样点的数据值时间跨度为00：00：00～00：15：00，并且在 00：05：00～00：10：00 时间段内的数据将自动被标记为"Original Data"。这不会造成数据丢失。当使用 Query 查看数据时，使用 wwVersion 列选项来指定查看 Original 或 Latest 数据，且默认总是显示 Latest 数据的。为了避免形成 Original Data，请一次导入一个文件。

3.10　Event System

本小节将介绍 Evo Historian Event System 的相关概念以及主要操作。例如，Event Table 的概念，Event 检测、采集和显示等。

Evo Historian Event System 的目标是允许管理员能够检测事先定义好的事件信息及其相关联的动作行为记录。通常来说，对于系统而言，一项重要的事情发生了，则可以称为发生了一个 Event（事件），而这样的行为被称为 Event Detection（事件检测）。当系统检测到 Event 发生，就会激活事先组态好的 Event Detection 行为。

注：Event System 不是一个实时系统，它是基于历史数据记录工作的。实时报警系统请使用 InTouch 或 Application Server 这类程序来处理。

在 Historian Server 中，Event 信息的存储并不仅仅是发生的"某件事"。一个 Event 信息，可以是一系列事先定义好的条件同时满足的这一刻变为了真实发生的事情。

Event 信息包含的属性为：Event 发生时的日期和时间；Event 被检测到的时刻的日期和时间；已被满足的条件。

Event System 拥有的基本功能为：使用事先制定好的条件来检测 Event 的发生；当 Event 信息被历史库采集时，可选的 Event 日志信息；当检测到 Event 信息发生后，触发事先设定好的应对行为。

3.10.1　Event System 的组件

Event System 的组件请参看表 3-12 中的组件及其描述。

表 3-12　Event System 的组件及其描述

组　件	描　　述
Historian Configuration Editor	ArchestrA System Management Console 的一部分 可设置 Event Definitions 和 Actions
Runtime Database	存储所有通过 Event System 生成的 Event Definition 信息和相关数据，例如 Event Detections 记录，Data Summaries，Data Snapshots
Event System Service	协调 Event Detection 和 Action 的内部进程 作为 Windows Service 运行，可通过 SMC 对其组态，随 Historian Server 的启/停而启/停 Event System Service 作用于： 从 Runtime Database 读取 Event Definition 信息； 创建 Event Detection 和 Action，包括指定必要的过程威胁和建立数据库联接； 初始化 Event Detection 循环
SQL Variables	支持 Event Query

3.10.1.1　优势

Event System 带来的主要优势是：Event System 根据存储的历史数据记录来检测和判断 Event 的发生，所以不依赖实时数据的检测。同时也不会错过任何 Event 事件，除非计算机发生严重的长时间 Overload。Event System 是基于 SQL 的系统，提供了管理数据库相关任务的能力，可以使用 Query 来检测 Event 或创建 Action；可以预先制定很多检测条件和制定应对的 Actions；可通过外部源进行检测，支持通过 COM 机制来调用检测功能；按系统时钟进行检测，允许对特定任务进行计划安排；当系统发生 Overload 时，仍可继续工作。如果由于其他并行的进程导致系统繁忙，则当其他进程结束后，Event System 将重新恢复正常。如果 Historian Server 持续 Overload，则 Event System 的性能将逐渐降低，即系统不会突然间一下崩溃。可以为某个 Action 指定更高的优先级或指定某个 Action 甚至在 Overload 情况下也不会被忽略，可以通过监视部分 System Tags 来了解 Event System 的情况。

3.10.1.2 Event System 的功能

Event System 可以监视系统中偶尔发生的 non-critical 意外状况。这些可能的状况是：在历史库中检测离散量采样点的值为 0 的状况；检测系统时钟是否达到指定日期或时间；使用 SQL 语句判断数据库中的信息状态。

同时，还可以使用 Event Actions 来执行如下任务：发送关于一周以来的维护检查信息的 e-mail 给指定人员；根据指定周期来进行工厂统计数据的汇总；对系统数据进行拍快照；修改数据存储条件，例如时间和死区；执行其他数据库相关任务。

该系统并不是设计用来处理连续数据传输的相关任务的，所以不要用在类似情况中。只有汇总类 Action 是例外，系统可以连续处理数据集合，以便最终生成数据报告。另外，Historian Event System 不可以用来作为一个报警系统。

报警系统，例如 InTouch 提供的报警系统，可以向工厂运行人员发出指定报警信息。它是作为一个"通知"系统进行工作的。这样的报警系统拥有显示、记录日志、打印等基本功能。报警系统代表的是过程状态的警告信息，而 Event 代表的是系统状态信息。

Historian Event System 会根据历史库中的 Event Detection 来触发 Event Actions。报警系统在各自条件满足时会立即广播事先组态好的报警信息。而 Event System 会将检测到的 events 进行排队，并根据预先安排好的优先级一次执行。所以，Event System 不是一个报警系统。

3.10.1.3 Detector Thread Pool

资源管理的其他方面还有 Event System 所需的数据库连接通道个数，系统如何处理 Event Overload，Query 数据提取失败等。Detector Thread Pool 由一个或多个线程组成，并分配给 SQL-based Detector，另有一个单独线程专门用来给 Schedule Detector 使用，每个线程均与数据库建立数据连接通道。图 3-70 为 Detector Thread Pool 的示意图。

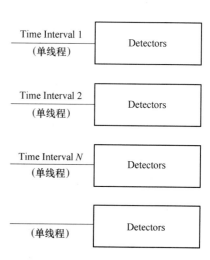

图 3-70 中的 Detector 将被分配给基于 "Time Interval" 的线程，这些 "Time Interval" 的值在定义 Event Tag 时进行设置。每个 Time interval 均对应各自独立的线程。例如，定义 3 个 Event Detector 之后，3 个 Detector 各自的 Time interval 分别为 10s、15s 和 20s。这 3 个 Detector 各自在其独立的线程上运行，总共是 3 个线程。

现在举例说明 Detector 和线程之间的关系：

假设现在一共定义了 3 个 Detector，其中前两个的 Time interval 均为 10s，第 3 个的 Time interval 为 15s，则前两个 Detector 运行在同一个线程下，第 3 个独自运行在另一个线程下，这 3 个 Detector 总共占用了两个线程。如果有多个 Detector 被分配在了同一个线程中，Event Tag 的 SQL 检测语句将依次被执行。

依次执行的含义是：第一条 SQL 语句被执行，并且返

图 3-70 Detector Thread Pool 示意图

回结果后，第二条 SQL 语句才能被执行。当所有的 SQL 语句都被执行后，所有的检测结果被发送至 EventHistory 表格中，然后这些检测结果相关的 Actions 被放入 Action Thread Pool 的执行队列中。(所有的 Schedule Detector 均单独分配并占用其独立线程。)

　　Detector Thread Pool 的效率取决于定义不同的 Event Tags 的时候如何分配 Time interval。越是分散的 Time interval，其效率将越高。Detections 不会增加系统的负担，Detection 之后的 Action 才会导致系统负荷上升，尤其是 Snapshot 和 Summary 这两种 Action 更容易导致系统负荷上升。

3.10.1.4　Action Thread Pool

　　Action Thread Pool 是一个包含四个线程的线程池，可以最多同时执行三个不同 Action 队列中的 Actions。每个线程均需要与数据库建立数据链接通道。

　　三个 Action 队列为：Critical queue；Normal queue；Post-detector delay queue。

　　当线程处理完当前任务后，会从 action 队列中提取下一个任务。如果在 Critical queue 中有 action，则首先在这个队列中提取；如果 Critical queue 中有多个 actions，则按照它们被添加至队列中的顺序进行执行。最先进入队列的 action 最先被执行。

　　如果 Critical 队列中是空的，则系统会从 Post-detector 队列中提取 action 任务。Post-detector 队列中的 actions 按时间顺序进行排序。队列中 post-detector delay 最短的 action 最先被执行。

　　如果 Critical 队列和 Post-detector 队列中都是空的，则系统从 Normal 队列中提取任务。Normal 队列中的任务按被添加至队列的顺序进行排序。最先进入队列的 action 最先被执行。

3.10.1.5　Event Tables

　　Event Tables（见表3-13）中包含了 Event 的定义（包括相关联的 Event Tags、Detectors 和 Actions）。同时也存储当 Event 发生时的 tag value 和 event 本身信息的快照。Event Action 中一个特殊的类别是 tag value 的 summary 信息。Event Tables 的子集支持 Analog、Discrete 和 String 型 tags 自动生成 summary 数据功能。

表 3-13　Event Tables

Event Table Type	Event Table Type
ActionType（动作类型）	SQLTemplate（SQL 模板）
AnalogSnapshot（模拟量快照）	StringSnapshot（字符串快照）
CalcType（计算类型）	SummaryData（数据汇总）
DetectorType（传感器类型）	SummaryHistory（数据历史）
DiscreteSnapshot（离散量快照）	SummaryOperation（数据运动）
EventHistory（事件历史记录）	SummaryTagList（数据标签列表）
EventTag（事件标签）	Tag（标签）
EventTagPendingDelete（事件标签挂起删除）	TimeDetectorDetail（时间检测器详细信息）
Frequency（频率）	TimeDetectorDetailPendingDelete（时间检测器详细信息挂起删除）
SnapshotTag（快照标签）	

3.10.2　定义 Event Tags

　　以下为 Historian Server Event Tags 的定义及其特性和功能。

3.10.2.1　Event Tags

　　Event Tag 就是用户根据对应的事件信息定义的事件采样点名称。例如，为了记录 Tank 温度超过100℃这个事件，可以定义 Event Tag 的名称为 TankAt100。Event Tag 和 Historian 中的其他采样点（Analog，Discrete，String 等）是完全不一样的。那些采样点是工厂过程变量的数据存储类型和存储值，而 Event Tag 则是被检测事件的对应参考名称而已。

　　Event Tags 由 Historian Server 创建和管理。创建 Event Tag 的时候，需要指定：Name，Discription 和其他常规组态信息；Event Criteria，即规定产生事件的条件以及 Event System 检测该事件是否发生的频率；当事件发生时，是否对 Event Detector 生成日志；启用/禁止 Event Detection；当事件被检测到的时候，可选的被触发的 Action。

　　表 3-14 为与 Event Tag 相关的一些 Tables 的描述。

表 3-14　与 Event Tag 相关的一些 Tables 的描述

Type of Definition	Table
检测特定事件和可能导致的结果	Event Tag、DetectorType、ActionType
基于时间的事件检测	TimeDetectorDetail
Analog，Discrete，String 采样点快照	SnapshotTag
Summary 类别的 Actions	SummaryOperatio、SummaryTagList

3. 10. 2. 2　Edge Detection

　　当进行事件检测时，如果能在数据记录行中精确定位满足条件的数据行，对事件检测是非常有用的。例如，用户可能想了解什么时候水箱水位超过 5 英寸。当水箱水位逼近 5 英寸的时候，这个事件其实还没有触发。只有当水箱水位超过了事件触发条件规定的那条线，才算真正触发了该事件。而这条分隔事件是否被触发的"假象线"，就是所谓的"Edge"了。

　　当经过了一段时间之后，在这段时间中可能有很多次水箱水位值越过了触发事件的 Edge。如果事先规定进行"越界检测"，则 Edge 两边的水位值均可以被检测。关于"越界检测"，系统一共提供了四种不同的检测方式，采用不同的检测方式，得到的结果也会有差别，具体见表3-15。

表 3-15　Edge Detection 选项及其结果

Edge Detection 选项	结　　果
None	返回所有符合条件的结果。 无 Edge Detection 按指定 Resolution 执行
Leading	仅返回首个满足条件的行（条件消失后才可再次触发）
Trailing	仅返回首个不满足条件的行（条件满足后才可再次触发）
Both Leading&Trailing	同时返回 Leading 和 Trailing 的结果行

3. 10. 2. 3　Historical Logging of Events

　　Event System 检测到的 Event 信息发生的具体日期和时间是可以被 Historian 记录的，它们被称为 EventHistory。EventHistory 中的这些相关数据行包含：Event Tag 定义的点名；Event Tag 条件满足时的日期或时间或日期和时间；Event Detector 检测到 Event 时刻的日期或时间或日期和时间；Event Detection 的其他额外信息栏。

　　注意：当组态了 Analog 或 Discrete 采样点的 Snapshot Actions 之后，不能禁止 Event 信息的日志。除了 Event 信息条件必须满足外，还需要为 Event Tag 开启 Event Detection 进程。如果事件发生的时间和被检测到的时间之间的差一直增长，如果多个 Event 在同一个 Detector time interval 中被检测到，则应该需要将部分 Event Detector 分配其他的 Time interval。

3.10.2.4   为 Event 分配 System Thread

System Thread（系统线程），是一个在进程中独立执行特定功能的对象。在 Event System 中，线程被分配用来执行 Event Detector 和 Actions。

3.10.2.5   分配 Detector Thread

被分配用来管理 Event Detection 的线程有两个：一个用来处理所有 SQL-based Detector，另一个处理 Schedule Detector。每个线程均注册并登录至 SQL Server 中。Schedule Detector 是实时处理模式，并按预订好的时间被执行。SQL-based Detector 将会优先被请求和执行，因为它们的操作基于历史数据记录。

首先，根据对应的 Event Tags 而指定的 Time interval，将 Detector 分组。Time interval 指的是系统检查组态好的 Event 是否发生的频率，这个 Time interval 存储在 EventTag Table 的 ScanRate 列中。然后，Detector 在 Time interval 分组中按顺序被调用。

3.10.2.6   分配 Action Thread

所有的 Actions 都会分配至一个线程池中。在这个线程池中，有三种不同的队列：

（1）Critical Queue：包含所有 Critical 级别的 Actions。需要将所有重要的 Events 进行分类。如果系统发生 Overload，则所有 Critical 级别的 Events 最先被处理。请谨慎地指定某个 Event 为 Critical 级别。如果所有 Events 都被指定为 Critical 级别，那么当系统发生 Overload 时，将得不到任何保护。Critical 意味着系统总是在执行任何 Normal Actions 之前优先尝试执行它们。

（2）Normal Queue：包含所有 Normal 级别的 Actions。所有不是 Critical 级别的 Actions 都被认为是 Normal Action，并且在发生 Overload 时，排在 Critical Action 之后被处理。

（3）Delayed Action Queue：包含所有被指定为 Post-detector Delay 的 Action。Post-detector Delay 指的是当 Event 被检测到时，且其对应的 Action 还未被执行之前的最小时间间隔。

3.10.2.7   Latency

Latency 指的是当一个 Event 真正发生与被系统检测到之间的时间间隔值。当希望能够在 Event 发生后快速的触发其对应的 Action 时，Latency 就成了一个很重要的指标。

当非 Critical 的 Event 发生时，Latency 就不是那么重要了。例如，运行人员换班这样的事件就可以不用那么的精确和快速。因此，在设定 Event Tags 的 Time interval 的时候，需要根据实际情况来分配合理的 Time interval 值。如果将许多 Event Tags 分配相同的 Time interval，则有可能导致 Detector Overrun。这并不会对实际的 Event 检测造成负面影响，但可能会导致 Latency 的增加，并且指派过短的 Time interval 会导致 CPU 负荷升高，从而引起系统性能下降。

3.10.2.8   Event Detectors

每个 Event Tag 都有一个关联的 Event Detector。Event Detector 是一个用来判断一系列 Event Tag 的条件已满足时刻的判断机制。Event Detector 的类型必须是在 DetectorType Table 中的一种。当组态 Event Detector 时，必须先选择其类型，然后才能组态其他相关参数。表 3-16 为 Historian 中预组态好的 Event Detector 类型。

表 3-16   Historian 中预组态好的 Event Detector 类型

Detector	描　述
External	通过 ActiveEvent ActiveX 控件来触发事件检测 例如，使用 InTouch 脚本来调用所需的 ActiveEvent 方法来触发 Historian Event。该类型的 Detector 不可编辑
Generic SQL	检测由 SQL 语句规定条件的 Event 可以使用预存的 SQL 模板，也可以自行书写 SQL 语句

续表 3-16

Detector	描　　　述
Analog Specific Value	检测基于模拟量采样值为判断条件的事件 例如，将采样值与定值作比较
Discrete Specific Value	检测基于离散量采样值状态为判断条件的事件 例如，将采样值状态与预期状态作比较
Schedule	检测基于系统时钟达到或超过指定时间为判断条件的事件 例如，每周一早上 8：00……

对于 SQL-based Detector 而言，Event 被检测到的时间比 Event 实际发生的时间要晚一些，而具体会晚多久，则取决于该 Event 的组态参数。例如，组态一个 Detector 以 10000ms 的 Time interval 去检测某个事件，这表示每 10s Event Detector 检测该 Event 是否发生。如果该 Event 在上次检测后 2000ms 之后发生，则 Event Detector 必须再多等待 8000ms 后才能检测到该事件。

3.10.2.9　Event Actions

Event 通常会关联一个 Action，表示当某事件发生时，采取某措施来进行应对。Event Action 就是系统中组态并用来应对 Event 的具体措施。如果只需要记录事件发生时的时间，则不需要组态任何的 Event Action。表 3-17 为 Historian 中预组态好的 Event Actions 类型。

表 3-17　Historian 中预组态好的 Event Actions 类型

Action	描　　　述
None	不执行任何的 Action
Generic SQL	触发由 SQL 语句规定的 Action，可以使用预存的 SQL 模板，也可以自行书写 SQL 语句
Snapshot	当 Event 被检测到时，记录所选择的 Analog Tag 的值或 Discrete Tag 的状态或 String Tag 的文本信息，同时也记录各采样点的 Quality 值
E-mail	发送事先编辑好的 Microsoft Exchange E-mail
Deadband	如果 Analog Tags 使用的是 Delta Storage，则改变其 Time 或/和 Value 的 Sorage Deadband 值
Summary	对一个或多个 Analog tags 进行统计汇总

3.10.2.10　Event 系统的组件和程序

Event System 由以下组件和程序组成：

（1）Event System Data Model：用来满足系统关于数据组态和历史日志的模式模型。

（2）Event System Service（ESS）：Windows NT Service，用来协调 Event Detection 和 Action 功能。在启动/停止 Historian Server 时，ESS 会自动跟着启动/停止。ESS 也可以单独自行启动/停止。

（3）一系列 System Event Tag：与相关系统内部变量有关，类似预定义的 System Tags。

（4）System Management Console：一个囊括了全系统的控制台程序，提供了直观的 Event Tags 的组态界面，并可以组态 Event Detector 和 Actions 以及管理整个 Event System。

（5）Event System COM 组件：为 Enumerator，Detectors 和 Actions 服务。

3.10.2.11　Event System 的系统变量

Event System 使用名为"Tokens"的一系列内部变量来帮助和支持 Event Detection 以及 Event Actions。在事件检测和采取 Actions 期间，这些系统变量会在执行 Query 之前被其对应的实际值替换，从而由"变量名称"变成"值"，参与系统计算和进程的执行。Historian 接收到的 Query 中其实是不包含这些变量的，实际包含的都是这些变量对应的"值"。表 3-18 为 Tokens 的类型。

表 3-18 Tokens 的类型

Variables	描　述
@ EventTime	当前 Detector 检测到 Event 时刻的时间值
@ EventTagName	被检测到的 Event 的 Tagname
@ StartTime	Detector query 的开始日期或/和时间
@ EndTime	Detector query 的结束日期或/和时间

注意：Detector Strings 仅使用"@ StartTime"和"@ EndTime"这两个变量。而 Action Strings 可使用所有四个变量。

以下为一个 Detection query 的例子：

SELECT DateTime

FROM History

WHERE Tagname = 'Boilerpressre' and Value ＞ 75

AND DateTime ＞ '@ StartTime'

AND DateTime ＜ '@ EndTime'

"@ StartTime"和"@ EndTime"是占位符，用来决定 Event Detection 的时间范围。以下显示了另一个使用了系统变量的例子：

SELECT ＊ INTO TEMPTABLE

FROM History

WHERE DateTime = '@ EventTime'

AND TagName IN

（SELECT TagName FROM SnapshotTag

WHERE EventTagName = '@ EventTagName'

AND TagType = 1）

注：这些 Tokens 仅对 Event System 的内部环境有效，对其他外部客户端工具的 Query 是无效的，例如 SQL Server Query Analyzer。

3.10.2.12 Active Image

Active Image 指 RAM 的一部分，被 Historian Server 用作接收数据的暂存区，可以暂时存储大概约 60s 的数据。在 Active Image 中，数据按时间标签进行排序和存储。所有 Active Image 中的数据都是依照 Delta 模式进行接收的，意思是当数据值发生变化时，Active Image 才会接收和存储新的数据值。这意味着 Event System 中每个 Tag 的最后 60s 左右的数据哪怕是最快分辨率都可用。结果就是不用必须负担 Historian Server 和 Event Detection 线程的连接，也仍然可以采集到所需要的所有数据。

对 Event System 常见的一个理解上的错误概念是关于 Detection Interval 设置的。这个错误概念是当希望采集到一个每两秒会触发的事件，Event Detector 的执行频率也必须是两秒。这是不对的，因为 Historian Server 存储所有的数据记录，每一个 Token 包含了多个 Events。

不必去考虑 Event 发生的频率有多快或响应该 Event 的速度要有多快。例如，Event 为一个班次结束，Action 为打印这个班次的生产批次的汇总信息。在这个例子中，Historian Server 早就已经把所有需要的数据存储在历史记录中，随时都可以调用和查看。所以，在当前班次结束后，早一点或晚一点把汇总记录打印出来是完全没有关系的。

举一个更具体点的例子，假设用户需要在上午 8：00 前结束并生成一个 Report，则系统必须在上午 7：59 时收集完数据，并打印 Report。这表示可以组态 Report 的执行频率为 2h（或 4h）。然而，如果运行人员必须在换班之前 5min 在 Report 上签名，则意味着 Report 必须在换班前 5min 被打印出来。在这样的情况下，Report 的 Time interval 必须设置为 5min。

有些 Event Detector 还是需要快速检测频率的，例如 Time Deadband Event。Historian Server 有一个 Event 参数，可以用来放大或缩小一个采样点的 Time Deadband 值。这个值改变的是两个采样值之间的最小时间间隔。例如，监视高速马达的轴承温度时，在低转速下可能 30s 的 Time Deadband 值就可以了。但当转速达到或超过 90% 之后，Time Deadband 值必须变化为 1s，以确保轴承温度上升的情况能及时发现，避免造成设备损坏。

在处理多个 Events 的情况时，Historian Server 使用 Event Tokens 来保持对这些 Events 的追踪。当 Historian Server 检测到一个 Event 时，将使用'@ EventTime' Token 来为 Event 加载时间信息。同时在 Event Action SQL 语句中，也采用'@ EventTime'作为日期和时间变量。

3. 11　Message History

Foxboro Evo 系统通过 AlarmDB Logger 将报警和 Event Messages 存入 SQL Server。Messages 信息可以在 Evo InTouch 界面上查看。在 InTouch 中与之关联的对象是 Alarm Database View Control Object。

3. 11. 1　Evo Alarm Concepts

Evo 系统的 Message 信息系统是这样工作的：首先，在系统中的报警源产生报警信息和事件信息，然后通过 Foxboro Evo InTouch Application 来进行报警和事件信息的监视。在报警源与应用端（Alarm Consumer）之间，是 I/A Series Alarm Provider，负责从报警源接收所有报警信息，然后将这些信息通过 Distributed Alarm Subsystem（报警发布子系统）来发送至 InTouch 各应用组件中。

把 InTouch 组件中订阅报警的软件组件称之为 Alarm Consumer。Alarm Consumer 通过 Distributed Alarm Subsystem 获取报警信息。Alarm Consumer 包括了 InTouch 中的 Alarm DB Panel 窗口，Alarm Logging 机制以及 Alarm Server（负责驱动报警键盘和导航面板中的报警）。

图 3-71 展示了在 Evo 系统中，报警信息如何从报警源产生，并如何通过 Alarm Providers 发送给各个报警应用端的信息流。

3. 11. 1. 1　Message 的类型和信号源

Evo 报警信息的类型有 Messages 和 Events。

Evo 报警信息的信号源有：Process Alarms：过程报警；Operator Actions：操作员行为记录；System Monitor Alarms：系统报警。

3. 11. 1. 2　Message 的历史数据采集

在 Alarm Provider 中，报警和其他相关事件信息可以：通过 DB Logger 来保存至由用户组态的 Wonderware Historian Server 数据库中；通过 Alarm Printer 组件来发送至报警打印机。图 3-72 展示了系统是如何进行 Message 的历史数据采集的。

3. 11. 2　I/A Series Alarm Provider

I/A Series Alarm Provider 接收过程对象和工作站发送来的报警和事件信息，并将其发送至 Distributed Alarm Subsystem。Alarm Provier 将 I/A Series 的报警信息"翻译"成 Evo 系统支持的特

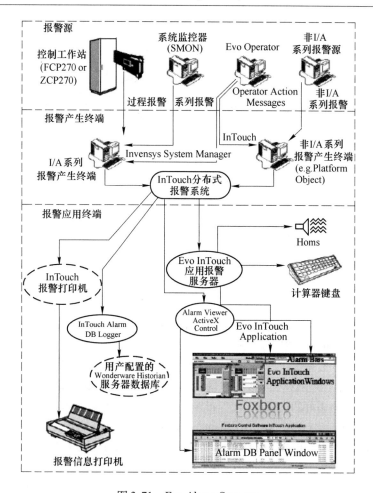

图 3-71 Evo Alarm Concepts

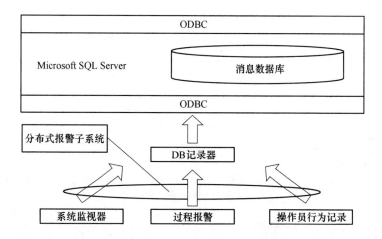

图 3-72 系统进行 Message 的历史数据采集过程

定报警格式，以便系统中的其他报警应用端（Alarm Consumer）接收和使用。图 3-73 展示了 Alarm Consumer 的一个简略模型。

Alarm Provider 具有如下属性：使用 Wonderware Alarm Toolkit 构建；将控制过程的 Message 信息转换为 InTouch 格式的信息。

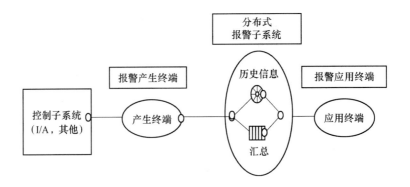

图 3-73　Alarm Consumer 的一个简略模型图

Message 信息的格式有（1）Alarm：报警信息，需要进行确认操作；（2）Event：事件信息，不需要/无法进行确认操作。

使用 Host Workstation 中唯一的名称在 Distributed Alarm Subsystem 中进行注册。

Distributed Alarm Subsystem 具有如下属性：在每个 Node（Station）上，只有一个 Instance；提供了分散式的多节点的报警环境。

两个 Memory-based 数据库，如果 Station 重启，则两个数据库都会失去。

Summary DB 存储更新的报警信息（容量一直增长，直至 RAM 上限）；Historical DB 顺序存储 Events 信息（预先组态好的容量）；过程报警在 Summary 和 Historical DB 中都进行存储。

Alarm Consumer 具有如下属性：使用 Wonderware Alarm Toolkit 构建；可以使用 Query 从 Alarm Providers 来请求报警信息；可以使用 Query 从一个/多个 Provider 提取数据；可以将报警信息发送至 Microsoft SQL Server 进行历史数据存储。

3.11.3　Alarm 管理

Alarm 管理主要需要处理的事情为 Alarm 信号源产生报警信号，Alarm Provider 接收这些报警源信号，并转换为特定的格式，然后发送给各个 Alarm Consumer 来应用这些报警信息。这里的 Alarm Consumers 均为 InTouch 等相关接收报警信息的组件，如图 3-74 所示。

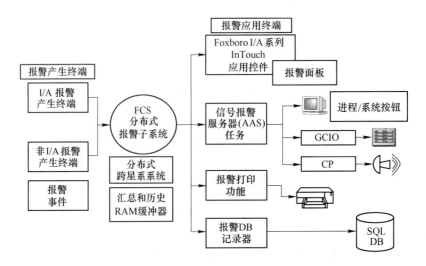

图 3-74　Alarm 管理

3.11.4　Message 信息的历史数据存储

在 InTouch 窗口中的 Alarm Panel 上，会显示很多最近的历史报警信息，类似报警事件的报警打印记录。这些报警日志仅限于当前存在于 Alarm Provider 中的报警，所以日志中的信息仅为最近发生的报警记录。

3.11.5　Distributed Alarm Subsystem

Distributed Alarm Subsystem 用来在 Alarm Provider 和 InTouch 各组件之间进行报警信息的通信。Alarm Provider 负责将报警信息发布至 Distributed Alarm Subsystem，然后由 Alarm Consumer 来订阅各自关心的报警信息。

3.11.5.1　Evo Alarm Subsystem 的各组件

表 3-19 为 Alarm Sources 组件及其功能描述。

表 3-19　Alarm Sources 组件及其功能描述

Alarm Source	功　能
Control Processor（CP）	发送过程报警。 为其报警信息维持 Alarm Provider 的发布列表
System Monitor（SMON）	发送系统报警，监视 Station 级别设备的健康状况。 为 Alarm Provider 提供从 Station 提取的设备状态信息
Non-I/A Series Alarm Source	发送报警或事件信息。任何非 I/A 的报警和事件信息通过 Distributed Alarm Subsystem 均可访问。例如，ArchestrA 系统的报警信息

表 3-20 为 Alarm Collector 组件及其功能描述。

表 3-20　Alarm Collector 组件及其功能描述

Alarm Collector	功　能
Alarm Provider	提供信息采集、存储和发布功能 接收 CP 发送来的过程报警信息，并发送至 Distributed Alarm Subsystem 维持一个本地过程报警数据库，以便报警恢复和其他实时应用目的 Distributed Alarm Subsystem
Distributed Alarm Subsystem	接收 Alarm Provider 的报警 根据 Alarm Query，将报警信息发送至各 Alarm Consumer 为当前报警维持一个本地 cache（缓存）

表 3-21 为 Alarm Consumers 组件及其功能描述。

表 3-21　Alarm Consumers 组件及其功能描述

Alarm Consumers	功　能
Evo InTouch Application Alarm Server	1. 根据 Alarm Query 接收从 Distributed Alarm Subsystem 发送过来的报警信息； 2. 维持驱动报警键盘和导航栏报警信息的工作站报警列表； 3. 维持 Process/System/Window 按钮的报警状态； 4. 维持用来设置报警键盘指示灯，导航栏报警和报警蜂鸣器的报警信息
Alarm Viewer ActiveX Control	根据 Alarm Query 接收从 Distributed Alarm Subsystem 发送过来的报警信息
Alarm Printer	将所有报警信息发送至指定报警打印机
Alarm DB Logger	将报警和事件信息发送至用户组态的数据库，以便将来归档存放

3.11.5.2　Distributed Components

Distributed Components 属性如下：

（1）每个 Workstation 仅有一个 Instance。

（2）不能和 I/A Alarm Management Subsystem（AMS）共存。如果 AMS 被 Evo 禁止了，则"install/usr/fox/exten/foxboro. local"。

（3）是 ArchestrA Engine 中被执行的一个应用程序对象（aaEngine. exe）。

（4）注册为 I/A Series Provider。

（5）Alarm 组可以是：1）$ System：Process 和 System 报警；2）$ IASMGT：System 报警和 FoxView 的操作员行为记录（OAJ）；3）$ Galaxt！LTRBUG_ IADI：Evo InTouch 的操作员行为记录。

3.11.5.3　Alarm Query

Alarm Query 可以包含如下部分：

（1）Provider List：Alarm Provider 的名称，可用逗号或空格区分多个名称。

（2）Query Type：Summary/Historical。

（3）Alarm Status：In alarm/Returned to normal。

（4）Acknowledge Status：Acknowledged/Unacknowledged。

（5）Priority：1-999。

Provider 名称的格式为：

（1）Local Station：\AlarmProviderName！AlarmGroupName。1）本地 Process/System 报警（FoxView）：\IASeries！$ System；2）本地 System 报警，FoxView 操作员记录：\IASeries！IASMGT；3）本地 Process/System 报警（InTouch）：\Galaxy！LTRBUG_IADI。

（2）Remote Station：\ NodeName \ AlarmProviderName！AlarmGroupName。远方站上的 Process/System 报警（FoxView）：\\AW0007\IASeries！$ System；远方站上的 System 报警，FoxView 操作记录：\\AW0007\IASeries！$ System；远方站上的 Process/System 报警（InTouch）：\\AW0007\Galaxy！LTRBUG_IADI。

3.11.5.4　Alarm DB Logger 的管理

根据 Alarm DB 的 Query，DB 接收指定范围内的报警和事件信息，并将其发送至 Wonderware Historian Server 上组态好的数据库中。该组件由 InTouch DB Logger Manager 来控制和管理。DB Logger 保存过程报警和系统报警信息至 SQL 数据库中。用户可以通过使用 Alarm DB View Control 来查看这些被存储的报警信息。所谓 Alarm DB View Control，其实就是随 InTouch 软件安装而自动安装的 ActiveX 控件，并可以直接在画面上使用。

InTouch DB Logger Manager 可以组态和启动 DB Logger，DB Logger 负责实际的信息存储行为。组态时，用户需要提供目标 SQL Server 节点名以及使用 Alarm Query 来进行报警存储。通过在组态时选择 Consolidated Mode，可以使 DB Logger 的工作过程更有效。报警存储的时间间隔可以组态为 1～1000ms 之间的任何值，默认值为 1000ms。

DB Logger 可以通过点击 Settings 按钮来进行组态。组态完成后，点击 Start 按钮，可以开始报警历史记录的存储行为，如图 3-75 所示。

A　Alarm DB Logger Components

Alarm DB Logger Components 的可执行文件名为 wwalmlogger. exe。

该工具独立负责 DB Logger 的存储行为的开启/停止操作。当上述可执行文件被执行时：以 Service 或常规应用程序开始工作；从 Registry（注册表）中提取设置信息。

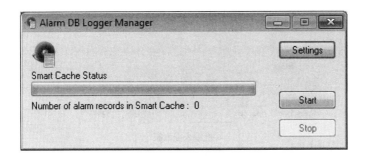

图 3-75　DB Logger

B　Alarm DB Logger Manager-Configuration 对话框

在 Alarm DB Logger Manager 对话框中点击 Settings 按钮可打开如图 3-76 所示的组态对话框。

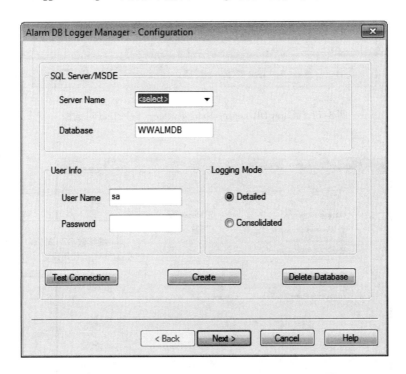

图 3-76　Alarm DB Logger Manager-Configuration 对话框

以下为可以组态的选项：

(1) SQL Server/MSDE：Server 名称和数据库名称。

(2) User Info：用户名和密码。

(3) Logging Mode：数据记录和存储选项。

C　Alarm DB Logger Manager-Query Selection 对话框

当成功建立 Connection 之后，可以继续点击 Next，打开 Query Selection 对话框如图 3-77 所示。

D　Alarm DB Logger Manager-Advanced Setting 对话框

继续点击 Next，可以打开 Advanced Setting 对话框如图 3-78 所示。

图 3-77　Alarm DB Logger Manager-Query Selection 对话框

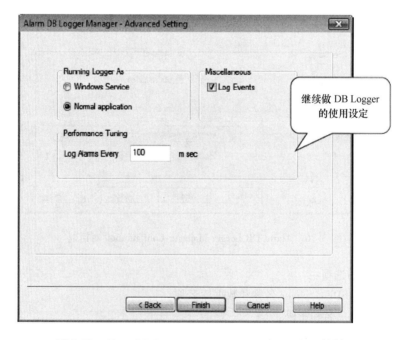

图 3-78　Alarm DB Logger Manager-Advanced Setting 对话框

3.11.5.5　Alarm DB Logger 的运行组态

DB Logger 的组态分为如下两类：

（1）以 Service 方式运行 Alarm DB Logger。

如果在组态阶段选择以 Windows Service 方式运行 DB Logger，则 Alarm DB Logger 会随计算机

的启动而自动准备就绪，随时可以开始记录数据。这使得 Logger 可以以无人照看的方式工作，甚至在运行人员换班时也不受影响。

（2）手动运行 Alarm DB Logger。

如果在组态阶段选择以 Normal Application 方式运行 DB Logger，则 Alarm DB Logger 必须被手动启动（通过 Start -> All programs -> Wonderware -> InTouch 路径启动），也可以通过右击 Windows 任务栏上的 DB Logger 图标来启动/停止运行。

3.11.5.6　查看 Message History

请按如下步骤进行 Message History 的查看：

（1）点击 Start -> All Programs -> Microsoft SQL Server 2008 -> SQL Server Management Studio。首次连接时，请在如图 3-79 所示的弹出窗口中点击 Connect。

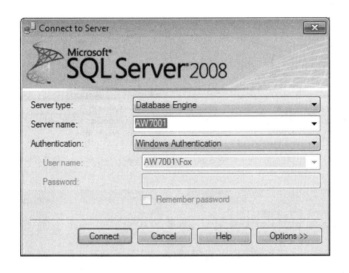

图 3-79　进行 Message History 查看的步骤

（2）在连接上 Server 后，在 Object Explorer 中展开至目标数据表，如图 3-80 所示。选中数据表，并右击鼠标 -> Select Top 1000 Rows，可以查看数据提取结果。

3.11.5.7　Database 的一些特性

SQL Server 的 Database 有如下特性：

（1）可扩展性：Database 的容量可以达到兆兆字节（T）；可以管理成百上千个 User；最多同时支持 32 个“Multiprocessors”（企业版）。

（2）商业关键点：支持 Transaction Logging；支持 24×7 的应用方案。

（3）支持如下管理诊断和故障查询等相关工具：Service Manager；Microsoft Management Console；Client Network Utility；Enterprise Manager；Server Network Utility；SQL Server Performance Monitor；SQL Server Profiler；SQL Server Query Analyzer。

3.11.5.8　开启 System Alarms（系统报警）

System Alarm 的信息是 I/A Series SysMon（系统监视信息），Historian（历史）和 OAJ（操作员行为记录）。IASeries Alarm Provider 默认开启 System Alarms。System Alarm 默认在其默认 Area-IASMGT 下报告。用户可以使用 Query-IASeries！IASMGT 来查看 System Alarm。如果想要将更多的 Area（对应不同的工作站）也进行 System Alarm 报告，则可以在如图 3-81 所示的 System Alarm 标签页上完成设定。

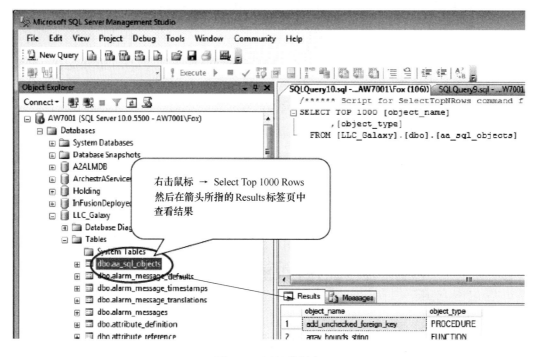

图 3-80　目标数据表

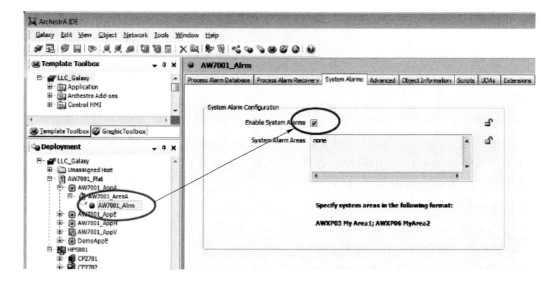

图 3-81　开启 System Alarms（系统报警）

3.11.5.9　Process Alarm（过程报警）

用户在 Alarm Panel 中可以查看工厂的过程报警。在 InTouch 操作员（Control HMI）窗口点击 Process 按钮，可以直接打开 Alarm Panel。同时，在 Alarm Panel 中也可以直接进行报警确认。

配置 APRINT 报警和配置过程报警的方法是一样的，只要把报警信息需要送达的 AW 名称在组态时进行指定即可。

如果需要配置 MDS 报警目的地，则需要把 AW 组态为 MM。可以使用 Evo IDE 或 SysDef 软件来进行 MDS 报警送达设备的组态。同时 CP270 的运行参数 CFGOPT 也需要进行合适的设置。在 CP 设置为发送报警为 MDS 后，还需要将接收报警的 AW 站进行重启。

MDS Mode Notes：BADIO（BADP/BADS）报警并不以 Current State Update 的一部分进行报告。每个 AW 最多管理 5 个 CP270。这应该成为报警组态的一个指南。然而，Alarm Provider 不应该在超过其性能指标（200 Alarms/s）的状态下运行和工作。

3.11.5.10 System Alarm（系统报警）

在 Control HMI 上点击 System 按钮，可以打开 Alarm Panel 查看系统报警。必须指定 System Monitor 将报警发送至工作站计算机，同时该工作站的 Alarm Provider 必须开启 System Alarm，才能够顺利地在 Alarm Panel 中为该工作站显示 System Alarm。

工程师们需要在做系统定义时，对 System Monitor 进行工作站的指定。如果在系统定义中没有做该工作，则可以使用 ModConfig 工具来修改 destact.cfg 文件，以达到同样的目的。

3.12 ActiveX 控件

本章节描述了如何使用 Historian Client 以及 Historian Client ActiveX 控件。

3.12.1 ActiveX 控件

ActiveX 控件，通常被称为 OLE 控件或 OCX，是一个 Stand-alone 型软件组件，使用标准方式来执行特定功能。ActiveX 控件具有如下属性：为 Re-usable 型组件定义标准接口；它们不是独立的应用程序，而是像被放入一个控件容器中一样进行工作。

ActiveX 控件必须被放置在 ActiveX 容器中。ActiveX 的容器，即支持 ActiveX 控件的软件，可以是 InTouch，Microsoft Visual Basic 或 IE 浏览器。

ActiveX 控件就像是 InTouch 的一个向导工具，并将新的功能带入到 InTouch 程序中。ActiveX 控件可以由 Visual Basic、Visual C、Delphi 或其他第三方开发工具进行开发。同时也可以由第三方启用，以实现一些特定功能。

这些控件均打包为 OCX 形式，并且 Historian Client 支持从 ActiveX 控件所在的"容器"中直接运行 Historian Client Trend。ActiveEvent 则支持对 INSQL 的事件通知行为。

3.12.1.1 Examples

以下为支持 ActiveX 控件的一些应用程序和案例：（1）将摄氏度转换为华氏温度值；（2）可能正在编写 .DLL 的 Windows 程序员；（3）在许多程序中使用；（4）在一个程序中写代码以及诊断代码。

ActiveX 控件就像一个可视的 DLL 对象（见图 3-82）。

3.12.1.2 ActiveX 控件的特性

ActiveX 控件主要有如下三个方面：

（1）Properties：类似可更改的变量名，例如：Calendar.day；Control.height。

（2）Methods：类似从"容器"获取的脚本功能，例如：Browser.Navigate（URL）；Engine.start（）。

（3）Event：ActiveX 控件发生的事件，例如：Control.click（shift）；FileViewer.DoubleClick（name）。

InTouch 支持用户更改 ActiveX 的以上三

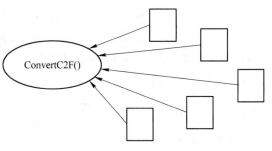

图 3-82 ActiveX 控件图

个属性，从而获取更多的特定效果。这三个属性可以通过 InTouch QuickScripting 或 Tagname 进行关联。（为了 ActiveX Event 脚本的正常运行，脚本关联的 ActiveX 控件必须保持在内存中运行。如果加载有 ActiveX 控件的窗口被关闭（意味着 ActiveX 控件不再运行，从内存中移除了），则对应的 ActiveX Event 脚本也将无法正常工作。）

在 InTouch 中可以同时使用多个 ActiveX 控件。用户可以轻松的在 InTouch 工具栏中点击使用 Wizards/ActiveX 来调用这些控件或通过导入操作，从其他来源直接导入 ActiveX Event 脚本。

3.12.1.3　ActiveX 控件表现

ActiveX 控件的表现归纳如下：在 Evo InTouch 中使用；当含有 ActiveX 控件的窗口打开时，加载至内存中运行；当含有 ActiveX 控件的窗口关闭时，ActiveX 控件被从内存中移除；两个重要结果：（1）当窗口打开时进行的任何 Properties 的修改，都不能被保留住；（2）当窗口打开时，Properties 总是保持相同的值。

3.12.2　InTouch 中的 ActiveX 控件

请按如下步骤来使用 ActiveX 控件：安装所需的 ActiveX 控件（一般随 Evo 系统一起安装完成）；在 "Wizard Selection" 对话框中，双击所需控件，并放置在 WindowMaker 窗口中；配置 ActiveX 控件的 Properties，并进行 Tagname 分配；将 ActiveX 的事件关联至 ActiveX Event 脚本；使用 ActiveX Methods 来设置 ActiveX 控件的 Properties；在 ActiveX Event 脚本或其他 InTouch QuickScripts 中进行设置。

以下为 WindowMaker 中可以对 ActiveX 控件进行的编辑行为：ActiveX 控件的大小；ActiveX 控件可以进行 Duplicated，Cut，Copy，Paste 和 Delete 操作；所有的对齐命令（Align Left…）；可以在 Wizards/ActiveX 工具栏上直接添加 ActiveX 控件；当创建 Cell 时，可以使用 ActiveX；WindowMaker 的工具栏等可以直接修改 ActiveX 的许多属性（颜色等）。

InTouch 不支持如下类型的 ActiveX 控件：Windowless Controls；Simple Frame Site（Group Box）；Containers；Data Controls；Dispatch Objects；Arrays，Blobs，Objects 及其变体类型。

3.12.3　命名 ActiveX 控件

请按照如下步骤来进行 ActiveX 控件的命名：

（1）将 ActiveX 控件添加至 WindowMaker 窗口；双击该控件。1）Properties 对话框将弹出；2）每个不同类型的 ActiveX 控件的 Properties 对话框都是不一样的，因此用户在进行属性设置的时候，要根据不同控件类型进行设置；3）在个别案例中，用户可能还需要设置 Colors 和 Fonts 属性。但不管如何，InTouch 中所有 ActiveX 控件通用的三个标签页是 Control Name，Properties 和 Events。

（2）切换至 "Control Name" 标签页，并在 ControlName 处输入控件名称。

1）在 InTouch 中，每个 ActiveX 控件的名称必须是唯一的，并用来在脚本应用中区分控件。例如，#Calendar2. day = Tag1；#Calendar2. year = 2006。

2）如果使用默认的 ControlName（例如，Calendar2），然后复制了这个控件，InTouch 会自动将控件名称后的数字进行增加（例如，Calendar3）。

3.12.4　安装或移除 ActiveX 控件

请按如下步骤进行：

（1）在 WindowMaker 工具栏上，点击 Special -> Configure -> Wizard/ActiveX Installation。

Wizard/ActiveX Installation 对话框打开。

（2）切换至"ActiveX Control Installation"标签页，如图 3-83 所示。

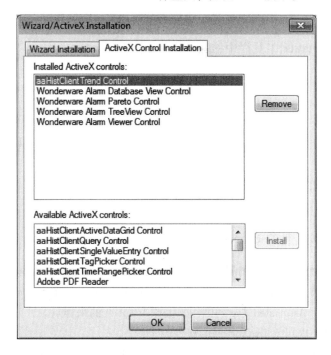

图 3-83　ActiveX Control Installation 标签页

（3）在"Installed ActiveX controls"列表中，选择已安装的组件，使用右边的 Remove 按钮移除该控件。

（4）在"Available ActiveX controls"列表中，选择可以安装的组件，使用右边的 Install 按钮向 InTouch 中添加该组件。

3.12.5　在 WindowMaker 窗口中放置 ActiveX 控件

请按照如下步骤进行：

（1）在 Wizards/ActiveX 工具栏中点击"Wizard…"工具（见图 3-84）。

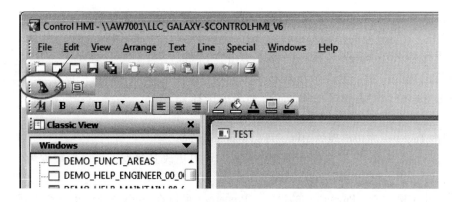

图 3-84　Wizards/ActiveX 工具栏

（2）在新打开的"Wizard Selection"对话框中，在左侧列表中选择"ActiveX Control"。

（3）在右边的方框中选择所需要的 ActiveX 控件，点击下方的"Add to toolbar"，可以将该控件加入至 WindowMaker 的工具栏。

（4）点击 OK，并在 WindowMaker 窗口中单击左键，将控件放入窗口中。

3.12.6　从 WindowMaker 工具栏中移除 ActiveX 控件

从 WindowMaker 工具栏中移除 ActiveX 控件请按照如下步骤进行：

（1）在 Wizards/ActiveX 工具栏中，点击"Wizard…"按钮，打开"Wizard Selection"对话框。

（2）点击对话框下方的"Remove from toolbar"按钮。"Remove Wizard from Toolbar"对话框打开。

（3）点击选择列表中需要移除的控件。

（4）点击 OK，移除工具栏上的控件，并关闭对话框。

3.12.7　组态 ActiveX 控件的 Properties

每个 ActiveX 控件均有其特有的属性，也有共有特性。所有 ActiveX 控件的 Properties 标签页中均有如下几列：Property，Range，Tag Type 和 Associated Tag。其中 Property/Range/Tag Type 这几列均不可以修改，而 Associated Tag 列则用来关联 InTouch 的采样点。

请按照如下操作，进行 ActiveX 控件的属性设定：

（1）使用 Wizards…工具，将 ActiveX 控件放入 WindowMaker 窗口中。

（2）双击控件，打开控件属性对话框，并切换至 Properties 标签页（见图 3-85）。

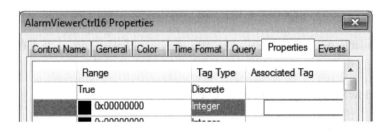

图 3-85　Properties 标签页

（3）在 Associated Tag 列中：

1）点击空白行，并为其输入关联的 InTouch 采样点名称。可直接输入 Tagname 名称；也可以单击空白格，并点击随后出现的按钮，手动选择现有 Tagname；也可以直接双击空白格，并在弹出的 Tagname 列表中选择采样点。

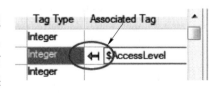

图 3-86　Associated Tag

2）双击 Tagname 左边出现的图标，可以更改 Tagname 的关联方向（见图 3-86）。双击图中圆圈中图标，可以更改其属性，该属性被称为"Associated Direction"，其作用为指定关联方向。

（4）点击 OK，完成 Properties 的设定。Properties 可以在 ActiveX Event 脚本或其他 InTouch QuickScripts 脚本中更改。所有的 ActiveX 脚本功能均由"#"开头才有效。以下为其标准格式：

#ControlName. PropertyName

例如，#Calendar2. Day = 29；Tag1 = #Calendar2. year。

3.12.8 ActiveX 控件的 Methods

ActriveX 控件的 Methods 和其 Properties 相似。Methods 在 WindowViewer 中被激活并发生作用。ActiveX 控件的 Methods 可以通过 ActiveX Event 脚本或 InTouch QuickScripts 功能访问。

如果在 WindowViewer 的窗口中包含有 ActiveX Event 的脚本，则该窗口必须处于 Open 状态才能使脚本正常运行，否则该脚本将无法生效。

请按照如下操作来使用 ActiveX 控件的 Methods 功能：

（1）在 ActiveX 控件的 Properties 对话框中，点击切换至 Events 标签页（见图 3-87）。

（2）双击右边的空白格，弹出 "ActiveX Event Scripts" 对话框。

（3）点击 Insert -> ActiveX 或直接点击 OCX 按钮，如图 3-88 所示。

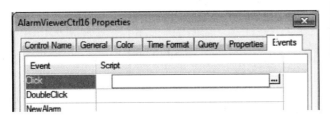

图 3-87　Events 标签页

图 3-88　OCX 按钮界面图

（4）在新打开的 "ActiveX Control Browser" 对话框中：

1）在左边的 "Control Name" 列表中点击选择所需控件名称，右边会显示该控件的具体 Method/Property。

2）在右边的 Method/Property 列表中，选择所需 Method/Property（见图 3-89）。

3）点击 OK，关闭对话框。

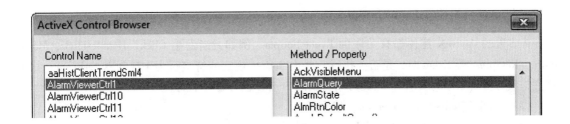

图 3-89　选择 Method/Property

如果在左边 "Control Name" 列表中选择的是 "This Control"，则返回脚本对话框后，脚本框中显示的控件名称会变为 "#ThisControl"，以后要调用该功能时，也要注意引用时的格式，例如：

#ThisControl. Value（"11/10/2015"）；

#ThisControl. Value（Date）；{Where Date is a Memory Message tag}

3. 12. 9 ActiveX 控件 Event Parameter

通过设计特殊的 Action，并将之关联至 Event，可以让 ActiveX 控件的 Event 在 Rumtime 模式被执行。例如，如果需要一个出错处理的 Event，则可以创建一个当错误发生就显示特定错误信息的窗口。ActiveX Event 脚本支持 Event Actions，可以为这些 Event 关联多种脚本。

为了让 AciveX Event 脚本能够顺利工作，ActiveX 控件必须被加载至内存中，即该控件的窗口必须处于运行状态。如果该窗口关闭了，则控件及其 Event 脚本也将停止工作。

请按照如下步骤进行 ActiveX 控件 Event Parameter 的设定（见图 3-90）：

（1）双击控件，打开 Properties 对话框。

（2）切换至 Events 标签页。

（3）在 Event 列中，点击选择需要关联脚本的对象。

（4）在 Script 列中，在方框中输入需要创建的脚本的名称（见图 3-90）。

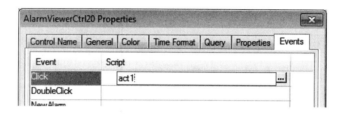

图 3-90　ActiveX 控件 Event Parameter 设定步骤

（5）双击 Script 列中新输入的脚本名称，打开"ActiveX Event Scripts"对话框。

（6）点击 Insert ActiveX，打开"ActiveX Control Browser"对话框。在左边"Control Name"列表中选择"ThisEvent"，在右边"Method/Property"列表中选择"ClicknRow"（本例中选项非固定）。

（7）点击 OK，返回"ActiveX Event Scripts"对话框。

（8）完善并 Validate 脚本，通过后点击 OK，返回 Properties 对话框。

（9）点击 OK，关闭对话框。

3. 12. 10 ActiveX 控件 Event Scripts

大多数的 ActiveX 控件都有关联的 Event Scripts。例如，当发生 Click，Double-click，Mouse down，Key press 等 Event 时，是否要执行一些由 Scripts 规定的特定行为来应对这些 Event。每个控件都具有各自不同的 Event，因此可以关联的 Scripts 也会略有不同。

（1）访问"ActiveX Event Script"编辑器。

1）双击 ActiveX 控件，打开其 Properties 对话框。

2）切换至 Events 标签页。

3）在 Script 列中，双击某一空白行空格处或在空格中起名字后双击名称。此时，将打开"ActiveX Event Scripts"脚本编辑器对话框。

（2）再次使用同一个 ActiveX Event 脚本。

1）重复前面的步骤，打开 Properties 对话框，切换至 Events 标签页。

2）在 Script 列中，单击空白格，并点击按钮，再次选择同一脚本对象（见图 3-91）。

（3）导入 ActiveX Event Scripts。

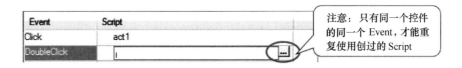

图 3-91　ActiveX Event 脚本对象

如果在不同的项目之间需要进行已经定义好的 Scripts 功能的导入工作，可以通过 InTouch 软件的菜单命令"File -> Import"进行操作。

在进行 ActiveX Event Scripts 的导入操作时，所有的 ActiveX Events 脚本都会被导入。同时，还需要保证导入该脚本的 InTouch 软件中，有相同的 ActiveX 控件和 Events，否则也无法正常工作。

3.13　Evo Historian 的备份和恢复

本节描述了如何对 Evo Historian 数据库进行备份和恢复。

3.13.1　备份/恢复 Galaxy

为了避免由于计算机故障或其他不可预期的问题而导致的数据丢失，可以定期对 Galaxy 进行数据备份。Galaxy Database Manager 软件可以对 Galaxy 进行备份和恢复操作。该软件是 ArchestrA System Management Console（SMC）的一部分。使用 Galaxy Database Manager 对 Galaxy 进行备份，可以生成一个 .cab 文件，其中包含了原有 Galaxy 的所有必要信息。而使用 .cab 文件进行 Galaxy 还原的时候，需要预先创建一个同名的空白 Galaxy，然后再将 .cab 文件中的数据还原至同名的空白 Galaxy 中。如果系统中没有这个同名的空白 Galaxy，则必须先创建一个。

3.13.2　备份 SQL Server Database

强烈建议用户对 IndustrialSQL Server 和 SQL DB 进行备份，以防用户想要还原组态信息。最好的备份方法是在 SQL Server Management Studio 软件中设定自动备份。

当用户进行数据库备份时，所有的 System Tables、用户定义对象以及数据，都将 Copy 至备份设备的指定目录中。备份用的设备可以是移动硬盘、U 盘、软盘。

Runtime Database 和 Holding Database 两个数据库必须进行备份（见图 3-92）。

备份过程主要有：使用标准的 MS SQL Server 工具和手动进行备份。

备份数据库所用到的软件为 Microsoft SQL Server 2008 的标准工具——SQL Server Management Studio，可以通过点击 Start -> All Programs -> Microsoft SQL Server 2008 来打开。打开工具后，接下来只需按图 3-93 提示，对需要备份的数据库进行右键菜单命令操作即可。

在图 3-94 中继续选择备份选项。

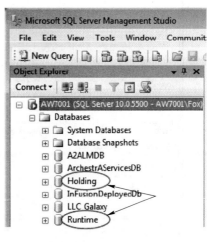

图 3-92　备份 Runtime 和
Holding 数据库

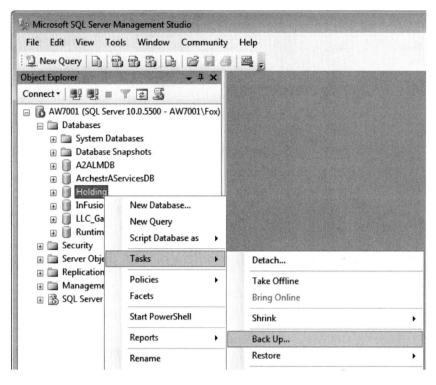

图 3-93　备份数据库操作命令

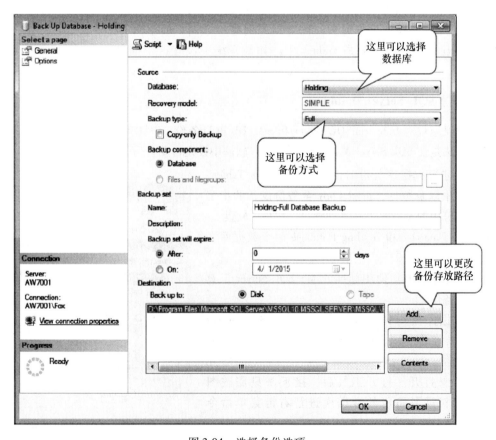

图 3-94　选择备份选项

然后切换至 Options, 勾选"确认备份完成"选项, 如图 3-95 所示。

备份完成后请确认, 如图 3-96 所示。

在备份目录检查已备份好的文件 (见图 3-97)。

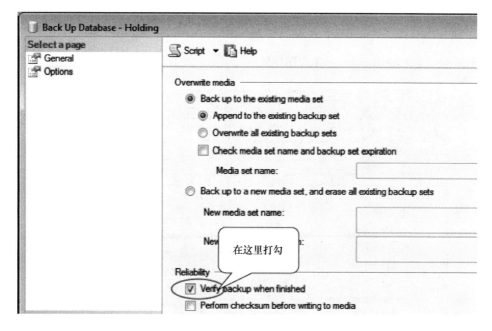

图 3-95 备份完成

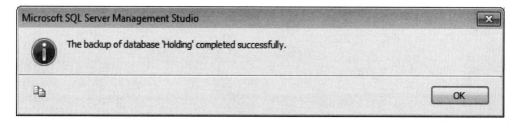

图 3-96 确认备份完成

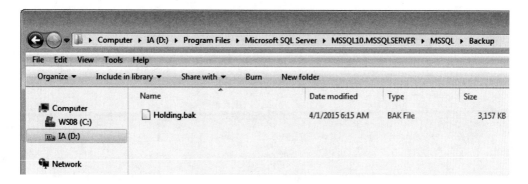

图 3-97 检查已备份好的文件

3.13.3　Evo Historian 的数据文件

Evo Historian 拥有四个主要数据文件存储位置，它们是：Circular；Alternate；Buffer；Permanent。

Circular 必须位于 Server 上的本地硬盘。Alternate、Buffer 和 Permaent 这三个存储分类，则可以在网络上的任何位置。

图 3-98 显示了 Evo Historian 的主存储位置。

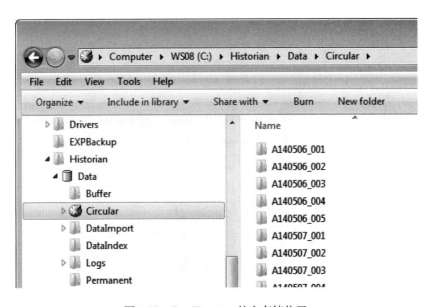

图 3-98　Evo Historian 的主存储位置

4 模拟量控制系统（MCS）

模拟量控制系统是超超临界分散控制系统的主要控制系统之一，涵盖了机组所有的模拟量控制子系统，包括机组协调控制系统、给水控制系统、水煤比控制系统、燃料量控制、主蒸汽/再热汽温控制系统、制粉系统控制、风量控制系统、炉膛压力控制系统、一次风压力控制系统以及机组旁路控制系统等。

4.1 机炉协调控制

机组主控可接受负荷调度命令或机组侧设定命令，产生输出指令信号（MWD）使汽机、锅炉协调达到负荷要求或按预定负荷变化率改变负荷。

4.1.1 目标负荷设定

在正常操作时目标负荷由负荷调度命令设定（AGC 投入）或操作员在 CRT 手动上设定。

AGC 投入允许条件如下：协调方式无 RB 动作且 MWD > 500MW；AGC 指令偏差在 ± 50MW 内；没有负荷最大限制；没有负荷最小限制。

在以下条件时，负荷指令信号跟踪实发发电机功率：非协调方式；MFT；RB。

4.1.2 负荷变化率设定

负荷变化率由手动设定，在以下情况下 AGC 变负荷速率未选中，设定为 0%/min。

（1）机组负荷闭锁且负荷指令超闭锁方向变化时。

（2）机组负荷达到限制且负荷指令超限制方向变化时。

（3）无 AGC 设定保持请求。

4.1.3 频率偏差补偿

当频率偏离 50Hz 时（频率偏差超过规定值）和频率偏差相应的负荷修正信号加到 MWD，来稳定电功率系统。频率偏差信号加到负荷给定回路。另外加入了主汽压力控制回路对机组参与一次调频的幅度进行干预。为了防止频率偏差信号对负荷指令的影响及保证机组在安全范围内运行，频率偏差回路设计了最大、最小限制回路和速率限制功能。

在以下情况没有频率偏差补偿：负荷跟踪方式；锅炉在湿态操作；频率偏差信号不正常；发电机未并网。

4.1.4 负荷上限和下限设定

运行人员在操作画面上设定负荷上下限。负荷上限和下限设定如下联锁：

（1）当负荷上限和下限操作工作在负荷跟踪方式时，负荷上限和下限跟踪目标负荷指令。

（2）当负荷上限小于目标负荷时，负荷上限减小操作闭锁，目标负荷增加操作禁止。

（3）当负荷下限大于目标负荷时，负荷下限增大操作闭锁，目标负荷减小操作禁止。

4.1.5　负荷增加功能闭锁

汽机主控在自动时，负荷偏低或 CCS 方式下主汽压力偏低或 BI 方式下主汽压力偏高；机组负荷上限；给水上限；燃料上限；风机叶片控制上限；水/燃料比上限或下限；交叉限制（风/燃料、水/燃料）；电网频率高。

4.1.6　负荷减少功能闭锁

汽机主控在自动时，负荷偏高或 CCS 方式下主汽压力偏高或 BI 方式下主汽压力偏低；机组负荷下限；给水下限；燃料下限；风机叶片控制下限；交叉限制（风/燃料、水/燃料）；水/燃料比上限或下限；省煤器汽化保护；电网频率低。

当机组出现禁升或禁降条件时，相应方向的负荷变化率切为零，机组负荷指令只允许单方向变化。

4.1.7　交叉限制功能

交叉限制功能是指在诸如给水、燃料和风量的每个流量需求指令上加上一些限制，以确保这些参数之间的不平衡在任何工况下都不会超出最大允许的限值。这些功能只有在相应的回路运行在自动方式下才有效：由燃料量给出给水流量指令的最大和最小限制；由给水流量给出燃料量指令的最大限制；由总风量给出燃料量指令的最大限制；由燃料量给出总风量指令的最小限制。

4.1.8　RB 功能

RB（RUNBACK）的定义：由于锅炉或汽轮机主要辅机跳闸而发生的快速减负荷。

机组在正常负荷运转并处于 CCS 控制方式下运行。当某台主要辅机因故障跳闸后，触发 RB 逻辑，CCS 方式切换至 TF 方式，汽机调门调节机前压力；锅炉主控器切至手动，锅炉主控指令（BID）以 RB 的设定目标自动减至机组最大限制负荷所对应的目标值，设定目标值取决于单台辅机的出力状况。

RB 后，机前压力设定值跟踪机前压力信号 PT，然后以滑压方式下降，下降速率跟踪实际负荷下降率，并发出调节信号送往汽机侧 DEH，调节机前压力。RB 名称及其对应的各项指标见表 4-1。

表 4-1　RB 名称及其对应的各项指标

RB 名称	RB 后制粉系统运行层数	投运油枪	目标负荷/MW	目标煤量/t·h^{-1}	目标主汽压/MPa	降压力方式
磨煤机	4	不投运	800	320	25.7	滑压
送风机	3	投运	525	210	19.8	滑压
引风机	3	投运	525	210	19.8	滑压
空预器	3	投运	500	200	19.5	滑压
一次风机	3	投运	500	200	19.5	滑压
给水泵	3	投运	500	200	18.0	滑压

4.1.9　运行方式

机组协调控制系统为单元机组级的控制，协调机炉对负荷及压力的控制，主要由负荷指令处理回路、机炉主控制器两大部分构成。负荷指令处理回路，主要实现 AGC 目标负荷或运行人员目标负荷及定压方式下目标主汽压的选择、定滑压选择、负荷及主汽压变化率设置、CCS 一次调频投切、高低负荷限幅、负荷变化速率限制、负荷闭锁增减、负荷指令保持/进行选择、辅机跳闸 RB、迫降 RD/迫升 RUP 等功能以及燃料调节回路。机炉主控制器是协调主控系统的核心，主要实现机炉运行方式选择及切换，机炉主控指令运算等功能。

机组共设置有 AGC、CCS、TF、BF、手动（MAN）五种运行方式。

4.1.9.1　AGC 自动发电控制方式

（1）对机组而言，负荷指令控制方式分 ADS 和 LOCAL 两种方式，ADS 指令应包括 AGC 指令和电厂管理部门调度指令，本机只设置 AGC。

（2）AGC 指令的产生及下发：调度的 EMS 系统根据电网频率、机组出力、省际交换功率等实时信息计算出受控机组的出力指令，经远动通道下发到机组中。当在 CCS 协调控制方式下满足 AGC 的条件时，可以采用 AGC 模式，此时机组的目标负荷指令由调度控制系统给定，集控值班员不能进行干预。为防止在低负荷阶段产生危险工况或超负荷缩短机组寿命，必须对 AGC 的负荷低限和负荷高限作出限制。

（3）当机组负荷大于等于 500MW 且 CCS 协调方式运行时，若 AGC 通信系统正常可投用，可由运行人员在"负荷管理中心"画面上投入 AGC 方式，机组出力由电网遥控调度。

（4）当远动通道故障或 RTU 故障时，AGC 负荷指令保持故障前的指示值，操作员应将"AGC 控制方式"切"切除"位置，并根据实际情况进行机组负荷控制。

（5）投入 AGC 所需的条件。

1）AGC 指令正常（AGC 指令与发电机功率偏差小于 10MW，AGC 指令未超上、下限）。

2）无 RB/RUP。

3）协调方式。

4）无调度中心切除 AGC 指令。

（6）AGC 跳手动的条件。

1）AGC 指令坏质量。

2）发生 RB/RUP。

3）非协调方式。

4）调度中心切除 AGC。

5）有功目标值坏质量。

4.1.9.2　CCS 协调方式

（1）当汽机主控和锅炉主控均投自动时，机组运行方式就是 CCS 协调方式。

（2）在 CCS 协调方式下，锅炉主控主要控制主汽压，汽机主控主要控制机组负荷。

（3）在 CCS 协调方式下，当主汽压实际值与给定值偏差超过一定数值时，汽机主控参与主汽压调节。当负荷实际值与给定值偏差超过一定数值时，锅炉主控参与负荷调节。

（4）滑压运行方式下，主汽压给定值是电负荷的分段函数。机组电负荷在 300MW 以下运行时定压 10MPa；1000MW 以上运行时定压 26.5MPa；电负荷 300~1000MW 处于滑压运行。

（5）在 CCS 协调方式下，当发生锅炉主控或汽机主控任一退出自动时，CCS 协调方式自动退出。

（6）机组一次调频在 DEH 画面投切，DEH 一次调频投入后，当 CCS 协调控制系统投入时，自动投入 CCS 一次调频方式。

4.1.9.3　TF 汽机跟随（TURBINE FOLLOW）方式

（1）当汽机主控在自动，而锅炉主控在手动时，机组运行方式为 TF 方式。

（2）在 TF 方式下，DEH 在初压方式自动控制主汽压，锅炉主控手动控制机组负荷。

（3）在 TF 方式下，当发生锅炉主控投入自动或汽机主控退出自动时，TF 方式自动退出。

（4）适用范围：汽机运行正常，锅炉主控不具备投入自动的条件。

（5）汽机主控跳手动的条件：DEH 外部负荷指令解除且在限压方式。

4.1.9.4　BF 锅炉跟随（BOILER FOLLOW）方式

（1）当锅炉主控在自动，而汽机主控在手动时（DEH 外部负荷解除且在限压方式），机组运行方式为 BF 方式。

（2）在 BF 方式下，锅炉主控自动控制主汽压，汽机主控手动控制机组负荷。

（3）在 BF 方式下，当发生锅炉主控退出自动或汽机主控投入自动，BF 方式自动退出。

（4）适用范围：锅炉运行正常，汽机部分设备工作异常或机组负荷受到限制。

（5）锅炉主控跳手动条件：

1）负荷指令低于 300MW（不在协调方式跟踪实际负荷）；

2）RB；

3）两台给水泵转速控制均手动；

4）主汽压力 A 侧三点均坏或主汽压力 B 侧三点均坏；

5）高加汽侧解列；

6）主汽压力设定值与测量值偏差大于 2MPa。

4.1.9.5　手动（MAN）方式

（1）汽机主控和锅炉主控均在手动时，机组运行方式为 MAN 方式。

（2）手动模式是一种低级的基础控制模式，其适用范围为机组启动初期及低负荷阶段。

4.1.10　湿态/干态方式

湿态-干态方式转换按以下确定：随着负荷和燃料量的增加分离器储水箱液位和锅炉循环水流量将减少。当燃料量增加，锅炉达到最小给水流量时，分离器里的水全变成蒸汽。湿态→干态方式：负荷大于 30% 或干态到湿态转换条件没建立。干态→湿态方式：负荷小于 20% 或 MFT 或汽轮发电机没同步或负荷小于 30% 时 BR 阀没关闭并且 BCP 已启动。

锅炉厂提供干湿态逻辑判据：

（1）湿态方式。从启动到 30% 负荷时，水冷壁出口蒸汽仍然是湿态（饱和），水冷壁出口湿态蒸汽里的水流到分离器储水箱，主蒸汽压力按表 4-2 中所列方式控制。

表 4-2　主蒸汽压力控制方式

小于 15% 负荷	汽机旁路阀控制主蒸汽压力，蒸汽排到冷凝器
15% ~ 30% 负荷	燃料来控制主蒸汽压力，与汽包炉相同（在 15% 负荷时，逐渐关闭）

（2）干态方式。当机组负荷达到 30%，水冷壁出口的蒸汽处于干态（过热）。分离器储水箱液位为零，锅炉循环水泵停止，锅炉处于直流状态，由锅炉输入（给水、燃料和助燃风）控制主蒸汽压力。

4.1.11　锅炉主控

锅炉主控指令在 CCS 干态方式下由机组给定负荷信号和主蒸汽压力校正信号组合形成，在 BF 干态方式下由机组实际负荷信号和主蒸汽压力校正信号组合形成。在 BI 方式下，锅炉输入指令信号可以由运行人员在锅炉主控操作器上手动输入。当发生机组 RUN BACK 工况时，锅炉输入指令信号将根据预先设定的 RUN BACK 目标值和 RUN BACK 速率强制下降。在 BH 方式下，锅炉输入指令在干态运行时跟踪给水流量信号，在湿态运行时跟踪实际负荷信号。

主蒸汽压力设定值基于负荷指令或锅炉主控输出产生，当锅炉主控自动时，主蒸汽压力设定值由负荷指令产生，否则由锅炉主控指令产生。此外，在变压运行负荷变化时，虽然压力设定值随负荷的增加/减少而增加/减少，由于锅炉时间常数的影响，主蒸汽压力偏差产生的额外压力补偿对控制系统产生扰动。为防止这种情况，需在主蒸汽压力设定值加一延迟，延迟的时间常数根据负荷调整。其中，在 RB 减负荷时，只有延迟有效，速率限制无效；在 MFT 时，只有速率限制有效（0.02MPa/s），延迟无效。

4.2 给水控制

给水控制的目的是控制总给水流量，以满足锅炉输入的要求，总给水流量在省煤器入口测量。

（1）给水流量指令由锅炉输入指令产生。在所有工况下，给水流量指令都要大于最小给水流量，以保护锅炉受热面。

（2）在启动时，当给水控制系统在手动，最小给水流量设定值跟踪实际给水流量；当给水控制系统在自动时，最小给水流量设定为锅炉最小给水流量（28.5% BMCR）。在机组启动工况时，启动偏置将加在最小流量设定上。

（3）给水主控增益补偿，随着给水泵自动投入数量的变化，需要调整使回路增益不变。

（4）防止省煤器沸腾回路。如果由于负荷 RB、甩负荷等，锅炉压力瞬间减少时，省煤器侧的水有可能蒸发，因为省煤器水温会大于在此压力下水的饱和温度。必须防止省煤器汽化，因为它会造成水冷壁水循环不稳定。为了防止省煤器汽化现象的发生，对省煤器出口温度超过省煤器出口压力下的饱和温度减去一定值时，将采取下列措施：增加给水流量，以减小省煤器出口温度；闭锁使主汽压力降低的作用；闭锁使负荷减小的作用。

（5）分离器储水箱液位补偿给水回路：在锅炉循环操作（湿态方式）下，锅炉循环水流量的快速下降将对给水流量控制产生扰动，给水流量有可能低于最小给水流量。因为锅炉循环水流量是根据汽水分离器储水箱水位来控制的，可以通过检测汽水分离器储水箱水位的变化来防止给水流量的下降，给水流量指令增加补偿。

（6）给水流量偏差经主调节器的比例积分后产生付调节器的锅炉给水流量需求指令。

（7）汽泵转速控制回路：锅炉给水流量需求指令和泵出口流量比较后产生汽泵转速指令，每台泵有自己的流量偏置。在两台泵并泵过程中，通过将偏置以一定速率切零实现。

（8）泵的最小流量控制回路：根据每台泵的出口流量来控制每台泵的最小流量以确保泵的安全运行。泵的出口流量经函数发生器后产生泵的最小流量开度指令。函数发生器的断点由泵的出口压力决定。

4.3 水煤比控制

为了把主蒸汽温度控制在规定值，水－燃料比控制增加蒸汽温度偏差补偿，对根据锅炉蒸发量由锅炉输入指令产生的基本燃料指令补偿。

在直流操作时水－燃料比主控控制分离器出口过热度。主蒸汽温度由水－燃料比和喷水减温控制。虽然过热器喷水能修正主蒸汽温度，最终是由水－燃料比稳定主蒸汽温度。

分离器出口过热度设定值根据负荷指令设定。设定值和分离器出口过热度的偏差经调节器输出再加上各级过热汽温偏差修正，给出分离器出口过热度控制信号。

在负荷变化时，因为蒸汽温度变化的惯性和延迟较大，当变负荷过程温度变化被修正时，机组水煤配比被错误改变，影响机组变负荷性能。为了防止这种情况，把积分输入设为零，并闭锁积分控制。

4.4　主蒸汽温度控制

控制系统概述：在直流工况中，主蒸汽温度的控制基本取决于水燃比控制，但是过热器喷水也是必须的，在瞬间工况时，其响应速度远大于水燃比控制。喷水控制系统是通过并行调节二级过热器减温水流量来实现的。

主蒸汽温度喷水控制系统为串级控制由以下部分组成：

（1）主环根据主蒸汽温度偏差（末级过热器出口温度）控制。主蒸汽温度设定根据机组负荷指令给出并可由运行人员手动给出偏置，根据汽机启动状态给出不同的速率限，机组负荷指令同时作为前馈信号。

（2）副环末过入口温度控制。末过入口温度设定值根据机组负荷指令给出，主环调节器的输出作为末过入口温度设定值的修正信号。前馈信号为目标负荷设定值。

（3）过热度控制。设计有防止蒸汽饱和的保护功能，将高温过热器入口温度大于饱和温度+10℃作为联锁条件，以防止喷水阀开得过大引起减温器出口温度低于蒸汽饱和温度以下的情况发生。

一级过热器喷水控制由以下部分组成：

（1）采用串级控制，主环控制屏过热器出口温度，根据机组负荷指令给出屏过出口温度的设定值，运行人员可以手动偏置。副环控制屏过入口温度，主环调节器的输出作为屏过入口温度设定值的修正信号。

（2）前馈信号如下：一级减温器入口温度偏差；一级过热器喷水；目标负荷设定值。

（3）过热度控制。设计有防止蒸汽饱和的保护功能，将屏过入口温度大于饱和温度+10℃作为联锁条件，以防止喷水阀开得过大引起减温器出口温度低于蒸汽饱和温度以下情况发生。

在 MFT 跳闸时，一、二级喷水阀被强制关闭，以限制减温器对下游热影响的可能性。

4.5　再热器蒸汽温度控制

精确并稳定地控制再热蒸汽温度对最大限度地提高蒸汽循环效率是非常重要的。

通过下列控制可达到上述目标：过热器/再热器出口烟气分配挡板控制；燃烧器摆动控制；再热器喷水控制。

（1）过热器/再热器出口烟气分配挡板控制。再热蒸汽温度设定值根据机组给定负荷信号经函数发生器给出，并提供运行人员手动调整的设定值偏置。再热器出口温度测量值与设定值进行比较，测量值与设定值之间的偏差经过过程增益补偿回路送到 PI 调节器。机组给定负荷信号经函数发生器后作为前馈信号加在 PI 调节器输出。每侧的过热器和再热器烟气挡板使用同一个操作器，是互相联动的。

（2）燃烧器摆动控制。燃烧器摆动控制根据锅炉负荷进行开环程序控制，不考虑再热蒸汽温度的反馈控制。

（3）再热器喷水控制。再热蒸汽温度调节器通过调整 SH/RH 旁通烟道的烟气分配，其次再调节再热器喷水调节阀，使得再热蒸汽温度维持在运行人员可调整的设定值上。再热器喷水调节阀只是在过热器和再热器旁通烟道挡板控制进入饱和（也就是说不能再有效地控制再热蒸汽温度）时才被打开，因此在热器喷水调节阀的设定值为正常的设定值再加上偏置值。设计了防止蒸汽饱和的保护功能，以防止由于再热器喷水调节阀开度过大而引起减温器出口温度低于蒸汽饱和点。在主燃料跳闸或蒸汽阻塞或锅炉负荷低（燃料量指令低）这几种情况下，再热器喷水调节阀被强制关闭，以限制对减温器下游的热影响的可能性。

4.6　风量控制

锅炉燃烧所需要的总风量是通过调节两台送风机动叶的角度来控制的。对动叶角度控制的输出是基于总风量指令（AFD）的。

总风量指令根据燃料量指令（FFD）的函数和锅炉输入变化率相加形成，并通过烟气含氧量的校正以确保完全燃烧。总风量指令与总燃料量交叉限制，以防止炉膛中燃料量多于风量的情况发生。

去送风机动叶的指令通过方向闭锁回路后送出，方向闭锁回路是为了防止当炉膛压力偏差过大时送风机动叶指令朝更恶化的方向变化。当喘振闭锁功能检测到送风机快要发生喘振时，方向闭锁功能还防止送风机动叶指令的增加，以避免送风机出现喘振。

4.7　炉膛压力控制

炉膛压力是通过调节两台引风机静叶的角度来控制的。对静叶角度的控制输出是基于压力偏差和一个前馈信号的。送风机动叶指令被用来作为前馈信号以提高在负荷变化时的响应。

如果出现炉膛压力波动很大的工况，系统会自动地采取适当的超驰控制。若发生主燃料跳闸（MFT），引风机动叶指令会根据 MFT 前机组负荷的大小自动减少一定值，以防止可能由于炉膛送风量的突然减少和燃料量的失去而导致的炉膛内爆。

去引风机动叶的指令通过方向闭锁回路后送出，方向闭锁回路是为了防止当炉膛压力偏差过大时引风机动叶指令朝更恶化的方向变化。当喘振闭锁功能检测到引风机快要发生喘振时，方向闭锁功能还防止引风机动叶指令的增加，以避免引风机出现喘振。

4.8　热一次风压力控制

虽然磨煤机热风挡板完成磨煤机风量控制，但挡板前的压力要可靠，磨煤机热风压力由一次风机动叶在适当值控制，使风量控制有效。

热一次风压力设定回路：热风根据煤量修正，可由操作员手动设置磨煤机热风压力设定值偏置。

一次风机动叶控制：（1）一次风机动叶位置指令由磨煤机前馈信号和热风压力偏差的比例＋积分控制动作产生。（2）一次风机动叶前馈信号由燃料主控指令程序产生。（3）当任一磨煤机出口挡板关闭时，为了减少冲击，需要尽早减小一次风机动叶位置，设置了一个减小位置并加到前馈信号。（4）为了避免一次风机动叶不必要的操作，在磨煤机热风压力偏差上设有死区。

4.9　燃料量控制

燃料量控制的目的是控制燃料量以满足锅炉输入的要求。总燃料由煤和轻油组成。

4.9.1　燃料量指令

总燃料量指令是根据不同的启动方式所要求的锅炉输入指令产生的。给水/燃料比率指令叠加在总燃料量指令上。同时考虑了交叉限制功能和再热器保护功能。

主燃料煤的实际发热值可能有所改变，而锅炉的吸热条件取决于燃料的种类和燃烧器所在的层位置。为了对这种情况进行补偿，使用燃料 BTU 校正对总燃料进行校正。

4.9.2　交叉限制功能

总给水量不足将使燃料量指令减少；总风量不足将使燃料量指令减少。

4.9.3 再热器保护功能

当进入再热器的蒸汽还没建立时，有一高限值加在燃料量指令上使得燃料量指令只能低于该限制值。

4.9.4 燃料 BTU 校正

煤热量补偿：随着蒸汽温度的变化，煤质变化使热量也变化，燃烧率的补偿由水－燃料比完成。在协调控制方式设备稳定时，为了使由煤热量变化产生的水－煤比偏置在正常控制界限内，水－煤比偏置在功能上设成相反属性，采用积分控制动作，并计算热量，完成煤量的热量补偿。

由煤量设定值偏差的比例＋积分操作从燃料主控和热量补偿后的总煤量产生的煤量指令，由此值产生燃料主控指令。当燃料主控在手动时，可通过对燃料主控的手动增减来实现对所有磨煤机煤量的增减。

4.9.5 燃油控制

轻油不作为锅炉燃烧的主要燃料，只是在启动期间和低负荷运行时使用。轻油流量指令是由总燃料量减去总煤量得出的。

为了保持轻油母管压力在稳定的燃烧的水平上，以避免不稳定的续运行和锅炉跳闸，对轻油进油压力偏差进行比例＋积分操作，轻油流量控制阀的开度信号作为前馈信号来提高控制能力。

4.10 磨煤机控制

4.10.1 磨煤机煤量测量回路

煤量为给煤机皮带上的测量值，因为煤从给煤机到磨煤机，再由一次风输送到燃烧器，这样在测量值和燃烧煤量之间就有时间延迟。

在磨煤机启动时，死区较长。即使在磨煤机停止时停止给煤机，磨煤机里剩余的煤仍继续喷入炉膛。因此，煤量测量有误差，对锅炉的压力和温度控制产生扰动，以下的煤量测量系统来提高测量精度。

（1）在磨煤机启动时。在磨煤机启动时，如果给煤机指令达到最小给煤量，将保持这个值。给煤机的初始煤量由模拟磨煤机启动时的煤量比率特性功能块产生，这一模拟信号作为煤量信号，同时，在给煤机启动时设定值按预定比率由 0.0 到 1.0，基于此信号模拟磨煤机启动时的特性，磨煤机启动时的煤量由测量值调整产生。

（2）在磨煤机停止时。在磨煤机停止时，给煤机停止，给煤量在那时保持，在磨煤机停止时模拟煤量特性的功能块调整给煤量，作为煤量信号。设定值按预定率从 1.0 下降至 0.0，磨煤机停止时的特性基于此信号模拟。磨煤机停止时的煤量由给煤量保持信号调整产生。

（3）在给煤机设备检修时。在给煤机设备检修时，给煤机处于停止状态，给煤机上没有煤，磨煤机煤量特性由磨煤机比率程序模拟，设定值从 1.0 到 0.0 按预定率下降，从此时磨煤机保持的比率开始调整程序输出，产生给煤机检修停止时的煤量。

（4）正常操作时：正常情况下给煤量由直接测量信号获取。

（5）磨煤机停止时：煤量为 0.0t/h。

4.10.2 燃料主控

对整个燃料系统进行控制的控制室为燃料主控，其跟踪的是给煤量。

（1）正常操作控制。由燃料指令和经过热量补偿后的总煤量产生的偏差进行比例＋积分运算后，再加上煤量设定前馈信号产生燃料主控指令。此外，在磨煤机启动/停止过程时，不参与煤量控制，这时从煤量设定信号中扣除该给煤机偏置，避免扰动。

（2）自动时给煤机的数量补偿。根据自动时磨煤机的数量，改变对燃料主控指令的反馈、回路增益变化等。在自动时回路增益由给煤机数量程序设置，调整煤量偏差。并且在自动时根据给煤机数量调整煤量设定值来的前馈信号。

（3）燃料主控限制回路。在给煤机手动操作时，燃料主控控制器输出跟踪最大的给煤机输出指令；如果1台给煤机在自动则燃料主控切到自动回路。

（4）燃料指令最大/最小设定回路。每台给煤机的最大给煤量是预先确定的，通过程序设置煤指令的最大值，使最大煤量不超过磨煤机的驱动能力，同时也限制最小值。

（5）燃料指令增加/减少闭锁操作。当磨煤机负载变化困难时，为了磨煤机的稳定运行，闭锁给煤机煤量指令的增加或减少操作。当燃料主控自动时给煤机增加或减少闭锁操作出现，同时闭锁煤指令增加或减少信号。为了机组稳定运行，闭锁负荷增加/减少。

4.10.3 磨煤机入口风量、入口温度控制

磨煤机入口一次风量/温度控制采用2挡板系统，即热风挡板和冷风挡板。磨煤机一次风量控制由磨煤机冷/热风挡板完成，磨煤机出口温度控制由磨煤机冷风挡板完成，使风量和温度控制互不干扰。

（1）磨煤机冷风挡板控制。

1）磨煤机出口温度设定回路可以由运行员设定偏置。

2）磨煤机冷风挡板控制：①磨煤机冷风挡板由磨煤机出口温度偏差比例＋积分控制，同时引入热风调门指令作为前馈；②如果磨煤机入口风量低于预定值，而不低于最小值，开度指令保持，完成最小值限制。

（2）磨煤机热风挡板控制。

1）磨煤机入口风量设定回路：①磨煤机入口风量设定值根据给煤机给煤量指令程序设置；②可以由运行员设定偏置。

2）磨煤机热风挡板控制：由磨煤机入口风量偏差的比例＋积分控制来控制磨煤机热风挡板。此外，磨煤机热风挡板前馈信号从给煤机给煤量产生，完成前馈控制。

3）启动和停止时的预定开度位置。

4.10.4 给煤机控制

由燃料主控指令信号产生每一给煤机控制指令，并输出到给煤机控制回路。

（1）通过CRT上的操作把给煤机的偏置加到燃料主控指令，产生每个独立的给煤机指令。

（2）当一台给煤机的指令大于磨煤机的最大负载时，或者低于磨煤机的最小负载时，闭锁煤主控对各个独立的给煤机增加或减少操作。

4.11 风箱挡板控制

油枪投入、退出和煤粉燃烧器所需要的风箱挡板，是根据磨燃烧器控制系统和锅炉闭环控制系统的指令进行控制的。风箱挡板可以分为燃油风挡板、燃煤风挡板、邻近油或煤粉燃烧器的辅助风挡板、燃烬风挡板和附加风挡板。风箱挡板控制是为了使每个燃烧器风量/燃料量比例在最恰当的数值。

（1）煤燃烧器风挡板（浓相燃烧器CONC）。

1）两台送风机全停（MFT）：打开。

2）煤燃烧器运行：根据给煤率大小函数控制。

3）煤燃烧器停止运行：最小开度。

4）相邻油燃烧器投入运行：根据燃油母管压力大小函数控制，担当油燃烧器辅助风挡板的作用。

（2）煤燃烧器风挡板（淡相燃烧器 WEAK）。

1）两台送风机全停（MFT）：打开。

2）煤燃烧器运行：根据给煤率大小函数控制。

3）煤燃烧器停止运行：最小开度。

（3）油燃烧器风挡板。

1）两台送风机全停（MFT）：打开。

2）油燃烧器运行：根据燃油母管压力大小函数控制。

3）油燃烧器停止运行：最小开度。

4）相邻的煤燃烧器投入运行：如果上层和下层的煤燃烧器都运行：根据上、下层煤燃烧器的平均给煤率的大小函数控制。如果上、下层的煤粉燃烧器只有一个运行：根据运行的煤燃烧器的给煤率大小函数控制。

（4）辅助风挡板1。

1）两台送风机全停（MFT）：打开。

2）相邻油或煤粉燃烧器运行。如果油燃烧器运行，根据燃油母管压力大小函数控制。如果煤燃烧器运行，如果上层和下层的煤燃烧器都运行，根据上、下层煤燃烧器的平均给煤率的大小函数控制；如果上、下层的煤粉燃烧器只有一个运行，根据运行的煤燃烧器的给煤率大小函数控制。如果油、煤燃烧器都在运行，根据燃油母管压力大小函数控制。

3）相邻的油或煤燃烧器都停运：①锅炉负荷小于30％MCR：根据炉膛/风箱差压控制；②锅炉负荷大于等于30％MCR：最小开度。

（5）辅助风挡板2。

1）两台送风机全停（MFT）：打开。

2）相邻煤粉燃烧器投入运行：如果上层和下层的煤燃烧器都运行，根据上、下层煤燃烧器的平均给煤率的大小函数控制；如果上、下层的煤粉燃烧器只有一个运行，根据运行的煤燃烧器的给煤率大小函数控制。

3）相邻煤燃烧器退出运行：①锅炉负荷小于30％MCR：根据炉膛/风箱差压控制；②锅炉负荷大于等于30％MCR：最小开度。

（6）辅助风挡板3。

1）两台送风机全停（MFT）：打开。

2）最下层煤燃烧器运行：根据下层煤粉燃烧器的给煤率大小函数控制。

3）最下层煤燃烧器停运：①锅炉负荷小于30％MCR：根据炉膛/风箱差压控制；②锅炉负荷大于等于30％MCR：最小开度。

（7）过燃风挡板。

1）两台送风机全停（MFT）：打开。

2）除上述工况外的其他工况：根据锅炉负荷大小函数控制。

（8）附加风挡板。

1）两台送风机全停（MFT）：打开。

2）在热备用方式期间（MFT）：关闭（如果使用该方式）。

3）除上述工况外的其他工况：根据锅炉负荷加锅炉输入加速指令后的大小函数控制。

（9）风箱入口挡板。

1）两台送风机全停（MFT）：打开。

2）在热备用方式期间（在 MFT 条件下）：关闭（如果使用该方式）。

3）除上述工况外的其他工况：根据锅炉负荷大小函数控制，但有最小开度限制。

4）在锅炉燃煤（3～6 台磨煤机运行）运行时，煤粉浓相燃烧器、煤粉淡相燃烧器、辅助风、OFA 和 AA 风挡板的挡板开度指令的函数关系将会根据投入运行磨煤机台数而自动改变。挡板的最小开度设定值根据锅炉负荷大小给出。

4.12 汽机旁路控制

4.12.1 旁路设备配置

旁路设备配置有以下几个方面：

（1）高压旁路：高压旁路阀，高压旁路喷水阀，高压旁路喷水隔离阀各 1 只。

（2）低压旁路：低压旁路阀，低压旁路喷水阀，低压旁路喷水隔离阀各 2 只。

（3）旁路容量：高旁 45% BMCR 主蒸汽流量，低旁 45% BMCR + 高旁喷水量。

（4）驱动装置：液动。

（5）控制装置：DCS 控制系统。

（6）机组启动方式：高中压缸联合启动（带旁路）。

（7）机组运行方式：采用定压-滑压-定压方式。

4.12.2 主要设计功能

汽机旁路控制的主要设计功能有：

（1）根据机组初始状态（冷、温、热、极热态）及机组启动曲线，自动给出高低旁路压力定值曲线，并按照此压力曲线自动控制锅炉过热器和再热器出口蒸汽的压力和温度，以满足机组启动时全过程的需要。

（2）机组正常运行过程中，旁路阀应当关闭，若旁路投用热备用时，一旦主汽、再热汽压力超过设计的定值时，旁路阀会自动开启，旁路掉部分蒸汽流量，以协助 DCS 稳定蒸汽运行压力值。

（3）为防止再热汽超温，设计了高压旁路快关功能。

（4）为防止排汽装置超温、超压，设计了低压旁路快关功能。

（5）为防止高旁出口蒸汽带水，设计了高旁减压阀闭锁高旁喷水阀，即先开汽阀后开水阀的逻辑功能。

（6）为防止低旁出口蒸汽超温，而设计了低旁喷水阀闭锁低旁减压阀，即先开水阀再开汽阀的逻辑功能。

4.12.3 旁路控制策略简要说明

4.12.3.1 高旁压力控制

高旁压力控制系统包括两个方面的内容，即压力自动调节和压力定值形成回路。压力自动调节回路为一个单冲量 PI 调节系统。

高旁压力定值由主汽压力限速后与机组启动阶段的压力定值（冷态或温态启动为 8.5MPa，热态或极热态启动为 12.0MPa，机组启动结束后为 28.5MPa）取小得到，同时在主汽压力信号上叠加压力偏置，以减少高旁阀频繁操作。高旁压力定值速率限制块的上升速率，在机组启动阶段

与高旁阀开度有关，在机组启动完成后切换
为 0.5MPa/min，当压力调节器手动或设定
值手动或 MFT 发生时切换到 20.0MPa/min
（最大速率）；下降速率正常时为 0.4MPa/
min，当压力调节器手动或设定值手动时切
换到 20.0MPa/min。而 MFT 发生时切换到
零，禁止设定值下降，有利于锅炉保压。

在机组冷态启动过程中，高旁压力与高
旁阀开度对应曲线如图4-1所示。

在机组冷态启动准备点火时，运行人员
可先将压力设定和压力调节投入自动，此时
因该定值为 0，主汽压力为 0，高旁阀处于

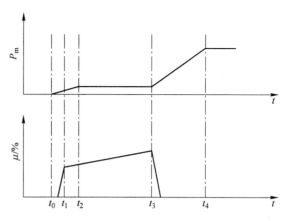

图4-1　高旁压力与高旁阀开度对应曲线

全关位置。$t = t_0$ 时点火，此后主汽压力开始上升，偏差值由 0 变正（Δp = 实际压力 − 设定值），
在 PI 作用下阀门开始慢慢开启。当 $t = t_1$ 阀门开到最小予开度（10%）时，上升限制的速率大于
0，设定值开始跟踪测量值。随着燃料的增加，设定值和压力测量值一同慢慢上升。当 $t = t_2$ 主汽
压力升到汽机冲转压力（由启动曲线给定）时，控制回路自动转入压力定值调节模式。当 $t = t_3$
时压力和温度都满足汽机冲转参数要求时，机组将冲转、3000r 定速，同期并网，带初负荷，阀
门开始关闭。当主开关合闸及阀门关闭时，定值回路加入一个较大的偏置，使调节器产生负偏差
而减少阀门频繁操作。此后控制回路自动转入压力跟踪模式。

4.12.3.2　高旁出口温度控制

当高旁蒸汽阀投自动时，联动高旁喷水阀投自动。高旁出口温度定值最低为240℃，运行人
员可以通过操作员站加以修正。高旁出口温度控制为一单冲量，单回路 PI 调节。

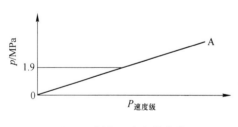

图4-2　低旁压力定值曲线

即冲转时要求的压力值。低旁压力定值曲线如图
4-2 所示。

4.12.3.4　低旁压力控制

低旁压力与低旁减压阀开度对应曲线如图
4-3 所示。

在 $t = t_0$ 时，锅炉开始点火，运行人员将低
旁压力控制切为手动，并将低旁手动打开一定开
度 μ_0，随着锅炉燃料的增加，低旁压力慢慢上
升，在汽机冲转前或低旁压力达 1.2MPa，即 $t = t_1$
时，将压力控制切为自动，进入压力控制方式，
维持中压主汽门前压力为 1.2MPa，满足冲转、

4.12.3.3　低旁压力设定值

低旁压力控制的设定值是根据锅炉主控输出
折算出来的一根曲线经大选得到。当高旁全关后
加上 0.49MPa。低旁压力设定值最低为 1.2MPa，

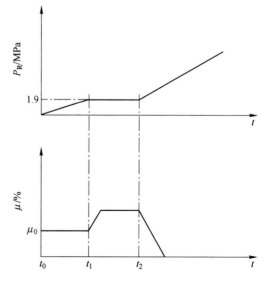

图4-3　低旁压力与低旁减压阀开度对应曲线

并网、带负荷等运行要求。在 $t = t_2$ 时，机组并网后随着负荷增加，压力定值升高，低旁逐渐关闭。

4.12.3.5 低旁出口温度控制

当低旁蒸汽阀投自动时，联动低旁喷水阀投自动。低旁出口温度定值最低为 127℃，运行人员可以通过操作员站加以修正。低旁出口温度控制为一单冲量，单回路 PI 调节。

4.12.4 旁路保护

旁路保护体现在以下几个方面：

（1）当出现以下情况时，联锁快关高旁：高旁出口温度高于 450℃。

（2）未发高旁快关信号，且高旁后温度小于 450℃，当出现下列任一情况时，联锁快开高旁：负荷小于 300MW 且无 MFT，发电机跳闸；负荷小于 300MW 且无 MFT，汽机跳闸。

（3）当出现下列任一情况时，联锁关低压旁路：凝汽器真空低；凝汽器温度高；低压旁路出口温度高；低压旁路减温水压力低。

（4）未发低旁快关信号，出现以下情况时，联锁快开低旁：再热蒸汽压力大于 6MPa，高旁快开。

（5）其他联锁：快开指令脉冲 3s；快开指令停止后转入自动控压模式（压力定值跟踪锅炉负荷）；快开指令到 100%。

5 炉膛安全监控系统（FSSS）

5.1 概述

5.1.1 硬件配置

每台单元机组，FSSS 系统配置有 9 对控制处理机，分别为 CP1001、CP1002、CP1003、CP1004、CP1005、CP1006、CP1007、CP1008、CP1009。

5.1.2 FSSS 系统的组成

FSSS 控制逻辑分为公用控制逻辑、燃油控制逻辑及燃煤控制逻辑三大部分。

（1）公用控制逻辑部分包含锅炉保护的全部内容，即油泄漏试验、炉膛吹扫、主燃料跳闸（MFT）与首出原因记忆、OFT 与首出原因记忆、点火条件（油层点火、煤层点火条件等）、RB 等。公用控制逻辑还包括有 FSSS 公用设备（如供油、回油快关阀）的控制。

（2）燃油控制逻辑包括各对油燃烧器投、切控制及层投、切控制。

（3）燃煤控制逻辑包括各制粉系统（煤层）的顺序控制及单个设备的控制。

（4）作为 DAS 一部分，FSSS 操作界面主要是操作站 CRT 画面。作为保护系统，FSSS 还有后备硬手操 MFT 按钮。

5.2 公用控制逻辑

5.2.1 公用控制逻辑概述

FSSS 系统包括锅炉炉膛安全保护及燃烧器管理两大内容，是 DAS 系统的主要控制部分之一。其公用控制逻辑是 FSSS 系统的核心，包括整个锅炉安全保护的监控及执行、FSSS 系统辅助设备控制、FSSS 内部及与其他系统接口。FSSS 系统公用控制逻辑具体如下：

（1）确保供油母管无泄漏，完成油泄漏试验。

（2）确保锅炉点火前炉膛吹扫干净，无燃料积存于炉膛。

（3）预点火操作，建立点火条件，包括点火条件、油层点火条件及煤层点火条件。在未满足相应点火条件时，油层、煤层不得点火。

（4）连续监视有关重要参数，在危险工况下发生报警，并在设备及人身安全受到威胁时发生主燃料跳闸。

（5）在主燃料跳闸时，跳闸磨煤机、给煤机、一次风机等设备向有关系统传送 MFT 指令。

（6）完成 FSSS 系统辅助设备控制。如进油、回油跳闸阀等控制。

FSSS 系统的功能决定其系统的可靠性及指令的优先级都必须是最高的。

按照规程，FSSS 系统不允许在线组态。FSSS 系统逻辑组态必须满足两个条件：锅炉在跳闸状态，并且全部燃料均已切断。

公用逻辑主要包括以下内容：油泄漏试验；炉膛吹扫；MFT 及首出记忆；OFT 及首出记忆；点火条件；油系统阀门控制；RB 工况。

5.2.2 油泄漏试验

5.2.2.1 油泄漏试验概述

为防止供油管路泄漏（包括漏入炉膛），油系统泄漏试验是针对主跳闸阀及单个油角阀的密闭性所做的试验。由操作员直接在 CRT 上发出启动油泄漏试验指令。

油泄漏试验不成功将终止炉膛吹扫程序。

5.2.2.2 油泄漏试验条件

以下条件全部满足，认为油母管泄漏试验准备就绪：风量大于 30%；所有轻油燃烧器阀已关；轻油油源压力合适（定值：3MPa）；所有油火检显示无火。

在试验的过程中，以下任一条件都将复位油泄漏试验（脉冲信号）：泄漏试验失败；泄漏试验成功；冲油失败；MFT 动作；手动复位；有油角阀开；风量不大于 30%；有油火检显示有火。

5.2.2.3 油泄漏试验过程

若油泄漏试验允许条件满足，将在 CRT 上指示"油泄漏试验允许"，在泄漏试验旁路退出情况下，这时可以从 CRT 上发出"启动油泄漏试验"指令，泄漏试验周期开始，按下述过程分别进行试验。

A 泄漏试验冲油过程

当泄漏试验周期开始时，开燃油回油快关阀，延时 5s 开燃油进油快关阀，延时 5s 开回油调阀至 5%，再延时 20s 关闭燃油回油快关阀，对油母管充油。从燃油回油快关阀关闭后开始计时，若 30s 内油母管压力建立（油压大于 3MPa），则关闭燃油进油快关阀，泄漏试验开始计时；若充油 30s 后油母管压力未建立（油压不大于 3MPa），则冲油失败，复位泄漏试验，关闭燃油进油快关阀。

B 油角阀及母管泄漏试验

冲油成功泄漏试验计时开始后，如果在 180s 内油母管压力一直保持在规定值内（油压下降不大于 0.3MPa），则燃油回油快关阀、油角阀及母管没有泄漏，油角阀及母管泄漏试验成功。否则，油角阀及母管泄漏试验失败，油泄漏试验失败。

C 燃油进油快关阀泄漏试验

油角阀及母管泄漏试验成功后，开燃油回油快关阀，将母管油压泄压低于 2.5MPa 后关燃油回油快关阀，延时 5s 稳压，开始燃油进油快关阀泄漏试验。监视油母管压力，如果在 180s 内油母管压力一直保持在规定值内（油压变化不大于 0.3MPa），则燃油进油快关阀没有泄漏，燃油进油快关阀泄漏试验成功；否则表明燃油进油快关阀有泄漏，泄漏试验失败。

5.2.3 炉膛吹扫

5.2.3.1 吹扫目的

锅炉点火前，必须进行炉膛吹扫，这是锅炉防爆规程中基本的防爆保护措施。在锅炉对流烟井、烟道和将烟气送至烟囱的引风机等处均有可能积聚过量的可燃物，当这种可燃物与适当比例空气混合，遇到点火源时，即可能引燃而导致炉膛爆炸。炉膛吹扫的目的就是将炉膛内的残留可燃物质清除掉，以防止锅炉点火时发生爆燃。

锅炉启动前或 MFT 后必须进行炉膛吹扫，否则不允许再次点火。在整个吹扫过程中 FSSS 逻辑要监视吹扫的允许条件。吹扫允许条件是 FSSS 进入吹扫模式所必需具备的条件，吹扫过程中如果某个吹扫条件不满足就会导致吹扫中断、吹扫计时器复位。如果吹扫中断，操作员就需要重新启动吹扫程序。

5.2.3.2　吹扫条件

炉膛在吹扫时，首先必须满足下列所有条件：火检电源可用；两台空气预热器投入运行（空预器主变频器或辅变频器运行）且入口烟气挡板和出口二次风挡板打开；至少将一台引风机和一台送风机投入运行；二次风门开（80%风门的阀位大于80%），SOFA风挡板关到10%，附加风挡板关到最小位（10%）；锅炉通风量大于满负荷的30%；所有点火器已退回；所有油角阀已关；所有给煤机已停；燃油进、回油快关阀已关；所有火焰监测器无火焰显示；油母管泄漏试验成功或泄漏试验旁路投入；无MFT条件存在；两台一次风机停运；再热烟气挡板开度80%，过热烟气挡板开度80%；火检冷却风压力正常；所有磨煤机停；炉膛压力正常（定值区间：±300Pa）；所有磨煤机进出口关断门、冷/热风挡板全关且A磨暖风器风门关；风箱入口调门开度大于80%。

5.2.3.3　吹扫过程

所有吹扫允许条件满足后，就可以启动炉膛吹扫周期。在运行人员快速按下"吹扫启动"按钮后或自动吹扫指令，炉膛吹扫周期开始。当炉膛吹扫周期开始时，10min（待定）的计时期开始。在成功的10min炉膛吹扫周期完成后，将建立炉膛吹扫完成条件。在10min的吹扫周期内的任何时间内，失去任一吹扫允许条件，吹扫会中断并且复位吹扫计时器。当发生这种情况时，吹扫要求必须重新建立，并且按动"吹扫启动"按钮，重新开始另一次炉膛吹扫。

5.2.4　主燃料跳闸（MFT）

5.2.4.1　MFT跳闸条件

运行中的锅炉，如果出现下列任一条件，则建立一个锅炉跳闸指令，使锅炉跳闸：手动跳闸（操作台上的锅炉危急跳闸的两个按键同时按下）；丧失再热器保护（3路硬接线至FSSS，3取2判断）。在蒸汽闭锁下：总燃料量（来自MCS）大于20%MCR（90t/h）或烟气温度高（待定），延时20s；总燃料量大于30%MCR（120t/h），延时10s，MCR为420t/h。

蒸汽闭锁条件如下：（或）（两侧高压主汽门全关或所有高调门全关）且（高压旁路门开度小于5%或高旁全关）；（（右侧再热主汽门全关或所有右侧中调门全关）且（右侧低压旁路开度小于5%或右侧低旁全关））且（（左侧再热主汽门全关或所有左侧中调门全关）且（左侧低压旁路开度小于5%或左侧低旁全关））。

两台引风机均停（3路硬接线信号3取2判断一台风机停运，其中2路硬接线为就地停反馈信号，1路硬接线信号为风机停状态判断）。

两台送风机均停（同引风机）。

两台一次风机全停（风机停判断同引风机，且（磨未全停或任一角微油投运））。

一个角微油投运：油角阀开且微油火检有火，延时15s。

空预器全停（3路硬接线信号3取2判断一台空预器停运，空预器主备变频器均不在运行状态判断该台空预器停运）（延时待定）。

所有锅炉给水泵均停（硬接线，2/3且在有任一燃烧器投运记忆的情况下）。

给水流量低（510t/h）延时30s（给水流量三取中后判断流量状态，通过三路硬接线送入FSSS，3取2判断）且有燃烧记忆。

炉膛负压高高（延时3s）+3.5kPa：每侧炉膛压力各三个测点，三个测点分别判断高和高高后3取2得出该侧炉膛压力高状态和高高状态，一侧炉膛高另一侧炉膛压力高高时判断炉膛负压高高，通过三路硬接线送入FSSS，3取2判断。

炉膛负压低低（同炉膛压力高高）延时3s，-3.5kPa。

全炉膛灭（有锅炉点火记忆情况下，全部燃烧器失去火焰）。

锅炉按切圆燃烧方式分为 2 组，每层油和煤燃烧器 1、2、7、8 为一组，3、4、5、6 为另一组。每层煤火焰失去判据：该层煤燃烧器任一组 4 个中至少有 2 个无火；每层油火焰失去判据：该层油燃烧器任一组 4 个中至少有 3 个无火；燃烧器无火判据：该燃烧器火检无火（有火取非）。

所有燃料丧失，在任一油层或任一煤层投入运行的情况下，油燃料和煤燃料全部失去：

（1）全部油燃料失去判据：（或）所有油角阀关闭；进油母管燃油快关阀关闭。

（2）全部煤燃料失去判据：（或）所有给煤机全停；所有磨煤机全停；两台一次风机全停。

汽机跳闸且负荷大于 25%Pe（来自 MCS）。

顶棚管出口集箱出口温度高高（每侧 3 取中信号判断温度高高，通过三路硬接线送入 FSSS，3 取 2 判断，任一侧高高则 MFT，温度高高定值为分离器压力函数）。

一级过热器出口联箱出口温度高高（同上）定值由厂家提供。

脱硫 MFT（硬接线，2/3）。

锅炉风量小于 25%；（硬接线，2/3）。

火检探头冷却风丧失（火检冷却风机出口母管压力 3 取中信号判断低于 3.5kPa），延时 10min；或火检冷却风机全停，延时 10s。

末级过热器出口压力高高（2/3）。

5.2.4.2　MFT 复位条件

MFT 复位条件（与）：不存在 MFT 跳闸条件；炉膛吹扫完成。

5.2.4.3　MFT 具体动作

MFT 具体动作：跳闸 MFT 继电器；关闭主给水电动阀；关闭过热减温喷水总阀和所有一二级过热减温喷水阀；关闭再热减温喷水总阀和所有再热减温喷水阀；关闭燃油进油快关阀；关闭燃油回油快关阀；关闭所有油角阀、停止所有轻油燃烧器和微油燃烧器；OFA 风挡板关到 10%，燃尽风挡板关到最小位（5%），全开其他二次风挡板；全开所有风箱入口调节挡板；停所有给煤机；停所有磨煤机，关闭所有磨煤机入口冷热风门挡板和所有磨煤机出口门；跳一次风机；MFT 后炉膛压力低于 -2500 延时 2s 跳所有引风机；MFT 后炉膛压力高于 2500Pa 延时 2s 跳所有送风机；关闭所有过冷管电动阀；开主蒸汽管电动疏水阀；退出吹灰；送信号至 METS；送信号至 ETS；送信号至就地点火柜；送信号至微油点火柜；送信号至电除尘（停电除尘）；送信号至脱硫；送信号至脱硝；送信号至相关 DPU。

5.2.5　油燃料跳闸

油燃料跳闸（OFT）的条件及复位条件分别为：

（1）OFT 条件：MFT 动作；燃油进油快关阀关；任一油角阀开时，燃油压力低低；手动 OFT。

（2）OFT 复位条件（与）：无 OFT 条件（常信号）；MFT 复位；燃油进油快关阀开状态（3s 脉冲）或手动复位 OFT。

5.2.6　油母管阀门控制

油母管阀门控制有供油快关阀和回油快关阀。

（1）供油快关阀。允许开条件：MFT 已复位且无 OFT 跳闸条件，所有油角阀关、燃油进油母管压力正常；油泄漏试验启动过程。（自动开条件：油泄漏试验启动过程；泄漏试验完成和 MFT 复位；自动关条件：锅炉跳闸（MFT）；OFT；泄漏试验失败；油泄漏试验过程中要求关进油快关阀。）

（2）回油快关阀。允许开条件：MFT 复位；泄漏试验过程。（自动开条件：油泄漏试验过程中要求开回油快关阀；自动关条件：MFT；OFT；泄漏试验失败；油泄漏试验过程中要求关回油快关阀。）

5.2.7　RB工况

当机组负荷大于50%时，由于锅炉的主要辅机（如给水泵，送、引风机，一次风机等）的故障，使锅炉不能维持在原定的负荷下运行，则由CCS发出减负荷（RUN BACK）指令，FSSS执行减负荷控制，按适当的时间间隔自动有选择地自上而下切除锅炉上半部已投运的煤层，从而使锅炉的负荷与锅炉辅机的出力相适应。CCS产生RB信号，以至少4层煤层投运为基本判据。从下至上依次切除一层煤，顺序为：A—B—C，煤层切除时间间隔为10s（一次风机RB间隔时间5s）。RB投油（CD油层）。

5.2.8　火检冷却风机A

火检冷却风机停止允许条件：火检冷却风机B运行且出口母管压力大于10kPa；末级过热器出口烟气温度（测点待定）小于50℃且MFT。

火检冷却风机自动启条件：火检冷却风机A备用时，火检冷却风机B跳闸；火检冷却风机A备用时，火检冷却风机B运行且出口母管压力小于5kPa。

5.3　燃油控制逻辑

锅炉经过炉膛吹扫，并且所有油点火条件全部满足后，锅炉才能点火启动。一般情况下油枪只能依靠自己所属的高能点火器进行点火，不允许依靠其他燃烧器的火焰进行点火。在DCS操作油燃烧器时，可分为油层控制、成对控制和单角控制（单角控制一般只在锅炉启动过程中采用，正常运行期间不建议采用，单支投入油燃烧器一定要小心，这样可能会造成炉膛水冷壁管金属温度偏差，只有CD层允许单支投油燃烧器）。

（1）单角控制：油角控制系统能自动完成油枪的推进及退出及油管的预热、高能点火器的推进及退出、高能点火器点火、油阀的打开和喷油、油枪吹扫、油枪退出及点火结果监视及处理。

（2）成对控制：CD层分为四对，具体为：1）1、5油燃烧器；2）3、7油燃烧器；3）2、6油燃烧器；4）4、8油燃烧器；BC层和EF层分为两对，具体为：1）1、5、3、7油燃烧器；2）2、6、4、8油燃烧器（见图5-1）。

（3）层控制：系统接到控制指令后，按照锅炉启动要求，依次启动该油层的成对控制，由成对控制去启动单个油燃烧器。层启动方式下，层对控制启动顺序与成对控制中的成对编号一致，成对控制停止顺序则正好相反。图5-2为燃烧一角的层整体布置图。

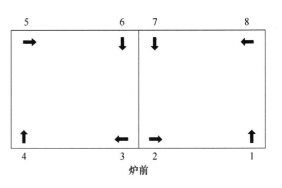

图5-1　锅炉前墙（角编号顺序）

5.3.1　油燃烧器启动允许条件

油燃烧器启动允许条件为：

（1）炉膛点火允许条件：MFT已复位；OFT已复位；$30\% < Q_{风量} < 50\%$（FROM MCS）或（任一油层或任一煤层投入运行）；任一燃烧器（油或煤）运行或燃烧器摆角置水平位；火检冷却风压正常。

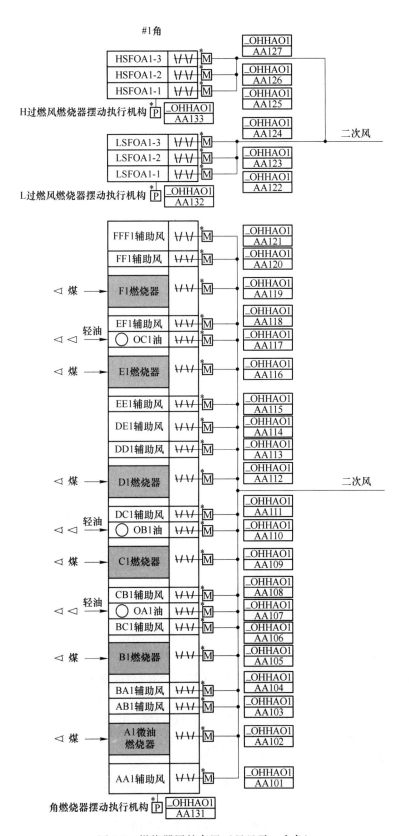

图 5-2 燃烧器层的布置（只显示一个角）

（2）油燃烧器启动允许条件：炉膛点火允许条件满足；油母管压力正常（暂定不小于2.8MPa）；进油母管燃油关断阀已开；无油燃烧器在启动的过程中（单支油燃烧器启动命令间隔10s）。

5.3.2　油燃烧器控制

燃油控制有远方控制方式和就地控制方式。远方控制方式和就地控制方式的切换在DCS中实现。根据锅炉设计，远方/就地的切换是以整层油燃烧器为单位来进行的。

在DCS中进行油燃烧器的启动操作控制（层控制、成对控制、单角控制），其允许条件为：油燃烧器启动允许条件满足；该层油燃烧器处于遥控方式。

在就地控制方式下，有两种控制方式，一种是就地启停油燃烧器，另一种是就地试验。

（1）就地启停油燃烧器。在就地启停油燃烧器方式下，通过就地控制中的启停按钮可对单支油燃烧器进行操作，但最终送到油燃烧器各设备的控制指令需从DCS中送出，就地启动油燃烧器操作有效条件如下：该油燃烧器处于就地点火方式；该油燃烧器不处于就地试验方式；油燃烧器启动允许条件满足。

（2）就地试验油燃烧器。就地试验方式是以层为单位来进行选择的，在就地试验方式下，可在就地控制柜中进行油枪的进退试验操作，点火枪的进退试验操作。

在远方控制方式下，对于CD油层，可进行层控制、成对控制（（1）1、5油燃烧器；（2）3、7油燃烧器；（3）2、6油燃烧器；（4）4、8油燃烧器）、单角控制；对于BC油层和EF油层，可进行层控制、成对控制（（1）1、5、3、7油燃烧器；（2）2、6、4、8油燃烧器）、单角控制。在成对控制中，各支燃烧器启动指令之间的间隔为10s。（油燃烧器暂定CD层可以单角控制。）

5.3.3　操作指导

5.3.3.1　层启停

A　CD层启停

CD层启动：（1）按"CD层启动"按钮；（2）启动成对控制CD-1、5；（3）CD-1、5启动时间已过（暂定60s），若CD-3、7未启动，则启动成对控制CD-3、7；（4）CD-3、7启动时间已过（暂定60s），若CD-2、6未启动，则启动成对控制CD-2、6；（5）CD-2、6启动时间已过（暂定60s），若CD-4、8未启动，则启动成对控制CD-4、8。

CD层停止：（1）按"CD层停止"按钮；（2）成对停止CD-4、8（间隔30s）；（3）CD-4、8启动模式消失5s（暂定）后，成对停止CD-2、6；（4）CD-2、6启动模式消失5s（暂定）后，成对停止CD-3、7；（5）CD-3、7启动模式消失5s（暂定）后，成对停止CD-1、5。

B　BC层启停（EF层完全一样）

BC层启动：（1）按"BC层启动"按钮；（2）启动成对控制BC-1、5、3、7；（3）BC-1、5、3、7启动时间已过（暂定60s），若BC-2、6、4、8未启动，则启动成对控制BC-2、6、4、8。

BC层停止：（1）按"BC层停止"按钮；（2）成对停止BC-2、6、4、8；（3）BC-2、6、4、8启动模式消失5s（暂定）后，成对停止BC-1、5、3、7。

5.3.3.2　成对启停

A　CD层成对启停（以CD-1、5为例）

CD-1、5成对启动：

（1）启动允许条件：CD层处于遥控方式；油燃烧器启动允许。

（2）启动顺序：1）当运行人员按"启动CD-1、5"按钮或接收到CD层启动命令后，CD-1、

5 "启动模式"灯点亮，"停止模式"灯熄灭，启动一个 60s 计时器监视启动时间，同时将启动指令送到 CD-1 油燃烧器；2）10s 后，油燃烧器启动指令送至 CD-5 油燃烧器。

CD-1、5 成对停止：（1）当运行人员按"停止 CD-1、5"按钮或接收到 CD 层停止命令后，CD-1、5 "停止模式"灯点亮，"启动模式"灯熄灭，同时将停止指令送到 CD-1 油燃烧器；（2）10s 后，油燃烧器停止指令送至 CD-5 油燃烧器；（3）当发生 MFT 和 OFT 时，若 CD-1、5 处于"启动模式"，将自动切到"停止模式"。

B BC/EF 层成对启停（以 BC-1、5、3、7 为例）

BC-1、5、3、7 成对启动：

（1）启动允许条件：BC 层处于遥控方式；油燃烧器启动允许。

（2）启动顺序：1）当运行人员按"启动 BC-1、5、3、7"按钮或接收到 BC 层启动命令后，BC-1、5、3、7 "启动模式"灯点亮，"停止模式"灯熄灭，启动一个 60s 计时器监视启动时间，同时将启动指令送到 BC-1 油燃烧器；2）15s 后，油燃烧器启动指令送至 BC-5 油燃烧器；3）过 15s 后，油燃烧器启动指令送至 BC-3 油燃烧器；4）再过 15s 后，油燃烧器启动指令送至 BC-7 油燃烧器。

BC-1、5、3、7 成对停止：（1）当运行人员按"停止 BC-1、5、3、7"按钮或接收到 BC 层停止命令后，BC-1、5、3、7 "停止模式"灯点亮，"启动模式"灯熄灭，同时将停止指令送到 BC-1 油燃烧器；（2）15s 后，油燃烧器停止指令送至 BC-5 油燃烧器；（3）过 15s 后，油燃烧器停止指令送至 BC-3 油燃烧器；（4）再过 15s 后，油燃烧器停止指令送至 BC-7 油燃烧器。

当发生 MFT 和 OFT 时，若 BC-1、5、3、7 处于"启动模式"，将自动切到"停止模式"。

5.3.3.3 单支油枪的启停（以 CD-1 燃烧器为例，其他单支油枪一样）

CD-1 油燃烧器启动：操作员必须确认"CD 层-1 角"准备好信号已出现在 CRT 上，每个燃烧器都有此信号，只有下列条件全部满足后才会出现此信号：油燃烧器允许启动；油阀已关；吹扫阀已关；处于遥控方式。

收到 CD-1 启动命令后（控制室单支启、成对启、就地单支启，对于 BC 层各油燃烧器有对应等离子发生器故障时联锁启），CD-1 油燃烧器设备动作如下：（1）伸进油枪；（2）油枪伸进到位后，伸进点火枪；（3）点火枪伸进到位后，点火器打火，同时开油阀；（4）点火器打火 15s 后，停止打火，点火枪退回。

CD-1 油燃烧器停止：

（1）当存在如下燃烧器退出运行条件之一时，油燃烧器将停止：打火指令 15s 后，油燃烧器未投运（油阀关或未检测到火焰）（注意启动的复位）；燃料跳闸（MFT 或 OFT）；在遥控状态下，控制室发出停指令（单支停、成对停）。

（2）停止顺序：1）关闭油阀；2）油阀全关后，如果没有"禁止油枪吹扫条件"，则启动油枪吹扫，伸进点火枪；3）点火器伸进到位后，打火 20s（暂定），同时打开吹扫阀；4）吹扫阀打开 20s（暂定）后，关闭吹扫阀；5）吹扫阀关闭后退点火枪和油枪。（打火时间等厂家确定。）

5.3.3.4 油枪的吹扫

油枪吹扫是油枪灭火程序的一部分，它用来清除油枪及燃烧器头部的残油，吹扫介质是压缩空气。但在某些条件下为了保证锅炉安全，在油枪退出运行时不能进行油枪吹扫，这些条件就是"禁止油枪吹扫条件"，这些条件中有任何一条成立，则油枪吹扫不能进行，具体条件为 MFT 和吹扫空气压力低。

当发生主燃料跳闸 MFT 时，立即停止全部油燃烧器，油枪仍保留在伸进位置。当点火器打火允许条件满足时，油燃烧器自动吹扫回路会自动完成油枪吹扫，具体如下：当 MFT 或 OFT 时，油燃烧器跳闸，当炉膛点火允许条件满足时，启动自动吹扫回路。吹扫从高层到低层（即按 EF

层→CD 层→BC 层顺序），每层启动时间间隔 60s，当该层油枪已全部退出时，该层不需吹扫，自动吹扫执行到该层时自动跳过。

油枪吹扫过程：进油枪；进点火枪；点火器伸进到位后，打火 20s，同时打开吹扫阀；吹扫阀打开 20s 后，关闭吹扫阀；吹扫阀关闭后退点火枪和油枪。

5.4　燃煤控制逻辑

燃煤控制逻辑完成各制粉系统的投入、切除操作，并在正常运行时密切监视各煤层的重要参数，必要时切断进入炉膛的煤粉，以保证炉膛安全。当煤层的点火能量建立起来之后，操作员就可以进行煤层投入的操作。煤点火的允许条件适用于所有煤层。如果煤点火的条件不满足，则任何煤层均不允许点火。煤燃烧器投入以层为单位进行，这是由于每台磨煤机出口挡板是联动的。

以下条件全部满足，认为 A 煤层投运：给煤机运行且煤量大于 15t/h，延时 180s；煤火检单炉膛 3/4 + 3/4 有火焰检测。

5.4.1　煤层点火条件

煤层点火允许：MFT 复位；有引风机运行；有送风机运行；火检冷却风机出口母管压力正常；有一台一次风机运行且小于 4 层煤投运或两台一次风机运行；总风量大于 30%；火检电源正常；点火能量满足。

在任一煤层（磨）启动之前，锅炉侧煤层的点火能量必须足以点燃煤粉，即能足以支持该煤层的稳定燃烧。当下列条件之一得到满足时，则该煤层的"点火能量满足"建立：与该磨煤机对应的煤层相邻的油层已投运，空预器出口二次风温度大于 160℃；与该磨煤机对应的煤层相邻的煤层已投运（给煤量大于 50%）且锅炉负荷大于 30%；与该磨煤机对应的煤层相邻的煤层已投运（给煤量大于 50%）且与该已投运的煤层相邻的暖炉油层已投运；负荷大于 500MW，且大于等于 3 层磨投运。

A 磨点火能量满足条件：（1）微油模式下：油阀开，且 8 个火检都在；（2）正常运行模式下：与该磨煤机对应的煤层相邻的煤层已投运（给煤量大于 50%）且锅炉负荷大于 30%；与该磨煤机对应的煤层相邻的煤层已投运（给煤量大于 50%）且与该已投运的煤层相邻的油层已投运；负荷大于 500MW，且大于等于 3 层磨投运。

5.4.2　煤层顺序控制

A 制粉系统的自动启动步序：（1）打开煤斗出口煤闸门；（2）打开磨煤机密封风门及给煤机密封风门；（3）启动磨煤机稀油站油泵、液压站加载油泵；（4）打开磨煤机出口煤粉管道气动插板门；（5）打开磨煤机冷一次风气动插板门；（6）冷一次风调节挡板投入温度自动，热一次风调节挡板开度至 15%，开始暖磨；（7）投入变加载；（8）关闭液动换向阀；（9）提升磨辊；（10）等待暖磨完成；（11）调整一次风量及温度设定值；（12）启动磨煤机；（13）启动旋转分离器；（14）打开给煤机出口电动闸板门；（15）启动给煤机；（16）磨煤机铺煤（暂定 0.8t 煤量）；（17）下降磨辊；（18）打开液动换向阀；（19）比例溢流阀自动。

A 制粉系统的自动停止步序：（1）置给煤机转速最小且关给煤机入口电动闸板门；（2）停给煤机；（3）关热风调阀；（4）关磨煤机入口热风插板门；（5）关闭液动换向阀，提升磨辊；（6）停磨煤机；（7）下降磨辊，打开液动换向阀。

5.4.3　煤层跳闸条件

煤层跳闸条件为：（1）给煤机运行且煤量大于 15t/h，延时 180s 后，任一炉膛煤火检 2/4 无火；（2）一次风机全停；（3）磨煤机运行时，出口挡板关（2/4）延时 2s；（4）磨密封风与一次风差压低（2/3）延时 60s；（5）给煤机运行且磨煤机入口一次风量小于 60t/h；（6）磨液压油泵全停，延时 10s；（7）磨润滑油条件不满足（以下任意条件满足）；（8）磨润滑油压力低（2/3），延时 6s；（9）磨稀油站油泵停，延时 5s；（10）磨煤机温度保护：电机轴承温度大于 90℃（仅 2 点，暂定）；推力轴承油槽温度 2/3，70℃；90℃报警；（11）给煤机运行 180s 内，煤层点火能量不满足；（12）MFT 动作；（13）RB 跳磨；（14）磨出口风粉混合物温度大于 100℃（2/3）；（15）A 磨在微油模式下的跳闸条件。

5.4.4　A 磨稀油站油泵 A 高速模式

A 磨煤机润滑油泵高速模式启动允许：A 磨煤机润滑油油温大于等于 28℃。

A 磨煤机润滑油泵高速模式停止允许条件：A 磨煤机停止 60s；A 磨煤机油泵 B 在高速模式运行。

A 磨煤机润滑油泵油泵高速模式自动启条件：A 油泵高速模式备用时，B 油泵高速模式下跳闸；A 油泵高速模式备用时，B 油泵高速模式运行且齿轮箱油分配器油压小于等于 0.11MPa；顺控启。

5.4.5　A 磨稀油站油泵 A 低速模式

A 磨煤机润滑油泵低速启动允许：A 磨煤机润滑油油泵 A 不在高速模式运行。

A 磨煤机润滑油泵低速自动启：顺控启。

5.4.6　A 磨稀油站减速机加热器

磨稀油站减速机加热器自动启条件：任意一台油泵运行且齿轮箱油池油温小于等于 30℃。

磨稀油站减速机加热器自动停条件：联锁投入，齿轮箱油池油温大于等于 35℃；稀油站油泵全停。

磨稀油站减速机加热器保护停条件：齿轮箱油池油温大于等于 40℃；齿轮箱油位。

5.4.7　A 磨煤机液压站加载油泵 A

本系统共两台加载油泵 A/B，互为备用。

启允许条件：油位正常（小于 300mm）。

自动启条件：备用投入，A 磨煤机液压站加载油泵 B 非运行；备用投入，A 磨煤机液压站加载油泵 B 运行，且加载油压力小于 2MPa；程控启。

停允许条件：A 磨煤机停运；加载油泵 B 运行。

5.4.8　A 磨液压站电加热器

自动启条件：投入联锁按钮，任意一台液压站加载油泵运行且液压站油箱油温小于 20℃。

自动停条件：液压站油箱油温大于 40℃；投入联锁按钮，液压站油箱油温大于 30℃；投入联锁按钮，液压站加载油泵全停。

5.4.9　A 磨煤机

A 磨煤机启允许（以下条件全部满足）：（1）润滑油条件满足：有润滑油高速油泵运行，且分配器油压大于 0.13MPa；（2）液压油条件满足：有液压油泵运行，且加载油压大于 3.5MPa；（3）磨一次风量满足：磨入口混合一次风流量高于 90t/h；磨出口门全开；（4）磨密封风/一次风差压条件满足：磨密封风与一次风差压大于 2kPa；（5）煤层点火能量满足：煤层点火允许；磨冷一次风插板门全开；磨热一次风插板门全开；磨密封风门全开；磨石子煤门等压排渣门全开和入口排渣门全开；密封风机运行；（6）磨分离器风粉混合物温度合适：风粉混合物温度小于 $t+10$（定值）度大于 60℃；（7）磨温度条件合适（磨本体温度合适：绕组温度低于 120℃；稀油站推力轴承油槽温度低于 50℃；磨辊轴承润滑油温低于 90℃；磨电机轴承温度低于 80℃；磨稀油站减速机主轴温度低于 90℃；旋转分离器减速箱油温度合适旋转分离器减速箱油温小于 60℃）；磨辊提升到位；无煤层跳闸条件。

5.4.10　A 磨煤机密封风电动挡板

自动开：程控开。关允许：（以下条件任一满足）当 A 磨煤机停运 60s 后，且冷热风门关到位；MFT 延时 5s。

5.4.11　A 磨煤机入口冷风挡板

自动开：程控开。开允许：磨煤机出口挡板全开。自动关：磨煤机跳闸。保护关：MFT。

5.4.12　A 磨煤机入口热风挡板

自动开：程控开。开允许：磨煤机出口挡板全开。自动关：磨煤机跳闸；程控停。保护关：MFT。

5.4.13　A 磨煤机出口门

自动开：程控开。开允许（且）：无 MFT；本煤层点火能量满足；密封风门全开。关允许：（或）A 磨煤机停运。自动关：A 磨煤机停运；MFT。保护关：MFT。

5.4.14　A 给煤机出口电动煤阀

自动开：程控开。关允许：A 给煤机停运。

5.4.15　A 给煤机

自动启：程控启。

启允许（以下条件全部满足）：磨煤机运行；煤层点火能量满足；磨煤机出口门全开；磨煤机热一次风气动插板门开；磨煤机冷一次风气动插板门开；给煤机出口门开；磨煤机出口温度为 60~80℃（待定）；磨煤机入口一次风量大于 90t/h；无给煤机堵煤信号；无给煤机跳闸信号；给煤机最小给煤量（根据变频器指令判断）；给煤机密封风电动门全开。

自动停：程控停。

保护停：给煤机运行，磨煤机停运；给煤机运行，给煤机出口阀关闭，延时 10s；给煤机运行，堵煤信号延时 3s；MFT。

5.4.16　A 给煤机密封风门

关允许：给煤机 A 未运行。自动开：顺控。

5.4.17　A 磨煤机旋转分离器

启允许（以下条件全部满足）：磨密封风与一次风差压高于 2kPa；有一次风机运行；旋转分离器减速箱油温度合适；旋转分离器减速箱油温小于 60℃。

自动停：磨煤机停运，延时 1s；一次风机全停。

5.5 微油控制逻辑

5.5.1 微油打火允许条件

当下列条件满足时，产生微油点火器可以点火允许：MFT 复位；OFT 复位；$30\% < Q_{总风量} < 50\%$，或（任一煤层或任一油层投入运行）；燃烧器摆动在水平位；火焰检测器冷却风压正常（火检冷却风母管压力非低、低低 1、低低 2，且压力大于 6kPa）；空预器出口热一次风通风正常；燃油压力合适；燃油进油快关阀全开；压缩空气压力不低（压缩空气压力低取反）或 RB；火检电源正常。

5.5.2 微油燃烧器点火允许

以下条件全部满足，产生微油燃烧器点火允许（以 A1 角微油燃烧器为例）：微油点火器的允许条件满足；A1 油角阀全关；无 A1 微油燃烧器跳闸条件；无 OFT；A1 吹扫阀全关；A1 火检放大器柜无故障。

5.5.3 微油燃烧器跳闸

以下任一条件满足，产生微油燃烧器点火跳闸（以 A1 角微油燃烧器为例）：MFT；OFT；A1 油燃烧器投运 20s 后未投运成功（A1 微油燃烧器有火，A1 火检放大器无故障，A1 油角阀全开延时 1s，A1 吹扫阀全关且在 A1 微油燃烧器投运过程中）；A1 油燃烧器投运后，A1 油燃烧器无火延时 2s。

6　机组顺序控制系统（SCS）

6.1　概述

在超超临界机组控制系统中，顺序控制系统作为 DCS 系统的一部分，与 DCS 系统共同完成机组的启停及保护控制。主要用于对机组的热力系统及辅机，主要包括电动机、阀门、挡板等进行启停、开关进行自动控制。在超超临界大型火力发电机组控制中占有重要的位置，是不可缺少的一个控制系统。它与数据采集系统、模拟量控制系统、炉膛安全监控系统、电气控制系统、DEH 控制系统及 MEH 系统有机结合，实现机组的自动控制。

顺序控制技术在火电厂应用的长期实践中逐渐形成了以基础设备为中心构成设备级控制和保护回路、以辅机和局部流程为中心组织设备级构成功能组、以工艺流程为中心组织功能组构成机组级的分级控制原则。这种控制原则在实践中被验证具有很多优点，已被广泛采用作为顺序控制的设计原则。

6.1.1　机组级

机组级顺控也称机组自启停系统（APS），为火电机组最高一级的控制。它能在最少人工干预下完成整套机组的启动和停止。机组级并不等于机组启停全部自动控制，它允许必要的人工干预，即在执行过程中设置最少量的程序断点，由运行人员确认后，程序继续执行。它给功能组自动控制方式提供了控制信号。因此，机组级控制也叫功能组自动方式控制，而功能组接受运行人员指令为功能组手动方式也叫功能组控制。

APS 是机组自动启动和停运的控制中心，为了实现机组的自启停，它按规定好的程序向各个系统/设备发出的启动或停运命令，并由以下系统协调完成：模拟量自动控制系统（MCS）、协调控制系统（CCS）、锅炉炉膛安全监视系统（FSSS）、汽轮机数字电液调节系统（DEH）、锅炉给水泵小汽机调节系统（MEH）、汽轮机旁路控制系统（BPC）、机组顺序控制系统（SCS）、给水全程控制系统、燃烧器负荷控制系统及其他控制系统（如电气控制系统 ECS、电压自动调节系统 AVR 等），以最终实现发电机组的自动启动或自动停运。

机组顺序控制实质上是对超超临界机组运行规程的程序化，它的应用保证了机组主、辅机设备的启停过程严格遵守运行规程，减少运行人员的误操作，增强设备运行的安全性。

6.1.2　功能组级

功能组级是一种以电厂某个生产流程为主，包含有关设备在内的顺序控制。功能组控制的特点是把流程上互相联系，并且具有连续不断的顺序性控制特征的设备群作为一个整体来控制，是将相关联的一些设备相对集中地进行启动或停止的顺序控制。当运行人员发出功能组启动指令后，同一功能组的相关设备将按照预先规定的操作顺序自动启动。例如，循环泵功能组级顺序控制包括循环泵电机及出口液动蝶阀的控制，启动时先将液动蝶阀开至 15°，而后启动电机，电机启动成功后将液动阀开至 90°；又如某台引风机功能组级顺控包括了引风机及其相对应的冷却风机、风机油站和电动机油站、烟风道挡板等设备，并按预先设计好的程序，在启动或停止时，自动完成整个启停过程。这样一个功能组包含有若干个功能子组和设备级设备。功能组级控制系统设计时，必须对属于这一组的全部设备的操作顺序、相互关系、关联条件、异常情况时的处理和人工干预等情况做出准确的分析和划分。

6.1.3 设备级控制

设备级控制是顺控系统的基础级。不通过功能组也能对属于同一功能组的若干设备分别进行操作，设备级控制是一种一对一的操作，即一个启/停操作指令对应一个驱动级，如操作一个电动机或截止阀。这种单一性控制操作也称之为组件控制。电厂某个工艺流程系统中包含了若干个这样的组件，对它们都可以进行操作。可由计算机键盘、鼠标通过 CRT 监视进行操作或在 BTG 盘上设置遥控硬手操。

6.2 机组级顺序控制功能

机组级顺序控制（APS）是超超临界机组的一种先进的控制理念，它涉及多种复杂控制策略。APS 对机组的控制主要是通过电厂底层控制系统与上层控制逻辑共同实现的。在没有投入 APS 的情况下，常规控制系统独立于 APS 实现对机组的控制；在 APS 投入时，由常规控制系统执行 APS 的控制策略，实现对机组的自动启/停控制。

6.2.1 APS 的层次结构

在机组级顺序控制功能中，采用分级控制结构，将机组系统按照工艺流程分解成若干个独立的控制过程（见图 6-1）。

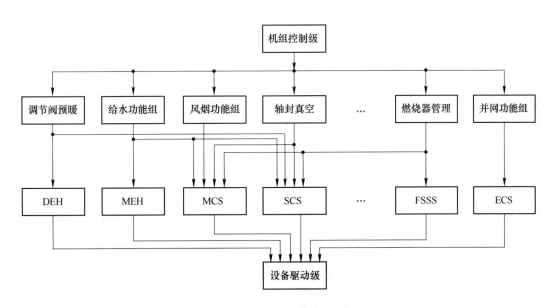

图 6-1 分级控制结构

APS 控制的逻辑结构分为 3 层：第 1 层为 APS 的机组级顺序控制管理逻辑，主要完成 APS 投入的选择和判断、启停模式的设定、断点选择及该断点允许启停条件的判断；第 2 层是断点的控制逻辑，是 APS 的核心，每个断点都具有逻辑结构大致相同的系统功能组程序，其结构分为允许条件判断、步进复位条件产生、步进计时及中断报警等；第 3 层为各断点控制的系统功能组、设备级功能组。APS 指令发送到各个顺序控制功能组，以实现各个功能组的启停控制，功能组完成启停后，返回信号至 APS 的断点控制。

6.2.2 APS 的控制范围

机组自启停控制系统 APS 启动过程起点从凝结水输送系统启动开始，终点至机组带 500MW 负荷，投入给煤机自动管理系统，设定 1000MW 负荷，退出自启停控制启动模式。APS 系统停止控制从机组当前负荷开始减负荷至投汽机盘车结束、风烟系统停运。

6.2.2.1 APS 启动过程设计

根据机组实际情况，APS 启动过程设置 6 个断点：（1）机组启动准备断点；（2）冷态冲洗及真空建立断点；（3）锅炉点火及升温断点；（4）汽机冲转断点；（5）机组并网断点；（6）升负荷断点。

6.2.2.2 APS 停机过程设计

APS 停机过程设置 3 个断点：（1）降负荷断点；（2）机组解列断点；（3）机组停运断点。

6.2.2.3 APS 与其他系统的接口

APS 系统与 MCS、FSSS、SCS、DEH、MEH、ECS 等系统的接口信号全部采用 DCS 通信的方式实现。APS 系统作为基于 MCS、FSSS、SCS、DEH、MEH、ECS、BPS 之上的机组级指令管理、调度系统，实现 APS 系统与这些底层系统的无缝连接是实现 APS 系统自启停的关键。

6.3 风烟系统功能组

风烟系统功能组顺控启动见表 6-1，风烟系统功能组顺控停止见表 6-2。

表 6-1 风烟系统功能组顺控启动

步序	条 件	指 令
1	选择启动 A 侧或 B 侧风机或双侧风机	启 A 空预器功能组
2	A 空预器功能组启动完成；或（未选择 A 侧且空预器单边运行）	启 B 空预器功能组
3	B 空预器功能组启动完成；或（未选择 B 侧且空预器单边运行）	启 A 引风机功能组
4	A 引风机功能组启动完成，延时；或（未选择 A 侧）	A 引风机投自动
5	A 引风机动叶在自动；或（未选择 A 侧）	启 A 送风机功能组
6	A 送风机功能组启动完成，延时；或（未选择 A 侧）	若送风机 B 未运行，置送风机 A 动叶 15% 并投送风机 A 自动；若送风机 B 运行，置送风机 A 动叶开度跟踪 B 的开度并投送风机 A 自动
7	B 送风机未运行且 A 送风机动叶位置 15% ~ 18%，A 送风机动叶在自动；或 B 送风机运行且 A、B 送风机动叶位置同步，A 送风机动叶在自动；或（未选择 A 侧）	启 B 引风机功能组
8	B 引风机功能组启动完成，延时；或（未选择 B 侧）	B 引风机投自动
9	B 引风机动叶在自动；或（未选择 B 侧）	启 B 送风机功能组
10	B 送风机功能组启动完成，延时；或（未选择 B 侧）	若送风机 A 未运行，置送风机 B 动叶 15% 并投送风机 B 自动；若送风机 A 运行，置送风机 B 动叶开度跟踪 A 开度并投送风机 B 自动
11	A 送风机未运行且 B 送风机动叶位置 15% ~ 18%，B 送风机动叶在自动；或 A 送风机运行且 A、B 送风机动叶位置同步，B 送风机动叶在自动；或（未选择 B 侧）	

表6-2 风烟系统功能组顺控停止

步序	条　件	指　令
1	风烟系统顺控停指令	停A送风机功能组
2	A送风机已停且（A送风机出口门关或B送风机跳闸）	停A引风机功能组
3	A引风机已停且（A引风机出入口门全关或B引风机跳闸）	停送风机B功能组
4	B送风机跳闸	停B引风机功能组
5	B引风机跳闸且允许停A空预器（烟温不高）	停A空预器功能组
6	A空预器主、辅电机均停且允许停B空预器（烟温不高）	停B空预器功能组
7	A、B空预器主、辅电机均停	

6.4 空预器子功能组

6.4.1 A空预器顺控

A空预器顺控启动见表6-3，A空预器顺控停止见表6-4。

表6-3 A空预器顺控启动

步序	条　件	指　令
1	无A空预器主变频器故障；A空预器顶部轴承油温小于70℃；A空预器底部轴承油温小于70℃；无A空预器备用变频器运行	启A空预器主变频器
2	A空预器主变频器运行	开空预器A出口热一次风门；开空预器A热二次风门；备用变频器投备用
3	A侧热一次风门已开；A侧热二次风门已开；备用变频器已投备用	开A空预器入口门
4	A空预器运行	

表6-4 A空预器顺控停止

步序	条　件	指　令
1	A送风机停止；A引风机停止；一次风机停止；A空预器入口烟温低于150℃	关A侧空预器入口门
2	A空预器入口门已关	关A空预器出口一次风挡板；关A侧热二次风挡板
3	A空预器出口一次风挡板全关位置；A侧热二次风挡板全关位置	停A空预器主变频器
4	A空预器主变频器、备用变频器均停	

6.4.2 A空预器相关设备逻辑

6.4.2.1 A空预器主变频器

A空预器主变频器启动允许条件：无A空预器主变频器故障；A空预器顶部轴承油温小于70℃；A空预器底部轴承油温小于70℃；无A空预器备用变频器运行。

A空预器主变频器停止允许条件：A送风机停止；A引风机停止；一次风机停止；A空预器入口烟温低于150℃（2/3）。

A空预器主变频器自动启动条件：程控启；主变频器备用时，备用变频器跳闸延时5s。

A空预器主变频器自动停止条件：程控停。

A空预器主变频器保护停止条件：空预器A转速传感器低速（开关量信号）3取2且主变频器电流小于一定值（定值由试验确定）。

6.4.2.2　A空预器备用变频器

A空预器备用变频器启动允许条件：无A空预器备用变频器故障；A空预器顶部轴承油温小于70℃；A空预器底部轴承油温小于70℃；无A空预器主变频器运行。

A空预器备用变频器停止允许条件：A送风机停止；A引风机停止；A一次风机停止；A空预器入口烟温低于150℃（2/3）。

A空预器备用变频器自动启动条件：程控启；备用变频器备用时，主变频器跳闸延时5s。

A空预器备用变频器自动停止条件：程控停。

A空预器备用变频器保护停止条件：空预器A转速传感器低速（开关量信号）3取2且备用变频器电流小于一定值（定值由试验确定）。

6.4.2.3　A空预器一次风入口电动挡板

允许开条件：A空预器运行。

允许关条件：A一次风机停止或A空预器停止。

自动开条件：A一次风机运行；程控开。

自动关条件：A一次风机停止；A空预器停止；程控关。

6.4.2.4　A空预器一次风出口电动挡板

允许开条件：A空预器运行。

允许关条件：A一次风机停止或A空预器停止。

自动开条件：A一次风机运行；程控开。

自动关条件：A空预器跳闸延时3s；A一次风机停止；程控关。

6.4.2.5　A空预器二次风出口挡板

自动开条件：FSSS自然通风请求时；建立空气通道时；程控开。

自动关条件：A空预器停止延时10s；程控关。

允许关条件（与）：无FSSS自然通风请求；A送风机停止。

6.4.2.6　A空预器烟气入口电动挡板

有下列条件时自动开：FSSS自然通风请求时；建立空气通道时；程控开。

有下列条件时自动关：A空预器停止；程控关。

有下列条件时允许关：无FSSS自然通风请求。

6.4.3　B空预器子功能组

B空预器子功能组逻辑同A空预器子功能组。

6.5　引风机子功能组

6.5.1　A引风机顺控

A引风机顺控启动见表6-5，A引风机顺控停止见表6-6。

表 6-5 A 引风机顺控启动

步序	条 件	指 令
1	A 引风机停止；B 引风机停止或（B 引风机运行且任一送风机运行）；无 FSSS 自然通风请求	启 A 引风机高低压润滑油泵；启 A 引风机冷却泵；启 A 引风机冷却风机；建立空气通道
2	A 引风机润滑油泵 A 或者 B 运行；A 引风机电机润滑油压正常；A 引风机冷却泵运行；A 引风机控制油压正常；空气通道建立	关 A 引风机入口门；关 A 引风机动叶
3	A 引风机入口门全关；A 引风机动叶关	开 A 引风机出口门
4	A 引风机出口门全开	启动 A 引风机
5	A 引风机启动且延时 15s	开 A 引风机入口门
6	A 引风机入口门全开	

表 6-6 A 引风机顺控停止

步序	条 件	指 令
1	送风机均停或一台送风机停且 B 引风机运行，且少于四层煤层运行	关 A 引风机动叶
2	A 引风机动叶全关状态	停 A 引风机
3	A 引风机已停	关 A 侧引风机出口挡板；关 A 侧引风机入口挡板
4	A 侧引风机出口挡板、A 侧引风机入口挡板全关；或 B 引风机已停	

6.5.2 A 引风机相关设备逻辑

6.5.2.1 A 引风机逻辑

A 引风机启动允许条件（与）：A 引风机动叶全关状态；A 引风机入口挡板全关；A 引风机出口挡板全开；A 空预器运行；A 引风机温度正常（前、中、后轴承温度低于 90℃，电机前、后轴承温度低于 70℃，线圈绕组温度低于 120℃）；A 引风机油条件满足（任一油泵运行且控制油压大于 3.5MPa 且润滑油母管压力大于 0.12MPa 且电机润滑油压力大于 0.03Mpa 且油箱油位不低）；空气通道 BB 已建立；引风机入口联络挡板全开；无跳闸条件；任一冷却风机运行。

A 引风机跳闸条件（或）：A 引风机运行延时 60s 且出口门关；A 引风机运行延时 60s 且入口门关；A 空预器停止延时 6s；MFT 后炉膛压力低于 −2500Pa 延时 2s；A 引风机温度保护（风机前轴承、中轴承、后轴承温度高于 110℃，电机前轴承、电机后轴承温度高于 80℃，定子线圈温度高于 130℃）。A 引风机油条件不满足：A 引风机油站油泵均停或任一油泵运行时 A 引风机控制油压力低于 3.5MPa 延时 45s；A 送风机跳闸；X 向振动大于 10mm/s 且 Y 向振动大于 4.6mm/s，或 Y 向振动大于 10mm/s 且 X 向振动大于 4.6mm/s（坏质量时，另一点高高不跳）。有下列条件时自动启：程控启 A 引风机。有下列条件时自动停：程控停 A 引风机。

6.5.2.2 A 侧引风机入口烟气挡板

关允许（与）：A 引风机停；无 FSSS 自然通风请求。

有下列条件时自动开：FSSS 自然通风请求时；A 引风机运行延时 5s；程控开。

有下列条件时自动关：A 引风机停止延时 3s 且 B 引风机运行；程控关。

6.5.2.3 A 引风机出口门

关允许（与）：A 引风机停；无 FSSS 自然通风请求。

有下列条件时自动开：FSSS 自然通风请求时；程控开。

有下列条件时自动关：A 引风机停止延时 3s 且 B 引风机运行；程控关。

6.5.2.4　A 引风机油站油泵 A

有下列条件时自动启：A 引风机油站油泵 A 投备用，油泵 B 运行信号消失；A 引风机油站油泵 A 投备用，油泵 B 运行且润滑油压低于 0.12MPa，延时 2s；A 引风机油站油泵 A 投备用，油泵 B 运行且控制油压低于 3.5MPa，延时 15s；程控启动时（运行可选择先启动 A 泵或 B 泵）。

启允许条件（与）：A 引风机润滑油箱油温大于 15℃；A 引风机油箱液位不低。

停允许条件（或）：A 引风机油站油泵 B 运行且 A 引风机润滑油压力大于 0.18MPa 且 A 引风机控制油压力大于 4.2MPa；A 引风机停止延时 10min。

6.5.2.5　A 引风机油站油泵 B

有下列条件时自动启：A 引风机油站油泵 B 投备用，油泵 A 运行信号消失；A 引风机油站油泵 B 投备用，油泵 A 运行且润滑油压低于 0.12MPa，延时 2s；A 引风机油站油泵 B 投备用，油泵 A 运行且控制油压低于 3.5MPa，延时 15s；程控启动时（运行可选择先启 A 或 B 泵）。

启允许条件（与）：A 引风机润滑油箱油温大于 10℃；A 引风机油箱液位不低。

停允许条件（或）：A 引风机油站油泵 A 运行且 A 引风机润滑油压力大于 0.18MPa 且 A 引风机控制油压力大于 4.2MPa；A 引风机停止延时 10min。

6.5.2.6　A 引风机油站电加热器

自动启：投入联锁，A 送风机油站油箱油温低于 15℃。

自动停：投入联锁，A 送风机油站油箱油温高于 20℃。

保护停：A 送风机油站油箱油位低。

启允许条件：A 送风机油站油箱油位不低；A 引风机循环冷却泵已启。

6.5.2.7　A 引风机冷却风机 A

停允许：A 引风机停止或冷却风机 B 运行；引风机 A 前、中、后轴承温度正常（小于报警值）。

自动启：冷却风机 A 备用投入，冷却风机 B 运行信号消失；冷却风机 A 备用投入，引风机 A 前、中、后轴承温度高（任一组达到报警值）；顺控启。

6.5.3　B 引风机子功能组

B 引风机子功能组逻辑同 A 引风机子功能组。

6.6　送风机子功能组

6.6.1　A 送风机顺控

A 送风机顺控启动见表 6-7，A 送风机顺控停止见表 6-8。

表 6-7　A 送风机顺控启动

步序	条　　件	指　　令
1	A 送风机停止	启 A 送风机高低压润滑油泵；启循环冷却泵
2	A 送风机任一高低压润滑油泵运行；循环冷却泵运行；润滑油压力正常；液压油压力正常；延时 3min	关 A 送风机动叶；关 A 送风机出口挡板
3	A 送风机出口挡板全关位置；A 送风机动叶全关状态	启动 A 送风机
4	A 送风机运行	开 A 送风机出口挡板
5	A 送风机出口挡板全开位置	

表6-8 A送风机顺控停止

步序	条　　件	指　　令
1	所有磨均停；或（少于四层煤层运行且送风机B运行且冷二次风联络门开）	关A送风机动叶
2	A送风机动叶全关状态	停A送风机
3	A送风机已停	关A送风机出口挡板
4	A送风机出口挡板全关位置或送风机B停止	

6.6.2　A送风机相关设备逻辑

6.6.2.1　A送风机逻辑

A送风机启动允许条件（与）：A送风机动叶位置最小；A送风机出口挡板全关位置；A送风机油条件满足（任一油泵运行且润滑油压大于0.15MPa且控制油压大于1.2MPa且油箱油位不低）；A空预器运行；A引风机运行；空预器A二次风出口挡板全开；A送风机温度正常（驱动端轴承、非驱动端轴承、推力轴承温度低于90℃、电机驱动端轴承、电机非驱动端轴承温度低于85℃，定子线圈温度低于120℃）；无A送风机跳闸条件；A送风机跳闸条件（或）；A送风机运行60s后，出口门全关4取3；A空预器跳闸；A引风机跳闸；锅炉MFT且炉膛压力高于2500Pa延时2s；A送风机温度保护（风机驱动端轴承、非驱动端轴承、推力轴承温度高于110℃，电机驱动端轴承、电机非驱动端轴承温度高于95℃，定子线圈温度高于130℃）；A送风机油条件不满足（A送风机油站油泵均停或任一油泵运行时A送风机控制油压力低于1MPa延时45s）；X向振动大于10mm/s且Y向振动大于4.6mm/s，或Y向振动大于10mm/s且X向振动大于4.6mm/s（一点坏质量，另一点高高不跳）。

有下列条件时自动启：程控启A送风机。

有下列条件时自动停：程控停A送风机。

6.6.2.2　A送风机出口电动风门

开允许（或）：A送风机运行；A/B送风机均停止。

关允许：A送风机停止且无FSSS通风请求。

有下列条件时自动开：A送风机运行后延时10s；FSSS自然通风请求时；建立A侧空气通道指令时；程控开。

有下列条件时自动关：B送风机运行且A送风机跳闸；程控关此挡板时。

6.6.2.3　A送风机油站油泵A

有下列条件时自动启：A送风机油站油泵A投备用，油泵B运行信号消失；A送风机油站油泵A投备用，油泵B运行且润滑油压低于0.12MPa，延时2s；A送风机油站油泵A投备用，油泵B运行且控制油压低于1MPa，延时15s；程控启动时（运行可选择先启A泵或B泵）。

启允许条件（与）：A送风机润滑油箱油温大于15℃；A送风机油箱液位不低。

停允许条件（或）：A送风机油站油泵B运行且A送风机润滑油压力大于0.18MPa且A送风机控制油压力大于1.5MPa；A送风机停止，延时10min。

6.6.2.4　A送风机油站油泵B

有下列条件时自动启：A送风机油站油泵B投备用，油泵A运行信号消失；A送风机油站油泵B投备用，油泵A运行且润滑油压低于0.12MPa，延时2s；A送风机油站油泵B投备用，油泵A运行且控制油压低于1MPa，延时15s；程控启动时（运行可选择先启A泵或B泵）。

启允许条件（与）：A送风机润滑油箱油温大于15℃；A送风机油箱液位不低。

停允许条件（或）：A送风机油站油泵A运行且A送风机润滑油压力大于0.18MPa且A送风机控制油压力大于1.5MPa；A送风机停止，延时10min。

6.6.2.5　A送风机油站电加热器

自动启：投入联锁，A送风机油站油箱油温低于10℃。

自动停：投入联锁，A送风机油站油箱油温高于20℃。

保护停：A送风机油站油箱油位低。

启允许条件：A送风机油站油箱油位不低；A送风机循环冷却泵已启。

6.6.3　B送风机子功能组

B送风机子功能组逻辑同A送风机子功能组。

6.7　一次风机子功能组

6.7.1　A一次风机顺控

A一次风机顺控启动见表6-9，A一次风机顺控停止见表6-10。

表6-9　A一次风机顺控启动

步序	条　　　件	指　　　令
1	A一次风机停止；A空预器运行	启A一次风机液压润滑油泵
2	任一A一次风机液压润滑油泵运行状态；A一次风机调节油压力正常；A一次风机润滑油压力正常	关A一次风机动叶；关A一次风机出口挡板；开A侧热一次风门；开A侧冷一次风门
3	A一次风机动叶位置最小；A一次风机出口挡板全关位置；A空预器出口一次风挡板全开位置；A侧冷一次风门全开位置	启动A一次风机
4	A一次风机已启；延时20s	开A一次风机出口门
5	A一次风机出口挡板全开位置	

表6-10　B一次风机顺控停止

步序	条　　　件	指　　　令
1	少于4台磨运行且B一次风机运行；或所有磨停	关A一次风机动叶
2	A一次风机动叶位置最小	停A一次风机
3	A一次风机已停	关A一次风机出口挡板
4	A一次风机出口挡板全关位置	

6.7.2　A一次风机相关设备逻辑

6.7.2.1　A一次风机逻辑

A一次风机启动允许条件（与）：A一次风机动叶位置最小（小于3%）；A一次风机出口挡板全关位置；任一引风机运行；任一送风机运行；A空预器运行且A空预器一次风入口门和出口门全开；任一油泵运行且液压油压力大于2.5MPa；轴承润滑油流量正常；电机轴承润滑油流量正常；A一次风机温度正常（风机轴承温度低于90℃、电机轴承温度低于90℃，定子线圈温度低于130℃）；无 A 一次风机跳闸条件。

A 一次风机跳闸条件（或）：A 一次风机运行 60s 后，出口门全关且全开信号消失；A 一次风机温度保护（风机轴承温度高于110℃，电机轴承温度高于95℃，定子线圈温度高于140℃）；A 一次风机油站油泵均停；X 向振动大于 $11mm/s$ 且 Y 向振动大于 $8mm/s$，或 Y 向振动大于 $11mm/s$ 且 X 向振动大于 $8mm/s$（一点出坏质量，另一点高高不跳）；MFT；同侧空预器已停。

有下列条件时自动启：程控启 A 一次风机。

有下列条件时自动停：程控停 A 一次风机。

6.7.2.2 A 一次风机出口电动风门

开允许（或）：一次风机 B 停止；一次风机 A 运行。关允许：A 一次风机停止。

有下列条件时自动开：A 一次风机运行后延时 10s；程控开。

有下列条件时自动关：A 一次风机停止；程控关。

6.7.2.3 A 一次风机油站油泵 A

有下列条件时自动启：A 一次风机油站油泵 A 投备用，油泵 B 运行信号消失；A 一次风机油站油泵 A 投备用，油泵 B 运行且液压油压力低于 0.8MPa，延时 2s；程控启动时（运行可选择先启 A 泵或 B 泵）。启允许条件（与）：A 一次风机油箱油温大于25℃；A 一次风机油箱液位不低。停允许条件（或）：A 一次风机油站油泵 B 运行且 A 一次风机液压油压力大于 2.5MPa；A 一次风机停止，延时 10min。

6.7.2.4 A 一次风机油站油泵 B

有下列条件时自动启：A 一次风机油站油泵 B 投备用，油泵 A 运行信号消失；A 一次风机油站油泵 B 投备用，油泵 A 运行且液压油压力低于 0.8MPa，延时 2s；程控启动时（运行可选择先启 A 泵或 B 泵）。启允许条件（与）：A 一次风机油箱油温大于25℃；A 一次风机油箱液位不低。停允许条件（或）：A 一次风机油站油泵 A 运行且 A 一次风机液压油压力大于 2.5MPa；A 一次风机停止，延时 10min。

6.7.2.5 A 一次风机油站电加热器

自动启：投入联锁，A 一次风机油站油箱油温低于25℃。自动停：投入联锁，A 一次风机油站油箱油温高于35℃。保护停：A 一次风机油站油箱油位低低，延时 3s。启允许条件：A 一次风机油站油箱油位不低。

6.7.3 B 一次风机子功能组

B 一次风机子功能组逻辑同 A 一次风机子功能组。

6.8 密封风机

6.8.1 A 密封风机相关设备逻辑

A 密封风机逻辑：

（1）A 密封风机启动允许条件：任意一次风机运行；密封风机 A 入口电动挡板开；密封风机 A 出口电动挡板开；进口调节挡板开度小于 5% 。

（2）A 密封风机停允许条件（或）：一次风机全停；B 密封风机运行且密封风机出口压力大于 16kPa。

（3）有下列条件时自动启：A 密封风机投备用，B 密封风机运行信号消失；A 密封风机投备用，B 密封风机运行且密封风机出口压力小于 10kPa（定值由试验确定），延时 2s；程控启。

（4）A 密封风机跳闸条件（或）：A 密封风机运行且出口门全关延时 5s；一次风机全停延

时 3s。

密封风机 A 入口电动挡板：

（1）关允许：A 密封风机停止。

（2）有下列条件时自动开：A 密封风机运行。

（3）有下列条件时自动关：A 密封风机停止延时 3s。

6.8.2　B 密封风机相关设备逻辑

B 密封风机相关设备逻辑同 A 密封风机。

6.9　建立空气通道

6.9.1　空气通道建立指令

有下列条件时发出空气通道建立指令（逻辑与）：A 引风机停止；B 引风机停止；A 引风机顺控请求建立空气通道或 B 引风机顺控请求建立空气通道。

6.9.2　空气通道建立的判断

有下列条件时认为空气通道建立（或）：空气通道 AA 建立；空气通道 BB 建立；引风机 A 运行；引风机 B 运行。其中有下列条件时认为空气通道 AA 建立：A 送风机出口挡板全开位置；A 送风机动叶反馈大于 90%；A 空预器二次风出口挡板全开位置；A 侧空预器烟气入口挡板全开位置；所有二次风门开（开度大于 80%）；尾部烟道（A）电动调节挡板开度大于 50%。有下列条件时认为空气通道 BB 建立：B 送风机出口挡板全开位置；B 送风机动叶反馈大于 90%；B 侧空预器二次风出口挡板全开位置；B 侧空预器烟气入口挡板全开位置；所有二次风门开（开度大于 80%）；尾部烟道（B）电动调节挡板开度大于 50%。

6.10　锅炉辅助设备

6.10.1　锅炉启动系统再循环泵（BCP 泵）

启动允许：分离器贮水箱水位正常（建议 3～5m）；BCP 泵入口阀关；BCP 泵出口调阀开度小于 5%；BCP 泵最小流量气动阀开；过冷管路电动阀 1 开；过冷管路电动阀 2 开；过冷管路气动调节阀开度大于 5%；BCP 泵电机温度合适；BCP 泵壳体温度与泵入口水温相差不超 50℃；机组负荷小于 300MW；无 BCP 泵跳闸条件。

跳闸条件：分离器贮水箱水位低，延时 5s；再循环阀开度小于 90% 且锅炉再循环水流量低（小于 300t/h），延时 30s；BCP 泵启动后 60s 进出口差压低，延时 3s；BCP 泵马达腔温度高于 65℃（2/3），延时 3s。

6.10.2　BCP 泵进口电动阀

关允许：BCP 泵停止。

6.10.3　BCP 泵出口阀

关允许：BCP 泵停止。自动开：BCP 泵运行。

6.10.4　过冷管路电动阀

自动开：BCP 泵运行且过冷度大于 -50℃。保护关：MFT。

6.10.5　系统溢流电动阀 1

开允许：分离器出口母管压力小于 18MPa。自动开：湿态方式；分离器贮水箱水位高 1。
自动关：分离器出口母管压力高于定值 1（18MPa）。

6.10.6　系统溢流电动阀 2

开允许：分离器出口母管压力小于 18MPa。自动开：湿态方式；分离器贮水箱水位高 2。
自动关：分离器出口母管压力高于定值 2（18MPa）。

6.10.7　系统溢流电动阀 3

开允许：分离器出口母管压力小于 18MPa。自动开：湿态方式；分离器贮水箱水位高 3。
自动关：分离器出口母管压力高于定值 4（18MPa）。

6.10.8　主给水电动阀

关允许（或）：给水旁路阀及前后隔离阀均开。保护关：MFT 动作。

6.10.9　锅炉疏水泵 A

自动启：锅炉疏水泵 A 在主备状态，锅炉疏水扩容器冷凝水箱水位高于 1600mm（暂定），延时 3s。锅炉疏水泵 A 在辅备状态，锅炉疏水扩容器冷凝水箱水位高于 1600mm（暂定），延时 3s 后锅炉疏水泵 B 启动失败。自动停：锅炉疏水扩容器冷凝水箱水位低于 600mm（暂定），延时 10s。

6.10.10　锅炉疏水泵 B

自动启：锅炉疏水泵 B 在主备状态，锅炉疏水扩容器冷凝水箱水位高于 1600mm（暂定），延时 3s。锅炉疏水泵 B 在辅备状态，锅炉疏水扩容器冷凝水箱水位高于 1600mm（暂定），延时 3s 后锅炉疏水泵 A 启动失败。自动停：锅炉疏水扩容器冷凝水箱水位低于 600mm（暂定），延时 10s。

6.10.11　锅炉疏水泵出口母管电动阀

自动开：锅炉疏水泵 A 运行或锅炉疏水泵 B 运行。自动关：锅炉疏水泵 A 停止且锅炉疏水泵 B 停止。

6.10.12　锅炉主汽管 PCV 阀

自动开：末级过热器出口蒸汽压力高于定值。自动关：末级过热器出口蒸汽压力低于定值。

6.10.13　锅炉汽水系统疏水排汽阀相关逻辑 – 手动操作

锅炉汽水系统疏水。

6.11　汽机 TSCS 控制逻辑说明

6.11.1　汽机蒸汽管道疏水阀子功能组

汽机蒸汽管道疏水阀包括过热蒸汽、再热汽、排汽管道疏水阀等。将汽机蒸汽管道疏水阀分为高压、中压、低压疏水阀。相关逻辑简要介绍如下：可手动成组开/关高压、中压、低压疏水阀；若汽机疏水阀成组操作投入时。

发电机并网且机组负荷小于一定值自动开高压、中压、低压疏水阀（疏水阀定值分别预设负荷小于70MW自动开高压疏水阀，负荷大于80MW自动关高压疏水阀；负荷小于180MW自动开中压疏水阀，负荷大于190MW自动关中压疏水阀；负荷小于190MW自动开低压疏水阀，负荷大于200MW自动关低压疏水阀）。

6.11.2　高压加热器子功能组

高压加热器子功能组顺控启动见表6-11，高压加热器子功能组顺控停止见表6-12。

表 6-11　高加顺控启动

步序	条　　件	指　　令
1	无高加汽侧解列信号	#1、#2、#3 高加正常/事故疏水阀投自动
2	#1、#2、#3 高加正常/事故疏水阀都在自动位	开三通阀气动快开控制阀
3	#3 高加进口液动阀全开；#1 高加出口液动阀全开	开#3 高加抽汽电动门
4	#3 高加抽汽电动门已开	开#2 高加抽汽电动门
5	#2 高加抽汽电动门已开	开#1 高加抽汽电动门
6	#1 高加抽汽电动门已开	

表 6-12　高加顺控停止

步序	条　　件	指　　令
1		关#1 高加抽汽电动门
2	#1 高加抽汽电动门已关	关#2 高加抽汽电动门
3	#2 高加抽汽电动门已关	关#3 高加抽汽电动门
4	#3 高加抽汽电动门已关	关三通阀气动快开控制阀
5	#3 高加进口液动阀已关；#1 高加出口液动阀已关	

6.11.2.1　高加解列

高加汽侧解列条件：手动解列高加；#1 水位高，3 取 2（300mm）；#2 水位高，3 取 2（300mm）；#3 水位高，3 取 2（300mm）；汽机跳闸；#3 高加进口液动阀全关且非全开；#1 高加出口液动阀全关且非全开；外置蒸汽冷却器液位高，3 取 2（−700mm）；发电机跳闸。

高加水侧解列：手动解列高加；#1 水位高，3 取 2（300mm）；#2 水位高，3 取 2（300mm）；#3 水位高，3 取 2（300mm）；#3 高加进口液动阀全关且非全开；#1 高加出口液动阀全关且非全开；外置蒸汽冷却器液位高。

6.11.2.2　高、中压加热器功能组主要相关设备的逻辑

抽气至#1 高加电动阀。

开允许（与）：无高加汽侧解列；#1 高加出口液动阀全开；#3 高加进口液动阀全开。自动开：顺控开。保护关：高加汽侧解列。自动关：顺控关。

6.11.2.3　一抽气动逆止阀后气动疏水阀

自动开（或）：高压疏水阀成组自动开；高加汽侧解列；一抽上下壁温差大于20℃；一抽电

动门全关；#1 高加过热度低于 10℃；顺控开。

自动关（与）：高压疏水阀成组自动关；无高加汽侧解列；#1 高加过热度高于 20℃；一抽上下壁温差小于 15℃。

6.11.2.4　抽气至#2 高加电动阀

开允许（与）：无高加汽侧解列；#1 高加出口液动阀全开；#3 高加进口液动阀全开；#2 抽逆止门未全关。自动开：顺控开。保护关：高加汽侧解列。自动关：顺控关。

6.11.2.5　二抽气动逆止阀

开允许（与）：无高加汽侧解列；#1 高加出口液动阀全开；#3 高加进口液动阀全开。自动开：顺控开。自动关：高加汽侧解列；顺控关。

6.11.2.6　二抽气动逆止阀后气动疏水阀

自动开：高压疏水阀成组自动开；高加汽侧解列；二抽上下壁温差大（20℃）；二抽电动门全关；#2 高加过热度低于 10℃；顺控开。自动关：高压疏水阀成组自动关；无高加汽侧解列；#2 高加过热度高于 20℃；二抽上下壁温差小于 15℃。

6.11.2.7　抽气至#3 高加电动阀

开允许（与）：无高加汽侧解列；#1 高加出口液动阀全开；#3 高加进口液动阀全开。自动开：顺控开。保护关：高加汽侧解列。自动关：顺控关。

6.11.2.8　三抽气动逆止阀后气动疏水阀 1

自动开：高压疏水阀成组自动开；高加汽侧解列；三抽上下壁温差大（20℃）；三抽电动门全关；三抽逆止门全关；#3 高加过热度低于 10℃；顺控开。自动关：高压疏水阀成组自动关；无高加汽侧解列；#3 高加过热度高于 20℃；三抽上下壁温差小于 15℃。

6.11.2.9　三抽气动逆止阀后气动疏水阀 2

自动开：高压疏水阀成组自动开；高加汽侧解列；三抽上下壁温差大（20℃）；三抽电动门全关；三抽逆止门全关；#3 高加过热度低于 10℃；顺控开。自动关：高压疏水阀成组自动关；无高加汽侧解列；#3 高加过热度高于 20℃；三抽上下壁温差小于 15℃。

6.11.2.10　抽气至除氧器电动阀

开允许：#4 抽汽压力与除氧器压力差大于 0.05MPa；除氧器水位不高（小于 200mm）。保护关：汽轮机跳闸；发电机跳闸；除氧器水位高高高；#4 抽汽压力与除氧器压力差小于 0.05MPa，延时 90s。

6.11.2.11　四抽气动逆止阀后气动疏水阀 1/2、抽汽至除氧器电动阀后气动疏水阀

自动开（或）：自动开中压疏水；除氧器水位高于 300mm；四抽上下壁温差大于 20℃；抽汽至除氧器电动门全关；#4 抽逆止阀全关；#4 抽过热度小于 10℃（用抽汽电动阀后温度压力点计算过热度）；汽机跳闸；发电机跳闸。

自动关（与）：除氧器水位低于 200mm；四抽上下壁温差小于 15℃；抽汽至除氧器电动门未全关；汽机未跳闸；#4 抽过热度大于 20℃；自动关中压疏水。

（1）除氧器液位调节阀旁路电动阀（手操）。

（2）除氧器液位主调节阀前电动阀（手操）。

（3）除氧器液位主调节阀后电动阀（手操）。

（4）除氧器液位副调节阀前电动阀（手操）。

（5）除氧器液位副调节阀后电动阀（手操）。

（6）除氧器溢流调阀旁路电动阀。自动开：除氧器水位高于一定值（250mm）。自动关：除氧器水位低于一定值（200mm）。

（7）除氧器紧急放水电动阀。自动开：除氧器水位高于一定值（300mm）。自动关：除氧器水位低于一定值（250mm）。

（8）除氧器电动排汽阀1。自动开：除氧器压力高于一定值（1.3MPa）。自动关：除氧器压力不高于一定值（1.3MPa）（压力回程死区0.1MPa）。

（9）除氧器电动排汽阀2。自动开：除氧器压力高于一定值（1.3MPa）。自动关：除氧器压力不高于一定值（1.3MPa）。

（10）主蒸汽管A/B电动疏水阀。自动开：高压疏水阀成组自动开；MFT；主蒸汽过热度低；主蒸汽管A/B气动疏水调节阀阀位大于5%。关允许：主蒸汽管A/B气动疏水调节阀阀位小于5%。自动关：高压疏水阀成组自动关；主蒸汽过热度高且主蒸汽管A/B气动疏水调节阀阀位小于5%。

（11）冷再热逆止阀后气动疏水阀。自动开：中压疏水阀成组自动开；汽机跳闸；发电机跳闸；疏水罐水位高高；过热度低于10℃。自动关（与）：中压疏水阀成组自动关；疏水罐水位不高。

（12）炉前冷再热管气动疏水阀。自动开：中压疏水阀成组自动开；汽机跳闸；发电机跳闸；疏水罐水位高高；过热度。自动关（与）：中压疏水阀成组自动关；疏水罐水位不高。

6.11.3　低压加热器子功能组

低压加热器子功能组包括抽汽电动门、疏水阀、低加进、出水阀、旁路阀、低加疏水阀门、抽汽管道疏水阀门等。低加功能组顺控启动见表6-13。

表6-13　低加功能组顺控启动

步序	条　件	指　令
1	#5、#6、#7、#8、#9液位不高	低加正常/事故疏水阀投自动
2	低加正常/事故疏水阀都在自动位	开疏水冷却器进口门和#8低加出口门
3	疏水冷却器进口门和#8低加出口门已全开	开#6低加出口电动门；开#7低加进口电动门
4	#6低加出口电动门已开；#7低加进口电动门已开	开#5低加进、出口电动门
5	#5低加进、出口电动门已开	关#5低加旁路门（关#6或#7低加旁路门；关#8或#9低加旁路门）
6	#5低加旁路门已关；#6或#7低加旁路门已关；#8或#9低加旁路门已关	除氧器水位主/副调阀全关
7	除氧器水位主/副调阀开度小于5%	开除氧器水位主/副调阀前后电动门
8	除氧器水位主/副调阀前后电动门已开	除氧器水位主/副调阀投自动
9	除氧器水位主/副调阀在自动位；注水至 – 1000mm	开辅汽至除氧器电动门
10	辅汽至除氧器电动门已开	辅汽至除氧器调阀投自动
11	辅汽至除氧器调阀在自动位	

6.11.3.1　抽气至#5低加电动阀

开允许：#5低压加热器入口电动阀全开；#5低压加热器出口电动阀全开或#5低出口至放水母管电动阀全开；#5低压加热器旁路电动阀全关；汽机未跳闸；#5低加水位低于138mm。

自动开：顺控开。保护关：#5低加液位高于138mm；汽机跳闸；发电机跳闸；#5低加进口门全关或#5低加出口门全关，延时2s。自动关：顺控关。

6.11.3.2 五抽气动逆止阀后气动疏水阀 1/2/3/4

自动开（或）：自动开低压疏水；#5 低加水位高于 138mm；五抽上下壁温差大于 20℃；抽汽至#5 低加电动门全关；#5 抽过热度小于 10℃；汽机跳闸；发电机跳闸。

自动关（与）：#5 低加水位低于 138mm；五抽上下壁温差小于 15℃；抽汽至#5 低加电动门未全关；汽机未跳闸；#5 抽过热度大于 20℃；自动关低压疏水。

6.11.3.3 #5 低压加热器入口电动阀

开允许：#5 低加水位不高于一定值（138mm）。关允许：#5 低加旁路电动阀非全关。

自动关：#5 低加水位高于一定值（138mm）且#5 低加旁路电动阀非全关。

6.11.3.4 #5 低压加热器出口电动阀

开允许：#5 低加水位不高于一定值（138mm）。关允许：#5 低加旁路电动阀非全关。

自动关：#5 低加水位高于一定值（138mm）且#5 低加旁路电动阀非全关。

6.11.3.5 #5 低压加热器旁路电动阀

关允许：#5 低加入口电动阀全开且#5 低加出口电动阀非全开。

自动开：#5 低加入口电动阀非全关；#5 低加出口电动阀非全关；#5 低加水位高于一定值（138mm）延时 2s。

6.11.3.6 抽气至#6 低加电动阀

开允许：#7 低压加热器入口电动阀全开；#6 低压加热器出口电动阀全开；#6 或#7 低压加热器旁路电动阀全关；汽机未跳闸；#6 低加水位低于 138mm。自动开：顺控开。

保护关：#6 低加液位高于 138mm；汽机跳闸；发电机跳闸；#7 低加进口门全关或#6 低加出口门全关，延时 2s。自动关：顺控关。

6.11.3.7 六抽气动逆止阀后气动疏水阀 1/2

自动开（或）：自动开低压疏水；#6 低加水位高于 138mm；六抽上下壁温差大于 20℃；抽汽至#6 低加电动门全关；#6 抽过热度小于 10℃；汽机跳闸；发电机跳闸。

自动关（与）：#6 低加水位低于 138mm；六抽上下壁温差小于 15℃；抽汽至#6 低加电动门未全关；汽机未跳闸；#6 抽过热度大于 20℃；自动关低压疏水。

6.11.3.8 #6 低压加热器出口电动阀

关允许：#6 或#7 低加旁路电动阀全开。自动关：#7 低加进口电动门非全开且#6 或#7 低加旁路电动阀全开；#6 低加高于一定值（138mm）且#6 或#7 低加旁路电动阀非全关；#7 低加高于一定值（138mm）且#6 或#7 低加旁路电动阀非全关。

开允许：#6 低加不高于一定值（138mm）且#7 低加不高于一定值（138mm）。

6.11.3.9 抽气至#7 低加电动阀

开允许：#7 低压加热器入口电动阀全开；#6 低压加热器出口电动阀全开；#6 或#7 低压加热器旁路电动阀全关；汽机未跳闸；#7 低加水位低于 138mm。自动开：顺控开。

保护关：#7 低加液位高于 138mm；汽机跳闸；发电机跳闸；#7 低加进口门全关或#6 低加出口门全关，延时 2s。自动关：顺控关。

6.11.3.10 七抽气动逆止阀后气动疏水阀 1/2

自动开（或）：自动开低压疏水；#7 低加水位高于 138mm；七抽上下壁温差大于 20℃；抽汽至#7 低加电动门全关；#7 抽过热度小于 10℃；汽机跳闸；发电机跳闸。

自动关（与）：#7 低加水位低于 138mm；七抽上下壁温差小于 15℃；抽汽至#7 低加电动门未全关；汽机未跳闸；#7 抽过热度大于 20℃；自动关低压疏水。

6.11.3.11　#7 低压加热器入口电动阀

关允许：#6 或#7 低加旁路电动阀全开。

开允许：#6 低加水位不高于一定值（138mm）且#7 低加水位不高于一定值（138mm）。

自动关：#7 低加水位高于一定值（138mm）且#6 或#7 低加旁路电动阀全关；#6 或#7 低加旁路电动阀全开且#6 低加出口电动阀非全开；#6 或#7 低加旁路电动阀全开且#6 低加水位高于一定值（138mm）。

6.11.3.12　#6 或#7 低压加热器旁路电动阀

关允许：#6 低加出口电动阀全开且#7 低加进口电动阀全开。

自动开：#6 低加出口电动阀非全关；#7 低加进口电动阀非全关；#6 低加水位高于一定值（138mm）延时 2s；#7 低加高于一定值（138mm）延时 2s。

自动关：#6 低加出口电动阀全开且#7 低加入口电动阀全开，#6、#7 低加水位同时低于各自高高高值（138mm）。

6.11.3.13　#8 低压加热器出口电动阀

开允许：#8 和#9 低加水位均不高于一定值（138mm）。关允许：#8 或#9 低加旁路电动阀非全关。自动关：#8 或#9 低加水位高于一定值（138mm），且#8 或#9 低加旁路电动阀非全关。

6.11.3.14　疏水冷却器入口电动阀

开允许：#8 低加和#9 低加水位均不高于一定值（138mm）。关允许：#8 或#9 低加旁路电动阀非全关。自动关：#8 低加水位高于一定值（138mm）或#9 低加水位高于一定值（138mm），且#8 或#9 低加旁路电动阀非全关。

6.11.3.15　#8 或#9 低压加热器旁路电动阀

关允许：#8 低加出口电动阀全开且疏水冷却器入口电动阀全开。

自动开：疏水冷却器入口电动阀全关或#8 低加出口电动阀全关；#8 低加水位高于一定值（138mm）或#9 低加水位高于一定值（138mm）。自动关：顺控关。

6.11.3.16　低加疏水泵 A

启允许：低加疏水泵 A 温度正常；低加疏水泵 A 各相定子绕组温度小于 120℃、轴承温度小于 70℃、电机轴承温度小于 70℃；低加疏水泵 A 出口电动阀全关且再循环前电动门全关，或低加疏水泵 B 运行；低加疏水泵出口母管气动调节阀阀位大于一定值（5%）；#7 低加水位不小于一定值（-38mm）；除氧器水位不高。

自动启：低加疏水泵 A 备用状态，低加疏水泵 B 停运。

保护停：低加疏水泵 A 运行时，水路不通（低加疏水泵出口母管气动调节阀阀位小于 2% 或出口电动阀全关，且再循环阀阀位低于 2% 或再循环前电动阀全关）；#7 低加水位小于一定值（-110mm）；低加疏水泵 A 温度保护；低加疏水泵 A 任意一相定子绕组达到跳闸条件（该相任意一个温度点高高（145℃）且另一个温度点报警（135℃））、低加疏水泵 A 轴承温度高高（80℃）；低加疏水泵 A 电机轴承温度高（80℃）。

6.11.3.17　低加疏水泵 A 出口电动阀

开允许（或）：低加疏水泵 A 运行；低加疏水泵 A 处于备用状态。

自动开：低加疏水泵 A 运行；低加疏水泵 A 备用状态且低加疏水泵 B 运行。

自动关：低加疏水泵 A 停运。

6.11.3.18　低加疏水泵 A 出口再循环电动阀

开允许：低加疏水泵 A 运行或低加疏水泵 A 处于备用状态，且#7 低加水位小于一定值

（－38mm）。自动关：低加疏水泵 A 停运。

6.11.4　凝结水系统子功能组

6.11.4.1　凝结水泵 A

启允许：凝汽器热井水位高于一定值（400mm）；凝泵 A 出口电动门全关或凝泵 B 已运行（运行信号加 10s 反延时）；凝结水泵 A 入口电动门开；凝泵 A 温度正常（不考虑坏质量）；无跳闸条件；凝泵 A 在工频模式，或凝泵 A 在变频模式且变频器无轻故障和重故障；轴封冷却器进出口门全开或旁路门全开。

自动启：凝泵 A 在工频模式且备用投入时，凝泵 B 停止；凝泵 A 在工频模式且备用投入时，凝泵 B 工频运行且精处理装置进口凝结水压力小于 2.1MPa；凝泵 A 在工频模式且备用投入时，凝泵 B 变频运行且精处理装置进口凝结水压力低低（定值暂定 1.2MPa）；程控启动。

保护停：凝结水泵 A 运行且入口电动门关，延时 2s；凝结水泵 A 运行 30s 且出口电动门关，延时 1s；凝结水泵 A 温度保护跳闸；凝汽器热井水位低于一定值（150mm）；（轴封冷却器进口门未开且关闭或出口门未开且关闭）且（旁路门未开且关闭）凝结水流量低于 250t/h，延时 15s。自动停：程控停。

6.11.4.2　凝结水泵 A 入口电动门

关允许：凝结水泵 A 停止。自动开：凝结水泵 A 备用投入；程控开。

6.11.4.3　凝结水泵 A 出口电动门

关允许：凝结水泵 A 停止。自动开：凝结水泵 A 运行（工频/变频）；凝结水泵 A 备用投入且凝结水泵 B 运行（工频/变频）；程控开。自动关：凝结水泵 A 跳闸（工频/变频），延时 2s 自动关；程控关。

6.11.4.4　凝结水泵变频器

启允许：凝泵 A 变频方式且凝泵 A 10kV 侧断路器合闸且凝泵 A 系统启动允许，或凝泵 B 变频方式且凝泵 B 10kV 侧断路器合闸且凝泵 B 系统启动允许；凝泵变频器无轻故障报警；凝泵变频器无重故障报警；凝泵变频器待机状态。自动启：顺控启。自动停：顺控停。保护停：凝泵 A 变频方式且凝泵 A 10kV 侧断路器分闸。

凝泵 B 变频方式且凝泵 B 10kV 侧断路器分闸启动时做凝泵启动直接联启冷却风机（相当于一个顺控）。凝泵运行且冷却风机未运行做报警。停运凝泵延时 60s 联锁停冷却风机。

6.11.5　凝汽器真空系统子功能组

6.11.5.1　真空泵 A

启动允许：真空泵 A 温度允许（轴承 2 点小于 70℃，线圈 6 点小于 120℃）；无保护跳闸信号；凝汽器 A 和 B 真空破坏阀全关。

自动启：真空泵 A 备用投入，真空泵 B 或 C 跳闸；真空泵 A 备用投入，凝汽器 A 或 B 真空低；程控启。

保护跳闸条件：真空泵 A 运行且真空泵 A 循环水泵停止延时 300s；真空泵 A 运行且真空泵 A 入口气动阀关延时 120s，且非严密性试验；真空泵 A 分离器液位低延时 300s；真空泵 A 温度保护（轴承 2 点大于 95℃，线圈 6 点大于 140℃，一点高与上同组另一点高高）。

自动停：程控停。

6.11.5.2　真空泵 A 入口气动阀

开允许：真空泵 A 合闸。自动开：真空泵 A 合闸且真空泵 A 入口气动门前后差压高于一定值（5kPa）；程控开。自动关：真空泵 A 跳闸；程控关。

6.11.5.3　机械真空泵循环泵 A

关允许：真空泵 A 跳闸。自动开：真空泵 A 运行；程控开。自动关：真空泵 A 停运，延时 120s；程控关。

6.11.5.4　真空泵 A 分离器补水阀

自动开：真空泵 A 分离器液位低。自动关：真空泵 A 分离器液位高。

6.11.5.5　凝汽器 A 真空破坏阀

开允许：汽机转速小于 2000r/min，且汽机跳闸。

6.11.5.6　水侧真空泵

自动启：手操。自动停：手操。保护停：水侧真空泵入口管道液位高。

6.11.5.7　水侧真空泵入口气动阀

自动开（与）：手操。自动停（与）：手操。保护关：水侧真空泵入口管道液位高。

6.11.5.8　水侧真空泵补水电磁阀

自动开：手操。自动关：手操。

6.11.5.9　凝汽器 A 水幕喷水气动阀

自动开：低旁阀 A 阀位大于 5%。自动关：低旁阀 A 阀位小于 3%。

6.11.5.10　清洁水疏水泵 A

自动启：清洁水疏水泵 A 联锁投入，清洁水疏水箱液位高且清洁水疏水泵 B 停止；清洁水疏水泵 A 联锁投入，清洁水疏水箱液位高高延时 2s 且清洁水疏水泵 A 停止且清洁水疏水泵 B 运行。自动停：清洁水疏水泵 A 联锁投入，清洁水疏水箱液位低延时 30s。

保护停：清洁水疏水箱液位低低，延时 2s。

6.11.5.11　清洁水疏水泵 B

自动启：清洁水疏水泵 B 联锁投入，清洁水疏水箱液位高延时 10s 且清洁水疏水泵 A 停止；清洁水疏水泵 B 联锁投入，清洁水疏水箱液位高高延时 2s 且清洁水疏水泵 A 运行且清洁水疏水泵 B 停止。自动停：清洁水疏水泵 B 联锁投入，清洁水疏水箱液位低。

保护停：清洁水疏水箱液位低低，延时 2s。

6.11.6　汽动给水泵子功能组

汽动给水泵子功能组包括汽泵前置泵进口电动阀、汽泵出口电动阀、小机本体、小机交流油泵、小机直流油泵、小机油箱加热器、润滑油箱排烟风机、小机盘车装置等。

6.11.6.1　汽动给水泵 A（DCS 至 MEH）

启允许（与）：小机 A 轴承温度正常：小机 A 径向前轴承温度小于 75℃；小机 A 径向后轴承温度小于 75℃；小机 A 轴承（正推力）温度小于 80℃；小机 A 轴承（负推力）温度小于 80℃。

汽泵 A 轴承温度正常：汽泵 A 推力轴承温度（减速箱侧上）小于 80℃；汽泵 A 推力轴承温度（减速箱侧下）小于 80℃；汽泵 A 推力轴承温度（给泵侧上）小于 80℃；汽泵 A 推力轴承温度（给泵侧下）小于 80℃；汽泵 A 径向轴承温度（减速箱侧上）小于 80℃；汽泵 A 径向轴承温度（减速箱侧下）小于 80℃；汽泵 A 径向轴承温度（小机侧上）小于 80℃；汽泵 A 径向轴承温度（小机侧下）小于 80℃。

汽泵 A 齿轮箱温度正常：汽泵 A 齿轮箱低速端径向轴承温度（联轴器侧）小于 85℃；汽泵

A 齿轮箱低速端径向轴承温度（反联轴器侧）小于 85℃；汽泵 A 齿轮箱高速端径向轴承温度（联轴器侧）小于 85℃；汽泵 A 齿轮箱高速端径向轴承温度（反联轴器侧）小于 85℃。

汽泵 A 前置泵温度正常：汽泵 A 前置泵径向轴承温度（联轴器侧）小于 80℃；汽泵 A 前置泵径向轴承温度（反联轴器侧）小于 80℃；密封水温度正常；汽泵 A 密封水出水温度（推力侧）小于 80℃；汽泵 A 密封水出水温度（联轴器侧）小于 80℃。

小机 A 油系统正常：任一小机 A 交流油泵运行，且小机 A 润滑油压力不低；小机 A 润滑油滤油器差压不高。

汽泵 A 前置泵入口滤网差压不高（小于 50kPa）。

汽泵 A 入口滤网差压不高（小于 50kPa）。

汽泵 A 密封水入口过滤器差压不高（小于 80kPa）。

除氧器水位正常（大于 270mm）。

汽泵 A 再循环调节阀位置反馈大于 90% 且前/后电动阀全开。

汽泵 A 出口电动阀关。

汽泵 A 前置泵入口电动阀开。

无跳闸条件。

汽泵 A 上壳体温度与汽泵 A 下壳体温度温差小于 30℃。

给水泵汽轮机 A 排汽至凝汽器电动阀全开。

汽动给水泵 A 中间抽头出口电动阀全关。

保护停（或）：汽泵 A 泵已挂闸且入口阀关，延时 2s。

最小流量保护：（汽泵 A 再循环调门开度小于 20% 或再循环阀前/后电动阀已关）且汽泵 A 入口流量低于一定值（转速函数），延时 15s。

除氧器水位低低（-2120mm），延时 3s。

小机 A 油箱油位低（800mm）。

小机 A 轴承温度保护：小机 A 径向前轴承温度，两点（测点位置确定），一点高高大于 107℃ 与另一点高大于 99℃；小机 A 径向后轴承温度大于 107℃，两点，一点高高大于 107℃ 与另一点高大于 99℃；小机 A 轴承（正推力）温度，4 组，每组两点，一点高高大于 107℃ 与另一点高大于 99℃；小机 A 轴承（负推力）温度大于 107℃，4 组，每组两点，一点高高大于 107℃ 与另一点高大于 99℃。

汽泵 A 轴承温度保护（单点）：汽泵 A 推力轴承温度（减速箱侧上）大于 90℃；汽泵 A 推力轴承温度（减速箱侧下）大于 90℃；汽泵 A 推力轴承温度（给泵侧上）大于 90℃；汽泵 A 推力轴承温度（给泵侧下）大于 90℃；汽泵 A 径向轴承温度（减速箱侧上）大于 90℃；汽泵 A 径向轴承温度（减速箱侧下）大于 90℃；汽泵 A 径向轴承温度（小机侧上）大于 90℃；汽泵 A 径向轴承温度（小机侧下）大于 90℃。

汽泵 A 齿轮箱温度保护（单点）：汽泵 A 齿轮箱低速端径向轴承温度（联轴器侧）大于 90℃；汽泵 A 齿轮箱低速端径向轴承温度（反联轴器侧）大于 90℃；汽泵 A 齿轮箱高速端径向轴承温度（联轴器侧）大于 90℃；汽泵 A 齿轮箱高速端径向轴承温度（反联轴器侧）大于 90℃。

密封水温度保护：汽泵 A 密封水出水温度（推力侧）大于 90℃；汽泵 A 密封水出水温度（联轴器侧）大于 90℃。

汽泵 A 前置泵温度保护：汽泵 A 前置泵径向轴承温度（联轴器侧），两点，一点高高大于 90℃ 与另一点高大于 80℃；汽泵 A 前置泵径向轴承温度（反联轴器侧），两点，一点高高大于

90℃与另一点高大于80℃。

6.11.6.2　汽泵A前置泵进口阀

关允许：小机A转速低于30r/min且汽动给水泵A出口电动阀全关且汽动给水泵A中间抽头出口电动阀全关。自动开：程控开。

6.11.6.3　汽泵A出口阀

自动关：汽泵A跳闸；程控关。

6.11.6.4　小机A交流油泵A（B）

停允许（或）：小机A已停（延时3600s）且转速低于30r/min；小机A交流油泵B运行。自动启（或）：小机A主油泵A在备用，B主油泵已停；小机A主油泵A在备用，小机A润滑油压低（0.25MPa）；小机A交流油泵B逻辑同上。

6.11.6.5　小机A直流油泵

停允许（或）：小机A任一交流油泵运行且小机A润滑油压不低；小机A跳闸。

自动启：小机A润滑油压低（0.25MPa）（同交流油泵备用联启定值）。

6.11.6.6　小机A润滑油箱排烟风机A

自动启：排烟风机A备用，B跳闸延时2s。

6.11.6.7　小机A油箱加热器

启允许：小机A油箱油位正常（大于900mm）。自动启：小机A油箱加热器联锁投入，且油箱温度低于20℃。

自动停：小机A油箱加热器联锁投入，且油箱温度高于30℃；小机A油箱油位低于一定值（小于800mm）；小机A交流油泵A和B及直流油泵全停。

6.11.6.8　小机A盘车电动机

启允许：小机A交流油泵A或B在运行；小机A已跳闸；小机A转速低于100r/min；小机A润滑油压力不低。自动停：小机A润滑油压低。

6.11.6.9　四抽至小机A电动阀

自动关：小机A跳闸；汽机跳闸。

6.11.6.10　四抽至小机A气动疏水阀

自动开（或）：四抽至小机A电动阀全关；四抽至汽泵A过热度小于50℃；汽机跳闸；发电机未并网。

6.11.6.11　冷再热至小机A电动阀

自动关：小机A跳闸。

6.11.6.12　冷再热至给泵汽机A气动疏水阀

自动开（或）：冷再至小机A电动阀全关；冷再至汽泵A过热度小于50℃；汽机跳闸；发电机未并网。

6.11.6.13　小机A排汽至凝汽器电动阀

开允许（或）：汽机跳闸；小机A排汽压力与凝汽器A真空压力之间压差小于15kPa。

关允许：小机A跳闸。

6.11.7　发电机氢油水系统子功能组

发电机氢油水系统子功能组包括密封油系统两台交流密封油泵、一台直流密封油泵、密封油排烟风机、定子冷却水泵、氢气干燥器、氢气循环风机、主机油净化装置进油泵、主机油净化装置排烟风机、二氧化碳蒸发器等。

6.11.7.1 发电机交流密封油泵 1

启允许：发电机真空油箱液位不低。

自动启：发电机交流密封油泵 1 备用投入时，发电机交流密封油泵 2 停止或不在运行位；发电机交流密封油泵 1 备用投入时，发电机交流密封油泵 2 运行 10s 后，发电机交流密封油泵 2 出口压力低；发电机交流密封油泵 1 备用投入时，发电机交流密封油泵 2 运行 10s 后，发电机密封油过滤器出口压力低；发电机交流密封油泵 1 备用投入时，发电机交流密封油泵 2 运行 10s 后，密封油油氢压差低。

自动停：发电机真空油箱油位低，延时 15s。

发电机交流密封油泵 2 逻辑同上。

6.11.7.2 发电机直流密封油泵

停允许（与）：密封油交流油泵 1 或 2 运行正常（泵运行，且出口压力正常）；发电机密封油油氢压差正常。

自动启：密封油交流油泵 1 和 2 都停运或不在运行位；两台密封油交流油泵运行，且发电机密封油过滤器出口压力低；发电机密封油油氢压差低。

6.11.7.3 发电机真空油箱油泵

保护停：发电机真空油箱液位高。

6.11.7.4 发电机氢油分离器排烟风机 1

自动启（或）：排烟风机 1 投备用，排烟风机 2 停止或不在运行位；排烟风机 1 投备用，排烟风机 2 运行 10s 且排烟风机进口压力高于 −0.2kPa；发电机氢油分离器排烟风机 2 逻辑同上。

6.11.7.5 发电机定子冷却水泵 1

停允许（或）：定冷泵 2 运行且定冷泵 2 出口压力不低；汽机跳闸。

自动启：定冷泵 1 投备用，定冷泵 2 停止或不在运行位；定冷泵 1 投备用，定冷泵 2 运行 10s 后，定冷泵 2 出口压力低于 0.4MPa（定值由试验确定）；定冷泵 1 投备用，定冷水流量低于 108t/h；定冷泵 1 投备用，定冷泵 2 电流小于 A。

6.11.7.6 发电机氢气循环风机 1

自动启（或）：氢气循环风机 1 投备用，且氢气循环风机 2 停止。发电机氢气循环风机 2 逻辑同上。

6.11.7.7 密封油程控

密封油程控启动见表 6-14，密封油程控停止见表 6-15。

表 6-14 密封油程控启动

步序	条 件	指 令
1	空侧密封油箱液位大于 40mm，且油温大于 10℃	启动选定的排烟风机；启动选定的交流密封油泵
2	任一排烟风机运行且任一密封油泵运行且氢油差压大于 20kPa	直流油泵投入联锁；直流油泵直流柜继电器置 1
3	直流油泵自动已投，直流油泵直流柜继电器置 1	启动真空密封油泵
4	真空密封油泵泵运行	

表 6-15 密封油程控停止

步序	条　件	指　令
1	发电机氢气压力低于 50kPa 且汽机转速低 8 且发电机排氢结束	停真空密封油泵
2	真空密封泵全停	直流油泵联锁切除，直流油泵直流柜继电器复位，停两台密封油泵
3	直流油泵联锁切除，直流油泵直流柜继电器复位，停两台密封油泵	停两台排烟风机
4	两台排烟风机停	

6.11.8　循环水泵子功能组

6.11.8.1　循环水泵 A

启允许：温度允许（温度测点坏质量旁路）；循泵 A 出口液动蝶阀开至 15°或循泵 A 投备用（主或辅）；无循环水泵 A 保护停信号；水路畅通（凝汽器循环水入口管路 A 电动阀阀位大于 90％且凝汽器循环水出口管路 A 电动阀阀位大于 20％，或凝汽器循环水入口管路 B 电动阀阀位大于 90％且凝汽器循环水出口管路 B 电动阀阀位大于 20％）。

自动启（备用分主辅）：循泵 A 投主备用且 B 跳闸；循泵 A 投主备用且 C 跳闸；循泵 A 投主备用，循泵 B 运行且循泵出口母管压力低于 0.06MPa；循泵 A 投主备用，循泵 C 运行且循泵出口母管压力低于 0.06MPa；循泵 A 投辅备用，主启泵（B 或 C）启动失败；程控启。

停允许：循泵 A 出口液动蝶阀关至 15°。自动停：程控停。保护停：温度保护；循环水泵运行 60s 且循环水泵出口液动蝶阀（全关或在 15°开度）且全开信号消失。

6.11.8.2　循泵 A 出口液动蝶阀

自动开：循泵 A 合闸；程控启。自动关：循泵 A 跳闸；蝶阀启动失败；程控停。

保护关：循泵 A 停止；蝶阀 90s 内未开到 15°（顺控启动第 1 步故障）；循泵 A 启故障。

6.11.8.3　循环水泵 A 程控

循环泵 A 顺控启动见表 6-16，循环泵 B 顺控停止见表 6-17。

表 6-16 循环泵 A 顺控启动

步序	条　件	指　令
1	循泵 A 启动允许条件满足	开循环水泵 A 出口液动蝶阀至 15°
2	循泵 A 出口液动蝶阀开至 15°	启动循环水泵 A
3	循泵 A 已运行	开循泵 A 出口液动蝶阀
4	循泵 A 出口液动蝶阀全开	

表 6-17 循环泵 B 顺控停止

步序	条　件	指　令
1		关循环水泵 A 出口液动蝶阀至 75°
2	循泵 A 出口液动蝶阀关至 75°	停止循环水泵 A
3	循环水泵 A 已停	关循环水泵出口液动蝶阀
4	循环水泵出口液动蝶阀全关	

6.11.8.4　旋转滤网 A

自动启：连锁投入，旋转滤网 A 冲洗水泵运行延时 60s。自动停：连锁投入，滤网前后水位差小于 50mm；连锁投入，旋转滤网 A 运行延时 60min。

6.11.8.5　旋转滤网 A 冲洗水泵

自动启：滤网前后水位差大于 200mm；滤网前后水位差小于 200mm 延时 4h。

自动停：旋转滤网 A 停止延时 60s；冲洗水泵运行 60s 内反冲洗进水电动阀全关。

6.11.8.6　#1 旋转滤网反冲洗进水电动阀

自动开：滤网前后水位差大于 200mm；滤网前后水位差小于 200mm 延时 4h。

自动关：旋转滤网 A 停止延时 60s。

6.11.9　闭式循环冷却水系统子功能组

闭式循环冷却水系统子功能组包括闭冷泵 A/B/C、闭冷泵 A/B/C 出入口电动门等。

6.11.9.1　闭冷泵 A

启允许：闭冷泵 A 出口阀关或者 A 投备用或者闭冷泵 B/C 任一运行；闭冷泵 A 入口阀开；无跳闸条件；闭冷泵 A 温度允许（轴承 65℃，电机轴承 75℃，绕组 115℃）；闭式热交换器 A 入/出口阀全开或闭式热交换器 B 入/出口阀全开或旁路调阀阀位大于 10%。

自动启（备用分主辅）：闭冷泵 A 主备用投入时，闭冷泵 B 跳闸；闭冷泵 A 主备用投入时，闭冷泵 C 跳闸；闭冷泵 A 主备用投入时，出口母管压力低于一定值；闭冷泵 A 辅备用投入时，主启动闭冷泵 B 但 8s 后 B 泵未运行；闭冷泵 A 辅备用投入时，主启动闭冷泵 C 但 8s 后 C 泵未运行。

保护停：闭冷泵 A 运行时入口阀关，延时 3s；闭冷泵 A 运行时出口阀关，延时 30s；闭冷泵 A 温度保护（轴承 80℃，电机轴承 80℃）。

6.11.9.2　闭式水泵 A 进口电动阀

关允许：闭式泵 A 停止。自动开（或）：闭冷泵 A 为主备用；闭冷泵 A 为辅备用；程控开。保护开：闭式泵 A 运行。

6.11.9.3　闭冷泵 A 出口电动阀

自动开（或）：闭式泵 A 已运行；闭式泵 A 投入备用且闭式泵 B/C 任一已运行；程控。自动关（或）：闭式泵 A 跳闸；程控关。

6.11.9.4　闭式水换热器 A 闭式水进口阀

关允许（或）；自动开：程控开。

6.11.9.5　闭式水换热器 A 闭式水出口阀

关允许（或）；自动开：程控开；闭冷泵 B/C 逻辑同 A。

6.11.9.6　闭式水热交换器 A 程控启

闭式水热交换器 A 程控启步骤为：

（1）指令：开闭式水热交换器 A 进/出口门。条件：闭式水热交换器 A 进/出口门全开。

（2）指令：闭式水旁路调阀投自动。条件：闭式水旁路调阀在自动位。

6.11.9.7　闭冷泵 A 程控

闭冷水泵 A 顺控启动见表 6-18，闭冷水泵 A 顺控停止见表 6-19。

表 6-18　闭冷水泵 A 顺控启动

步序	条　件	指　令
1		闭式水箱水位调阀投自动；关闭式水各用户调温门，并切手动

步序	条　　件	指　　令
2	闭式水箱水位调阀投自动；闭式水各用户调温门已关闭，并切手动	选择启动闭式水热交换器 A 或 B
3	闭式水热交换器 A 或 B 启动程控完成	开旁路电动阀（再循环阀）；开闭冷泵 A 进口门；关闭冷泵 A 出口门
4	旁路电动阀全开；闭冷泵 A 进口门全开；闭冷泵 A 出口门全关	启动闭冷泵 A，并投入闭冷泵 B/C 备用
5	闭冷泵 A 已运行，闭冷泵 B/C 在备用	开闭冷泵 A 出口门
6	闭冷泵 A 出口门全开	

表 6-19　闭冷水泵 A 顺控停止

步序	条　　件	指　　令
1		停止闭冷泵 A，并退出闭冷泵 B/C 备用
2	闭冷泵 A 已停止，闭冷泵 B/C 备用已退出	关闭式水箱水位调阀，并切手动
3	闭式水箱水位调阀已关闭，并切手动	关闭式水各用户调温门，并切手动
4	闭式水各用户调温门已关闭，并切手动	

7 电气系统（ECS）

7.1 概述

本控制逻辑说明以#1 机组设备为例，当用于#2 机组设备时，仅将#1 机组改为#2 机组即可，其控制逻辑不变。

7.2 设备逻辑说明

7.2.1 #1 机组主变压器 500kV 母线侧断路器 Y0ACA01GS003

选择为预同期合闸断路器条件：NCS 选择切换到#1 机组 DCS 控制方式；#1 机组主变压器 500kV 母线侧断路器 Y0ACA01GS003 三相分闸位置；500kV 隔离开关 Y0ACA01GS203 合闸位置；500kV 隔离开关 Y0ACA01GS110 合闸位置；500kV 隔离开关 Y0ACA01GS113 合闸位置；500kV 接地开关 Y0ACA01GS204 分闸位置；500kV 接地开关 Y0ACA01GS111 分闸位置；500kV 接地开关 Y0ACA01GS112 分闸位置；500kV 接地开关 Y0ACA01GS114 分闸位置；500kV 隔离开关 Y0ACA01GS108 分闸位置或；500kV 隔离开关 Y0ACA01GS108 合闸位置；500kV 接地开关 Y0ACA01GS109 分闸位置；#1 机组主变 500kV 中间断路器 Y0ACA01GS002 三相分闸位置。

未收到#1 机组主变压器 500kV 母线侧断路器 Y0ACA01GS003 控制回路断线或控制回路失电报警信号；未收到#1 机组主变 500kV 母线侧断路器 Y0ACA01GS003 总报警信号（NCS 来）；发电机、励磁变压器、主变压器、高厂变压器、码头变压器保护未动作（电量和非电量保护）；发电机、励磁变压器、主变压器、高厂变压器、码头变压器保护无异常（电量保护和非电量保护如电源消失、装置故障等）。

取消选择为预同期合闸断路器条件：NCS 选择切换到#1 机组 DCS 控制方式；#1 机组主变压器 500kV 母线侧断路器 Y0ACA01GS003 被选择为同期合闸断路器（同期装置已上电信号）。

7.2.2 #1 机组主变压器 500kV 中间断路器 Y0ACA01GS002

选择为预同期合闸断路器条件：NCS 选择切换到#1 机组 DCS 控制方式；#1 机组主变压器 500kV 中间断路器 Y0ACA01GS002 三相分闸位置；500kV 隔离开关 Y0ACA01GS203 合闸位置；500kV 隔离开关 Y0ACA01GS108 合闸位置；500kV 隔离开关 Y0ACA01GS106 合闸位置；500kV 接地开关 Y0ACA01GS204 分闸位置；500kV 接地开关 Y0ACA01GS111 分闸位置；500kV 接地开关 Y0ACA01GS109 分闸位置；500kV 接地开关 Y0ACA01GS107 分闸位置；500kV 接地开关 Y0ACA01GS105 分闸位置；500kV 隔离开关 Y0ACA01GS110 分闸位置或 500kV 隔离开关 Y0ACA01GS110 合闸位置；500kV 接地开关 Y0ACA01GS112 分闸位置。#1 机组主变 500kV 母线侧断路器 Y0ACA01GS003 三相分闸位置。

未收到#1 机组主变压器 500kV 中间断路器 Y0ACA01GS002 控制回路断线、或控制回路失电报警信号；未收到#1 机组主变压器 500kV 中间断路器 Y0ACA01GS002 总报警信号（NCS 来）；发电机、励磁变压器、主变压器、高厂变压器、码头变压器保护未动作（电量和非电量保护）；发电机、励磁变压器、主变压器、高厂变压器、码头变压器保护无异常（电量保护和非电量保护如电源消失、装置故障等）。

取消选择为预同期合闸断路器条件：NCS 选择切换到#1 机组 DCS 控制方式；#1 机组主变压器 500kV 中间断路器 Y0ACA01GS002 被选择为同期合闸断路器（同期装置已上电信号）。

7.2.3　#1 或#2 启动备用变压器 500kV 母线侧断路器 Y0ACA03GS001

手动合闸允许条件：NCS 选择切换到公用 DCS 控制方式；#1 或#2 启动备用变压器 500kV 母线侧断路器 Y0ACA03GS001 三相分闸位置；#1 机 10kV A 段备用进线断路器分闸位置；#1 机 10kV B 段备用进线断路器分闸位置；#2 机 10kV A 段备用进线断路器分闸位置；#2 机 10kV B 段备用进线断路器分闸位置；500kV 隔离开关 Y0ACA03GS201 合闸位置；500kV 隔离开关 Y0ACA03GS103 合闸位置；500kV 隔离开关 Y0ACA03GS101 合闸位置；500kV 接地开关 Y0ACA03GS202 分闸位置；500kV 接地开关 Y0ACA03GS105 分闸位置；500kV 接地开关 Y0ACA03GS104 分闸位置；500kV 接地开关 Y0ACA03GS102 分闸位置；500kV 隔离开关 Y0ACA03GS106 分闸位置或 500kV 隔离开关 Y0ACA03GS106 合闸位置；500kV 接地开关 Y0ACA03GS107 分闸位置；#1 或#2 启动备用变压器 500kV 中间断路器 Y0ACA03GS002 三相分闸位置。

#1 或#2 启动备用变压器保护未动作（电量保护和非电量保护）；#1 或#2 启动备用变压器保护无异常（电量保护和非电量保护如电源消失、装置故障）；未收到#1 或#2 启动备用变压器 500kV 母线侧断路器 Y0ACA03GS001 控制回路断线或控制回路失电报警信号；未收到#1 或#2 启动备用变压器 500kV 母线侧断路器 Y0ACA03GS001 总报警信号（NCS 来）。

手动跳闸允许条件：#1 或#2 启动备用变压器 500kV 母线侧断路器 Y0ACA03GS001 三相合闸位置；NCS 选择切换到公用 DCS 控制方式。

7.2.4　#1 或#2 启动备用变压器 500kV 中间断路器 Y0ACA03GS002

手动合闸允许条件：NCS 选择切换到公用 DCS 控制方式；#1 或#2 启动备用变压器 500kV 中间断路器 Y0ACA03GS002 三相分闸位置；#1 机 10kV A 段备用进线断路器分闸位置；#1 机 10kV B 段备用进线断路器分闸位置；#2 机 10kV A 段备用进线断路器分闸位置；#2 机 10kV B 段备用进线断路器分闸位置；500kV 隔离开关 Y0ACA03GS201 合闸位置；500kV 隔离开关 Y0ACA03GS106 合闸位置；500kV 隔离开关 Y0ACA03GS108 合闸位置；500kV 接地开关 Y0ACA03GS202 分闸位置；500kV 接地开关 Y0ACA03GS105 分闸位置；500kV 接地开关 Y0ACA03GS107 分闸位置；500kV 接地开关 Y0ACA03GS109 分闸位置；#1 或#2 启动备用变压器保护未动作（电量保护和非电量保护）；#1 或#2 启动备用变压器保护无异常（电量保护和非电量保护如电源消失、装置故障）。

未收到#1 或#2 启动备用变压器 500kV 中间断路器 Y0ACA03GS002 控制回路断线或控制回路失电报警信号；未收到#1 或#2 启动备用变压器 500kV 中间断路器 Y0ACA03GS002 总报警信号（NCS 来）；500kV 隔离开关 Y0ACA03GS103 分闸位置或（500kV 隔离开关 Y0ACA03GS103 合闸位置；

500kV 接地开关 Y0ACA03GS104 分闸位置）。

#1 或#2 启动备用变压器 500kV 中间断路器 Y0ACA03GS002 三相分闸位置。

手动跳闸允许条件：#1 或#2 启动备用变压器 500kV 中间断路器 Y0ACA03GS002 三相合闸位置；NCS 选择切换到公用 DCS 控制方式。

7.2.5　10kV 母线 A（B）段工作电源进线断路器

自动合闸指令：无。快切装置动作后自动跟踪断路器合闸状态。
自动跳闸指令：无。快切装置动作后自动跟踪断路器分闸状态。

检修/试验条件：断路器在检修/试验状态。

手动合闸允许条件：（临时调试变35kV倒送电时）工作电源进线断路器分闸位置；工作电源进线断路器远方/就地切换开关不在就地位置（DCS控制）；工作电源进线断路器保护未动作；工作电源进线断路器电气无异常；备用电源进线断路器分闸位置或者工作电源进线断路器小车不在运行位置；备用电源进线断路器保护未动作；10kV A（B）段母线无电压（低电压DI信号或母线电压AI信号判别）；10kV A（B）段母线PT电压回路未断线；10kV A（B）段母线PT电气无异常；35kV调试变保护未动作（电量保护和非电量保护）；35kV调试变保护无异常（电量保护和非电量保护如电源消失、装置故障）。

手动跳闸允许条件：（临时调试变35kV倒送电时）工作电源进线断路器远方/就地切换开关不在就地位置（DCS控制）。

7.2.6 10kV 母线 A（B）段备用电源进线断路器

手动合闸允许条件：备用电源进线断路器分闸位置；备用电源进线断路器远方/就地切换开关不在就地位置（DCS控制）；备用电源进线断路器保护未动作；备用电源进线断路器电气无异常；工作电源进线断路器分闸位置或者工作电源进线断路器小车不在运行位置；工作电源进线断路器保护未动作；10kV A（B）段母线无电压（低电压DI信号或母线电压AI信号判别）；10kV A（B）段母线PT电压回路未断线；10kV A（B）段母线PT电气无异常；#1或#2启动备用变压器保护未动作（电量保护和非电量保护）；#1或#2启动备用变压器保护无异常（电量保护和非电量保护如电源消失、装置故障）；#1或#2启动备用变压器500kV母线侧断路器Y0ACA03GS001三相合闸或者#1或#2启动备用变压器500kV中间断路器Y0ACA03GS002三相合闸位置。

手动跳闸允许条件：电源进线断路器远方/就地切换开关不在就地位置（DCS控制）。

自动合闸指令：无。快切装置动作后自动跟踪断路器合闸位置状态。

自动跳闸指令：无。快切装置动作后自动跟踪断路器分闸位置状态。

检修/试验条件：断路器在检修/试验状态。

7.2.7 10kV 母线 A（B）段厂用电快切装置（ATS）

手动切换允许条件：（备用进线切换至工作进线，或者工作进线切换至备用进线）工作电源进线断路器远方/就地切换开关不在就地位置（DCS控制）；备用电源进线断路器远方/就地切换开关不在就地位置（DCS控制）；工作电源进线断路器保护未动作；工作电源进线断路器电气无异常；备用电源进线断路器保护未动作；备用电源进线断路器电气无异常；10kV 母线 A（B）段工作电源进线断路器与10kV 母线 A（B）段备用电源进线断路器，一个在合闸位置、另一个在分闸位置；厂用电快切装置（ATS）装置无故障；厂用电快切装置（ATS）装置未失电；厂用电快切装置（ATS）装置无闭锁；厂用电快切装置（ATS）装置在远方控制方式。

在DCS操作员站上，可进行厂用电快切装置（ATS）控制方式的选择与指示（并联或串联）、手动切换、复归、出口闭锁的操作。

10kV 母线工作电源与备用电源之间的正常切换，通过操作员启动厂用电快切装置（ATS）实现。当厂用电快切装置（ATS）捕捉到同期后，输出指令分别至工作、备用电源进线断路器的跳合闸回路实现正常切换。

10kV 母线工作电源与备用电源之间的事故切换由继电保护动作启动厂用电快切装置（ATS），厂用电快切装置（ATS）经逻辑判断后，直接动作于断路器，实现10kV 厂用电工作电源与备用电源之间的事故切换。该功能由外部硬接线回路实现，不通过DCS系统。

7.2.8 10kV 母线 C 段电源进线断路器（码头电源）

手动合闸允许条件：C段电源进线断路器分闸位置；C段电源进线断路器远方/就地切换开

关不在就地位置（DCS 控制）；C 段电源进线断路器保护未动作；C 段电源进线断路器电气无异常；发电机、励磁变压器、主变压器、高厂变压器、码头变压器保护未动作（电量和非电量保护）；发电机、励磁变压器、主变压器、高厂变压器、码头变压器保护无异常（电量保护和非电量保护如电源消失、装置故障等）。

#1 主变压器 500kV 母线侧断路器 Y0ACA01GS003（#2 机为 Y0ACA02GS003）或者#1 主变压器 500kV 中间路断路器 Y0ACA01GS002（#2 机为 Y0ACA02GS002）合闸位置、500kV 隔离开关 Y0ACA01GS203 合闸位置。

手动跳闸允许条件：电源进线断路器远方/就地切换开关不在就地位置（DCS 控制）。

自动合闸指令：无。自动跳闸指令：无。检修/试验条件：断路器在检修/试验状态。

7.2.9　主厂房 10kV 至码头应急电源馈线断路器（#2 机主厂房 10kV 2B 段#1 9 柜）

手动合闸允许条件：10kV 断路器分闸位置；10kV 断路器保护未动作；10kV 断路器电气无异常；10kV 断路器远方/就地切换开关不在就地位置（DCS 控制）。

手动跳闸允许条件：10kV 断路器远方/就地切换开关不在就地位置（DCS 控制）。

检修/试验条件：断路器在检修/试验状态。

7.2.10　主厂房 10kV 段至厂区公用 10kV A（B）段馈线断路器

手动合闸允许条件：10kV 断路器分闸位置；10kV 断路器保护未动作；10kV 断路器电气无异常；10kV 断路器远方/就地切换开关不在就地位置（DCS 控制）。

手动跳闸允许条件：10kV 断路器远方/就地切换开关不在就地位置（DCS 控制）。

检修/试验条件：断路器在检修/试验状态。

7.2.11　厂区公用 10kV A（B）段工作进线 1（2）断路器

手动合闸允许条件：10kV 断路器分闸位置；10kV 断路器保护未动作；10kV 断路器电气无异常；10kV 断路器远方/就地切换开关不在就地位置（DCS 控制）；厂区公用 10kV 段另一回工作进线 2（工作进线 1）断路器分闸位置。

手动跳闸允许条件：10kV 断路器远方/就地切换开关不在就地位置（DCS 控制）。

检修/试验条件：断路器在检修/试验状态。

7.2.12　低压厂用变压器 10kV 断路器

手动合闸允许条件：10kV 断路器分闸位置；10kV 断路器保护未动作；10kV 断路器电气无异常；10kV 断路器远方/就地切换开关不在就地位置（DCS 控制）。

手动跳闸允许条件：10kV 断路器远方/就地切换开关不在就地位置（DCS 控制）。

检修/试验条件：断路器在检修/试验状态。

7.2.13　低压厂用变压器 380V 断路器

手动合闸允许条件：380V 断路器分闸位置；380V 断路器保护未动作；380V 断路器电气无异常；380V 断路器远方/就地切换开关不在就地位置（DCS 控制）；10kV 断路器合闸位置；380V PC 母线联络断路器分闸、试验/退出位置（不在运行位置），或 380V PC 母线联络断路器合闸位置，但是成对变压器的另一侧 380V 断路器分闸、试验/退出位置（不在运行位置）（"三取二"逻辑）。

手动跳闸允许条件：380V 断路器远方/就地切换开关不在就地位置（DCS 控制）。

检修/试验条件：断路器在检修/试验状态。

7.2.14 主厂房 380V PC 母联断路器 (汽机 PC、锅炉 PC、保安 PC)

手动合闸允许条件：母联断路器分闸位置；母联断路器保护未动作；母联断路器电气无异常；380V PC A 段电源进线断路器合闸位置或 380V PC B 段电源进线断路器合闸位置；380V PC A 段电源进线断路器合闸位置；380V PC B 段电源进线断路器分闸位置或 380V PC B 段电源进线断路器保护未动作；380V PC B 段电源进线断路器合闸位置；380V PC A 段电源进线断路器分闸位置；380V PC A 段电源进线断路器保护未动作；母联断路器远方/就地切换开关不在就地位置（DCS 控制）；380V PC B 段母联隔离断路器合闸位置。

手动跳闸允许条件：母联断路器远方/就地切换开关不在就地位置（DCS 控制）。

自动合闸指令：无。

自动跳闸指令：（满足条件后延时 300s 自动跳闸，可设定）380V PC A 段电源进线断路器合闸位置；380V PC B 段电源进线断路器合闸位置；母联断路器合闸位置。

检修/试验条件：断路器在检修/试验状态。

7.2.15 公用系统 380V PC 母联断路器

手动合闸允许条件：母联断路器分闸位置；母联断路器保护未动作；母联断路器电气无异常；380V PC A 段电源进线断路器合闸位置；380V PC B 段电源进线断路器分闸位置或 380V PC B 段电源进线断路器保护未动作；380V PC B 段电源进线断路器合闸位置；380V PC A 段电源进线断路器分闸位置；380V PC A 段电源进线断路器保护未动作；母联断路器远方/就地切换开关不在就地位置（DCS 控制）；380V PC B 段母联隔离断路器合闸位置。

手动跳闸允许条件：母联断路器远方/就地切换开关不在就地位置（DCS 控制）。

检修/试验条件：断路器在检修/试验状态。

7.2.16 380V PC 母联断路器控制说明

由于大机组辅机电动机冗余配置且分别接于二段母线，所以当某段母线进线断路器事故跳闸后，母联断路器一般不联动合闸，以防止事故扩大，而通常采用手动合闸方式。

对于主厂房汽机、锅炉、保安 380V PC 段（A、B 两段母线同属于一台机组下的高压工作厂变），正常运行情况下，母联断路器分闸，DCS 手动合闸操作为先合上母联断路器，然后跳开相应的低压厂变进线断路器。确认母联断路器合闸后应发出报警信号提醒运行人员，有两段母线正处于并列运行状态，并由操作人员人为分闸其中一段的工作进线断路器，完成电源切换的操作（母线只允许短时并列）。若经过延时（可设定），两段母线仍处于并列运行状态，则由 DCS 发出强制跳闸命令，将母联断路器分闸，并发出报警信号。

对于其余低压厂变的 380V PC 段（A、B 两段母线属于不同机组下的高压工作厂变），380V PC A 段进线断路器、B 段进线断路器、母联断路器三者之间采用三取二的逻辑关系，即当其中有两个断路器合闸时，第三个断路器不允许合闸。正常运行情况下，母联断路器分闸，DCS 手动合闸操作为先分断相应的低压厂变工作进线断路器，然后合上母线断路器。

7.2.17 380V PC 至 MCC 馈线断路器

手动合闸允许条件：馈线断路器分闸位置；馈线断路器保护未动作；馈线断路器电气无异常；馈线断路器远方/就地切换开关不在就地位置（DCS 控制）。手动跳闸允许条件：馈线断路器远方/就地切换开关不在就地位置（DCS 控制）。

检修/试验条件：断路器在检修/试验状态。

7.2.18　电除尘 380V PC A（B）段工作进线断路器

手动合闸允许条件：380V 断路器分闸位置；380V 断路器保护未动作；380V 断路器电气无异常；380V 断路器远方/就地切换开关不在就地位置（DCS 控制）；电除尘变 A（B）10kV 断路器合闸位置；电除尘 380V PC 备用进线断路器在分闸位置。

手动跳闸允许条件：380V 断路器远方/就地切换开关不在就地位置（DCS 控制）。

检修/试验条件：断路器在检修/试验状态。

7.2.19　电除尘 380V PC A（B）段备用进线断路器

手动合闸允许条件：380V 断路器分闸位置；380V 断路器保护未动作；380V 断路器电气无异常；电除尘变 C（明备用变压器）10kV 断路器合闸位置；380V 断路器远方/就地切换开关不在就地位置（DCS 控制）；另一段电除尘 380V PC 备用进线断路器在分闸位置。

手动跳闸允许条件：380V 断路器远方/就地切换开关不在就地位置（DCS 控制）。

自动合闸指令：无。由电除尘 PC A（B）段 380V 备自投装置（BZT）完成，BZT 动作后自动切换至备用电源。自动跳闸指令：无。检修/试验条件：断路器在检修/试验状态。

7.2.20　电除尘 380V PC A（B）段备用自投装置（BZT）

事故切换厂用电：事故切换由继电保护动作启动 BZT，BZT 经逻辑判断后，直接动作于开关设备，实现 380V 电除尘 PC 段工作电源与备用电源之间的事故切换。该功能由外部硬接线回路实现，不通过 DCS。电除尘变 C（明备用变压器）只作为一台低压厂变的备用电源，因此当任意一段 380V 电除尘 PC 备用进线开关在合闸位置时，DCS 应闭锁另一段母线的备用进线开关 BZT 装置动作。DCS 画面上设置 BZT 装置远方投/退选择开关，通过装置外部闭锁指令实现远方投/退 BZT。

7.2.21　保安变压器 380V 断路器

手动合闸允许条件：380V 断路器分闸位置；380V 断路器保护未动作；380V 断路器电气无异常；380V 断路器远方/就地切换开关不在就地位置（DCS 控制）；10kV 断路器合闸位置；380V 保安 PC A-B 段母线联络断路器分闸；380V 保安 PC A（B）段柴油发电机进线断路器分闸；柴油发电机组不在自动位。

手动跳闸允许条件：380V 断路器远方/就地切换开关不在就地位置（DCS 控制）。

自动合闸指令：无。（保安 PC 从柴油发电机电源进线断路器自动切换至工作进线断路器供电"恢复市电"，或者从联络断路器自动切换至工作进线断路器供电，由柴油发电机 PLC 完成，见柴发 PLC 自动切换逻辑。）

自动跳闸指令：无。检修/试验条件：断路器在检修/试验状态。

7.2.22　保安 PC A-B 段母线联络断路器

手动合闸允许条件：母联断路器分闸位置；母联断路器保护未动作；母联断路器电气无异常；母联断路器在运行位置；380V 保安 PC A 段电源进线断路器合闸位置或 380V 保安 PC B 段电源进线断路器合闸位置；380V 保安 PC A 段电源进线断路器合闸位置；380V 保安 PC B 段电源进线断路器分闸位置或 380V 保安 PC B 段电源进线断路器保护未动作；380V 保安 PC B 段电源进线断路器合闸位置；380V 保安 PC A 段电源进线断路器分闸位置；380V 保安 PC A 段电源进线断

器保护未动作；母联断路器远方/就地切换开关不在就地位置（DCS 控制）；380V PC B 段母联隔离断路器合闸位置；380V 保安 PC A 段柴油发电机进线断路器分闸；380V 保安 PC B 段柴油发电机进线断路器分闸；柴油发电机组不在自动位。

手动跳闸允许条件：380V 断路器远方/就地切换开关不在就地位置（DCS 控制）。

自动合闸指令：无。（保安 PC 从工作进线断路器自动切换至联络断路器供电，由柴油发电机 PLC 完成，见柴发 PLC 自动切换逻辑。）

自动跳闸指令：（满足条件后延时 300s 自动跳闸，可设定）380V 保安 PC A 段电源进线断路器合闸位置；380V 保安 PC B 段电源进线断路器合闸位置；母联断路器合闸位置；柴油发电机组不在自动位。检修/试验条件：断路器在检修/试验状态。

7.2.23　保安 PC A（B）段柴油发电机进线断路器

手动合闸允许条件：柴发进线断路器分闸位置；柴发进线断路器保护未动作；柴发进线断路器电气无异常；柴发断路器远方/就地切换开关不在就地位置（DCS 控制）；380V 保安 PC 段母线无电压（低电压 DI 信号或母线电压 AI 信号判别）；380V 保安 PC 段母线 PT 回路未断线；380V 保安 PC 段母线 PT 电气无异常；柴油发电机出口电压正常；柴油发电机出口断路器合闸位置；柴油发电机至保安 PC A（B）段隔离断路器合闸位置；柴油发电机组不在自动位；380V 保安 PC A（B）段工作进线断路器分闸；380V 保安 PC A-B 段母线联络进线断路器分闸。

手动跳闸允许条件：380V 断路器远方/就地切换开关不在就地位置（DCS 控制）。

自动合闸指令：无。自动跳闸指令：无。检修/试验条件：断路器在检修/试验状态。

7.2.24　保安 PC 的 A、B 段电源自动切换逻辑

每台机组设置 2 台保安变压器（互为暗备用）、2 段 380V 保安 PC（A 段、B 段）以及一台柴油发电机组作为机组的交流应急电源。2 段 380V 保安 PC 之间设母线联络断路器。每段 380V 保安 PC 共有三路电源供电：（1）保安变压器 380V 断路器（即工作进线电源）；（2）保安 PC 的 A、B 母线联络断路器（即由另一段保安 PC 供电）；（3）柴发进线断路器，来自柴油发电机。

DCS 的操作权限：当 DCS 收到柴油发电机 PLC 处于自动状态时，DCS 应闭锁其对上述三路电源开关的合闸操作；当柴油发电机 PLC 处于手动或试验时（不在自动位），DCS 开放其对三路电源开关的操作功能。在保安段第一次投运时，柴油发电机 PLC 应设为手动方式，由 DCS 手动合保安变 10kV 侧断路器和 380V 断路器向对应的保安 PC 段供电，此时，保安 PC 的 A、B 段母线联络断路器在分闸位置。若一台保安变检修，可手动合母联断路器，即一台保安变向 2 段 380V 保安 PC 供电。

正常运行时，保安 PC 工作进线和母线联络断路器的手动切换：柴发 PLC 在自动位，由柴发 PLC 完成。正常运行时，DCS 通过"切换至母联断路器供电"指令，由柴发 PLC 检测 2 段保安 PC 母线电压同期后，先合母联断路器，再分开保安 PC 工作进线断路器；同样，DCS 通过"切换至工作进线断路器供电"指令（与"由柴发供电恢复至市电供电"为同一个指令），由柴发 PLC 检测保安 PC 母线电压与工作进线断路器上端电压的同期后，先合保安 PC 工作进线断路器，再分开母联断路器。

事故情况下，保安 PC 工作进线和母线联络断路器的自动切换：柴发 PLC 在自动位，由柴发 PLC 完成。当保安 PC 母线失电时，柴发 PLC 先分工作进线断路器，再合母线联络断路器，同时延时启动柴油发电机组。若切换失败，则在柴发出口电压和频率满足带载要求后，合柴发出口断路器，以及保安 PC 段柴发进线断路器，由柴油发电机向保安 PC 供电。

市电恢复后，保安变恢复向保安 PC 供电：柴发 PLC 在自动位，由柴发 PLC 完成。当市电恢

复正常后，DCS 先合保安变 10kV 侧断路器，在通过"由柴发供电恢复至市电供电"指令（与"切换至工作进线断路器供电"为同一个指令），由柴发 PLC 检测保安 PC 母线电压与工作进线断路器上端电压的同期后（柴发 PLC 可调节发电机电压和频率，满足并网要求），先合保安 PC 工作进线断路器，再分开保安 PC 柴发进线断路器。在 2 段 380V 保安 PC 均恢复由保安变供电后，在柴发 PLC 就地盘上手动停柴油发电机，并分开柴发出口断路器。

7.2.25　柴油发电机组启动

柴发 PLC 自动启动：柴发 PLC 实时监测 380V 保安 PC 的 A（B）段母线电压，当母线失电时启动母线联络断路器自动切换，并经延时判断（可整定）自动启动柴油发电机组，若保安 PC 的 A、B 段母线联络断路器自动切换成功（母线电压恢复正常），则退出（或不启动）柴油发电机；若切换不成功，则进入柴发电源自投程序。

集控室操作台紧急启动：集控室每台机组的操作台上均设一个柴发紧急启动按钮。当柴发 PLC 退出或柴发电源自动投入失败的紧急情况下，集控室运行人员可远程手动启动柴油发电机组。按钮动作信号反馈给 DCS（SOE）。

8 DEH 控制系统

8.1 系统概述

汽轮机为 1000MW 超超临界、中间再热式、四缸四排汽、单轴、凝汽式的,本体通流部分由高、中、低压三部分组成,汽轮机采用全周进汽、滑压运行的调节方式,同时采用补汽阀技术,改善汽轮机的调频性能。全机设有两只高压主汽门、两只高压调节汽门、一只补汽阀、两只中压主汽门和两只中压调节汽门,补汽阀分别由相应管路从高压主汽阀后引至高压第 5 级动叶后,补汽阀与主、中压调节汽门一样,均是由高压调节油通过伺服阀进行控制。

汽轮机的 DEH 系统采用西门子的 SPPA-T3000 集散控制系统,它是一个全集成的、结构完整、功能完善、面向整个电站生产过程的控制系统,液压部分是采用高压抗燃油的电液伺服控制系统。由 T3000 与液压系统组成的数字电液控制系统通过数字计算机、电液转换机构、高压抗燃油系统和油动机控制汽轮机主汽门、调节汽门和补汽阀的开度,实现对汽轮发电机组的转速与负荷实时控制。该系统满足对可扩展性、高可靠性、有冗余的汽轮机转速/负荷控制器的需要。采用 T3000 控制系统的 DEH 可实现启动及停机、并网、负荷控制、频率稳定、甩负荷至厂用负荷、超速限制等主要任务。其控制的子系统主要有汽机润滑油系统、控制油系统、轴封汽系统、抽汽系统等。

8.1.1 系统组成

T3000 系统的调节与保安功能主要在#1 电子柜中实现,汽轮机的自启动功能主要在#2 电子柜中实现,其余五个电子柜分别为电源柜和辅助功能控制柜。系统液压部分主要包括供油装置、油管路及附件、执行机构、危急遮断系统等部件。现场设备包括电磁阀、阀位变送器、电液转换器、位置开关、压力开关、温度开关和汽机转速发送器等部件。

8.1.1.1 液压模块

液压模块的主要设备包括一只油箱、高压变量油泵、压力释放阀、循环泵、冷却器、滤网和蓄压器等。液压系统提供的压力油,每一只阀门只用一根进油压力管和一根回油管,由于液压的排油可以直接引至活塞的后腔,所以回油管设计得相对较小。模块供油压力为 16MPa,由两台互为备用的高压变量油泵提供。液压油站同时提供单独的过滤和再生回路,通过的循环油泵和风机提供两个独立的冷却回路。

8.1.1.2 汽阀及其油动机

汽轮机共有十只汽阀,它们分别是左右两只高压主汽阀(ESV),两只高压调节汽阀(CV),左右两只中压主汽阀(RSV)及两只中压调节汽阀(IV),一只补汽阀,另外还有中压缸排汽蝶阀。每只汽阀都有各自独立的控制装置。每个阀门各由一个油动机控制,油动机的油缸属于单侧进油的油缸。阀门的开启由抗燃油压力来驱动,而关闭是靠操纵座上的弹簧力。主汽门的启闭主要通过相应电磁阀来进行,其油动机使阀门仅处于全开或全关位置,而调节汽门和补汽阀的开启是通过伺服阀将汽阀控制在任意的中间位置上,关闭通过伺服阀或相关电磁阀来进行。另外,在油动机快速关闭时,为了使蒸汽阀碟与阀座的冲击应力保持在允许的范围内,在油动机活塞尾部采用液压缓冲装置,可以将动能累积的主要部分在冲击发生的最后瞬间转变为流体的能量。

汽轮机在控制阀打开之前，用于汽轮机跳闸的两个电磁阀得电关闭，接通高压油与回油管。所有汽轮机阀门的执行机构都有两个失电跳闸电磁阀、两个跳闸阀，它们二选一方式工作，只要有一个电磁阀失磁，就会使一个跳闸阀打开，泄掉油动机中的压力油，使相应阀门关闭。每个电磁阀装有两个分离的线圈，每个线圈与跳闸系统之一联系，一个线圈通电可使电磁阀处于非跳闸位置，只有两跳闸系统都动作时，才使汽轮机跳闸，这种设置可有效地防止保护拒动与误动，提高保护系统的可靠性。

8.1.2　T3000 控制系统

T3000 控制系统配置两对冗余的处理器 417H 和 FM458，417H 和 FM458 分别配置 ET200M，ADD FEM 接口模件。417H 完成热应力计算和 ATC 的处理，FM458 为基于 PM6 的 SIMADYN D CPU，除了完成汽轮机的基本闭环控制功能（转速控制、功率控制、主汽压力控制等）外，DEH 控制系统阀位闭环控制也是由超高速处理器 FM458 和高速的输入/输出接口模件 ADD FEM 协同完成的。

8.1.2.1　自启动控制器（ATC）

ATC 控制器布置在 DEH #2 控制柜，由一对互为热备用的 DPU 及相应的 I/O 卡件组成。DPU_A、DPU_B 功能相同，并列运行，完成数据检测、应力计算、升速率、变负荷速率控制等任务。ATC 系统软件由一个管理调试程序和若干个子程序组成，子程序的功能大致分为三类，一是检测、监视功能程序，二是应力计算程序，三是控制功能程序。ATC 确定的这项控制内容最终要经过 DEH 的基本控制功能去实现。

8.1.2.2　基本控制器

基本控制器布置在 DEH #1 控制柜，由一对互为热备用的 DPU 及相应的阀门卡、I/O 卡件组成。DPU_A、DPU_B 功能相同，并列运行，同时分别对两 DPU 的运行状态和运算结果进行监视，剔除故障控制器的运算值或坏值。其具体功能是在所有工况下通过的汽轮机控制阀调整进入汽轮机的蒸汽流量，实现转速、负荷和机前压力的自动控制。具体包括以下调节器：转速/负荷调节器；主汽压力调节器；高压汽轮机叶片温度调节器；高压汽轮机叶片压力调节器；阀位调节器。

8.1.2.3　阀门控制器

阀门控制器由模拟电路构成，包括两个高压调门、两个中压调门和一个补汽调节阀，共五个控制器。阀门控制器根据基本控制器给出的阀门开度指令调节阀门开度，使阀门开度完全对应于开度指令。阀位的反馈信号通过位置变送器（LVDT）送回阀门控制器与输入阀位指令信号进行偏差比较，从而实现阀位的准确控制。

8.1.3　DEH 系统操作画面简介

8.1.3.1　DEH 的控制系统（TURBINE CONTROLLER）

DEH 的控制主要由启动装置（S/UP DEVICE）控制回路、负荷转速控制回路、压力控制回路三部分构成，以上三回路换算出的指令经过小选器后得出的指令再同高排温度控制的限制及调阀阀位限制取小后去控制高中压调门及补气阀。

A　启动装置

启动装置起作用于汽机启动阶段，其指令即 TAB 指令，TAB 指令由启动步序自动生成，当 TAB 在外部控制时，人为也可输入指令值。在机组启动过程中，启动装置 TAB 每次到达某一限值时，其输出 TAB 都会停止变化，等待启动步序 SGC ST 执行特定任务操作，操作完成收到反馈信号后，启动装置 TAB 输出才会继续变化。TAB 定值与其对应的控制任务见表 8-1。

表 8-1 TAB 动作过程

TAB 定值/%		控 制 任 务
定值 上升过程	0	允许启动汽轮机程控功能组（SGC）
	>12.5	汽轮机复置
	>22.5	高中压主汽门跳闸电磁阀得电复位
	>32.5	高中压调门跳闸电磁阀得电复位
	>42.5	开启高中压主汽门
	>62	允许通过子组控制，使高中压调门开启，汽轮机实现冲转、升速、并网
	>99	发电机并网后，释放汽轮机高、中压调阀的开启范围，汽轮机控制由"启动和进汽限制装置"控制模式切为"转速/负荷"控制模式
定值 下降过程	<37.5	高中压主汽门关闭
	<27.5	高中压调门跳闸电磁阀失电，高中调门跳闸
	<17.5	高中压主汽门跳闸电磁阀失电，高中压主汽门跳闸
	<7.5	发出汽轮机跳闸指令
	=0	再启动准备

B 转速负荷控制回路

当汽机开始冲转时，转速负荷控制回路中的转速控制器开始起作用，并自动给定暖机转速值、目标转速值及最初始的升速率。在机组并网后，DEH 控制方式自动切至负荷控制回路，初始负荷及升负荷率均由运行人员输入。汽机的负荷控制分为本地功率和远方功率两种方式，在本地功率控制时，目标负荷值由运行人员手动输入；当功率控制方式投入远方时，即机组进入 CCS控制方式，这时负荷控制回路的目标负荷值接受 DCS 传输而来。无论汽机是在转速控制方式还是在功率控制方式，它都将接受应力裕度控制器的限制，应力裕度计算主要考虑到 HP 主汽门阀壳、HP 调门阀壳、HP 汽缸、HP 转子和 IP 转子五部分的应力，并将这五部分中的最小值作为汽机升降转速、负荷的依据。如果任一部分计算出的应力裕度不满足，出现了负的应力，则应力裕度控制器将限制机组升降转速或负荷。裕度越大，则 DEH 允许的汽机转速变化率和负荷变化率就越大。

同时，DEH 的负荷转速控制器还具备带小网运行的功能，当机组发生 FCB 时，DEH 控制方式自动进入到转速控制方式，快速关小调门，维持汽轮机转速在 3000r/min，机组负荷由小网内的用户负荷来决定，这时主汽压力由旁路进行调节。

C 压力控制回路

压力控制回路分为初压和限压两种方式。在机组启动阶段，当旁路关闭后，DEH 压力控制方式选择初压方式，压力控制回路起作用，汽轮机负责调节主汽压力。此时压力控制回路又分为本地压力和远方压力，当在本地压力方式时，主汽压力设定值由运行人员手动设定；当投入远方压力时，即机跟踪，主汽压力设定值由 DCS 给出。当压力回路在限压方式时，汽轮机负责调节功率，压力回路的压力设定值跟踪 DCS 侧，当压力设定值与实际压力偏差较大时，限压回路起作用去调节主汽压力。当汽机压力回路在限压模式且投入远方功率模式时即进入 CCS 方式。当机组发生 RB 时，DEH 自动切至初压方式来调节主汽压力，稳定机组运行。

　　DEH 的控制方式由启动开始到正常运行主要经过以下几个步骤：（1）启动装置控制；（2）冲转至额定转速阶段为转速控制；（3）机组并网至旁路关闭前为本地功率控制；（4）旁路关闭后至投入 CCS 前为远方压力控制；（5）投入 CCS 后 DEH 为远方功率控制。

　　D　高排温度限制

　　高排温度限制器主要为保护高压末级叶片所设。在低负荷阶段，尤其在高旁开启阶段，高压缸进汽量小，冷再压力相对高。由于鼓风效果，造成高排末级叶片温度升高，当高排温度达到 470℃时，高排温度限制控制器开始动作，并产生积分值作用于开调门指令上，通过关小中压调门，开大高压调门增加高压缸进汽量，以增加高压缸的进汽量减少鼓风效果来降低高压末级叶片的温度；当高排温度达到 495℃时，关闭高压调门、高排逆止门，打开高排通风阀，汽轮机变为中压缸进汽方式；高排温度达到 530℃，汽轮机保护动作跳闸。

　　E　高压叶片压力控制器

　　高压叶片压力控制器用于限制高压缸进汽压力，防止过大的汽化潜热释放导致汽轮机进汽部件产生过大的热应力。高压叶片压力控制器由汽轮机自启动顺控子组激活，激活后，汽轮机中压调门控制负荷或升速，高压调门负责调节主汽流量；当汽轮机转速大于 2386r/min 后，高压叶片压力控制器自动解除控制。

　　F　阀位限制

　　阀位限制即高中压调门及补气阀的阀门开度的最大限制，一般正常为 105%。当高压缸末级叶片温度高造成高压切缸后，高压调门的阀限会降至 0%，限制高压调门的开启。只有当高压缸末级叶片温度不高后，在恢复的过程中高压调门的阀限才会缓慢的放开。另外在汽机进行 ATT 试验开关调门及补气阀时，各调门及补气阀的阀位限制也会起到作用。

8.1.3.2　润滑油系统（TURBINE LUBE/LIFT OIL）

　　润滑油系统画面中有润滑油供油子组 SGC 和油泵试验子组 SGC，其中润滑油供油子组 SGC 在启机步序前可单独进行，来启动润滑油系统、顶轴油系统及盘车；另外润滑油供应子组 SGC 也接受启机子组 SGC 的控制指令，自动启动润滑油泵并投入备用润滑油泵及直流油泵的备用、自动启动润滑油箱的排烟风机及投入油箱的电加热、自动投入顶轴油系统及实现盘车电磁阀的控制。

　　润滑油控制子环 SLC 及 DCO，顶轴油控制子环及 DCO 中可以实现润滑油泵及顶轴油泵的启、停及切换操作。油泵切换时在 DCO 控制面板中切换主油泵，控制子环 SLC 将自动启动备用润滑油泵或者顶轴油泵，待油压正常时，自动停运原运行油泵。

　　油泵试验子组 SGC 在开机过程盘车时，停机过程投运盘车后需各自动执行一次，其投运由汽机启机子组发出指令，当指令发出后，油泵试验子组 SGC 自动进行油泵切换及低油压联锁试验，而投运程序完成时发出停运指令，将设备运行方式恢复原状。

　　直流油泵控制 SLC 在投入时，任何联启备用润滑油泵的条件均会启动直流润滑油泵，且直流油泵启动后只能手动停。

　　盘车电磁阀控制 SLC 投自动时，盘车电磁阀在汽轮机冲转到 180r/min 时关闭，转速到 540r/min 时开启；停机时转速降至 540r/min 时关闭，转速小于 120r/min 时开启。

　　润滑油供油系统紧急运行，当主油箱油位太低或危急按钮动作或火灾保护系统动作时，润滑油供油系统紧急运行被触发，润滑油供油系统紧急运行动作后：

　　（1）汽机状态：TRIPPED。

　　（2）润滑油系统 SGC：OFF。

（3）润滑油箱加热器：OFF。

（4）润滑油箱加热器 SLC：MANUAL。

（5）检查油泵 SGC：OFF。

（6）#1 主油泵：OFF。

（7）#2 主油泵：OFF。

（8）主油泵 SLC：MANUAL。

（9）危急油泵：ON。

（10）危急油泵 SLC：MANUAL。

（11）顶轴油系统：IS OFF。

（12）盘车电磁阀：OFF/CLOSE。

（13）盘车 SLC：MANUAL。

（14）油处理系统：IS OFF。

8.1.3.3　EH 油系统（CONTROL FLUID）

EH 油系统包括 EH 油系统控制子组 SGC、EH 油压控制子环 SLC 和 EH 油温控制子环 SLC。其中 EH 油系统控制子组 SGC 接受汽机启机子组 SGC 的控制，也可实现子组单独控制，可以实现 EH 油系统的启停控制。EH 油压控制子环 SLC 实现 EH 油压力控制，当运行 EH 油泵出现电气故障报警，或运行 EH 油泵出口压力低于 11.5MPa，或小于 15MPa 持续 100s 且 EH 油压力控制子环 SLC 在自动模式下，则自动切换到备用控制油泵。如果压力继续降低直至小于 10.5MPa，运行 EH 油泵就会被保护停；EH 油温控制子回路由两套油循环泵组和冷却风扇组成，冷却风扇在 EH 油温 60℃启动，当 EH 油温降低至 58℃时停运，可完全实现 EH 油温稳定在 58~60℃，当运行的 EH 油循环泵出现电气故障报警或运行 EH 油循环泵的出口压力低于 130kPa 且 EH 油温控制子环 SLC 在自动模式下时，就会执行备用控制油循环泵的自动切换。

控制油供油系统危急关闭系统，当 EH 油箱油位太低或危急按钮动作或火灾保护系统动作时，控制油供油系统危急关闭被触发，则两台 EH 油泵、两台 EH 油循环泵、两台 EH 油冷却风扇将被强制停。

8.1.3.4　轴封系统（SEAL STEAM）

轴封画面中设有轴封压力控制回路和轴封温度控制回路，其中轴封压力控制回路是通过调节轴封供汽调门、溢流调门的开度来实现的，并且两个阀门是由一个控制器实现的，即两个阀门不能同时开启，当轴封压力高于设置值时供汽调阀逐渐关小，直到轴封供汽调阀全关后才允许轴封溢流调阀开启。

在启动阶段，轴封供汽由辅汽供，主机轴封供汽经轴封供汽调压阀减压后经轴封供汽母管，分别供至高中低压缸的各段轴封，即通过轴封供汽调门维持轴封压力，轴封温度靠供汽调门前的减温水控制，轴封供汽调门前的温度与高压转子计算温度成对应关系，如图 8-1 所示。

由图 8-1 可知，当主机高压转子计算温度大于 300℃时，轴封供汽调门前的温度应控制在 280~320℃；当主机高压转子计算温度低于 200℃时，即冷态冲转时，轴封供汽调门前的温度可适当降低为 240~300℃，允许的进汽温度为图 8-1 中两条折线之间的部

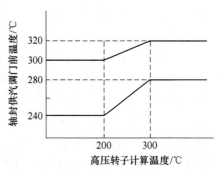

图 8-1　启动阶段轴封供汽调门前温度与高压转子计算温度对应关系图

分，如果出现温度过高或者过低，或者供汽调门前蒸汽过热度过低，均会强关轴封供汽调门。

　　当轴封系统进入自密封阶段后，轴封供汽调门保持关闭，溢流调门调节轴封压力，当轴封母管的压力高于设定值 3.5kPa 后，溢流调门开启，使多余的蒸汽进入凝汽器来调节轴封压力；当轴封供汽母管的温度高于 310℃ 时，温度控制回路会产生积分量动作于轴封供汽调门，使轴封供汽调门微开，靠节流产生的部分冷气来调节轴封供汽母管的温度。轴封供汽调门前的温度与高压转子计算温度的对应关系如图 8-2 所示。

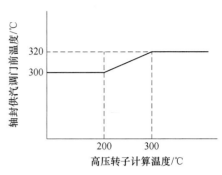

图 8-2　自密封阶段轴封供汽调门前温度与高压转子计算温度的对应关系图

　　轴封供汽调门前的温度应保证有 5℃ 以上的过热度，并且根据高压转子计算温度按上面的曲线控制，允许的进汽温度为图 8-2 中曲线下面的部分，当轴封供汽调阀前的温度过高后，主机轴封供汽调阀会强制关闭。

8.1.3.5　阀门活动试验及气门严密性试验（TURBINE AUTO TESTER）

A　ATT 试验

　　汽机 ATT 试验共有七组，分别包括：高压主汽门和调门 A、高压主汽门和调门 B、中压主汽门和调门 A、中压主汽门和调门 B、高排逆止阀、高压缸通风排汽阀、补汽阀。当要进行某项的 ATT 试验时，只需将其控制子环 SLC 投入，然后选择 ATT 试验开始即可，ATT 试验将自动进行，完成后发试验成功信号，如在进行某组阀门活动试验的过程中未能成功或者中断，则 ATT 试验控制子组将自动恢复。

　　以高压主汽门和调门 ATT 试验为例，当进行高压缸阀门组试验时，该侧高压调门根据指令关闭，另一侧高调门同时开大，其开度的大小根据负荷指令进行控制。当被试验的高调门完全关闭后，进行主汽门活动试验及跳闸电磁阀活动试验，阀门的两个电磁阀分别动作一次，使相应的阀门活动二次。给出试验成功的反馈，主汽门试验完成。在该侧主汽门关闭的情况下，进行调门活动试验及跳闸电磁阀活动试验，阀门的两个电磁阀分别动作一次，使相应的阀门活动二次，并给出试验成功的反馈，调门试验完成。完成高压调门试验之后，该侧主汽门打开，在主汽门全开后，高调门开始打开，同时对侧高调门开始关小，直到恢复到试验前的状态。补汽阀试验，在高压主汽门、调门 A 试验成功后进行；阀门组试验完成后，对高排逆止阀和高压缸通风排汽阀进行相同的试验，每个阀门的两个电磁阀均分别动作一次，使相应的阀门活动两次。

B　汽门严密性试验

　　T3000 系统可实现主汽门、调门严密性试验的自动完成，当进行汽门严密性试验时，首先将汽轮机冲转至 3000r/min，调整主气压力至 13.5MPa（50% 额定主汽压力）。在 DEH 操作员站选择试验开始后，高、中压主汽门全关，高、中压调门全开，汽轮机转速下降，当转速小于 500r/min 时，主汽门严密性试验合格。高、中压调门严密性试验也是同样过程，试验时高、中压调门全关，高、中压主汽门全开，当汽轮机转速小于 500r/min 时，调门严密性试验合格。

8.1.3.6　应力计算及 X 准则

A　应力裕度（TURBINE TSE MARGINS、WARM UP VALVES/TSE）

　　DEH 中设有专有的应力裕度计算器，应力裕度值主要用于汽机升降转速和升降负荷时，主要对 HP 主汽门阀壳、HP 调门阀壳、HP 汽缸、HP 转子、IP 转子部件进行监视，用于计算及监视这些部位的热应力，它通过温差来决定相应部件的热应力，将此温差与允许温差比较来计算允许的温升率，所有测量的温度及计算的温度余度均进行指示及记录，并且所计算出来的应力裕度参与到机组的转速控制回路和负荷控制回路中去。在"WARM UP"画面的右下角"TSE-MARGINS"中做出了五个部位的应力裕度中升负荷和降负荷的应力裕度的最小值，在升降负荷时如果任一部分计算出的应力裕度不满足，出现了负的应力，则图 8-3 中各部分前的"fault"模块由正常的"红色"变为"绿色"且有黄色边框闪烁，而且应力裕度控制器将限制机组升降转速或负荷，如果在机组在冲转过程中应力不满足，则 DEH 停止升速，并且将转速控制到 360r/min 暖机转速，而不允许汽轮机在临界转速范围内停留，直至应力裕度满足，运行人员再次释放正常转速，才会再次升速。

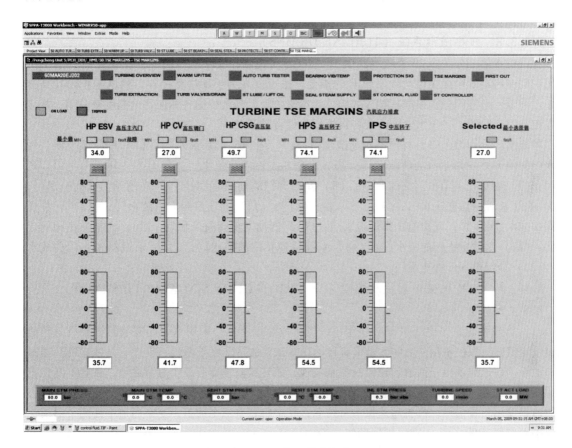

图 8-3　汽轮机应力裕度

B　X 准则（WARM UP VALVES/TSE）

X 准则用来汽轮机的启动过程中保证进入汽机的主蒸汽和再热蒸汽参数符合 X 准则的要求，否则汽轮机的启动步序将无法进行下去；在"WARM UP"画面的右下角分别做入了每个 X 准则的实时监视值，并且在每个 X 准则前均设一模块，用颜色来提醒运行人员该 X 准则是否满足，当 X 准则满足时为"红色"，当 X 准则不满足时为"绿色"。当 X 准则不满足时，启机步序走到相应步序时将无法执行。

X 准则的含义及作用如下：

（1）X_1：主蒸汽温度大于调阀温度 50% + X_1。作用为防止调阀被冷却。

（2）X_2：调阀温度 50% + X_2 大于主蒸汽压力对应饱和温度。作用为防止产生凝结换热。

（3）X_4：主蒸汽温度大于高压进汽压力对应饱和温度 + X_4。作用为主蒸汽过热度要求。

（4）X_5：主蒸汽温度大于高压转子及高压缸 50% 缸温 + X_5。作用为防止缸和转子被冷却。

（5）X_6：再热汽温度大于中压转子温度 + X_6。作用为防止转子被冷却。

（6）X_7A：高压转子温度 + X_7A 大于主蒸汽温度。作用是为冲传至全速准备。

（7）X_7B：高压缸温度 + X_7B 大于主蒸汽温度。作用是为冲传至全速准备。

（8）X_8：中压转子温度 + X_8 大于再热蒸汽温度。作用是为并网带负荷准备。

其中 X_1、X_2 准则在开主汽门前用到；X_4、X_5、X_6 准则在汽机冲转前用到；X_7A、X_7B 准则在汽机 360r/min 暖机后释放正常转速时用到；X8 准则在机组并网前用到。

8.1.3.7　汽机抽气系统（TURBINE EXTRACTION）

TURBINE EXTRACTION：抽气投自动。

8.1.3.8　汽机疏水系统（TURBINE DRAINS）

在汽机本体部分共有 20 个疏水阀由 20 个电磁阀控制，疏水电磁阀的控制正常在"AUTO"状态，则在启动阶段接受启动步序 SGC 的指令，也可以人为手动进行操作。抽汽逆止门及高排逆止门前疏水电磁阀分别根据其相应的阀体状态来关闭，其余根据各相应部位温度来关闭。相应的在机组停运阶段，各疏水电磁阀会各自根据条件自动开启。

各疏水门分别为：（1）补汽阀阀前疏水门；（2）补汽阀阀后疏水门；（3）中压调节汽门后疏水门；（4）左中压主汽门前疏水门；（5）右中压主汽门前疏水门；（6）左中压调节汽门前疏水门；（7）右中压调节汽门前疏水门；（8）左高调门阀前疏水门；（9）右高调门阀前疏水门；（10）高压缸轴封活塞疏水门；（11）高压缸疏水门；（12）高压汽封漏汽疏水门；（13）一抽逆止阀前疏水门；（14）三抽逆止阀前疏水门；（15）四抽逆止阀前疏水门；（16）五抽逆止阀前疏水门；（17）六抽逆止阀前疏水门；（18）左高排逆止门前疏水门；（19）右高排逆止门前疏水门；（20）轴封供汽母管疏水门。

8.1.3.9　汽轮机保护系统及跳闸首出（PROTECTION SINGALS、FIRST OUT）

ETS 主要功能包括：

（1）汽轮机超速保护（OPS）：机组不设机械危急遮断器，采用电子超速装置，当机组转速超过设定值时，发停机信号。OPS 是带有自动在线试验的特殊电子系统，提供 3 只独立的转速探头和通道。超速监视由三通道转速监视器来实现，该转速监视器有三个测量通道，系统不断检查传感器输入回路，不同通道的传感器输出信号被同时监测，并对各通道进行合理的控制，任何一个故障都发出报警信号。汽机超速保护有两套，其中每套有三个通道，三个通道中任两个通道达到保护动作值 3300r/min，则保护即动作。

（2）电子保护系统（EPS）：采集所有需要停机的模拟量的值，当这些值超过设定值时，发出停机信号；汽轮机电子保护系统接受传感器、热电偶等重要的保护信号。当这些信号超过预设的报警值时，发出报警。当参数继续变化超过遮断值时，发出遮断信号，通过 TTS 系统动作停机电磁阀，遮断机组。汽轮机保护条件通过模拟量测量，信号不间断的进行监视和比较。通过数字化自动系统执行信号处理。每个（EPS）回路提供三个热电偶或传感器，并采用不同的冗余 I/O 通道。

（3）汽轮机遮断系统（TTS）：接受所有的停机信号，使停机电磁阀动作，遮断机组。它是一个连接 EPS/OPS 系统和遮断电磁阀的二通道系统。所有的汽轮机遮断指令，OPS、EPS、发电机保护、遮断按钮等产生停机信号，都通过 TTS 系统动作遮断电磁阀。

8.1.3.10　TSI 系统（TURBINE BEARING VIB/TEMP）

本厂的汽轮机监测保护系统（TSI）由仪表组件和传感器以及前置器组成，是一个可靠的多通道监测系统，能实时连续的测量汽轮机发电机转子和汽缸的各种机械运行状态参数，显示汽轮机运行状态、输出记录、越限报警，并能在超出汽轮机运行极限的情况下发出报警信号并使机组安全跳闸，同时能为故障诊断和事故分析提供相关数据。

TSI 系统主要包括的检测项目如下：每个轴（包括发电机、励磁机轴）轴振和座振振动（X-Y 双坐标）、汽缸绝对膨胀、汽机键相、轴向位移。该汽轮机不需要偏心，偏心可通过#1 瓦轴承振动折算进行监视。西门子的轴承座落地且有独特的推力杆设计，差胀较小，汽轮机动静间隙比任何工况可能产生的最大差胀均大，因此不需要测量差胀。

8.2 SPPA T3000 DEH 简介

8.2.1 系统网络结构

系统为双层环网结构，上层为应用总线，下层为自动化总线，中间为应用服务器。DEH 系统可以通过路由器访问 DCS 等其他系统。

8.2.2 DEH 硬件

DEH 硬件采用 SIEMENS 的硬件，主要包括：（1）PROFIBUS-DP 通信协议，用于 AS417H 控制器与 ET200M 以及 FM458 与 ADDFEM 接口间的通讯，速度可达 12M；（2）两对冗余的处理器 417H 和 FM458，实现双控制器冗余切换，切换时间为毫秒级；（3）系统通信采用工业以太网通信协议，用于 AS417H 控制器、工程师站、操作员站总线间的通讯，速度可达 100M；（4）I/O 模件 I/O 采用汽轮机控制专用的 ADDFEM 模件和通用的 ET200M 模件。ADDFEM 的模拟量输出信号可直接驱动。

8.2.3 汽轮机控制器

汽轮机控制器包括：（1）汽轮机启动装置（TAB）；（2）速度负荷控制器；（3）压力控制器；（4）高排温度控制；（5）高压叶片压力控制。

8.2.4 温度准则

蒸汽温度与汽轮机金属部件温度一致并在 TSE 差值内时，是汽轮发电机启动的最佳时间。启动时蒸汽参数部分取决于变量温度准则。

启动时主蒸汽管道或汽轮机部件的蒸汽流量发生变化，变量温度准则及时给出适当的蒸汽状态。在启动步骤中的下一个步骤开始前，它首先决定了能否在这一步骤结束时达到预期的允许状态。变量温度准则为以下的控制动作设置适当蒸汽参数：（1）打开主蒸汽管道上的主汽门并对阀体预热（X_2）；（2）打开汽轮机控制阀冲转（X_4、X_5、X_6）；（3）汽轮机上升到额定转速（X_7）；（4）发电机带负荷（X_8）。

8.2.5 汽机程控

8.2.5.1 启动装置（TAB）

核心：启动装置核心为一个受控制的斜坡函数发生器，由设定值功能块来完成。

功能：确保汽轮机阀门开启/关闭的正确指令（1）复置及遮断汽轮机遮断系统；（2）复置及遮断停机电磁阀；（3）模拟阀位信号；（4）闭锁信号；（5）自动或手动调节；（6）汽轮机安全停机。

启动装置提供一个模拟量信号去一个低选逻辑。在起动前，当遮断信号释放时，启动装置将阀位信号置零，保证调节阀可靠关闭。在起动时起动装置的信号开始升高，使转速控制器进行转速控制，当汽机达到正常速度，并且发电机已同步，起动装置设定在 100% 位置，这样主控制器信号不再受限制。

8.2.5.2　速度/负荷控制器

通过设定转速和负荷设定值，转速/负荷控制器调节到汽轮机的蒸汽流量来实现转速和负荷的控制。转速/负荷控制器是一个两变量控制器。在下列工况下它调节汽轮发电机的转速和负荷：机组启动；同期；机组带负荷；甩负荷；机组停机。从转速控制器的负荷运行切换到负荷控制器的负荷运行，两个设定值自动匹配，以保证两种运行方式的无扰切换。

8.2.5.3　压力控制器

主蒸汽压力控制器执行两个不同的功能：（1）在压力限制模式，它主要是防止主蒸汽压力的实际值下降到压力限制值以下；（2）在初始压力模式，它执行主蒸汽压力的积分控制。主蒸汽压力控制器是 PI 调节。通过中央 MIN 选择功能，在允许的设定范围内，它调节送往汽轮机蒸汽流量直到另一个控制器激活为止。

8.2.5.4　高排温度控制器

在非稳定状态过程中，高压缸叶片尾部区域的蒸汽温度不能超过一个设定最大值，以免在叶片区域产生热应力和差胀。蒸汽通过高压缸时，可以通过适当的操作来维持排汽区域温度低于允许温度值。

高压调门、中压调门可以通过高压/中压调门调整功能进行适当的调整。这确保了在任何非稳定运行过程中，如甩负荷、启动和停机，高压缸排汽温度不会超过允许极限。

如果高压缸排汽温度持续上升，第一反应是汽轮机保护系统发出报警信号。如果温度继续上升，汽轮机跳闸。高压缸排汽温度控制器是 PI 调节。

高排温度控制器有以下特点：（1）冲转的第三步投入；（2）高压缸排汽温度只作用在中调门上；（3）高压排汽温度是计算值。

8.2.5.5　高压叶片压力控制

高压叶片压力控制的目的是控制进入汽轮机高压缸的压力。

汽轮机开始冲转加热，加热过程需要通过压力限制控制器来缓和压力的上升。在蒸汽初始进入汽轮机和转速上升期间，高压缸叶片压力控制器作为压力限制控制器使用，通过设定位置整定值，作用于高压调门。当此控制器被激活，任何汽轮发电机加速的功率需求可以通过调整中压缸调门的开度来得到满足。控制器通过汽轮机子组控制激活。当汽轮机达到 402r/min 或发现测量值有误时，将会解除激活。高压缸叶片区压力控制器是 PI 调节。

8.3　DEH 的控制逻辑

8.3.1　主机润滑油供应系统

8.3.1.1　主机润滑油系统和盘车装置系统概况和相关设备

润滑油系统的主要作用有：（1）在轴承中要形成稳定的油膜，以维持转子的良好旋转；（2）转子的热传导、表面摩擦以及油涡流会产生相当大的热量，为了始终保持油温合适，就需要一部分油量来进行换热。另外，润滑油还为主机盘车系统、顶轴油系统、发电机密封油系统提供稳定可靠的油源。顶轴油系统作用是为了避免盘车时发生干摩擦，防止轴颈与轴瓦相互损伤。在汽轮机组由静止状态准备启动时，轴颈底部尚未建立油膜，此时投入顶轴油系统。为了使机组各轴颈底部建立油膜，将轴颈托起，以减小轴颈与轴瓦的摩擦，同时也使盘车装置能够顺利地盘动汽轮发电机转子。汽轮机润滑油/顶轴油系统如图 8-4 所示。

8.3.1.2　主机润滑油系统和盘车装置联锁保护

主机润滑油系统和盘车装置联锁保护参数见表 8-2。

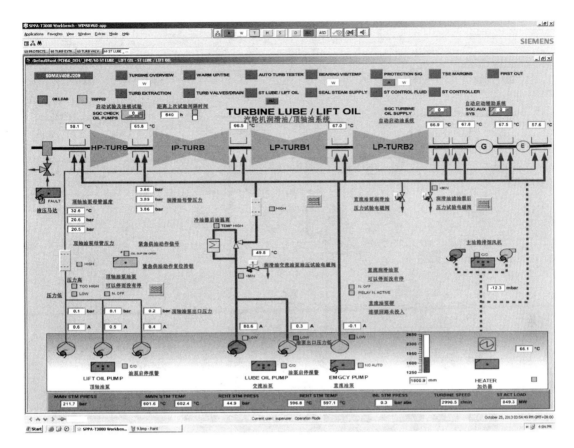

图 8-4　汽轮机润滑油及顶轴油系统图

表 8-2　主机润滑油系统和盘车装置联锁保护

参　数	单位	正常值	高限	低限	备　注
主油箱油位	mm	1450	1500	1400	该保护已取消
主油箱油温	℃	60	70		大于70℃顶轴油泵跳闸
主油泵出口压力	MPa	0.55	<0.8		
直流润滑油泵出口压力	MPa	0.25			
润滑油供油温度	℃	50	>50	<43	冲转时,不应低于38℃
润滑油滤网差压	kPa	80	120		
润滑油滤网出口压力	MPa	0.4		0.25	滤网出口压力小于0.25MPa 直流润滑油泵联锁起动;小于0.23MPa 跳机
顶轴油压力	MPa	16	17.5	10.5	

8.3.1.3　DEH 主机润滑油供应系统和盘车装置画面介绍

图 8-5 中,顶轴油泵和交流油泵上的旋风表示此马达控制器闭锁手动控制,这是由于油泵的 DCO 控制块投"ON"后送一信号至马达控制块闭锁手动引起的。旋风标示出现时,控制器手动不可操作,只接受自动和保护信号。

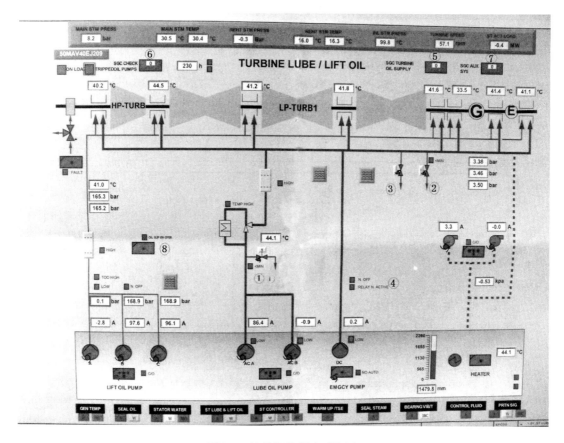

图 8-5　汽轮机控制油系统图

　　排烟风机的 DCO 控制块的允许退出条件是 A、B 交流润滑油泵及直流油泵均停运,所以逻辑上是不允许主机润滑油泵运行时将排烟风机全停的。

　　以下将按图 8-4 中标号处信号或模块分别进行介绍:

　　(1) 标号①:润滑油交流油泵油压试验电磁阀,润滑油交流油泵油压开关。润滑油交流油泵油压试验电磁阀开启后,将使得润滑油交流油泵油压开关动作,发出油压低信号,连锁备用交流润滑油泵启动,发出"C/O"信号。交流润滑油泵的"C/O"信号将连锁直流润滑油泵启动。所以看到的现象将是备用润滑油泵和直流润滑油泵均启动。

　　(2) 标号②:润滑油滤油器后压力试验电磁阀,润滑油滤油器后压力开关。润滑油滤油器后压力试验电磁阀开启后,将使得润滑油滤油器后压力开关动作,发出油压低信号,连锁备用交流润滑油泵和直流润滑油泵启动。

　　(3) 标号③:直流油泵润滑油压力试验电磁阀。此电磁阀装于润滑油滤网后压力开关的压力管路上,该压力开关用于就地直流油泵硬连锁回路,DCS 上无此信号。当直流油泵润滑油压力试验电磁阀开启时,其对应压力开关动作,通过硬连锁回路启动直流润滑油泵。

　　(4) 标号④:N. OFF 信号,此信号指示直流润滑油泵可以停而没有停;RELAY N. ACTIV 信号,此信号为汽轮机转速大于 9.6r/min 时,直流油泵硬连锁回路未投入;NO AUTO 信号,转速大于 9.6r/min 时,直流润滑油泵子环未投入。直流润滑油泵子环投入后,当转速大于 9.6r/min 时,子环闭锁退出。子环投入时就地硬连锁回路也投入。转速小于 9.6r/min 时子环退出,硬连锁回路自动退出;紧急供油动作时,硬连锁回路也自动退出。

（5）标号⑤：润滑油系统程控。其正常启、停过程简要介绍如下：

1）启动过程：投入排烟风机 DCO 控制块，启动排烟风机──投入电加热子环──投入交流润滑油泵 DCO 控制块，启动交流润滑油泵──投入直流润滑油泵子环──投入盘车子环──投入顶轴油 DCO 控制块，启动顶轴油泵──等主机升速至顶轴油泵自动停运后，开启盘车电磁阀，使其失电。

2）停运过程：投入电加热子环──切除盘车子环并停盘车──转速小于 9.6r/min 后等待 300s，退出直流油泵子环并停运直流油泵──切除交流润滑油泵 DCO 控制块，并停运交流润滑油泵──等待 900s 后，切除顶轴油 DCO 控制块，并停运顶轴油泵──开启盘车电磁阀，使其失电──切除排烟风机 DCO 控制块，停运排烟风机。

（6）标号⑥：油泵检查程控。其启、停过程简要介绍如下：

1）启动过程：开启润滑油交流油泵油压试验电磁阀，备用交流润滑油泵及直流油泵启动──关闭润滑油交流油泵油压试验电磁阀──复位交流润滑油泵"C/O"报警──停运直流油泵──等待 360s 后，开启润滑油滤油器后压力试验电磁阀，备用交流润滑油泵及直流油泵启动──关闭润滑油滤油器后压力试验电磁阀──复位交流润滑油泵"C/O"报警──停运直流油泵──等待 360s 后，开启直流油泵润滑油压力试验电磁阀，直流油泵连锁启动──关闭直流油泵润滑油压力试验电磁阀──复位直流油泵报警──停运直流油泵──停运运行的排烟风机，备用风机启动──复位排烟风机报警。

2）主机程控启动程序第八步会调用本启动过程，但是通过设置旁通条件，将只执行开启直流油泵润滑油压力试验电磁阀连锁直流油泵的一个短试验。程控块旁边有一时间显示，这表示油泵检查程控有"XXX 小时"未执行。时间超过 30 天时，执行主机程控停机时会自动执行一次油泵检查程控。旁边两个报警信号均为超过 30 天的报警，一个是转速小于 120r/min 时报警，另外一个是转速大于 2850r/min 时报警。分转速设置这两个报警意义不大，以后可能会有改动。

3）停运过程：关闭 3 个试验电磁阀，保留一台交流油泵运行──投入交流润滑油泵 DCO 控制块并复位──停运直流油泵并复位──保留一台排烟风机运行并复位。

（7）标号⑦：汽轮机辅助系统程控，此程控尚未完善，目前主要是启动主机油系统和 EH 油程控，还包括对氢气、轴封等系统的检查。

（8）标号⑧：紧急供油动作信号（OIL SUP EM OPER），该信号下方的 SLC 为紧急供油动作复位按钮。紧急供油保护由汽机润滑油箱油位低触发，保护动作后将启动直流油泵，停运交流油泵和顶轴油泵。该保护触发后可以通过此复位按钮复位，复位后可恢复交流油泵和顶轴油泵的运行。

8.3.1.4　润滑油系统启停允许条件

A　主机交流润滑油泵自动启动条件

主机交流润滑油泵自动启动条件：（1）SGC CHECK OIL PUMPS 52 步时；（2）交流润滑油泵出口压力开关"<min"或母管压力开关"<min"动作时；（3）DEVICE 模块作为首选时。（三者为或的逻辑关系。）

B　主机交流润滑油泵自动停止条件

主机交流润滑油泵自动停止条件：（1）油泵在运行状态且 DEVICE 模块选择另一泵时；（2）油泵在运行状态且 SGC CHECK OIL PUMPS 51 步；（3）SCC TURBINE OIL SUPPLY 在 56 或 70 或 76 步。（三者为或的逻辑关系。）

C　直流油泵自动启动条件

直流油泵自动启动条件：（1）SGC MAIN LUBE OIL PUMPS "C/O"报警且直流油泵在自动

状态；（2）SGC MAIN LUBE OIL PUMPS 子环不投入且润滑油母管压力开关"＜min"动作且直流油泵在自动状态。（二者为或的逻辑关系。）

D　直流油泵自动停止条件

直流油泵自动停止条件：（1）直流油泵运行状态且 SGC MAIN LUBE OIL PUMPS "C/O"报警解除；（2）直流油泵运行状态且直流油泵润滑油压力试验电磁阀报警复位。（二者为或的逻辑关系。）

E　顶轴油泵和盘车

汽轮机升速过程中，转速大于540r/min后运行的顶轴油泵自动停运；汽轮机停机过程，转速小于510r/min后备用的顶轴油泵自启。盘车控制回路投入自动时，汽机转速小于120r/min，盘车自动投入；汽机转速大于180r/min，盘车自动退出。

8.3.2　轴封汽供汽系统

轴封汽供汽系统如图8-6所示。

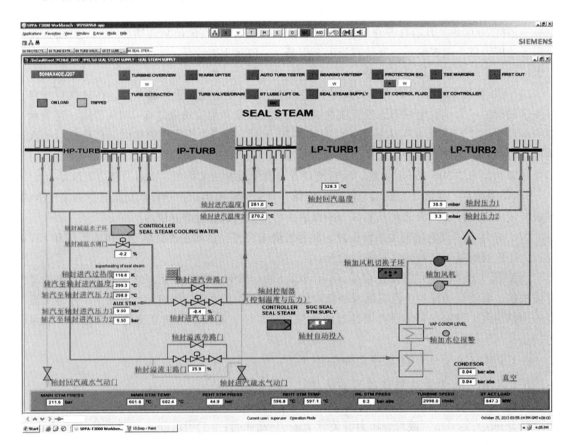

图8-6　汽轮机轴封系统图

8.3.2.1　轴封温度

当轴封温度小于330℃时，轴封进汽调阀位置零。当轴封温度大于330℃时，轴封温度减330℃的值乘以10送入一个 MINMAX 模块中，此模块输出下限为零，上限为由轴封温度减去轴封供汽温度的值，此值大于10℃时或上述两测点没有故障时上限将被置100，否则上限将被置零。

8.3.2.2　轴封压力

轴封压力减去 3.5kPa 的值经过计算后送入 CCTRL 中（此模块中当有轴封跳闸条件时上限为 10）输出的值（此指令值也作为轴封溢流阀的指令）再送入一个 MINMAX 模块（此模块上限为 105，下限为 −5）后输出阀位指令，由轴封温度来的和轴封压力来的两个阀位指令值取大值再送入一个 AXFR 中，当有轴封跳闸条件存在时此模块输出为 −5，当无跳闸条件时直接输出模块输入的指令。

8.3.2.3　DEH 中轴封跳闸条件

DEH 中轴封跳闸条件为：

（1）真空压力大于 80kPa（测点为 60MAG20CP001，60MAG20CP002）。

（2）汽机转速小于 9.6r/min。

（3）测点故障（下列关系为或）：1）轴封供汽温度测点故障（60LBG50CT001A，60LBG50CT002A）；2）轴封供汽压力测点故障（60LBG50CP001，60LBG50CP002）；3）tsc 测点故障。

（4）供汽温度条件：1）过热度小于 0℃；2）轴封供汽压力小于 30kPa；3）轴封供汽温度减去一个由 tsc 计算出的值（此值上限为 320 下限为 300，正常运行时此值去上限 320）送入一个 MONIT 模块（此模块功能为当值大于 0 时触发，小于 −2 时闭锁），因而当轴封温度大于 320℃ 触发，当温度减小至 318℃ 时此条件闭锁。

8.3.3　汽机主控系统

汽轮机的数字电液控制系统 DEH（见图 8-7），即 Digital Electro-Hydraulic Control System 的缩

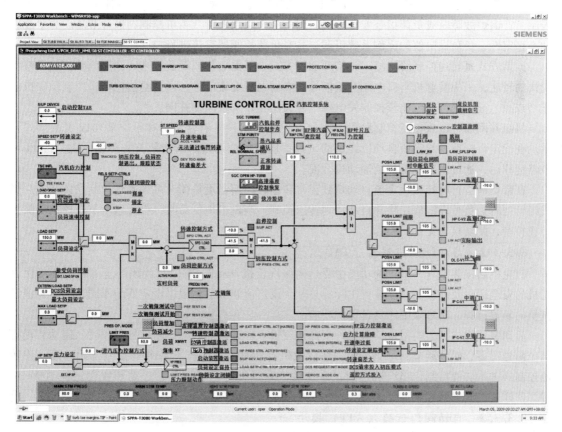

图 8-7　汽轮机控制过程

写。发电机组汽机控制系统采用西门子的 T3000 控制系统，它是一个全集成的、结构完整、功能完善的控制系统。液压部分采用高压抗燃油的电液伺服控制系统。DEH 主控系统采集汽轮机及其相关设备的状态，接受来自汽轮机组的反馈信号（转速、功率、主蒸汽压力等）及运行人员的指令，经过计算机控制系统组态软件的判断和分析，而后发出控制指令，输出信号至伺服油动机，通过电液转换机构（伺服阀、伺服放大器）将指令信号转换为液压执行机构能够执行的液压信号，改变主汽阀和调节汽阀的位置，从而改变进汽量，完成对汽轮机的转速及负荷实时控制，同时参与电网一次调频，完成闭环控制。

转速控制、负荷控制以及其他的限制调节，最终都是通过改变阀门的开度来实现的，所以说阀门控制与管理是汽轮机数字电液调节系统中一个很重要的功能。阀门控制逻辑是 DEH 系统主控完成任务中最主要的模块，包括以下几个部分：转速/负荷控制器、启动限制控制器（TAB）、自动阀门试验（ATT）、压力控制器、高排温度控制器、阀位控制器。

8.3.3.1　转速/负荷控制器

转速/负荷控制器具有升速率监视、转速控制、自动同期功能、变负荷、甩负荷控制、频率控制等功能。

转速闭环控制是 DEH 在并网前的基本控制功能，其中有转速给定控制逻辑、临界转速识别与控制逻辑、超速试验控制逻辑等。自动升速是指 DEH 根据高压内缸金属温度自动从冷态、温态、热态或极热态四条升速曲线中选择相应的升速率，并自动确定低速暖机和中速暖机的转速及暖机停留时间，自动冲转直到 3000r/min 定速。

负荷控制器采用汽轮机允许的负荷率升负荷。负荷可以由运行人员手动设定或由外部系统（协调控制器或负荷分配器）自动设定，最大的升降负荷率根据锅炉能力，同时还受应力（TSE）限制。在锅炉故障时或负荷指令变化太快，则由应力限制器对汽轮机控制阀进行节流。为了改善动态稳定性，负荷设定值的比例系数可调，并对负荷控制器直接进行控制。

同期方式是转速控制阶段的一种特殊运行方式，根据电气同期装置来的同期增减信号调整汽轮机的转速，采集发电机出口电压交流信号和电网电压交流信号，通过幅值比较，控制励磁机电压增或减，最后进行相位比较控制发电机主开关闭合，实现同期并网。

机组并网后，进入负荷控制阶段，在负荷控制回路投入时，目标和给定值均以 MW 形式表示。在设定目标后，给定值自动以设定的负荷率向目标值逼近。给定值与实际值之差，经 PI 调节器运算后，通过伺服系统控制油动机开度。

在带负荷运行时转速设定值自动切到正常转速，因而当甩负荷时可精确地控制在此转速。当机组解列时，负荷设定值切除并自动转到转速控制。当机组带负荷时，也可以从负荷控制切除为转速控制，此切换为无扰切换。

8.3.3.2　启动限制控制器（TAB）

汽轮机启动装置（TAB）的功能主要是确保汽轮机具有阀门开启/关闭的正确指令，确保汽轮机的安全运行及停机。启动装置实际上是一个设定值调整器，根据设定值的不同，巧妙实现了汽机的复置过程，反过来则还具备保护功能。

启动装置提供一个模拟量信号去一个低选逻辑。在起动前，当遮断信号释放时，启动装置将阀位信号置零，保证调节阀可靠关闭。在汽轮机启动时，起动装置 TAB 的信号开始升高，使转速控制器进行转速控制，当汽机达到正常速度，并且发电机已同步，起动装置设定在 100% 位置，这样主控制器信号不再受限制。

8.3.3.3　自动阀门试验（ATT）模块

自动阀门试验（ATT）模块主要功能是确认汽轮机设备的可靠性，阀门试验分为严密性试验和在线活动试验两部分。阀门试验的严密性的目的是检验各个阀门的严密程度，在线活动试验在于检验阀门及执行机构的灵活程度，防止卡涩。自动阀门试验（ATT）模块在机组运行期间，可以选择单个阀门进行在线活动试验，当故障时，自动退出试验。自动阀门试验（ATT）模块还可以测阀门的最大关闭时间。

8.3.3.4 主汽压力控制器模块

主气压力控制器有两个方式，压力限制方式和初压控制方式。

压力限制方式时，负荷控制仍起作用，压力控制器仅是作为限制器，在主蒸汽压力降低时支持锅炉压力控制，如果主蒸汽压力低于某个可调限制值，如低于正常压力 1MPa，汽机调节阀将节流以防止主蒸汽压力进一步降低，在此方式压力会很快恢复。

压力限制方式是单向的汽压限制功能，当机前主蒸汽压力由于某种原因降低到汽压保护限值以下时，DEH 将强迫高压调节阀关小，使汽压得以恢复；当汽压恢复到保护限值之上时（主蒸汽压力大于限值 0.07MPa），调节阀便不再关小，DEH 继续原先的调节控制。汽压保护动作期间，高压调节阀关小，汽机负荷必然也随之减小，出现实际负荷小于给定的现象。为了避免因汽压保护动作使阀门完全关闭，当通过高压调节阀的蒸汽流量小于额定流量的 10% 时，自动解除汽压保护动作，即阀门不再继续关小，维持 10% 流量的开度。

初压控制方式，当从压力限制方式切到初始压力方式，转速/负荷控制器切换到压力控制器，此时负荷保持不变。在初始压力方式，HP 压力由调节阀控制维持在某个设定值，即锅炉负荷的变化使汽机调节阀位变化。

8.3.3.5 高压缸排汽温度控制器

高压缸排汽温度控制器是一个限制控制器，当高压缸排汽温度超过定值时，控制器输出负值，使中压调门朝关闭方向偏移，它通过中压调门的开度来控制蒸汽流量，从而使高压缸排汽温度不出现不允许的值。

如果发生非稳定状态过程，为了限制叶片的热应力和差胀，高压叶片排汽区域蒸汽温度必须不能超过最大设定值。可以适当控制流经高压缸的蒸汽流量以保持排汽区域中的温度低于允许值。

通过高压缸/中压缸修正功能，适当调整高调门和中调门开度，以保证高压缸在任何不稳定状态运行过程中，如甩负荷、启动和停机期间（任何不同的主蒸汽工况或凝汽器压力），温度不超过允许值。当计算的转子温度超过了可变的设定值，采用高压排汽蒸汽温度限制控制器来调整中调门开度。

如果高压排汽温度继续升高，透平控制系统首先发出报警信号。如果温度进一步升高，透平遮断动作。高压排汽蒸汽温度测点在高压叶片末级区域。高排蒸汽温度限制控制器由机组 SGC 启动投入。高压排汽温度控制器是 PI 控制。

在带有旁路系统的再热汽轮机启动时，高压调节阀先打开，汽轮机高压缸接收蒸汽流量。最初由于蒸汽的凝结而加热，然后则是对流产生加热。最初的凝结阶段，在饱和蒸汽温度下产生强烈的热交换。饱和蒸汽温度则与蒸汽的压力相关。但是，如果冷再热蒸汽压力（高压缸的背压）已经异常的高（相应的饱和蒸汽温度也高），则会在受监视的部件中发生不允许产生的温度梯度。为了限制饱和蒸汽的温度发生如此变化，需要通过压力限制控制器的控制，在适当的压力下进行加热。因此，高压叶片级压力控制器就用作压力限制控制器，在蒸汽开始进入高压缸及加速到暖机速度期间，它通过阀位设定值组成对各高压调节阀进行限制。该控制器有一变化的压力设定点，它是高压缸部件平均温度和许用温差的函数，随着温度的升高，它的作用逐渐减少。

当该控制器工作时，将汽轮发电机加速到暖机速度所需的任何动力都靠进一步打开中压调节阀来获得。在冷态启动的情况下，高压调节阀此时可能被节流，这时主蒸汽温度较低及暖机速度也较慢。这样，高压叶片就不会因鼓风作用而遭受过度的温升。当汽轮机达到额定转速之下的最小设定转速时或在测量数值有故障时控制器工作状态切除。

8.3.3.6　阀位控制器

每个调节阀有一个比例控制器，为了改善控制特性，阀位控制器接受主控制器信号，每个控制阀有一个阀门特性校准，此校准将进汽流量要求信号（来自主控制器）转化为阀位指令信号，油动机上测得的阀位信号作为反馈送入阀位控制器，阀位控制器控制调节阀的阀位。如果实际阀位信号失效，则相应的控制阀缓慢关闭。

阀位限制设定值作用于每个阀位控制器，这样对每个阀门设定值进行限制，此作用可在控制室进行手动设定，也可由自动阀门试验（ATT）发出进行阀门试验。

8.3.4　汽机自动试验

汽机自动试验界面如图 8-8 所示。

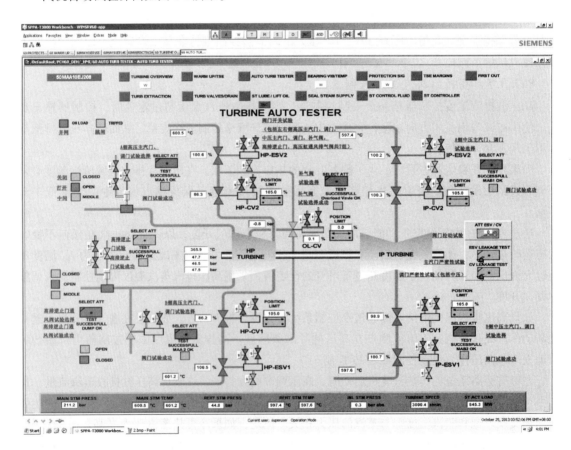

图 8-8　汽轮机阀门试验过程图

8.3.5　汽轮机应力

汽轮机部件受热不均，出现温差就会产生热应力。温差越大，热应力也越大。部件加热时受到压缩应力，部件冷却时受到拉伸应力。而压缩和拉伸应力得不断交错循环，将会导致金属产生疲劳裂纹，消耗设备的使用寿命，并逐渐扩大直到断裂失效。为此，对于汽机的阀体、缸体、转子、锅炉的汽包、集箱等厚重部件需要控制热应力。而控制热应力的最好方法就是控制部件内外温差，控制部件内外温差的最好方法则是延缓部件的升、降温速率。因此，合理的消耗寿命以便设备在使用寿命内发挥最大的效益就是设备热应力控制的目的。为此一般厂家都会根据设备的运行特性，合理分配设备的寿命消耗。如汽机厂会提供全寿命内汽机冷、温、热态的启动次数限制以及升降负荷的速率限制。

　　西门子 DEH 的应力评估 TSE 就是将汽机厂的这些要求转换成程序，测取（或模拟计算）受温度剧烈变化影响的汽机主要厚重部件如高中压主汽门阀体、高中压缸体、高中压转子等部件的内外壁温，然后计算出可能的最大应力（用温差进行表征）并与规定限值进行比较，从而构成汽机监视系统的一部分，并根据应力决定汽机启动过程中的升速率以及变负荷时最大的允许负荷变动率。按照汽轮机热力工况而产生的各种极限值作为连续准则控制汽轮机的启动。TSE 还可根据温度裕量确定汽轮机启动的最佳温度设定值，送到温度控制回路，温度裕量在操作系统上显示，每条通道可对测量温度的上限/下限裕量进行数字显示，同时附有直观的棒图展示（见图 8-9）。

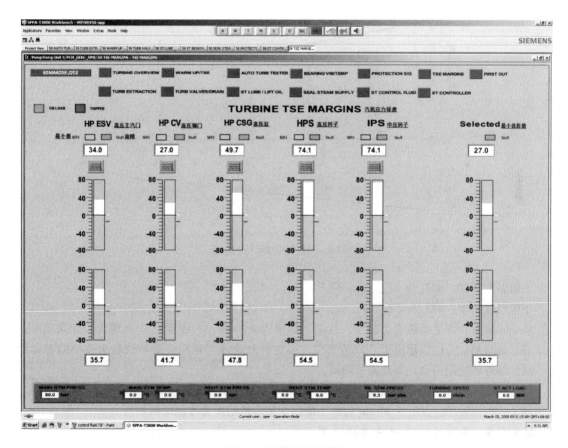

图 8-9   汽轮机应力裕度

8.3.5.1   温度测量

　　用于阀体、缸体壁温测量的温度传感器分别测取内外壁的温度。每只温度传感器有两个温度测点，内壁一个，壁中间一个。传感器为组合结构，包括螺纹式套筒和两个传感器组件。螺纹式套筒穿过缸壁的小孔焊接在缸壁的外层，套筒和缸体的材质、热性能相同，通过螺纹可获得较好的热接触以确保套筒里的温度和周边的温度一样。对于转子则是用缸体内壁的温度代表转子表明温度。转子的平均温度 T_m 和转子轴中心线温度 T_{ax} 是通过仿真计算得来的，所用的算法是基于非稳态、线性旋转对称温度分布这一原理来计算的。

8.3.5.2　温度裕度（Margin）

温差是用来表征热应力最直接的物理量。为此汽机厂根据各部件的特性，制定了主要厚重部件的温差限制，以期望把热应力限制在合理的寿命消耗范围内。汽轮机应力估算器通过检测汽轮机几个特定点的温度和其他相关参数，得出汽缸、阀体或转子等部件与蒸汽接触的表面的温度和 50% 深度处的温度，计算两者之间的温差，以温差表征热应力。

温度裕度的计算见图 8-10。其中，横坐标表示部件中心的温度，纵坐标表示温差。两条上下线是汽机厂根据部件特性给出的正、负温差限制值，分别代表机组升、降两个工况下部件最大的允许温差。将部件允许的温差减去部件实际温差（dT）得出的差值就是部件温度裕度（Margin）。

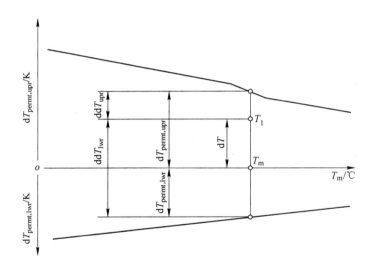

图 8-10　温度裕度的计算曲线

上限温度裕度：$ddT_{upr} = dT_{permt,upr} - dT$

下限温度裕度：$ddT_{lwr} = dT - dT_{permt,lwr}$

Margin 越大，所受的热应力越小；反之，如果 Margin 越小，说明热应力越大。如果 Margin 小于零，此时热应力已经超出了厂家的要求，再进行升速或变负荷将会导致超出预期的寿命消耗，减少部件的使用寿命，因此需要限制。

目前汽机共有五个部件需要进行 Margin 计算，如图 8-11 分别是高压缸主、调门，高压缸、高压转子、中压转子。这五个 Magin 的取小值作为整台机组应力控制的限制值。

8.3.5.3　最佳主、再热汽温的计算

计算最佳主、再热汽温的目的是期望进入汽机的主、再热蒸汽温度既能满足机组做功要求，又尽可能减少高压转子或中压阀体等部件的温度扰动，从而减少热应力，达到减缓部件寿命消耗的目的。

最佳主汽温度为高压转子最大温差允许上限的 1.7 倍与高压转子中心温度之和，再按一定的速率进行变动限制，再进行上、下限限制。

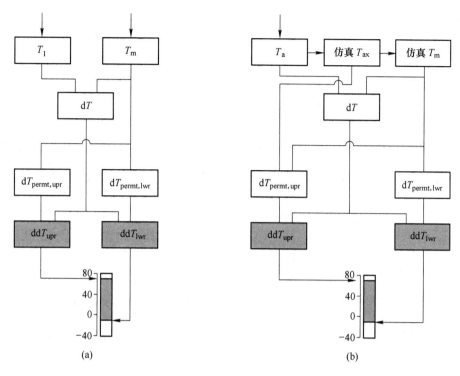

图 8-11 温差计算及显示

（a）汽缸部件温差计算及显示；（b）轴部件温度计算及显示

8.3.5.4 汽机热应力限制的原理

图 8-12 所示为汽轮机五个主要厚重金属部件的裕度取小值作为整台机组的热应力控制的输入值。温差裕度模件 WTF 将该裕度转换为转速变化率和最大允许的负荷变动率，分别作用于转速速率限制以及负荷升降速率限制，从而达到控制热应力的目的。

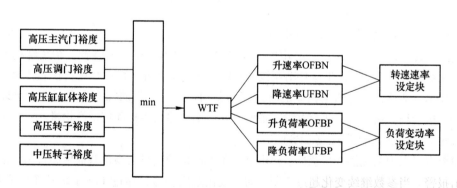

图 8-12 速率形成图

该功能在操作画面上允许投入或切除。若切除 TSE INFL 的子环，汽机启动顺控 SGC STEAM TURBINE 子组将不允许启动。如果所有部件的温差裕度都大于 30K，则汽机以 600r/min 的最大速率进行升速。其他情况下，升速率＝600÷30×最小的温差裕度值。汽机的升速率不允许手动设定。最大允许负荷变动率的计算与此大致相同，只是此时的负荷变动率还要与手动设定值取大小。升负荷率是取小，降负荷率是取大（负数）。

8.3.6　汽轮机保护

汽轮机保护的界面如图 8-13 所示。

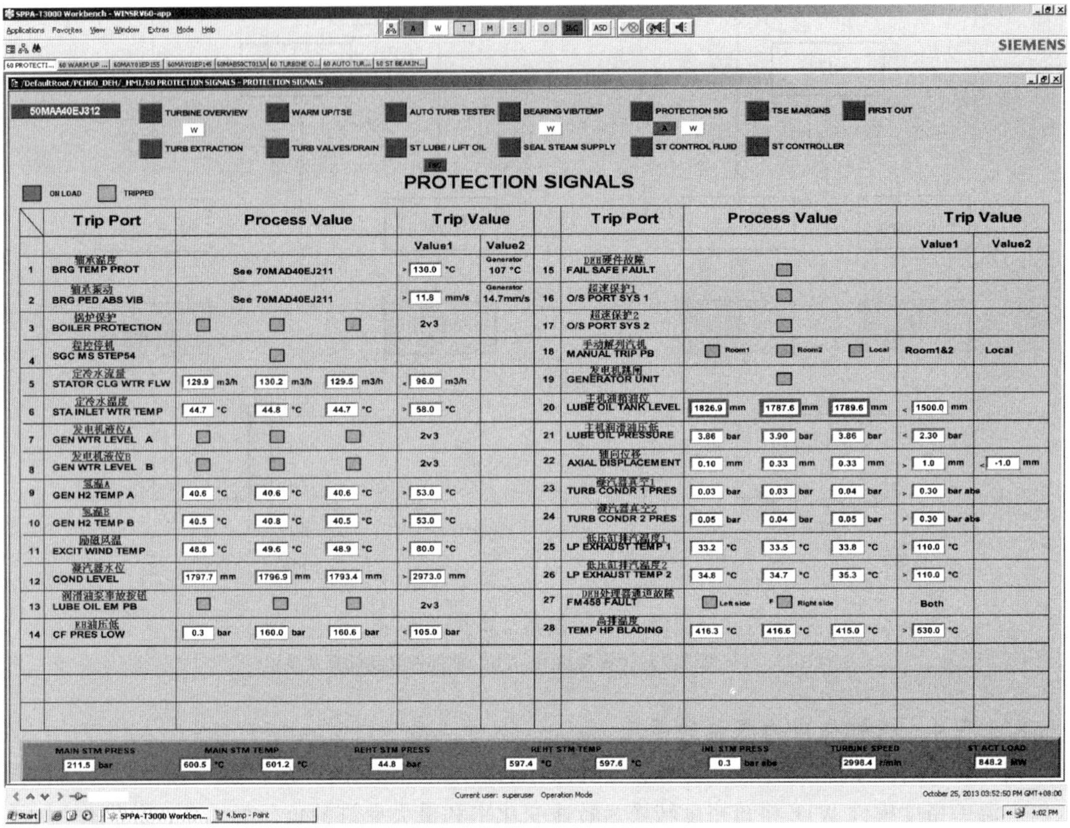

图 8-13　汽轮机保护信号

8.3.6.1　汽轮机超速保护（OPS）

本机组不设机械危急遮断器，采用电子超速装置，取消机械超速装置，系统结构简单，经济。超速保护系统（OPS）是带有自动在线试验的特殊电子系统，提供 6 只独立的转速探头和通道，现经技术改造后又新增两个独立的转速探头备用，一旦工作的探头出现问题，可以及时更换，不必停机处理。当机组转速超过设定值时，直接发出停机信号动作于汽轮机。

8.3.6.2　电子保护系统（EPS）

汽轮机电子保护系统接受传感器、热电偶等重要的保护信号。当这些信号超过预设的报警值时，发出报警。当参数继续变化超过遮断值时，发出遮断信号，通过 TTS 系统动作停机电磁阀，遮断机组。汽轮机真空限制曲线如图 8-14 所示。

汽轮机保护条件通过模拟量测量，采集所有需要停机的模拟量的值，信号不间断的进行监视和比较，出现故障立即发出报警。通过数字化自动系统执行信号处理，当这些值超过设定值时，发出停机信号。采用这种设计，可以精确完成所有汽轮机组保护回路而不需要进行额外的试验。标准的保护包括三取二组态（除振动信号采用二取二）。每个（EPS）回路提供三个热电偶或传感器，并采用不同的冗余 I/O 通道。传感器、电缆、电源和仪表系统故障具有自诊断和指示功能。模拟量保护除振动外，其他 2V3 的信号均有坏点判断。三点全坏、两点全坏或一点

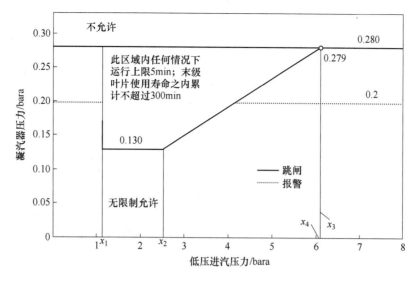

图 8-14 汽轮机真空限制曲线

$x_1 = 1.132$ bara；$x_2 = 2.516$ bara；$x_3 = 6.097$ bara；$x_4 = 6.070$ bara 且 $x_4 = 100\%$ 负荷；其中，1 bara = 0.1 MPa（a）

坏与上其他一点超过保护值，都会引起保护动作。现场把所有的坏点判断与自诊断功能全部强制了。

8.3.6.3 汽轮机遮断系统（TTS）

汽轮机遮断系统（TTS）是一个连接 EPS/OPS 系统和跳闸电磁阀的二通道系统。接受所有的停机信号，使停机跳闸电磁阀动作，关闭进汽门遮断机组。所有的汽轮机遮断指令，OPS、EPS、发电机保护、遮断按钮等产生停机信号，都通过 TTS 系统动作跳闸电磁阀。

停机信号和跳闸电磁阀控制信号采用故障安全型卡件，为双通道输入输出。所有阀门的执行机构都有跳闸电磁阀、插装阀，它们接二选一方式工作，即只要有一个跳闸电磁阀失磁，就会使插装阀打开，泄掉油动机里的压力油，使阀门关闭。每一个跳闸电磁阀有两个分离的线圈，每个线圈都与跳闸系统之一相联系。一个线圈通电可使电磁阀处于非跳闸位置，只有两格跳闸系统都动作时，才会使汽轮机跳闸。这种设施可有效地防止保护拒动和误动，提高保护系统的可靠性。

汽轮机共有九只汽阀，它们分别是两只高压主汽阀（ESV），两只高压调节汽阀（CV），两只中压主汽阀（RSV）及两只中压调节汽阀（IV），另外还有一只补汽阀。每只汽阀都有各自独立的控制装置。由于控制对象、形式不同，这九只执行机构共分为两种类型。主汽门和调门的执行器按"故障－安全"原则设计，阀门靠液压打开，靠弹簧力关闭。

按照阀门的功能可将执行机构分成两大类，一类是不能控制行程的高、中压主汽门的执行机构，另一类是可控制行程的调门及补汽门的执行机构。

8.3.7 汽机总图

汽机总图如图 8-15 所示。

8.3.7.1 主汽门开关动作说明

主汽门开启说明：跳闸电磁阀得电后，其供油回路接通，压力油进入插装阀后，插装阀在油压和弹簧力作用下关闭，阻断插装阀的回油，此时跳闸卸压回路已经关闭。等先导换向阀电磁阀失电后，先导换向阀供油回路接通，压力油进入主汽门油动机下腔室，克服弹簧力作用，将主汽

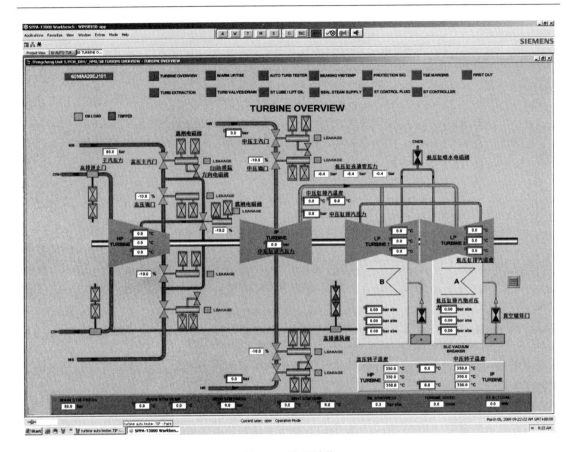

图 8-15 汽机总览

门打开（见图 8-16）。

主汽门关闭说明：跳闸电磁阀信号不变，先导换向阀电磁阀得电后，先导换向阀供油阻断，回油口接通，下腔室的压力油就流向上腔室，进而再到回油母管至油箱。此时主汽门油动机活塞上下油压平衡抵消后，主汽门在弹簧力作用下，快速关闭。跳闸电磁阀得电信号消失，跳闸换向阀供油口阻断，回油口接通，将插装阀活塞上部油压卸压，插装阀打开，将先导换向阀后的油压接通至油动机上腔室，即主汽门油动机下腔室油压跟上腔室连通，主汽门在弹簧力作用下快速关闭，关闭时间不大于 150ms（见图 8-16）。

先导电磁阀的开闭由启动装置的输出 TAB 决定：当 TAB 大于 42.5% 时，先导电磁阀失电打开，高压油进入油动机使主汽门打开；当 TAB 小于 37.5% 时，先导电磁阀带电关闭，切断高压油供给，使油动机里的油通过先导电磁阀排出，主汽门关闭。

跳闸电磁阀的启动除了接收汽轮机保护跳机指令外，也接收启动装置指令：当 TAB 大于 22.5% 时，主汽门跳闸电磁阀带电，从而使跳闸阀复位；当 TAB 小

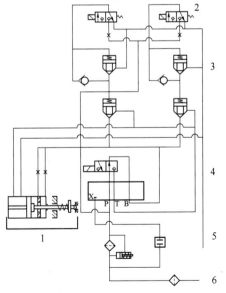

图 8-16 主汽门液压原理图
1—油动机；2—电磁跳闸阀；3—跳闸阀；
4—先导电磁阀；5—回油；6—供油

于 17.5% 时，主汽门跳闸电磁阀失电，跳闸阀动作。在此前主汽门已经关闭。

8.3.7.2 调门开关说明

调门正常调节说明：跳闸电磁阀得电后，其供油回路接通，压力油进入插装阀。插装阀在油压和弹簧力作用下关闭，阻断插装阀的回油。此时跳闸卸压回路已经关闭。EH 油压建立，调门如果要开启，由阀门控制器得到的输出信号送到电液伺服阀。在电液伺服阀中，经力矩马达把一个小的电流信号转换成比例的机械位移，再由液压喷射挡板放大器，将挡板的位移转化成差压，由此差压控制第二级滑阀，滑阀的左右移动使高压油进入油动机将阀门开启或使油动机里的油排出使阀门关闭。当油动机活塞移动时，位移传感器将油动机活塞的机械位移转换成电气信号作为负反馈信号送到 DEH 中阀门控制器，当实际阀位与阀位指令相等时，位置控制器的输出为零，使喷射挡板回到中间位置，滑阀回到中间位置不再有高压油进入油动机或使油动机下腔室油泄出，此时调门停止移动，停留在一个新的平衡位置（见图 8-17）。

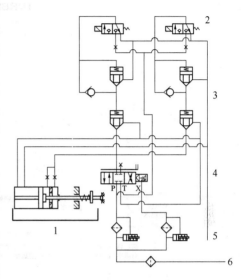

关闭功能：跳闸电磁阀得电信号消失，跳闸换向阀供油口阻断，回油口接通，将插装阀活塞上部油压卸压，插装阀打开，将先导换向阀后的油压接通至油动机上腔室，即主汽门油动机下腔室油压跟上腔室连通，主汽门在弹簧力作用下快速关闭（见图 8-17）。

图 8-17 调门液压原理图

1—油动机；2—电磁跳闸阀；3—跳闸阀；
4—伺服阀；5—回油；6—供油

调门的开启靠电信号作用。当启动装置 TAB 大于 32.5% 时，所有高中压调门上的电磁阀带电，跳闸阀复位后，此时调门在关闭位置。调门开度靠 DEH 控制逻辑负荷转速控制器输出、压力控制器输出和 TAB 输出值，三者选小去控制调门的开指令。

调门电磁阀失电信号有汽轮机保护动信号、TAB 输出小于 27.5% 时，保护系统动作时跳闸信号使电磁阀失电，阀门关闭不能够马上开启，因为触发保护动作的信号被存储，只有等汽轮机重新挂闸复位后，才能开启。

8.3.8 汽轮机疏水系统

汽轮机疏水系统如图 8-18 所示。

8.3.8.1 汽轮机疏放水系统概述

汽轮机在启动、停机和变负荷工况运行时，蒸汽与汽轮机本体和蒸汽管道接触，因而受热或冷却。蒸汽被冷却时，若蒸汽温度降低至与蒸汽压力相对应的饱和温度，部分蒸汽凝结成水，若不及时排出，它会存积在某些管段和汽缸中。运行时，由于蒸汽和水的密度、流速都不同，这些积水可能引起管道发生水冲击，轻则使管道振动，产生巨大噪音，污染环境；重则使管道产生裂纹，甚至破裂。更为严重的是，一旦部分积水进入汽轮机，将会使动静叶片受到水冲击而损伤、断裂，使金属部件因急剧冷却而造成永久性变形，甚至导致大轴弯曲。另外汽轮机本体疏放水应考虑一定的容量，当机组跳闸时，能立即排放蒸汽，防止汽轮机超速和过热。

为了有效地防止汽轮机进水事故和管道中积水而引起的水冲击，必须及时地把汽缸和管道中存积的凝结水排出，以确保机组安全运行，同时还可以回收凝结水，提高机组的经济性，因此汽轮机设置有本体疏水系统。汽轮机疏水系统应能确保在机组启动、停机、升负荷和降负荷运行时

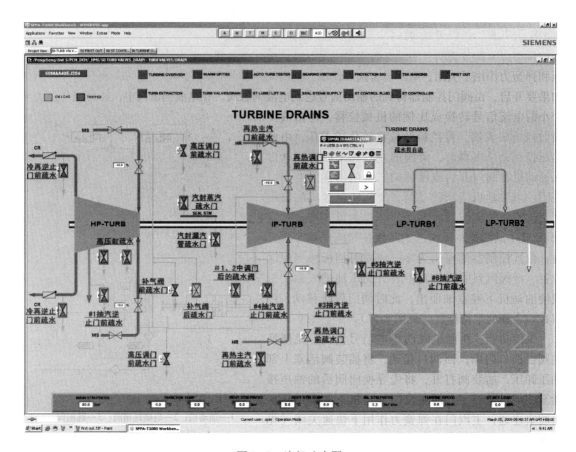

图 8-18　汽机疏水图

将汽轮机本体及其本体阀门以及从这些阀门连接到汽缸上的主蒸汽、再热蒸汽管道和汽封管道内的凝结水排泄出去，从而防止由于汽轮机进水而造成汽缸变形、转子弯曲、动静部件相碰擦，甚至引起叶片断裂等严重事故的发生。因此，汽轮机疏水系统也是一个为确保机组安全可靠运行的至关重要的系统。

　　1000MW 机组汽轮机疏水系统的设计能排出所有设备包括管道和阀门内的凝结水。系统还使备用设备、管道、阀门保持在运行温度状态。疏水系统为全自动，并能远方手动，配置有全部控制设备和仪表。在失去电源或压缩空气气源时，所有疏水阀门自动打开。

　　1000MW 汽轮机的疏水系统（见图 8-19），包括主/再热汽阀、排汽和抽汽逆止阀、轴封系统以及管道内的疏水通过疏水阀和立管排入凝汽器。

　　8.3.8.2　汽轮机疏水系统控制说明

　　汽轮机疏水系统控制说明如下：

　　（1）高压调门前疏水门：#1 高压调门前疏水门（50MAL11AA051A）、#2 高压调门前疏水门（50MAL21AA051A）。

　　1）作用：将高压主汽门的预热蒸汽经过疏水门排至凝汽器，因此该两门又称为预暖阀。

　　2）自动开条件 1：①汽机疏水联锁开关投入；②汽机转速大于 2850r/min；③#1 高压调门全关；④#1 高压主汽门全关。

　　3）自动开条件 2：汽轮机启动程控步序第 5 步。

　　4）自动开条件 3：汽轮机停机程控步序第 60 步。

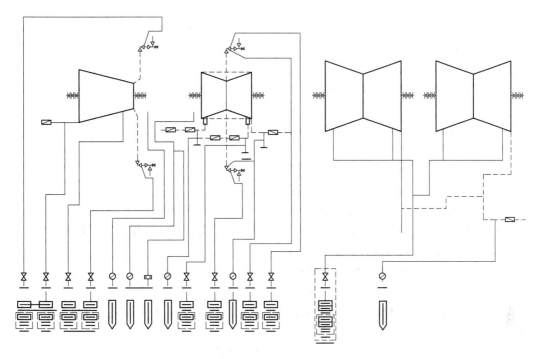

图 8-19　1000MW 汽轮机主机疏水系统图

5）自动关条件 1：①汽机疏水联锁开关投入；②无自动开条件 1、2、3；③汽机转速大于 2850r/min；④#1 高压调门未全关；⑤#1 高压主汽门全开。

6）自动关条件 2：汽轮机启动程控步序第 26 步。

（2）高压缸疏水：高压缸疏水阀（MAL14AA051）、高压缸外缸疏水门（MAL22AA051）。

1）高压缸疏水阀作为温度的函数或为发电机输出功率函数（温度测量装置失灵时）由疏水的回路控制操作。

2）高压缸疏水保护逻辑（序号之间为"与"关系）。

3）保护开条件 1：①汽机转速大于 1980r/min；②汽机跳闸。

4）保护开条件 2：①汽机转速大于 1980r/min；②#1 高压主汽门或#1 高压调门全关；③#2 高压主汽门或#2 高压调门全关。

5）自动开条件 3：①汽机疏水联锁开关投入；②发电机负荷小于 135.2MW；③高压缸中部上半汽缸温度 50% 测点坏（MAA50CT051A）；④高压缸中部下半汽缸温度 50% 测点坏（MAA50CT052A）。

6）自动开条件 4：①汽机疏水联锁开关投入；②发电机负荷小于 135.2MW；③高压缸中部下半汽缸温度 50% 温度低小于 300℃（MAA50CT052A）。

7）自动开条件 5：①汽机疏水联锁开关投入；②高压缸中部上半汽缸温度 50% 温度低小于 300℃（MAA50CT051A）；③高压缸中部下半汽缸温度 50% 温度低小于 300℃（MAA50CT052A）。

8）自动关条件 1：①汽机疏水联锁开关投入；②无自动开条件 3、4、5；③发电机负荷大于 156MW；④高压缸中部上半汽缸温度 50% 测点坏（MAA50CT051A）；⑤高压缸中部下半汽缸温度 50% 测点坏（MAA50CT052A）。

9）自动关条件 2：①汽机疏水联锁开关投入；②无自动开条件 3、4、5；③发电机负荷大于 156MW；④高压缸中部上半汽缸温度 50% 温度高大于 320℃（MAA50CT051A）或高压缸中部下半汽缸温度 50% 温度高小于 320℃（MAA50CT052A）。

10）自动关条件 3：①汽机疏水联锁开关投入；②无自动开条件 3、4、5；③高压缸中部上半汽缸温度 50% 温度高大于 320℃（MAA50CT051A）；④高压缸中部下半汽缸温度 50% 温度高大于 320℃（MAA50CT052A）。

（3）补气阀前疏水门（50MAL19AA051A）。

1）补气阀前疏水保护逻辑（序号之间为"与"关系）。

2）自动开条件 1：①汽机疏水联锁开关投入；②汽机转速大于 2850r/min；③#1 高压调门全关；④#1 高压主汽门全关。

3）自动开条件 2：汽轮机启动程控步序第 5 步。

4）自动开条件 3：汽轮机停机程控步序第 60 步。

5）自动关条件 1：①汽机疏水联锁开关投入；②无自动开条件 1、2、3；③汽机转速大于 2850r/min；④发电机负荷大于 312MW；⑤#1 高压调门未全关；⑥#1 高压主汽门全开。

6）自动关条件 2：汽轮机启动程控步序第 26 步。

（4）补气阀后疏水阀（50MAL20AA051A）。

1）补气阀后疏水保护逻辑（序号之间为"与"关系）。

2）自动开条件：①汽机疏水联锁开关投入；②高压内缸壁温 90% 处温度过热度小于 20℃（MAA50CT011/12/13）。

3）自动关条件：①汽机疏水联锁开关投入；②无自动开条件；③高压内缸壁温 90% 处温度过热度大于 50℃（MAA50CT011/12/13）。

（5）再热主汽门前疏水：#1 再热主汽门前疏水门（MAL23AA051A）、#2 再热主汽门前疏水门（MAL24AA051A）。

1）再热主汽门前疏水保护逻辑（序号之间为"与"关系）。

2）自动开条件 1：①汽机疏水联锁开关投入；②#1 中压主汽门壳体温度过热度小于 30℃（MAB11CT021A）。

3）自动开条件 2：①汽机疏水联锁开关投入；②发电机负荷小于 135.2MW；③#1 中压主汽门壳体温度测点坏（MAB11CT021A）或#1 再热主汽门前压力测点坏（LBB21CP004）。

4）自动开条件 3：汽轮机启动程控步序第 12 步。

5）自动开条件 4：汽轮机启动程控步序第 14 步。

6）自动关条件 1：①汽机疏水联锁开关投入；②无自动开条件 1、2、3、4；③发电机负荷大于 156MW；④#1 中压主汽门壳体温度过热度大于 60℃（MAB11CT021A）。

7）自动关条件 2：①汽机疏水联锁开关投入；②无自动开条件 1、2、3、4；③发电机负荷大于 156MW；④#1 中压主汽门壳体温度测点坏（MAB11CT021A）或#1 再热主汽门前压力测点坏（LBB21CP004）。

（6）再热调门前疏水门：#1 再热调门前疏水门（50MAL26AA051A）、#2 再热调门前疏水门（50MAL27AA051A）。

1）#1（#2）再热调门前疏水门保护逻辑（序号之间为"与"关系）。

2）自动开条件：①汽机疏水联锁开关投入；②汽机转速大于 2850r/min；③#1（#2）再热调门全关；④#1（#2）再热主汽门全关。

3）自动开条件 2：汽轮机启动程控步序第 5 步。

4）自动开条件 3：汽轮机停机程控步序第 60 步。

5）自动关条件 1：①汽机疏水联锁开关投入；②无自动开条件 1、2、3；③汽机转速大于 2850r/min；④#1（#2）再热调门未全关；⑤#1（#2）再热主汽门全开。

6) 自动关条件 2：①无自动开条件 1、2、3；②#1（#2）再热调门开度大于 10%。

（7）#1、#2 中调门后的疏水阀（50MAL31AA051A）。

1) #1、#2 中调门后的疏水保护逻辑（序号之间为"与"关系）。

2) 自动开条件 1：①汽机疏水联锁开关投入；②中压内缸金属 90% 处温度过热度小于 20℃（MAB50CT011/2/3A）。

3) 自动开条件 2：①汽机疏水联锁开关投入；②发电机负荷小于 135.2MW；③中压内缸金属 90% 处温度测点坏（MAB50CT011/2/3A）或中压缸进汽压力测点坏（MAB50CP001）。

4) 自动关条件 1：①汽机疏水联锁开关投入；②无自动开条件 1、2、3；③中压内缸金属 90% 处温度过热度大于 50℃（MAB50CT011/2/3A）。

5) 自动关条件 2：①汽机疏水联锁开关投入；②无自动开条件 1、2；③发电机负荷大于 156MW；④中压内缸金属 90% 处温度测点坏（MAB50CT011/2/3A）或中压缸进汽压力测点坏（MAB50CP001）。

（8）冷再管道疏水门：#1 冷再逆止门前疏水门（MAL65AA051A）、#2 冷再逆止门前疏水门（MAL66AA051A）。

1) 冷再管道疏水门保护开关逻辑（序号之间为"与"关系）。

2) 保护开条件 1：①汽机转速大于 1980r/min；②汽机跳闸。

3) 保护开条件 2：①汽机转速大于 1980r/min；②#1 高压主汽门或#1 高压调门全关；③#2 高压主汽门或#2 高压调门全关。

4) 自动开条件 3：①汽机疏水联锁开关投入；②#1 冷再逆止门全关或未全开或#2 冷再逆止门全关或未全开。

5) 自动关条件：①汽机疏水联锁开关投入；②无自动开条件 3；③#1 冷再逆止门全开或未全关；④#2 冷再逆止门全开或未全关。

（9）汽封蒸汽疏水门（MAL81AA051A）。

1) 汽封蒸汽疏水门保护逻辑（序号之间为"与"关系）。

2) 自动开条件：①汽机疏水联锁开关投入；②汽封蒸汽集管前温度 1 小于 120℃（MAW20CT001A）或汽封蒸汽集管前温度 2 小于 120℃（MAW20CT003A）。

3) 自动关条件：①汽机疏水联锁开关投入；②无自动开条件；③汽封蒸汽集管前温度 1 大于 150℃（MAW20CT001A）；④汽封蒸汽集管前温度 2 大于 150℃（MAW20CT003A）。

（10）汽封漏汽管疏水门（50MAL25AA051A）。

1) 汽封漏汽管疏水门保护逻辑（序号之间为"与"关系）。

2) 自动开条件：①汽机疏水联锁开关投入；②轴封漏器管温度小于 160℃（MAW60CT001A）。

3) 自动关条件：①汽机疏水联锁开关投入；②无自动开条件；③轴封漏器管温度大于 190℃（MAW60CT001A）。

（11）#1 抽汽逆止门前疏水门（50MAL41AA051A）。

1) #1 抽汽逆止门前疏水门保护逻辑（序号之间为"与"关系）。

2) 自动开条件：①汽机疏水联锁开关投入；②发电机负荷小于 20.8MW 或#1 抽汽逆止门前后压差小于 1MPa 或#1 抽汽逆止门开度小于 5%。

3) 自动关条件：①汽机疏水联锁开关投入；②无自动开条件；③发电机负荷大于 83.2MW；④#1 抽汽逆止门前后压差大于 3.2MPa；⑤#1 抽汽逆止门开度大于 15%。

（12）#3 抽汽逆止门前疏水门（50MAL54AA051A）。

1) #3 抽汽逆止门前疏水门保护逻辑（序号之间为"与"关系）。

2）自动开条件：①汽机疏水联锁开关投入；②发电机负荷小于 20.8MW。

3）自动关条件：①汽机疏水联锁开关投入；②无自动开条件；③发电机负荷大于 83.2MW。

（13）#4 抽汽逆止门前疏水门（50MAL51AA051A）。

1）#4 抽汽逆止门前疏水门保护逻辑（序号之间为"与"关系）。

2）自动开条件：①汽机疏水联锁开关投入；②发电机负荷小于 20.8MW 或#4 抽汽逆止门开度小于 5%。

3）自动关条件：①汽机疏水联锁开关投入；②无自动开条件；③发电机负荷大于 83.2MW；④#4 抽汽逆止门开度大于 15%。

（14）#5 抽汽逆止门前疏水门（50MAL47AA051A）。

1）#5 抽汽逆止门前疏水门保护逻辑（序号之间为"与"关系）。

2）自动开条件：①汽机疏水联锁开关投入；②发电机负荷小于 20.8MW 或#5 抽汽逆止门开度小于 5% 或#5 抽汽逆止门前后压差小于 1MPa。

3）自动关条件：①汽机疏水联锁开关投入；②无自动开条件；③发电机负荷大于 83.2MW；④#5 抽汽逆止门开度大于 15%；⑤#5 抽汽逆止门前后压差大于 3.2MPa。

（15）#6 抽汽逆止门前疏水门（50MAL45AA051A）。

1）#6 抽汽逆止门前疏水门保护逻辑（序号之间为"与"关系）。

2）自动开条件：①汽机疏水联锁开关投入；②发电机负荷小于 20.8MW。

3）自动关条件：①汽机疏水联锁开关投入；②无自动开条件；③发电机负荷大于 83.2MW。

8.3.9　主机轴承温度与振动监视系统

主机轴承温度与振动监视系统如图 8-20 所示。

8.3.9.1　转子偏心及缸胀

转子偏心及缸胀测点分别为：

（1）转子偏心测点：ROTOR ECCENTRLCITY（50/60MAD11CV041）（无保护无逻辑）。

（2）缸胀测点：CASING EXPANSION（50/60MAD15CY002）（无保护无逻辑）。

8.3.9.2　轴向位移

轴向位移测点如下：

（1）轴向位移：1 AXIAL DISPLACEMENT（50/60MAD12CY011）。

（2）轴向位移：2 AXIAL DISPLACEMENT（50/60MAD12CY012）。

（3）轴向位移：3 AXIAL DISPLACEMENT（50/60MAD12CY013）。

以下任一条件触发则启动跳机保护：

（1）三个测点故障（此保护已强制）。

（2）轴向位移大于 1mm（三个测点三取二）。

（3）轴向位移小于 −1mm（三个测点三取二）。

（4）当三个测点任何一个大于 0.5mm 或小于 −0.5mm 时报警，测点故障时也会触发报警。

8.3.9.3　轴承温度

汽轮发电机组共有 9 个轴承，其中#1、#2 以及推力轴承为 12 个温度测点，#3、#4、#5 轴承为 6 个温度测点、#6、#7、#8 轴承为 3 个温度测点。

#1 轴承温度测点如下：

（1）#1 轴承温度测点左前上 1：BRG FR LH TOP（50/60MAD11CT011A）（130℃跳闸、90℃报警）。

（2）#1 轴承温度测点左前上 2：BRG FR LH TOP（50/60MAD11CT011B）（130℃跳闸、90℃

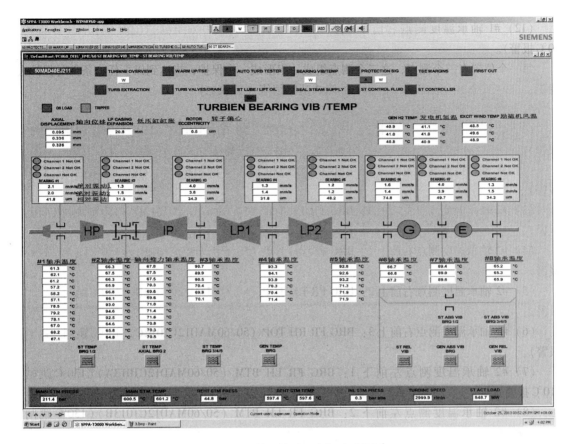

图 8-20　汽轮机轴承温度振动监视图

报警)。

（3）#1 轴承温度测点左前上 3：BRG FR LH TOP （50/60MAD11CT011C）（130℃跳闸、90℃报警)。

（4）#1 轴承温度测点右前上 1：BRG FR RH TOP （50/60MAD11CT012A）（130℃跳闸、90℃报警)。

（5）#1 轴承温度测点右前上 2：BRG FR RH TOP （50/60MAD11CT012B）（130℃跳闸、90℃报警)。

（6）#1 轴承温度测点右前上 3：BRG FR RH TOP （50/60MAD11CT012C）（130℃跳闸、90℃报警)。

（7）#1 轴承温度测点左前下 1：BRG FR LH BTM （50/60MAD11CT013A）（130℃跳闸、90℃报警)。

（8）#1 轴承温度测点左前下 2：BRG FR LH BTM （50/60MAD11CT013B）（130℃跳闸、90℃报警)。

（9）#1 轴承温度测点左前下 3：BRG FR LH BTM （50/60MAD11CT013C）（130℃跳闸、90℃报警)。

（10）#1 轴承温度测点右前下 1：BRG FR RH BTM （50/60MAD11CT014A）（130℃跳闸、90℃报警)。

（11）#1 轴承温度测点右前下 2：BRG FR RH BTM （50/60MAD11CT014B）（130℃跳闸、

90℃报警)。

(12) #1 轴承温度测点右前下 3：BRG FR RH BTM（50/60MAD11CT014C）(130℃跳闸、90℃报警)。

每一个位置有三个测点，这三个测点组成一组形成一个保护，当达到以下任一条件时保护去跳机：(1) 三个测点故障；(2) 测点故障或达跳闸值（三取二）。

#2 轴承温度测点如下：

(1) #2 轴承温度测点左前上 1：BRG FR LH TOP（50/60MAD12CT011A）(130℃跳闸、110℃报警)。

(2) #2 轴承温度测点左前上 2：BRG FR LH TOP（50/60MAD12CT011B）(130℃跳闸、110℃报警)。

(3) #2 轴承温度测点左前上 3：BRG FR LH TOP（50/60MAD12CT012C）(130℃跳闸、110℃报警)。

(4) #2 轴承温度测点右前上 1：BRG FR RH TOP（50/60MAD12CT012A）(130℃跳闸、110℃报警)。

(5) #2 轴承温度测点右前上 2：BRG FR RH TOP（50/60MAD12CT012B）(130℃跳闸、110℃报警)。

(6) #2 轴承温度测点右前上 3：BRG FR RH TOP（50/60MAD12CT012C）(130℃跳闸、110℃报警)。

(7) #2 轴承温度测点左前下 1：BRG FR LH BTM（50/60MAD12CT013A）(130℃跳闸、110℃报警)。

(8) #2 轴承温度测点左前下 2：BRG FR LH BTM（50/60MAD12CT013B）(130℃跳闸、110℃报警)。

(9) #2 轴承温度测点左前下 3：BRG FR LH BTM（50/60MAD12CT013C）(130℃跳闸、110℃报警)。

(10) #2 轴承温度测点右前下 1：BRG FR RH BTM（50/60MAD12CT014A）(130℃跳闸、110℃报警)。

(11) #2 轴承温度测点右前下 2：BRG FR RH BTM（50/60MAD12CT014B）(130℃跳闸、110℃报警)。

(12) #2 轴承温度测点右前下 3：BRG FR RH BTM（50/60MAD12CT014C）(130℃跳闸、110℃报警)。

每一个位置有三个测点，这三个测点组成一组形成一个保护，当达到以下任一条件时保护去跳机：(1) 三个测点故障；(2) 测点故障或达跳闸值（三取二）。

轴向推力轴承温度测点如下：

(1) 轴向推力轴承温度测点左前上 1：AXIAL FR LH TOP（50/60MAD12CT031A）(130℃跳闸、100℃报警)。

(2) 轴向推力轴承温度测点左前上 2：AXIAL FR LH TOP（50/60MAD12CT031B）(130℃跳闸、100℃报警)。

(3) 轴向推力轴承温度测点左前上 3：AXIAL FR LH TOP（50/60MAD12CT032C）(130℃跳闸、100℃报警)。

(4) 轴向推力轴承温度测点右前上 1：AXIAL FR RH TOP（50/60MAD12CT032A）(130℃跳闸、105℃报警)。

(5) 轴向推力轴承温度测点右前上 2：AXIAL FR RH TOP（50/60MAD12CT032B）(130℃跳

闸、105℃报警）。

（6）轴向推力轴承温度测点右前上 3：AXIAL FR RH TOP（50/60MAD12CT032C）（130℃跳闸、105℃报警）。

（7）轴向推力轴承温度测点左前下 1：AXIAL FR LH BTM（50/60MAD12CT033A）（130℃跳闸、100℃报警）。

（8）轴向推力轴承温度测点左前下 2：AXIAL FR LH BTM（50/60MAD12CT033B）（130℃跳闸、100℃报警）。

（9）轴向推力轴承温度测点左前下 3：AXIAL FR LH BTM（50/60MAD12CT033C）（130℃跳闸、100℃报警）。

（10）轴向推力轴承温度测点右前下 1：AXIAL FR RH BTM（50/60MAD12CT034A）（130℃跳闸、100℃报警）。

（11）轴向推力轴承温度测点右前下 2：AXIAL FR RH BTM（50/60MAD12CT034B）（130℃跳闸、100℃报警）。

（12）轴向推力轴承温度测点右前下 3：AXIAL FR RH BTM（50/60MAD12CT034C）（130℃跳闸、100℃报警）。

每一个位置有三个测点，这三个测点组成一组形成一个保护，当达到以下任一条件时保护去跳机：（1）三个测点故障；（2）测点故障或达跳闸值（三取二）。

#3 轴承温度测点如下：

（1）#3 轴承温度测点左前下 1：BRG FR LH BTM（50/60MAD13CT013A）（130℃跳闸、110℃报警）。

（2）#3 轴承温度测点左前下 2：BRG FR LH BTM（50/60MAD13CT013B）（130℃跳闸、110℃报警）。

（3）#3 轴承温度测点左前下 3：BRG FR LH BTM（50/60MAD13CT013C）（130℃跳闸、110℃报警）。

（4）#3 轴承温度测点左后下 1：BRG RR LH BTM（50/60MAD13CT017A）（130℃跳闸、110℃报警）。

（5）#3 轴承温度测点左后下 2：BRG RR LH BTM（50/60MAD13CT017B）（130℃跳闸、110℃报警）。

（6）#3 轴承温度测点左后下 3：BRG RR LH BTM（50/60MAD13CT017C）（130℃跳闸、110℃报警）。

每一个位置有三个测点，这三个测点组成一组形成一个保护，当达到以下任一条件时保护去跳机：（1）三个测点故障；（2）测点故障或达跳闸值（三取二）。

#4 轴承温度测点如下：

（1）#4 轴承温度测点左前下 1：BRG FR LH BTM（50/60MAD14CT013A）（130℃跳闸、110℃报警）。

（2）#4 轴承温度测点左前下 2：BRG FR LH BTM（50/60MAD14CT013B）（130℃跳闸、110℃报警）。

（3）#4 轴承温度测点左前下 3：BRG FR LH BTM（50/60MAD14CT013C）（130℃跳闸、110℃报警）。

（4）#4 轴承温度测点左后下 1：BRG RR LH BTM（50/60MAD14CT017A）（130℃跳闸、110℃报警）。

（5）#4 轴承温度测点左后下 2：BRG RR LH BTM（50/60MAD14CT017B）（130℃跳闸、

110℃报警）。

（6）#4 轴承温度测点左后下 3：BRG RR LH BTM（50/60MAD14CT017C）（130℃跳闸、110℃报警）。

每一个位置有三个测点，这三个测点组成一组形成一个保护，当达到以下任一条件时保护去跳机：（1）三个测点故障；（2）测点故障或达跳闸值（三取二）。

#5 轴承温度测点如下：

（1）#5 轴承温度测点左前下 1：BRG FR LH BTM（50/60MAD15CT013A）（130℃跳闸、110℃报警）。

（2）#5 轴承温度测点左前下 2：BRG FR LH BTM（50/60MAD15CT013B）（130℃跳闸、110℃报警）。

（3）#5 轴承温度测点左前下 3：BRG FR LH BTM（50/60MAD15CT013C）（130℃跳闸、110℃报警）。

（4）#5 轴承温度测点左后下 1：BRG RR LH BTM（50/60MAD15CT017A）（130℃跳闸、110℃报警）。

（5）#5 轴承温度测点左后下 2：BRG RR LH BTM（50/60MAD15CT017B）（130℃跳闸、110℃报警）。

（6）#5 轴承温度测点左后下 3：BRG RR LH BTM（50/60MAD15CT017C）（130℃跳闸、110℃报警）。

每一个位置有三个测点，这三个测点组成一组形成一个保护，当达到以下任一条件时保护去跳机：（1）三个测点故障；（2）测点故障或达跳闸值（三取二）。

#6 轴承温度测点如下：

（1）#6 轴承温度测点左前下 1：BRG FR LH BTM（50/60MKD11CT013A）（120℃跳闸、90℃报警）。

（2）#6 轴承温度测点左前下 2：BRG FR LH BTM（50/60MKD11CT013B）（120℃跳闸、90℃报警）。

（3）#6 轴承温度测点左前下 3：BRG FR LH BTM（50/60MKD11CT013C）（120℃跳闸、90℃报警）。

每一个位置有三个测点，这三个测点组成一组形成一个保护，当达到以下任一条件时保护去跳机：（1）三个测点故障；（2）测点故障或达跳闸值（三取二）。

#7 轴承温度测点如下：

（1）#7 轴承温度测点左前下 1：BRG FR LH BTM（50/60MKD12CT013A）（120℃跳闸、90℃报警）。

（2）#7 轴承温度测点左前下 2：BRG FR LH BTM（50/60MKD12CT013B）（120℃跳闸、90℃报警）。

（3）#7 轴承温度测点左前下 3：BRG FR LH BTM（50/60MKD12CT013C）（120℃跳闸、90℃报警）。

每一个位置有三个测点，这三个测点组成一组形成一个保护，当达到以下任一条件时保护去跳机：（1）三个测点故障；（2）测点故障或达跳闸值（三取二）。

#8 轴承温度测点如下：

（1）#8 轴承温度测点左前下 1：BRG FR LH BTM（50/60MKD21CT014A）（120℃跳闸、90℃报警）。

（2）#8 轴承温度测点左前下 2：BRG FR LH BTM（50/60MKD21CT014B）（120℃跳闸、90℃

报警）。

（3）#8 轴承温度测点左前下 3：BRG FR LH BTM（50/60MKD21CT014C）（120℃跳闸、90℃报警）。

每一个位置有三个测点，这三个测点组成一组形成一个保护，当达到以下任一条件时保护去跳机：（1）三个测点故障；（2）测点故障或达跳闸值（三取二）。

8.3.9.4　轴承振动

#1 轴承相关测点：

（1）#1 轴承绝对振动 A（50/60MAD11CY021）（11.8mm/s 跳闸、9.3mm/s 报警）。

（2）#1 轴承绝对振动 B（50/60MAD11CY022）（11.8mm/s 跳闸、9.3mm/s 报警）。

（3）#1 轴承相对振动（50/60MAD11CV940）（无保护无逻辑）。

#2 轴承相关测点：

（1）#2 轴承绝对振动 A（50/60MAD12CY021）（11.8mm/s 跳闸、9.3mm/s 报警）。

（2）#2 轴承绝对振动 B（50/60MAD12CY022）（11.8mm/s 跳闸、9.3mm/s 报警）。

（3）#2 轴承相对振动（50/60MAD12CV940）（无保护无逻辑）。

#3 轴承相关测点：

（1）#3 轴承绝对振动 A（50/60MAD13CY021）（11.8mm/s 跳闸、9.3mm/s 报警）。

（2）#3 轴承绝对振动 B（50/60MAD13CY022）（11.8mm/s 跳闸、9.3mm/s 报警）。

（3）#3 轴承相对振动（50/60MAD13CV940）（无保护无逻辑）。

#4 轴承相关测点：

（1）#4 轴承绝对振动 A（50/60MAD14CY021）（11.8mm/s 跳闸、9.3mm/s 报警）。

（2）#4 轴承绝对振动 B（50/60MAD14CY022）（11.8mm/s 跳闸、9.3mm/s 报警）。

（3）#4 轴承相对振动（50/60MAD14CV940）（无保护无逻辑）。

#5 轴承相关测点：

（1）#5 轴承绝对振动 A（50/60MAD15CY021）（11.8mm/s 跳闸、9.3mm/s 报警）。

（2）#5 轴承绝对振动 B（50/60MAD15CY022）（11.8mm/s 跳闸、9.3mm/s 报警）。

（3）#5 轴承相对振动（50/60MAD15CV940）（无保护无逻辑）。

#6 轴承相关测点：

（1）#6 轴承绝对振动 A（50/60MKD11CY021）（14.7mm/s 跳闸、9.3mm/s 报警）。

（2）#6 轴承绝对振动 B（50/60MAD11CY022）（14.7mm/s 跳闸、9.3mm/s 报警）。

（3）#6 轴承相对振动（50/60MAD11CV940）（无保护无逻辑）。

#7 轴承相关测点：

（1）#7 轴承绝对振动 A（50/60MKD12CY021）（14.7mm/s 跳闸、9.3mm/s 报警）。

（2）#7 轴承绝对振动 B（50/60MAD12CY022）（14.7mm/s 跳闸、9.3mm/s 报警）。

（3）#7 轴承相对振动（50/60MAD12CV940）（无保护无逻辑）。

#8 轴承相关测点：

（1）#8 轴承绝对振动 A（50/60MKD21CY021）（14.7mm/s 跳闸、9.3mm/s 报警）。

（2）#8 轴承绝对振动 B（50/60MAD21CY022）（14.7mm/s 跳闸、9.3mm/s 报警）。

（3）#8 轴承相对振动（50/60MAD21CV940）（无保护无逻辑）。

绝对振动的逻辑：每个测点都有两个跳闸信号，这两个信号分别去通道一和通道二，当任何一个通道同时接受到来自两个测点的跳闸信号，延时 3s 触发跳机保护或两个测点同时故障（此处逻辑已强制），无延时触发跳机保护。

八个轴承任何一个轴承绝对振动跳机保护触发再延时 3s 触发跳机程序。通道一和通道二分别去两个跳机保护通道。通道 1 故障时发 "channel 1 not ok"。通道 2 故障时发 "channel 2 not ok"。

8.3.10　主机汽门暖阀控制系统

冷态启机的时候调门的金属温度较低，需要提前暖阀（具体 SGC 走步步骤为 1～20 步）。

SGC 暖阀具体步骤如下：按正常启机走步 1～11 步。

（1）第 1 步：空步。

（2）第 2 步：投入汽机逆止门 SLC（50BS10EE001）。

（3）第 3 步：投入汽机限制控制器。

（4）第 4 步：投入汽机本体疏水子环 SLC。

（5）第 5 步：开启汽机调门前疏水门。

（6）第 6 步：空步。

（7）第 7 步：空步。

（8）第 8 步：执行汽轮机润滑油泵检查 SGC（MAV20EC001）。

（9）第 9 步：空步。

（10）第 10 步：空步。

（11）第 11 步：复位汽轮机跳闸首出（60MYA10EV099），等待蒸汽品质合格。（此处不投蒸汽品质 SLC，如果蒸汽品质子环投入在暖阀的过程中暖阀时间超限，调阀应力裕度下降过快时主汽门不会自动关闭。）

（12）第 12 步：联锁打开#1、#2 再热主汽门前疏水门。

（13）第 13 步：判断热再、冷再、主汽管路暖管结束。

（14）第 14 步：联锁打开再热主汽门前疏水门。

（15）第 15 步：打开主汽门，提升 TAB，初始负荷设为 15%。

（16）第 16 步：检查主汽门开启情况。主汽门开启后，调门开始预暖。

（17）第 17 步：空步。

（18）第 18 步：空步。

（19）第 19 步：空步。

调门预暖中，出现以下情况之一，主汽门将自动关闭：

1）高中压主汽门全开，且蒸汽品质 SLC 未投入（MAY00EE001），且主汽压力大于 3MPa，且#1 高调门 50% 壳体温度（MAA12CT022A）小于 210℃，主汽门开启 15min 后。

2）主汽门开启时间限制为 60min，即子组第 16 步至第 20 步在 60min 内无法完成。

3）高中压主汽门全开，且蒸汽品质 SLC 未投入（MAY00EE001），且主汽压力大于 2MPa 且#1 高调门 50% 壳体温度（MAA12CT022A）小于 210℃，主汽门开启 30min 后。

4）高中压主汽门全开，且蒸汽品质 SLC 未投入（MAY00EE001 XA02），主汽压力大于 4MPa。

5）高中压主汽门全开，且蒸汽品质 SLC 未投入（MAY00EE001），且主汽压力大于 2MPa，#1 高调门 50% 壳体温度（MAA12CT022A）大于 210℃。

6）转速目标设定值小于 357r/min，且汽轮机转速大于 402r/min。

（主汽门自动关闭后，必须将蒸汽品质子环投入才能回到 11 步重新循环暖阀的过程，在投入之前先设低阀限，目的是在 11 步停留一下，将蒸汽品质子环退出以便下一个暖阀过程的开始。详见 STEP 20-1。）

（20）第 20 步：STEP 20-1 暖阀条件满足，跳回 11 步；STEP 20-2 蒸汽品质合格，检查汽机冲转条件。

1）STEP 20-1：暖阀完成降 START DEVICE，跳回 STEP 11。

① 汽轮机转速小于 390r/min 且蒸汽品质 SLC 投入（MAY00EE001）延时 5s。

② START DEVICE 小于 35%（MYA01DG020）。

③ 高中压主汽门全关。

④ 机组 SGC 启动在 STEP 20。

2）STEP 20-2：检查汽机冲转条件（暖阀完成，准备冲转的条件）。

① 高压凝汽器背压（MAG10FP002）小于 20kPa。

② 蒸汽品质合格后，蒸汽品质子环手动投入（MAY00EE001）。

③ 低压凝汽器背压（MAG20FP002）小于 20kPa。

④ 第二次确认汽机辅助系统运行正常（MAY20EC001）。

汽机 EH 供油子环投入（MAX01EE002 XA01）。

汽机 EH 油冷却子环投入（MAX01EE004 XA01）。

凝结水系统（LCA10EU001）已投运。

轴封控制（MAW20DP001）投自动。

闭冷水系统（PGB10EU001）已投运。

仪用空气压力（QFB01CP001）大于 0.4MPa。

汽机未跳闸。

汽机实际转速（MYA01CS901）大于 9.6r/min。

润滑油系统 SGC 投自动，润滑油系统、顶轴油系统、油箱排烟风机运行正常。

确认汽机疏水（MAL10EE001）正常，无故障。

⑤ 高中压主汽门全开。

⑥ TAB 设定值大于 62%。

⑦ 主机冷油器后油温大于 37℃。

⑧ 汽机润滑油系统供油正常（MAV10EG001）：主机油供应子组进行中（MAV10EC001 01XA）；任一台主机交流润滑油泵运行；主机直流润滑油泵备用子环投入；任一台排烟风机运行；主机润滑油母管压力；主机润滑油滤网后压力；顶轴油系统工作正常。

⑨ 压力设定值和实际压力的偏差不超限（MYA01DP011 XT03）。

⑩ 高压排气温度保护控制器（MAA50EZ120）未激活。

⑪ 再热主汽门前温度满足要求。

⑫ 高压主汽门前温度满足要求。

⑬ 中压缸前部上下缸 50% 处金属温度测点无故障（MAB50CT041A）。

⑭ 中压缸前部上下缸 50% 处金属温度温差在 $-45 \sim 30℃$ 之间。

⑮ 高压缸前部上下缸 50% 处金属温度测点无故障。

⑯ 高压缸前部上下缸 50% 处金属温度温差在 $-45 \sim 30℃$ 之间。

⑰ TSE 最小温度上限裕度（MAY01EP150）大于 30℃。

⑱ 汽轮机转速信号正常且不在临界转速区（MYA01CS901）。

⑲ X_4 准则（MAY10FT004）满足（防止湿蒸汽进入汽轮机）。

⑳ X_5 准则（MAY10FT005）满足（防止高压缸冷却）。

㉑ X_6 准则（MAY10FT006）满足（防止中压缸冷却）。

3）第 20-2 步旁通条件：汽轮机转速大于 330r/min。

8.3.11　EH 油系统

EH 油系统如图 8-21 所示。

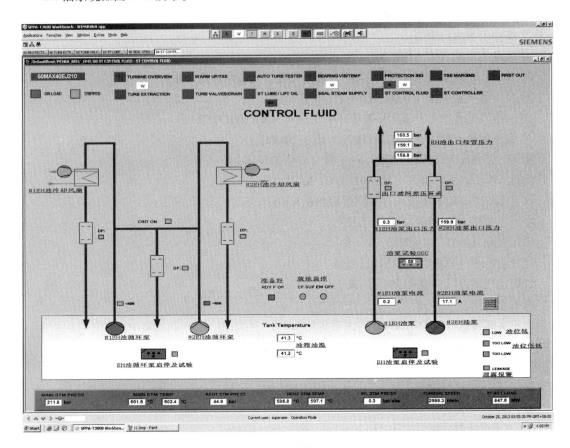

图 8-21　汽轮机控制油系统

8.3.11.1　相关测点

EH 油系相关测点有：

（1）EH 油母管压力测点 1（50/60MAX01CP003）。

（2）EH 油母管压力测点 2（50/60MAX01CP007）。

（3）EH 油母管压力测点 3（50/60MAX01CP008）。

（4）#51/#61 EH 油泵出口压力（50/60MAX01CP001）。

（5）#52/#62 EH 油泵出口压力（50/60MAX01CP002）。

（6）油箱油温度测点 1（50/60MAX01CT001A）。

（7）油箱油温度测点 2（50/60MAX01CT001B）。

8.3.11.2　EH 油冷却风扇逻辑

EH 油冷却风扇逻辑：

（1）启动：油温大于 55℃ 时联启同侧风扇（与 EH 油循环泵同侧）。

（2）停止：1）油温小于 53℃；2）油循环系统投自动停止。

8.3.11.3　EH 油循环泵

EH 油循环泵当切换时，当备用泵运行正常运行时间超过 10s 原运行泵自动停止。

EH 油循环泵联启条件：（1）油泵发故障跳闸报警；（2）出口压力（压力开关低）；（3）油泵未运行。

EH 油循环泵运行以下条件同时满足自动停泵：（1）运行时间 4s；（2）出口压力低。

8.3.11.4 EH 油泵

以下条件任一满足 EH 油泵自动停止：（1）油箱油温度低于 5℃；（2）EH 油事故按钮触发；（3）油压低于 1MPa 且油泵运行时间超过 4s（此条件逻辑中已强制）。

程序停泵（以下条件为或）：（1）DCO 切换；（2）EH 油 SGC 在第 51 步。

程序联启（以下条件为且）：（1）事故按钮为"0"且 DCO 在"ON"（即备用投入连锁）；（2）油泵出口压力小于 15MPa 延时 100s 或油压低于 11.5MPa 无延时。

8.3.11.5 保护

油压低于 10.5MPa 跳机（关于 EH 油的跳机保护都未投入）。

8.4 DEH 启动步序

8.4.1 启动步序前的准备工作

8.4.1.1 启动步序概述

汽轮机主控程序在汽轮机启动冲转及带负荷工程中，监视汽轮机的状态，如蒸汽温度、阀门及汽缸的金属温度，并判断是否满足机组启动冲转的条件（X 准则）。在启动过程中在适当的时机向汽轮机辅助系统及其他相关系统发出指令并从这些系统接受反馈信号，使这些系统的状态与汽轮机启动的要求适应。

8.4.1.2 汽机 SGC 程控启动的允许条件（MAY10EC001 XT01）

锅炉点火后，当汽机程控（SGC ST）启动条件满足，即可程控启动汽机（SGC ST）。

（1）转速/负荷控制器 = 0%（MYA01DU050 XH51）。

（2）汽机启动装置 TAB = 0% 或汽机跳闸系统无跳闸信号（MAY01EZ001 XK96 取反）。

（3）汽机主汽门、调门 ATT 试验不进行（MAY01EC200 XT94 取反）。

（4）汽机 TSE INFL 应力裕度控制器投入（MYA01DU011 XT02 取反）。

（5）发变组出口开关（MKY01DE011R）热备用状态。

（6）辅助设备投入正常。

（7）励磁设备自动状态。

（8）机组保护电源正常。

（9）全部调门、主汽门关闭。

（10）发电机同步系统正常。

8.4.2 启动步序的条件

汽机 TSE 热应力控制器投入；转速/负荷控制器投入；发电机未并网；阀门活动性试验 SGC 不在进行中；励磁正常；汽机启动装置 TAB 小于 0.1% 或汽机跳闸系统无跳闸信号；汽机启动装置 TAB 小于 35% 或任一高压主汽门全开且任一中压主汽门全开；转速、负荷控制输出指令小于 0.5% 或汽机启动装置 TAB 大于 62% 且任一高压主汽门全开且任一中压主汽门全开；P-BUS 通信正常。（汽机程控启动 SGC 在两种情况下可允许启动：汽机跳闸后，TAB 小于 0.1% 且转速/负荷控制器输出等于零；汽机甩负荷后，再次启动，此时要求无汽机跳闸信号，主汽门开启，TAB 大于 62%。）

8.4.3　启动步序前的注意事项

启动步序前的注意事项为：检查确认系统无报警，热控测点正常；检查确认各画面连锁、子环投入；确认相关试验状态；系统无跳闸信号；确认汽机 SGC 程控启动的允许条件满足。

8.4.4　启动步序内容

8.4.4.1　启动步序前的注意事项

启动步序前的注意事项：检查确认系统无报警，热控测点正常；检查确认各画面连锁、子环投入；确认相关试验状态；系统无跳闸信号；确认汽机 SGC 程控启动的允许条件满足。

8.4.4.2　启动步序内容

启动步序内容见表 8-3。

表 8-3　汽轮机启动步序

顺　序	操　作　项　目
第 1 步	空步
第 2 步	检查汽机逆止门 SLC 投入（LBS10EE001）。 1. 高中压调门及补汽阀、高排逆止门关闭。旁通条件：转速负荷控制器输出大于 0.5%，且 STARUP DEVICE 大于 62%。 2. 高中压主汽门、高排逆止门全关。旁通条件：任一高压主汽门全开且任一中压主汽门全开。 3. 所有抽汽逆止阀全关（不包含二抽）。旁通条件：任一高压主汽门全开且任一中压主汽门全开且汽机转速大于 2850r/min。 4. 汽机抽汽逆止门子环投入（LBS10EE001）。 5. #1 高压主汽门、高压调门 ATT 子环投入（MAA10EE001）。 6. #2 高压主汽门、高压调门 ATT 子环投入（MAA20EE001）。 7. #1 中压主汽门、中压调门 ATT 子环投入（MAB10EE001）。 8. #2 中压主汽门、中压调门 ATT 子环投入（MAB20EE001）。 9. 补汽门 ATT 子环投入（MAA14EE001）
第 3 步	投入汽机限制控制器。 1. 高压排汽温度控制器投入（MYA01DT050）。 2. 高压叶片压力控制器投入（MYA01DP080）。旁通条件：汽轮机转速大于 402r/min。 3. 压力控制为限压方式"Limit PRES"（MYA01DP011）
第 4 步	投入汽机本体疏水子环 SLC。汽机疏水子环投入（MAL10EE001）
第 5 步	开启汽机调门前疏水门。 1. 等待 90s。 2. #2 中调门前疏水门开（MAL27AA051A）。 3. #1 中调门前疏水门开（MAL26AA051A）。 4. #2 高调门前疏水门开（MAL12AA051A）。 5. #1 高调门前疏水门开（MAL11AA051A）。 6. 补汽阀前疏水门开（MAL19AA051A）。旁通条件：任一高压主汽门全开且任一中压主汽门全开且 STARTUP DEVICE 大于 62%
第 6 步	空步
第 7 步	空步
第 8 步	执行汽轮机润滑油泵检查 SGC（MAV20EC001）。 高中压主汽门全关，油泵检查 SGC 进行中。旁通条件 1：高中压主汽门全关，且汽机转速为 120 ~ 390r/min，且 TAB 小于 0.1%。旁通条件 2：汽轮机转速大于 330r/min

顺 序	操 作 项 目
第 9 步	空步
第 10 步	空步
第 11 步	复位汽轮机跳闸首出（60MYA10EV099），等待蒸汽品质合格。 1. 油泵检查 SGC 在手动（MAV20EC001）。 2. 油泵检查 SGC（MAV20EC001）无故障。 3. 中压缸前部上下缸 50% 处金属温度测点均无故障。 4. 中压缸前部上下缸 50% 处金属温度温差在 -45 ~ 30℃ 之间。 5. 高压缸中部上下半汽缸 50% 处温度测点均无故障。 6. 高压缸前部上下缸 50% 处金属温度温差在 -45 ~ 30℃ 之间。 7. #1 高调门 50% 壳体温度小于 350℃。旁通条件：蒸汽纯度 SLC 投入（MAY00EE001）或 汽轮机转速大于 402r/min。 8. 第一次确认汽机辅助系统运行正常（MAY20EC001）。 （1）汽机 EH 供油子环投入（MAX01EE002 XA01）。 （2）汽机 EH 油冷却子环投入（MAX01EE004 XA01）。 （3）凝结水系统（LCA10EU001）已投运。 （4）轴封控制（MAW20DP001）投自动。 （5）闭冷水系统（PGB10EU001）已投运。 （6）仪用空气压力（QFB01CP001）大于 0.4MPa。 （7）汽机未跳闸。 （8）汽机实际转速（MYA01CS901）大于 9.6r/min。 （9）润滑油系统 SGC 投自动，润滑油系统、顶轴油系统、油箱排烟风机运行正常。 （10）确认汽机疏水（MAL10EE001）正常，无故障。 9. 手动设定汽机高中压调门、补汽阀阀限。 （1）#1 中调门阀位限制 = 105%（MAB22DG010 XH01）。 （2）#2 中调门阀位限制 = 105%（MAB12DG010 XH01）。 （3）#1 高调门阀位限制 = 105%（MAA22DG010 XH01）。 （4）#2 高调门阀位限制 = 105%（MAA12DG010 XH01）。 （5）补汽阀阀位限制 = 105%（MAA14DG010 XH01）
第 12 步	联锁打开#1、#2 再热主汽门前疏水门。 1. 等待 90s。 2. #1、#2 再热主汽门前疏水阀已开（MAL23AA051A/MAL24AA051A）。旁通条件：#1、#2 再热主汽门前温度大于 360℃。（LBB21CT007A/LBB22CT007A） 3. #1、#2 高压主汽门前温度大于 360℃（LBA21CT007A/LBA22CT007A）。 第 12 步旁通条件：任一高压主汽门开且任一中压主汽门全开且 TAB 大于 62%
第 13 步	判断热再、冷再、主汽管路暖管结束。 1. #1、#2 高压主汽门前蒸汽过热度大于 10℃。 2. #1 再热主汽门前蒸汽过热度大于 10℃。旁通条件：#1 再热主汽门前疏水阀已开且#1 再热汽压力大于 500kPa。（LBB21CP004） 3. #2 再热主汽门前蒸汽过热度大于 10℃。旁通条件：#2 再热主汽门前疏水阀已开且#2 再热汽压力大于 500kPa。（LBB22CP004） 4. 高压缸暖管完成（DCS 来）。 5. 冷再、热再管道暖管完成（DCS 来）。 6. X₂ 准则满足要求（MAY10FT002）。旁通条件：任一高压主汽门开且任一中压主汽门开。 第 13 步旁通条件：高中压主汽门全开且汽轮机转速大于 330r/min
第 14 步	联锁打开再热主汽门前疏水门。 1. 等待 90s。 2. #1、#2 再热主汽门前疏水阀已开。旁通条件 1：任一高压主汽门开且任一中压主汽门且 STARTUP DEVICE 大于 62%。旁通条件 2：如果在第 12 步#1、#2 再热主汽门前疏水阀已开，则此第 14 步直接跳步，否则需等待 90s 且打开#1、#2 再热主汽门前疏水阀

顺 序	操 作 项 目
第 15 步	打开主汽门，提升 TAB，初始负荷设为 15%。 1. TAB 大于 62%（MYA01DG020 XH03）。 2. 负荷控制器自动设定并网后初负荷 = 150MW（MYA01DE010 XH02） 备注：TAB 大于 12.5% 时，汽机跳闸保护释放，将"TURBINE TRIPPED"信号复掉。TAB 大于 22.5% 时高、中压主汽门跳闸电磁阀带电（复位）。TAB 大于 32.5% 时高、中压调门跳闸电磁阀带电（复位）。TAB 大于 42.5% 时高中压主汽门开/关门电磁阀失电（开门）高排通风阀电磁阀带电（关门）。当出现汽轮机转速上升时，应立即手动打跳停机
第 16 步	检查主汽门开启情况。 1. 高排通风阀开取反。 2. 高排通风阀关闭（LBC41CG051B）。旁通条件：汽轮机转速大于 1980r/min。 3. 任一高压主汽门全开且任一中压主汽门全开。 第 16 步旁通条件：调门预暖完成，主汽门关闭。 调门预暖条件：出现以下情况之一，主汽门将关闭。 （1）高中压主汽门全开，且蒸汽品质 SLC 未投入（MAY00EE001），且主汽压力大于 3MPa，且#1 高调门 50% 壳体温度（MAA12CT022A）小于 210℃，主汽门开启 15min 后。 （2）主汽门开启时间限制为 60min，即子组第 16 步至第 20 步在 60min 内无法完成。 （3）高中压主汽门全开，且蒸汽品质 SLC 未投入（MAY00EE001），且主汽压力大于 2MPa 且#1 高调门 50% 壳体温度（MAA12CT022A）小于 210℃，主汽门开启 30min 后。 （4）高中压主汽门全开且蒸汽品质 SLC 未投入（MAY00EE001 XA02），主汽压力大于 4MPa。 （5）高中压主汽门全开，且蒸汽品质 SLC 未投入（MAY00EE001），且主汽压力大于 2MPa，#1 高调门 50% 壳体温度（MAA12CT022A）大于 210℃。 （6）转速目标设定值小于 357r/min，且汽轮机转速大于 402r/min
第 17 步	空步
第 18 步	空步。空步或汽机转速大于 330r/min
第 19 步	空步
第 20 步	STEP 20-1 暖阀条件满足，跳回 11 步；STEP 20-2 蒸汽品质合格，检查汽机冲转条件。 STEP 20-1：暖阀完成降 START DEVICE，跳回 STEP 11。 1. 汽轮机转速小于 390r/min 且蒸汽品质 SLC 投入（MAY00EE001）延时 5s。 2. START DEVICE 小于 35%（MYA01DG020）。 3. 高中压主汽门全关。 4. 机组 SGC 启动在 STEP 20。 STEP 20-2：检查汽机冲转条件。 1. 高压凝汽器背压（MAG10FP002）小于 20kPa。 2. 蒸汽品质合格后，蒸汽品质子环手动投入（MAY00EE001）。 3. 低压凝汽器背压（MAG20FP002）小于 20kPa。 4. 第二次确认汽机辅助系统运行正常（MAY20EC001）。 （1）汽机 EH 供油子环投入（MAX01EE002 XA01）。 （2）汽机 EH 油冷却子环投入（MAX01EE004 XA01）。 （3）凝结水系统（LCA10EU001）已投运。 （4）轴封控制（MAW20DP001）投自动。 （5）闭冷水系统（PGB10EU001）已投运。 （6）仪用空气压力（QFB01CP001）大于 0.4MPa。 （7）汽机未跳闸。 （8）汽机实际转速（MYA01CS901）大于 9.6r/min。 （9）润滑油系统 SGC 投自动，润滑油系统、顶轴油系统、油箱排烟风机运行正常。 （10）确认汽机疏水（MAL10EE001）正常，无故障。 5. 高中压主汽门全开。 6. TAB 设定值大于 62%。 7. 主机冷油器后油温大于 37℃。 8. 汽机润滑油系统供油正常（MAV10EG001）。

续表 8-3

顺 序	操 作 项 目
第 20 步	（1）主机油供应子组进行中（MAV10EC001 01XA）。 （2）任一台主机交流润滑油泵运行。 （3）主机直流润滑油泵备用子环投入。 （4）任一台排烟风机运行。 （5）主机润滑油母管压力。 （6）主机润滑油滤网后压力。 （7）顶轴油系统工作正常。 9. 压力设定值和实际压力的偏差不超限（MYA01DP011 XT03）。 10. 高压排气温度保护控制器（MAA50EZ120）未激活。 11. 再热主汽门前温度满足要求。 12. 高压主汽门前温度满足要求。 13. 中压缸前部上下缸 50% 处金属温度测点无故障（MAB50CT041A）。 14. 中压缸前部上下缸 50% 处金属温度温差在 $-45 \sim 30$℃ 之间。 15. 高压缸前部上下缸 50% 处金属温度测点无故障。 16. 高压缸前部上下缸 50% 处金属温度温差在 $-45 \sim 30$℃ 之间。 17. TSE 最小温度上限裕度（MAY01EP150）大于 30℃。 18. 汽轮机转速信号正常且不在临界转速区（MYA01CS901）。 19. X_4 准则（MAY10FT004）满足（防止湿蒸汽进入汽轮机）。 20. X_5 准则（MAY10FT005）满足（防止高压缸冷却）。 21. X_6 准则（MAY10FT006）满足（防止中压缸冷却）。 第 20-2 步旁通条件：汽轮机转速大于 330r/min
第 21 步	开调门，汽机冲转至暖机转速 360 r/min（冷态暖约 60min）。 1. 汽机转速（MYA01DS010）大于 357r/min（暖机转速自动设定为 360r/min）。 2. 汽机升速率不低。 第 21 步旁通条件：汽轮机转速大于 2850r/min 或汽轮机转速大于 330r/min 且转速负荷控制器大于 0.5%
第 22 步	自动退出蒸汽品质合格确认子环 SLC。 1. 蒸汽品质合格确认子环退出（MAY00EE001 XA02）。 2. 汽轮机转速大于 330r/min
第 23 步	准备升至额定转速前，检查汽机暖机效果。（需手动释放转速设定值闭锁） 1. 主蒸汽流量大于 15%（此条件为强制）。 2. #1、#2 凝汽器背压小于 12kPa。 3. TSC 最小温度裕度大于 30K（MAY01EP150）。 4. 中压转子中心温度（计算值）大于 20℃（MAY01EP155/XQ02）。 5. 额定转速子环已释放（MAY00EE002）（手动投入）。 6. X_7A、X_7B 准则满足要求 MAY10FT007A/007B（限定了汽轮机转子或缸体温度的下降，即说明汽轮机的这些金属部件已充分预热具备快速通过临界转速区的条件）。 第 23 步旁通条件：汽轮机转速大于 2850r/min
第 24 步	空步
第 25 步	汽轮机升至额定转速。 转速目标值设定大于 3006r/min（设定为 3009r/min）（MYA01DS010）。 第 25 步旁通条件：汽轮机转速大于 2850r/min 且发电机已并网。 检查转速达到 540r/min 以上时，顶轴油油泵应联停
第 26 步	关闭汽机高、中压主汽门疏水门。 1. #2 中调门前疏水门关（MAL27AA051 XB02）。 2. #1 中调门前疏水门关（MAL26AA051 XB02）。 3. #2 中压主汽门前疏水门关（MAL24AA051 XB02）。 4. #1 中压主汽门前疏水门关（MAL23AA051 XB02）。 5. 补汽阀前疏水门关（MAL19AA051 XB02）。 6. #2 高调门前疏水门关（MAL12AA051 XB02）。 7. #1 高调门前疏水门关（MAL11AA051 XB02）

续表 8-3

顺　序	操　作　项　目
第 27 步	手动退出额定转速释放子环（RELEASE NOMINAL SPEED RELEASED）。 额定转速释放子环自动退出（MAY00EE002）。 旁通条件：汽轮机转速大于 2850r/min 且发电机已并网
第 28 步	AVR 装置投自动。 发电机电压控制器 AVR（MKC01DE103A）投入自动。 旁通条件：发电机已并网
第 29 步	保持汽机在额定转速运行，以便暖透汽机中压缸部分（冷态暖机约需 60min）。 1. TSE 温度上限裕度（10MAY01EP150）大于 30℃。 2. 发电机励磁系统无故障（MKC01DE307A）。 3. X_8 准则满足（暖中压缸）
第 30 步	发电机准备并网。 1. 励磁系统已投入。 2. 同期装置正常。 第 30 步旁通条件：发电机已并网
第 31 步	进行同期并网。 发变组已同期并网
第 32 步	提升 TAB 至 99%，增加调门开度。 TAB 设定值大于 99%。 负荷控制器激活，转速控制器退出运行
第 33 步	检查汽机自启动完成。 1. 高旁关闭。 2. 汽机转速大于 2850r/min。 3. 机组并网带负荷（MKY01EU010 ZV01）
第 34 步	投入初压模式。 初压控制器已投入（MYA01DP011）
第 35 步	启动步骤结束。 启动程序结束，信号送至汽机 SGC 启动步序完成反馈

8.5　DEH 停机

8.5.1　汽轮机程控（SGC ST）停用条件

汽轮机程控（SGC ST）停用条件：（1）汽轮机润滑油泵功能组已投入等；（2）确认汽轮发电机辅助系统运行正常。

8.5.2　汽轮机程控（SGC ST）停用步序

汽轮机程控（SGC ST）停用步序见表 8-4。

表 8-4　汽轮机停机步序

顺　序	操　作　项　目
第 51 步	高排逆止门释放。 1. 高压排汽温度控制（MYA01DT050）回路退出。 2. 高排逆止门 A/B（LBC20CG051B）开度小于 85%，或高排逆止门 A/B（LBC20CG051B）开取反等待 10s（序号间为与关系）

顺　序	操　作　项　目
第 52 步	设定负荷控制器降负荷到零。 1. TSE 温度下限裕度（MAT01EP150）小于 - 10℃。 2. 汽机跳闸系统（MAY01EZ001）跳闸。 3. 高压缸排气温度（50MAA50FT021A）大于 480℃。 4. 发电机未并网。 5. 转速/负荷控制器输出指令到零（调门逐渐关闭，降负荷到零）。 6. 转速控制器激活（序号间为或关系）
第 53 步	阀门泄漏试验（等待发电机逆功率跳闸，等待时间 60s）。 1. 等待 60s。 2. 汽机跳闸系统（MAY01EZ001）跳闸。 3. TSE 温度下限裕度（MAT01EP150）小于 - 10℃。 4. 高压缸排气温度（50MAA50FT021A）大于 480℃。 5. 转速控制器激活。 6. 发电机未并网（序号间为或关系）（逆功率动作条件为：- 9MW 延时 50s）
第 54 步	关闭主汽门，继续等待发电机逆功率跳闸。 1. 高、中压主汽门（MAA11/21FG051、MAB11/21FG051）关闭。 2. 汽机启动装置 TAB 输出（MYA01DG020）小于 0.1%。 3. 励磁设备（MKC01DE101AXG02）停运。 4. 发电机未并网。 5. 汽机跳闸系统（MAY01EZ001）跳闸（序号间为与关系）
第 55 步	投入汽机疏水联锁开关。汽机疏水子回路（MAL10EE001）ON
第 56 步	大机顶轴油系统投入正常。 1. 汽机转速（MYA01CS901）大于 9.6r/min。 2. 汽机转速（MYA01CS901）小于 120r/min。 3. 顶轴油系统（MAV30EU001）投入（序号间为与关系）
第 57 步	大机油泵试验结束。 1. 油系统电加热投入。 2. 大机转速小于 9.6r/min 延时 3.2s。 3. 油系统试验结束（未投）（序号间为或关系）
第 58 步	油泵试验无故障。 1. 油泵试验无故障信号。 2. SGC 油泵试验（MAV20EC001）已退出（序号间为与关系）
第 59 步	汽机冷却。高压调门壳体（50%）温度（MAA12CT022A）小于 200℃
第 60 步	开启汽机疏水门。 1. 中压调门 B 前疏水门开（MAL27AA051）。 2. 中压调门 A 前疏水门开（MAL26AA051）。 3. 补汽门前疏水门开（MAL19AA051）。 4. 高压调门 B 前疏水门开（MAL12AA051）。 5. 高压调门 A 前疏水门开（MAL11AA051）（序号间为与关系）
第 61 步	停机程序完成

8.6　试验

8.6.1　主机润滑油压低油泵联锁试验

主机润滑油压低油泵联锁试验分为手动试验和程控试验。

（1）手动试验。

1）试验的前提条件：

① 机组带负荷或者在额定转速下运行。

② 主机交流润滑油泵和直流油泵的子环投入。当前运行油泵为 DCO 预选。

③ 2/3 阀 MAV21AA321 接压力开关 MAV21CP001，2/3 阀 MAV21AA322 接压力开关 MAV42CP012，2/3 阀 MAV21AA329 接压力开关 MAV42CP019 的接口与高压油管线接通（压力开关在线）。

④ 润滑油系统没有故障信号。

⑤ 各油压开关、油压变送器和就地压力表都正常。

2）主机交流润滑油泵启动试验操作：

① 开启 2/3 阀 MAV21AA321，使压力开关 MAV21CP001 油压低动作（或者是 2/3 阀 MAV21AA329，使压力开关 MAV42CP019 动作），启动主机直流润滑油泵和备用交流润滑油泵，并确认备用油泵和直流油泵出口压力正常。

② 重新操作 2/3 阀 MAV21AA321，使压力开关 MAV21CP001 恢复正常，压力低报警消失，两台主机交流润滑油泵并列运行。

③ 大约 10s 后，切换前最初运行的主油泵自动停运。

④ DCO 自动将运行油泵设定为预选。

⑤ 手动停运直流润滑油泵。

3）主机直流油泵的启动试验：手动操作 2/3 阀 MAV21AA322，使压力开关 MAV42CP012 的因油压低动作，直接启动直流油泵。检查直流油泵出口的压力表 MAV24CP501 指示正常。重新操作 2/3 阀 MAV21AA322 使压力开关 MAV42CP012 恢复正常。手动停运直流润滑油泵。

试验时发现如下问题，因及时汇报领导，检查原因，必要时申请停机：主机交流润滑油泵无法启动；主机直流油泵无法启动；油泵出口压力指示不正常；压力开关有故障。

（2）程控试验。

1）启动油泵自检查程控，监视程控动作正常。

2）启动过程：开启润滑油交流油泵油压试验电磁阀（60MAV21AA321），备用交流润滑油泵及直流油泵启动——关闭润滑油交流油泵油压试验电磁阀（60MAV21AA321）——停运、复位交流润滑油泵"C/O"报警——停运直流油泵——等待 360s 后，开启润滑油滤油器后压力试验电磁阀（60MAV21AA329），备用交流润滑油泵及直流油泵启动——关闭润滑油滤油器后压力试验电磁阀（60MAV21AA329）——停运、复位交流润滑油泵"C/O"报警——停运直流油泵——等待 360s 后，开启直流油泵润滑油压力试验电磁阀（60MAV21AA322），直流油泵连锁启动——关闭直流油泵润滑油压力试验电磁阀（60MAV21AA322）——复位直流油泵报警——停运直流油泵——停运运行的排烟风机，备用风机启动——复位排烟风机报警。

SGC CHECK OIL PUMPS 步序见表 8-5。

表 8-5　SGC CHECK OIL PUMPS 步序

顺　序	操　作　项　目
第 1 步	油泵检查程控（二取一）。 油泵检查程控：#1 交流油泵出口压力高，#2 交流油泵出口压力低；或#1 交流油泵出口压力低，#2 交流油泵出口压力高。 交流油泵控制子环自动。 冷却器前母管压力高。 滤网后母管压力高。 直流油泵控制子环自动。 直流油泵停运。 压力开关投入。 直流油泵出口压力低。 油泵控制子环投入。 排烟风机控制子环投入。 油系统试验取反

顺 序	操 作 项 目
第 2 步	旁通条件：旁路油泵检查程控。 冷却器前试验阀开。 #1 交流油泵运行。 #1 交流油泵出口压力高。 #2 交流油泵运行。 #2 交流油泵出口压力高。 直流油泵运行。 直流油泵出口压力高。 冷却器前母管压力低。 滤网后母管压力高
第 3 步	旁通条件：旁路油泵检查程控。 #1 交流油泵运行，#1 交流油泵出口压力高；或#2 交流油泵运行，#2 交流油泵出口压力高。 冷却器前试验阀关闭。 直流油泵运行。 直流油泵出口压力高。 冷却器前母管压力高。 滤网后母管压力高
第 4 步	旁通条件：旁路油泵检查程控。 交流油泵正常。 直流油泵正常
第 5 步	旁通条件：旁路油泵检查程控。 直流油泵停运。 直流油泵出口压力低。 冷却器前母管压力高。 滤网后母管压力高。 #1 交流油泵运行或#2 交流油泵运行。 等待 360s
第 6 步	旁通条件：旁路油泵检查程控。 滤网后试验阀开。 滤网后母管压力低。 冷却器前母管压力高。 润滑油压（模拟量）高。 #1 交流油泵运行。 #1 交流油泵出口压力高。 #2 交流油泵运行。 #2 交流油泵出口压力高。 直流油泵运行。 直流油泵出口压力高
第 7 步	旁通条件：旁路油泵检查程控。 #1 交流油泵运行，#1 交流油泵出口压力高；或#2 交流油泵运行，#2 交流油泵出口压力高。 滤网后试验阀关。 滤网后母管压力高。 直流油泵运行。 直流油泵出口压力高。 冷却器前母管压力高
第 8 步	旁通条件：旁路油泵检查程控。 交流油泵正常。 直流油泵正常

顺　序	操　作　项　目
第 9 步	旁通条件：旁路油泵检查程控。 #1 交流油泵运行或#2 交流油泵运行。 直流油泵停运。 直流油泵出口压力低。 冷却器前母管压力高。 滤网后母管压力高。 等待 360s
第 10 步	空步
第 11 步	空步
第 12 步	空步
第 13 步	空步
第 14 步	空步
第 15 步	#1 交流油泵运行或#2 交流油泵运行。 滤网后试验阀（不显示压力低信号）开。 直流油泵运行。 直流油泵出口压力高。 冷却器前母管压力高。 滤网后母管压力高
第 16 步	#1 交流油泵运行或#2 交流油泵运行。 滤网后试验阀（不显示压力低信号）关。 直流油泵运行。 直流油泵出口压力高。 冷却器前母管压力高
第 17 步	空步
第 18 步	直流油泵正常
第 19 步	#1 交流油泵运行或#2 交流油泵运行。 直流油泵停运。 直流油泵出口压力低。 冷却器前母管压力高
第 20 步	空步
第 21 步	旁路油泵检查程控。 油泵检查程控。 #1 排烟风机停运。 #2 排烟风机运行。 排烟风机入口压力低
第 22 步	旁路油泵检查程控。 油泵检查程控。 #1 排烟风机运行。 #2 排烟风机停运。 排烟风机入口压力低
第 23 步	排烟风机控制子环正常
第 24 步	结束

8.6.2 汽门松动试验（ATT 试验）

8.6.2.1 高排通风阀试验

高排通风阀试验见表 8-6。

表 8-6 高排通风阀试验步序

顺序	操 作 项 目	危险点预控
第 1 步	负荷减至 800MW 以下	试验期间，注意负荷向下波动不应超过 80MW
第 2 步	将机组控制方式切为手动	
第 3 步	将主汽温度控制在 590℃，再热汽温度控制在 590℃	高中压主汽门均开启。试验过程中，避免机组负荷、蒸汽参数大幅波动
第 4 步	选择高排通风阀"SELECT ATT"，在弹出菜单中选"1"按"确认"键。将其余汽门的"SELECT ATT"都切至"0"状态	阀门松动（ATT）试验应逐项进行，不得同时进行。一旦试验中发生异常情况，应立即停止试验
第 5 步	投入 ATT ESV/CV 程控走步（做高排通风阀试验）	试验时，应监视下列参数的变化情况： 1. 主蒸汽压力、温度，再热蒸汽压力、温度，高排温度。 2. 各轴承金属温度及回油温度。 3. 轴向位移及机组振动。 4. 机组负荷。 5. 试验时，应记录阀门动作时间
第 6 步	查电磁阀 1 失电变绿，同时高排通风阀快速全开	
第 7 步	查电磁阀 1 得电变红，同时高排通风阀快速关闭	
第 8 步	查电磁阀 2 失电变绿，同时高排通风阀快速全开	
第 9 步	查电磁阀 2 得电变红，同时高排通风阀快速关闭	
第 10 步	查高排通风阀 ATT 试验成功指示灯变红	
第 11 步	选择高排通风阀"SELECT ATT"，在弹出菜单中选"0"按"确认"键	
第 12 步	将 SGC ATT ESV/CV 切除程控	在一组阀门试验后，如无特殊情况应立即试验复归，经 5min 稳定后，再进行另一组阀门的试验
第 13 步	将主汽温度及再热汽温度调整回正常值	
第 14 步	将机组控制方式切自动	

8.6.2.2 高排逆止门试验

高排逆止门试验见表 8-7。

表 8-7 高排逆止门试验步序

顺序	操 作 项 目	危险点预控
第 1 步	负荷减至 800MW 以下	试验期间，注意负荷向下波动不应超过 80MW
第 2 步	将机组控制方式切为手动	
第 3 步	将主汽温度控制在 590℃，再热汽温度控制在 590℃	高中压主汽门均开启。试验过程中，避免机组负荷、蒸汽参数大幅波动
第 4 步	选择高排逆止门 A 的"SELECT ATT"，在弹出菜单中选"1"按"确认"键。将其余汽门的"SELECT ATT"都切至"0"状态	阀门松动（ATT）试验应逐项进行，不得同时进行。一旦试验中发生异常情况，应立即停止试验

顺序	操 作 项 目	危险点预控
第 5 步	投入 ATT ESV/CV 程控走步（做高排逆止门试验）	试验时，应监视下列参数的变化情况： 1. 主蒸汽压力、温度，再热蒸汽压力、温度，高排温度。 2. 各轴承金属温度及回油温度。 3. 轴向位移及机组振动。 4. 试验时，应记录阀门动作时间和行程
第 6 步	查 A 侧高排逆止门电磁阀 1，失电变绿，同时高排逆止门关闭到 85% 阀位	
第 7 步	查 A 侧高排逆止门电磁阀 1，得电变红，同时高排逆止门快速打开	
第 8 步	查 A 侧高排逆止门电磁阀 2，失电变绿，同时高排逆止门关闭到 85% 阀位	
第 9 步	查 A 侧高排逆止门电磁阀 2，得电变红，同时高排逆止门快速打开	
第 10 步	查 A 侧高排逆止门 ATT 试验成功指示灯变红	
第 11 步	选择高排逆止门 A 的"SELECT ATT"，在弹出菜单中选"0"按"确认"键	
第 12 步	以相同的方法试验高排逆止门 B	在一组阀门试验后，如无特殊情况应立即试验复归，经 5min 稳定后，再进行另一组阀门的试验
第 13 步	高排逆止门 B 试验结束，将 SGC ATT ESV/CV 切除程控	
第 14 步	将主汽温度及再热汽温度调整回正常值	
第 15 步	将机组控制方式切自动	

8.6.2.3　高压主汽门、调门活动试验

高压主汽门、调门活动试验见表 8-8。

表 8-8　高压主汽门、调门活动试验步序

顺序	操 作 项 目	危险点预控
第 1 步	负荷减至 800MW 以下	试验期间，注意负荷向下波动不应超过 80MW
第 2 步	将机组控制方式切为手动	
第 3 步	将主汽温度控制在 590℃，再热汽温度控制在 590℃	高中压主汽门均开启。试验过程中，避免机组负荷、蒸汽参数大幅波动
第 4 步	记录高调门的开度	阀门松动（ATT）试验应逐项进行，不得同时进行。一旦试验中发生异常情况，应立即停止试验
第 5 步	选择 A 侧高压主汽门、调门的"SELECT ATT"，在弹出菜单中选"1"按"确认"键。将其余汽门的"SELECT ATT"都切至"0"状态	试验时，应监视下列参数的变化情况： 1. 主蒸汽压力、温度，再热蒸汽压力、温度，高排温度。 2. 各轴承金属温度及回油温度。 3. 轴向位移及机组振动。 4. 机组负荷。 5. 试验时，应记录阀门动作时间

顺序	操 作 项 目	危险点预控
第 6 步	投入 ATT ESV/CV 程控走步（做 A 侧主汽门活动试验）	
第 7 步	查高压调门 A 缓慢关闭	
第 8 步	查电磁阀 MAA11AA013 失电变绿，同时高压主汽门 A 快速关闭	
第 9 步	查电磁阀 MAA11AA013 得电变红，同时高压主汽门 A 快速开足	
第 10 步	查电磁阀 MAA11AA014 失电变绿，同时高压主汽门 A 快速关闭，电磁阀 MAA11AA011 得电变红	
第 11 步	查快开高压调门 A 到 10%	
第 12 步	查电磁阀 MAA12AA013 失电变绿，同时高压调门 A 快速关闭	
第 13 步	查电磁阀 MAA12AA013 得电变红，同时高压调门 A 快速打开到 10%	
第 14 步	查电磁阀 MAA12AA014 失电变绿，同时高压调门 A 快速关闭，电磁阀 MAA11AA011 失电变绿	
第 15 步	查高压 A 侧 ATT 试验成功指示灯变红	
第 16 步	查电磁阀 MAA11AA014 得电变红，同时高压主汽门 A 快速开足	
第 17 步	查电磁阀 MAA12AA014 得电变红，同时高压调门 A 慢开	
第 18 步	选择 A 侧高压主汽门、调门的"SELECT ATT"，在弹出菜单中选"0"按"确认"键	
第 19 步	用相同的方法试验 B 侧高压主汽门、调门	在一组阀门试验后，如无特殊情况应立即试验复归，经 5min 稳定后，再进行另一组阀门的试验
第 20 步	B 侧高压主汽门、调门试验结束，将 SGC ATT ESV/CV 切除程控	
第 21 步	将主汽温度及再热汽温度调整回正常值	
第 22 步	将机组控制方式切自动	

8.6.2.4 中压主汽门、调门试验

中压主汽门、调门试验见表 8-9。

表 8-9 中压主汽门、调门试验步序

顺序	操 作 项 目	危险点预控
第 1 步	负荷减至 800MW 以下	试验期间，注意负荷向下波动不应超过 80MW
第 2 步	将机组控制方式切为手动	
第 3 步	将主汽温度控制在 590℃，再热汽温度控制在 590℃	高中压主汽门均开启。试验过程中，避免机组负荷、蒸汽参数大幅波动

顺序	操 作 项 目	危险点预控
第 4 步	记录中压调门的开度	阀门松动（ATT）试验应逐项进行，不得同时进行。一旦试验中发生异常情况，应立即停止试验
第 5 步	选择 A 侧中压主汽门、调门的"SELECT ATT"，在弹出菜单中选"1"按"确认"键。将其余汽门的"SELECT ATT"都切至"0"状态	试验时，应监视下列参数的变化情况： 1. 主蒸汽压力、温度，再热蒸汽压力、温度，高排温度。 2. 各轴承金属温度及回油温度。 3. 轴向位移及机组振动。 4. 机组负荷。 5. 试验时，应记录阀门动作时间
第 6 步	投入 ATT ESV/CV 程控走步（做 A 侧中压主汽门、调门活动试验）	
第 7 步	查中压调门 A 缓慢关闭	
第 8 步	查电磁阀 MAA21AA013 失电变绿，同时中压主汽门 A 快速关闭	
第 9 步	查电磁阀 MAA21AA013 得电变红，同时中压主汽门 A 快速开足	
第 10 步	查电磁阀 MAA21AA014 失电变绿，同时中压主汽门 A 快速关闭，电磁阀 MAA21AA011 得电变红	
第 11 步	查快开中压调门 A 到 10%	
第 12 步	查电磁阀 MAA22AA013 失电变绿，同时中压调门 A 快速关闭	
第 13 步	查电磁阀 MAA22AA013 得电变红，同时中压调门 A 快速打开到 10%	
第 14 步	查电磁阀 MAA22AA014 失电变绿，同时中压调门 A 快速关闭，电磁阀 MAA21AA011 失电变绿	
第 15 步	查中压 A 侧 ATT 试验成功指示灯变红	
第 16 步	查电磁阀 MAA21AA014 得电变红，同时中压主汽门 A 快速开足	
第 17 步	查电磁阀 MAA22AA014 得电变红，同时中压调门 A 慢开	
第 18 步	选择 A 侧中压主汽门、调门的"SELECT ATT"，在弹出菜单中选"0"按"确认"键	
第 19 步	用相同的方法试验 B 侧中压主汽门、调门	在一组阀门试验后，如无特殊情况应立即试验复归，经 5min 稳定后，再进行另一组阀门的试验
第 20 步	B 侧中压主汽门、调门试验结束，将 SGC ATT ESV/CV 切除程控	
第 21 步	将主汽温度及再热汽温度调整回正常值	
第 22 步	将机组控制方式切自动	

8.6.2.5　补气阀试验

补气阀试验见表8-10。

表8-10　补气阀试验步序

顺序	操 作 项 目	危险点预控
第1步	负荷减至800MW以下	试验期间，注意负荷向下波动不应超过80MW
第2步	将机组控制方式切为手动	
第3步	将主汽温度控制在590℃，再热汽温度控制在590℃	高中压主汽门均开启。试验过程中，避免机组负荷、蒸汽参数大幅波动
第4步	选择补汽门的"SELECT ATT"，在弹出菜单中选"1"按"确认"键。将其余汽门的"SELECT ATT"都切至"0"状态	阀门松动（ATT）试验应逐项进行，不得同时进行。一旦试验中发生异常情况，应立即停止试验
第5步	投入ATT ESV/CV程控走步（做补气阀试验）	试验时，应监视下列参数的变化情况： 1. 主蒸汽压力、温度，再热蒸汽压力、温度，高排温度。 2. 各轴承金属温度及回油温度。 3. 轴向位移及机组振动。 4. 机组负荷。 5. 试验时，应记录阀门动作时间和行程
第6步	查补汽阀打开到10%阀位	
第7步	查电磁阀1失电变绿，补汽阀快速关闭	
第8步	查电磁阀1得电变红，补汽阀打开到10%阀位	
第9步	查电磁阀2失电变绿，补汽阀快速关闭	
第10步	查电磁阀2得电变红	
第11步	查补气阀ATT试验成功指示灯变红	
第12步	选择补汽门的"SELECT ATT"，在弹出菜单中选"0"按"确认"键	在一组阀门试验后，如无特殊情况应立即试验复归，经5min稳定后，再进行另一组阀门的试验
第13步	将SGC ATT ESV/CV切除程控	
第14步	将主汽温度及再热汽温度调整回正常值	
第15步	将机组控制方式切自动	
第16步	汇报操作完毕	

8.6.3　汽门严密性试验

汽门严密性试验分为主汽门、调门试验。汽门严密性试验允许操作的条件为：发电机未并网。自动停止条件为：汽轮机跳闸。

双击主汽门严密性试验选项，再点击"1"，再点击确定即开始进行试验。操作开始后指令去开启下列电磁阀：#2高压主汽门跳闸电磁阀（也称油动机方向阀）50/60MAA11AA011；#1高压主汽门跳闸电磁阀（也称油动机方向阀）50/60MAA21AA011；#2中压主汽门跳闸电磁阀（也称油动机方向阀）50/60MAB11AA011；#1中压主汽门跳闸电磁阀（也称油动机方向阀）50/60MAB21AA011。

双击调门严密性试验选项，再点击"1"，再点击确定即开始进行试验。操作开始后指令去设高压调门、中压调门阀限为"-5"，也即去关闭调门。

汽门严密性试验操作顺序见表8-11。

表 8-11　中压主汽门、调门试验步序

顺序	操 作 项 目	危险点预控
第 1 步	查汽机 DEH 系统运行正常	
第 2 步	查汽机润滑油系统、顶轴油系统及盘车装置正常，联锁保护正常投入	
第 3 步	查机组经过空负荷运行正常（包括轴承温度、振动及低压缸排汽温度、动静摩擦等）	
第 4 步	查高低压旁路系统运行正常，确认凝汽器真空正常	
第 5 步	汽轮机超速试验正常，汽轮机远方就地打闸正常	
第 6 步	安排专人就地监视、检查，发现异常及时就地打闸	
第 7 步	汽机冲转至 3000r/min	
第 8 步	解除自动旁路，关小高低旁路阀门，控制试验时主、再汽压力不低于额定压力的 50%，维持稳定压力	
第 9 步	点击 DEH 中 ATT 画面中"ESV LEAKAGE TEST"按钮，查看高、中压主汽门关闭，高、中压调门全开，观察机组转速下降	试验中监视汽机胀差、震动、轴向位移和高压排气温度、推力瓦温度等的变化情况，减速过程中过临界转速的时候要严密监视机组振动，加强对轴封供气和凝汽器水位的调整，保持真空稳定
第 10 步	调整高低压旁路开度，控制参数在规定的范围内	
第 11 步	直到转速降至规定值以下，记录时间和转速下降值，高中压主汽门严密性试验结束	当主汽压力在 50%～100% 额定压力区间，转速下降合格的数值可按下式修正：$n=(p/p_0)\times 1000r/min$ 式中，p 为试验时的蒸汽压力；p_0 为主蒸汽额定压力
第 12 步	试验结束后打闸停机	
第 13 步	再次将汽机冲转至 3000r/min	
第 14 步	解除自动旁路，关小高低旁路阀门，控制试验时主、再汽压力不低于额定压力的 50%，维持稳定压力	
第 15 步	点击 DEH 中 ATT 画面中"CV LEAKAGE TEST"按钮，查看高、中压主汽门全开，高、中压调门关闭，观察机组转速下降	试验中监视汽机胀差、震动、轴向位移和高压排气温度、推力瓦温度等的变化情况，过临界转速时要严密监视机组振动，加强对轴封供气和凝汽器水位的调整，保持真空稳定
第 16 步	调整高低压旁路开度，控制参数在规定的范围内	
第 17 步	直到转速降至规定值以下，记录时间和转速下降值，高中压主汽门严密性试验结束	当主汽压力在 50%～100% 额定压力区间，转速下降合格的数值可按下式修正：$n=(p/p_0)\times 1000r/min$
第 18 步	试验结束后打闸停机	
第 19 步	试验结束记录主、再蒸汽压力和凝汽器压力以及最后转速和修正后转速，试验后汽机最终的稳定转速比修正低，说明汽门严密性合格	

9 MEH 控 制 系 统

随着机组容量的不断增大和电厂控制系统自动化水平的日益提高，原来的液压机械调节系统已不能适应机组给水量的自动调节要求，因此，微机电液控制系统便得到广泛的发展和应用。在给水泵小汽轮机上配置的高压抗燃油微机电液控制系统，简称 MEH。MEH 以高压抗燃油为工作介质，以电液伺服阀为液压接口设备，以高低压调节阀油动机为执行机构，构成一套完整的 MEH 控制系统，控制给水泵汽轮机的转速，满足大型机组给水控制的要求。

9.1 主汽阀油动机

9.1.1 概述

主汽阀由主汽阀油动机（见图 9-1）操纵，主汽阀油动机是单侧作用的，提供的力是开主汽阀，关主汽阀靠弹簧力。

油动机的主要部件是端子盒、油缸、控制块、控制电磁阀、回油法兰、进油法兰、滤油器、快关电磁阀。

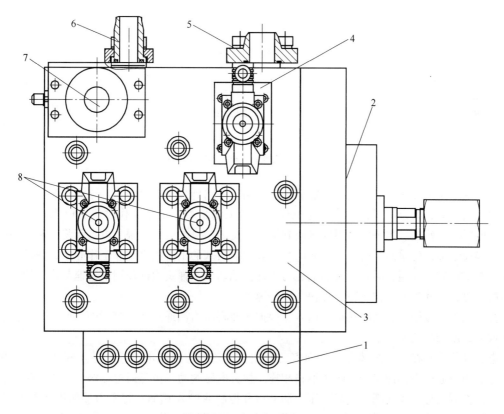

图 9-1 主汽阀油动机

1—端子盒；2—油缸；3—控制块；4—控制电磁阀；5—回油法兰；
6—进油法兰；7—滤油器；8—快关电磁阀

9.1.2　运行

　　EH 油动机为单侧作用的油动机，即通过 EH 供油系统来的压力油开启，弹簧力关闭。通过油动机上的控制电磁阀可进行门杆活动试验。控制原理图如图 9-2 所示。

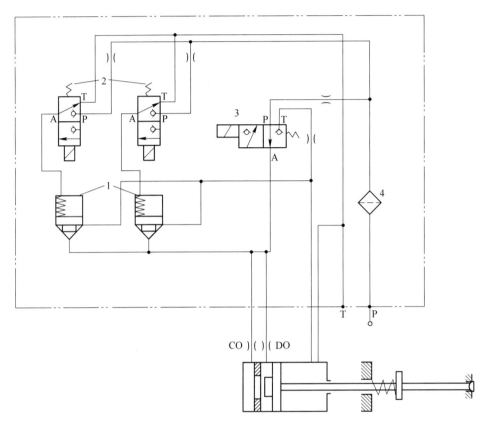

图 9-2　主汽阀油动机原理

1—单向阀；2—快关电磁阀；3—控制电磁阀；4—滤油器

　　从供油系统来的压力油经过滤油器后分为两路，一路到快关电磁阀，一路到控制电磁阀。快关电磁阀共两只，冗余配置，接受汽轮机保护系统来的信号。正常工作时快关电磁阀为带电状态，失电后阀门快关。当快关电磁阀接收到保护系统的信号失电后，快关电磁阀将控制单向阀的压力油接通回油，使单向阀打开。单向阀连接着油缸活塞的工作腔室和非工作腔室，使活塞工作腔室与非工作腔室连通，活塞两边的油压力平衡。油动机在弹簧力的作用下迅速动作，油缸工作腔室的油迅速返回到非工作腔室，加快了回油速度。

　　控制电磁阀接受控制系统来的电信号，根据需要将压力油通到活塞打开阀门或将压力油从油缸中放出，使阀门关闭。

　　电磁阀块安装在油缸缸体上，上面安装有快关电磁阀、控制电磁阀、逆止阀和插装式单向阀。电磁阀块通过内部油路和油缸体油路相连。快关电磁阀为二位三通电磁阀，电磁阀接受保护系统来的控制信号。在线圈带电时，压力油 P 口和控制油口 A 相通，将压力油作用在单向阀上。在线圈失电时，快关电磁阀的阀芯动作，将压力油 P 口封闭，将控制油口 A 和回油口 T 接通，将作用在单向阀上的压力油接回油，从而将单向阀打开。在电磁阀压力油口 P 处，还安装有 $\phi 0.8$ 的节流孔。

9.1.3　快关电磁阀

快关电磁阀是保安系统重要部件，直接安装在主汽阀油动机上，采用两个并联的方式，只要其中一个保护动作，机组就能安全停机。快关电磁阀采用了常带电，失电保护的运行模式。

9.1.4　控制电磁阀

主汽阀油动机为全开全关型，开关由控制电磁阀控制，当汽轮机正常复置后，MEH 输出控制电磁阀失电，油动机就处于一直全开的状态。为了检验主汽阀门杆的灵活性，可以进行主汽阀活动试验，做活动试验时控制电磁阀通电动作，直接将油动机进油腔室压力 P 通回油，使油动机开始关闭。由于一台给水泵汽轮机只有一个主汽阀，活动试验时油动机不能全关，当关到要求的位置时需立即打开。活动试验由 MEH 输出到控制电磁阀的通电时间来完成。

9.1.5　阀门开关盒

阀门开关盒主要设置了三个行程开关，用此显示主汽阀位置，其中一个是全开位置，两个是全关位置。

9.2　调节汽阀油动机

9.2.1　概述

调节汽阀由调节汽阀油动机（见图 9-3）操纵，调节汽阀油动机装在支架上，它的活塞杆通过连杆与调节汽阀杠杆相连。杠杆支点布置成油动机向下移动为开汽阀。油动机能顺序开启低压调节汽阀。

油动机的主要部件是端子盒、控制块、快关电磁阀、滤油器、进油法兰、电液转换器（伺服阀）、回油法兰、油缸、LVDT（线性位移差动变送器）。

9.2.2　运行

调节汽阀油动机工作原理（见图 9-4）：调节汽阀油动机为单侧油动机，从供油系统来的压力油经过滤油器后分为两路，一路到快关电磁阀，一路到电液伺服阀。快关电磁阀共两只，冗余配置，接受汽轮机保护系统来的信号。正常工作时快关电磁阀为带电状态，失电后阀门快关。当快关电磁阀接收到保护系统的信号失后，电磁阀将控制单向阀的压力油接通回油，使单向阀打开。单向阀连接着油缸活塞的工作腔室和非工作腔室，使活塞工作腔室与非工作腔室连通，活塞两边的油压力平衡。油动机在弹簧力的作用下迅速动作，油缸工作腔室的油迅速返回到非工作腔室，加快了回油速度。

电液伺服阀接受控制系统来的电信号，根据需要将压力油通到活塞打开阀门，或将压力油从油缸中放出，使阀门关闭。控制系统接受阀门的位置反馈信号，和阀位的指令信号比较，发出指令到电液伺服阀，从而精确的将阀门控制在所需要的开度。电磁阀块安装在油缸缸体上，上面安装有快关电磁阀、电液转换器（伺服阀）、逆止阀和插装式单向阀。电磁阀块通过内部油路和油缸体油路相连。快关电磁阀为二位三通电磁阀，电磁阀接受保护系统来的控制信号。在线圈带电时，压力油 P 口和控制油口 A 相，将压力油作用在单向阀上。在线圈失电时，电磁阀的阀芯动作，将压力油 P 口封闭，将控制油口 A 和回油口 T 接通，将作用在单向阀上的压力油接回油。

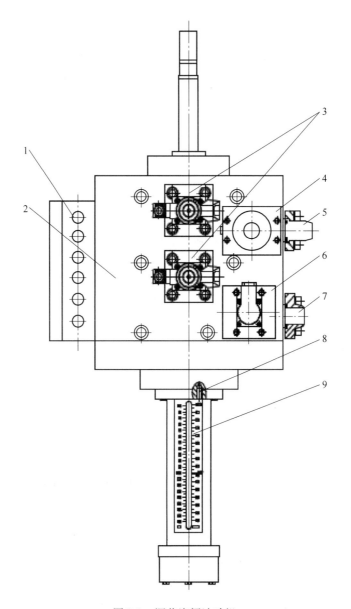

图 9-3　调节汽阀油动机

1—端子盒；2—控制块；3—快关电磁阀；4—滤油器；5—进油法兰；6—电液转换器（伺服阀）；

7—回油法兰；8—油缸；9—LVDT（线性位移差动变送器）

9.2.3　快关电磁阀

快关电磁阀是保安系统重要部件，直接安装在调节汽阀油动机上，采用两个并联的方式，只要其中一个保护动作，机组就能安全停机。快关电磁阀采用了常带电，失电保护的运行模式。

9.2.4　位移变送器

位移变送器 LVDT 即线性位移差动变送器，是一种电气机械式传感器。它产生与其外壳位移成正比的差动电信号。它由三个等跨分布在圆筒形线圈架上的线圈所组成，一个磁铁芯固定在油动机连杆上。此铁芯是沿轴向方向，在线圈组件内移动，并且形成一个连接线圈的磁力线通路，

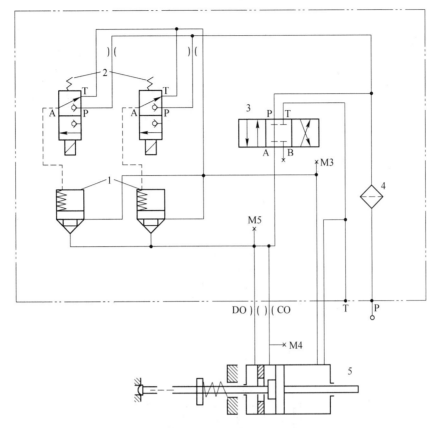

图 9-4 调节汽阀油动机原理

1—单向阀；2—快关电磁阀；3—电液伺服阀；4—滤油器；5—油缸

中央的线圈是初级的，它是由交流中频电进行激励的。这样，在外面的两个线圈上就感应出电压。这两个外面的线圈（次级）是反向串接在一起的，因而次级线圈的两个电压相位是相反的，变压器的净输出是这两个电压的差。铁芯的中间位置，输出为零，这就称作零位。零位为油动机机械行程的中点。LVDT 的输出是交流的，它由一解调器整流后（负反馈）与 MEH 控制器所要求的位置指令信号（正信号）相比较，得出偏差信号，经放大后输给伺服阀。

9.2.5 伺服阀

伺服阀的结构图如图 9-5 所示。

伺服阀的原理如图 9-6 所示。

伺服阀由一个电力矩马达以及带有机械反馈的二级液压功率放大器所组成。第一级是由一个双喷嘴及一个单挡板组成，此挡板固定在衔铁的中点，并且在两个喷嘴之间穿过，使在喷嘴的端部与挡板之间形成了两个可变的节流间隙。由挡板及喷嘴控制的油压作用在第二级滑阀两端的端面上。第二级滑阀是四通滑阀结构，在这种结构中，在相同的压差下，滑阀的输出流量与滑阀开口成正比。一个悬臂反馈针固定在衔铁上，穿过挡板嵌入滑阀中心的一个槽内。在零位位置，挡板对流过两个喷嘴的油流的节流相同，因此就不存在引起滑阀位移的压差。当有信号作用在力矩马达上时，衔铁及挡板就会偏向某一个喷嘴，使得滑阀两端的油压不同，从而推动滑阀移动，使高压油进入油缸高压腔或将油缸高压腔中的高压油泄放至回油，油动机的动作使 LVDT 的反馈信号与阀位指令信号趋向一致。此时，作用在力矩马达上的电流消失，挡板在喷嘴作用下回到中间

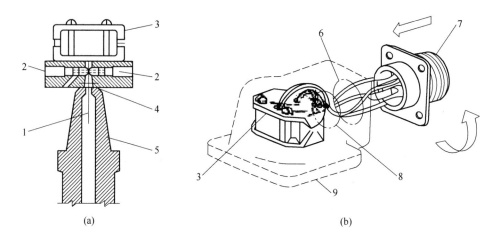

图 9-5　伺服阀结构图

（a）剖面图；（b）外观图

1—反馈针；2—气隙；3—液压放大器组件；4—底孔；5—喷气嘴；
6—插座 O 型圈；7—电气插座；8—线圈盖垫圈；9—线圈盖

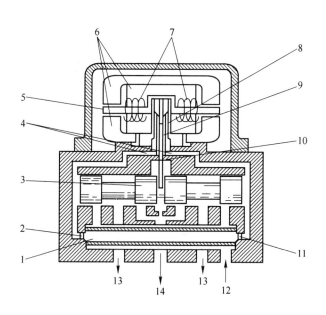

图 9-6　伺服阀原理图

1—滤芯；2—节流孔；3—滑阀；4—喷嘴；5—线圈杠杆；6—电磁回路；7—线圈；8—柔性管；
9—挡板；10—反馈针；11—进口节流孔；12—压力油；13—去活塞；14—回油

位置，滑阀两端的压差为零，滑阀就在反馈针的作用下回到原始位置，直到输入另一个信号电流为止。

9.3　切换阀油动机

9.3.1　概述

管道切换阀由切换阀油动机（见图 9-7）操纵。

油动机的主要部件是端子盒、控制块、快关电磁阀、滤油器、进油法兰、电液转换器（伺服阀）、回油法兰、油缸、LVDT（线性位移差动变送器）。

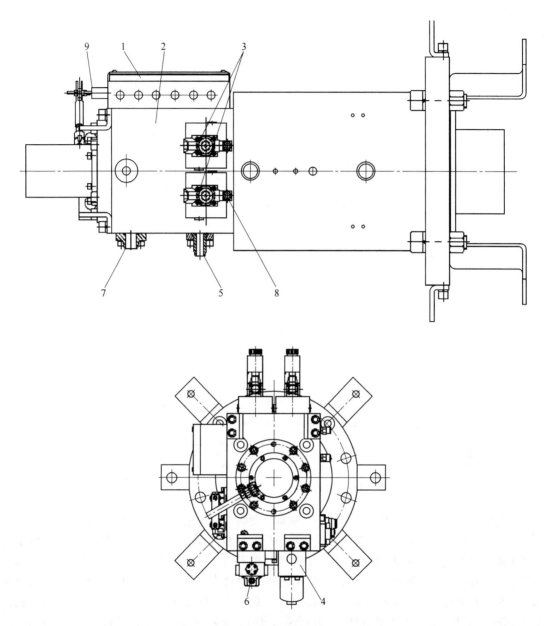

图 9-7 切换阀油动机

1—端子盒；2—控制块；3—快关电磁阀；4—滤油器；5—进油法兰；6—电液转换器；
7—回油法兰；8—油缸；9—LVDT（线性位移差动变送器）

9.3.2 运行

切换阀油动机工作原理（见图 9-8）：切换阀油动机为单侧油动机，从供油系统来的压力油经过过滤器后分为两路，一路到快关电磁阀，一路到电液伺服阀。快关电磁阀共两只，冗余配置，接收汽轮机保护系统来的信号。正常工作时电磁阀为带电状态，失电后阀门快关。当快关电磁阀接收到保护系统的信号失电后，电磁阀将控制单向阀的压力油接通回油，使单向阀打开。单向阀连接着油缸活塞的工作腔室与非工作腔室，使活塞工作腔室与非工作连通，活塞两边的油压力平衡。油动机在弹簧力的作用下迅速动作，油缸工作腔室的油迅速返回到非工作腔室，加快了回油速度。

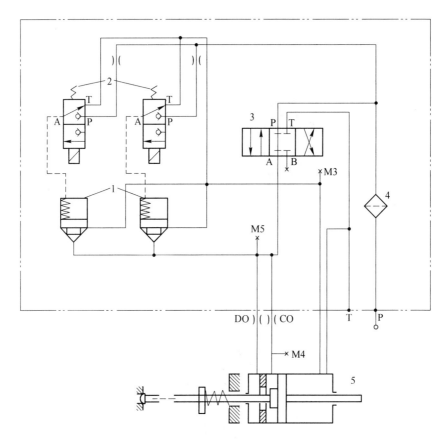

图 9-8　切换阀油动机原理

1—快关电磁阀；2—单向阀；3—电液伺服阀；4—滤油器；5—油缸

　　电液伺服阀接受控制系统来的电信号，根据需要将压力油通到活塞打开阀门，或将压力油从油缸中放出，使阀门关闭。控制系统接受阀门的位置反馈信号，和阀位的指令信号比较，发出指令到电液伺服阀，从而精确的将阀门控制在所需要的开度。电磁阀块安装在油缸缸体上，上面安装有快关电磁阀、逆止阀和插装式单向阀。电磁阀块通过内部油路和油缸体油路相连。快关电磁阀为二位三通电磁阀，电磁阀接受保护系统来的控制信号。在线圈带电时，压力油 P 口和控制油口 A 相同，将压力油作用在单向阀上。在线圈失电时，电磁阀的阀芯动作，将压力油 P 口封闭，将控制油口 A 和回油口 T 接通，将作用在单向阀上的压力油接回油。

9.3.3　停机电磁阀

　　停机电磁阀是保安系统重要部件，直接安装在主汽阀油动机上，采用两个并联的方式，只要其中一个保护动作，机组就能安全停机。停机电磁阀采用了常带电，失电保护的运行模式。

9.3.4　位移变送器

　　位移变送器 LVDT 即线性位移差动变送器，是一种电气机械式传感器，它产生与其外壳位移成正比的差动电信号。它由三个等跨分布在圆筒形线圈架上的线圈所组成，一个磁铁芯固定在油动机连杆上。此铁芯是沿轴向方向，在线圈组件内移动，并且形成一个连接线圈的磁力线通路，中央的线圈是初级的，它是由交流中频电进行激励的。这样，在外面的两个线圈上就感应出电压。这两个外面的线圈（次级）是反向串接在一起的，因而次级线圈的两个电压相位是相反的，变压器的净输出是此两个电压的差。铁芯的中间位置，输出为零，这就称作零位。零位为油动机机械行程的中点。LVDT 的输出是交流的，它由一解调器整流后（负反馈）与 MEH 控制器所要求的位置指令信号（正信号）相比较，得出偏差信号，经放大后输给伺服阀。

9.3.5 伺服阀

伺服阀的结构及原理和前节调节阀功能基本一致，在此不再详述。

9.4 控制油系统说明

9.4.1 概述

汽轮机蒸汽阀门控制采用电液伺服系统，控制介质采用高压抗燃油，控制系统的油源取自主机的 EH 供油系统。电液伺服系统的核心元件是伺服阀。伺服阀根据 MEH 给定电信号和反馈电信号所构成的偏差信号控制阀芯运动，从而控制油动机活塞的运动。油动机活塞驱动相应的蒸汽进汽阀门，快速调节汽轮机的蒸汽量，控制汽轮机按要求运转。

控制油系统由两部分组成：控制油系统和 EH 油动机。主机 EH 供油系统和给水泵汽轮机油动机之间通过一组不锈钢的压力油管和回油管连接起来，将主机供油系统的压力油送到阀门执行机构，并将执行机构的回油送回到油箱。

9.4.2 控制油系统

汽轮机的控制油系统的油源取自主机的 EH 供油系统。汽轮机共有一个主汽阀油动机、一个调节汽阀油动机和一个管道切换阀油动机。

控制油系统正常运行时，要求油系统清洁度达到 NAS5 等级，额定运行压力为14MPa/16MPa。

新出厂的油动机在制造厂内进行油冲洗，到现场不再进行部套油冲洗。现场冲洗时使用冲洗管路，将油动机隔离，仅冲洗油管路，图9-9 为冲洗管路。

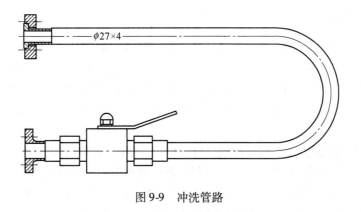

图9-9 冲洗管路

9.4.3 控制油系统图

控制油系统图如图 9-10 所示。

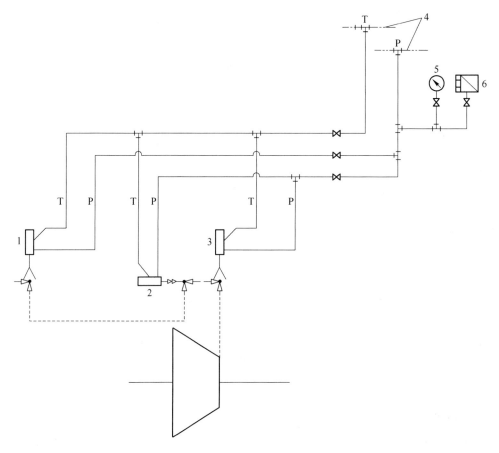

图 9-10　控制油系统图

1—切换阀油动机；2—主汽门油动机；3—调节汽阀油动机；4—主机油管路；
5—压力表；6—压力变送器

9.5　控制系统概述

9.5.1　控制系统概述

给水泵汽轮机正常工作时，由主汽轮机中压缸的排汽（四段抽汽）供汽，其转速运行调节范围为 2800 ~ 5000（或 6000）r/min（具体数值以产品使用说明书为准）。随着主汽轮机负荷改变，供汽参数也跟着变化，当主机负荷降至一定值，供汽参数不足以维持该汽轮机正常运行时，高压汽源将自动投入，两路汽源在主汽门前自动地切换，使汽轮机在主机任一负荷下均能投入运行。

给水泵汽轮机的低压汽源经由低压主汽门（LSV）及低压调节汽阀（LGV）进入汽轮机，高压汽源需经由管道切换阀（HGV）到达主汽门，再经过调节汽阀进入汽轮机。其中 LSV 是两位式阀门，只有全开、全关两个位置，由控制系统通过低压主汽门油动机控制。HGV 及 LGV 是调节阀，分别由控制系统控制的切换阀油动机及低压调节汽阀油动机驱动。

控制系统主要由 MEH、METS、MTSI 以及调节油系统组成，MEH、METS 和 MTSI 共同负责给水泵汽轮机的控制、保护及监视，调节油系统则主要负责为阀门油动机提供压力油。MEH、METS 及 MTSI 的硬件信息请参考对应的用户硬件手册。

9.5.2 任务和功能

MEH 控制系统的主要任务是控制通过汽轮机管道切换阀（HGV）及调节汽阀（LGV）的蒸汽流量。根据运行要求，MEH 在不同情况下的控制对象有汽轮机转速、切换阀后蒸汽压力等。

MEH 是冗余的数字式控制系统。转速、蒸汽压力、真空、润滑油油压等信号通过三取二进入主控制器，输出的阀位控制信号经放大后送到电液油动机，控制汽轮机调节汽阀或管道切换阀的开度位置。MEH 根据锅炉的给水需求调节转速。

9.5.2.1 MEH 的控制方式

MEH 有三种控制方式，组成如下形式：手动控制方式（MANUAL）；自动控制方式（AUTO）[转速自动控制方式（SPEED AUTO）]；遥控（REMOTE）。

手动控制方式时运行人员通过 MANUAL PANEL 画面上的手动增减软键直接改变 MEH 输出，是一种开环的控制方式；自动控制方式则通过主操作画面操作，改变转速设定值，对 MEH 输出进行闭环控制。不管手动、转速自动控制还是遥控，相互切换均无扰动出现。

9.5.2.2 MEH 控制

MEH 通过 MEH 画面完成所有功能的监视和操作。

A 信号监控

模拟量数值的显示：包括管道切换阀及调节汽阀开度、主蒸汽门前压力、排汽压力、转速等信号。

开关量状态的显示：包括主汽门状态、汽机挂闸、跳闸、控制方式等状态。

操作员需操作控制的按钮和数据输入的窗口。

B 启动控制

挂闸后，主汽门通过主汽门油动机控制电磁阀开启。通过按钮"LSV TEST""LSVOPEN"完成主汽门门杆试验及主汽门控制功能。

C 操作方式选择

通过按钮"OPERATOR AUTO""MANUAL""REMOTE"选择操作员自动、操作员手动或远程锅炉给水自动控制模式。

D MTSI 信号监测

MTSI 系统监测振动、偏心、轴位移、零转速、键相等信号。

E MEH 的转速测量

每台汽机设置三个通道的转速测量。磁阻发送器作为转速传感元件，将汽机转速以频率形式送入 MEH 测速单元。

MEH 对三个转速信号鉴别，将有效的通道作为测量反馈进入 MEH，失效的通道以报警形式告知运行人员。若有两个或两个以上的失效通道存在，MEH 将自动切到手动控制方式。

另有超速保护信号以三选二的逻辑形式进行组合，确保超速保护信号能正确无误地反映汽机超速状态，并最终发出遮断汽机的信号至保护系统，紧急遮断汽机。

9.6 汽轮机控制器

9.6.1 模块的简要说明

控制器提供汽轮机运行所需的蒸汽流量。根据工艺流程，通过一个高压管道切换阀 HGV、一个低压主汽门 LSV、一个低压调节汽阀 LGV 组成的最终控制部件得到所需的蒸汽流量。

控制器具有以下功能：将给水泵汽轮机从盘车转速升到工作转速；投入 DCS 遥控运行模式。控制器的特点为模块化设计，这样可以进行修改以适应各种需求。

9.6.2　汽轮机控制器子程序的描述

9.6.2.1　技术规范

通过调节汽阀 LGV 向给水泵汽轮机提供四段抽汽/辅汽蒸汽，当四段抽汽/辅汽蒸汽流量不够时，高压管道切换阀 HGV 提供冷再蒸汽。通过准确和快速定位 LGV 和 HGV，汽轮机控制器调节蒸汽流量来达到所需要的转速。

给水泵汽轮机控制系统由以下几个部分组成：转速控制；主汽门前压力控制。

控制器的指令输出信号经过与反馈的比较，进行进汽设定值和相应的阀位控制。阀位控制通过伺服阀定位调节汽阀 LGV 和高压管道切换阀 HGV。

9.6.2.2　执行

A　转速选择

每台汽机设置六个通道的转速测量。磁阻发送器作为转速传感元件，将汽机转速以频率形式送入 MEH 测速单元。

MEH 对三个转速信号鉴别，将有效的通道作为测量反馈进入 MEH，失效的通道以报警形式告知运行人员。若有两个或两个以上的失效通道存在，MEH 将自动切到手动控制方式。

另有超速保护信号以三选二的逻辑形式进行组合，确保超速保护信号能正确无误地反映汽机超速状态，并最终发出遮断汽机的信号至保护系统，紧急遮断汽机。

转速实际值提供给下列模块和自动处理单元，作为机组的实际转速值：转速控制器；转速设定值。

B　主汽压力选择

主汽门前压力通过设置在主汽门前蒸汽管道上的三个压力传感器来测量。所有的实际值都直接被读入给水泵汽轮机控制器，通过取中值功能选择，选取三个数值中的一个有效值，作为下一步主汽门前压力的真实值代表，该值显示在画面上。

对三个主汽门前压力实际值的故障和偏差进行监视，如果一个值失效，系统切换到余下两个的较低值，汽轮机仍可以继续运行。

C　转速设定值

转速目标值和升速率根据汽轮机组的启动顺序和要求以及机组的特性来产生，在操作员自动时由运行人员输入；在遥控方式时接收来自 DCS 的遥控设定值，并根据遥控目标值与设定值的差值生成速率。

控制系统中正常工作时允许的目标值输入范围为 0～5000（或 6000）r/min；做超速实验时允许的目标值输入范围为 0～5500（或 6500）r/min；最大转速变化率为 500r/min^2（具体各数值以产品使用说明书为准）。

当转速目标值及升速率产生以后，如果让目标值直接作为控制系统的设定值，由于控制系统中采用的是经典的 PID 控制模式，如果实际转速和目标值偏差过大，会引起调节系统的超调过大，整个控制系统的稳定性就要大大降低。因此，在逻辑中引入了转速设定值 REFDMD 的概念。根据转速目标值和升速率计算出每个周期的转速设定值 REFDMD。实际转速会随着转速设定值 REFDMD 向转速目标值方向变化。实际转速会随着升降速斜坡曲线形成一个跟随曲线，使得同一周期内实际转速和设定值之间的偏差不至于有跳变，大大提高了控制系统的稳定性。

D　转速控制器

通过设定转速设定值，转速控制器调节到汽轮机的蒸汽流量来实现转速的控制。转速控制器是一个两变量控制器，用来调节给水泵汽轮机的转速，其调节是 PI 调节。

在转速自动控制和遥控模式中，转速控制器接收来自逻辑上游的转速目标值和速率设定值，按照速率设定值提升转速至设定值。在逻辑内部，转速控制器将设定值转换为阀门开度并将阀门开度值送入相应的阀门控制器中。相应的阀门控制器按照阀门开度指令，对阀门进行控制。此外，转速控制器还接受现场测定的转速实际值，形成闭环控制，从而实现对于转速的闭环控制。

E 低压调阀阀位控制器

低压调阀（LGV）阀位控制器的作用是根据汽轮机运行模式来设定阀位值，以确保给水泵汽轮机的蒸汽流量总是能够达到设定的要求。所需要的阀位可以通过转速设定值和转速实际值来确定。主要的应用如下：阀位设定越大，允许进入给水泵汽轮机的蒸汽越多，汽轮机的转速输出也越大。通过位移转换器可以得到电液油动机的位移实际值。

在转速自动控制模式和遥控模式时，调节汽阀控制器接受来自转速控制器的阀门开度指令，并将阀门开度指令转换为电信号送入调节汽阀油动机之中。

在手动控制模式中，运行人员通过汽轮机操作画面中的"UP"和"DN"键直接对调节汽阀的阀门开度指令进行增减，从而改变控制系统送入到电液转换器（伺服阀）中的电信号。

F 主汽阀阀位控制器

主汽阀（LSV）阀位控制器的主要作用是控制主汽阀阀门的开关以及实验功能。主汽阀阀位控制器主要通过控制关闭电磁阀以及控制电磁阀的失电带电来控制主汽阀的开关。

主汽阀由主汽阀油动机操纵，它的活塞杆与主汽阀阀杆直接相连，水平安装，油动机向内拉为开汽阀。阀门在全开或全关位置工作，油动机是单侧作用的，液压力提供开汽阀的力，关汽阀依靠弹簧力。

关闭电磁阀是保安系统重要部件，直接安装在主汽阀油动机上，采用两个并联的方式，只要其中一个保护动作，机组就能安全停机。关闭电磁阀采用了常带电、失电保护的运行模式。

由于一台给水泵汽轮机只有一个主汽阀，活动试验时油动机不能全关，当关到要求的位置时需立即打开。活动试验由 MEH 控制电磁阀的通电时间来完成。

G 主汽压力曲线

主汽压力曲线模块接收转速设定值，并根据转速设定值计算出在当前转速下需要维持的主汽门前压力值。

H 管道切换阀阀位 PID

管道切换阀阀位 PID 模块接收主汽门前压力信号以及主汽压力曲线计算出的主汽门前压力值。根据二者之间的偏差，通过经典的 PID 的运算，向管道切换阀阀位控制器输出阀位开度指令，从而实现对于主汽压力的控制。

I 管道切换阀阀位控制器

给水泵汽轮机的低压调节汽阀 LGV 用于给水泵汽轮机的转速控制，采用比例积分调节器，在故障工况下可以采用手动调节。管道切换阀 HGV 用于主汽门前压力控制，HGV 的运行方案如下。

HGV 的模式分为切除和运行两种方式，切除方式下 HGV 保持全关，当小机停机或者超速等发生时，HGV 切换到切除方式，确保 HGV 不会开启。运行方式分手动调节和自动调节，手动调节由操作员根据实际工况人工判断开启或者关闭 HGV；自动调节由 MEH 按照主汽门前压力进行 HGV 自动控制，主汽门前压力作为控制参数，按照三冗余进行配置，当压力通道故障、调节器偏差超限等情况发生，MEH 将 HGV 控制切至手动。

HGV 自动控制采用比例调节器或者比例积分调节器，调节器的运行、退出状态由 MEH 根据参数实时判断。调节器运行的条件包括：

（1）给水泵汽轮机已进入工作转速（大于 2800r/min），允许调节器运行。当实际转速小于最小工作转速时，调节器处于退出状态，HGV 保持全关。

（2）条件（1）满足后，主汽门前压力低于限制值，且给水泵汽轮机的流量指令大于 85%，延时 2s，投入调节器运行。根据给水泵汽轮机的转速指令信号，计算对应的最低调节级压力，得出转速指令最低调节级压力的对应曲线；按照 40% 压损，折算出转速指令主汽门前压力的限制曲线。如果实际主汽门前压力低于曲线限制值，表明大机发生故障，四抽压力已经不能维持正常的主汽门前压力，需要开启 HGV 保证最低压力，因此 MEH 将开启 HGV 调节主汽门前压力。

（3）当大机遮断，调节器投入运行，这样可以在主汽门前压力降低之前，HGV 即做好开启准备。

（4）HGV 调节器的给定值，为主汽门前压力限制值加上少量偏置，反馈值为实际主汽门前压力，以确保主汽门前压力略高于低限。给定值也可以由操作员人工设定，但人工设定不允许低于主汽门前压力限制值。

当大机故障排除，四抽压力恢复，主汽门前压力将逐渐提高。当主汽门前压力升高到给定值以上，调节器的输出将逐渐关到零，调节器的输出为零且保持数秒时间，HGV 调节器退出运行，HGV 保持全关，直到下一次运行条件满足。

J　仿真实验控制器

仿真实验控制器的主要作用是在调试阶段时，验证汽轮机控制器逻辑以及油动机的响应，可分为两种形式：静态仿真和动态仿真。静态仿真主要用于验证控制器逻辑的正确性；动态仿真主要用于验证控制器逻辑与现场油系统的契合度。

9.7　危急遮断系统说明

9.7.1　概述

汽轮机危急遮断系统监视汽轮机的重要运行参数，当这些参数超过运行限制时，发出停机信号，快速关闭汽轮机进汽阀门及调节汽阀，使汽轮机组处于安全状态，以避免设备发生进一步的损坏，造成更大的损失。

机组的超速保护由两套冗余的电超速装置组成，当汽机达到超速保护动作点时，使所有阀门油动机的关闭电磁阀失电，快速停机（电超速装置的接点动作）。

9.7.2　超速保护系统

超速保护系统取消了传统的机械危急遮断器，由两套电子式的超速保护装置构成。超速保护装置采用六个 BRAUN 的 D521 转速监视器（见图 9-11）组成两组三通道转速监测系统。三个转速通道独立地测量显示机组转速，任何一个故障都发出报警信号。通过面板上的触摸式按钮，可对系统进行设置。

两套超速保护装置控制汽轮机各个阀门油动机上的快关电磁阀电源。当其中任何一套装置动作，所有油动机的快关电磁阀将失电，阀门在关闭弹簧的作用下快速关闭，使汽轮机组停机。

转速监视器模块发出的超速动作信号通过继电器回路，进行三取二逻辑处理。二套处理系统串联进快关电磁阀的电源供给回路，直接切断电磁阀的电源，快速停机。超速保护装置的脉冲信号还同时送到 MEH 系统的处理器（控制及保护功能），在软件里再进行三取二的逻辑处理和其他保护信号一起，通过输出卡件控制油动机的快关电磁阀。转速信号通过安装在汽轮机不同齿轮盘的六个测速探头分别送到两套超速保护装置的六个转速监视器模块，MEH 用转速脉冲信号由

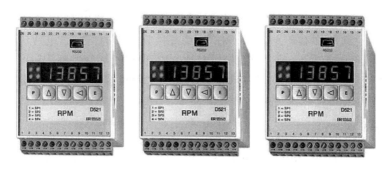

图 9-11 转速监视器

超速保护装置给出。配合 D521 型超速保护装置，采用非接触式的磁阻转速传感器，实现对汽机转速的监测功能。

9.7.3 数据采集处理系统

数据采集处理系统包括输入输出卡件，处理器及相关的逻辑处理。汽轮机现场及其他系统来的保护信号，提供至输入卡件继而送到控制处理器，进行相关的逻辑处理，形成最终的汽轮机保护动作信号，通过输出卡件控制相关的停机电磁阀，从而使机组迅速停机。本机组停机系统不设专用的停机电磁阀，从 METS 发出单独的动作信号到每个油动机的快关电磁阀。系统由冗余的处理器、输入/输出卡件、超速保护装置等组成（见图 9-12）。

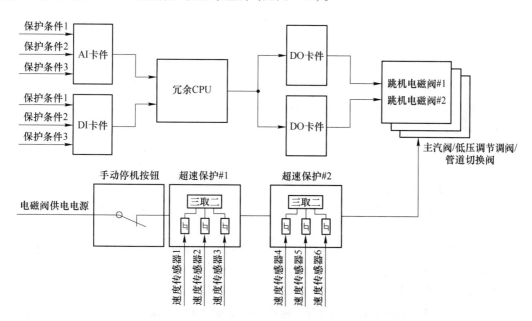

图 9-12 危急遮断系统原理图

汽轮机保护系统接收传感器或来自 DCS 重要的汽轮机保护信号。保护信号通过输入卡件送入控制器。冗余的保护信号分配到不同的卡件，在控制器中进行处理，最终动作信号通过冗余输出卡件，控制油动机快关电磁阀。当这些信号超过预设的报警值时，发出报警。当参数继续变化超过遮断值时，发出遮断信号，动作油动机快关电磁阀，遮断机组。

保护回路构成：标准的保护包括三取二组态（一些特殊信号除外）。它们包括数据测量采集设备、信号处理、遮断信号产生和保护信号输出。采用这种设计，可以精确完成所有汽轮机组保护回路而不需要另外的试验设备。汽轮机组的保护条件，由汽轮机组安全运行的需要来定，这些保护回路没有投入，机组将不允许运行。METS 系统接收保护的信号，包括超速保护、真空保护、润滑油压保护、振动保护、轴位移保护、锅炉 MFT 保护、紧急停机按钮等，通过相应的输入模块送到处理器，在处理器进行运算处理。形成最终的停机信号，通过冗余输出模块，控制油动机的快关电磁阀，使阀门迅速关闭。

9.7.4　EH 停机系统

本机组的 EH 停机系统，每个油动机是独立的，单独动作。在每个油动机上设置了两个并联的快关电磁阀，只要其中的一个电磁阀动作，该阀门就迅速关闭。每个电磁阀分别接收 METS 来的动作信号，将阀门快速关闭。电磁阀常带电，失电动作。电源采用 24V DC，由 METS 直接提供。

9.7.5　保护项目说明

9.7.5.1　手动停机

本机组在机头和控制室分别设置了紧急停机按钮，按钮的部分触点串联在快关电磁阀的供电回路里，部分触点的信号送到 METS 系统，当需要手动紧急停机时，通过紧急停机按钮，使快关电磁阀失电，遮断机组。

9.7.5.2　振动保护

轴承振动探头安装在左右两侧 45°方向，在每个轴承相近的位置设置了两只振动探头。通过 TSI 装置将振动的跳机信号送入 METS 保护系统处理。只要有一个轴承振动超过设定值，立即发出保护信号并遮断汽轮机。

9.7.5.3　轴向位移

在汽轮机前轴承座处安装有两个轴向位移探头，通过 TSI 装置将轴位移的信号二取二处理后送入 METS 系统，一旦超过设定值立即发出保护信号并遮断汽轮机。

9.7.5.4　润滑油系统

润滑油系统的保护为润滑油压，三个压力测点的信号送到 METS 系统，进行三取二处理。测量油压的元件全部集成在润滑油箱上。润滑油压力测点在滤油器后的母管上。

9.7.5.5　凝汽器真空

为了保护汽轮机低压缸末级叶片以及凝汽器超压，需要对凝汽器真空进行限制，当超限时，保护动作停机。

真空测量采用三个测点进行测量，信号送至 METS 进行三取二处理。真空一旦低于设定值立即发出保护信号并遮断汽轮机。

9.7.5.6　其他保护

保护系统接收其他系统来的停机信号，包括 DCS 保护停机、锅炉 MFT 停机、重要温度测点超限停机等。

9.8　汽轮机监测仪表

9.8.1　概述

汽轮机监测仪表（TSI）是一种可靠的多通道监测仪表，能连续不断地测量汽轮机组转子和汽缸的机械运行参数，显示汽轮机的运行状况，提供输出信号给记录仪；并在超过设定的运行极限时发出报警或送出自动停机信号，也可提供用于故障诊断的测量信号。

TSI 系统监视和测量的参数应包括如下功能，但不限于此：

（1）轴承振动。按机组轴承数装（也可包括给水泵），可测量轴承相对振动值，可连续指示、记录、报警、保护。振动监测器用来测量并在 MEH 的显示器上显示汽轮机组的转子相对振动。

（2）轴向位移。通过一点对大轴位移进行监测，可连续指示、记录、报警、保护等。一块转子轴向位移监测模块测量汽轮机转子推力轴承相对于推力轴承支承点的轴向位置。非接触式的涡流探头监测推力轴承的轴向移动。当转子移动超过规定距离后监测器配置的危险继电器就会动作。危险继电器通过危急遮断系统使汽轮机组停机。每机组配备两个转子轴向位移探头，提供一个"与"逻辑的继电器输出以防止误动。

（3）轴偏心。监测转子的弯曲值，可连接指示、记录、报警。当汽轮机组停机时，封闭在汽缸里的转子上半部分的温度与下半部分的温度不同则转子会由于冷却不均匀发生弯曲。通过盘车装置使转子缓慢旋转，转子各处的温度趋于相同，减小弯曲。转子的弯曲情况以连续的偏心峰峰值在 MEH 的显示器上显示。转子转速在 600r/min 以下监测偏心值，而高速时监测振动值。偏心监测器设置一个报警信号，当偏心达到报警值时动作。

（4）键相。提供相位信号。一块键相监测模块用于提供特定轴承上的"最高点"与汽轮机转子之间的相对角度关系，在监测仪表中也就是第一平衡孔。

（5）零转速。监测汽轮机的零转速。零转速监测模块当系统达到零转速时会提供一个继电器输出。零转速探头读取测速齿轮上的凸齿数量。继电器输出用于使盘车齿轮动作并用于报警。

9.8.1.1 结构说明

TSI 系统包括仪表框架、前置器、同轴电缆、测量探头等。仪表框架为面板装配形式。安装的传感器用于观察相位、推力盘和其他机械表面间隙，并转换成相应的位移进行各功能处理。每个探头通过同轴电缆连到相应的前置器。前置器安装在探头附近，并通过现场屏蔽电缆连接到相应的框架信号组件。

9.8.1.2 仪表框架组件

从前面看，每个仪表框架的左边安装电源，其他各位置安装各 TSI 监测器。信号组件安装在每个框架的后面，继电器模块连接到外部报警显示装置，信号组件与相应的传感器和记录仪相连。电源信号和电源输入组件安装在每个框架的电源组件后面。电源输入组件装有电源输入端子。

9.8.2 系统流程框图（PID 图）

汽轮机监测仪表（TST）系统流程框图（PID 图）如图 9-13 所示。

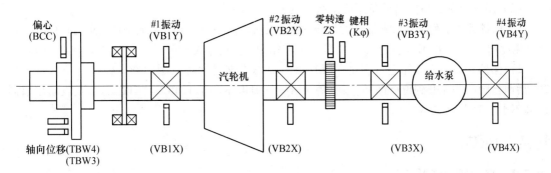

图 9-13 TSI 系统 PID 图

10 烟气脱硫控制系统

本工程采用石灰石－石膏湿法脱硫工艺，一炉一塔脱硫装置。在吸收塔内烟气中的 SO_2 与石灰石反应后生成亚硫酸钙，并就地强制氧化为石膏，经石膏排出泵送至石膏旋流器，石膏旋流器浓缩后的底流进入真空皮带脱水机脱水后成干石膏。旋流器顶流送至滤液池，由滤液泵输送返回至吸收塔。真空皮带脱水机气液分离器出来的一部分送至滤液池，由滤液泵输送返回至吸收塔，一部分送至废水处理车间进行处理。

10.1 烟气系统

烟气系统各设备应满足的条件分别为：

（1）请求锅炉保护跳闸 1/2/3 为下列条件之一满足：吸收塔出口温度大于78℃（三取二），延时3s；FGD 入口温度大于180℃（三取二），且吸收塔前塔循环泵仅1台运行（1A 浆液循环泵运行、1B 浆液循环泵运行、1C 浆液循环泵运行，以上三个条件进行计数（Q），所得数字 $0.8 < Q < 1.2$），延时3s；吸收塔前塔浆液循环泵全部未运行，且任一台引风机运行，且吸收塔入口温度大于80℃（三取二），延时3s。

（2）FGD 预报警为下列条件之一满足：FGD 入口温度大于150℃（三取二），延时10s；FGD 入口压力大于3500Pa 或小于 -400Pa，延时10s；FGD 进口烟尘大于35mg/Nm³，延时60s；吸收塔出口温度大于65℃（三取二），延时10s；吸收塔前塔浆液循环泵均未运行（1A 浆液循环泵未运行且1B 浆液循环；泵未运行且1C 浆液循环泵未运行），且任一台引风机运行。

（3）FGD 备妥信号送主机为下列条件均满足：吸收塔前塔至少1台循环泵运行；FGD 事故喷淋电厂提供备用水压力大于0.3MPa。

（4）用塔入口烟道事故喷淋除雾器冲洗水泵来冲洗水（两台）气动阀。

1）联锁关为下列条件均满足（发5s脉冲）：吸收塔前塔至少1台浆液循环泵运行；FGD 入口烟气温度均不大于160℃（暂定）（三取二）；吸收塔出口温度不大于65℃（三取二），延时2min。

2）保护开为下列条件之一满足：吸收塔入口烟气温度不小于170℃（三取二）；吸收塔出口温度高不小于70℃（三取二）；吸收塔前塔浆液循环泵全部未运行，且任意一台引风机运行，且 #1FGD 入口烟气温度不小于75℃。

（5）塔入口烟道事故喷淋备用应急水（两台）气动阀。

1）联锁关为下列条件均满足（发5s脉冲）：吸收塔前塔至少1台浆液循环泵运行；FGD 入口烟气温度均不大于160℃（暂定）（三取二）；吸收塔出口温度不大于65℃（三取二），延时2min。

2）保护开为下列条件之一满足：FGD 事故喷淋除雾器冲洗水阀门开启失败（指令发出后20s后两台阀门均无开到位反馈）；吸收塔入口烟气温度不小于175℃（三取二）；吸收塔出口温度高不小于75℃（三取二）。

10.2 吸收塔

10.2.1 吸收塔浆液循环泵

吸收塔浆液循环泵 A 保护停止、启动允许、停止允许应满足的条件分别为：

（1）浆液循环泵 A 保护停止为下列条件之一满足：浆液循环泵 A 运行且入口门未开且已关，延时 10s；浆液循环泵 A 运行，延时 90s 且出口门未开且已关，延时 10s；浆液循环泵 A 电机前、后轴承任一温度大于 95℃；浆液循环泵 A 电机线圈任一温度大于 130℃；浆液循环泵 A 轴承温度大于 75℃；浆液循环泵 A 减速机油温大于 80℃。

（2）浆液循环泵 A 启动允许为下列条件均满足：吸收塔液位大于 6m；浆液循环泵 A 入口门已开；浆液循环泵 A 出口冲洗门已关；浆液循环泵 A 入口排污门已关；浆液循环泵 A 出口门已关；浆液循环泵 A 减速机油泵运行且油泵油压不低；浆液循环泵 A 未保护动作（电气信号）。

（3）浆液循环泵 A 停止允许为下列条件之一满足：吸收塔前塔浆液循环泵运行数量大于 1；两台引风机均未运行；锅炉 MFT。

10.2.2　浆液循环泵入口门

浆液循环泵入口门关允许条件为：浆液循环泵停止，延时 60s。浆液循环泵入口门开允许条件为：浆液循环泵排空门关闭。

10.2.3　浆液循环泵入口排污门

浆液循环泵入口排污门联锁关条件为：浆液循环泵入口门已开。保护关条件为：吸收塔集水坑液位大于 3m。开允许条件为：浆液循环泵入口门已关。

10.2.4　浆液循环泵出口冲洗水门

浆液循环泵出口冲洗水门联锁关条件为：浆液循环泵运行。开允许条件为：浆液循环泵停止。

10.2.5　浆液循环泵出口门

浆液循环泵出口门联锁开条件为：浆液循环泵运行。联锁关条件为：浆液循环泵未运行，发 5s 脉冲。开允许条件为：浆液循环泵运行或前塔循环泵均未运行。关允许条件为：浆液循环泵未运行。

10.2.6　吸收塔搅拌器

吸收塔搅拌器启动允许条件为：吸收塔液位大于 3m。联锁停止条件为：吸收塔液位小于 2.2m。

10.2.7　除雾器冲洗水总电动门

除雾器冲洗水总电动门联锁关：吸收塔液位大于 8.5m。保护关：工艺水箱液位小于 1.8m，延时 5s。

10.2.8　除雾器冲洗控制逻辑

除雾器冲洗控制逻辑的程控启动步骤、备注及程控停止步骤如下。

（1）一级除雾器下层冲洗程控按以下步序执行：

1）程控启动（启动前手动输入每个分支门的冲洗时间 T_1（范围 0 ~ 120）s）。

2）自动关闭除雾器冲洗水入口总门，打开一级除雾器下层 A 门，关一级除雾器下层 B、C、D、E、F、G、H、I、J、K、L 门且关到位。

3）开除雾器冲洗水入口总门，且开到位。

4）总门开到位，延时冲洗 T_1 s。

5）关 A 门同时开 B 门且均到位，延时冲洗 T_1 s。

6）关 B 门同时开 C 门且均到位，延时冲洗 T_1 s。

7）关 C 门同时开 D 门且均到位，延时冲洗 T_1 s。

8）关 D 门同时开 E 门且均到位，延时冲洗 T_1 s。

9）关 E 门同时开 F 门且均到位，延时冲洗 T_1 s。

10）关 F 门同时开 G 门且均到位，延时冲洗 T_1 s。

11）关 G 门同时开 H 门且均到位，延时冲洗 T_1 s。

12）关 H 门同时开 I 门且均到位，延时冲洗 T_1 s。

13）关 I 门同时开 J 门且均到位，延时冲洗 T_1 s。

14）关 J 门同时开 K 门且均到位，延时冲洗 T_1 s。

15）关 K 门同时开 L 门且均到位，延时冲洗 T_1 s。

16）关除雾器冲洗水入口总门，且关到位后，关 L 门且关到位。

17）程控结束。

（一级除雾器上层、二级除雾器下层、二级除雾器上层、三级除雾器下层、三级除雾器上层冲洗程控与一级除雾器下层冲洗程控对应。）

（2）备注。

1）在程控系统进行过程中，如果因为某一冲洗分门已"挂禁操"，则逻辑自动调到下一步序。

2）在画面上增加一个选择框，若运行人员选择"模式一"（模式一至六）即循环自动执行一级除雾器下层冲洗程控（模式二即循环自动执行一级除雾器下层、上层冲洗程控。模式三即循环自动执行一级除雾器下层、上层，二级除雾器下层冲洗程控。模式四即循环自动执行一级除雾器下层、上层，二级除雾器下层、上层冲洗程控。模式五即循环自动执行一级除雾器下层、上层，二级除雾器下层、上层冲洗程控，三级除雾器下层冲洗程控。模式六即循环自动执行一级除雾器下层、上层，二级除雾器下层、上层冲洗程控，三级除雾器下层、上层冲洗程控）。每完成一层冲洗程控的中间等待时间 T_2（范围 0～3600）s 由运行人员在画面上手动输入。

3）除雾器冲洗水泵启动由运行人员手动进行启动操作，不进入程控系统。

4）在画面上增加一个总的联锁投切按钮，按钮投入则按照设置的数字进行冲洗。

（3）程控停止。

1）程控停止条件：

① 手动停止：操作员手动停止。

② 保护停止：#1 吸收塔液位大于 8.5m。

2）程控停止步序：

① 操作员停止或保护停止时，自动关闭除雾器冲洗水入口总门。

② 自动关闭除雾器 1～4A/1～4B/1～4C/1～4D/1～4E/1～4F/1～4G/1～4H/1～4I/1～4J/1～4K/1～4L 冲洗水阀。

10.2.9　吸收塔集水坑泵

吸收塔集水坑泵启动允许、保护停止、自动启动应满足的条件分别为：

（1）集水坑泵启动允许为下列条件均满足：吸收塔集水坑液位大于 1m；吸收塔集水坑泵出口阀门已关；吸收塔集水坑泵出口母管冲洗水阀门已关。

（2）集水坑泵保护停止为下列条件之一满足：吸收塔集水坑液位小于0.9m，延时10s；吸收塔集水坑泵运行，延时60s且出口阀门未开。延时5s。

（3）集水坑泵自动启动为下列条件之一满足：吸收塔集水坑泵联锁按钮已投入且集水坑液位大于2.6m。延时5s，发5s脉冲；吸收塔集水坑泵未运行，且吸收塔另一台集水坑泵联锁按钮已投入，且集水坑液位大于3m。延时5s，发5s脉冲。

10.2.10　吸收塔集水坑泵出口门

吸收塔集水坑泵出口门的各项条件分别为：
（1）保护开条件为：吸收塔集水坑泵运行，延时5s。
（2）联锁关条件为：吸收塔集水坑泵未运行，发5s脉冲。
（3）开允许条件为：吸收塔集水坑泵运行或两台集水坑泵均未运行。
（4）关允许条件为：吸收塔集水坑泵停止。

10.2.11　吸收塔集水坑泵出口母管冲洗水门

吸收塔集水坑泵出口母管冲洗水门各项条件如下：
（1）联锁开条件为：吸收塔集水坑泵A、B均未运行，发5s脉冲。
（2）联锁关条件为下列条件之一满足：吸收塔集水坑泵A、B任一运行；由于联锁开条件触发本阀门已开，延时60s，发5s脉冲。
（3）开允许条件为：吸收塔集水坑泵A、B均未运行。

10.2.12　吸收塔集水坑搅拌器

吸收塔集水坑搅拌器启动允许条件和保护停止条件分别为：
（1）启动允许条件为：吸收塔集水坑液位大于0.9m。
（2）保护停止条件为：吸收塔集水坑液位小于0.75m，延时10s。

10.3　吸收塔石膏排放

10.3.1　石膏浆液排出泵

石膏浆液排出泵保护停止、启动允许条件如下：
（1）保护停止为下列条件之一满足：石膏浆排出泵运行延时60s且出口母管至石膏旋流器阀门、至事故浆液箱阀门均未打开，延时5s；石膏浆排出泵运行延时60s且出口门未打开，延时5s；石膏浆排出泵运行时且入口门未开，延时5s；石膏浆排出泵运行时且冲洗水门未关，延时5s；吸收塔液位小于1.2m，延时10s；当泵A运行且选择至#1石膏旋流器，且#1石膏旋流器底流回吸收塔阀门未开，且#1石膏旋流器底流至石膏浆液分配箱阀门未开，延时5s。

（2）启动允许为下列条件均满足：吸收塔液位大于1.4m；石膏排出泵出口门已关；石膏排出泵入口门已开；石膏排出泵冲洗门已关；当泵A选择至#1石膏旋流器时，出口母管至石膏旋流器阀门已开或当泵A选择至事故浆液箱时，出口母管至事故浆液箱阀门已开；当泵A选择至#1石膏旋流器时，底流回吸收塔阀门已开或底流至石膏浆液分配箱阀门已开，或当泵A未选择至#1石膏旋流器。

10.3.2　吸收塔石膏排出泵入口门

吸收塔石膏排出泵入口门关允许条件为：石膏排出泵停止。

10.3.3　吸收塔石膏排出泵出口门

吸收塔石膏排出泵出口门保护开条件为：石膏浆排出泵运行，延时 5s。

吸收塔石膏排出泵出口门联锁关条件为：石膏排出泵未运行，发 5s 脉冲。

吸收塔石膏排出泵出口门关允许条件为：石膏浆排出泵停止。

10.3.4　吸收塔石膏排出泵冲洗门

吸收塔石膏排出泵冲洗门联锁关条件为：石膏浆排出泵运行。

吸收塔石膏排出泵冲洗门开允许条件为：石膏排出泵停止。

10.3.5　吸收塔石膏排出泵出口母管至石膏旋流器门

吸收塔石膏排出泵出口母管至石膏旋流器门保护开条件为：选择至#1 石膏旋流器。

吸收塔石膏排出泵出口母管至石膏旋流器门保护关条件为：选择至事故浆液箱。

吸收塔石膏排出泵出口母管至石膏旋流器门关允许条件为：#1 石膏排出泵 A、B 均未运行。

10.3.6　吸收塔石膏排出泵出口母管至事故浆液箱门

吸收塔石膏排出泵出口母管至事故浆液箱门保护开条件为：选择至事故浆液箱。

吸收塔石膏排出泵出口母管至事故浆液箱门保护关条件为：选择至#1 石膏旋流器。

吸收塔石膏排出泵出口母管至事故浆液箱门关允许条件为：#1 石膏排出泵 A、B 均未运行。

10.4　氧化空气系统

10.4.1　氧化风机

氧化风机保护停止、启动允许条件如下：

（1）保护停止为下列条件之一满足：氧化空气到吸收塔温度大于 80℃，延时 2s；氧化风机电机前、后轴承温度大于 95℃，延时 2s；氧化风机电机绕组任一温度大于 145℃，延时 2s；氧化风机入口、出口侧任一轴承温度大于 90℃，延时 2s；氧化风机齿轮箱高、低速端任一轴承温度大于 95℃，延时 2s；吸收塔液位小于 4m，延时 60s；氧化风机入口侧轴承振动大于 7.1mm/s，延时 5s；氧化风机出口侧轴承振动大于 7.1mm/s，延时 5s；氧化风机油泵出口压力小于 60kPa，延时 5s；氧化风机油站油箱油位低，延时 5s。

（2）启动允许条件为下列条件均满足：氧化风机进口阀开度反馈小于 5%；氧化风机放空阀开度反馈大于 90%；氧化风机辅助油泵已运行；氧化风机油箱温度大于 30℃；氧化风机油泵出口压力大于 150kPa；氧化风机电机绕组温度小于 135℃；氧化风机电机轴承温度小于 85℃；氧化风机入口、出口侧轴承温度小于 80℃；氧化风机齿轮箱轴承温度小于 85℃；氧化风机无保护动作信号（电气信号）。

10.4.2　氧化风机放空阀、进口阀

氧化风机放空阀联锁开条件：氧化风机未运行，5s 脉冲；氧化风机 B 放空阀与氧化风机放空阀对应。

氧化风机进口阀联锁开条件：氧化风机运行，延时 15s，发 20s 脉冲 40% 指令。

10.4.3　氧化风机辅助油泵

氧化风机辅助油泵启动允许条件为下列条件均满足：氧化风机油箱油温大于 25℃；氧化风

机油箱油位不低。

氧化风机辅助油泵停止允许条件为下列条件之一满足：氧化风机油泵出口压力大于300kPa；氧化风机未运行，延时30min。

氧化风机辅助油泵保护启动条件为下列条件之一满足：氧化风机未运行，发5s脉冲。联锁投入且供油压力小于130kPa。

氧化风机辅助油泵联锁停条件：由于联锁投入且油泵出口压力小于130kPa导致辅助油泵自启后且油泵出口压力大于300kPa，延时10s，发5s脉冲。

10.4.4　氧化风机油箱加热器

氧化风机油箱加热器联锁启条件为：联锁投入且油箱油温小于25℃。

氧化风机油箱加热器联锁停条件为：油箱油温大于35℃。

10.4.5　吸收塔氧化空气冷却水阀

吸收塔氧化空气冷却水阀联锁开条件为：氧化风机A运行或氧化风机B运行。

吸收塔氧化空气冷却水阀联锁关条件为：氧化风机A未运行且氧化风机B未运行，延时300s，发5s脉冲。

10.5　石灰石制浆系统

10.5.1　振动篦子

振动篦子保护停条件：卸料斗振动给料机未运行。

振动篦子启动允许条件：卸料斗振动给料机运行。

10.5.2　卸料斗振动给料机

卸料斗振动给料机保护停条件：斗提机未运行。

卸料斗振动给料机启动允许条件：斗提机运行。

10.5.3　卸料间除尘管道电动门

卸料间除尘管道电动门关允许条件为：卸料间除尘风机已停止。

卸料间除尘管道电动门保护停条件为：卸料间除尘风机已停止，延时30s，发5s脉冲。

10.5.4　卸料间除尘风机

卸料间除尘风机保护停条件：卸料间除尘管道电动门未开。

卸料间除尘风机启动允许条件：卸料间除尘管道电动门已开。

10.5.5　斗提机

斗提机停止允许条件：卸料斗振动给料机未运行。

斗提机保护停条件：斗提机堵料报警，延时3s，发5s脉冲。

10.5.6　石灰石仓振动给料机

石灰石仓振动给料机保护停条件：称重给料机未运行，发5s脉冲。

石灰石仓振动给料机启动允许条件：称重给料机运行。

10.5.7　称重给料机

称重给料机保护停条件：湿磨未运行。

称重给料机启动允许条件：湿磨运行。

称重给料机停止允许条件：石灰石仓振动给料机停止。

10.5.8　湿式球磨机

湿式球磨机的保护跳闸条件、启动允许条件如下：

（1）保护跳闸条件为下列条件之一满足：湿磨低压泵出口油压小于 0.05MPa，延时 3s；湿磨电机任一轴承温度大于 95℃；湿磨电机任一绕组温度大于 125℃；湿磨任一轴承温度大于 55℃；湿磨减速机油池温度大于 80℃；湿磨低压油泵出口油温大于 55℃；湿磨运行延时 60s 且减速机油压力低，延时 60s；湿磨喷射系统失效达 7200s；湿磨两台石灰石浆液循环泵均未运行，延时 120s；制浆水流量小于 2m³/h，延时 90s；湿磨运行后，给料量小于 5t/h，延时 15min，发 5s 脉冲；称重给料机未运行，延时 15min，发 5s 脉冲。

（2）启动允许为下列条件均满足：湿磨减速机油泵运行且油泵油压不低；润滑油站两台高压油泵均运行（两台高压油泵压力曾经均大于 3.5MPa），延时 3min 允许主电机启动；湿磨电机轴承温度均小于 85℃；湿磨电机绕组温度均小于 120℃；湿磨轴承温度均小于 50℃；湿磨任一台低压油泵已运行且油站出口压力大于 0.1MPa；湿磨润滑油过滤器前、后差压未报警（大于 0.05MPa）；任意一台湿磨石灰石浆液循环泵已运行；湿磨慢传电机正、反转均未运行；湿磨未发保护动作信号（电气信号）。

10.5.9　湿磨减速机油泵

湿磨减速机油泵停止允许条件为：湿磨主电机未运行，延时 300s。

10.5.10　湿磨#1 低压油泵

湿磨#1 低压油泵联锁启动为下列条件均满足：联锁按钮投入；湿磨#2 低压油泵运行且#2 油泵出口油压小于 0.1MPa 或湿磨#2 低压油泵未运行（发 5s 脉冲）。

湿磨#1 低压油泵启动允许条件为：湿磨润滑油站油箱温度大于 15℃且油站油箱油位大于 0.4m。

湿磨#1 低压油泵停止允许为下列条件之一满足：湿磨#2 低压油泵已启动；湿磨主电机未运行。

10.5.11　湿磨#1 高压油泵

湿磨#1 高压油泵保护启动条件为：湿磨主电机未运行，发 5s 脉冲。

湿磨#1 高压油泵保护停止条件为下列条件之一满足：湿磨主电机运行延时 300s，发 5s 脉冲；或湿磨主电机未运行延时 300s，发 5s 脉冲；或湿磨#1、#2 低压油泵均未运行。且湿磨慢传电机正转停止且#1 湿磨慢传电机反转停止。

湿磨#1 高压油泵启动允许条件为：湿磨任意一台低压油泵运行且油压大于 0.1MPa。延时 30s。

10.5.12　湿磨润滑油站油箱电加热器

湿磨润滑油站油箱电加热器启动允许条件为：湿磨润滑油站油箱油位大于 0.2m。

湿磨润滑油站油箱电加热器联锁启动条件为：湿磨润滑油站油箱温度小于15℃且联锁按钮投入，发5s脉冲。

湿磨润滑油站油箱电加热器保护停止条件为：湿磨润滑油站油箱温度大于25℃。

10.5.13　湿磨润滑油站冷却器

湿磨润滑油站冷却器保护开条件为：湿磨润滑油站冷却器联锁投入且出口温度大于40℃。

湿磨润滑油站冷却器保护关条件为：湿磨润滑油站出口温度小于30℃。

10.5.14　湿磨喷射系统（喷射风机、喷射风阀）

湿磨喷射系统（喷射风机、喷射风阀）联锁启动循环条件为：湿磨主机电机运行，发5s脉冲。

湿磨喷射系统（喷射风机、喷射风阀）联锁停止循环条件为：湿磨主电机停止且手动触发喷射系统停止按钮或#1湿磨主机电机未运行，延时120s，发5s脉冲。

湿磨喷射系统（喷射风机、喷射风阀）手动停止喷射系统条件为：湿磨主机电机未运行。

10.5.15　湿磨慢传电机

湿磨慢传电机启动允许为下列条件均满足：湿磨主电机未运行；湿磨任一台低压油泵运行；湿磨两台高压油泵均运行；湿磨喷射系统已启动。

湿磨慢传电机保护停止条件为下列条件之一满足：湿磨主电机运行；湿磨两台低压油泵均未运行。

10.5.16　石灰石浆液循环泵

石灰石浆液循环泵保护停止为下列条件之一满足：石灰石浆液循环泵变频运行且入口门未开，延时5s；石灰石浆液循环泵变频运行且冲洗水门已开，延时5s；石灰石浆液循环箱搅拌器未运行，延时300s；石灰石浆液循环泵变频运行延时60s且出口门未开，延时5s；石灰石浆液循环箱液位小于1m，延时5s。

石灰石浆液循环泵启动允许为下列条件均满足：石灰石浆液循环泵入口门已开；石灰石浆液循环泵冲洗水门已关；石灰石浆液循环泵出口门已关；石灰石浆液循环箱搅拌器已运行；石灰石浆液循环箱液位大于1.2m。

10.5.17　石灰石浆液循环箱搅拌器

石灰石浆液循环箱搅拌器启动允许条件为：石灰石浆液循环箱液位大于1m。

石灰石浆液循环箱搅拌器保护停止条件为：石灰石浆液循环箱液位小于0.8m，延时5s。

10.5.18　石灰石浆液循环泵入口门

石灰石浆液循环泵入口门关允许条件为：石灰石浆液循环泵未变频运行。

10.5.19　石灰石浆液循环泵冲洗水门

石灰石浆液循环泵冲洗水门保护关条件为：石灰石浆液循环泵变频运行。

石灰石浆液循环泵冲洗水门开允许条件为：石灰石浆液循环泵未变频运行。

10.5.20　石灰石浆液循环泵出口门

石灰石浆液循环泵出口门保护开条件为：石灰石浆液循环泵变频运行，延时3s。

石灰石浆液循环泵出口门保护关为下列条件之一满足：石灰石浆液循环泵 A 未变频运行延时 5s，发 5s 脉冲；石灰石浆液循环泵 B 变频运行。

石灰石浆液循环泵出口门开允许为下列条件之一满足：石灰石浆液循环泵 A 变频运行；石灰石浆液循环泵 B 出口门已关；石灰石浆液循环泵 A、B 均未变频运行。

石灰石浆液循环泵出口门关允许条件为：石灰石浆液循环泵 A 未变频运行。

10.5.21　石灰石浆液分配阀电机

石灰石浆液分配阀电机（关位为至石灰石浆液箱，开位为至#1 石灰石浆液循环箱）应满足的条件如下：

（1）保护开条件为满足：石灰石浆液循环箱液位小于 1.3m，延时 5s。

（2）保护关为下列条件之一满足：湿磨任一浆液循环泵运行且#1 石灰石浆液循环箱液位大于 1.8m；石灰石浆液循环箱液位大于 1.6m 且#1 石灰石浆液循环箱浆液泵出口密度大于 $1400kg/m^3$。

10.6　石灰石浆液输送

10.6.1　石灰石浆液泵

石灰石浆液泵保护停止为下列条件之一满足：石灰石浆液泵变频运行延时 60s 且石灰石浆液泵出口门未开，延时 5s；石灰石浆液泵变频运行且石灰石浆液泵入口门未开，延时 5s；石灰石浆液泵变频运行且石灰石浆液泵出口冲洗水门已开，延时 5s；石灰石浆液箱液位小于 1.1m，延时 10s。

石灰石浆液泵启动允许为下列条件均满足：石灰石浆液箱液位大于 1m；石灰石浆液泵入口门已开；石灰石浆液泵出口门已关；石灰石浆液泵出口冲洗水门已关。

10.6.2　石灰石浆液泵入口门

石灰石浆液泵入口门关允许条件为：石灰石浆液泵未变频运行。

10.6.3　石灰石浆液泵出口冲洗门

石灰石浆液泵出口冲洗门联锁关条件为：石灰石浆液泵变频运行。开允许条件为：石灰石浆液泵停止。

10.6.4　石灰石浆液泵出口门

石灰石浆液泵出口门联锁开条件为：石灰石浆液泵变频运行，延时 5s；联锁关条件为：石灰石浆液泵未变频运行延时 60s，发 5s 脉冲；关允许条件为：石灰石浆液泵未变频运行。

10.6.5　石灰石浆液箱搅拌器

石灰石浆液箱搅拌器启动允许条件为：石灰石浆液箱液位大于 1m。保护停止条件为：石灰石浆液箱液位小于 0.9m，延时 5s。

10.7　石膏脱水系统

10.7.1　石膏旋流器底流至稀浆池阀门

石膏旋流器底流至稀浆池阀门关允许为下列条件之一满足：吸收塔石膏排出泵出口母管至石

膏旋流器阀门已关；石膏旋流器底流至石膏浆液分配箱阀门已开。

石膏旋流器底流至稀浆池阀门保护开为下列条件之一满足：石膏浆液分配箱至#1 真空皮带脱水机阀门未开，发 5s 脉冲；石膏浆液分配箱至#2 真空皮带脱水机阀门未开，发 5s 脉冲；吸收塔石膏排出泵选择至石膏旋流器，发 5s 脉冲。

10.7.2　石膏旋流器底流至石膏浆液分配箱阀门

石膏旋流器底流至石膏浆液分配箱阀门开允许条件为：石膏浆液分配箱至 2 台真空皮带脱水机任一阀门已开。

石膏旋流器底流至石膏浆液分配箱阀门关允许为下列条件之一满足：石膏浆液排出泵 A 与石膏浆液排出泵 B 均停止；石膏旋流器底流至稀浆池阀门已开。

石膏旋流器底流至石膏浆液分配箱阀门自动关为下列条件之一满足：石膏浆液分配箱至#1 真空皮带脱水机阀门未开，发 5s 脉冲；石膏浆液分配箱至#2 真空皮带脱水机阀门未开，发 5s 脉冲；石膏排出泵选择至石膏旋流器，发 5s 脉冲。

10.7.3　石膏浆液分配箱至真空皮带脱水机阀门

石膏浆液分配箱至真空皮带脱水机阀门开允许条件为：真空皮带脱水机运行。

石膏浆液分配箱至真空皮带脱水机阀门保护关条件为：真空皮带脱水机未运行。

10.7.4　真空皮带脱水机主电机

真空皮带脱水机主电机保护停止为下列条件之一满足：滤布走偏，延时 3s（驱动侧）；滤布走偏，延时 3s（操作侧）；胶带走偏，延时 3s（驱动侧）；胶带走偏，延时 3s（操作侧）；紧急拉线开关动作（驱动侧）；紧急拉线开关动作（操作侧）；滤布断裂开关动作（驱动侧）；滤布断裂开关动作（操作侧）；真空泵未运行，发 5s 脉冲；真空盒密封水流量低（小于 $2.5m^3/h$），延时 15s。

真空皮带脱水机主电机启动允许为下列条件均满足：无滤布走偏信号（驱动侧）；无滤布走偏信号（操作侧）；无胶带走偏信号（驱动侧）；无胶带走偏信号（操作侧）；无紧急拉线开关动作信号（驱动侧）；无紧急拉线开关动作信号（操作侧）；无滤布断裂开关动作（驱动侧）；无滤布断裂开关动作（操作侧）；无真空盒密封水流量低。

10.7.5　滤布冲洗水泵

滤布冲洗水泵保护停止条件为：滤布冲洗水箱液位低，延时 5s。启动允许条件为：滤布冲洗水箱液位不低。

滤布冲洗水泵停止允许为下列条件之一满足：滤布冲洗水泵选择至#1 脱水机时，#1 真空皮带脱水机未运行；滤布冲洗水泵选择至#2 脱水机时，#2 真空皮带脱水机未运行。

10.7.6　真空泵

真空泵保护停止允许为下列条件之一满足：真空泵运行延时 60s，真空泵密封水流量低，延时 5s；真空泵电机任一轴承温度大于 95℃；真空泵电机任一绕组温度大于 125℃；气液分离器 A、B 任一液位高开关动作，延时 120s。停止允许条件为：真空皮带脱水机未运行。

10.7.7　真空泵密封水电动门

真空泵密封水电动门关允许条件为：真空泵未运行。保护开条件为：真空泵运行。联锁关条件为：真空泵未运行，延时 60s，发 5s 脉冲。

10.8　工业水系统

10.8.1　吸收塔除雾器冲洗水泵

吸收塔除雾器冲洗水泵启动允许条件：工艺水箱液位大于1.2m。联锁启动为下列条件之一满足：联锁按钮投入，且吸收塔除雾器另一台冲洗水泵未运行，发5s脉冲；联锁按钮投入，且吸收塔除雾器冲洗水泵出口母管压力小于400kPa，延时3s，发5s脉冲。保护停条件为：工艺水箱液位小于1.1m，延时3s。

10.8.2　工艺水泵

工艺水泵启动允许条件：工艺水箱液位大于1.5m。联锁启动为下列条件之一满足：联锁按钮投入，且另一台工艺水泵未运行，发5s脉冲；联锁按钮投入，且水泵出口母管压力小于350kPa，延时3s，发5s脉冲。保护停条件为：工艺水箱液位小于1.4m，延时3s。

10.8.3　电厂回用水至工艺水箱进水阀

电厂回用水至工艺水箱进水阀联锁开条件为：联锁按钮投入且工艺水箱液位小于3m，延时5s。保护开条件为：工艺水箱任一水泵运行且工艺水箱液位小于2.5m，延时5s。保护关条件为：工艺水箱液位大于8.4m，延时5s。

10.8.4　电厂工业水至工艺水箱进水阀

电厂工业水至工艺水箱进水阀联锁开条件为：联锁按钮投入且工艺水箱液位小于2m，延时5s。保护开条件为：工艺水箱任一水泵运行且工艺水箱液位小于1.8m，延时5s。保护关条件为：工艺水箱液位大于8.4m，延时5s。电厂回用水至工艺水箱进水阀与电厂工业水至工艺水箱进水阀共用一个联锁按钮。

10.8.5　工业水泵

工业水泵启动允许条件：工业水箱液位大于1m。联锁启动为下列条件之一满足：联锁按钮投入，且另一台工业水泵未运行，发5s脉冲；联锁按钮投入，且工业水泵出口母管压力小于300kPa，延时3s，发5s脉冲。保护停条件为：工业水箱液位小于0.9m，延时3s。

10.8.6　电厂工业水至工业水箱补水阀

电厂工业水至工业水箱补水阀联锁开条件为：联锁按钮投入且工业水箱液位小于2m，延时5s。保护开条件为：工业水箱任一水泵运行且工业水箱液位小于1.5m，延时5s。保护关条件为：工业水箱液位大于4m，延时5s。

10.8.7　电厂来工业水供水阀

电厂来工业水供水阀（当两台工业水泵均检修时直接供现场设备）保护关条件为：任一工业水泵运行，发5s脉冲。

10.9　事故浆液系统

10.9.1　事故浆液泵

事故浆液泵启动允许为下列条件均满足：事故浆液罐液位大于2.5m；事故浆液泵入口电动

门已开；事故浆液泵出口冲洗水电动门已关；事故浆液泵出口至#1 吸收塔电动门已关；事故浆液泵出口至#2 吸收塔电动门已关。

事故浆液泵保护停条件为下列条件之一，满足：事故浆液罐液位小于 1.2m，延时 3s；事故浆液泵运行且入口电动门未开，延时 5s；事故浆液泵运行，延时 60s 且事故浆液泵出口至#1 吸收塔电动门、至#2 吸收塔电动门均未开，延时 5s；事故浆液泵运行且出口冲洗水电动门未关，延时 5s。

10.9.2 事故浆液泵入口电动门

事故浆液泵入口电动门关允许条件为：事故浆液泵未运行。保护开条件为：事故浆液泵运行。联锁关条件为：事故浆液泵未运行，延时 5s，发 5s 脉冲。

10.9.3 事故浆液泵出口至吸收塔电动门

事故浆液泵出口至吸收塔电动门关允许条件为下列条件之一满足：事故浆液泵未运行；事故浆液泵出口至另一吸收塔电动门已开。联锁关条件为：事故浆液泵未运行，延时 5s，发 5s 脉冲。

10.9.4 事故浆液泵出口母管冲洗水电动门

事故浆液泵出口母管冲洗水电动门开允许条件为：事故浆液泵未运行。联锁关条件为：事故浆液泵运行。

10.9.5 事故浆液罐搅拌器

事故浆液罐搅拌器启动允许条件：事故浆液罐液位大于 3.5m。保护停条件为：事故浆液罐液位小于 2.5m，延时 3s。

10.10 制浆区集水坑、滤液池及其他浆液池系统

10.10.1 #1 制浆区集水坑泵

#1 制浆区集水坑泵启动允许为下列条件均满足：制浆区集水坑液位大于 1m；#1 制浆区集水坑泵出口阀门已关；制浆区集水坑泵出口母管冲洗水阀门已关；制浆区集水坑泵出口母管至#1 石灰石浆液循环箱阀门已开或至#2 石灰石浆液循环箱阀门已开。

#1 制浆区集水坑泵保护停止为下列条件之一满足：制浆区集水坑液位小于 0.9m，延时 10s；#1 制浆区集水坑泵运行，延时 60s 且出口阀门未开，延时 5s；#1 制浆区集水坑泵运行且出口母管至#1 石灰石浆液循环箱阀门未开且至#2 石灰石浆液循环箱阀门未开，延时 5s。

#1 制浆区集水坑泵自动启动为下列条件之一满足：#1 制浆区集水坑泵联锁按钮已投入，且制浆区集水坑液位大于 2.8m，延时 5s，发 5s 脉冲；#1 制浆区集水坑泵未运行，且#2 制浆区集水坑泵联锁按钮已投入，且制浆区集水坑液位大于 3m。延时 5s，发 5s 脉冲。

#2 制浆区集水坑泵与#1 制浆区集水坑泵对应。（#1、#2 制浆区集水坑泵各做一个联锁按钮，互为闭锁。）

10.10.2 #1 制浆区集水坑泵出口电动门

#1 制浆区集水坑泵出口电动门关允许条件为：#1 制浆区集水坑泵未运行。保护开条件为：#1 制浆区集水坑泵运行。联锁关条件为：#1 制浆区集水坑泵未运行，延时 5s，发 5s 脉冲。#2 制浆区集水坑泵出口电动门与#1 制浆区集水坑泵出口电动门对应。

10.10.3　制浆区集水坑泵出口母管冲洗水电动门

制浆区集水坑泵出口母管冲洗水电动门开允许条件为：#1、#2 制浆区集水坑泵均未运行；联锁关条件为：#1、#2 制浆区集水坑泵任一运行。

10.10.4　制浆区集水坑泵出口母管至#1 石灰石浆液循环箱电动门

制浆区集水坑泵出口母管至#1 石灰石浆液循环箱电动门关允许条件为下列条件之一满足：#1、#2 制浆区集水坑泵均未运行；制浆区集水坑泵出口母管至#2 石灰石浆箱电动门已开。

制浆区集水坑泵出口母管至#2 石灰石浆液循环箱电动门与制浆区集水坑泵出口母管至#1 石灰石浆液循环箱电动门对应。

10.10.5　制浆区集水坑搅拌器

制浆区集水坑搅拌器启动允许条件：制浆区集水坑液位大于 0.9m。保护停条件为：制浆区集水坑液位小于 0.8m，延时 3s。

10.10.6　滤液泵

#1 滤液泵启动允许为下列条件均满足：滤液池液位大于 0.9m；#1 滤液泵出口阀门已关；#1 塔滤液泵出口母管冲洗水阀门已关。

#1 滤液泵保护停止为下列条件之一满足：滤液池液位小于 0.8m，延时 10s；#1 滤液泵运行，延时 60s 且出口阀门未开，延时 5s。

#1 滤液泵自动启动为下列条件之一满足：#1 滤液泵联锁按钮已投入，且滤液池液位大于 2.5m。延时 5s，发 5s 脉冲；#1 滤液泵未运行，且#2 滤液泵 – #1 联锁按钮已投入且滤液池液位大于 2.8m，延时 5s，发 5s 脉冲。

#3 滤液泵与#1 滤液泵对应。(#1 滤液泵、#3 滤液泵、#2 滤液泵 – #1 滤液泵、#2 滤液泵 – #3 滤液泵各做一个联锁按钮。)

10.10.7　#1 滤液泵出口电动门

#1 滤液泵出口电动门关允许条件为：#1 滤液泵未运行。保护开条件为：#1 滤液泵运行。联锁关条件为：#1 滤液泵未运行，延时 5s，发 5s 脉冲。#3 滤液泵出口电动门与#1 滤液泵出口电动门对应。

10.10.8　#2 滤液泵 – #1 滤液泵出口电动门

#2 滤液泵 – #1 滤液泵出口电动门关允许条件为：#2 滤液泵未运行。保护开条件为：#2 滤液泵运行且（#2 滤液泵因#1 滤液泵条件联锁启动（作为 RS 触发器的 "S" 端），#2 滤液泵 – #1 滤液泵出口电动门未开，发 5s 脉冲（作为 RS 触发器的 "R" 端）），延时 5s。联锁关条件为：#2 滤液泵未运行，延时 5s，发 5s 脉冲。#2 滤液泵 – #3 滤液泵电动门与#2 滤液泵 – #1 滤液泵电动门对应。

10.10.9　#1 塔滤液泵出口母管冲洗水电动门

#1 塔滤液泵出口母管冲洗水电动门开允许为下列条件均满足：#1 滤液泵未运行；#2 滤液泵 – #1 滤液泵出口电动门未开。联锁关为下列条件之一满足：#1 滤液泵运行；#2 滤液泵运行且#2 滤液泵 – A 联锁按钮投入。

10.10.10   #2 塔滤液泵出口母管冲洗水电动门

#2 塔滤液泵出口母管冲洗水电动门开允许为下列条件均满足：#3 滤液泵未运行；#2 滤液泵 – #3 滤液泵出口电动门未开。联锁关为下列条件之一满足：#3 滤液泵运行；#2 滤液泵运行且#2 滤液泵 – #3 滤液泵联锁按钮投入。

10.10.11   滤液池搅拌器

滤液池搅拌器启动允许条件：滤液池液位大于 0.8m。保护停条件为：滤液池液位小于 0.7m，延时 3s。

10.10.12   #1 废水泵

#1 废水泵保护停止为下列条件之一满足：#1 废水泵运行且入口门未开，延时 5s；#1 废水泵且冲洗水门已开，延时 5s；#1 废水泵运行延时 60s 且出口门未开，延时 5s；#1 废水箱液位小于 1m，延时 5s。

#1 废水泵启动允许为下列条件均满足：#1 废水泵入口门已开；#1 废水泵冲洗水门已关；#1 废水泵出口门已关；#1 废水箱液位大于 1.2m。#2 废水泵与#1 废水泵对应。

10.10.13   #1 废水箱搅拌器

#1 废水箱搅拌器启动允许条件为：#1 废水箱液位大于 1m。保护停止条件为：#1 废水箱液位小于 0.8m，延时 5s。

10.10.14   #1 废水泵入口门

#1 废水泵入口门关允许条件为：#1 废水泵未运行；#2 废水泵入口门与#1 废水泵入口门对应。

10.10.15   #1 废水泵冲洗水门

#1 废水泵冲洗水门保护关条件为：#1 废水泵运行。开允许条件为：#1 废水泵未运行；#2 废水泵冲洗水门与#1 废水泵冲洗水门对应。

10.10.16   #1 废水泵出口门

#1 废水泵出口门保护开条件为：#1 废水泵运行，延时 3s。保护关为下列条件之一满足：#1 废水泵未运行延时 5s，发 5s 脉冲；#2 废水泵运行。开允许为下列条件之一满足：#1 废水泵运行；#2 废水泵出口门已关；#1 废水泵、#2 废水泵均未运行。关允许条件为：#1 废水泵未运行；#2 废水泵出口门与#1 废水泵出口门对应。

10.10.17   稀释泵

#1 稀释泵启动允许为下列条件均满足：稀释池液位大于 0.9m；#1 稀释泵出口阀门已关；#1 塔稀释泵出口母管冲洗水阀门已关。

#1 稀释泵保护停止为下列条件之一满足：稀释池液位小于 0.8m，延时 10s；#1 稀释泵运行，延时 60s 且出口阀门未开，延时 5s。

#1 稀释泵自动启动为下列条件之一满足：#1 稀释泵联锁按钮已投入，且稀释池液位大于 2.5m。延时 5s，发 5s 脉冲；#1 稀释泵未运行，且#2 稀释泵 – #1 稀释泵联锁按钮已投入且稀释池液位大于 2.8m，延时 5s，发 5s 脉冲。#3 稀释泵与#1 稀释泵对应。

（注：#1 稀释泵、#3 稀释泵、#2 稀释泵 – #1 稀释泵、#2 稀释泵 – #3 稀释泵各做一个联锁按钮。）

10.10.18 #1 稀释泵出口电动门

#1 稀释泵出口电动门关允许条件为：#1 稀释泵未运行。保护开条件为：#1 稀释泵运行。联锁关条件为：#1 稀释泵未运行，延时 5s，发 5s 脉冲。#3 稀释泵出口电动门与#1 稀释泵出口电动门对应。

10.10.19 #2 稀释泵 – #1 稀释泵出口电动门

#2 稀释泵 – #1 稀释泵出口电动门关允许条件为：#2 稀释泵未运行。保护开条件为：#2 稀释泵运行且（#2 稀释泵因#1 稀释泵条件联锁启动（作为 RS 触发器的"S"端），#2 稀释泵 – #1 稀释泵出口电动门未开，发 5s 脉冲（作为 RS 触发器的"R"端）），延时 5s。联锁关条件为：#2 稀释泵未运行，延时 5s，发 5s 脉冲。#2 稀释泵 – #3 稀释泵电动门与#2 稀释泵 – #1 稀释泵电动门对应。

10.10.20 #1 塔稀释泵出口母管冲洗水电动门

#1 塔稀释泵出口母管冲洗水电动门开允许为下列条件均满足：#1 稀释泵未运行；#2 稀释泵 – #1 稀释泵出口电动门未开。

#1 塔稀释泵出口母管冲洗水电动门联锁关为下列条件之一满足：#1 稀释泵运行；#2 稀释泵运行且#2 稀释泵 – A 联锁按钮投入。

10.10.21 #2 塔稀释泵出口母管冲洗水电动门

#2 塔稀释泵出口母管冲洗水电动门开允许为下列条件均满足：#3 稀释泵未运行；#2 稀释泵 – #3 稀释泵出口电动门未开。联锁关为下列条件之一满足：#3 稀释泵运行；#2 稀释泵运行且#2 稀释泵 – #3 稀释泵联锁按钮投入。

10.10.22 稀释池搅拌器

稀释池搅拌器启动允许条件：稀释池液位大于 0.8m。保护停条件为：稀释池液位小于 0.7m，延时 3s。

10.11 操作流程说明及程控步序

10.11.1 浆液循环泵

浆液循环泵启动流程如下：关闭浆液循环泵排空阀、冲洗水阀、出口阀（若有该阀则进行该步）；打开浆液循环泵入口阀，延时 60s 等待浆液循环泵停止转动；浆液循环泵停止转动后，启动浆液循环泵；打开循环泵出口阀（若有该阀则进行该步）；浆液循环泵启动结束。浆液循环泵 A、B、C 设计了出口电动阀，浆液循环泵 D、E、F 未设计出口电动阀。

浆液循环泵 A、B、C 停止流程如下：停止浆液循环泵；浆液循环泵停止后，关闭出口阀门；出口阀门关闭后，关闭入口阀门；入口阀关闭后，打开排空阀；延时 600s 等浆液循环泵排空阀无浆液流出后，关闭排空阀；排空阀关闭后，打开冲洗水阀；延时 100s 后，关闭冲洗水阀；冲洗水阀关闭后，打开排空阀；延时 120s 等浆液循环泵排空阀无浆液流出后，关闭排空阀；排空阀关闭后，打开冲洗水阀；延时 100s 后，关闭冲洗水阀；浆液循环泵停止结束。

浆液循环泵 D、E、F 停止流程如下：停止浆液循环泵；延时 60s，关闭入口阀门；入口阀关闭后，打开排空阀；延时 600s 等浆液循环泵排空阀无浆液流出后，关闭排空阀；排空阀关闭后，打开冲洗水阀；延时 600s 后，关闭冲洗水阀；冲洗水阀关闭后，打开排空阀；延时 600s 等浆液循环泵排空阀无浆液流出后，关闭排空阀；排空阀关闭后，打开冲洗水阀；延时 600s 后，关闭冲洗水阀；浆液循环泵停止结束。

浆液循环泵冲洗注水时需关注画面上循环泵出口压力，循环泵排空时必须安排两名运行人员就地手动操作排空门的同时，关注排空管道至集水坑的浆液量保证浆液不溢流出沟道。

10.11.2 氧化风机

氧化风机启动流程如下：启动氧化风机油站电加热器；当氧化风机油箱油温不小于 30℃ 后，即可启动氧化风机辅助油泵；无故障报警；主机停机时间大于 2min；关闭氧化风机入口门（反馈小于 5%）、打开放空阀（反馈大于 95%）；启动氧化风机，延时 20s；氧化风机入口门联锁开到 40%；运行人员手动缓慢关闭放空阀的同时，打开入口门。直到接近额定电流或风量；吸收塔氧化空气冷却水电磁阀联锁开；氧化风机启动结束。

氧化风机停止流程如下：启动氧化风机辅助油泵；缓慢关闭氧化风机入口门的同时缓慢打开放空阀，直到入口门（反馈小于 45%）、打开放空阀（反馈大于 95%）；放空阀已开后，停止氧化风机；氧化风机停止 30min 后，允许停止辅助油泵；氧化风机停止结束。

10.11.3 石膏排出泵

注：启动#1 塔石膏排出泵之前，需在 DCS 画面上选中相应的按钮并投入（选择至事故浆液箱则#1 塔石膏排出泵出口母管至事故浆液箱电动阀门联锁打开，同时至#1 石膏旋流器电动阀门联锁关闭，选择至#1 石膏旋流器则#1 塔石膏排出泵出口母管至#1 石膏旋流器电动阀门联锁打开，同时至事故浆液箱电动阀门联锁关闭；#1 石膏旋流器底流至稀释池电动阀门联锁打开，底流至石膏浆液分配箱阀门联锁关闭）。

石膏排出泵系统得到启动指令，自动进行以下启动程控：关闭石膏排出泵出口阀，关闭石膏排出泵冲洗水阀，自动打开石膏排出泵入口门；石膏排出泵入口门已开，自动打开石膏排出泵冲洗水阀；等待 20 s 后，自动关闭石膏排出泵冲洗水阀门；石膏排出泵冲洗水阀关闭后，自动启动石膏排出泵；石膏排出泵运行后，自动打开石膏排出泵出口门；石膏排出泵出口门打开后，自动给定变频器指令 40% 发 5s 脉冲；石膏排出泵启动程序结束。

石膏排出泵系统得到停止指令，自动进行以下停止程控：自动停止石膏排出泵；当石膏排出泵停止后，自动关闭石膏排出泵出口阀；当石膏排出泵出口阀关闭后，自动打开石膏排出泵冲洗水阀；当石膏排出泵冲洗水阀打开，等待 20s；等待结束后，自动关闭石膏排出泵入口阀；当石膏排出泵入口阀关闭后，自动打开石膏排出泵出口阀；过程等待 500s，等待结束后自动关闭石膏排出泵出口阀门；石膏排出泵出口阀门关闭后，自动关闭石膏排出泵冲洗水阀；石膏排出泵冲洗水阀关闭后，石膏排出泵停止程序结束。

当石膏排出泵已停止且石膏排出泵保护跳闸时（手动停止该泵时不自动触发程控停），发 5s 脉冲，自动触发该泵的程控停。

10.11.4 石灰石仓上料系统

石灰石仓上料系统启动流程如下：启动斗式提升机；斗式提升机启动后，延时 30s 启动卸料间斗振动给料机；卸料间斗振动给料机启动后，石灰石仓上料系统启动程序完毕。振动筐子、电磁除铁器、除尘器均根据现场情况手动启动。

石灰石仓上料系统停止流程如下：停止卸料间斗振动给料机；卸料间斗振动给料机停止后，延时 120s 停止斗式提升机；斗式提升机停止后，石灰石仓上料系统停止程序完毕。

10.11.5　石灰石浆液循环泵

石灰石浆液循环泵系统得到启动指令，自动进行以下启动程控：关闭石灰石浆液循环泵出口阀、冲洗水阀；石灰石浆液循环泵出口阀与冲洗水阀关闭后，自动打开石灰石浆液循环泵入口门；石灰石浆液循环泵入口门打开后，自动打开石灰石浆液循环泵冲洗水阀；延时 10s，自动关闭石灰石浆液循环泵冲洗水阀；石灰石浆液循环泵冲洗水阀关闭后，自动启动石灰石浆液循环泵；石灰石浆液循环泵运行后，自动打开石灰石浆液循环泵出口门；石灰石浆液循环泵出口门打开后，自动给定变频器指令 60% 发 5s 脉冲；石灰石浆液循环泵启动程序结束。

石灰石浆液循环泵系统得到停止指令，自动进行以下停止程控：自动停止石灰石浆液循环泵；当石灰石浆液循环泵停止后，自动关闭石灰石浆液循环泵出口阀；当石灰石浆液循环泵出口阀关闭后，自动打开石灰石浆液循环泵冲洗水阀；当石灰石浆液循环泵冲洗水阀打开，等待 10s；等待结束后，自动关闭石灰石浆液循环泵入口阀；当石灰石浆液循环泵入口阀关闭后，自动打开石灰石浆液循环泵出口阀；当石灰石浆液循环泵出口阀打开，等待 120s；等待结束后，自动关闭石灰石浆液循环泵冲洗水阀；石灰石浆液循环泵冲洗水阀关闭后，自动关闭石灰石浆液循环泵出口阀；石灰石浆液循环泵出口阀关闭后，自动关闭石灰石浆液循环泵冲洗水阀；石灰石浆液循环泵停止程序结束。

10.11.6　湿式球磨机

湿式球磨机系统得到启动指令，自动进行以下启动程控（启动前需检查确认除湿式球磨机系统以外的其他启动条件已满足）：启动喷射油系统、低压油泵系统（做个按钮选 #1、#2 低压油泵）；当低压油泵系统运行后，等待 30s 后启动高压油泵系统；当高压油泵系统运行且高压达到设定值后，等待 300s；等待结束后，自动启动湿式球磨机减速机油泵；当湿式球磨机减速机油泵出口压力低消失后，启动湿式球磨机主电机；当湿式球磨机主电机运行后，等待 120s；等待结束后，自动启动称重皮带机；等待 5s，自动启动石灰石仓底振动给料机；等待 180s，自动停止高压油泵；湿式球磨机启动程序结束。

湿式球磨机系统得到停止指令，自动进行以下停止程控：停止石灰石仓底振动给料机，等待 120s；等待结束后，自动停止称重皮带机，等待 180s；等待结束后，自动启动高压油泵，等待 180s；等待结束后，自动停止湿式球磨机主电机，等待 300s；等待结束后，自动停止湿式球磨机减速机油泵、喷射系统，停止高、低压油泵；湿式球磨机停止程序结束。

湿式球磨机慢传电机启/停操作：当主电机工作时，慢传电机（用于磨机检修、更换衬板）不能起动。当慢传电机工作时，主电机不能起动。起动慢传电机之前，必须先开起低压、高压润滑油泵，使空心轴顶起，防止擦伤轴瓦。当主电机停机时间超过 72h 以后，需启动慢传电机盘车。

湿式球磨机喷射润滑装置循环程序：启动空压机，延时 10s；启动风阀，延时 10s；启动油泵 15s，油泵停止；延时 10s，关闭风阀；一次喷射程序结束。延时 1800s，进入下一个循环。延时均由喷射油站就地控制柜内的时间继电器实现。

10.11.7　石灰石浆液泵

石灰石浆液泵系统得到启动指令，自动进行以下启动程控：关闭石灰石浆液泵出口阀、冲洗水阀；石灰石浆液泵出口阀与冲洗水阀关闭后，自动打开石灰石浆液泵入口门；石灰石浆液泵入口门打开后，自动打开石灰石浆液泵冲洗水阀门；延时10s，自动关闭石灰石浆液泵冲洗水阀门；启动石灰石浆液泵；石灰石浆液泵运行后，自动打开石灰石浆液泵出口门；石灰石浆液泵出口门打开后，自动给定变频器指令80%发5s脉冲；石灰石浆液泵启动程序结束。

在DCS画面上单台石灰石浆液泵各做一个联锁按钮。当按钮投入后且1A、1B（2A、2B）（两个按钮不能同时投入）石灰石浆液泵均未运行且#1吸收塔pH值小于pH值下限设定（6~4.5）时，延时10s，发5s脉冲，自动触发该泵的程控启。

石灰石浆液泵系统得到停止指令，自动进行以下停止程控：自动停止石灰石浆液泵；当石灰石浆液泵停止后，自动关闭石灰石浆液泵出口阀；当石灰石浆液泵出口阀关闭后，自动打开石灰石浆液泵冲洗水阀；当石灰石浆液泵冲洗水阀打开，等待20s；等待结束后，自动关闭石灰石浆液泵入口阀；当石灰石浆液泵入口阀关闭后，自动打开石灰石浆液泵出口阀；当石灰石浆液泵出口阀打开，等待150s；等待结束后，自动关闭石灰石浆液泵冲洗水阀；石灰石浆液泵冲洗水阀关闭后，自动关闭石灰石浆液泵出口阀；石灰石浆液泵停止程序结束。

当联锁按钮投入后且该泵已运行且#1吸收塔pH值大于pH值上限设定（6.5~5）时，延时10s，发5s脉冲，自动触发该泵的程控停。

（注：（1）当石灰石浆液泵运行电流大于额定电流时，变频器禁止升速。（2）变频器设最小频率（暂定70%）。）

11 输煤程控系统

11.1 概述

以国家电力投资集团某工程为例，年需燃煤 550 万吨，采用铁路、海运联运方式，神华煤经铁路至黄骅港下水运输至盐城港滨海港区国家电投煤炭码头。蒙东褐煤经由赤大白铁路、锦赤铁路运输至锦州港煤码头下水运输至盐城港滨海港区国家电投煤炭码头。盐城港滨海港区国家电投煤炭码头工程主要包括卸船系统、装船系统、装火车汽车系统以及陆域煤堆场系统，由中交一航院设计。煤炭码头与电厂的设计分界点为 T12 转运站（T12 转运站由一航院设计），一航院提供四路电厂专用输煤皮带，两路供本期和二期 4 台 1000MW 级燃煤机组使用，另外两路供远期 4 台 1000MW 级燃煤机组使用。本期两路带式输送机系统出力为 2500～3000t/h（可调）。本工程依托盐城港滨海港区国家电投储配煤基地工程建设，煤场利用盐城港滨海港区国家电投煤炭码头工程陆域堆场系统，港区卸煤系统提供四路电厂专用输煤皮带，两路供本期和二期的 4 台 1000MW 级燃煤机组使用，另外两路供远期 4 台 1000MW 级燃煤机组使用。

厂内上煤系统本期按 4×1000MW 机组为一个单元统一考虑建设。电厂内带式输送机参数均为 $B=1800\text{mm}$，$v=2.8\text{m/s}$，$Q=3000\text{t/h}$。此外，整个输煤系统还设有筛选、除铁、计量、取样等辅助设施。

上煤系统主要运行方式采用：常规炉前煤仓 + 带式输送机固定端上煤方案。

本工程上煤系统按 4×1000MW 机组为一个输煤单元进行设置。本工程上煤系统带式输送机均为双路布置，一路运行，一路备用。带式输送机参数均为 $B=1800\text{mm}$，$v=2.8\text{m/s}$，$Q=3000\text{t/h}$。本工程上煤系统设有两套筛碎设备，即每路带式输送机设置一套。在碎煤机前设置高幅筛，来煤先经过筛分后粒度大于 30mm 的大块进入碎煤机破碎，小于 30mm 直接进入下一级带式输送机。为配合带式输送机出力，碎煤机出力为 $Q=1800\text{t/h}$，高幅筛出力为 $Q=3000\text{t/h}$。上主厂房栈桥从主厂房固定端直接进入主厂房煤仓间，锅炉采用前煤仓。每台炉设置 6 个原煤仓，本期 2 台炉共 12 个原煤仓，呈 1 列布置。煤仓层并排设置两路带式输送机，一路运行一路备用。煤仓间卸煤方式采用电动犁式卸料。C1A/B 带式输送机栈桥采用露天布置，两侧设置护栏，带式输送机上加防雨罩壳；C2A/B 带式输送机栈桥采用封闭布置。

本方案二期工程上煤机组仅需延长一期工程煤仓间带式输送机即可，无需再建设辅助设备（包括筛碎设备、入炉煤计量、校验、入炉煤采制样设备等）。因此，本期输煤程控系统的煤仓间转运站远程 I/O 柜内应预留二期扩建设备所需 I/O 卡件的安装位置。

11.2 控制方式

11.2.1 分类

输煤控制系统的运行方式为：集中和就地两种方式；集中控制又分为自动和手动。在输煤控制室控制台上仅保留输煤系统主要设备的紧急事故按钮。在 LCD 画面上有自动/手动的切换窗，自动和手动方式可相互切换并不影响系统设备的正常运行。

集中自动方式（正常运行）：在上位工控机上通过键盘或鼠标选择运煤流程，由 PLC 自动完成运煤和配煤流程设备的操作。集中手动方式（远方手动）：在上位工控机上通过键盘或鼠标对纳入程控的所有设备实现一一对应的操作，通过 PLC 的逻辑闭锁完成，同时对主要设备具备单独解锁能力。就地控制方式（调试及事故）：设备仅能在就地控制箱上进行操作，该操作为调试、检修及事故时用。

集中和就地两种运行方式的设定是由设置在就地控制箱上的远方/就地选择开关完成的。此外，在就地控制箱上还设有启、停按钮及信号灯等（具体接线施工图阶段定）。只有当选择开关设置为远方时，输煤控制室才能控制该设备，当选择开关设置为就地时，只能在就地控制该设备。选择开关的状态信息用干接点送至输煤监控 PLC 系统中，以便操作员实时了解现场情况。

采用自动方式时，上位工控机 LCD 上显示所有输煤工艺流程，选择输煤流程后，PLC 系统自动检测该流程相关的设备，在该流程所有设备均处于可控情况下，操作人员在上位工控机上发出"启动"命令来启动该流程，否则，PLC 系统内部联锁能防止任何设备的启动。在需要停止该流程时，操作人员在上位工控机上发出"停止"命令，PLC 系统按正常顺序停止。

采用集中手动方式时，除了运行人员必须按正确顺序通过键盘上的启动/停止命令来启动和停止各个设备，系统也应像自动方式一样完全联锁。运行人员应按正确顺序来启动和停止所有设备。系统能防止运行人员的误操作，并能发出提示信息。

采用集中控制方式（包括自动和手动）时，若出现危害设备或对人身产生危险等（如：发生火警）意外情况，运行人员可操作"紧急停止"按钮，PLC 系统立即停止输煤系统所有运行设备，但电磁除铁器及碎煤机需经过 300s 延时（分别可调整、可投用或退出）停，以防设备损坏；取样装置、除铁器及除尘器与皮带机联锁停机。"紧急停止"专用键需经两次"急停确认"。另外，在操作台上设置安全系统手动复位按钮，当皮带机保护装置动作或操作"紧急停止"按钮后，关联的输煤系统设备将被闭锁不能启动，只有当所有保护装置或"紧急停机"按钮已复位并且按了安全系统的复位按钮后，才能重新启动系统。

自动程序方式应为主要运行方式。运行人员应能选择一个完整和合适的路径，以便将煤从煤炭码头的储配煤设施送到本期原煤仓。选定了合适的和完整的路径，且所有信号表明允许启动，并显示表明路径选择成功（准确）后，允许运行人员使用"系统自动启动"命令来启动自动运行，否则控制系统的逻辑应防止进入自动启动方式。

当任何一台设备选择就地操作时，LCD 上应有画面反映出来，当有设备检修时，LCD 对应设备画面上应有标志显示。采用就地控制方式时，运行人员在就地控制箱上控制设备，此时联锁回路仅有拉绳和电气保护。

当通过系统逻辑或运行人员命令使输煤系统正常停机时，输煤系统应按顺煤流顺序停机。为防止损坏设备或危害操作人员安全，在保护动作或启动紧急停止装置时，设备应立即停止运行。

11.2.2 工艺联锁要求

11.2.2.1 工艺联锁实施方式

所有的输煤设备按工艺流程要求联锁，以防止在启动或停止时煤在系统中堆积起来，甚至损坏设备，联锁按下列方式进行：

（1）启动时按逆煤流方向，从该流程到最后设备（皮带及相关设备）开始依次启动。直到第一条皮带及相关设备启动后，才开始供煤。

（2）停运时按顺煤流方向，先停供煤设备，然后从第一台至最后一台设备依次停止，每台设备之间按预定的延时时间发停机命令，即要求前面设备的余煤清除后再停止其运行（LCD 上应有调整对应运行设备的延时时间对话框）。其中碎煤机、高频振动筛、除铁器及除尘器等均应延时停机，其余设备按正常情况延时连锁停机。当从煤炭码头向原煤仓上煤时，运行中的煤仓全部出现高煤位信号时，即自动按正常程序停机。

（3）故障时，除碎煤机和高幅振动筛外，故障点及其上游设备瞬时停机，故障点下游设备保持原工作状态不变，待故障解除后，可以从故障点向上游重新启动设备，也可以在故障未解除时，从故障点下游开始延时停设备；或者其余设备按正常情况联锁停机，详见输煤系统工艺流程图，具体可由运行人员选择。

（4）为防止碎煤机、高幅振动筛发生堵转，在系统运行前提前启动60s并时间可调整；在系统停机后延时停机300s，且时间可调整。

（5）联锁应阻止任何设备超出顺序的启动（除试验用以外），并且是通过速度开关和运行信号来确认皮带机运转状况。当皮带机的速度达到额定转速后，启动下一级设备。

（6）程控系统根据输煤系统不同运行方式分组对应启动皮带及输煤设备。在启动任何运行方式前，先启动与这一运行方式相应的警告信号（预告警铃）通知附近人员。喇叭声音持续时间应可调。启动警告信号未接通或未响够20s的情况下不得启动。

11.2.2.2　主要设备控制

工艺联锁主要设备控制有以下几个方面。

A　电磁除铁器

除电磁除铁器本身故障停机外，其余设备故障时不停机，而按正常程序延时停机。正常运行时先于带式输送机启动，后于带式输送机而停运。故障时停本设备及上游设备，并发出报警信号。

B　带式输送机

带式输送机按联锁要求实现程序开停机。事故情况下按事故紧急停机方式停故障点机及上游带式输送机。带式输送机能就地手动控制，也可在煤控室通过程控系统进行远方控制。

程控系统应根据输煤系统不同运行方式分组对应启动皮带及输煤设备。在启动任何运行方式前，应先启动与这一运行方式相应的警告信号（主要是皮带机，不得少于20s）通知附近人员，每50m左右设一套声光警报器。

每路带式输送机应具有以下安全保护装置，作为跳闸与安全连锁：速度开关、跑偏开关、打滑开关、紧停拉绳开关（双侧布置）；堵煤开关；皮带拉紧装置过行程限位开关。皮带机拉绳开关、皮带重跑偏、落煤斗堵煤、打滑、皮带拉紧装置过行程动作于停机并发信号；皮带轻度跑偏发信号。

紧急停机拉线开关沿着每台皮带机的支架装设。当操作此开关时能立刻停止该皮带机及联锁停止与此皮带机关联的煤流上游的所有设备的运行。拉绳开关皮带双侧布置，水平安装的皮带机每48m布置一对，倾斜安装的皮带机每36m布置一对。

皮带跑偏装置装设在每条皮带机的头部及尾部滚筒端的两侧，运行中若皮带发生轻度跑偏则发报警信号到煤控室，当发生重度跑偏则停止该皮带机及联锁停止与此皮带机相关联的煤流上游的所有设备的运行，以防止洒煤及胶带磨钢结构。

在皮带机的尾部改向滚筒侧面装设检测皮带打滑的速度开关（配重拉紧装置为小车式的，装在头部张紧滚筒侧面），并且在启动皮带时应延时投放。当皮带打滑，带速降低到正常速度的70%，则停止该皮带机及与此皮带机相关联的煤流上游的所有设备的运行。速度开关应有足够的强度或装设足够强度的保护罩，以防异物砸坏。

皮带拉紧装置过行程检测装置设在每台皮带机的拉紧装置终点处。当出现皮带拉紧过行程时，向输煤控制室发报警信号，停止皮带机运行。应装设落煤管堵塞检测装置。当检测到落煤管堵塞时，停止皮带机及自该皮带机开始的煤流上游的所有设备的运行，应有延时可调（0～5s）。应装设煤流检测器，用来检测皮带机输送物料的瞬时状态。

当相邻的上游皮带停运后（包括紧急停），应延时30s再停止盘式磁铁分离器（除铁器），以排除盘式磁铁分离器上的铁块。

所有皮带机的就地操作箱及皮带机沿线保护开关接线端子箱由卖方提供。就地操作仅作为检修调试之用，但事故拉绳开关应直接连接到电动机控制回路中，以确保安全停机。就地接线端子箱每隔80m左右距离设一个，将就近的皮带保护信号及配电经接线端子箱合并，最终送到皮带机动力控制箱。

C 自启动排污水泵

本期煤仓间转运站底层（或室外）排污水泵运行将根据各自的高低水位信号自动进行工作或停运状态，也可纳入输煤程控系统。

D 电动双侧犁煤器

犁煤器按配煤程序要求收放犁头，当犁头收放不动作或不到位时，能报警，由煤控室决定是否停机或变换其他运行方式。

配煤程序：主厂房原煤仓的配煤采用（定时）煤仓位置顺序配煤为主的方式。辅以条件配煤：高煤位越过，低煤位优先。

由C-3A/B带式输送机和#1A/B～#11A/12B组成#1、#2炉的按煤仓位置顺序配煤（定时）的系统。当某一煤仓煤位发出低煤信号时，则自动停止定时配煤而改为条件优先上煤，直至低煤位信号消失，再恢复定时配煤。当某一煤仓发出高煤位信号时，应能使该煤仓上面犁煤器犁头抬起停止配煤。当每一煤仓均装满煤后，则应停煤源。根据配合工艺需要，在主控室通过切换选择开关，在主控室内实现远程手动操作对犁煤器进行控制。

E 皮带机制动器

皮带机制动器动作与皮带机联锁，制动器打开信号应闭锁皮带机的合闸回路，启动时应设置3s左右的延时。

F 刮水器

刮水器可进行集中手动操作。

G 输煤系统除尘器

输煤系统除尘器的控制联锁要求：除尘器先于皮带机启动，滞后皮带机停机。在除尘器故障或其他异常情况下，不影响系统正常运行。

转运站、煤仓间除尘系统与皮带机联锁要求如下。

a 除尘、抑尘系统设置（由除尘器制造厂"诚信空调"配套提供控制柜）

碎煤机室：设2套除尘系统、1套抑尘系统。

T1（煤仓间）转运站：设2套除尘系统、1套抑尘系统。

#1炉煤斗：设1套除尘系统、1套抑尘系统。

#2炉煤斗：设1套除尘系统、1套抑尘系统。

b 联锁要求

除尘系统联锁控制要求及就地控制系统与输煤程控的接口如下：

（1）除尘系统联锁控制要求：转运站除尘系统与上述对应的皮带联锁，在皮带机运行前300s（可调）由输煤监控先发指令给除尘控制系统，让其根据程序启动除尘风机等设备。在皮带机停运后，由输煤监控发指令给除尘控制系统，让其延迟300s后，顺序停相关设备。煤仓间头部的除尘系统与上述对应的皮带联锁，在皮带运行前300s（可调）由输煤监控先发指令给除尘控制系统，让其根据程序启动除尘风机等设备。在皮带停运后，由输煤监控发指令给除尘控制系统，让其延迟300s后，顺序停相关设备。煤斗除尘器系统的启动与相应皮带机以及对应的犁煤器运行落下信号联锁。在相应皮带机以及对应的犁煤器运行前300s（可调）由输煤监控先发指令给除尘控制系统，让其根据程序启动除尘风机等设备。皮带机停运后，延时300s停用。

（2）除尘系统就地控制系统与输煤程控的接口：每套除尘系统就地控制系统与输煤程控的接口形式采用硬接线及通信相结合的方式。每套除尘系统就地控制系统提供给输煤程控系统的信号有：系统运行状态和故障等信号，输煤监控系统根据不同皮带的投运情况按要求向相关的除尘系统就地控制系统发送启和停指令等。

H　工艺其他要求

工艺其他要求（工艺专业提资要求，如与其他地方有矛盾之处，由买方确认，并以高的标准和规范执行）如下：

（1）煤控室内可对电源及总联锁实行控制（工程师工作站能解除联锁）。

（2）纳入程序控制的设备以及与之相关的独立控制的设备应实行程序联锁和安全联锁。程序联锁应根据设备启、停程序确定，就地控制时应能解除联锁。

（3）煤控室内配置LCD机上应能显示操作、测量信号、设备运行信号及设备故障信号，语音声响报警指示。工作师工作站可以通过LCD对程序进行修改或重新设定。

（4）输煤系统设备启动时，碎煤机层、滚轴筛层及带式输送机头尾处就地发出音响，灯光信号。皮带机头尾中心距离不超过80m的，按头尾各一个声光信号设置，头尾中心距超过80m的，按每50m增加一个设置。

（5）事故停机保护：碎煤机自动停机；碎煤机振动过大、轴承温升过高事故自动停机；带式输送机严重跑偏、欠速、拉绳动作、拉紧装置过行程、落煤管堵塞停机；除铁器、取样装置故障送报警信号至煤控室；煤仓高高煤位与犁煤器在落下位置及皮带运行信号三个条件都满足时停机。

（6）容量在200kW及以上的10kV电动机配置了线圈测温元件（PT100，每个电动机按3个测点考虑）。将这些温度信号接入输煤监控系统，当温度超过设定值（可调）时，报警；当温度超过设定值（可调并可投退）时，停止相关设备的运行。

（7）容量在75kW及以上的设备，应设置1h启动3次及1200s内不允许第二次热启动的回路。

（8）煤仓煤位：煤位连续监测仪24套，分别提供24个煤位连续料位信号给输煤程控系统和机组DCS系统监视用。煤仓设高料位监视装置12×2个，高煤位信号动作，高煤位煤仓犁煤器自动停机。

（9）PLC应能对每一被控传感器进行跟踪。

I　电动机的监控要求

电动机的监控要求有以下几点：

（1）输煤监控的常规功能应满足电气二次线设计标准和规定，例如：在LCD监控或报警画面中断路器、接触器等的元件画面应具有红、绿变色，闪光等功能，以分别表示断路器或接触器的正常或不正常的位置状态；LCD画面中的软光字牌闪光；预告信号和事故信号的音色区分；厂用电动机的联锁和闭锁等。

（2）运行人员人机操作员站上调出操作相关的设备图后，通过操作键盘或鼠标，就可对需要控制的电气设备发出操作指令，实现对设备运行状态的变位控制。输煤监控应提供必要的操作步骤和足够的监督功能，包括提供操作提示，条件判断，以确保操作的合法性、合理性、安全性和正确性。当操作提示或条件不满足时，被控设备LCD上操作部件应显灰或有特殊指示，表示不可操作，并可提示条件执行情况，并用不同色标标明。

（3）对电气设备的控制操作在功能和设计上应是安全可靠的，在操作前及操作的整个过程中都必须保证所有开关位置的精确监测，且所有监测信息应是实时、有效的。如在操作前及操作过程中发生任何干扰，如开关故障、数据传送通道故障等情况下，必须对控制设备进行闭锁。在任何操作方式下，应该保证下一步操作的实现只有在上一步操作完全完成以后才能进行。

（4）在执行控制过程中，如果在发出指令一段预定执行时间后，仍未有相应的信号返回，即如果控制未能在约定的时间内完成，则说明发生了故障，此时输煤监控将发出警报。

（5）当断路器、接触器等非位于就地操作位置，且输煤监控未发出会导致该被控设备跳闸的指令，而该被控设备跳闸时，LCD 画面上应闪光，只有当在 LCD 上操作过分闸操作后才恢复平光。

（6）所有断路器、接触器等的送入输煤监控的分、合闸反馈信号需经过输煤监控互锁判断后，再作为画面显示或其他逻辑的输入条件。即当输入分闸和合闸通道均为 1 或 0 时，延时判断故障，闭锁相关逻辑并报警。

（7）报警处理：报警处理分两种方式，一种是事故报警，另一种是预告报警。前者包括非操作引起的断路器跳闸和保护装置动作信号。后者包括一般设备变位、状态异常信息、模拟量或温度量越限、计算机监控系统的软、硬件的状态异常等。

（8）事故报警：事故状态方式时，公用事故报警立即发出音响报警（报警音量可调），运行人员人机操作员站的 LCD 画面上用颜色改变并闪烁表示该设备变位，同时显示红色报警条文，报警条文可以选择随机打印或召唤打印。事故报警通过手动或自动方式确认，每次确认一次报警，自动确认时间可调。报警一旦确认，声音、闪光即停止，报警条文由红色变为黄色。报警条件消失后，报警条文颜色消失，声音、闪光停止，报警信息保存。第一次事故报警发生阶段，若发生第二次报警，应同样处理，不覆盖第一次。报警装置可在任何时间进行手动试验，试验信息不予传送、记录。报警处理可以在工程师站上予以定义或退出。事故报警应有自动推画面功能。

（9）预告报警：预告报警发生时，处理方式与上述事故报警处理相同（音响和提示信息颜色应区别于事故报警）。部分预告信号应具有延时触发功能，延时时间：$0 \sim 60s$ 可调。

J　画面处理

画面显示：系统通过 LCD 实现画面显示功能，实现带电设备的颜色标识。所有静态和动态画面应存储在画面数据库内。窗口的颜色、大小、生成、撤除、移动、缩放、选择可以由操作人员设置和修改。图形管理系统应具有动态棒型图、动态曲线、历史曲线制作功能。图形画面包括主接线图、母线电压和其他测量值的趋势图、曲线图、棒图、系统工况图等，图中的画面名称、设备名称、告警提示信息等，应具有表格显示、生成、编辑等功能。表格包括事件/告警顺序记录表、事故追忆表、电量表、入厂煤量、入炉煤量、场存煤量、分炉计量、各种限值表、运行计划表、操作记录表、历史记录表和运行参数表等。用户可以根据需要能够灵活的生成新的表格，在表格中可以定义实时数据、计算数据、模拟显示并打印输出。

参 考 文 献

[1] 翁思义，杨平. 自动控制原理 [M]. 北京：中国电力出版社，2001.

[2] 肖大雏. 超超临界机组控制设备及系统 [M]. 北京：化学工业出版社，2008.

[3] 林文孚，胡燕. 单元机组自动控制技术 [M]. 2 版. 北京：中国电力出版社，2008.

[4] 高伟. 计算机控制技术 [M]. 北京：中国电力出版社，2000.

[5] 赵燕平. 火电厂分散控制系统检修运行维护手册 [M]. 北京：中国电力出版社，2003.

[6] 刘吉臻. 协调控制与给水全程控制 [M]. 北京：中国电力出版社，1995.

[7] 李子连. 现场总线技术在电厂应用综论 [M]. 北京：中国电力出版社，2002.

[8] 边立秀，周俊霞，赵劲松，等. 热工控制系统 [M]. 北京：中国电力出版社，2002.

[9] 杨献勇. 热工过程自动控制 [M]. 北京：清华大学出版社，2000.

[10] 张栾英，孙万云. 火电厂过程控制 [M]. 北京：中国电力出版社，2000.

[11] 文群英，潘汪杰. 控制设备系统及运行 [M]. 北京：中国电力出版社，2011.

[12] 张雨飞. 超超临界火电机组热工控制技术 [M]. 北京：中国电力出版社，2013.

[13] 刘禾，白焰，李新利. 火电厂热工自动控制技术及应用 [M]. 北京：中国电力出版社，2009.

[14] 朱北恒. 火电厂热工自动化系统实验 [M]. 北京：中国电力出版社，2007.

[15] 金黔军. 1000MW 超超临界机组热控设计特点 [J]. 中国电力，2006，39 (3)：78 – 81.

[16] 樊泉桂. 超超临界及亚临界参数锅炉 [M]. 北京：中国电力出版社，2007.

[17] 中国动力工程学会. 火力发电设备技术手册（第三卷　自动控制）[M]. 北京：机械工业出版社，
2000.

[18] 杨建蒙. 单元机组运行原理 [M]. 北京：中国电力出版社，2009.

[19] 张华，孙奎明. 超超临界火电机组丛书：热工自动化 [M]. 北京：中国电力出版社，2010.

[20] 开平安，刘建民，焦嵩鸣，等. 火电厂热工过程先进控制技术 [M]. 北京：中国电力出版社，2009.

[21] 曹善勇. 1000MW 超超临界机组给水控制优化 [J]. 电力设备，2008，9 (1)：16 – 18.

[22] 杨凯翔. 超临界机组控制特性和控制策略分析 [J]. 中国电力，2007，40 (7)：74 – 78.

[23] 韩克刚. 华能玉环电厂超超临界机组锅炉启动系统介绍 [J]. 热力发电，2008，37 (1)：125 – 126.

[24] 蔡云贵，高建红. 超（超）临界直流锅炉给水控制解决方案 [J]. 电站系统工程，2014，30 (1)：
53 – 56.

[25] 刘潇，曹冬林，丁劲松. 外高桥 1000MW 超超临界机组闭环控制系统设计 [J]. 中国电力，2006，39
(3)：70 – 73.

INTRODUCTION

南京鼎尔特科技有限公司简介

DELTO
鼎 / 尔 / 特 / 科 / 技

南京鼎尔特科技有限公司是为实现电力、冶金、市政公用、新能源、军工等单位的安全、节能、环保、高效运行，提供一流的数字化监测、自动化控制、信息化管理等软硬件系统集成产品和技术服务的高新技术企业。

公司总部坐落在风景秀丽、人文荟萃、科技发达的古都南京现代化的河西新城。

公司主要经营范围有：

（1）综合自动化控制系统。如：分散控制系统（DCS）、可编程控制系统（PLC）、现场总线控制系统（FCS）等。主要包括水处理、物料传送（输煤）、除灰渣、脱硫（脱硝）、辅助车间、变频控制、工业视频监控、行车定位与无线调度系统、全智能布料机器人等。

（2）传感装置与自动化仪表。如：蓄电池预警仪、风速风量在线监测系统、高炉煤粉浓度在线监测系统等。

（3）信息化产品和服务。ICT系统集成、管理信息系统（MIS）、厂级信息监控系统（SIS）、电厂标识系统（KKS）等。

公司与德国SIEMENS、美国ROCKWELL等世界级知名企业具有良好的合作关系，与国内著名的高校如东南大学、华中科技大学等进行相关产学研合作，与中国电子集团18研究所、28研究所等军工科研机构联合进行尖端技术产品研究。此外，公司与东南大学自动化学院强强合作成立江苏省企业研究生工作站及南京（鼎尔特）选矿行业物联网应用工程技术研究中心，目前已成为东南大学电力与冶金矿山行业自动化最新科技成果定点产业化基地，同时被授予国家安监总局科技强安专项行动计划的执行伙伴。

公司产品的设计始终与国际安全理念及标准同步，先进的技术指标在行业内独领风骚，独具匠心的设计细节让客户满心欢喜，技术精湛的工程团队优质服务让业主啧啧称道。目前合作伙伴遍及中国各大企业集团，如华能集团、华电集团、国电集团、中电投集团、华润集团、宝钢集团、沙钢集团、南钢集团、海南电网、云南电网、四川电网、南京地铁、青岛地铁、长沙地铁、海尔集团、海信集团等。

公司为高新技术企业、江苏省软件企业、江苏省文明单位、江苏省民营科技企业、江苏省科技型企业、江苏省技术贸易企业、江苏省企业研究生工作站、江苏省自动化学会工业自动化委员会副主任单位、南京（鼎尔特）选矿行业物联网应用工程技术研究中心、江苏省"333"高层次人才计划及南京市科技"321人才计划"首批重点培养单位、南京大学-鼓楼高校国家大学科技园入园企业、南京市重合同守信用单位、南京市非公"十佳基层党组织"、南京市创先争优先进基层党组织、西门子（中国）公司核心合作伙伴、南京自动化及仪表协会副理事长单位等。公司通过方圆ISO9001:2015国际质量体系认证，目前拥有数十项国家知识产权。科研项目获国家科技部创新基金支持、中国仪器仪表学会科技成果奖、中国冶金矿山行业科技进步奖、省级多项科技成果鉴定等。

南京鼎尔特科技有限公司
Nanjing DELTO Technology Co.,Ltd.
地址：南京市鼓楼区浦江路26号浦江大厦5层
邮编：210036
电话：025-82220080 82220511
传真：025-82220081
邮箱：tonggd@delto.cn
网址：www.delto.net
　　　www.delto.cn

关注微信公众号

华润电力湖北有限公司输煤程控系统二期工程（2×1000MW机组）及全厂辅网控制系统改造工程（2×300MW机组）

孟加拉国希拉甘杰150MW调峰燃气电站DCS控制系统

宝武集团梅山选矿综合自动化与信息化系统

南京地铁蓄电池预警仪

国家计算机网络应急技术处理中心蓄电池预警仪现场

中国能源工程股份有限公司简介

ZHONGGUO NENGYUAN GONGCHENG GUFEN YOUXIAN GONGSI JIANJIE

中国能源工程股份有限公司（简称"中机能源公司"）于 2011 年成立，是中国通用技术集团所属中国机械进出口（集团）有限公司（简称"中机公司"）在能源工程领域的战略业务单元，注册资本 3 亿元。其前身是成立于 1989 年的中机矿业部。

从 20 世纪 90 年代初期，中机能源公司开始致力于国际工程承包及工程项目管理业务，经过近 20 年的奋力开拓，在海外能源工程承包和能源项目投资方面，尤其在矿业和电力行业享有盛誉。目前，公司累计签约项目近 40 个，金额约 73 亿美元。在马来西亚、孟加拉国、越南、印度尼西亚、苏丹、巴基斯坦等主要市场积累了广泛的商业渠道，与当地政府部门和企业单位建立了友好而深入的合作关系，已经形成了项目的持续滚动开发态势。

20 世纪 90 年代，中机能源公司以总承包方式承建了孟加拉国的现代化煤矿、燃煤电站——孟加拉国巴拉普库利亚煤矿基建项目（简称"孟煤项目"），并以该项目为起点，真正意义上实现了滚动式发展、周期性签约。孟煤项目自 1994 年 EPC 合同正式签约以来，到包产三期结束（2021 年）整整 27 年。2017 年孟煤项目被中国对外承包工程商会评为"中国境外可持续基础设施项目"。中机能源公司通过科学管理延长孟煤项目生命周期。

2011 年，中机能源公司与法国阿尔斯通公司组成的联合体承建了马来西亚曼绒 1×1000MW 燃煤电站项目，该项目先后荣获美国《电力》杂志 2015 年"顶级工业项目奖"、亚洲电力网 2015 年度"燃煤电力项目金奖"和 2016 年度 PMI（中国）项目管理大奖"年度项目大奖"等奖项。

2014 年至今，中机能源公司在孟加拉国市场实现滚动开发，先后承揽了孟加拉国希拉甘杰 225MW 联合循环电站项目 1 号机一期、二期，以及 2 号机、3 号机，并获得不少荣誉；与法国阿尔斯通公司组成联合体承揽孟加拉国古拉绍 3 号机升级改造项目，这是中机能源公司在孟加拉国的中西方公司联合体合作项目。

中机能源公司在做好传统工程承包业务的同时，积极探索并参与 PPP、IPP 等项目融资。2014 年，中机公司和孟加拉国西北电力公司签署项目合作协议，以 PPP 模式合资建设孟加拉国帕亚拉 2×660MW 燃煤电站项目，项目投资额 25 亿美元。中机能源公司与中国能源建设集团东北电力第一工程有限公司组成联合体，负责该项目的 EPC 工作。孟加拉国帕亚拉 2×660MW 燃煤电站 PPP 项目是孟加拉国中外合资的 PPP 燃煤发电项目，也是孟加拉国迄今为止一项大的电力项目，该项目不仅对于孟加拉国具有重要的经济社会意义，同时也有效促进了公司国际工程业务转型升级。

在"一带一路"倡议和"国际产能和装备制造合作"的指引下，中机能源公司将以中国通用技术集团发展战略和中机公司发展规划为指引，继续发扬"特别能战斗、特别能吃苦、特别能团结、特别能忍耐"的"中机能源精神"，努力实现"树立一个值得信赖的品牌，占领一片广阔新天地，打造一支作风过硬的团队"的目标，实现"科技能源、绿色能源、和谐能源"战略构想，为做大做强国有企业作出更大贡献。

中国能源工程股份有限公司热忱期盼与国内外新老客户和各界朋友携起手来，密切合作，共创美好明天。